말뚝기초의 암묵지

암묵지란 학습과 경험을 통하여 개인에게 체화되어 있지만
말이나 글 등의 형식을 갖추어 표현하기 어려운 지식을 말한다.

PILING
KNOW
HOW

말뚝기초의 암묵지

조천환 **지음**

ＡＰＵＢ
에이퍼브

일러두기

1. 본문에서 제시된 사례들은 조치 완료된 내용으로 재발 방지를 위한 기술을 설명하기 위해 원인 및 대책 등에 가정을 포함하고 있다.
2. 본문에서 사용된 용어는 국립국어원의 한글 맞춤법 규정을 따르되, 이미 실무에서 널리 통용되어 굳어진 표기는 예외적으로 그대로 사용하였다.
3. 본문에서 사용된 단위는 현장감을 위해 가능한 원자료의 것을 사용하였으며 편의상 부록에 단위환산표를 수록하였다.
4. 본문 5장의 굵은 글씨는 말뚝기초공의 주목할 만한 기술로서 저자가 강조한 것이다.

추천사

 대학 강단 생활 30여 년 동안 기초공학 강의를 하면서 느껴온 사실은 현재 우리나라에서 통용되고 있는 국내외 교재들은 기초공학과 관련되어 현장에서 요구하는 설계 및 시공과정에서의 지식을 충분히 전달하기에는 부족한 부분이 너무나 많다는 점이었다. 강의를 하면서 특히 학생들이 졸업 후 현장을 접했을 때 꼭 알아야 할 내용이지만 교재에 수록되지 않아 말뚝기초의 부족한 부분들을 보완하기 위해『말뚝기초실무』(2010, 조천환)를 통하여 지식을 전달하곤 하였다.

 조 박사님은 국내 말뚝 분야 관련한 이론이나 실무에서 큰 획을 그은 전문가로 조 박사가 집필한『말뚝기초실무』교재를 사용한 이유는 대학교에서 학부나 대학원 과정을 마쳤다고 하더라도 현장을 접하는 과정에서 특별히 요구되는 말뚝기초의 내용들이 필요한 기술자들에게 되도록 많은 자료와 산지식을 제공하기 위함이었다. 이에 이번『말뚝기초의 암묵지』는 지반/기초라는 전문 분야에서 저자가 40여 년 동안 체득한 말뚝기초의 암묵지(knowhow)를 풀어낸 답안(solution)을 제안한 것으로 국내 기초공학 분야의 큰 발전이며 현장 실무자들에게도 많은 도움이 될 것이다.

 본서는 기초공학을 배우는 학생들이나 기술자들의 실력 향상에 좋은 밑거름이 될 것이라 확신한다. 특히 최근 사회의 화두가 되고 있는 안전을 위해 기초공의 중요성과 지반공학의 역할을 강조할 뿐만 아니라 그 방안을 함께 제시하고 있어 건설회사의 안전과 경쟁력을 성취할 수 있는 좋은 가이드가 될 것이다.

2024년 7월

연세대학교 건설환경공학과 정상섬 교수

추천사

먼저 존경하는 조천환 박사님의 새로운 저서『말뚝기초의 암묵지』발간을 진심으로 축하합니다. 1990년대 제가 현대건설 재직 시절 조천환 박사님의 열정에 큰 감명을 받았으며, 말뚝 기초 설계 및 시공 분야에서 박사님의 전문성과 실무 경험에 대한 가르침은 저와 연구실 모두에게 큰 도움이 되었습니다. 이번 저서는 박사님의 오랜 실무 경험과 전문성이 집약된 결과물로, 관련 분야 실무자들과 연구자들에게 큰 영향을 미칠 것으로 기대합니다.

국내 말뚝기초 기술은 1960년대 이후 건설 산업의 급속한 성장과 함께 빠르게 발전해왔다. 초기에는 주로 외국 기술을 도입하여 적용하였지만, 점차 국내 실정에 맞는 기술 개발이 이루어졌다. 1980년대부터는 국내 연구진들의 노력으로 말뚝기초 기술이 크게 향상되었다. 특히 다양한 말뚝 공법의 개발과 재하시험 기술의 발전이 두드러졌다. 1990년대에는 현장에서 말뚝기초 공법이 보편화되었고, 관련 기준과 지침들이 정립되었다. 이에 따라 말뚝기초 기술의 표준화와 체계화가 이루어졌다. 2000년대 이후에는 특수 공법의 개발, 재하시험 기술 발전, 설계기준의 개선 등 말뚝기초 기술의 고도화가 진행되었다. 이 과정을 통해서 국내 말뚝기초 기술은 세계적 수준에 도달하게 되었다.

조천환 박사님은 이러한 국내 말뚝기초 기술의 발전 과정에서 중요한 역할을 수행해 오셨습니다. 금번 저서는 이 분야의 선구자적 업적을 집대성한 것으로, 말뚝기초의 분류와 공법 특징, 재하시험, 시공 등 말뚝기초 전반을 체계적으로 정리하여 지반공학자라면 누구나 이해하기 쉽게 서술되었습니다. 또한 말뚝기초 기술의 문제와 해결책을 사례와 함께 상세히 다루어 실무자들에게 실용적인 정보를 제공할 뿐만 아니라, 연구자를 위한 말뚝기초 분야의 최신 연구 동향과 기술 발전 방향도 제시하고 있습니다. 말뚝기초를 연구하는 지반공학자로서 조천환 박사님의 말뚝기초 기술의 관심과 열정에 경의를 표하며, 본서가 말뚝기초 분야와 이를 넘어 지반공학의 발전에 기여할 수 있기를 진심으로 기원합니다.

2024년 7월
고려대학교 건축사회환경공학부 이종섭 교수

머리말

저자는 『말뚝기초실무』를 2010년에 출판하였다. 이 책을 집필할 당시 일본 복사본과 번역본이 넘쳐나는 시절이어서 우리 말뚝기초의 정보에 대한 요구가 절실하였다. 해서 저자는 집필의 목적 가치를 국내 말뚝기초의 실무를 정리한 토종 책의 발간에 두었다. 또한 책의 역할은 국내 건설환경 속에서 체험한 기초공의 경험을 공유함으로써 현안으로 인해 매몰되는 비용을 줄이고자 했다. 독자들의 노력의 결실이지만, 책에서 강조했던 말뚝기초의 최적설계가 이루어 가는 것을 보면서 저자로서 자부심을 느꼈다. 지면을 통해 독자들께 심심한 감사를 드린다.

어느덧 『말뚝기초실무』가 출간된 지 10여 년이 훌쩍 지났으니, 말뚝기초공은 물론 건설업의 목적 가치와 역할도 달라졌다. 이제 건설업의 목적 가치는 목적물 자체뿐만 아니라 이를 짓는 사람의 안전에 이르고 있다. 안전은 생명의 보호와 관계되는 일이고, 또한 국내 건설업의 안전이 심각한 상태이기 때문이다. 통계자료에 의하면 국내 건설업의 안전은 OECD 국가 중에서 하위이고, 국내에서도 업종별로 보면 꼴찌이다. 이러다 보니 국내 건설업의 안전은 타 산업에 민폐를 끼치는 것은 물론, 건설업 자체 비전에도 부정적 영향을 주는 상황이 되었다. 지금 우리는 국민의 안전에 이바지한다는 원초적인 목적을 가진 건설업이 오히려 국민의 안전을 위협하는 아이러니를 목도하고 있다.

이러한 위기의 원인 중 큰 줄기는 국내 안전 대책이 시공단계에서 그리고 현장기술인의 역할과 불완전한 행동에 초점이 맞추어졌다는 데 있다. 건설안전과 관련된 기회와 효과는 시공단계보다는 설계단계에서 크게 나타남에도 불구하고 국내의 안전대책은 시공단계 위주이고 시공단계에서의 통제와 관리 그리고 교육 위주로 시행되고 있는 것이다.

안전대책이 보다 효과적이고 적극적이기 위해서는 설계단계 또는 그 이전에 강구되고 자율적으로 이루어져야 한다. 이러한 점에서 국내 건설안전에 대한 위기를 돌파하기 위해서는 엔지니어와 엔지니어링의 역할이 중요한 때이다. 2016년 「건설기술 진흥법」에서 설계안전성검토(design for safety, DFS)가 도입된 것은 진취적인 시도였으나 이의 내용은 물론 실행도 미흡했으며,

결과적으로 효과는 크지 않았다. 이에 따라 관련 법 개정이 제안되었지만 진전은 없으며, 오히려 최근의 관심은 「중대재해 처벌법」의 개정에 쏠려 있는 것 같다. 이러한 때에 엔지니어는 안전 향상을 위한 역할에 더욱 충실해야 하는데, 이 중 하나는 DFS를 자체적으로라도 개선하고 활성화하는 것이라 생각한다.

DFS를 활성화하는 실무적 방안으로 적용범위의 확대, 시행단계의 확장, 초기 선행공종의 집중 관리, DFS의 사례 확산 등을 들 수 있다. 이를 총체적으로 나타내 보면 프로젝트의 전(全) 단계에서 안전에 필요한 내용을 가능한 초기에 검토하고, 이를 수평 전개하여 선순환의 고리를 만드는 것이다. 예로 일개 프로젝트에서, 설계단계에서 그것도 선행공종에 대해 안전대책이 시도된다면 이것은 후속공종의 혜택으로 이어져 안전효과는 가중되어 나타날 것이며, 이러한 사례가 D/B화 되어 공유됨으로써 다른 프로젝트로 효과가 이어질 것이다.

건설안전의 효과를 극대화하기 위한 방안의 하나는 프로젝트의 초기공종이라 할 수 있는 토공(기초, 흙막이, 성토 및 절토, 사면, 지반개량 등)에서 DFS를 적극 시행하는 것이다. 이를 위해서는 토공을 담당하는 지반(地盤)공학이 DFS를 선도(善導)해야 한다. 토공에서 DFS의 실행은 지반기술자의 몫이지만, 이의 도입은 관리자의 영역이라 할 수 있다. 그간 관리자는 본구조물에만 집중한 나머지 정작 후속공종에 큰 영향을 주는 토공 등 선행공종을 경시하지 않았는지 돌아볼 필요가 있다. 이러한 점에서 빌딩, 주택, 플랜트 등의 건설 프로젝트에서 선행공종의 중요성에 대한 의미가 더욱 강조되어야 한다고 생각한다.

기초(基礎)는 구조물의 기본이며 항상 프로젝트의 앞단에서 이루어지는 선행공종이므로 건설안전에 있어 기초공의 역할은 명확하다. 기초공의 역할 못지않게 안전을 위해 프로젝트의 앞단에서 사전조치를 시행하는 것은 더욱 중요하다. 이렇게 앞단에서 시행한 사전조치는 물론이고 수행 중 얻은 사후조치도 모두에게 공유하여 이후 지속 활용하는 것이 선순환의 고리이다. 이것이 본서의 집필 이유이다. 그간 저자의 숙제는 지반/기초라는 전문 분야에서 체화된 암묵지(暗默知)를 어떻게 명시지(明示知)화하여 건설업의 안전 향상에 기여할 수 있을까 하는 것이었다. 이제 저자는 40년간 체득한 '말뚝기초의 암묵지'를 풀어내 답안으로 제출해 본다.

1장에는 본서의 집필 목적과 역할을 통계치와 분석을 통해서 강조하였다. 2장에는 말뚝기초의 분류에 따라 현업에서 적용되는 25개의 말뚝기초공법 그리고 각종의 실무 재하시험의 현황을 설명하였다. 3장에는 앞에서 소개한 공법과 재하시험과 관련하여 현장에서 반복되는 이슈와 이를 대처하는 노하우를 제시하였으며, 또한 말뚝기초공에 관한 최신 스마트 안전장비의 발전 이력과 효과를 기술하였다. 4장에는 앞서 소개한 말뚝기초공법 및 재하시험의 실무 사례 40여 개를 분석하여 공유하였다. 마지막으로 5장에서 말뚝기초공 실무에서 얻은 주요한 교훈과 향후 발전 방안을 이슈, 안전, 품질 등으로 구분하여 제시하였다.

본서를 집필하는 데 저자가 활동하는 분야의 많은 전문가 동료의 공감과 협조가 있었다. 그렇지 않으면 저자의 부족한 능력과 자투리 시간으로는 집필의 엄두도 못 냈을 것이다. 이런 의미에서 본서가 더욱 의미 있다고 생각한다. 본서의 집필에 격려와 도움을 주신 모든 분께 공경하는 마음을 담아 고마움을 전하며, 그 뜻은 현장으로 전파되어 꽃 필 것이라 확신한다.

아직 소개하지 못한 이슈와 사례가 머릿속에 맴돌지만, 일단 숨을 고르고 다음을 기약하고자 한다. 모쪼록 저자의 작은 정성이 그간 사회로부터 받은 사랑을 돌려주는 계기라도 되기를 바란다. 나아가서는 이러한 저자의 작은 날갯짓이 다른 공종, 프로젝트에도 전파되고 건설 엔지니어링 전체로 확산되어 건설업의 목적가치인 안전에 조금이라도 이바지하길 기대해 본다.

2024년 초여름
조천환

Contents

Contents

Contents

Contents

Chapter 1

말뚝기초의 암묵지를 시작하면서

PILING
KNOW
HOW

말뚝기초의 암묵지를 시작하면서

1.1 DFS의 필요성

최근 국내 산업재해율 통계치(고용노동부, 2023)에 따르면 전체 산업의 사망만인율(만인당 사망자수)은 10년 이상 지속적으로 감소하여 2022년 현재 0.43이다. 반면, 건설업의 사망만인율은 증가하는 추세이고 전체 산업값의 4배 정도에 이른다. 또한 국내 건설업의 사망만인율은 영국과 비교해 10배나 크고, OECD 국가 중 최하위에 속한다. 이 같은 재해 통계치는 "품질을 높이고 안전을 확보함으로써 공공복리의 증진과 국민경제의 발전에 이바지한다(「건설기술 진흥법」)"는 건설업 자체의 궁극적인 목적과 배치되는 것은 물론 그 정도가 심각함을 시사하는 것이다. 이러한 상황은 다른 산업에도 폐를 끼치고 있으며, 건설업 자체 비전에도 부정적 영향을 주고 있다.

건설업의 순환단계 중 사고예방의 기회와 효과는 시공단계보다 설계단계에서 크다. 그럼에도 불구하고, 현재 국내의 안전대책은 시공단계에서 그리고 관리적 통제 위주로 시행되고 있는 것은 아쉬운 부분이다. 보다 효과적이고 적극적인 안전대책은 설계단계 또는 그 이전에 강구되어야 하는 것이며, 이후에는 수행과 평가 그리고 개선이 뒤따라야 한다. 이와 같은 과정을 DFS(design for safety)라고 한다.

국내의 경우 2016년 「건설기술 진흥법」에 따라 DFS(법에서 설계안전성검토로 명명)가 시작되었지만, 아직까지 이의 효과는 미미한 실정이다. 그러나 안전 선진국들의 DFS 상황은 우리와 다르다. 즉, 영국은 CDM(construction design management)을 1994년, 미국은 PTD(prevention through design)를 2007년, 호주는 SID(safety in design)를 2012년, 싱가포르는 DFS를 2016년에 도입하였고, 또한 DFS 도입 후 이를 건설안전에 성공적으로 정착시켜 활용하고 있다.

따라서 1장에서는 안전 선진국과 국내의 DFS를 비교하여 우리의 문제점을 살펴본 후 DFS의 새로운 개념과 이의 효과적인 수행을 위한 개선사항을 제시하였다. 이를 통해서 DFS의 개선과 활성화는 종국적으로 안전을 증진시킬 뿐만 아니라 건설회사의 경쟁력 자체임을 알 수 있었다. 또한 DFS를 수행하는 데 효과적인 방법은 여러 가지가 있지만, 이 중 선행공종에 대한 DFS를 시행하는 것이 중요하고, 특히 우리 실정에서 절실함을 알 수 있었다. 이러한 점에 착안하여 선행공종의 하나인 기초(말뚝기초)공의 경험과 노하우를 집필하게 되었다.

1.2 건설사고 통계로 본 국내 건설안전 수준

그림 1.1은 국가별 건설업 사망만인율(Taiwan Yearbook, 2020 등) 추이를 나타낸 것이다. 그림에서 보면 각국의 사망률은 전반적으로 점차 감소하는 추세이지만, 한국은 2014년부터 오히려 증가하는 추세에 있는 것을 볼 수 있다. 그림에 나타난 국가들 중 사망률이 낮고, 안정적인 경향을 보여주는 안전 상위권 국가들은 영국, 호주, 독일, 싱가포르 등으로 사망만인율은 0.3 이내이다. 안전 중위권이라고 할 수 있는 국가들은 캐나다, 프랑스, 미국, 일본 등으로 사망만인율은 1.0 정도로 나타났다. 한국의 사망만인율은 2.0에 가까운 정도로 타 국가에 비해 크고, OECD 국가 중 하위권에 속하며, 수위권인 영국보다 10배나 커서 수준 차이가 심각함을 알 수 있다. 흥

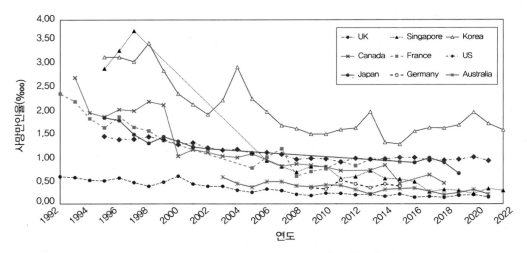

그림 1.1 국가별 건설산업의 사고 사망만인율 추이

미로운 점은 상위권 국가의 대부분이 DFS를 적극적으로 시행하고 있다는 것이다. 또한 싱가포르는 20여 년이란 단기간에 건설안전을 하위권에서 수위권으로 변모시킨 국가라는 것은 주목할 만하다. 이에 대한 심층적인 조사와 분석은 타 국가의 건설안전에 도움이 될 것이라 사료된다.

그림 1.2는 국내 업종별 사망만인율 추이를 도시한 것이다. 그림처럼 전체 업종의 사망률은 점차 감소하고 있어 진전되는 경향을 보이고 있다. 사고가 많이 나는 것으로 알려진 제조업은 2010년 건설업과 크로스 이후 급격히 사망률이 감소하여 2013년 이후부터 전체 업종 평균값에 수렴하고 있다. 제조업에서 사고가 많이 난다는 말은 이제 옛 이야기인 것이다. 한편 건설업의 사망만인율은 2014년 이후 증가하는 추세이고, 이 값은 전체 업종의 4배나 되어 우려되는 상황이라 할 수 있다. 최근에 사망만인율이 약간 줄어들고 있는데 이는 2021년「중대재해 처벌 등에 관한 법률(이후「중대재해 처벌법」)」공포의 영향이라 생각되며 추이를 지켜 볼 필요가 있다.

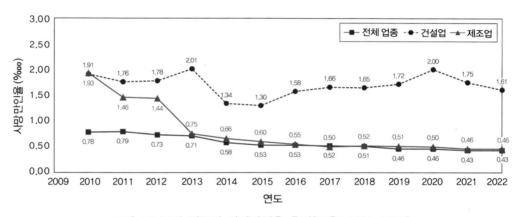

그림 1.2 국내 업종별 사망만인율 추이(고용노동부, 2022)

그림 1.3에서 2022년 국내 업종별 사망자 수와 구성비를 살펴보면 업종별 사망자는 건설업이 제일 많은 402명으로, 이는 전체 사망자 874명의 46%에 이른다. 사망률이 제일 낮은 영국(그림 1.1 참조) 건설업의 최근 연간 사망자 수는 30여 명이고 사망만인율은 0.15로, 이 값은 국내에 비해 1/10 이하이다. 또한 영국 등의 안전 선진국은 국내와 달리 건설업의 재해율이 최대가 아니고 제조업, 운수업 등의 재해율과 비슷한 중위 수준을 보여주고 있다. 이와 같이 국내 건설업의 안전 수준은 매우 낮고, 더욱이 후진적이라고 할 수 있다.

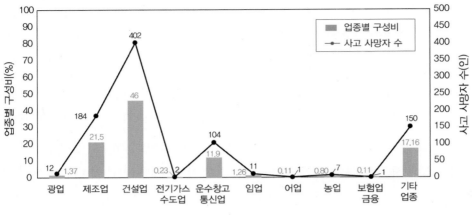

그림 1.3 2022년 국내 업종별 사고 사망자 비교(고용노동부, 2023)

1.3 국내 건설업 안전의 취약 원인

안전 분야에서 강조하는 HOC(hierarchy of control; NIOSH, 2023) 도표에 의하면 건설관리 대책 중 안전효과는 그림 1.4에서와 같이 제거, 대체, 제어, 관리적 통제, PPE(personal protective equipment) 순으로 나타난다. HOC 도표의 건설관리대책 중 전자의 세 가지(제거, 대체, 제어)는 주로 설계단계에 해당하고, 후자의 두 가지는 시공단계에 해당한다. 즉, 안전효과는 시공단계보다 설계단계에서 크게 나타나는 것이다. 국내 안전관련논문(김용구, 2020; 안홍섭, 2020)과 사례 조사에 의하면, 국내의 건설안전 활동은 시공단계 위주의 안전활동, 즉 관리적 통제, PPE 등에 치중하는 것임을 알 수 있다. 따라서 국내 건설안전이 취약한 원인은 여러 관점이 있지만, 안전활동과 관련하여 본다면 효과가 작은 시공단계 위주의 안전활동에서 벗어나지 못하고 있는 것에 기인한다고 할 수 있다.

국내 126건의 중대재해 사례를 분석한 결과도 건설업이 취약한 원인은 시공단계 위주의 안전활동에 기인한다는 것을 보여주고 있다(조천환 등, 2023). 이에 의하면 126건의 중대재해 사례의 대책을 HOC 도표(그림 1.4(a) 참조)에 따라 분류한 결과, 이 대책들은 관리적 통제와 PPE가 84%를 차지하고 있었다. 결국 국내의 건설안전의 취약 원인은 효과가 작은 시공단계에 안전대책이 치중되어 있는 것에 기인함을 사례로도 확인할 수 있다. 이러한 이유로 인해 국내의 경우 관리 미흡과 작업자 실수로 인한 유사사고가 반복되는 것으로 평가된다.

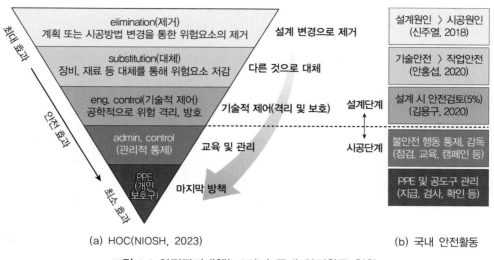

그림 1.4 안전관리대책(HOC)과 국내 안전활동 현황

그런데 동일한 126건의 중대재해 사례를 사고 원인을 기반으로 대책을 강구하여 분석해 본 결과 흥미로운 시사점을 얻을 수 있었다. 이번 분석에서 사고의 대책은 앞서의 실제 대책 분류와 달리 HOC 도표의 제거, 대체, 제어 등이 67% 정도로 나타났다. 즉, 사고를 막기 위해서는 설계 단계에서 선제적 대책이 필요한 것으로 분석된 것이다. 이로부터 중대재해의 많은 부분은 시공 전 DFS로 사고예방이 가능하다고 할 수 있으며, DFS의 중요성과 필요성을 확인할 수 있었다.

1.4 DFS의 적용 효과 및 개선방향

그림 1.5는 건설 분야의 안전 선진국이라 할 수 있는 영국과 싱가포르의 건설업 사고 사망률 추이와 국가적 조치 등을 나타낸 것이다. 그림처럼 영국은 1994년 CDM 도입 이후 사망률이 감소하였고, 2007년 이후 CDM이 두 번이나 개정된 상태에서 지금까지 사망률은 지속 감소한 것을 보면 CDM의 효과가 있었다고 평가된다. 또한 싱가포르도 2016년 DFS 도입 이후 사망률이 지속 감소하고 있어 DFS의 효과가 있다고 평가된다. 이와 같이 안전 선진국들은 DFS를 안전에 효과적으로 활용하고 있다.

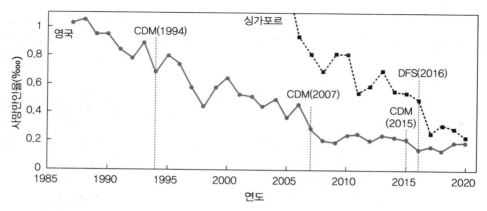

그림 1.5 영국과 싱가포르의 DFS 적용 효과

한편 그림 1.6에서처럼 국내의 건설업은 2016년 DFS 도입 이후 사망만인율이 오히려 증가하고 있다. 최근 사망만인율이 「중대재해 처벌법」의 준비효과 및 사회적 분위기에 편승하여 약간 감소하고 있으나 전체적으로 보면 사망만인율은 증가 후 정체된 추세이다. 결국 국내 사망만인율의 변화는 DFS의 제정 및 시행과는 관계없어 보이며 효과가 없는 것으로 평가된다. 이러한 상황은 앞서 설명한 안전 선진국과는 대조적이다. 따라서 한국과 영국, 두 나라의 DFS 제도를 평가하고 비교해보는 것은 의미가 있다고 생각한다.

표 1.1은 한국의 DFS를 영국의 CDM(Mcilroy, 2021)과 비교하여 국내의 문제점을 도출하고 개선방향을 제시한 것이다. 국내 DFS의 문제점을 보면, 적용 범위는 대규모 공공 공사 위주로 되어, 사고가 많은 소규모 공사는 제외되었다. 시행단계는 국내의 경우 설계 종료 단계(설계 80%

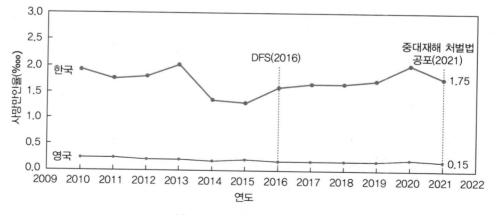

그림 1.6 국내 DFS의 적용 효과

정도)에서 시행되어 DFS 효과가 크지 않다고 본다. 진행방식을 보면 국내는 시공, 안전 전문가의 참여가 없거나 수동적이고 설계자 위주로 진행되다 보니 승인절차로 인식하는 경향이 있다. 그리고 국내는 안전에 가장 중요하다고 할 수 있는 발주자의 역할과 책임이 불명확하며 기술자들의 인식정도나 전문가도 많이 부족한 상황이다.

도출된 문제점을 바탕으로 국내 DFS 제도의 대책을 표 1.1의 우측 열에 제안해 보았다. 제안된 내용의 대부분은 제도와 관련되어 있어 제도 변경이 우선되어야 DFS가 개선될 여지가 있다

표 1.1 한국과 영국의 DFS 비교를 통한 문제점과 대책

	한국	영국	국내 DFS 문제점 도출	국내 대책 제시
명칭/ 시행	설계안전성검토(DFS)/ 2016	CDM/1994		
관련 법령	「건설기술 진흥법」 제62조 「시행령」 제75조	CDM2007, CDM2015(최신)		
관련 부처	국토교통부	HSE(health & safety executive)		
적용 범위	• 발주청 발주 공공 공사 - 1, 2종 시설물 10m 이상 굴착 - 10층 이상 건축 및 해체, 가시설 등	• 공사기간 30일 이상 • 건설작업자 20명 이상 • 500man-day 초과	대규모 공공 공사 위주이고 사고 많은 소규모 공사 제외	소규모 민간공사로 확대(사고의 70% 이상이 50억 미만 공사에서 발생)
시행 단계	실시설계(설계 80% 정도)	• 공사 전 단계 • health and safety file	설계 종료 단계에서 시행되어 DFS 효과가 감소	PJT 전 단계 및 전 항목 확장
진행 방식	설계자가 작성, 승인 후 현장 전달	발주자 주도(PD, PC 대행)로 PJT 전 단계를 관여	시공/안전 참여 없고 승인 위한 절차로 진행 경향	발주자 위주로 진행하되 설계/시공/안전 참여
주관자의 책임	명확하지 않음	발주자 (역할과 책임 명확)	안전에 가장 중요한 발주자의 역할과 책임이 불명확	발주자의 R&R 명시
인식도 및 전문가	76% 정도가 제도를 인식하지 못함(김용구, 2021)	인식도 높고 전문가 양성	설문조사에 따르면 홍보 교육 및 양성 필요	교육, 홍보 전문가 양성
기타	• 시공자 (안전관리계획서 작성) • 감리자 (안전관리계획서 확인)	• Principal Designer (PD) • Principal Contractor (PC)		• 「산업안전보건법」 (2020.1.) • 「건설안전특별법」 (추진 중)

고 본다. 제도 변경 사항에는 DFS를 소규모 공사까지 범위 확장, 설계단계만이 아닌 구조물의 전체 수명단계로 DFS 실시단계의 확대, 그리고 DFS에 관련 건설기술자(시공, 감리, 안전 등) 참여, 발주자의 역할 및 책임 명시, 홍보 및 교육, 전문가 양성 등이 포함되어야 한다. 신주열(2019), 김용구(2020), 안홍섭(2020) 등도 DFS 개선 관련 사항에 대해서 제안한 바 있다. DFS 개선사항 중 일부는 「산업안전보건법」(2020)에 반영되기도 하였고, 일부는 건설안전특별법(계류 중)에 포함되기도 했지만 여전히 충분하지 않으므로, 향후 제시한 방향으로 제도 변경이 지속되길 기대한다. 그러나 제도 변경은 짧지 않은 기간이 소요되며, 또한 변경 후 적용에도 상당한 기간이 필요하다. 따라서 국내의 심각한 안전현황을 고려하고, DFS의 안전효과가 크다는 것을 감안하여 제도 변경과 별도로 DFS를 활성화하는 방안이 필요하다고 생각한다.

제도 변경과는 별도로 DFS를 활성화하는 방안은 회사별로 할 수 있는 DFS를 적극 시도하는 것이다. 앞서 제시한 DFS 개선 대책 중 발주처의 역할에 대한 항목을 제외하면 대부분 회사별로 시행이 용이한 항목들이다. 그간 경험적으로 보면 3가지 활성화 방안이 효과적이었다. 이들은 적용 범위 확장과 실시 단계의 확대, DFS의 사례 확산, 초기 선행공종의 집중 관리이다.

먼저 DFS 활성화 방안을 위해서 DFS의 적용 범위를 확장하고 시행단계를 확대하는 것이 필요하다. 그림 1.7은 프로젝트 형태별로 프로젝트의 전체 단계에서 DFS의 시행 가능성을 열거해 본 것이다. 현재의 DFS는 설계 80% 단계에서 매우 제한적으로 시행되고 있어 당연히 안전효과는 작아질 수밖에 없다. 하지만 회사 자체적으로 DFS를 적용할 경우 그림과 같이 DFS의 시행을 모든 범위로 확장하고 모든 단계로 확대하여, 지속 반복하는 것이 필요하다. 아울러 발굴된 DFS

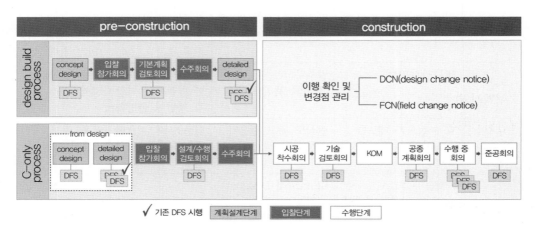

그림 1.7 DFS의 적용 범위의 확장과 시행단계의 확대

항목은 이행을 확인하고, 변경점을 관리하는 것이 중요하다.

두 번째 DFS 활성화 방안은 DFS 사례의 확산이다. 앞서 설명한 것처럼 모든 범위로 확장되고, 모든 단계로 확대되어 시행된 DFS자료는 그것이 LL(lesson learned)이든 BP(best practice)이든 사례의 공유와 수평전개가 지속되어 선순환되어야만 DFS가 활성화되고 시너지가 나타난다. 이를 위해 LIB(library) 또는 DB를 활용할 수 있다. 현재 국토교통부(2023)의 CSI(건설안전관리 종합정보망)에도 사례보고 DB가 있지만 사고 위주의 간단한 정보이고 자료가 많지 않아 모든 단계의 DFS 참고자료로는 충분치 않다. LIB가 아니더라도 LL/BP 자료의 공유가 활성화되면 그림 1.4에서 언급한 3가지 관리대책(제거, 대체, 제어)이 설계단계 또는 그 앞단에서 훨씬 빨리 받아들여지고 전개도 용이해져 안전 향상에 도움이 될 것이다.

DFS활성화 제안의 세 번째는 선행공종의 집중관리이다. 그림 1.8에서처럼 DFS는 앞 단계에서 시행할수록 효과가 크다(Szymberski, 1997). 그렇다면 일개의 프로젝트에서 선행공종을 잘 관리하면 DFS의 효과가 크다는 것이며, 이를 잘 활용하면 안전효과를 배가할 수 있을 것이다. 이에 대한 상세 내용은 다음 절에서 설명한다.

그림 1.8 time-safety influence curve(Szymberski, 1997)

여기서 활성화하려는 DFS는 기존의 설계단계(80%)에 국한하는 설계안전성검토가 아니다. 제안된 DFS는 프로젝트 전 단계의 모든 기술개선을 포함하는 것으로 최종효과는 공기(and/or 금액)로 나타나게 되는 것이므로 안전증진뿐만 아닌 회사의 경쟁력으로도 귀결된다. 이것이 DFS를 활성화해야 하는 또 다른 이유라 할 수 있다. 전술한 활성화 방안의 시행은 어렵지 않고 효과도 크므로 회사별로 적극 시도해 볼 것을 권장한다.

1.5 지반공학의 선도 업무

그림 1.9는 전형적인 빌딩공사의 마스터 스케줄(조천환, 2023)을 나타낸 것이다. 좌측 열처럼 일반적인 공사순서는 준비 이후, 토공사(지반공사)에서부터 시운전까지 진행된다. 그림처럼 토공사는 전체 공사의 선행공종이자 CP(critical path)여서 프로젝트의 성패를 좌우할 수 있는 중요한 역할을 하게 된다. 일반적으로 선행공종인 토공사에는 흙막이, 굴착 및 성토, 기초, 지반보강 등이 있는데 이들은 지반공종에 해당된다.

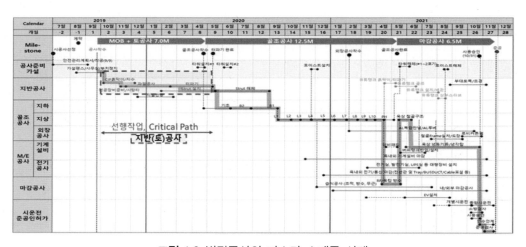

그림 1.9 빌딩공사의 마스터 스케줄 사례

전술한 마스터 스케줄의 시공업무를 도식화하면 그림 1.10에서처럼 토공사에서 골조, M/E, 외장, 마감, 시운전 등으로 나타낼 수 있다. 만약, 초기 공종인 토공사에서 DFS를 하면 그 효과가 공기이든 금액이든 자체 공종은 물론 후속 공종 모두가 혜택을 받게 된다. 그런데 말기 공종인 시운전에서 DFS를 하면 시운전 자체 공종에서만 혜택을 받게 될 것이다.

이러한 상황을 그림 1.10 위쪽의 그림과 같이 도식화할 수 있고, 전개 곡선의 형태는 아래 그림과 같이 쌍곡선 기본식으로 나타낼 수 있다. 쌍곡선의 기본식에 전술한 빌딩 마스터 스케줄(그림 1.9 참조)의 공기를 대입하면 그림에서와 같은 식($= 5/x^{0.74}$)으로 나타낼 수 있다. 여기서 프로젝트의 초기(지반 공종)와 말기(시운전 공종)의 효과비는 Evans rule(Evans et al., 1998)에서 제시한 설계비용과 유지관리비용의 비(1:5)를 기준하였다.

그림 1.10에서와 같이 프로젝트의 마지막 단계인 시운전을 1.0으로 볼 때, 해당 프로젝트의

공종별 안전효과는 지반공종(토공사)이 5.0, 골조공종이 2.0, M/E가 1.4, 마감이 1.3 정도로 나타났다. 본 사례는 앞서 설명한 DFS의 정성적 효과를 정량적으로 나타내보기 위해 시도해 본 것으로 DFS에서 선행공종의 중요성을 더욱 명확하게 보여주고 있다. 종합해 보면, 프로젝트 스케줄의 앞단에서 지반공종의 DFS를 하되, 보다 적극적인 안전대책(그림 1.4에서 제거, 대체, 제어 순)을 채택하면 DFS는 가장 효과적으로 프로젝트에 도움이 될 것이다. 이렇게 하는 것이 지반기술자의 선도(善導)업무이다. 이러한 관점에서 조천환(2022)은 지반공학의 선도업무에 대해 사례를 들어 설명하였다.

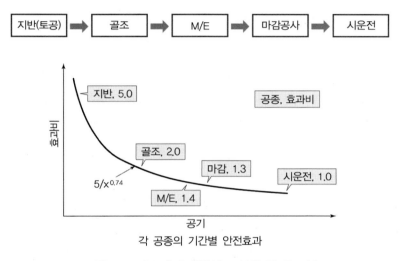

각 공종의 기간별 안전효과

그림 1.10 마스터 스케줄의 도식화 및 유도식

1.6 본서의 계기

우리나라가 비교적 일찍이 DFS를 도입한 것은 매우 바람직한 일이었다. 하지만 그 효과는 미미했고 향후 개정과 개선의 기대는 난망하다. 그간 시공적인 안전 대책에 치중한 나머지 안전 효과가 답보되어 있는 상황에서, 이제는 DFS라는 설계적인 대책의 보완으로 안전 효과를 배가시켜 건설안전의 하위권 수준을 탈피하는 것이 급선무이다. 이는 단순히 수준 달성의 목적이 아닌 사람의 생명을 보호하는 것으로 가장 중요한 목적가치이며, 건설산업의 목표이기도 하다. 그러나 통계치는 건설산업이 목표와 다르게 전개되고 있음을 보여주고 있다.

본 장에서는 건설안전의 진보를 위해 DFS의 특장점을 살리고 용이하게 활성화시킬 수 있는 방안을 제시하였다. 제안된 DFS는 설계의 마지막 단계에서 안전성을 검토하는 협의의 DFS가 아니고, 프로젝트의 전 단계에서 안전에 필요한 모든 내용에 대해 가능한 앞단에서 검토하는 광의의 DFS이다. 또한 제시된 DFS 항목은 현장에서 확인, 개선, 확장하고 아울러 이들을 정리·저장하여 수평전개되도록 함으로써 선순환의 고리를 만들어야 한다. 이래야만 DFS는 안전뿐이 아닌 회사의 경쟁력으로도 발전할 수 있을 것이다.

모든 공종의 DFS는 효과가 있다. 하지만 프로젝트 앞단의 DFS가 효과가 크듯이 선행공정이며 CP인 토공사(지반공종)를 잘하면 안전 효과가 훨씬 크게 나타난다. 이것이 지반기술자가 DFS를 활성화하기 위해 심혈을 기울여야 할 이유이다. 지반공종에서 DFS를 적극 수행하는 것이 지반기술자의 선도업무이기도 하다. 이의 실행은 지반기술자의 몫이지만, 도입과 방향 설정을 위한 의사결정은 프로젝트 관리자 또는 회사 운영자의 몫이다.

하지만 현 상황은 관리자나 운영자가 본 구조물에만 집중한 나머지 정작 후속공종에 심각한 영향을 주는 선행공종은 경시하지 않았는지 돌아볼 필요가 있음을 보여주고 있다. 특히 현업에서는 빌딩, 주택, 공장, 플랜트 건설 분야의 프로젝트에서 선행공종(토공사)의 중요성에 대한 의미가 더욱 강조되고 실행되어야 한다고 생각한다.

기초의 리스크는 바로 구조물 근본의 리스크이다. 따라서 기초는 여러 공종 중 리스크가 가장 크다고 할 수 있고, 또한 기초의 리스크는 한번 발생하면 구조물이 조성되면서 점차 확대되는 경향이 있어 위험한 항목이기도 하다. 그러한 이유로 기초의 리스크 헤지(hedge)는 모든 관련자에게 가장 큰 관심 사항이며, 이 중심에 말뚝기초가 있다. 이러한 관점에서 2장부터는 선행공종 중 하나인 말뚝기초공에 대해 DFS를 시도하는 데 참고할 수 있도록 실무에서 체득한 암묵지의 명시지화를 시도하였다.

Chapter 2

말뚝기초공법의 개요

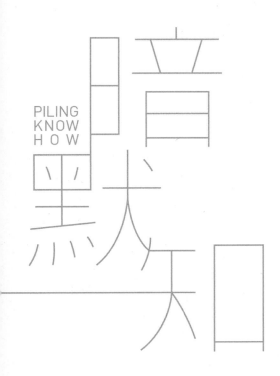

말뚝기초공법의 개요

2.1 말뚝기초공법의 분류

말뚝공법을 시공법에 따라 분류하면 그림 2.1에서와 같이 타입공법(항타공법), 매입공법, 압입공법, 현장타설공법 등으로 분류할 수 있다.

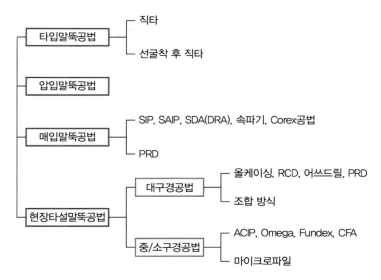

그림 2.1 시공법에 따른 말뚝공법의 분류

타입공법은 말뚝을 지반에 직접 타격하는 방법으로 전통적으로 이용되어온 공법이다. 지반 내에 조밀층 또는 자갈층 등이 있어 타입이 곤란하거나, 점토층이 있어 타입 시 기존 구조물 및 기항타된 말뚝에 영향을 줄 수 있는 경우 해당 지층을 선굴착한 후 항타할 수도 있는데, 이것도 타입공법으로 분류된다. 타입공법은 경제성이 있고 효과적인 공법임에도 근래에는 항타 시 발생하는 소음·진동 등으로 인해 매우 제한적으로 사용되고 있다. 그러나 소음·진동의 문제가 없는 지역에서는 여전히 경쟁력이 있는 말뚝기초공법이다.

압입말뚝공법(jact in pile method)은 기성말뚝에 압력을 주어 지반에 설치하는 공법으로 동남아와 서남아 그리고 중국 등지에서 주로 사용된다. 압입공법은 설치 시 소음과 진동이 없는 저소음·저진동 공법에 속한다. 또한 압입공법은 자체 장비의 무게를 반력으로 이용하고, 바퀴 없이 장비가 움직이는 간편한 공법이다. 특히 이 공법은 압입력이 측정되므로 말뚝마다 깊이별 하중 − 침하 거동의 파악이 가능하여, 이론상 모든 말뚝에 재하시험이 가능한 특별한 장점이 있는 공법이기도 하다.

매입말뚝공법은 타입말뚝시공 시 발생하는 소음과 진동의 문제를 해결하기 위하여 개발된 공법으로 여기에는 SIP(soil cement injected precast pile)공법, SAIP(special auger SIP)공법, SDA(separated doughnut auger)공법, 속파기(중굴)공법, Corex공법 그리고 PRD(percussion rotary drill)공법 등이 있다. SDA공법은 DRA(dual respective auger)공법으로도 불린다. 매입말뚝공법은 1994년 「소음 및 진동 규제법(현. 소음·진동관리법)」이 공포되면서 이용이 급격히 증가하기 시작하였으며(조천환, 2006), 근래에는 항타 시 소음·진동으로 인한 민원 문제가 없는 임해지역과 같은 특수한 경우를 제외한 대부분의 현장에서 이용된다.

현재 국내에서 주로 이용되는 매입말뚝공법은 SDA공법, PRD공법이다. SIP공법, SAIP공법, 속파기공법, Corex공법은 도입 및 개발 초기에 이용되다가 적용성의 문제로 현재는 거의 이용되지 않고 있다.

현장타설말뚝공법은 크게 대구경과 중/소구경으로 나눌 수 있다. 대구경 현장타설말뚝에는 전통적으로 올케이싱(all casing)공법, 어쓰드릴(earth drill)공법, RCD(reverse circulation drill)공법 등이 있는데, 최근에는 장비의 발달에 힘입어 전통적인 방식이 그대로 사용되기보다는 현장조건을 고려하여 각 공법의 장비를 조합하는 방식(수정RCD공법, 수정어쓰드릴공법 등)이 주로 적용된다.

중/소구경 현장타설말뚝공법(Omega, Fundex, ACIP, CFA공법)은 스크류(screw)파일공법이라고도 하며, 주로 유럽 및 미국에서 이용되고 있는 공법이다. 이외에도 MISCP(mid-size in-situ concrete pile), MCCP(mold used cast in place concrete pile) 등 중구경 현장타설말

뚝공법(2.5.5절 참조)이 있는데 이들은 매입말뚝공법의 장비를 전용하여 사용하는 공법으로 품질 문제로 인해 사용 빈도가 적다.

마이크로파일(micro pile, MP)은 현장에서 시공된다는 점에서 현장타설말뚝으로 분류할 수도 있는데, 소규모 시공, 제한 공간 내 시공, 인접 시공, 리모델링 등에 이용되고 있다. 한편 마이크로파일은 재료에 따라 그림 2.2와 같이 강소말뚝으로 분류할 수도 있다.

그림 2.2에서와 같이 말뚝을 재료에 따라 분류하면 크게 기성말뚝과 현장타설말뚝으로 나눌 수 있다. 기성말뚝은 다시 재질에 따라 강말뚝, 콘크리트말뚝, 복합말뚝으로 나눌 수 있다.

강말뚝은 강관말뚝과 H형강말뚝으로 나눌 수 있는데, H형강말뚝은 지지말뚝으로 많이 사용되지 않는다. 강말뚝 중 주로 소구경의 강재를 특수한 형태로 고안한 후 특화시켜 만든 공법들이 있는데, 이들은 공법마다 특장점이 있고 목적에 따라 매우 효과적으로 이용된다는 점에서 강소말뚝으로 분류하였다(조천환, 2013). 강소말뚝에는 JP(jack pile)공법, SAP(screw anchor pile)공법, HP(helical pile)공법 등이 있다.

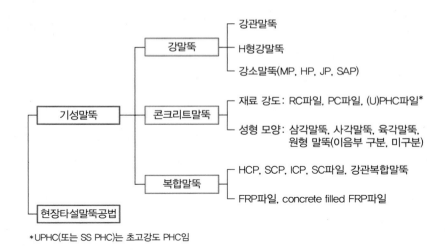

*UPHC(또는 SS PHC)는 초고강도 PHC임

그림 2.2 재료에 의한 말뚝의 분류

콘크리트말뚝 중 RC와 PC말뚝은 이제 거의 사용되지 않고 주로 PHC(prestressed spun high strength concrete, f_{ck}=800kg/cm^2)파일이 사용되는데, 근래에는 초고강도PHC(f_{ck}=1,100kg/cm^2)파일도 사용되고 있다. PHC파일의 이음부는 국내와 동남아(중국 포함)가 서로 다른데, 전자는 본체를 얇게 하고 선단 슈를 부착함(폐단말뚝)으로써 콘크리트 재료를 최적화했다. 반면,

후자는 본체를 두껍게 하여 선단 슈를 없애고 양단부를 통일함(개단말뚝 형태)으로써 시공성을 증대시켰다. 그리고 콘크리트와 강재의 장점 또는 신재료와 콘크리트의 장점을 활용하기 위해 복합말뚝이 고안되어 이용되고 있다.

현장타설말뚝은 구조물기초설계기준 해설(2009)에서 설계 재료의 강도를 증가(=0.25f_{ck} ≤ 85kg/cm²)시켜 경제성이 향상되었지만, 현재의 품질관리 수준을 고려할 때 이 또한 보수적이라 할 수 있다. 현장타설말뚝은 본당 하중지지능력이 우수하여 대형구조물의 기초에 유리하며 저소음·저진동 공법이라는 특징을 갖고 있어 이용이 증대되고 있다.

국내에서 말뚝공법에 사용되는 재료는 강관말뚝과 PHC파일이 대표적이다. 강관말뚝은 강재의 재질별로 제작되고 있는데, 국내에서는 강관말뚝의 재질로 STP275, STP355, STP450, STP550 등이 있다. 강관말뚝은 고강도 말뚝으로 제작하기 용이하다는 장점이 있어 고강도 강관말뚝으로의 활용이 시도되고 있지만, 여전히 고가의 재료인 것은 분명하다. 그러나 고강도 강관말뚝을 최적화한다면 그만큼 경제성을 발휘할 수 있으며, 특히 향후 구조물 철거 후 재활용(recycle)이 가능하다는 점에서 잠재력이 있는 재료임이 틀림없다.

시공법에 따라 지지력 발현의 원리가 달라지며, 이러한 원리를 이해하는 것은 시공법을 이해하는 데 중요하다. 말뚝 시공 시 주변 흙의 이동에 따라 말뚝의 지지거동은 달라진다. 말뚝이 설치됨에 따라 주변 흙의 변위가 있는 것을 변위말뚝(soil displacement pile)이라 하고, 주변 흙의 변위가 없는 것을 비변위말뚝(soil excavation pile, non-displacement pile)이라 한다. 그림 2.3에는 주변 지반의 변위에 따른 말뚝과 지지 지반의 거동의 차이가 잘 나타나 있다.

표 2.1에는 말뚝을 설치할 시 주변 흙의 거동에 따라 말뚝시공법을 분류하는 방법을 나타내었다.

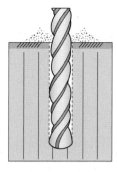
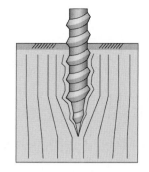

(a) 비변위말뚝　　　　　　　　　　　　　　(b) 변위말뚝

그림 2.3 변위말뚝과 비변위말뚝의 거동 차이

표 2.1 말뚝 설치 시 흙의 이동에 따른 말뚝 분류방법

지반거동 분류		공법 분류	공법 상세
변위 말뚝	대변위	타입말뚝	PHC타입, 폐단강관말뚝타입
		현장타설말뚝	희생케이싱 + 콘크리트 타설, 다짐현장타설말뚝 비배토현장타설(Omega, ACIP, Fundex 등)
		스크류파일	각종 스크류파일공법
	소변위	타입말뚝	미폐색된 개단강관말뚝, H파일타입, 시트파일타입
		오거적용말뚝	지반 교란을 줄이는 CFA
비변위말뚝		오거적용말뚝	일반 CFA
		현장타설말뚝	어쓰드릴, RCD, 올케이싱 등

표에서와 같이 말뚝은 변위말뚝과 비변위말뚝으로 나누고, 전자는 다시 변위량에 따라서 대변위말뚝(high soil displacement pile)과 소변위말뚝(low soil displacement pile)으로 구분한다.

그림 2.4에는 말뚝 설치 시 주변 흙의 이동에 따른 지지력 발현의 차이를 나타내었다. 그림 2.4(a)에서와 같이 타입말뚝은 말뚝이 설치되면서 흙이 주변으로 이동되므로 중간 조밀도 이하의 사질토의 경우 주변 지반이 다짐되어 지지력이 증가하는 반면, 현장타설말뚝(그림 2.4(b)) 및 매입말뚝(그림 2.4(c))은 굴착 시 말뚝 주변 지반이 교란되고 이완되어 지지력이 감소하게 된다. 한편 변위말뚝과 비변위말뚝은 말뚝설치 시 흙을 배토(排土)하는 관점으로도 나뉘는데, 변위말

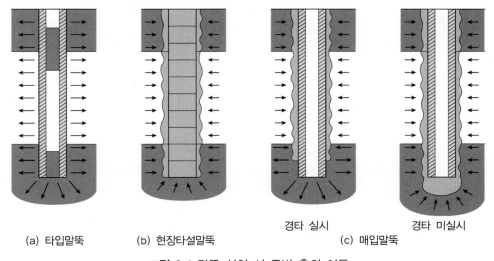

| (a) 타입말뚝 | (b) 현장타설말뚝 | 경타 실시
(c) 매입말뚝 | 경타 미실시 |

그림 2.4 말뚝 설치 시 주변 흙의 이동

뚝은 비배토말뚝, 비변위말뚝은 배토말뚝으로 불리기도 한다.

매입말뚝공법은 그림 2.4(c)에서와 같이 천공깊이 이하로 경타된 경우와 경타 없이 천공깊이 상부에 말뚝을 설치된 경우로 구분할 수 있다. 전자의 경우 선단부는 타입말뚝과 유사한 거동을 보이고, 주면부에서는 현장타설말뚝의 거동을 보인다. 반면 후자의 경우 선단부와 주면부가 공히 현장타설말뚝과 유사한 거동을 나타낸다. 이와 같이 시공법에 따라 말뚝의 지지력을 평가할 경우 말뚝 설치 시 주변 흙의 거동을 이해하는 것이 중요하다.

변위말뚝과 비변위말뚝의 설치 후 지반에 미치는 영향은 그림 2.5의 시험결과를 통해서 알 수 있다. 그림 2.5(a)는 비변위말뚝 설치 전후 CPT(cone penetration test) 시험 결과(Van Weele, 1989)인데, 말뚝 설치 후 주변 지반이 매우 교란되어 약화되었음을 알 수 있다. 한편 그림 2.5(b)는 변위말뚝 설치 전후 DMT(flat dilatometer test)의 측정 결과(De Cock et al., 1993)인데, 말뚝 설치 후 오히려 지반(수평응력)이 강화되었음을 알 수 있다. 말뚝시공법의 이러한 거동의 차이로 인해 지지력 계수가 달라지며 지지력에 차이가 있음을 이해해야 한다.

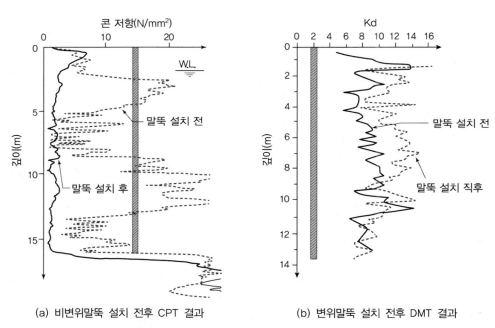

(a) 비변위말뚝 설치 전후 CPT 결과   (b) 변위말뚝 설치 전후 DMT 결과

그림 2.5 말뚝 설치 시 주변 흙의 강성 변화

2.2 타입말뚝

타입말뚝은 말뚝기초공 중 가장 오래되고 전통적인 공법이다. 또한 타입말뚝은 가장 경제적이고 확실한 공법이라 할 수 있다. 근래에 환경문제로 타입말뚝이 많이 사용되지 않고 있지만, 환경문제만 벗어나면 우선적으로 채택될 수 있는 경쟁력 있는 공법이라 할 수 있다. 타입말뚝공법은 말뚝기초공의 기본으로, 이의 기본 원리를 이해하면 말뚝기초공 전반을 이해하는 데 도움이 된다. 본 절에서는 타입말뚝의 특성과 해머의 선정에 대해 살펴보았다.

2.2.1 타입말뚝공법

타입말뚝공법은 말뚝의 두부를 디젤해머, 유압해머, 드롭해머 등으로 타격하여 지지력을 발현시키는 공법(그림 2.6(a) 참조)이다. 타입공법은 시공이 단순하고 경제적이며, 또한 타입 시 간단히 측정되는 타격당 관입량을 이용하여 지지력을 추정할 수 있어 말뚝공법 중 가장 효율적이고 확실한 공법이라 할 수 있다. 그러나 타입공법은 소음과 진동이 발생하기 때문에 공법 선정 시 주변조건을 고려해야 한다.

타입말뚝 적용 시 말뚝의 재료와 지반조건에 부합하지 못하는 해머를 사용할 경우 말뚝재료가 손상되는 문제가 발생할 수 있어 공법 설계 시 이를 고려해야 한다. 그래서 이들(말뚝, 지반, 해머)은 타입말뚝의 3요소로 불리기도 한다.

타입말뚝에는 어쓰오거(earth auger)로 지반을 선굴착 후 말뚝을 타입하는 공법(그림 2.6(b) 참조)도 포함된다. 이 공법은 지반에 모래층, 모래자갈층 등 조밀한 중간층이 있어 타입공법만으

|(a) 타입말뚝|(b) 천공 후 타입말뚝|

그림 2.6 타입말뚝의 시공 전경

로 말뚝을 관입시킬 수 없는 경우, 지반이 점토층으로 되어 있어 항타 시 기존 구조물 또는 기타 입한 말뚝에 영향을 미칠 수 있는 경우, 항타 시 소음과 진동을 저감하거나 항타수를 줄일 필요가 있는 경우 등에 이용될 수 있다.

타입말뚝에 이용되는 주요 장비는 항타기와 해머(hammer)이며, 캡(cap), 쿠션(cushion), 보조말뚝(follower), 관입량 측정기 등 기타 부속장비가 있다. 항타기는 현수식과 3점 지지식이 있는데, 전자는 크롤러크레인(crawler crane)을 개조한 항타기이고, 후자는 전용 항타기를 말한다(그림 2.7 참조).

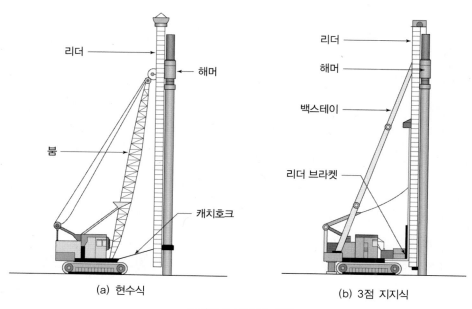

그림 2.7 항타기 개요도

항타 시 적절한 해머의 선정이 중요하다. 현재 사용되고 있는 항타용 해머에는 유압해머, 바이브로해머, 드롭해머, 디젤해머 등이 있다. 과거에는 시공속도, 경제성 등이 유리한 디젤해머가 일반적으로 사용되었지만, 현재는 소음, 진동, 기름연기 등 환경문제로 이의 사용은 제한적이고 유압해머가 주로 사용되고 있다.

해머는 파동이론분석(wave equation analysis of pile driving, WEAP)을 통해 항타시공관입성(driveability)의 분석을 실시하여 최종 선정된 것이어야 한다. 항타시공관입성분석으로 선정된 해머라 하더라도 실제 항타능력은 개개의 해머별로 상이할 수 있으므로 실적용성을 확인하는 것이 필요하다. 따라서 실시공에 앞서 동재하시험기를 사용하여 시항타를 실시한 후 효율 및 지지력을 확인하는 것이 필요하다.

해머 중 가장 많이 사용되는 유압해머는 램을 유압에 의해 끌어 올려서 낙하시키고 말뚝 두부를 타격하는 방법이며 램의 낙하 높이를 임의로 조정할 수 있다. 따라서 동일한 해머로 적용 가능한 말뚝의 종류나 말뚝직경의 범위가 넓다. 유압해머는 해머에 방음 구조를 장치하거나 램의 낙하 높이를 조정함으로써 말뚝타격 시 소음을 낮출 수 있고, 또한 기름연기의 비산도 거의 없어 이러한 조건을 전제로 저공해 해머로 분류될 수도 있다.

유압해머의 기구는 램의 구동(낙하)방식에 따라 자유낙하방식과 가속낙하방식으로 구별되며 국내에서는 전자가 주로 사용되고 있다. 전자는 유압으로 램을 상승시킨 후 유압을 제거하고 램을 자유낙하시켜서 말뚝을 타격하는 방식이다. 후자는 유압으로 램을 상승시킨 후 유압을 제거하는 동시에 램 위쪽에서 유압을 가하여 램을 가속 낙하시켜 말뚝을 타격하는 방식이다.

해머는 제조사에 따라 규격이 서로 다르고, 또 근래에는 해머의 대형화도 진행되어 사용할 때 각 유압해머의 규격과 기구를 확인할 필요가 있다. 유압해머는 해머의 본체와는 별도로 파워 유닛(unit)이 필요하다. 그림 2.8에는 자유낙하방식 유압해머의 개요도를 나타내었고 표 2.2에는 유압해머와 디젤해머를 비교하여 나타내었다.

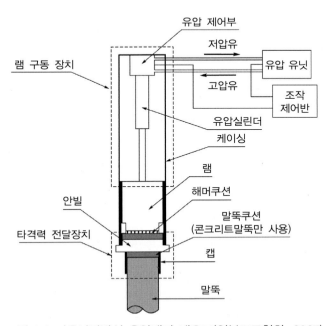

그림 2.8 자유낙하방식 유압해머 개요도(일본도로협회, 2007)

표 2.2 유압해머와 디젤해머의 비교((주)동광중공업, 2005)

해머 종류		유압해머				디젤해머				
형식		DKH 5	DKH 7	DKH 10	DKH 13	KB 25	KB 35	KB 45	KB 60	KB 80
사양	램 중량 (ton)	5	7	10	13	2.5	3.5	4.5	6.0	8.0
	낙하 높이 (m)	1.2	1.2	1.2	1.2	2.4	2.4	2.4	2.4	2.4
	타격에너지 (t·m)	6	8.4	12	15.6	6	8.4	10.8	14.4	19.2
	이론낙하속도 (m/s)	4.85	4.85	4.85	4.85	6.86	6.86	6.86	6.86	6.86
	기계적 효율 (%)	95	95	95	95	82	82	82	82	82
	실제낙하속도 (m/s)	4.60	4.60	4.60	4.60	5.62	5.62	5.62	5.62	5.62
	운동량 (t·m/s)	23.03	32.2	46.0	59.8	14.05	19.67	25.29	33.72	44.92

캡과 쿠션(그림 2.9 참조)은 관리가 중요하다. 말뚝쿠션은 일회용이고 육안으로 확인할 수 있어 관리가 용이하지만 해머쿠션은 내부에 있어 보이지 않아 관리시기를 놓치는 경우가 자주 있으므로, 주기적으로 확인하고 필요시 교체해야 한다.

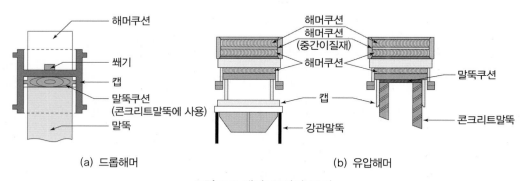

그림 2.9 캡과 쿠션의 구성

보조말뚝(follower)은 지표면 이하 또는 수중에 말뚝을 시공하여야 할 경우 타격에너지를 말뚝에 전달시키기 위한 보조 장치로, 항타에 의한 충격에 견딜 수 있도록 강재로 제작하는 것이 일반적이다. 또한 보조말뚝은 말뚝과의 접촉부에서 응력이 집중하여 말뚝이 손상되는 것을 방지하기 위해 가능한 한 본말뚝과 비슷한 임피던스(impedance, 식 (3.4) 참조)를 갖도록 제작한다.

타격 시 관입량 측정에 사용되는 관입량 측정기는 측정이 용이하고 안정적이며 견고해야 한다. 기준대는 여러 형태가 있을 수 있지만 측정용 필기도구가 말뚝과 수직으로 유지되도록 평평한 면이 있어야 하며 항타 시 지반에 묻히거나 흔들리지 않아야 한다. 최근에는 측정자의 안전, 측정 자료의 정확도 및 자료 관리를 위해 각종의 자동 항타관입량 측정기(3.1.4절 참조)가 개발되어 사용되고 있다.

타입말뚝의 시공 순서는 크게 해머선정을 포함하는 시항타(initial driving pile) 작업과 본항타 작업으로 나눌 수 있다. 시항타는 파동이론분석과 일련의 동재하시험을 실시하여 해머를 결정하고 지지력, 관입성 등 설계내용을 확인하며, 본시공에 적용할 시공관리기준을 설정하는 내용을 포함한다(그림 2.10 참조). 동재하시험에서는 지지력의 시간경과효과가 말뚝기초의 경제성 및 안정성에 크게 영향을 미치므로 항타 시 동재하시험(end of initial driving test, EOID

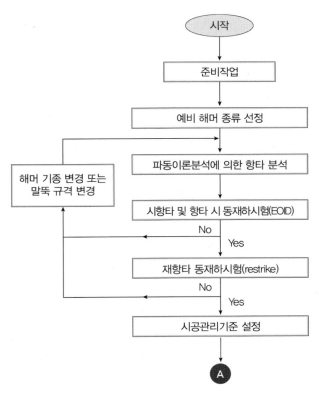

그림 2.10 시항타 작업의 순서

test)을 실시하고, 일정 시간이 경과한 다음 재항타시험(restrike test)을 실시하여 시간경과효과를 파악할 필요가 있다. 시항타는 본항타를 실시할 지역을 대표할 수 있어야 하고, 본시공과 동일한 조건(특히 동일 말뚝제원 및 타격에너지)으로 실시되어야 한다. 조건이 다를 경우 추가 분석 또는 시항타의 재실시 등을 통해서 필요한 내용을 확인해야 한다.

시항타와 달리 시험시공(test pile)은 설계 확정 전에 수행됨으로써 말뚝기초공의 경제성 및 안정성에 입각하여 공법, 재료, 지지력, 시공기준 등을 확정할 수 있으며 설계영역에 포함된다. 시험시공에서도 지지력의 시간경과효과가 중요하므로 항타 시 동재하시험과 재항타시험을 실시하여 시간경과효과를 파악할 필요가 있다. 이렇게 함으로써 경제적이고 안정적인 설계의 확정 및 본시공 관리기준을 설정할 수 있다. 시험시공 역시 본항타를 실시할 지역을 대표할 수 있어야 하고, 본시공과 동일한 조건(동일 말뚝제원 및 타격에너지)으로 실시해야 한다. 또한 시험시공에는 군말뚝의 영향을 검토할 수 있도록 군말뚝 조건을 포함시키는 것도 필요하다.

그림 2.11과 같이 국내에서 시험시공 절차는 거의 이루어지지 않는 것 같다. 다만, 국내에서는 시공 초기에 설계내용의 확인과 본시공 관리기준을 설정하기 위해 구조물별로 1% 정도의 시항타(시험수량 기준임)를 실시하고 있다. 따라서 국내에서 수행되는 시항타 절차는 설계영역과 관련이 없고, 시공품질의 영역에 포함된다고 할 수 있다. 이와 같이 시험시공과 시항타는 엄연히 다른 절차이며 구별되어야 한다.

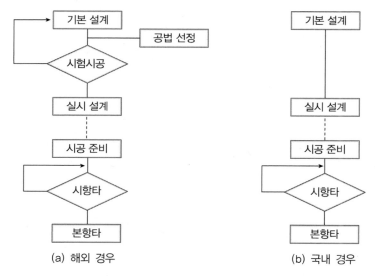

(a) 해외 경우   (b) 국내 경우

그림 2.11 국내외에서의 시험시공과 시항타 절차

그림 2.12에서와 같이 본시공은 말뚝의 설치(중심에 위치, 말뚝 두부에 해머 장착, 연직도 확인 등), 타입(필요시 용접, 보조말뚝 등 적용), 최종관입량을 측정하고 항타종료(필요시 보조말뚝 인발 및 처리 포함)의 순서로 이루어진다. 이들 절차와 관련하여 최근에는 자동 항타관입량 측정기(3.1.4절 참조), 무용접 조립식 이음장치(3.1.9절 참조)가 개발되어 이용됨으로써 안전, 품질, 생산성 등에서 진일보하고 있다.

상기와 같은 항타 작업은 규정된 시방 및 품질관리 기준에 따라 이루어져야 소정의 품질을 달성할 수 있다. 이러한 항타 작업 중 가장 중요한 작업은 무엇보다도 적정한 해머의 선정이라 할 수 있다.

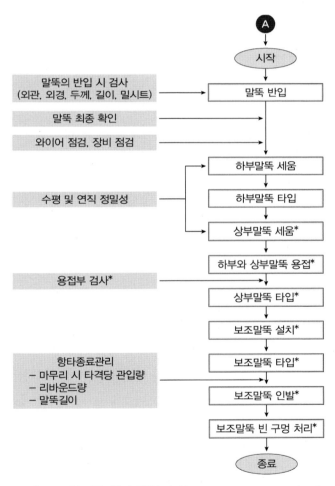

그림 2.12 본시공 항타 작업 순서(*는 조건에 따른 선택 사항임)

2.2.2 해머의 선정

항타 시 말뚝 본체에 발생하는 타격응력은 해머의 용량, 말뚝재료의 특성, 말뚝 주변 및 선단 지반의 특성에 영향을 받는다. 적절하지 못한 해머의 선정은 설계하중의 미달을 초래함으로써 말뚝의 설계목적을 이루지 못하게 되며, 또한 말뚝 본체의 파손을 유발할 수도 있다.

적정한 해머의 선정에 의해 타입말뚝 기초공의 경제성, 안정성, 공기 등이 좌우된다. 특히 특수한 지반에서 콘크리트말뚝 등을 사용하는 경우 말뚝 본체의 균열, 파손 등의 우려가 있으므로 적정한 해머를 선정하고 관리하는 방법을 정하는 것은 무엇보다도 중요하다.

합리적인 해머를 선정하기 위해서는 타입말뚝의 3요소(말뚝, 지반, 해머)를 고려하여 소요지 지력 확보 가능성, 항타응력의 적정성 여부, 시공의 용이성, 공기 등을 종합적으로 분석하는 것이 요구된다. 이를 위해서 파동이론분석이 이용될 수 있다. 현재까지의 지반공학기술로 볼 때 최적 해머의 선정을 위한 방법으로 WEAP 프로그램을 이용한 파동이론분석이 가장 유용하다. 파동이론분석에 사용되는 WEAP 프로그램은 사용자 의존적이어서 분석에 경험이 필요한데 WEAP 분석에 대해서는 조천환(2010, 2023)을 참고한다.

국내외 여러 시방 및 자료(특히 일본 자료)는 말뚝재료 및 시공조건별로 해머의 선정도표를 제공하고 있다. 그러나 이러한 도표는 특정 지역의 항타시공 조건을 고려한 것으로 시공조건이 일치하지 않는 한 사용하지 않는 것이 좋다. 전술한 바와 같이 적정한 해머의 선정검토를 위해서는 해당 시공조건이 반영된 파동이론분석을 수행하는 것이 바람직하다.

그림 2.13에는 최적 해머의 선정 절차를 나타내었다. 그림에서와 같이 최적의 해머를 선정하기 위해서는 우선 지반, 말뚝재료, 시공 및 환경 조건, 장비 조달 등을 검토하여 경험적으로 개략의 해머를 선정한다. 이후 파동이론분석을 통해 항타시공관입성, 시공성, 안정성을 확인하고 공기, 경제성을 검토하여 해당 지반조건 및 말뚝재료 조건에 적합한 해머를 최종 선정한다.

최적 해머의 선정은 시험시공과 시항타 절차에서 모두 가능하다. 전자는 설계와 연동하여 결정하므로 명실공히 최적 해머를 선정하는 과정이라 할 수 있다. 하지만 후자는 설계에서 결정된 하중 및 조건에 맞게 해머를 결정하는 것이므로 조건부 해머 선정인 것이다. 해머 선정의 최종 절차인 시항타로 선정된 해머는 끝까지 사용되어야 하며, 동일한 해머라도 주기적으로 효율을 점검하는 것이 바람직하다. 즉, 해머의 조건은 시항타와 동일(또는 동등)한 상태가 본시공에서도 유지되어야 한다. 쿠션의 삽입과 교체 조건도 마찬가지다.

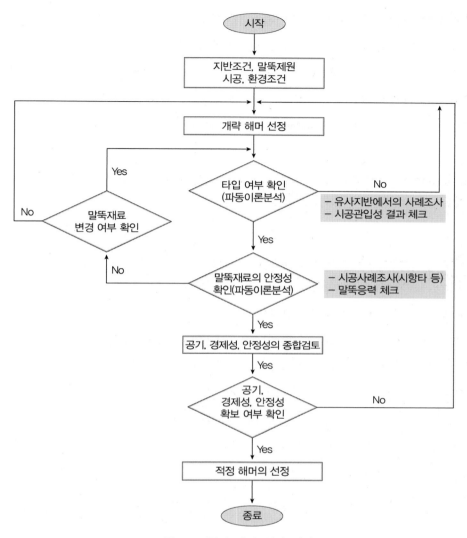

그림 2.13 최적 해머 선정 절차

2.3 매입말뚝

매입말뚝공법은 일본과 우리나라에서만 사용되는 독특한 말뚝기초공법 중 하나이다. 독특한 공법이라고 할 수 있는 매입말뚝공법이 두 나라에서만 이용된 이유는 도입 당시 두 나라의 사회적인 배경에 기인한다(조천환, 2006).

매입말뚝공법은 1955년 일본에서 처음 개발되어 1970년대에 발전하게 되었다. 한편 우리나라에서는 1980년에 이르러 그때까지 사용되어왔던 직항타 공법에 대한 소음, 진동, 매연 등의 환경적인 문제가 민원으로 나타나기 시작했다. 이에 따라 1980년 초에 매입말뚝공법의 효시라 할 수 있는 SIP(soil cement injected precast pile)공법이 국내에 처음 도입되었고, 산발적으로 이용되었다. 이후 매입말뚝의 대단위 시공은 1987년도 한강변의 고층아파트 기초(PC600)에 적용된 바 있다(동일기술공사, 1987). 1987년 당시 시공 기록(그림 2.14 참조)에 의하면 주면고정액과 선단고정액을 별도 주입하였고, 디젤해머(K-25)로 최종 타격하였으며, 초기 시험시공 시 정재하시험도 실시하는 등 체계적인 검토 후 현장에 적용하였음을 알 수 있다. 당시의 SIP공법

(a) 천공 후 말뚝 설치

(b) 최종 타격(디젤해머 사용)

(c) 시멘트풀 혼합 및 교반

(d) 정재하시험

그림 2.14 국내 최초의 SIP 시공 장면

은 디젤해머로 최종 타격한 것으로 보아 항타공법과 비교할 때 타수를 적게 하는 효과가 있었지만, 저소음·저진동 공법이라 볼 수는 없을 것 같다.

그러던 중 1991년 우리나라에서 환경보존법의 「소음·진동관리법」이 제정된 후 매입말뚝공법은 본격적으로 이용되기 시작했다. 1990년대 전성기를 맞이한 매입말뚝공법은 많은 문제에 봉착하게 되었으며, 이를 극복하고 보다 효율적인 시공을 위해 선단확대형 SIP공법, 나선돌기형 SIP공법, SAIP(special auger SIP)공법 등 변형된 다양한 공법들이 제안되었다. 그러나 이들 공법도 천공 시 공벽 붕괴와 같은 치명적인 문제를 해결하기 어려웠고, 따라서 이중오거(double auger)를 이용하는 SDA(separated doughnut auger)공법 또는 DRA(dual respective auger)공법 그리고 PRD(percussion rotary drill)공법이 나타나기 시작했다. 아울러 현실적인 문제의 해결책으로 속파기공법(혹은 중굴공법), Corex공법 등 새로운 공법도 도입되었다. 이와 같이 1990년 초 본격 시작된 매입말뚝공법은 1990년 후반까지 우리나라에서 소위 황금기를 맞이했다(그림 2.15 참조).

(a) SIP공법

(b) SAIP공법

(c) Corex공법

(d) 속파기공법

그림 2.15 1990년대 국내 매입말뚝공법

그러나 1997년 IMF 이후 매입말뚝공법은 건설경기의 불황과 함께 구조조정되기 시작하여 경쟁력이 약한 공법들은 사라지게 되었다. 여기서 가장 아쉬운 부분은 매입말뚝공법과 관련하여 더 이상 새로운 공법의 출현이 없었다는 점이다. 속파기공법이 간혹 이용되기는 했지만, 현재까지 살아남은 공법은 SDA공법과 PRD공법이며, 이들도 원래 공법의 기본에서 더욱 단순화되고 실용적인 형태로 변모하게 되었다.

SDA공법과 PRD공법은 원래 경타를 하지 않는 공법이었으나 시공관리 및 품질확인이라는 명목으로 경타를 실시하게 되었다. 따라서 엄밀한 의미에서 매입말뚝공법은 저소음·저진동 공법으로서 아쉬운 부분이 있고, 엄격한 환경조건에서는 만족스럽지 못한 상황을 연출하기도 한다. 본 절에서는 최근 현장에서 주로 사용되고 있는 SDA공법과 PRD공법을 소개하였고, 다른 공법들의 상세는 『말뚝기초실무』(조천환, 2010, 2023)를 참고하기 바란다.

2.3.1 SDA공법

SDA공법은 이중오거공법이라 하며, 현장에서는 DRA공법으로도 불린다. SDA공법은 SIP공법에서 공벽의 붕괴에 따른 문제와 선단지지층의 확인이 곤란한 점을 해소하기 위해 만들어진 공법이며, 또한 SAIP공법에서 낮은 천공능률의 문제와 선단부의 불안정한 문제를 보완한 방법이라고 할 수 있다. SDA공법은 국내에서 가장 보편적으로 사용하는 매입공법인데, 이 공법은 원래 PHC파일을 사용하는 공법으로 고안되었으나 강관말뚝을 사용하기도 한다.

SDA공법의 주요 장비로는 항타기와 드롭해머, 캡과 쿠션, 주입플랜트, 천공장비, 케이싱 등이 있으며, 보조말뚝, 관입량 측정기 등 기타 부속장비가 있다. 항타기는 3점 지지식의 전용 항타기가 주로 사용된다(그림 2.16 참조).

매입말뚝에서는 경타 시 적절한 무게를 가진 드롭 해머의 선정이 중요한데, 타입말뚝과 달리 램(ram) 자체를 보조리더에 매달고 사용하므로 걸대 등의 안전보조장치가 필요하다. 캡(헬멧이라고도 불림)은 말뚝 두부에 씌워 해머의 수직도 유지와 에너지의 균등분포 등의 역할을 한다. 말뚝쿠션은 일회용이고 육안으로 확인할 수 있어 관리가 용이하다. 해머쿠션은 캡 내부에 경질 목재(또는 압축합판)를 쌓아 사용하므로 사용 중 마모가 커서 주기적으로 확인하고 교체해야 한다. 해머, 캡, 쿠션 등의 사용 시 중요한 점은 시항타에서 시행한 조건이 본항타에서도 지켜져야 하는 것이다.

주입플랜트는 사일로 및 계량기, 믹서기, 교반기, 펌프 등으로 구성되어 있다. 주입량은 대부

(a) SDA공법 전경   (b) 항타기(3점 지지식)

그림 2.16 SDA공법 시공 전경 및 항타기

분 계량화되지 않아 시간으로 관리하고 있는데, 근래에는 유량계를 사용하기도 하며 최근에는 자동유량계도 개발되어 실용화 단계에 있다. 펌프와 호스 또는 호스 간 이음부가 고압에 의해 터질 수가 있으므로 안전보조장치가 필요하다.

천공장비는 오거, 자갈용 에어해머(down the hole hammer, DTH hammer, 일명 T4), 암반용 에어해머(일명 정T4), 소음·진동 감소용 멀티해머 등이 있으며 지반 상태에 따라 적절히 선정하여 사용한다.

SDA공법에서는 공벽 붕괴 방지를 위해 케이싱을 사용한다. 케이싱은 하부에 링비트(ring bit)가 부착되어 있고, 이는 공사기간 중 지속적으로 관리되어야 천공효율을 유지할 수 있다. 케이싱의 길이는 지층의 변화에 대응할 수 있어야 공벽 붕괴에 효과적으로 대처할 수 있는데, 지층 변화가 심한 경우는 길이가 다른 케이싱을 준비하여 교체하면서 시공해야 한다. 케이싱의 내경과 오거 스크류(screw)의 외경의 간격이 가능한 한 작아야(1cm 정도) 슬라임 배토에 유리하다. 따라서 스크류가 마모되어 간격이 커지면 배토가 불량하여 시공성이 떨어지므로 초기 준비 단계는 물론이고 사용 중에도 스크류 날개 끝을 보수(용접 등)하여 간격을 유지해 주어야 한다.

보조말뚝, 관입량 측정기는 타입말뚝의 장치와 유사하다. 다만 매입말뚝에서 보조말뚝은 케이싱 내부에 먼저 삽입된 다음 케이싱을 인발한 후 경타를 실시해야 하므로 목적에 맞도록 러그를 제작하여 사용해야 한다.

SDA공법은 상호 역회전하는 내부 스크류와 외부 케이싱의 독립된 이중 굴진방식을 채택함으로써 굴진 시 서로의 반동 토크(torque)를 이용하여 안정된 상태로 천공할 수 있다. 일반적으로 외부 케이싱은 말뚝직경보다 5～10cm 정도 크다. 천공된 토사나 암편은 스크류를 타고 배출되는데, 이들을 육안으로 관찰하면 지지층 결정 시 참고할 수 있다.

그림 2.17은 일반적인 SDA공법의 시공 순서를 나타내고 있다. 그림에서와 같이 SDA공법은 우선 이중오거를 서로 역회전시키면서 소정의 위치까지 천공한다. 내부 오거 스크류의 중공부를 통해 압축공기가 주입되어 천공된 토사가 내부 오거 스크류를 타고 케이싱의 상부로 배출된다. 천공이 끝나면 내부 오거 스크류의 중공부를 통해 케이싱 내에 시멘트풀을 주입하면서 오거 스크류를 인발한다. 이어서 말뚝을 삽입하고, 케이싱을 인발한다. 그리고 말뚝 두부에 경타를 실시하고, 필요시 말뚝 주변에 시멘트풀을 충전하고 마무리한다.

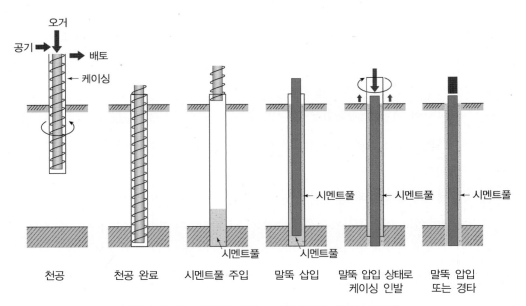

그림 2.17 SDA공법의 시공 순서(조천환, 2010, 2023)

지반에 조밀한 중간층 또는 전석층 등이 존재하거나 단단한 선단지반을 천공할 필요가 있는 경우, 오거 비트로 이러한 지반을 천공하기가 어려울 수 있다. 이때는 오거 비트 대신에 에어해머를 부착하여 사용하게 된다. 에어해머의 헤드는 막혀 있어 시멘트풀은 오거 중공부를 통해 주입할 수가 없으므로 별도의 주입 호스(또는 튜브)를 이용한다. 최근에는 에어해머 선단부에 주입 구멍이 있는 헤드도 개발되었으나 국내에서는 아직 이용되고 있지 않다(3.2.3절 참조). 에어해머를 사용하여 천공할 경우, 지지층을 판단(천공종료 시점 판단)하는 것이 용이하지 않으므로 최종 지지층의 결정 시 주의를 기울일 필요가 있다. 최근에는 자동으로 시공관리를 할 수 있는 매입말뚝 스마트 시공관리 MG(machine guide)가 개발(LH공사, 2023)되었다.

원래 SDA공법은 케이싱과 오거로 구멍을 만들고 그 안에 말뚝을 안착시켜 최종 경타가 필요 없도록 함으로써 경타로 인한 민원을 줄이는 공법으로 고안되었다. 그러나 현장에서는 천공능률을 높이기 위해 오거가 케이싱 선단 하부 지반을 선행 천공함으로써 말뚝의 선단하부가 교란되거나 슬라임 처리가 어려워지자 경타를 실시하게 되었다. 또한 매입말뚝은 경타 외에는 별도의 품질확인 수단이 없어, 최종 경타를 실시하는 것이 일반적인 마무리 방법으로 이용되었고, 이제 경타는 SDA공법에서 하나의 절차로 인식되고 있다.

구조물기초설계기준 해설(2018)에서 SDA공법에 대한 설계 및 시공방법을 간략히 설명하고 있지만, 아직 주요 시방 등에서조차 공법의 상세 절차가 없는 경우도 있다. 이러한 상황을 감안하면 SDA공법을 적절히 적용하기 위해서는 시항타가 중요하다고 할 수 있다. 시항타 시에는 최종 천공깊이, 경타기준, 시멘트풀 배합비 및 주입량 등을 정한 후 이에 따라 본시공을 실시하고, 최종적으로 품질확인 시험을 통해 시공을 마무리하는 절차가 바람직하다.

SDA공법의 주요 시공관리기준은 천공깊이, 최종 경타기준, 시멘트풀 배합비와 주입량 등이다. 천공깊이는 시항타 시 토질주상도, 오거(또는 에어해머) 장비의 저항치, 배토된 흙 등을 참고로 하여 위치별로 결정하고, 최종적인 마무리는 경타기준으로 확인할 수 있도록 한다. 경타기준은 시항타로부터 정해지며, 해당 해머의 낙하 높이와 이에 따른 타격당 관입량으로 표시된다. 따라서 최종 경타 시 램의 낙하 높이와 타격당 관입량을 확인해야 한다.

시멘트풀 배합비는 일반적인 조건에서 평균배합비(W/C = 0.83)를 적용한다. 그러나 마찰력 위주로 시공되는 경우, 또는 지하수에 의해 시멘트풀이 희석되거나 시멘트풀이 유실될 가능성이 있는 경우는 부배합비(예: W/C = 0.7)를 적용한다. 주입량은 지반의 종류 및 조건에 따라 결정되어야 하며, 중요한 것은 설계 개념과 같이 말뚝 주위를 충전하는 것이다.

전술한 바와 같이 SDA공법은 PHC파일은 물론 강관말뚝을 사용하기도 한다. SDA공법에 강관말뚝을 사용할 경우에는 연직은 물론 수평지지력의 확보에 보다 특별히 유의해야 한다. 이는 케이싱 내에 시멘트풀을 주입하고 강관말뚝을 삽입하게 되면 PHC파일과는 달리 시멘트풀이 강관 내부로 들어오기 때문에 강관 외부와 천공 구멍의 사이에 시멘트풀이 충분히 충전되지 않기 때문이다. 따라서 강관 주변 시멘트풀의 충전을 확인해야 하며, 충전이 여의치 않으면 이에 대한 보완대책(3.2.3절 참조)을 마련하는 것이 필요하다.

2.3.2 PRD(매입말뚝)공법

　PRD공법은 에어해머 등 천공장비를 케이싱(강관말뚝)의 내부에 넣고 선단부의 지반을 천공하면서 강관말뚝을 회전 관입하는 공법이다. PRD공법은 시공 후에 케이싱(강관말뚝)을 지중에 남겨 놓지만, 천공기를 케이싱 안에 직접 넣고 천공한다는 점에서 속파기공법의 일종으로도 분류할 수 있다.

　간혹 PRD공법과 SDA공법을 혼동하는 경우가 있는데, 천공 후 케이싱의 인발 여부를 보면 간단히 구별된다. 즉, 천공 후 케이싱이 인발되면 SDA공법이고, 케이싱이 인발되지 않으면 PRD공법이다. 또한 PRD공법은 현장타설말뚝에서도 사용되어 구별이 필요한데, 현장타설말뚝은 케이싱을 천공 시에만 사용하고 말뚝재료로 철근(또는 철골)콘크리트를 타설한 후 인발하는 것이 다른 점이다(2.4.6절 참조).

　PRD공법은 강관말뚝을 사용하는 공법으로 고안되었다. 따라서 PRD공법에서는 강관말뚝 자체가 케이싱으로 사용됨으로써 공벽의 붕괴를 막을 수 있으며, 특히 지하수위가 높은 지반에서도 동일한 시공성을 유지할 수 있다. 일반적으로 PRD공법은 강관을 단단한 지지층까지 설치하기 때문에 지지력은 주로 선단지지력에 의해 발현된다.

　PRD공법의 주요 장비로는 항타기와 드롭해머, 캡, 주입플랜트, 천공장비 등이 있으며, 관입량 측정기, 고압펌프 등 기타 부속장비가 있다. PRD공법의 대부분의 장비는 SDA공법의 장비와 유사하다. 다만, PRD공법에서는 강관말뚝 자체가 공벽유지 장치이므로 케이싱이 없다. 전술한 바와 같이 강관은 케이싱 역할을 해서 단단한 지지층(암반층)까지 설치되므로 SDA공법과 비교해서 강관말뚝의 선단에는 고강도 링비트가 부착되어 있고, 에어컴프레서는 고압의 용량을 사용한다. 또한 PRD공법에서는 말뚝 자체가 케이싱 역할을 하면서 천공하므로 보조말뚝을 이용한 시공은 불가능하다.

　그림 2.18은 PRD공법의 시공 순서를 나타낸 것이다. 그림에서와 같이 PRD공법은 강관말뚝 내에 천공기(DTH 해머)를 삽입하여 천공하며, 천공기로 압축공기를 주입하면서 천공된 토사를 스크류에 태워 강관말뚝의 두부로 배출시킨다. 소정의 깊이까지 천공이 완료되면 천공기를 인발하고 필요한 절차(경타 또는 내부 주입)를 추가하고 작업을 마무리한다. 이와 같이 PRD공법은 강관이 풍화된 암반 지지층 위에서 오랜 기간 동안 하중을 받을 경우 생길 수 있는 침하 문제를 불식시키기 위해 강관말뚝의 선단부를 시멘트풀 또는 모르타르로 충전하기도 한다. 그림 2.19는 PRD공법의 시공 전경을 보여주고 있다.

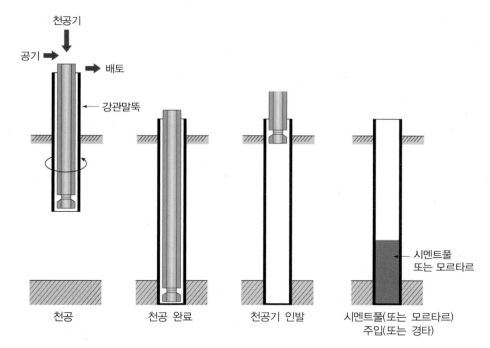

천공　　　　천공 완료　　　　천공기 인발　　　시멘트풀(또는 모르타르)
　　　　　　　　　　　　　　　　　　　　　　　　　주입(또는 경타)

그림 2.18 PRD공법의 시공 순서(조천환, 2010, 2023)

그림 2.19 PRD공법의 시공 전경

또한 PRD공법은 원래 경타를 하지 않는 공법으로 고안되었다. 그러나 SDA공법에서처럼 슬라임의 처리가 충분하지 않을 수 있는 문제를 해소하고 최종 품질확인을 위해 경타로 마무리하게 되었다. PRD공법에서 경타를 실시할 경우 선단부 충전을 생략하거나 시멘트풀로 선단부(5D, D는 말뚝직경)를 충전할 수도 있다. 하지만 PRD공법에서 타격은 경타라 하더라도 암반 위의 강관을 타격하는 것이므로 선단부 강관의 응력집중에 의한 좌굴에 유의해야 한다(3.2.2절 참조).

2.3.3 매입말뚝공법의 선정

매입말뚝공법의 선정 시에는 각 공법의 특징을 이해한 후 현장의 조건에 맞는 공법을 선택하는 것이 중요하다. 표 2.3에는 국내에서 사용되어왔던 매입말뚝공법들을 비교하여 나타내었다. 매입말뚝공법은 일종의 저소음·저진동 공법이므로 당초에는 공법의 원리상 대부분의 공법에서 경타하지 않는 것으로 고안되었다(단, SIP공법과 속파기공법에서는 경타가 선택사항이었음). 그러나 전술한 바와 같이 매입말뚝공법은 시공 품질관리에 어려움이 있고 주입된 시멘트풀

표 2.3 매입말뚝공법의 비교

공법		공벽 붕괴 방지책	경타		사용 말뚝	공기	공사비	품질 관리	경쟁력	사용 빈도
			원리	실적용						
SIP 공법	경타	없음	실시	실시	PHC (강관)	빠름	저가	용이	제한적	없음
	경타 없음	없음	미실시	미실시	PHC (강관)	느림	중간	어려움	낮음	없음
SAIP공법		케이싱과 희생팁	미실시	실시	PHC	중간	중상	중간	제한적	없음
Corex공법		비배토/ 천공액	미실시	미실시	PHC	느림	고가	어려움	낮음	없음
SDA공법		케이싱	미실시	실시	PHC (강관)	중간	중간	중간	높음	많음
속파기공법		말뚝 본체	선택	실시	PHC (강관)	중간	고가	어려움	낮음	없음
PRD공법		말뚝 본체	미실시	실시	강관	중간	고가	중간	제한적	보통

이 양생되기 전까지 시공단계에서 적절한 품질확인 절차가 없다는 점에서 경타를 실시하는 것으로 변모되었다.

환경조건이 민감한 지역에서는 경타에 의해서도 민원이 발생할 수 있으므로 경타를 생략할 수밖에 없을 것이다. 이러한 경우 해당 매입말뚝공법에 대한 품질확보 체계를 정량화하여 엄격히 적용하는 것이 필요하다.

매입말뚝공법에서 사용하는 기성말뚝의 종류를 살펴보면 SIP공법과 속파기공법은 PHC파일과 강관말뚝을 모두 사용하고 있다. SAIP공법, Corex공법, SDA공법은 PHC파일을 사용하고 있고, PRD공법은 강관말뚝만을 사용하고 있다. 전술한 바와 같이 SDA공법은 PHC파일을 사용하는 공법으로 개발되었지만, PRD공법의 공사비가 고가이다 보니 SDA공법에 강관을 적용하기도 한다.

매입말뚝공법의 공기를 상대적으로 비교해보면 SIP공법(경타 실시)이 빠르고, SIP공법(경타 미실시)과 Corex공법이 느린 반면 나머지 공법은 중간 정도로 유사하다. 매입말뚝공법의 공사비를 상대적으로 비교해 보면 SIP공법이 낮고, SAIP공법과 SDA공법이 중간이며, 나머지 공법들은 고가이다.

매입말뚝공법들의 품질관리는 SIP공법(경타 실시)이 비교적 용이하고, SIP공법(경타 미실시)과 Corex공법, 속파기공법이 어려운 반면, 다른 공법들은 중간 정도로 평가된다.

매입말뚝공법의 선정에 가장 큰 영향을 미치는 요소는 공벽 붕괴 가능성이다. 따라서 매입말뚝공법을 선정할 때는 우선 공벽의 붕괴 가능성에 대응할 수 있는 공법을 고려하여 지반조건에 맞는 천공장비를 선택한 후 민원, 공기, 경제성 등을 고려하여 결정한다. 그러나 지금은 소수의 경쟁력 있는 공법만 남아 현실적으로 공법 선정의 의미가 없어졌다. 즉, 표 2.3에서와 같이 PHC파일은 SDA공법, 강관말뚝은 PRD공법으로 단순화되었다. 그리고 SDA공법에 강관말뚝을 사용할 수 있다. 이제 매입말뚝에서는 공법 선정보다는 지반조건에 맞게 적절한 천공기나 부대장비를 선택하는 것이 더 중요하게 되었다.

표 2.3을 살펴보면 SDA공법과 PRD공법이 어려운 IMF를 거치면서 왜 살아남았는지를 이해할 수 있을 것이다. 그러나 현재의 두 공법은 사회적인 환경기준, 품질기준, 안전기준 등을 충족하기에는 아직은 더 개선되어야 하고, 또한 보다 다양한 공법의 개발이 필요하다고 생각한다. 이러한 부분에 대해 3.2절과 3.4절에 설명하였다.

2.4 현장타설말뚝

현장타설말뚝에는 전통적으로 3가지 공법(어쓰드릴공법, RCD공법, 올케이싱공법)이 사용되고 있다. 그러나 장비의 발달, 환경적응 등에 힘입어 전통적인 공법을 개선하여 사용하는 경우가 많아졌으며 이러한 방법들은 어느덧 정형화되고 있다. 따라서 본 절에서는 전통적인 공법 외에 수정 공법을 추가로 설명하였다. 또한 건축물 기초에서 많이 활용되는 PRD 현장타설말뚝공법에 대해서도 설명하였다.

2.4.1 어쓰드릴공법

어쓰드릴(earth drill)공법은 단부에 칼이 붙은 드릴링 버킷(drilling bucket)을 회전시켜 지반을 깎아 버킷 내로 끌어들인 다음 지상으로 올려 배토한다(그림 2.20 참조). 굴착 중 공벽의 유지는 구멍 내에 채운 안정액(비중 1.02~1.1 정도)을 이용하고 있다. 그러나 지표면 근처의 공벽은 안정액을 이용하여도 붕괴 가능성이 크고, 붕괴하면 기계가 전도되는 등의 위험한 상태가 될 수 있기 때문에 지표부에 케이싱(표층케이싱이라 부름)을 삽입하여 이용한다.

어쓰드릴공법에서 사용되는 주요 장비에는 굴착기, 버킷, 표층케이싱, 안정액 믹서, 플랜트, 크레인 등이 있다.

굴착기는 켈리버(caliber)에 드릴링 버킷을 장착하여 회전시켜 지반을 굴착한다. 그림 2.20에서와 같이 굴착기 전면부에는 켈리버의 회전장치와 켈리버를 밀어 올리고 내리는 유압장치를 탑재하고 있다. 주로 사용하는 굴착 장비는 마스트(리더)식으로 회전력이 크며 오거 굴착 등 다목적으로 사용할 수 있다. 굴착기종은 인근의 시공 실적을 참고하여 선정하되 기종 선정 시에는 반입을 위한 도로 환경도 고려할 필요가 있다.

버킷에는 일반 굴착용인 드릴링 버킷, 슬라임 처리용인 클리닝 버킷(cleaning bucket), 자갈, 전석, 암반 등을 굴착하는 데 사용하는 특수 버킷 등 다양한 종류가 있다. 지반조건 및 용도에 따라 적합한 버킷을 사용한다(그림 2.21 참조).

표층케이싱은 지표층 가까운 곳에서 공벽의 붕괴를 방지하기 위해서 사용한다. 지름은 말뚝 직경보다 크고, 길이는 일반적으로는 4~5m 정도이다(그림 2.21 참조). 두꺼운 매립토층과 개량이 필요한 지반 등에서는 보다 긴 것을 사용할 수 있다. 기본적으로 표층케이싱의 선단부는 지표층 아래 안정한 하부층에 최소 0.5m 이상 삽입시킨다.

(b) 폴리머슬러리 안정액 플랜트

(a) 굴착기

(c) 작업 전경(구획별로 안정액 파이프라인 매설됨)

그림 2.20 어쓰드릴공법의 시공

플랜트(그림 2.21 참조)는 안정액 믹서, 교반기, 탱크, 펌프, 수조, 디샌더(desander) 등으로 구성되어 있다. 이들 세부 장치는 안정액의 종류에 따라 구성이 달라진다. 예로 폴리머슬러리를 쓰는 경우 디샌더는 사용하지 않는다(그림 2.20(b) 참조).

작업에 사용되는 크레인은 철근케이지의 이동과 설치, 장비의 조립 및 이동, 콘크리트 타설 등의 보조 작업으로 사용되며 크롤러 타입(crawler type)을 주로 사용한다. 어쓰드릴 굴착기 자체도 크레인 능력이 있으므로 좁은 부지 등에서 보조 크레인의 대용으로 사용할 수도 있다. 그러나 부지가 비교적 넓거나 물량이 큰 경우에는 생산성을 높이기 위해 어쓰드릴 굴착기가 굴착하는 동안 크레인은 필요한 작업을 하는 것이 보다 효율적이다. 간혹 크레인의 대수가 부족하여 각종 보조작업이 어쓰드릴 본작업의 CP(critical path)가 되는 경우가 있는데 전반적인 장비 현황과 공정을 살펴보고 조정해야 한다.

(a) 각종 드릴링 버킷의 형상

(b) 표층케이싱의 설치

(c) 벤토나이트 안정액 플랜트

그림 2.21 어쓰드릴공법 장비

어쓰드릴공법의 시공 순서는 다음과 같다(그림 2.22 참조).

① 켈리버를 말뚝의 중심 위치에 맞춰 기계를 수평으로 유지시킨다.

② 버킷을 장치한 켈리버를 회전해 지반을 굴착한다.

③ 표층케이싱을 삽입하고 굴착을 계속한다.

④ 안정액을 보급하면서 소정의 깊이까지 지반을 굴착한다.

⑤ 공저의 슬라임을 처리하고 공벽면 측정기(예: Koden, Sonicaliper 등) 등으로 공벽형상을 확인한다.

⑥ 철근케이지를 넣고, 트레미파이프(tremie pipe)를 삽입한다.

⑦ 2차로 슬라임을 처리한다.

⑧ 콘크리트를 타설하면서 트레미파이프를 인발한다.

⑨ 표층케이싱을 인발하고 마무리한다.

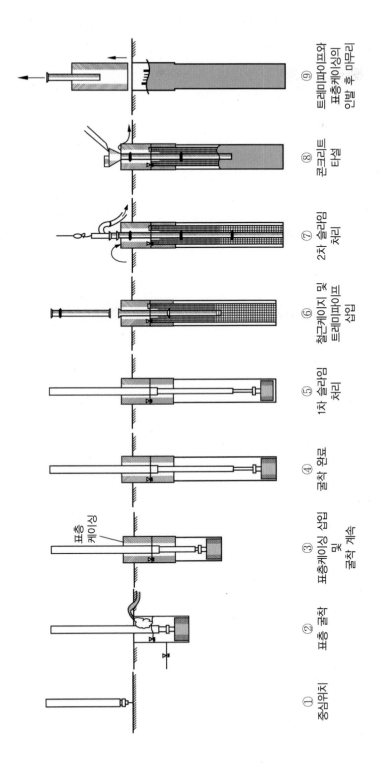

그림 2.22 어쓰드릴링공법의 시공순서(조천환, 2010, 2023)

① 중심위치

② 표층 굴착

③ 표층케이싱 삽입 및 굴착 계속

④ 굴착 완료

⑤ 1차 슬라임 처리

⑥ 철근케이지 및 트레미파이프 삽입

⑦ 2차 슬라임 처리

⑧ 콘크리트 타설

⑨ 트레미파이프와 표층케이싱의 인발 후 마무리

표층케이싱

어쓰드릴공법에서 가장 중요한 점은 콘크리트 타설 전까지 공벽의 붕괴를 막는 것이며, 이를 위해 안정액을 사용하고 있다. 주로 사용하는 안정액으로는 벤토나이트(bentonite), 폴리머(polymer), 벤토나이트와 폴리머의 혼합액 등이 있다.

벤토나이트는 굴착공벽 면에 머드 케이크(mud cake)를 만든다. 또한 공내에서 굴착토립자를 만나 전기적으로 결합하여 토립자를 부유시켜 침강을 지연시키면서 조성된 액압을 머드 케이크에 가해 공벽의 안정을 유지한다.

한편 폴리머는 긴 체인(long chain)으로 구성되어 있는데, 이것이 흙입자 사이로 들어가서 서로 엮인 결합체(filter cake, 필터 케이크)를 만든다. 또한 공내의 체인은 굴착토립자를 끌어당겨 침강시키고 조성된 액압을 필터 케이크에 가하면서 공벽의 안정을 이룬다.

안정액은 단순히 공벽의 붕괴방지만이 아니라 안정액 중 부유물의 침강속도를 조정, 콘크리트 타설 시 콘크리트와의 치환 조성도 하기 때문에, 이를 위한 기능도 보유해야 한다. 콘크리트와의 치환성이 좋게 하기 위해서는 저비중·저점성의 안정액이 유리하다. 최근 양질의 벤토나이트와 폴리머 등의 재료가 개발되어 안정액은 점성이 낮으면서, 견고한 머드 케이크의 형성이 가능하게 되었다. 이러한 시공 품질관리를 위해 현장에서는 안정액의 비중, 점성 및 pH, 모래함량 등을 측정하여 관리해야 한다. 안정액에 대한 상세는 3.3.3절을 참고할 수 있다.

슬라임 처리는 천공 후 실시하는 1차 처리, 콘크리트 타설 직전에 실시하는 2차 처리가 있다. 어쓰드릴공법에서 슬라임 처리에 대한 규정된 방법은 없으며 현장에 따라 적절히 조합하여 사용한다. 예로 1차에서 클리닝 버킷 또는 수중펌프 사용, 2차에서 수중펌프 또는 에어리프트(air-lift) 방법 등을 사용할 수 있다. 당연히 철근케이지를 넣기 전에 실시하는 1차 슬라임 처리가 중요하다.

어쓰드릴공법은 원래 토사층에 적용하도록 개발되었으므로, 지지층이 토사층 위주인 지역에서 많이 이용된다. 그러나 근래에는 장비의 발달에 힘입어 어쓰드릴공법 특유의 시공성과 경제성을 이용하기 위해 암반층(비교적 암반의 강도가 작거나 두께가 얇은 조건)에서도 활용되고 있는 등 그 이용범위가 확대되고 있다.

여기서 설명하는 전통적인 어쓰드릴공법은 안정액의 관리와 처리 문제 그리고 설계관행 등으로 국내에서는 거의 사용되지 않고 있다. 대신 국내에서는 2.4.4절에서 설명하는 수정어쓰드릴공법이 주로 사용되고 있다.

2.4.2 RCD공법

RCD(reverse circulation drill)공법은 비트를 회전시켜 지반을 굴착하고, 발생된 토사와 암편은 물과 함께 드릴파이프를 통해 압력차에 의한 사이폰의 원리로 배출된다. RCD공법은 드릴파이프를 연결하는 것만으로 연속된 천공이 가능하므로 어쓰드릴공법처럼 시공 중 천공기를 끌어올릴 필요가 없다. 따라서 천공심도가 커지면 다른 공법보다 생산성이 좋아진다.

굴착 공벽의 붕괴 방지는 공내 이수와 이의 수위 유지 방식으로 이루어진다. 굴착공 내의 일정한 수위를 유지하기 위해 스탠드파이프(stand pipe)를 사용하며, 이 스탠드파이프는 지표층 부근 공벽의 붕괴를 방지하는 역할도 한다. 경우에 따라서는 굴착 공벽의 붕괴를 막기 위해 안정액을 사용하기도 한다.

일반적인 굴착방법(예: 보링기)은 천공 롯드(rod)의 내부를 통해 이수를 보내고, 이수는 롯드와 공벽의 사이를 통해 지표로 유출되면서 굴착 토사를 배출한다. RCD공법은 일반적인 굴착방법과 달리 굴착 중 송수 및 배출이 반대로, 이수 흐름의 방향도 반대이므로 역순환(reverse circulation)방식으로 불린다. 이러한 역순환방식은 굴착공 내의 이수 흐름이 완만하여 지반의 교란이 생기지 않기 때문에 공벽의 붕괴가 적어진다. 또한 드릴파이프 안을 흐르는 이수의 유속이 커서 굴착 토사를 용이하게 끌어올리는 이점이 있다(그림 2.23 참조).

(a) RCD 드릴파이프 조립   (b) RCD 천공 작업

그림 2.23 RCD공법의 시공 전경

RCD공법에서 사용되는 주요 장비로는 굴착기, 비트(bit), 스탠드파이프, 오실레이터(oscillator), 슬러지 탱크(또는 침전조), 크레인 등이 있다.

굴착기는 드릴링 리그(drilling rig), 드릴파이프(drill pipe)와 스태빌라이저(stabilizer), 파워팩(power pack) 등으로 구성된다. 비트는 지반조건과 말뚝직경에 따라 선정한다. 예로 RCD공법에서 상부 토사 굴착은 비트를 사용하지 않고 해머그래브(hammer grab, 그림 2.28(a) 참조)를 주로 사용하지만 암의 굴착은 롤러 비트(그림 2.24 참조)를 주로 사용한다.

(a) 드릴파이프와 스태빌라이저

(b) 롤러 비트

(c) 오실레이터

(d) 바이브로 해머

그림 2.24 RCD 굴착기의 장비

스탠드파이프는 공벽 안정에 영향을 미치는 중요한 장비로 수두압의 확보를 위해, 그리고 드릴링 리그의 상재하중과 중기 주행의 진동 등에 의한 표층지반의 붕괴를 방지하기 위해 사용된다. 직경은 굴착직경보다 200mm 정도 큰 것을 사용한다. 스탠드파이프 하단에서의 공벽의 붕괴, 스탠드파이프 배면에서의 공내수의 파이핑, 스탠드파이프의 침하 등을 피하기 위해 스탠드파이프의 하단은 점성토층 등 불투수층 내로 0.5m 이상 삽입한다. 또한 스탠드파이프 내의 수위는 지하수위보다 2m 이상 높게 유지해야 한다.

하부의 모래층을 통과해 깊은 불투수층에 스탠드파이프를 설치할 경우(일반적으로 10m 정도의 깊이까지 설치)에는 스탠드파이프의 설치와 인발에 문제가 있을 수 있으므로 인발장비의 용량을 검토하여 결정한다. 시트파일 등의 기설치 구조물 부근에서는 이완된 지층으로 천공 구멍의 이수가 유출되는 것을 억제하기 위해, 스탠드파이프의 하단 위치를 시트파일의 하단 깊이

보다 깊게 시공하는 것이 좋다.

전통적인 RCD방식은 드릴링 리그(로터리테이블 포함)가 스탠드파이프에 얹히기 때문에 굴착 중 진동이 생기고, 이로 인해 스탠드파이프의 주위와 선단부에 있는 지반이 느슨해져서 공내 이수가 빠져나가면서 공벽 붕괴 문제가 생길 수 있다. 따라서 구형 RCD방식은 드릴링 리그를 스탠드파이프와 분리하는 방식으로도 설치하여 사용하였다(국내에는 사용하지 않음). 더욱이 스탠드파이프의 설치 및 시공관리가 까다롭고, 근래에는 드릴링 리그도 중량화되어 전통적인 스탠드파이프 방식에 RCD리그를 설치하여 시공하는 것이 어렵게 되었다. 이러한 이유로 인해 국내에서는 전통적인 방식을 수정한 RCD방식(2.4.5절 참조)이 사용되게 되었다.

경우에 따라서는 스탠드파이프의 설치 및 인발을 위해 바이브로 해머와 오실레이터를 사용할 수 있다(그림 2.24 참조). 바이브로 해머와 오실레이터 중 어느 것을 사용하는가는 주변 조건 및 환경에 의해 결정된다. 오실레이터의 압입력은 인발력에 비해 작으므로 필요에 따라서는 스탠드파이프 내의 토사를 굴착하여 마찰저항을 줄여가면서 설치한다.

슬러지 탱크의 용량은 굴착 시 순환용으로는 최대 굴착용량의 1.5배 이상, 콘크리트 타설 시 회수용으로는 타설량의 1.2배 정도를 준비한다. 또한 폐기 이수용, 청수 저수용, 굴착토 임시저장용 등의 슬러지 탱크가 필요한 경우가 있다. 현장조건에 따라서는 슬러지 탱크 대신 침전조를 사용하는 경우도 있다.

크레인은 굴착기의 설치, 스탠드파이프의 설치 및 인발, 굴착작업, 철근케이지의 설치작업 등을 위해 필요하다.

RCD공법의 시공 순서는 다음과 같다(그림 2.25 참조).

① 오실레이터(또는 바이브로 해머)를 설치한다.
② 오실레이터(또는 바이브로 해머)를 이용해 스탠드파이프를 삽입한 다음 해머그래브를 이용해 스탠드파이프 내의 흙을 파낸다.
③ 굴착기와 비트를 설치하고 급수 시설을 준비한 후 굴착을 개시한다.
④ 드릴파이프를 순차적으로 연결하여 소정의 깊이까지 천공하여 굴착을 완료한다.
⑤ 1차로 슬라임을 처리한다. 공벽면 측정기로 공벽의 수직도와 형상을 측정한다.
⑥~⑧ 철근케이지 삽입, 2차 슬라임 처리, 콘크리트를 타설한다.
⑨ (필요시 구멍을 메우고) 스탠드파이프를 인발한다.

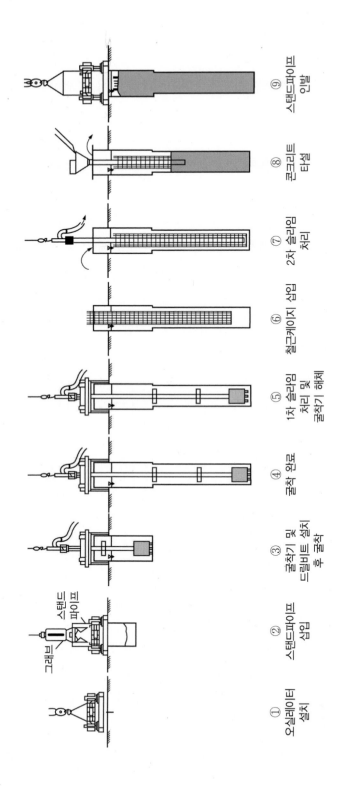

그림 2.25 RCD공법의 시공순서(조천환, 2010, 2023)

① 오실레이터 설치

② 스탠드파이프 삽입 / 스탠드파이프 / 그래브

③ 굴착기 및 드릴비트 설치 후 굴착

④ 굴착 완료

⑤ 1차 슬라임 처리 및 굴착기 해체

⑥ 철근케이지 삽입

⑦ 2차 슬라임 처리

⑧ 콘크리트 타설

⑨ 스탠드파이프 인발

RCD공법에서 중요한 점은 콘크리트 타설 전까지 공벽의 붕괴를 막는 것이며, 이를 위해 공내 수위(지하수위보다 2m 이상)를 유지하는 것이 필요하다. 순환수에 지반 내의 점토, 실트 등이 녹으면 세립분이 공벽에 부착되어 진흙막을 형성하게 되고, 이를 통해 수압이 전달되어 공벽 붕괴를 막는 것에 도움이 된다. RCD공법에서 슬라임 처리를 위해 1차로 RCD 장비의 공회전 실시, 2차로 석션펌프 방법 등이 이용된다.

일반적으로 RCD공법은 지지층이 견고하고 깊은 경우 주로 이용된다. 여기서 설명한 전통적인 RCD공법은 전술한 스탠드파이프의 시공관리 및 공벽의 유지·관리가 어려워 국내에서는 사용되지 않고, 대신 전통적인 RCD공법을 모체로 다른 공법의 장점을 조합한 수정RCD공법(2.4.5 절 참조)이 사용되고 있다. 국내의 경우 현장타설말뚝공법 중 수정RCD공법이 많이 사용되어서인지 수정RCD공법을 전통적인 RCD공법으로 인식하거나, 간혹 현장타설말뚝공법 자체로 혼동하는 경우도 있다.

2.4.3 올케이싱공법

올케이싱(all casing)공법은 말뚝의 전 길이에 걸쳐 삽입한 케이싱으로 공벽의 붕괴를 방지하면서 내부의 토사를 해머그래브 등으로 굴착하여 배출하는 공법이다. 굴착할 지반이 견고한 경우에는 각종의 치즐과 중량의 해머를 이용해 지반을 파쇄하면서 굴착을 진행하기도 한다. 올케이싱공법에는 케이싱을 회전하는 방식에 따라 2종류가 있는데, 여기에는 요동식(benoto공법이라고도 함)과 전회전식(돗바늘공법이라고도 함)이 있다. 그림 2.26에는 요동식을, 그림 2.27에는 전회전식 올케이싱공법을 나타내었다.

올케이싱공법에서 사용되는 주요 장비에는 굴착기, 케이싱 튜브, 해머그래브, 치즐링 해머, 크레인 등이 있다.

올케이싱공법의 굴착기에는 전술한 것처럼 요동식과 전회전식이 있는데, 굴착깊이, 굴착지반의 단단함, 지중장애물 등의 유무를 고려하여 지반과 케이싱 튜브의 마찰저항력에 대응 가능한 기종을 선정한다. 요동식은 케이싱 튜브의 선단에 커팅 엣지(cutting edge)를 둔 것으로, 요동, 압입, 인발을 반복하여 굴착을 진행한다. 전회전식은 튜브의 선단에 초경 커터 비트(cutter bit)를 장착하여 이것을 한 방향으로 회전시킴으로써 철근 콘크리트 등의 장해물과 경질의 전석·암반 등의 절삭이 가능하다.

(a) 요동식 공법 전경

(b) 케이싱

그림 2.26 요동식 올케이싱공법

(a) 전회전식 공법 작업

(b) 케이싱 선단부

그림 2.27 전회전식 올케이싱공법

케이싱 튜브는 굴착공의 붕괴를 방지하고 굴착직경을 확보하기 위해 사용하는 것으로, 케이싱 튜브의 상하에는 연결부가 있고 중간은 2장의 강판이 골재를 싼 이중 구조로 되어 있는 것이 일반적이다. 1본의 유효 길이는 1~6m이며(주로 3m를 기본으로 사용), 굴착 길이에 맞추어 조정할 수 있다. 케이싱 튜브 선단의 커팅 엣지 또는 커터 비트의 외경치수가 굴착되는 말뚝의 직경이 되므로 시공 전 확인이 필요하다.

해머그래브는 그림 2.28에서와 같이 케이싱 튜브 내에 삽입, 낙하시켜 토사를 굴착하여 실어내는 것으로 케이싱 튜브의 직경에 맞는 것을 사용하는 것이 중요하다. 작은 것을 사용하면 케이싱 튜브 내에 토사가 남아 말뚝 단면 결손이 생길 수 있고, 또한 케이싱 인발 시 철근케이지가 함께 올라가는 따라오름 등의 문제가 발생할 수 있으므로 유의한다.

크레인은 굴착기의 조립, 해체 등 일련의 말뚝 축조작업에 사용된다. 일반적으로 크롤러크레인을 사용한다. 크레인은 인양물의 크기와 중량, 인양 거리 등에 따라 매달 수 있는 하중이 정해지므로 안전을 위해 반드시 이를 확인하고 선정한다.

(a) 해머그래브(hammer grab) (b) 미케니컬 펌프(mechanical pump)

그림 2.28 해머그래브와 미케니컬 펌프

올케이싱공법의 시공 순서는 다음과 같다(그림 2.29 참조).

① 말뚝중심에 케이싱을 설치한다.
② 케이싱의 선단에 부착된 커팅 장치로 지반을 절삭하면서 케이싱을 압입한다. 해머그래브로 케이싱 내부를 굴착한다.
③ 케이싱을 연결하면서 ②의 작업을 반복한다.
④ 지지층을 확인하고 소정의 심도까지 굴착하여 최종 굴착깊이를 확인한다.
⑤ 1차로 슬라임을 처리한다.
⑥ 철근케이지와 트레미파이프를 삽입한다.
⑦ 2차로 슬라임을 처리한다.
⑧~⑨ 콘크리트를 타설하면서 케이싱을 인발한다.

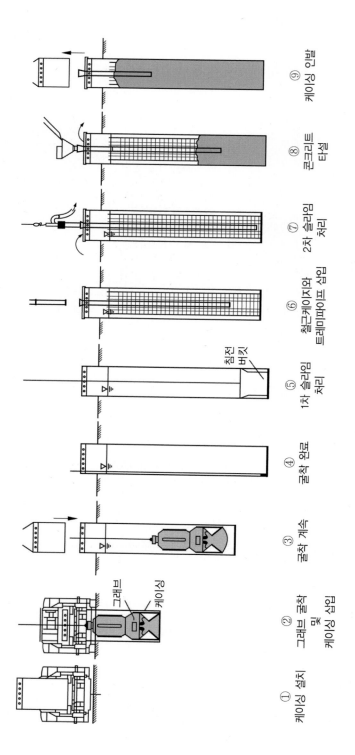

그림 2.29 올케이싱공법의 시공 순서(조천환, 2010, 2023)

올케이싱공법의 1차 슬라임 처리는 미케니컬 펌프(그림 2.28(b) 참조) 및 침전버킷(공내수가 있는 경우)을 사용하며, 공내수가 없는 경우는 해머그래브를 사용하기도 한다. 2차 슬라임 처리는 석션펌프 방법 또는 미케니컬 펌프를 사용한다. 올케이싱공법으로 천공 가능한 깊이는 지반의 강도와 기계의 절삭 능력에 따라 결정된다.

올케이싱공법은 지하수의 용출 유무에 따라 시공법과 생산성이 크게 달라진다. 즉, 용수가 없는 경우는 케이싱 내부가 빈 상태에서 굴착할 수 있기 때문에 생산성이 높아진다. 그러나 용수가 있는 경우 보일링을 방지하기 위해 케이싱 내에 물을 채워 굴착하기 때문에 물의 저항에 의해 해머그래브의 지반 내 관입량이 작아지고 토사가 씻겨 회당 굴착 토량이 적어지므로 생산성은 현저히 떨어진다. 생산성을 우선하여 천공 구멍 내에 물을 넣지 않고 시공하는 예도 있는데, 이와 같은 방법은 보일링을 유발하여 주면 및 선단 지층을 교란시킴으로써 각종의 심각한 문제를 초래할 수 있으므로 유의해야 한다.

토사층 위주인 지반에서는 요동식이 유효하고, 상부 전석층이 존재하고 하부 암반근입부가 상대적으로 두꺼운 경우는 전회전식이 효과적이다. 암반의 강도가 큰 경우 커터 비트로 선굴착한 후 케이싱을 일부 들어 올려 암반 내에 자유면을 만든 다음 특수 치즐과 중량 해머를 이용해 암반을 부수고 해머그래브로 배출하면서 천공을 진행하기도 한다.

2.4.4 수정어쓰드릴공법

국내에서는 안정액의 시공관리상 번거로움, 안정액이 혼합된 굴착토의 처리 곤란, 도심지 내 시공부지의 협소 등을 해소하기 위해 안정액을 사용하지 않는 방식으로 전통적인 어쓰드릴공법을 수정하여 사용하고 있다.

수정어쓰드릴공법은 켈리버 단부의 버킷을 회전시켜 지반을 깎고, 흙을 버킷 안에 쌓아 지상으로 끌어올려 배토하는 방식으로 굴착하는데, 이와 같이 굴착 방법은 전통적인 어쓰드릴공법과 같다. 그러나 수정어쓰드릴공법은 공벽의 붕괴 및 공저의 보일링 방지를 위해 안정액 대신 케이싱을 사용하되 케이싱 내부에 수위를 유지하는 방법을 이용한다. 이 공법은 수위를 유지한 상태에서 케이싱을 내리면서 굴착을 진행하는데, 케이싱의 선단은 일반적으로 풍화암 상단(풍화암선 − 1m 정도)까지 내리고 이하 암반층은 지반조건에 맞는 버킷(또는 코어 바렐 등)으로 굴착하여 마무리한다. 간혹 굴착할 암반이 단단하면 치즐링을 사용하기도 한다. 그림 2.30에 수정어쓰드릴공법의 시공 전경을 나타내었다.

그림 2.30 수정어쓰드릴공법의 시공 전경

　국내의 일반적인 지반조건상 현장타설말뚝의 선정 이유로 암반근입이 대부분 포함되므로 전통적인 어쓰드릴공법의 사용은 효과적이지 않다. 따라서 전통적인 어쓰드릴공법은 장비의 발달에 힘입어 암반을 굴착할 수 있는 천공장비가 보완되면서 국내 시공환경에 적응할 수 있는 방식으로 수정되어 사용되고 있다. 특히 수정어쓰드릴공법은 천공할 지반이 토사층(풍화암층 포함) 위주로 되어 있고, 암반 근입부가 깊지 않은 조건인 경우 다른 현장타설말뚝공법보다 생산성이 좋다.

　수정어쓰드릴공법에서 사용되는 주요 장비에는 굴착기, 버킷, 케이싱 튜브, 해머그래브, 오실레이터, 크레인 등이 있다. 전통적인 어쓰드릴공법의 장비와 비교하면 플랜트가 제외되었고, 케이싱과 해머그래브, 오실레이터가 추가되었다. 여기서 오실레이터, 케이싱, 해머그래브의 활용방안은 올케이싱공법에서와 같다.

　수정어쓰드릴공법의 시공 순서는 다음과 같다.

① 말뚝 중심을 확인하고 오실레이터로 케이싱을 지표면에 설치한다.
② 켈리버에 장착된 버킷(초기에는 해머그래브 사용)을 회전하여 케이싱 내부를 굴착한다.
③ 오실레이터를 이용해 케이싱을 압입하고 새로운 케이싱을 연결한다.
④ 케이싱 내 이수의 높이를 유지하면서 ②~③의 작업을 반복하여 케이싱 선단을 소정의 깊이(풍화암선 − 1m 정도)까지 삽입하면서 굴착한다.

⑤ 지반에 맞는 버킷(또는 코어 바렐 등)으로 바꿔가면서 설계된 깊이까지 굴착한다.

⑥ 공저의 슬라임을 처리한다. 공벽면 측정기 등으로 공벽의 수직도 및 상태를 확인한다.

⑦ 철근케이지와 트레미파이프를 삽입하고, 2차로 슬라임을 처리한다.

⑧ 콘크리트를 타설하면서 케이싱을 인발하고, 마무리한다.

수정어쓰드릴공법이 전통적인 어쓰드릴공법과 다른 점은 굴착과정에서 나타난다. 수정어쓰드릴공법은 해머그래브에 의한 굴착이 끝나면, 켈리버에 드릴링 버킷을 장착하여 굴착을 시작한다. 드릴링 버킷의 무게에 의해 켈리버의 연직성이 약간 틀어질 수도 있으므로 주의한다. 지반의 이완이 발생한다고 생각되는 지층의 굴착은 공내에 물을 주입하여 수압 평형을 유지하는 것이 필요한데, 물을 주입하는 시점은 가능한 조기에 하고 수위는 높게 유지시킨다. 지반이 한번 평형을 잃어버리면 교란이 계속되어 주변 및 지지 지반이 이완되고, 심할 경우 굴착기 안정성도 문제가 될 수 있다. 아울러 콘크리트 타설 시에는 콘크리트의 투입량 증가 및 품질 저하 등과 같은 문제의 원인이 된다. 따라서 지반의 이완이 발생하지 않도록 수위 유지, 케이싱보다 선행굴착 금지, 적합한 굴착기의 선정, 과도한 충격금지 등에 유의한다.

해머그래브(또는 버킷)로 굴착하면서 소정의 깊이까지 케이싱 튜브가 설치되면 이후에는 설계 깊이까지 나공상태로 굴착(버킷 사용)을 완료한다. 일반적으로 케이싱 튜브의 설치는 풍화암선의 −1m를 목표로 하되 공벽 붕괴의 징후가 나타나면 즉시 추가 관입을 실시한다. 지지층의 확인은 배출된 흙의 종류, 색, 촉감 등 흙의 특성을 지반조사 시 채취한 흙 샘플의 특성과 비교하여 진행한다. 또 오퍼레이터의 감각, 굴착속도와 굴착저항 등으로도 지반의 경도를 추정하여 지지층의 상태를 종합적으로 판단한다. 굴착이 완료되면 공벽면 측정기로 공벽면의 수직도 및 형상을 확인한다.

슬라임 처리의 목적과 슬라임에 의한 문제는 전술한 바와 같다. 수정어쓰드릴공법에서도 슬라임 처리는 1차 처리와 2차 처리로 나누어 실시한다. 일반적으로, 1차 슬라임 처리는 클리닝 버킷 또는 에어리프트 방법을 사용하고(그림 2.31(a) 참조), 2차 슬라임 처리는 에어제트 장치를 트레미파이프에 설치하여 콘크리트 타설 직전 침전된 슬라임을 부유시키는 방법을 이용한다(그림 2.31(b) 참조).

드릴링 버킷으로 굴착한 잔토는 덤프트럭으로 현장 외로 반출한다. 운반은 물빼기를 충분히 한 후 반송 시 토사가 넘치지 않도록 주의한다.

(a) 에어리프트　　　　　　　　　　　　(b) 에어제트

그림 2.31 에어리프트와 에어제트 방식

2.4.5 수정RCD공법

국내에서 현장타설말뚝을 적용하는 지반조건은 지지층이 암반 위주로 이루어져 있으므로 RCD공법이 자주 채택된다. 전술한 바와 같이 스탠드파이프의 시공관리가 어렵고, 국내의 지반 조건상 상부 토사층은 굴착 시 공벽유지가 곤란하므로, 전통적인 RCD공법에서 채택하는 스탠드파이프의 사용과 공내 이수만으로 공벽 붕괴를 막는 것은 쉽지가 않다. 또한 국내에서는 건설 환경규정, 부지 협소, 시공관리의 번거로움 등으로 인해 안정액의 사용도 회피하는 경향이 있다. 따라서 실무에서는 전통적인 RCD공법을 수정하여 사용하는 것이 일반화되었다. 그림 2.32에는 수정RCD공법의 시공 전경을 나타내었다.

(a) 육상 시공 전경　　　　　　　　　(b) 해상 시공 전경

그림 2.32 수정RCD공법의 육상 및 해상 시공 전경

수정RCD공법은 비트의 회전에 의해 깎여진 토사를 물과 함께 드릴파이프로 배출하는 것은 전통적인 방법과 같다. 그러나 수정RCD공법은 올케이싱에 준하는 케이싱을 사용하여 스탠드 파이프의 난점과 불편함을 해소하고, 공벽의 붕괴 등을 방지한다. 이 공법은 케이싱 내의 수위를 유지한 채로 케이싱을 연결하여 내리면서 해머그래브로 굴착을 진행하는데, 케이싱은 일반적으로 풍화암 상단(풍화암선 – 1m 정도)까지 내린다. 이하 암반층은 굴착기를 설치하고 비트를 회전시켜 굴착한다.

수정RCD공법의 시공 순서는 다음과 같다.

① 말뚝 중심의 확인, 오실레이터를 설치한다.
② 케이싱의 설치 및 지표면에 압입, 해머그래브를 이용해 케이싱 내부의 굴착을 시작한다.
③ 케이싱을 압입하고 새로운 케이싱을 연결한 후 굴착을 계속한다.
④ 케이싱 내 일정 수위를 유지한 상태로 ②~③의 작업을 반복하면서 소정의 깊이(풍화암선 – 1m 정도)까지 케이싱을 설치한다.
⑤ 굴착기와 비트를 설치하고 설계깊이까지 굴착한다.
⑥ 1차로 슬라임을 처리한 후 RCD장비를 해체한다. 공벽면 측정기 등을 이용하여 공벽의 수직도 및 형상을 확인한다.
⑦ 철근케이지를 삽입하고, 2차로 슬라임을 처리한다.
⑧ 콘크리트를 타설하면서 케이싱을 인발하고, 마무리한다.

수정RCD공법에서 슬라임 처리는 1차로 RCD장비의 공회전방법, 2차로 에어제트방법을 주로 이용한다. 수정RCD공법에서는 토사층의 굴착 효율을 높이기 위해 올케이싱공법에서 사용하는 해머그래브를 사용한다. 또한 굴착 중 케이싱을 압입하거나 콘크리트 타설 후 케이싱을 인발할 시 오실레이터를 사용한다. 이와 같이 수정RCD공법은 주 장비로 RCD굴착기를 사용하지만, 이외의 장비는 시공조건에 따라 필요한 최적의 장비를 조합하여 사용한다.

국내에서 수정RCD공법은 단단한 암반층을 비교적 깊게 굴착해야 하는 지반조건에서 주로 채택되고 있으므로 가장 보편적으로 이용되는 공법이라 할 수 있다. 수정RCD공법은 육상에서도 사용되지만 해상(또는 하상) 시공에서 효율이 높아 자주 채택된다(그림 2.32 참조). 또한 해상(또는 하상)에서 시공되는 현장타설말뚝 기초는 희생강관(케이싱의 역할 포함)을 사용하게 되므로 수정RCD공법을 사용하게 된다. 이 경우 희생강관의 압입을 위해 해머(바이브로 해머, 유압해머 등)를 주로 사용한다.

2.4.6 PRD현장타설말뚝공법

PRD현장타설말뚝공법은 기계 장비의 발달에 힘입어 장비가 대형화되면서 발전하였다. 본 공법은 2.3.2절에서 설명한 매입말뚝공법의 PRD공법과 비교해서 천공방식은 유사하지만 케이싱의 사용 목적과 말뚝재료가 다르다. 그림 2.33에는 PRD현장타설말뚝공법의 시공 전경을 나타내었다.

그림 2.33 PRD현장타설말뚝공법의 시공 전경

PRD현장타설말뚝공법은 선단 링비트가 달린 케이싱의 내부에 에어해머(DTH해머)를 삽입하여 천공한다. 천공기로 분출되는 압축공기를 이용하여 굴착된 토사는 롯드와 케이싱 내부의 공간을 경유하여 케이싱의 두부에 연결된 토출구로 배출된다. 소정의 깊이까지 천공이 완료되면 천공기를 인발하고 슬라임을 처리한 다음 케이싱 내부에 보강재(철골 또는 철근케이지)를 삽입하고 콘크리트를 타설한 후 케이싱을 인발함으로써 마무리된다.

PRD현장타설말뚝공법의 에어해머는 천공 효율이 좋아 상대적으로 시공속도가 **빠르며**, 특히 암반 천공 시 시공속도가 대단히 우수하다. 그러나 천공 시 소음과 진동의 문제가 발생할 수 있는 단점이 있다. 현재 시공이 가능한 최대 직경은 1.5m 정도이지만, 실무적으로는 최대 1.2m 정도가 효율적이다.

PRD현장타설말뚝공법의 시공 순서는 다음과 같다.

① 말뚝 중심의 확인, 외부 케이싱(outer casing)을 설치한다.
② 항타기를 설치하고 내부 케이싱(inner casing)을 정위치시킨 후 내부 케이싱과 내부 천공기(에어해머 및 롯드)를 상호 역회전시켜가면서 굴착한다.
③ 내부 케이싱을 예정된 깊이에 위치(풍화암선 − 1m 정도)한다.
④ 에어해머로 소정의 깊이까지 굴착한다.
⑤ 1차 슬라임을 처리한다. 공벽면 측정기 등을 이용하여 공벽의 수직도 및 형상을 확인한다.
⑥ 2차로 슬라임을 처리한 후, 보강재(철골 또는 철근케이지)를 삽입하고 콘크리트를 타설한다. 또는 콘크리트를 타설한 후 보강재(철골)를 삽입한다.
⑦ 콘크리트 타설을 마무리하고 케이싱을 인발하는데, 필요시 공삭공 구간을 되메움한다.

PRD현장타설말뚝공법은 슬라임 처리를 위해 일반적으로 1차로 미케니컬 펌프 방법 또는 에어서징 방법, 2차로 에어리프트 방법을 주로 사용한다.

PRD현장타설말뚝공법은 비교적 소구경(주로 1.2m 이하)이고, 천공할 지반이 암반층 위주인 지반조건이며 소음과 진동의 환경문제가 수용되는 지역에서 주로 채택되고 있다. 특히 PRD현장타설말뚝공법은 암반의 강도가 크고 깊은 지반조건인 경우 다른 공법에 비해 공기면에서 매우 유리하다. PRD현장타설말뚝공법은 건축현장, 특히 톱다운공법이 적용되는 현장에서 주로 이용된다.

2.4.7 현장타설말뚝공법의 선정

현장타설말뚝은 상부구조의 용도와 형상, 작용하중의 크기 및 침하조건, 지반조건, 환경조건 등을 고려하여 종류와 제원을 결정하여야 한다. 특히 현장타설말뚝 기초의 설계와 시공에 큰 영향을 미치는 지반조건 및 환경조건은 사전에 계획을 수립하여 상세하게 조사된 후 반영되어야 한다. 이는 지지층의 특성을 충분히 파악함으로써 현장타설말뚝 기초의 직경과 길이를 적합하게 결정하고 시공 중에 겪게 될 어려움을 예측함으로써 기술적으로 타당하고 경제적인 시공방법을 선정하기 위함이다.

현장타설말뚝공법에는 어쓰드릴공법, RCD공법, 올케이싱공법, 수정어쓰드릴공법, 수정 RCD공법, PRD공법 등이 있는데, 이들은 각각 특징과 장단점을 뚜렷하게 갖고 있으므로 현장타설말뚝공법의 선정 시에는 각 공법의 특징과 장단점을 이해한 후 현장의 조건에 맞는 공법을 선택해야 한다. 표 2.4는 전술한 현장타설말뚝공법들을 비교하여 나타내었다.

표 2.4 현장타설말뚝공법의 비교

	주요 굴착방법	공벽 붕괴 방지책	주 적용 대상 지반	공기	공사비	품질 관리	국내 사용빈도	기타 (주요 문제)
어쓰드릴 공법	버킷	표층케이싱과 안정액	토사 및 풍화암	빠름	중간	어려움	거의 없음	공벽 붕괴 방지를 위한 시공관리 중요
RCD공법	드릴비트	스탠드파이프와 이수	토사 및 암반	느림	고가	어려움	거의 없음	전석, 호박돌층 굴착 곤란
올케이싱 공법	케이싱 + 그래브 + 치즐	케이싱 + 수압	토사 및 암반	중간	고가	중간	적음	장비 종류 및 최대 직경이 제한됨
수정어쓰 드릴공법	버킷 + 그래브	케이싱 + 수압	토사 및 일부 암반	빠름	중간	중간	중간	암반굴착이 제한됨
수정RCD 공법	드릴비트 + 그래브	케이싱 + 수압	토사 및 암반	느림	고가	중간	많음	전석, 호박돌층 굴착 곤란
PRD공법	에어해머	케이싱	토사 및 암반	매우 빠름	고가	중간	많음	소음·진동, 직경 제한
비고	실제 적용	실제 적용	실제 적용	상대 비교	상대 비교	상대 비교	상대 비교	실무적인 주요 단점

일반적으로 굴착할 지반이 암반 위주인 경우는 수정RCD공법, 올케이싱공법, PRD공법을 주로 사용한다. 특히 암반층의 강도가 크고 층이 두꺼우며, 직경이 1.2m 이하 말뚝인 경우 PRD공법이 유리하다. 굴착할 지반이 토사지반 위주인 경우에는 어쓰드릴공법이 유리하다.

현장타설말뚝공법은 저소음·저진동 공법에 속하지만 PRD공법은 시공 시 소음과 진동이 기준치를 초과하는 경우가 있으므로 이러한 경우는 개량 천공기로 교체하거나, 또는 이중굴착 등을 통해서 해결하기도 한다.

현장타설말뚝공법들은 공벽유지 방법에 따라 안정액을 사용하는 방식과 케이싱을 사용하는 방식으로 구분할 수 있다. 시공 중 안정액의 관리가 품질관리의 상당한 비중을 차지하기 때문에 일반적으로 현장타설말뚝의 시공품질관리는 안정액 방식이 상대적으로 어렵고, 케이싱 방식이 용이하다고 할 수 있다. 그러나 이러한 평가도 일반적인 것일뿐 실제로는 현지 실무(local practice)에 더 의존한다.

현장타설말뚝공법의 공기와 공사비의 비교는 대상 조건이나 여건에 따라 크게 달라지므로 이를 고려하여 상대적으로 비교해야 한다. 일반적으로 굴착할 지반이 토사층(풍화암 포함)이 위주인 조건에서 공기와 공사비는 어쓰드릴공법이 유리하고, 암반이 위주인 조건에서는 수정RCD공법, PRD공법이 유리하다. 그러나 굴착할 암반의 강도가 작고 깊이가 비교적 얕은 경우는 수정어쓰드릴공법도 공기와 공사비에서 유리하다.

PRD공법은 최대 직경이 1.5m까지 가능하지만 실용적인 직경은 1.2m 정도이다. 천공 직경 1.5m를 조성하기 위해 확장형 비트(enlarged pile, ENP)를 사용하여 부분 확장을 하기도 하는데 시공품질 관리 및 확인에 별도의 주의를 기울여야 한다. 그리고 PRD공법은 전술한 소음과 진동의 문제가 있으므로, 비교 시 이러한 것도 고려되어야 한다.

지반조건이 PRD에 적합하되 직경이 크고 소음과 진동의 문제가 예상되는 경우는 RCMH도 검토해 볼 만하다. 이에 대해서는 2.5.4절에서 설명하였다.

국내에서 사용되는 현장타설말뚝공법의 사용빈도를 살펴보면 전통적으로 사용해왔던 현장타설말뚝 시공법(어쓰드릴공법, RCD공법, 올케이싱공법)을 그대로 사용하는 경우는 드물고, 현장조건에 따라 각 공법의 장비와 시공방식을 조합(수정어쓰드릴공법, 수정RCD공법, PRD공법)하여 사용하는 경우가 많다. 이와 같이 적절한 장비와 시공방식의 조합을 통해 현장타설말뚝 기초공의 공기와 경제성 그리고 시공성을 향상시키는 것은 매우 바람직하고도 발전적인 현상이라 할 수 있다.

2.5 특수말뚝

2.5.1 압입말뚝

1) 압입말뚝공법의 개요

압입말뚝공법(jack in pile method)은 말 그대로 말뚝을 강제로 지반에 관입하는 공법으로 변위말뚝에 속하며, 말뚝의 선단조건에 따라 대·소변위말뚝으로 분류할 수 있다. 압입말뚝공법은 기성말뚝을 유압 장비로 잡고(grip) 장비 자체의 반력을 이용하여 지반 속으로 밀어 넣는다. 압입말뚝공법은 이동 시 장비 내 유압시스템을 활용한 지압판(support sleeper)을 사용하고 있고, 자재의 인양도 장비 자체에 부착된 크레인을 사용하므로 일종의 기계식 말뚝설치공법이라고 할 수 있다(그림 2.34 참조).

(a) PHC파일 시공 장면   (b) RC파일 시공 장면

그림 2.34 압입말뚝공법 시공 장면

압입말뚝은 저소음 저진동 공법이며, 현장타설말뚝에 비해서는 생산성이 양호하고 배토가 없어 시공현장이 깨끗하게 유지되는 장점이 있다. 반면에 압입말뚝은 중량의 기계식 장비가 이동하면서 작업하므로 작업 지반이 비교적 견고하고 평탄하여야 하며, 상대적으로 넓은 작업 면적이 필요하다. 아울러 중간층에 장애물이 있을 경우 처리가 비교적 복잡한 단점이 있다.

압입말뚝의 장비는 그림 2.35와 같이 메인 프레임, 유압 실린더, 그립 시스템, XY방향 유압 이동장치, 장·단지압판(long·short sleeper), 사하중(kentledge), 크레인 등으로 구성되며, 모든 장치들이 동일한 프레임 위에 배치되어 있다. 이 장비는 이동이 가능한 정재하시험장치라고 볼 수도 있으며, 실제로 압입시공 후 그대로 정재하시험을 하는 데 이용되기도 한다(그림 2.36 참조).

압입말뚝의 특별한 장점은 시공 자체가 하나의 정재하시험이라는 것이다. 따라서 압입말뚝은 모든 시공 말뚝에 대해 정재하시험을 한다는 개념이 내포되어 있다. 말뚝지지력의 안전율을 결정하는 요인 중의 하나로 시공의 신뢰도를 고려하는데, 이를 위해 재하시험 수를 반영하기도 한다. 이러한 점을 확장하면 압입말뚝공법은 조정된(낮추어진) 안전율을 사용하는 것도 가능하다고 보는데, 향후 연구할 주제라고 생각한다.

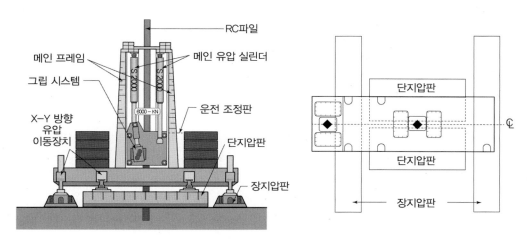

그림 2.35 압입말뚝 장치도(Chow et al., 2009)

(a) 사하중을 이용한 정재하시험　　　(b) 압입말뚝 장치를 이용한 정재하시험

그림 2.36 정재하시험 장치 비교

2) 압입말뚝공법의 적용

많은 현장시험을 통해 기존 타입말뚝의 지지력 공식은 압입말뚝에도 사용될 수 있다는 것이 확인되었다. 그런데 압입말뚝에 타입말뚝의 지지력 공식을 그대로 적용하는 것은 오히려 보수적이다. 왜냐하면 압입말뚝은 선행재하 효과를 포함하고 있으므로 타입말뚝에 비해 선단부 지반의 강성이 커서 더 양호한 지지력을 얻을 수 있기 때문이다. Deeks et al.(2005)에 의하면 압입말뚝의 강성은 타입말뚝의 2배, 현장타설말뚝의 10배 정도가 된다고 한다. 또한 Gue et al.(2009)은 압입말뚝의 지지력 산정을 위한 식(f_s=0.25N, q_b=20~40N, t/m²)을 제안했는데, 이는 타입말뚝의 지지력 식보다 양호한 계수를 보여주고 있다.

압입말뚝은 변위말뚝이기 때문에 지반에 따라서는 설치 후 set up 효과가 나타날 수 있다. 따라서 시험시공 시 이를 확인하는 것이 필요하다.

압입말뚝에서 압입력은 정적지지력(극한지지력)의 함수로 볼 수 있는데, 이러한 점에 착안하여 Zhang et al.(2006), Yu et al.(2011) 등은 압입력과 정적지지력의 관계에 대한 연구를 수행하였다. 이들의 연구는 정적지지력을 압입력과 세장비의 함수로 제안하였다. 그러나 이들 관계식은 set up 효과에 대한 명확한 규명이 없이 이루어져 추후 검토가 필요한 부분이다.

압입말뚝의 시공 순서는 타입말뚝과 유사하다. 우선 압입말뚝장비를 말뚝의 지정된 좌표로 위치시켜야 하는데, X-Y 방향 유압 이동장치와 지압판을 사용하여 이동한다. 이후 크레인으로 말뚝을 매달아 지정된 위치에 세우고 그립장치로 말뚝을 잡는다. 말뚝을 잡고 압력을 가해 지반에 관입하는데, 일정량 관입이 되면 그립을 해제하고 그립장치를 말뚝의 상부로 이동한 후 그립장치로 다시 말뚝을 잡고 관입을 실시한다. 하항의 관입이 완료되어 이음이 필요할 경우 하항 위에 상항을 놓고 이음을 실시한다(그림 2.37(a) 참조). 이음이 끝나면 다시 상항을 잡고 이전과 같이 요구되는 깊이까지 관입을 실시한다. 소정의 깊이까지 관입이 되면 관입량을 측정하여 확인한다.

말뚝의 두부가 지표면 아래까지 관입이 필요한 경우 보조말뚝을 사용할 수 있다. 관입 후 지표면 위에 말뚝이 남는 경우 그림 2.37(b)와 같이 압입말뚝장비가 이동하기 위해 지표면 아래 소정의 위치까지 말뚝을 절단하고 다음 위치로 이동한다. 이와 같이 압입말뚝의 시공 순서는 타입말뚝과 거의 유사한데, 다른 점이라면 두부 정리 후 장비가 이동되는 점이다.

| (a) 이음 작업 | (b) 잔여 말뚝 절단 작업 |

그림 2.37 압입말뚝의 이음 및 절단 작업

압입말뚝의 시공 중 계측(시간, 깊이, 압력 등)이 가능한데, 일반적으로 관입량 0.3m마다 측정한다. 이러한 계측자료는 품질 관리 및 확인, 향후 설계자료 분석 등 유용한 자료로 이용될 수 있다. 관입하는 말뚝이 소정의 위치에 도달하면 관입량을 측정(그림 2.38 참조)하여 종료기준에 따라 압입을 종료한다.

필요할 경우 압입말뚝 시공 시 주변 말뚝의 레벨을 측정하여 말뚝의 융기도 확인해야 한다. 특히 압입말뚝은 대변위말뚝이고, 설치 중에 두부 정리가 이루어지기 때문에 시공 중 주변 말뚝의 융기 확인(시공 초기 단계)은 매우 중요하다.

그림 2.38 압입말뚝의 관입량(set) 측정

2.5.2 CFA파일

1) CFA파일공법의 개요

CFA(continuous flight auger)파일은 연속날개오거(CFA)를 사용하여 하나의 연속 공정으로 말뚝을 최종 깊이까지 천공한 후 오거 인발 중 콘크리트 등을 타설하는 공법으로 현장타설말뚝 기초의 일종이다. 이 공법은 비변위공법으로 분류된다.

CFA파일 공법의 핵심 요소는 연속날개오거를 사용하여 연속 작업으로 말뚝을 천공하는 것이다. 따라서 오거를 필요한 깊이까지 전진시키는 동안 천공 구멍의 안정성이 유지되도록 오거날개를 흙으로 채우는 것이 필요하다. 오거가 지반 관입 속도에 비해 너무 빠르게 회전하면, 연속날개오거는 일종의 '아르키메데스 펌프' 역할을 하여 흙을 지표면으로 운반하게 된다. 이러한 현상은 천공 구멍의 안정을 유지하는 데 필요한 수평응력을 감소시키게 된다. 결과적으로, 흙이 구멍 쪽으로 이동하고 과도하게 천공되어 지표면의 침하가 일어나고 본말뚝은 물론 인근에 설치된 말뚝의 마찰력이 감소될 수 있다.

그림 2.39(a)는 균형 잡힌 오거의 회전과 관입 속도를 갖는 상태를 나타낸다. 여기서는 측면 지반에서 오거날개로 흙이 유입되지 않고, 오거 하부의 가장자리에서 흙이 날개에 채워져 안정적인 상태에서 천공이 이루어진다. 반면 그림 2.39(b)는 오거의 회전에 비해 관입 속도가 지나치게 느려(또는 오거의 관입 속도에 비해 회전이 너무 빨라) 흙이 오거날개에 가득 채워지지 않는 상태를 보여주고 있다. 결과적으로 흙이 지표면으로 운반되고 측면 흙은 오거날개로 공급되면서 지반은 감압된다.

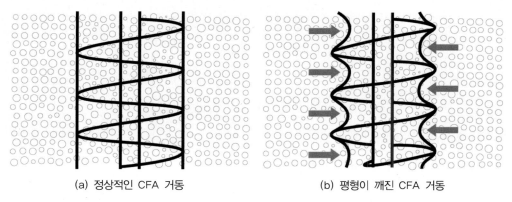

(a) 정상적인 CFA 거동   (b) 평형이 깨진 CFA 거동

그림 2.39 CFA파일의 천공 원리(FHWA, 2007)

오거가 관통하면서 천공한 흙의 부피는 원지반의 부피보다 더 크게 된다. 이는 오거 자체의 부피(중공부 포함)와 교란 시 팽창으로 인한 것이며, 따라서 천공 중에는 일부 흙이 지표면 위로 배토될 수밖에 없다. 안정적인 천공 구멍을 유지하려면 오거 부피와 교란 팽창 부피를 상쇄할 만큼의 흙만 지표면으로 배토되어야 한다. 결국 관입 속도를 제어하는 것이 천공 구멍의 안정을 유지하는 것이며 이것이 CFA공법의 핵심이다.

그림 2.40은 CFA파일 장비를 나타낸 것이다. 그림에서 보면 주요 장비는 리더, 오거, 크롤러크레인 등으로 대부분 다른 말뚝기초공의 장비와 유사하다. 다른 점이 있다면 모발 그라우트 펌프(mobile grout pump)가 있는데, 이는 콘크리트 타설 펌프카와 유사한 장치이다. 여기서 그라우팅이라 하면 시멘트풀이나 약액의 주입이 아니고, 콘크리트나 모르타르를 타설하는 것을 의미한다. 그림 2.40(a)는 크레인에 가동형 리더를 달아 사용하는 재래식 CFA 장비로, 이 장비는 지금도 사용되지만, 근래에는 그림 2.40(b)처럼 CFA파일용 전용 장비가 사용되고 있다.

CFA파일의 장점은 공벽유지가 필요 없고, 시공속도가 빠르며 경제적이라는 것이다. 이외에 현장타설파일이 갖는 장점도 있다. CFA파일의 단점은 말뚝의 직경과 길이가 제한적이고, 상대적으로 본체 건전도의 신뢰도가 떨어지며, 건전도와 지지력 확인을 위한 QA방법이 제한적이라는 점이다.

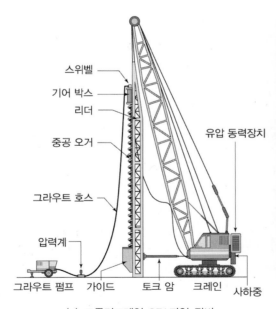

(a) 크롤러크레인 CFA파일 장비

(b) CFA파일 유압식 전용 장비

그림 2.40 CFA파일 장비

2) CFA파일공법의 적용

표 2.5는 동일 지역에서 시공한 보드파일(어쓰드릴공법)과 CFA파일의 실측 지지력 그리고 현장타설말뚝의 계산 지지력(FHWA에 의함)을 비교한 것이다. 현장의 여건(다른 위치, 층두께 변화 등)을 고려하면 전체적으로 마찰력은 3개의 결과치가 유사하다고 평가된다. 선단지지력은 CFA파일 쪽이 어쓰드릴공법보다 약간 크고 계산치에 근접하는데, 이는 CFA파일공법 원리상 교란 정도가 상대적으로 작은 것에 기인하는 것으로 평가된다. 이러한 시험결과로부터 CFA파일의 지지력 산정은 현장타설말뚝공법의 계산식을 그대로 사용해도 문제가 없음을 알 수 있으며, 실무에서도 그렇게 적용되고 있다.

표 2.5 현장의 지지력시험 결과와 계산치의 비교

구분		Bored Pile	CFA	현장타설말뚝	비고
		시험 결과	시험 결과	계산 결과	
극한 주면마찰력 (f_s, t/m²)	clay 1	21.8	21.2	17.9	α-method $f_s = \alpha\,S_u$
	clay 2				
	clay shale	39.9	40.1	36.6	O'neill and Reese(1999) $\dfrac{f_s}{P_a} = 0.65\sqrt{\dfrac{q_u}{P_a}}$
	shale				
극한 선단지지력 (q_b, t/m²)	clay shale	580	–	–	Zhang and Einstein(1998) $q_b = 2.5 q_u$
	shale	963	1173.5	1360	
비고		6개 재하시험 평균	2개 재하시험 평균	UCS 평균	FHWA 공식

주) S_u : 비배수전단강도, P_a : 대기압, q_u : 일축압축강도, α : 마찰력계수

CFA파일의 시공 절차는 그림 2.41(FHWA, 2007)처럼 단순하다. 먼저 오거로 원하는 깊이까지 천공을 하고(①), 오거를 인발하면서 그라우팅을 한다(②). 그리고 지표면 위에 배토된 흙을 제거하고 철근케이지를 삽입하면(③) 시공이 마무리된다. 이와 같이 CFA파일의 시공은 간단하고 연속적으로 이루어져 생산성이 매우 양호하다. 하지만 CFA파일은 소구경 현장타설말뚝이므로 시공품질관리가 어렵고 이를 위해 모니터링이 필수적이다.

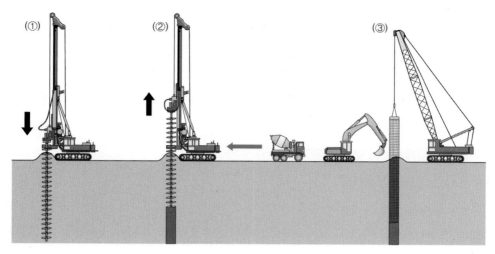

그림 2.41 CFA파일 시공 순서(FHWA, 2007)

CFA파일은 전형적으로 직경 0.3~0.6m가 사용된다. 가장 많이 사용되는 직경은 0.6m 내외이다. 유럽에서 제작된 최대 1.5m 직경의 CFA장비도 사용되고 있지만, 일반적인 제원은 아니다. CFA파일의 직경이 작은 이유는 공법 원리상 직경이 크면 그만큼 파워가 큰 장비가 필요하므로 장비의 용량이 제한되기 때문이다. CFA파일의 길이는 최대 30m 정도이고, 철근 길이는 유동적인데, 설계에 따라서는 말뚝 길이의 일부에만 철근을 설치하는 경우도 있다.

2.5.3 SSP공법

1) SSP공법의 개요

SSP(screw steel pile)는 강관말뚝의 선단에 날개를 장착한 말뚝으로 일본에서 주로 사용된다. 강관 본체의 외경은 318~1,600mm 정도이고, 날개의 외경은 본체 직경의 1.5~2.0배 정도이다. 선단 날개의 형태는 특허 제품마다 조금씩 다르다. 본체의 경우 균등한 직경도 있지만, 말뚝의 상부에 직경을 확장하여 수평저항력을 키운 종류도 있다. 말뚝 길이는 최대 77m 정도까지 시공이 가능하다.

SSP공법은 말뚝 본체에 회전력을 가해 지반에 회전 관입되고 지지층에 안착된다. 선단에는 말뚝직경보다 큰 날개가 있어 큰 선단지지력을 발휘한다. 따라서 선단 날개의 효과에 의해서 일반 말뚝보다 지지력이 크다. SSP공법은 회전관입되므로 저소음·저진동 공법이고, 배토도 없으며, 열교환 장치(지하 열교환 말뚝)로도 이용이 가능하다. 그리고 시멘트를 사용하지 않기 때문에 지하수 오염의 요인도 없으며, 피압지하수 상태에서도 시공이 가능하여 친환경공법으로 알려져 있다. 특히 SSP공법은 사용 후 역회전에 의해 인발이 용이하고 재사용이 가능하여 차세대 공법으로 언급되고 있다.

그러나 SSP공법은 일반 강관말뚝에 비해 재료비 및 시공비가 비싸다는 단점도 있다. 또한 SSP공법의 장비나 시공 자체가 일본에서만 운용되어 일본 외에서 사용하기에 용이하지 않다. 하지만 일본 설계사에서 설계된 구조물에는 SSP가 도입되므로, 이의 시공이나 설계 변경 등을 위해서 관련 정보가 필요하다.

그림 2.42에는 여러 가지 SSP 중 쯔바사파일(토목연구센터, 2003)의 날개(쯔바사)를 보여주고 있다. 쯔바사파일은 시공 시 선단날개의 효과에 의해 무배토·저소음·저진동으로 지반에 관입되고, 사용 중에는 강관직경(D_p)의 1.5~2배의 직경(강관 폐쇄 면적의 2.25~4배의 면적)을 가진 선단 날개에 의해 큰 선단지지력을 발휘한다.

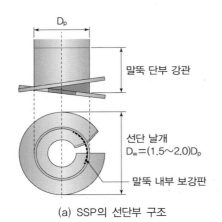

(a) SSP의 선단부 구조

(b) SSP의 선단 모양

그림 2.42 쯔바사파일의 선단 구조

2) SSP공법의 적용

SSP공법의 설계는 제품마다 약간씩 다르지만 일반적으로 경험식을 이용하고 있다. 단위면적당 선단지지력은 N치에 선단지지력계수(α)를 곱하는데, α의 값은 10~15(t/m^2)를 사용한다. 선단면적은 날개의 면적을 고려한다. 단위면적당 주면마찰력은 N치를 이용하는 항타말뚝의 값(사질토: 0.2N, 점성토: N, t/m^2)과 유사하게 적용되고 있다. 주면 면적은 강관본체의 면적을 고려한다. 인발하중은 압축방향 주면마찰력에 선단날개의 인발저항(앵커의 저항력과 유사하게 산정)을 더하여 구한다.

파일의 중심간격은 선단날개의 효과를 고려하여 일반말뚝보다 약간 넓게 한다(토목연구센터, 2003). 말뚝과 날개의 직경비가 1.5배인 경우는 중심간격은 2.5D, 말뚝과 날개의 직경비가 2.0배인 경우는 중심간격을 3D로 유지하는데, 이 경우 군말뚝효과를 고려하여 말뚝의 선단지지력에 감소비(0.8)를 적용한다. 하지만 말뚝과 날개의 직경비가 1.5배인 경우 중심간격 3.75D, 말뚝과 날개의 직경비가 2.0배인 경우 중심간격 5D를 확보했다면 군말뚝효과를 고려하지 않을 수 있다(감소비 1.0).

SSP공법의 강관의 재료 설계는 일반 강관에서와 같다. 강관의 부식두께는 외부 1mm만 고려하며, 선단 날개의 부식 두께는 상하 각각 2mm를 고려한다.

SSP공법은 전용 장비를 사용하는데, 전용 장비는 공법마다 차이가 있다. 그림 2.43은 쯔바사 파일의 전용 장비를 사용한 SSP공법의 시공 전경(사항 시공)을 보여주고 있다. 그림에서와 같이 말뚝의 직경이 600mm 이하이면 3점식 항타기(a)를 사용하고, 600mm보다 크면 전회전식 항타기(b)를 사용한다.

(a) 소구경 SSP 시공(사항 시공) (b) 대구경 SSP 시공

그림 2.43 SSP 시공 광경(JFE Steel Cooperation, 2009)

그림 2.44는 SSP시공 장비를 이용한 시공 순서를 도시한 것이다. SSP공법은 비교적 낮은 공간에서 시공도 가능하며, 15° 정도의 경사말뚝도 가능하다. 또한 압입말뚝은 수평지지력을 확대하기 위해 두부 확대 말뚝을 적용할 수 있다. 그림에서와 같이 시공은 말뚝을 인양하여 세우고, 회전하여 필요한 심도까지 관입하면 된다. 이와 같이 시공은 비교적 단순하고 효율적이다. 시공 중 강관의 관입을 모니터링하는 장치가 있고, 말뚝을 종료할 수 있는 체계적인 시공관리 기법도 마련되어 있다.

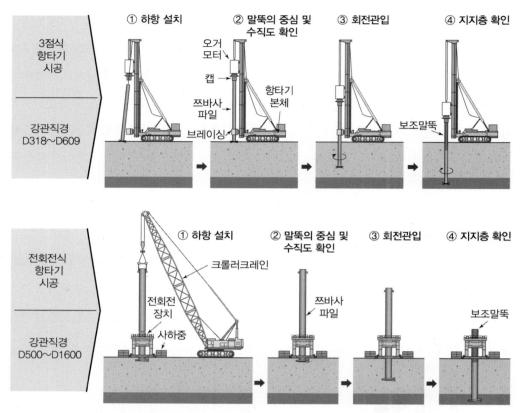

그림 2.44 쯔바사 SSP 시공 순서(JFE Steel Cooperation, 2009)

2.5.4 RCMH공법

1) RCMH공법의 개요

현장타설말뚝공법은 각기 특징이 있고 장비도 다르다. 예로 암반을 굴착하는 대표적인 현장타설말뚝공법에 두 종류(RCD, PRD)가 있는데, 이들은 상반된 특장점을 가지고 있다. 하지만 현장 조건에 따라서는 어느 공법도 만족스럽지 못하기도 하는데, 이러한 경우 두 공법의 장점을 조합한 새로운 공법의 필요성이 제기되기도 했다. RCMH(reverse circulation multi hammer)공법은 이러한 필요성에 따라 개발되었다.

RCD공법은 풍화암 이상의 모든 암반층에서 굴착이 가능한 공법으로 일반적으로 굴착직경이 1,500mm 이상인 대구경 말뚝에 주로 사용되고 있다. 이 공법은 롤러 비트에 추력을 가하여 회전분쇄(rotary crushing)하는 방식(그림 2.45(a) 참조)으로 암반을 굴착하고, 굴착된 암편을 역순환하는 방식으로 배출시킨다. 따라서 RCD공법은 굴착작업 시 소음·진동이 없으며, 암편의 배출도 안정적이고 효과적인 장점이 있다. 그러나 굴착 생산성이 떨어지고, 비트에 하중 추가 시 수직도가 불량해지는 단점이 있다.

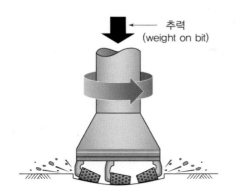

(a) 회전분쇄(rotary crushing) 방식   (b) 회전파쇄(rotary percussion) 방식

그림 2.45 RCD공법과 PRD공법의 천공 원리 비교(한국건설기술연구원 등, 2012)

한편 PRD공법은 풍화암 이상의 모든 암반층에서 굴착이 가능한 공법으로 DTH해머의 한계로 인해 실용적으로 굴착직경이 1,200mm 이하인 말뚝에 사용되고 있다. 이 공법은 단수(single)의 DTH해머로 회전파쇄하는 방식으로 암반을 천공하며(그림 2.45(b) 참조), 암편은 천공에 사용된 공기압을 이용해 스크류 롯드(또는 롯드와 케이싱의 공간)에 태워 수직상부로 배출시킨다. 따라서 PRD공법은 암반에서 굴착 생산성이 양호하다는 장점이 있다. 그러나 굴착작업 시 소음·진동이 크고, 암편의 배출도 효과적이지 않아 별도의 슬라임 처리가 필요한 단점이 있다. 또한 PRD장비는 케이싱을 박으면서 천공하기 때문에 말뚝 길이만큼 리더가 장비에 일시에 설치되어야 하므로 전도 관점에서 안전에도 취약하다.

RCMH공법은 RCD공법과 PRD공법의 장점을 조합하여 개발한 공법이다. 즉, 이 공법은 PRD공법에서 사용하는 DTH해머를 도입하여 굴착 생산성을 높이되, 여러 개의 DTH해머를 사용하여 단계별 천공방식을 채택함으로써 소음·진동을 줄였다. 또한 이 공법은 RCD공법에서 사용하는 역순환방식을 채택하여 굴착 시 공벽의 안정성과 슬라임 처리 문제를 해결했다. 아울러 RCD공법에서와 같이 롯드를 깊이에 따라 연결하여 천공 깊이를 늘리는 방식을 취해 장비 전도에 대한 안정성을 보완했다.

RCMH공법은 여러 개의 DTH해머를 장착하여 만든 원통형의 굴착기(그림 2.46(a) 참조)를 사용한다. 이 굴착기로 중앙부를 선천공하고 외부를 후천공하는 단계별 천공을 반복적으로 수행하는 방식으로 대구경 구멍을 천공하여 현장타설말뚝을 조성하는 공법이다. 또한 RCMH공법에서는 DTH해머를 중앙부(선천공)와 외부(후천공)에 선택적으로 배치함으로써 직경 1m 이상의 천공에 제한 없이(최대 5m까지 제작됨) 사용할 수 있다(한국건설기술연구원 등, 2012).

RCMH공법은 DTH해머 각각에 압축공기를 공급하여 회전 파쇄 방식으로 암을 천공한다. 또한 이 공법에서 천공 시 발생한 암편(슬라임)은 물을 이용하는 역순환 방식(그림 2.46(b) 참조)으로 배출된다. 역순환 방식에서 물에 포함된 암편을 배출시키기 위해 사용되는 압축공기는 DTH해머를 작동시키는 데 사용된 압축공기가 그대로 이용된다. RCMH에서는 대량의 압축공기가 사용되므로 많은 양의 암편도 짧은 시간 내에 배출시킬 수 있어, 굴착공 내부는 항상 깨끗하게 유지된다.

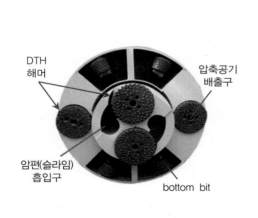

(a) RCMH 굴착기(drill canister) 저면부

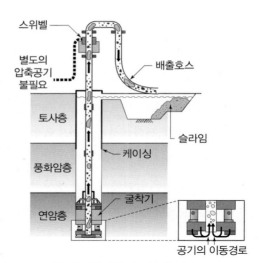

(b) 암편(슬라임)의 역순환 방법

그림 2.46 RCMH공법의 상세(한국건설기술연구원 등, 2012)

2) RCMH공법의 적용

RCMH공법은 다른 현장타설말뚝과 비교해 천공방식만 다르고, 철근 삽입 및 콘크리트 타설 등 작업 절차는 동일하다. 따라서 지지력 계산을 위한 별도의 설계식은 없으며, 일반 현장타설말뚝의 지지력 식을 사용하면 된다.

RCMH공법의 시공 순서는 케이싱 근입(케이싱 내 토사굴착과 교호진행), 천공장비의 조립, 암반굴착 및 슬라임 처리, 철근케이지 삽입, 콘크리트 타설 등으로 이루어진다. 이 공법의 시공 순서는 RCD공법과 유사하게 이루어지지만, 천공장비가 다르기 때문에 천공장비의 조립 절차가 약간 다르다. 그림 2.47에서처럼 RCMH공법에서 천공장비의 조립 절차는 항타기에 리더와 롯드를 먼저 조립한 다음, 케이싱 내에 천공기를 삽입하고 이를 항타기의 롯드와 연결한 후 천공을 진행하는 순서로 이루어진다.

RCMH공법은 RCD공법과 PRD공법의 장점을 조합한 암반천공기를 이용하는 이상적인 개념을 실용화한 공법이다. 그러나 본 공법은 아직 활용이 미흡하다. 향후 본 공법의 적용이 활성화되어 이용 범위도 확대되고 기존의 시스템도 개선할 수 있기를 기대한다.

(a) 천공기를 케이싱에 삽입   (b) 천공기와 롯드의 연결   (c) 암반 굴착

그림 2.47 RCMH공법의 천공장비의 조립((주)코아지질, 2023)

2.5.5 중구경 현장타설말뚝공법

1) 중구경 현장타설말뚝공법의 개요

일반적으로 기성말뚝은 600mm 이하의 일반 구경 직경을, 현장타설말뚝은 800mm 이상의 대구경 직경을 주로 사용한다. 그러다 보니 다양한 구조물을 설계하는 현업에서는 두 직경 사이의 제원에 대한 필요성이 대두되었다. 또한 기성말뚝을 이용한 매입말뚝은 경타를 수행해야 하므로 소음·진동에 대한 문제를 근본적으로 해결할 수 없었으며 민감한 민원 대처에 한계가 있었다. 이의 해결책으로 대구경 현장타설말뚝의 도입은 벽식 구조 적용에 한계가 있었다. 그리고 기

존의 설계방법은 말뚝의 선단을 풍화암에 설치해도 지지력을 상향하는 데 제한이 있었는데, 2000년 IGM(intermediate geo-material)이라는 토질 분류와 설계법이 생겨났으며, 이를 적용하여 풍화암에 설치된 말뚝의 지지력을 재평가하려는 설계 개념의 시작도 중구경말뚝 도입의 한 이유가 되었다. 이와 같은 당시 상황으로 인해 중구경 현장타설말뚝이 태동하게 되었다.

LH공사(임해식 등, 2005)와 김원철 등(2006)은 2000년 초에 중구경(D=600~800mm) 현장타설말뚝에 대한 연구 결과를 제시하였다. 이 공법은 그림 2.48과 같이 기존 매입말뚝시공에서 사용하는 SDA장비로 천공한 다음, 보강재(철근케이지, H형강, 중공강관)를 삽입하고 콘크리트를 타설하는 방식으로 구성된다. LH공사 연구 결과에 의하면, 중구경(D=550~600mm) 현장타설말뚝의 지지력은 PHC400의 SIP공법에 비해 2배의 연직 및 수평 지지력을 갖고, 공사비를 46% 절감할 수 있는 것으로 보고하고 있다. 이후 이 공법은 여러 시험시공을 통하여 보강재를 개선하는 등 보완(박종배 등, 2007)이 이루어졌다.

이와 같이 초기 중구경 현장타설말뚝공법(MISCP공법)의 개발은 실무에서 소구경 기성말뚝과 대구경 현장타설말뚝의 인터페이스 영역에 대한 목마름을 해소하고자 하는 긍정적인 발상에서 시작된 것이다. 또한 이 공법은 저소음·저진동 등 현장타설말뚝이 갖는 장점이 있다. 그러나 이 공법은 비교적 작은 구경의 현장타설말뚝이기 때문에 시공품질관리의 어려움이 있다.

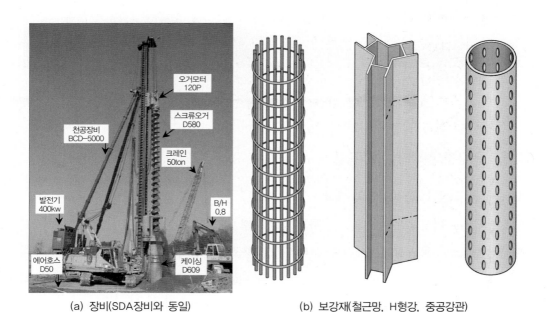

(a) 장비(SDA장비와 동일)   (b) 보강재(철근망, H형강, 중공강관)

그림 2.48 중구경 현장타설말뚝의 장비와 보강재

한편 초기 중구경 현장타설말뚝공법(MISCP공법)에서 생기는 슬라임 처리의 어려움을 해소하기 위해 개선된 중구경 현장타설말뚝공법(MCC파일공법)이 개발되어 사용되었다(하경엔지니어링, 2014). MCC파일공법은 초기 중구경 현장타설말뚝공법의 시공법과 유사하나 슬라임 처리방식이 다르다. MCC파일공법에서 슬라임은 지하수 조건에 따라 저면부 노출면을 청소하거나, 경타 진동 등을 통한 압착 방법으로 압출, 배제시켜 처리된다. 두 가지 슬라임 처리방식 중 후자가 주로 이용된다. 후자의 슬라임 처리방식은 슬라임의 영향이 최소화되도록 우선 선단근 고액을 주입하며, 균일한 선단지지력을 확보하기 위하여 몰드 케이스와 철근망에 부착된 강재 저판(그림 2.49 참조)을 설치하고 경타한 후 몰드 케이스는 회수된다. MCC파일의 시험 결과(2014)에 의하면 직경 600mm의 MCC파일의 공사비는 매입말뚝(PHC500) 대비 20~40% 정도가 절감되었다.

MCC파일은 초기 중구경 현장타설말뚝의 슬라임 처리 문제를 보완하기 위해 개발되었다. 개발된 방식은 기존 방식에서 슬라임 처리를 원활히 할 수 있도록 여러 장치나 절차를 추가함에 따라 MCC방식은 시공이 복잡해졌고 시공성이 떨어졌다. 그리고 본 공법 역시 비교적 작은 구경의 현장타설말뚝이다 보니 시공품질관리의 어려움을 피해갈 수 없었다.

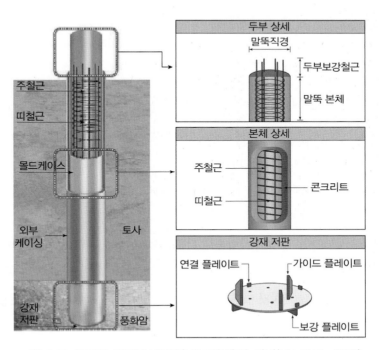

그림 2.49 중구경 현장타설말뚝(MCC파일)의 개념(HK ENC, 2018)

2) 중구경 현장타설말뚝공법의 적용

중구경 현장타설말뚝의 설계는 공법에 따라 다르다. 처음 개발된 중구경 현장타설말뚝(박종배 등, 2007)은 시험결과를 바탕으로 수정된 Meyerhof 공식(f_s=0.2N, q_b=25N, t/m²)을 사용했다. 이후 개선된 MCC파일은 주면마찰력 중 IGM근입부는 IGM 적용식(FHWA, 1999)을, 그리고 IGM 상부층의 마찰력과 선단지지력은 도로교 설계기준(2015)을 적용했다.

중구경 현장타설말뚝의 시공 역시 개발된 공법의 개념에 따라 차이가 있다. 초기 중구경 현장 타설말뚝(LH공사)의 시공은 케이싱 설치 및 천공, 슬라임 처리, 철근망 삽입, 트레미관 설치 및 콘크리트 타설, 케이싱 인발, 두부 정리 순으로 이루어졌다. 여기서 슬라임 처리는 현장타설말뚝 의 에어리프트 방식과 유사하다. 전체적으로 이 공법의 시공은 천공장비만 다를 뿐 일반적인 현 장타설공법과 유사하다(그림 2.50 참조).

(a) 천공 작업   (b) 슬라임 처리, 철근망/트레미파이프 설치

그림 2.50 초기 중구경 현장타설말뚝의 주요 시공 절차

MCC파일의 주요 시공 절차는 그림 2.51처럼 시공 절차는 총 12단계로 일반적인 현장타설공 법과 차이가 크다. 여기서 슬라임 처리는 내부 케이싱을 이용하여 강재 저판을 경타하는 방식으로 갈음하는데, 이것이 MCC파일 공법의 특징이다.

전술한 중구경 현장타설말뚝공법은 현업의 요구에 따라 개발된 만큼 장점도 있다. 그리고 이 공 법은 매입말뚝과 비교해 현장타설이라는 시공품질관리가 까다로운 습식공정을 포함하고 있고 시 공 절차가 조금 복잡하지만, 규정된 시방대로 시공품질관리가 이루어지면 소정의 품질을 얻을 수 있을 것이다. 하지만 근래 PHC파일 재료의 변화, 최적설계의 확대, 장비의 대형화 및 부대 장 치의 개선 등 혁신적인 기술 변화가 이루어져서 중구경 말뚝 개발 당시의 아쉬움은 최근의 기성 말뚝 시공으로도 수용이 가능해졌다. 그리고 국내의 지반조건, 국내 기초공 기술자들의 현장타 설에 대한 비호감 등을 감안할 때 중구경 현장타설말뚝의 확장은 한계가 있을 것으로 평가된다.

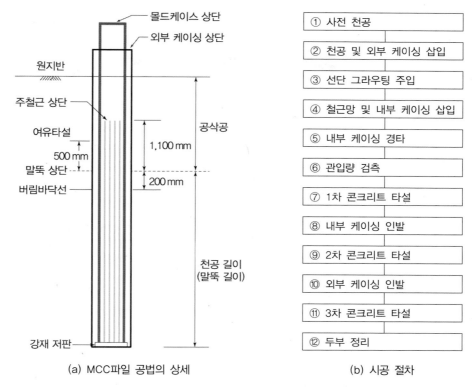

(a) MCC파일 공법의 상세
(b) 시공 절차

몰드케이스 상단
외부 케이싱 상단
원지반
주철근 상단
여유타설
500 mm
말뚝 상단
버림바닥선
1,100 mm
200 mm
공삭공
천공 길이
(말뚝 길이)
강재 저판

① 사전 천공
② 천공 및 외부 케이싱 삽입
③ 선단 그라우팅 주입
④ 철근망 및 내부 케이싱 삽입
⑤ 내부 케이싱 경타
⑥ 관입량 검측
⑦ 1차 콘크리트 타설
⑧ 내부 케이싱 인발
⑨ 2차 콘크리트 타설
⑩ 외부 케이싱 인발
⑪ 3차 콘크리트 타설
⑫ 두부 정리

그림 2.51 MCC파일 공법의 상세 및 시공 절차

2.5.6 강소말뚝

국내에서 일반적으로 시공되는 말뚝기초는 직경 400mm 이상의 기성말뚝(강관말뚝 또는 PHC파일), 직경 800mm 이상의 현장타설말뚝 등으로 이루어진다. 설계조건 및 현장여건상 일반적인 말뚝의 시공이 어려운 경우에는 마이크로파일(micro pile)이 주로 이용되어 왔다.

하지만 근래에는 리모델링, 보수·보강, 인접 시공 등 토목/건축구조물 현장 등에서 시공조건이 다양하고 난해해지고 있어 그만큼 말뚝기초의 시공도 복잡하고 어려워지고 있다. 다행히 근래에는 효과적인 소구경 말뚝기초공법이 개발되거나 개선되어 공법 선택의 폭이 넓어지고, 시공도 용이하게 되었다. 그러다 보니 공기 및 비용, 소음 및 진동, 현장 여건 등의 이유로 마이크로파일 외에 대안을 적용하는 경우가 많아졌다. 대안 공법들은 일반적인 말뚝들에 비해 소구경 강관을 사용하며, 각각 강점을 갖고 있다. 이러한 말뚝들은 구경이 작고 강점을 갖추었다는 의미에서 강소말뚝(small strong steel pipe pile)으로 불리고 있다(조천환 등, 2013).

국내의 강소말뚝들은 2015년 이전에 개발되었지만, 그간 공법별로 수차례 개선을 통해 현재에 이르게 되었다. 구조물 기초분야의 보수적인 흐름을 고려할 때 강소말뚝공법의 지속적인 개선은 긍정적이라 생각한다. 본 절에서는 공법 선정 시 참고할 수 있도록 국내에서 사용이 활발한 주요 강소말뚝공법의 개요와 강점을 살펴보았다.

1) JP공법

(1) JP공법의 개요

JP(jack pile)공법은 유압잭을 이용하여 말뚝을 압입 시공하는 방법으로 협소한 공간에서 시공이 가능하며, 진동, 소음, 분진이 없고, 굴착에 따른 폐기물이 없어 환경친화적인 공법이라 할 수 있다(변항용, 2014). JP공법은 압입말뚝처럼 모든 말뚝의 압입 깊이별 하중을 모니터링할 수 있다. 따라서 JP공법은 모든 말뚝에 대해 재하시험처럼 거동의 계측이 가능한 시공법이다.

JP의 압입순서는 그림 2.52(a)와 같이 우선 기초(푸팅) 및 주위에 하부 및 상부 앵커, 그리고 지압판과 가압판을 설치하고 가압시스템을 조립한다(step 1). 다음으로 유압잭을 가압하면 잭의 피스톤이 전진하고, 전진된 피스톤의 길이만큼 말뚝이 지중에 압입된다(step 2). 압입 후 압력을 제거하면 피스톤이 후퇴하고(step 3), 피스톤의 후퇴로 발생한 공간에 filler pipe를 끼워 넣는다(step 4). 이후 끼우기 작업과 말뚝의 용접이음을 반복하며 소요 반력이 확보되는 지지층까지 말뚝을 압입한다(step 5). JP로 주로 강관이 사용되는데, 직경은 100~300mm이다.

JP공법은 특수한 목적하에 정량적인 시공이 가능한 방법이다. 즉, JP공법의 가압 시스템을 이용하여 기존 또는 신규 말뚝의 재하시험(강성측정)을 용이하게 수행할 수 있으며, 이를 바탕으로 구조해석을 하여 적정한 추가 말뚝의 계산이 가능하다. 또한 신규 말뚝에 동시가압 및 정착을 통해 선행재하가 가능하므로 기존 말뚝의 반력(하중)을 감소시켜 증축으로 인한 기존 말뚝의 추가 응력 분담 문제를 해결할 수 있는 실마리를 제공하고 있다. 따라서 JP공법은 리모델링이나 기존 구조물의 보수·보강에 효과적으로 이용할 수 있다.

JP공법의 요소기술은 하부 앵커와 기초의 연결이며 이의 상세는 그림 2.52(b)에 나타내었다. 실제로 본 공법의 성공은 앵커와 기초를 얼마나 용이하게 시공하는가에 달려 있으며, 이를 위해서 경험과 기술이 요구된다.

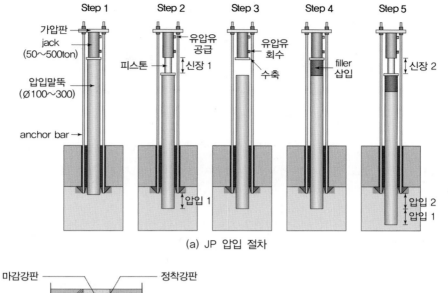

(a) JP 압입 절차

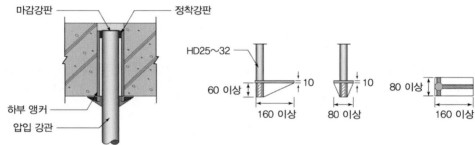

(b) 하부 앵커 정착 및 상세

그림 2.52 JP의 압입 절차 및 정착 개념(고려 E&C, 2023)

(2) JP공법의 적용

JP의 설계는 자체적으로 정립되어 사용되지는 않고, 구조물기초설계기준 해설(2018)에서 제시하는 유사한 공법의 경험공식을 대용하고 있다.

말뚝의 재료하중은 FHWA(2005)에서 제안하는 마이크로파일의 허용재료하중을 구하는 방법을 사용하고 있다. 여기서 그라우팅부의 허용하중은 그라우트의 강도와 내부면적을 고려하고 있고, 강재는 부식대(2mm)를 고려한 순단면적을 고려하고 있다.

JP의 축방향 압축지지력은 구조물기초설계기준 해설에서 제시하는 매입말뚝의 지지력 식을 사용하여 산정하고 있다. 말뚝의 선단이 암반에 관입된 경우는 연암반에 관입된 강관말뚝의 선단지지력 산정식을 사용하고 있다. 허용지지력의 산출을 위한 안전율은 말뚝의 거동에 따라 3.0과 2.0을 사용한다.

말뚝의 횡방향 지지력은 일반말뚝과 유사하게 계산하고 있다. 또한 말뚝의 강성은 내부굴착 강관말뚝에 준하는 산정식을 사용하여 구한다.

전술한 바와 같이 JP공법은 모든 시공 말뚝의 하중 – 침하량을 측정할 수가 있다. 이는 각 말뚝의 거동확인과 품질관리가 가능하다는 것을 의미하므로, 안전율의 재산정도 가능하다고 본다. 물론 압입 시 발생하는 말뚝의 저항력과 말뚝의 지지력은 다른 의미이지만, 타입말뚝의 시간경과효과 개념을 도입하면 정량적으로 정리가 가능하며 안전율의 조정도 가능하다고 생각된다. 향후 이러한 방향으로도 연구가 되어 더욱 경제적이고 효과적인 기초공법으로 자리매김하기를 기대한다.

JP공법의 시공 절차는 목적에 따라 약간의 차이가 있지만, 기본적인 순서는 기초판 위 중심 표시 및 코어링, 하부 가압틀 설치, 상부 가압틀 설치, 개별 압입 또는 동시 가압, 정착마감으로 이루어진다(그림 2.53 참조).

(a) 기초판 위 중심 표시	(b) 코어링	(c) 하부 가압틀 설치
(d) 상부 가압틀 설치	(e) 개별 압입(또는 동시 가압)	(f) 압입말뚝 정착

그림 2.53 JP공법의 시공 절차(고려 E&C, 2023)

JP공법에서 핵심 기술은 하부 가압틀의 설치인데, 해당 기초판의 상태에 따라 노하우가 필요하다. 특히 하부 가압틀의 설치와 동시가압이 적절하게 이루어지면 빌딩의 승상에 의한 층고연장, 빌딩의 부등침하 복원, 건물의 수직 증측, 수평 이동 등 특수 문제를 해결할 수 있다. 또한 별도의 장비 없이 상부 가압틀을 조립하고, 잭만 이용하여 압입이 가능하므로 시공 시 진동과 소음이 거의 없고, 좁은 공간에서 이용이 가능하다(그림 2.54 참조).

(a) 사용 건물의 지하 증축을 위한 지하 작업   (b) 기울어진 건물의 복원을 위한 지상 작업

그림 2.54 JP공법의 시공 광경(고려 E&C, 2023)

JP공법의 특이점은 전술한 바와 같이 모든 말뚝의 깊이별 하중을 측정할 수 있고, 최종 관입깊이에서 하중 − 침하량 곡선의 확인이 가능하다는 것이다. 따라서 시공 중 최종 관입깊이를 결정할 수 있고, 또한 품질관리도 용이하다. 다만, 압입과 이음을 지속하면서 관입시켜야 하므로 시공이 상대적으로 느리고, 이음을 위한 정밀한 시공관리와 품질관리가 필요하다.

2) SAP공법

(1) SAP공법의 개요

SAP(screw anchor pile)공법은 강관에 스크류를 부착하여 제작한 소구경 말뚝을 소형 시공장비로 회전 관입하는 공법으로, 천공과 동시에 설치가 가능한 공법이다. 또한 SAP는 그림 2.55와 같이 지지층에 설치된 스크류 롯드(강관) 내부로 그라우팅을 실시하여 구근을 형성함으로써 본당 70~90ton의 비교적 큰 수직하중에 저항할 수 있다(KH건설, 2023).

SAP공법은 일반적인 현장에서 유압식 크롤러드릴을 사용할 수 있으나, 협소한 공간, 실내 공사, 진동 및 소음에 민감한 지역은 그림 2.56과 같은 SAP를 위해 제작된 소형장비(폭 0.8m, 길이 2.3m, 높이 2m, 무게 3.7ton)를 사용하고 있다. 그림에서처럼 소형장비는 리모트 컨트롤이 가능하여 접근이 어렵거나 위험한 장소에서도 시공이 가능하며, 수직도 및 천공능력(회전값, 압축값)을 모니터링할 수 있는 장치가 부착되어 있다. 또한 소음 진동 및 환경오염을 저감시키기 위해 유압 및 전기 장치를 선택하여 시공할 수 있도록 하이브리드 시스템이 적용되었다.

SAP공법은 말뚝 자체의 강성이 커서 리모델링 현장의 기초공법으로 유리하다. 특히 이 공법은 천공과 동시에 설치되고, 설치된 강관 내부로 그라우팅까지 연속시공이 가능한 효율적인 공법이다. 다만, SAP공법은 자재 및 장비 등이 특화되어 일반적인 적용에는 한계가 있고, 경제성을 위해서 최적화가 필요하다.

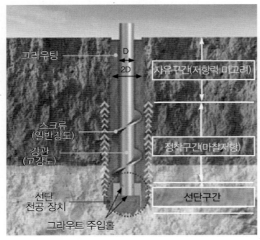

(a) SAP공법의 기구

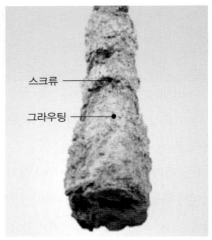

(b) SAP공법의 적용 후 형성된 구근

그림 2.55 SAP공법의 개념(KH건설, 2023)

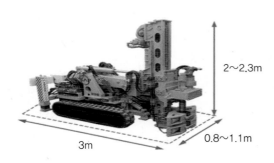

(a) SAP 소형 천공장비

(b) 실내 공사 전경

그림 2.56 SAP 장비 및 실내 공사 전경(KH건설, 2023)

(2) SAP공법의 적용

SAP의 설계는 자체적으로 정리되어 있지는 않고, 구조물기초설계기준 해설(2018)에서 규정하는 마이크로파일의 지지력 산정식을 사용한다. 그림 2.55에서 보는 것처럼 말뚝 외부에 스크류가 부착된 정착구간에서만 마찰력을 고려한다. 일반적으로 토사 구간에서는 선단지지력을 고려하지 않고, 암반에 관입된 경우 암반의 선단지지력 식으로 선단지지력을 산출한다.

SAP공법의 축방향 강성은 도로교시방서에서 제시하는 축방향 스프링정수(K_v) 산정식을 이용한다. SAP의 강성은 스크류의 설치 길이에 따라 다른데, 말뚝 길이의 반만 스크류를 설치한(half screw) 경우 강성은 프리보링말뚝 산정식을, 말뚝 길이 전체에 걸쳐 스크류를 설치한(full screw) 경우 강성은 소일시멘트말뚝의 산정식을 이용한다. 실제 재하시험의 결과는 이들 산정식으로 계산한 결과보다 각각 38%와 12% 정도 크게 나타났다(포스코이앤씨 등, 2023).

기존 기초를 보강할 때 기존 말뚝과 신설 보강말뚝 간의 하중 분담률이 중요하기 때문에 신설 말뚝의 강성이 중요한 요소가 된다. SAP의 경우 말뚝 외부에 스크류가 부착된 구간의 마찰 저항으로 설계되므로 마이크로파일 등에 비해 상대적으로 말뚝의 길이를 줄일 수 있다. 또한 SAP의 강성은 상대적으로 커서 오래된 구조물의 기존 말뚝(예: PC파일)과 큰 차이가 없으므로 신설 보강 말뚝으로 사용할 경우 신설 말뚝의 수량을 절감할 수 있으며 보강 말뚝의 배치에 유리하다.

SAP의 자재는 고강도 강관(API5CT 규격의 P110)으로 항복강도는 758MPa, 인장강도는 862MPa 이상을 발현할 수 있는 자재를 사용한다. SAP의 외경은 73.0(9.5t)∼88.9mm(10.9t), 스크류 부착구간의 외경은 146∼216mm를 사용한다. 강관의 수직 연결은 나사탭 방식으로 되어있어 간편하고 시공성이 좋다.

SAP의 시공 순서는 우선 하단 말뚝을 장비와 연결 후 천공(설치)하고, 이후부터는 나사 방식으로 말뚝을 연결하면서 소정의 심도까지 천공한다. 천공 이후에는 강관 내부로 그라우팅을 실시하여 주면공극을 채우면 시공이 완료된다(그림 2.57 참조). 이와 같이 SAP는 자천공을 채택하여 기존 소구경말뚝의 공종을 단일 공종화함으로써 생산성이 좋다.

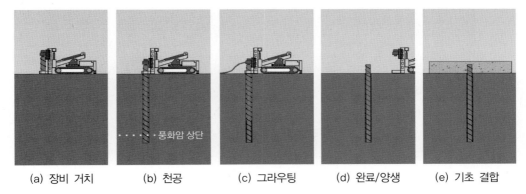

(a) 장비 거치   (b) 천공   (c) 그라우팅   (d) 완료/양생   (e) 기초 결합

그림 2.57 SAP공법의 시공 순서(KH건설, 2023)

3) 헬리컬파일공법

(1) 헬리컬파일공법의 개요

헬리컬파일(helical pile)은 유럽에서 200여 년 전부터 사용되어 온 오래된 공법이다. 2001년 DFI(Deep Foundation Institute)는 기술위원회를 구성하여 헬리컬파일의 기술 정립 및 전파에 기여하였다(Perko, 2009). 헬리컬파일은 국내에서 1960년대 미군부대 건설 시 사용되는 등 비교적 일찍 도입된 공법으로, 최근 개선된 공법들이 소규모 구조물의 기초로 많이 사용되고 있다. 따라서 다른 공법에 비교해 기초의 이론 및 적용에 대한 설명이 비교적 잘 정리되어 있다.

헬리컬파일은 3개의 나선형 지지날개(helix)가 달린 강관말뚝을 지반에 회전압입하여 지지층에 안착시킨 후 그라우팅을 실시함으로써 상부하중을 저항하도록 고안된 말뚝기초공법이다. 따라서 헬리컬파일의 재료는 강재와 그라우팅재로 구성된다. 헬리컬파일의 지지력은 말뚝 주면의 마찰저항과 나선형 지지날개의 선단저항으로 이루어진다. 특히 헬리컬파일은 강관말뚝에 부착된 3개의 나선형 지지날개에 의해 선단지지력을 최대화한 공법이라 할 수 있다(그림 2.58 참조).

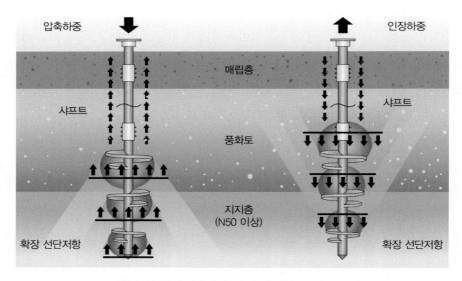

그림 2.58 헬리컬파일의 지지 개념(LH공사, 2021)

대표적인 헬리컬파일은 1~3m의 강관(D114.3×T7.5mm)을 이어서 사용하며, 선단부의 지지날개는 240~330mm의 강판(T20mm)으로 이루어졌다. 강관의 이음 방식에는 스크류타입, 플랜지타입, 핀타입 등이 있다(그림 2.59 참조). 헬리컬파일은 굴착기(백호)에 전용 오거모터를 달아 굴착기만으로 간편하게 시공이 가능하며, 소음, 진동, 비산먼지, 배토 등이 최소화된 공법이다.

(a) 말뚝 자재   (b) 핀타입

(c) 플랜지타입   (d) 스크류타입

그림 2.59 헬리컬파일의 자재와 이음방법(LH공사, 2021)

헬리컬파일은 상기와 같은 특징으로 인해 시공성이 좋고, 지지력도 커서 상대적으로 경제성이 있으며 친환경적이라는 장점이 있다. 헬리컬파일은 국내 적용 초기에 그라우팅 방법, 이음방법 등에 이슈가 있었지만, 근래에는 다양한 현장 적용과 각종 시험을 통해서 이러한 부분을 개선하여 사용하는 특허 기술이 사용되고 있다.

(2) 헬리컬파일공법의 적용

헬리컬파일의 설계는 오래전에 개발되어 사용되어 온 공법이어서 자체적으로 잘 정립되어 있다. Perko(2009)는 헬리컬파일의 개념, 설계 및 시공 방법, 자료 등 많은 정보를 제공하고 있다. 또한 LH공사(2021)는 헬리컬파일의 국내의 적용성을 검토한 후 여러 가지 정보를 정리하였다.

헬리컬파일의 연직지지력은 도로교설계기준의 매입말뚝 산정식(선단 20N, 주면 0.25N, t/m²)이 비교적 실측치와 일치한다(LH공사, 2021). 여기서 선단지지력은 날개의 개별 선단지지력의 합, 마찰력은 최상부 날개 위의 강관주면의 마찰저항을 의미한다. 그리고 실측치의 평가는 하중 – 침하량 곡선에 수정Davisson 방법(지지날개 평균 직경의 10%에 해당하는 순침하량 선이 offset line임)을 적용하여 결정한다.

헬리컬파일의 시공 특성상 시공 중 발생하는 토크를 말뚝이 견디어 N치 50 이상의 풍화토(또는 풍화암) 지반에 관입해야 하므로 기초용 강관말뚝(KS F 4602)의 STP550에 준하는 규격의 강재(API5CT P110을 사용) 이상을 사용한다. 일반적으로 강관의 제원은 D88.9mm(T7.5mm), D114.3mm(T7.5mm), D139.7mm(T7.5mm), 날개의 제원은 T20mm의 240-270-300mm, 270-300-330mm 등이 사용된다. 설계 단면적 계산 시 부식대를 공제하는데, 그라우팅을 할 경우 1mm(안 할 경우 2mm)를 공제한다. 일반적으로 헬리컬파일의 좌굴은 문제가 되지 않으나 그라우팅을 하지 않거나 상부에 연약지반이 있는 경우 이를 검토해야 한다.

시공 순서는 그림 2.60에서처럼 선단부를 관입하고, 깊이에 따라 상단부를 이어서 관입한 후 그라우팅을 하면 말뚝시공이 마무리된다. 이와 같이 헬리컬파일은 시공 절차도 단순하고 시공 속도도 비교적 빠르다.

(a) 선단부 관입   (b) 상단부 관입   (c) 그라우팅

그림 2.60 헬리컬파일의 시공 순서((주)태산기초엔지니어링, 2020)

헬리컬파일의 포인트 중의 하나가 이음부인데, 그림 2.59의 이음방식 중 시공성과 품질이 가장 양호한 것은 스크류타입이라 할 수 있다. 이음부의 안정성 자체도 중요하지만 강관의 유격 제거, 효과적인 그라우팅, 좌굴 저항 등을 위해서 핀타입은 별도의 고려가 필요하다. 일반적으로 그라우팅은 물시멘트비 70%를 기준하고, 시공 중이나 시공 직후에도 그라우팅을 실시하되, 시공 직후에는 가압 그라우팅을 하는 것이 바람직하다.

2.5.7 복합말뚝

근래에 말뚝재료 부분에 있어 큰 진전은 다양한 복합말뚝의 개발과 적용이라고 할 수 있다. 기성말뚝을 재료에 따라 분류(그림 2.2 참조)하면 강말뚝, 콘크리트말뚝, 복합말뚝으로 나눌 수 있는데, 분류에서 보는 것처럼 복합말뚝은 기존의 두 종류 기성말뚝의 단점을 보완하려는 의도에서 만들어지기 시작했다. 따라서 복합말뚝을 잘 활용하면 두 종류 기성말뚝의 장점을 이용할 수 있다는 점에서 매우 유용하다.

복합말뚝에 따라서는 실무에 활용되는 것도 있고 그렇지 못한 것도 있는데, 근래 알려진 복합말뚝으로는 HCP(hybrid composite pile), SCP(steel concrete composite pile), ICP(infilled concrete pile), SC파일(smart composite pile), 강관 복합말뚝, FRP파일(fiber reinforced plastic pile) 등이 있다. 이들 공법의 명칭은 유사한 것도 있고 맥락상 적절하지 않은 것도 있지만, 대부분 상업용 이름이므로 그대로 사용하였다.

복합말뚝에 대한 특징과 정보를 알면 그만큼 기초공법의 선택에 도움이 된다. 여기서는 다양한 복합말뚝에 대한 특징과 사용성에 대해 살펴보았다.

1) HCP

HCP(hybrid composite pile)는 강관말뚝과 PHC파일을 축방향으로 합쳐서 만든 것으로 PHC파일의 단점을 보완한 말뚝이다. 따라서 HCP는 그림 2.61(a)와 같이 위로부터 강관말뚝, 이음부, PHC파일로 구성된다. HCP는 국내에서 2007년부터 적용되기 시작했고, 초기에는 복합말뚝으로 불리기도 했다.

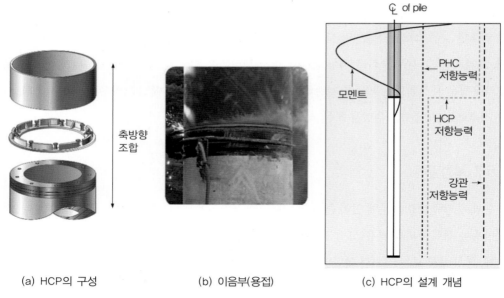

(a) HCP의 구성	(b) 이음부(용접)	(c) HCP의 설계 개념

그림 2.61 HCP의 구성 및 설계 개념((주)한맥기술, 2007)

HCP의 이음은 초기에는 볼트식 이음을 사용하였지만, 매입말뚝 시공 시 케이싱 내 설치에 장애가 있거나 비경제적인 부분이 있어 더 이상 사용하지 않는다. 최근에는 그림 2.61(b)에서처럼 용접이음을 주로 사용하며, 서비스 홀에서 조립과 용접이 이루어지므로 공기에 지장을 주지 않는다. HCP의 시공은 서비스 홀에서 사전조립하는 것을 제외하면 일반 PHC파일과 유사한 절차로 이루어진다.

그림 2.61(c)에서와 같이 상부 모멘트 하중이 큰 경우, 상부는 모멘트 저항력이 큰 강관재료로 하고, 하부는 압축력만 작용하므로 PHC파일을 사용한다. 결국 각 재료의 장점을 이용할 수 있어 효과적으로 말뚝재료를 사용할 수 있다. 상부 강관의 길이는 모멘트가 작용하는 부분을 거의 포함하도록 계산하고 있으며, 보통은 10D 정도 이내에서 결정된다(그림 3.64 참조). HCP의 단점은 지지층의 변화가 큰 경우 이음부 위치를 맞추기가 용이하지 않다는 것이다. 이를 해소하기 위해서는 별도의 사전 준비가 필요하다(3.4.4절 참조).

HCP는 PHC파일의 도입을 터부시하는 토목 분야, 특히 휨 저항력이 중요한 구조물에서 사용할 수 있으며, 플랜트 구조물의 내진설계에도 적용될 수 있다.

2) SCP

SCP(steel concrete composite pile)는 일본에서 개발된 것으로 앞의 HCP와 유사하다. 다른 점은 SCP의 상부는 강관 대신 복합재료(외부강관 + 내부콘크리트)로 이루어진 것이다. 복합재료부의 내부는 PHC와 무근의 두 종류가 있다(그림 2.62 참조).

SCP의 시공은 일반 PHC파일과 유사한 절차로 시공하면 된다. 이음부도 PHC파일과 같이 용접으로 이음한다. SCP의 이음작업도 HCP와 마찬가지로 서비스 홀에서 이루어지므로 공기에 지장을 주지 않는다.

SCP의 장점은 HCP와 유사한데, P-M 상관도(그림 2.62(c) 참조)에서와 같이 SCP는 휨강도가 PHC(B종)에 비해 2배나 크다. SCP의 단점은 기언급한 HCP와 같다.

SCP는 일본에서 개발되고, 또한 많이 활용되고 있는데, 이유는 국내와 달리 일본은 지지층이 주로 퇴적층으로 이루어져, 지지층의 레벨이 크게 변하지 않기 때문이다. 따라서 일본은 마찰말뚝으로 설계하는 경우도 흔하고, 심지어 시공 후 두부를 자르지 않는 경우도 많이 있다.

SCP는 일본에서 휨 저항력이 중요한 토목 구조물은 물론 내진이 필요한 건축 구조물에도 다수 사용되고 있으며, 표준화되어 있다. 국내에서는 1990년 중반에 SCP가 도입되었지만 실용화되지는 않았다. SCP가 국내에서 실용화되지 못한 것은 너무 일찍 도입을 추진한 것도 하나의 이유이지만, 근본적으로 SCP의 특성이 국내 지반조건에 적응하기 어려운 것에 기인한다고 본다.

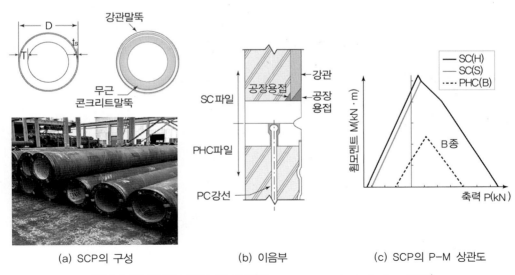

(a) SCP의 구성　　　　(b) 이음부　　　　(c) SCP의 P-M 상관도

그림 2.62 SCP의 구성 및 특성(Nippon concrete industry, 2011)

3) ICP

ICP(infilled concrete pile)는 그림 2.63처럼 상부 말뚝으로 PHC를 사용하되, 상부 PHC에 미리 전단철근을 설치하여 제작한 것이다. 전단철근은 PHC본체의 전단보강은 물론, 향후 PHC 파일 중공부에 타설할 콘크리트와 일체화함으로써 말뚝의 휨과 전단강도를 보완한 것이다.

ICP의 시공은 일반 PHC파일과 유사한 절차로 시행하고, 시공 후 필요한 깊이만큼 말뚝 내부에 RC를 타설하여 마무리한다. 이음방법도 일반 PHC파일과 동일하다. 결국 지지층의 변화에 따라 말뚝 길이가 변화하더라도 내부 타설깊이를 조정할 수 있게 함으로써 HCP나 SCP의 단점을 어느 정도 보완하였다. 하지만 상부 말뚝의 길이는 미리 정해져야 하므로, 여유 길이를 반영할 수밖에 없다.

그림 2.63(c)는 ICP와 유사 직경 강관의 P-M상관도를 비교한 것이다. 그림에서 보면 ICP는 유사 직경의 강관만큼 휨 저항력이 크고, 허용 전단력도 우수하다. ICP는 현재 토목 구조물에서도 일부 사용되고 있지만, 장점들을 활용하여 향후 사용이 더욱 확대되길 기대한다. 특히 플랜트 구조물의 기초에 사용 시 경쟁력이 향상될 것으로 평가한다.

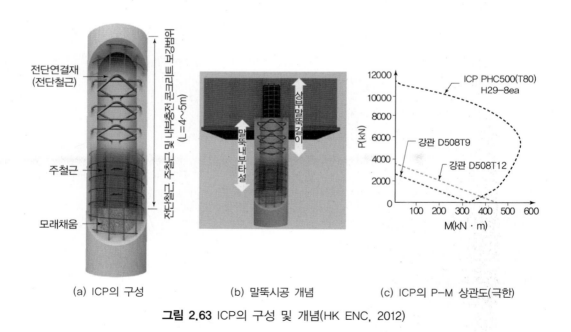

(a) ICP의 구성　　　　(b) 말뚝시공 개념　　　　(c) ICP의 P-M 상관도(극한)

그림 2.63 ICP의 구성 및 개념(HK ENC, 2012)

4) SC파일

SC파일(smart composite pile)은 기설명한 복합말뚝과 유사한 말뚝공법이다. 하지만 SC파일은 앞서 설명한 말뚝(HCP, SCP)의 단점, 즉 지지층의 레벨 차이에 따른 리스크를 제거한 것이라 할 수 있다. SC파일은 그림 2.64처럼 상부 말뚝으로 일반 PHC를 사용하되, 시공 후 타설할 콘크리트와 강관으로 휨과 전단에 저항하도록 고안되었다. 그리고 SC파일은 현장에 시공된 길이에 대응하여 콘크리트와 강관을 설치하는 개념이다.

SC파일의 시공은 일반 PHC파일과 동일하게 시공하고, 시공된 PHC파일의 중공부에 콘크리트와 강관을 설치하여 마무리한다. 즉, PHC파일의 일반적인 시공이 끝나면 중공부에 철근 연결구가 체결된 강관을 넣은 후, 콘크리트를 타설하고 연결구에 철근을 조립한 다음 기초 콘크리트를 타설하는 순서로 진행된다. 이음부는 일반 PHC파일과 동일하며, 이음방법도 동일하다.

그림 2.64(c)의 P-M 상관도에서 보면 SC파일은 유사 직경의 강관만큼 휨 저항력을 갖는 것을 알 수 있다. 한국강구조공학회(2020)에 의하면 강관과 구체, 구체와 PHC의 접합력은 소요값 이상이고, 강관의 구속효과에 의해서 강도도 산술합보다 크게 나타났다.

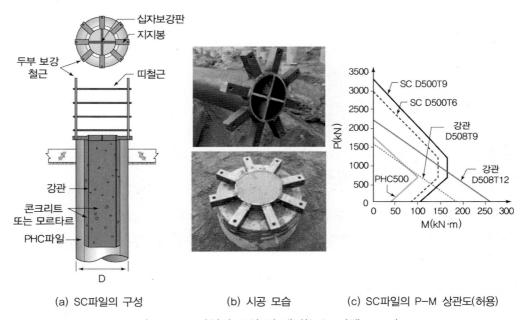

(a) SC파일의 구성   (b) 시공 모습   (c) SC파일의 P-M 상관도(허용)

그림 2.64 SC파일의 구성 및 개념((주)스마텍, 2020)

5) 강관 복합말뚝

강관 복합말뚝은 강관말뚝 본체에 변화(강도 또는 두께)를 준 것을 의미한다. 강관 복합말뚝의 특징은 고강도화와 변단면이다. 그림 2.65처럼 강관말뚝은 일반강도(STP235)에 동일 단면을 사용하는 것이 보편적이었다. 하지만 1990년 후반부터 강관 재료를 고강도화하기 시작하였고, 최근에는 초고강도 강재(STP550)의 실용화도 시도하고 있다((주)에스텍, 2022). 더욱이 말뚝의 하중전이를 고려하여 변단면화하는 등 복합말뚝을 시도함으로써 재료를 효율적으로 이용하려는 노력이 이루어지고 있다.

강관 복합말뚝의 변단면에서는 이음과 좌굴의 검토가 필요하다. 이음의 경우 그림 2.65의 A사례처럼 두께 차이가 크지 않은 경우도 있지만, B사례처럼 두께 차이가 3mm 이상인 경우 품질 확보를 위해 이음 시 별도 고려가 필요하다(3.4.4절 참조).

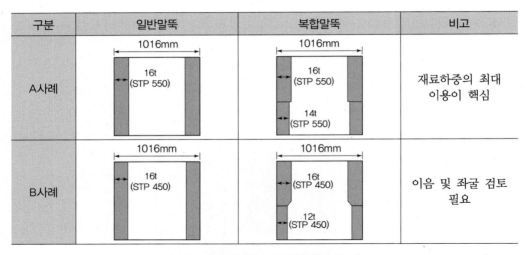

구분	일반말뚝	복합말뚝	비고
A사례	1016mm 16t (STP 550)	1016mm 16t (STP 550) 14t (STP 550)	재료하중의 최대 이용이 핵심
B사례	1016mm 16t (STP 450)	1016mm 16t (STP 450) 12t (STP 450)	이음 및 좌굴 검토 필요

그림 2.65 강관말뚝의 복합말뚝화 예

강관의 변단면을 위해서는 좌굴 검토가 필요한데, A사례처럼 강도가 크고 단면차가 작은 경우 문제가 없겠지만, B사례처럼 강도도 상대적으로 작고 단면차가 크게 되면 좌굴검토가 필요하다. 특히 항타 시 좌굴 검토가 중요하다.

구조물 기초에는 강관말뚝이 꼭 필요한 부분이 있고, 또한 근래 강재의 가격이 상승하면서 복합말뚝과 같이 강재 절감을 위한 시도는 늘어날 것이다. 많은 국가들은 강관말뚝을 쉽게 사용하지 못할 정도로 고가의 기초재료로 인식하고 있다. 이러한 점에서 강관 복합말뚝의 시도는 긍정적인데, 아울러 재료의 최적화에 대한 적극적인 검토도 필요하다.

6) FRP파일

FRP는 fiber reinforced plastic을 의미한다. FRP에는 유리섬유, 아라미드섬유, 탄소섬유 등이 있는데, 재료의 강성에 따라 가격 차이가 크다. 일반적으로 FRP는 자체 강도 및 제작방식과 관련하여 약점이 있어 단일 재료만으로는 말뚝으로 사용하지 않는다. 따라서 FRP파일은 CFFT와 H-CFFT 방식으로 사용하려는 시도가 있었다.

CFFT(concrete-filled FRP tube)파일은 그림 2.66과 같이 FRP관에 콘크리트를 채워 만든 말뚝이다. FRP관은 필라멘트와인딩(filament winding) 방식으로 제작되었다. CFFT파일의 장점은 부식에 대한 저항성이 높아 해양/수중 구조물에 유리하다는 점이다. 한편 단점은 보강섬유가 원주방향으로 배치되어 구속효과에 따른 압축효과는 좋으나, 휨과 전단에 취약하다는 것이다. 그림의 하중－변형률 곡선은 CFFT파일을 시험한 결과로 CFFT파일은 FRP와 콘크리트의 합보다 큰 강도를 보여주고 있는데, 이는 FRP관의 구속효과에 기인한다.

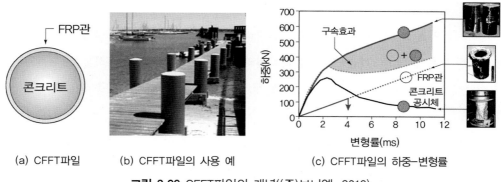

(a) CFFT파일   (b) CFFT파일의 사용 예   (c) CFFT파일의 하중－변형률

그림 2.66 CFFT파일의 개념((주)브니엘, 2016)

H-CFFT파일은 hybrid CFFT파일을 의미한다. H-CFFT파일은 CFFT파일의 약점인 휨과 전단력을 보완한 것이다. 그림 2.67과 같이 H-CFFT파일은 FRP관을 압출성형(pultrusion)으로 만들어 휨과 전단을 보강하고, 다시 필라멘트와인딩으로 FRP관에 구속효과를 준 것이다. 그림 2.67(c)의 P-M 상관도에서 보면 D300T5.6의 H-CFFT는 D600T12의 강관에 버금가는 재료능력이 있는 것을 알 수 있다.

H-CFFT파일의 장점은 CFFT의 장점 외에 압축은 물론 휨과 전단에도 뛰어난 특성이 있다는 것이고, 단점은 압출성형, 조립, 필라멘트와인딩 등 제작공정의 추가를 들 수 있다.

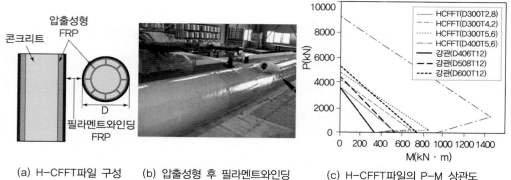

(a) H-CFFT파일 구성　　　(b) 압출성형 후 필라멘트와인딩　　　(c) H-CFFT파일의 P-M 상관도

그림 2.67 H-CFFT파일의 개념(Kang et al., 2012)

2.6 말뚝재하시험

2.6.1 말뚝재하시험의 개요

　재하시험의 목적에는 설계내용 확정, 시공관리기준 설정, 시공된 말뚝의 품질확인 등이 있다. 재하시험은 목적에 따라 시험시기와 방법이 달라지므로, 이를 고려하여 목적을 달성할 수 있도록 선택해야 한다. 재하시험은 기초의 설계단계, 시공 초기단계, 시공 중, 시공 완료 후에 수행할 수 있다.

　일반적으로 설계단계에서의 재하시험은 설계를 위한 공법 및 재료의 선정, 설계가능 지지력의 확인, 개략적인 시공성 및 문제점 확인 등을 위해 수행한다. 이를 시험시공(test pile)에서의 재하시험이라 한다.

　시공 초기단계에서의 재하시험은 설계 내용을 확인하기 위한 것이다. 이 재하시험 결과를 바탕으로 기존의 설계 내용을 변경하는 것은 현실적으로 쉽지 않으므로 시공 초기단계에서의 재하시험은 본시공의 관리기준을 설정하는 데 주목적이 있다. 이를 시항타(initial driving pile)에서의 재하시험이라 한다. 시항타 재하시험은 전술한 시험시공에서의 재하시험과는 차이가 있으므로 구별되어야 한다.

　한편 말뚝기초의 시공 중 또는 시공 후의 재하시험은 시공된 말뚝의 품질 확인을 위한 검증의 목적이 있다. 이러한 품질확인시험은 주로 설계하중의 만족 여부만을 확인하는 시험이므로 방법이나 절차도 비교적 단순하다.

말뚝의 재하시험은 하중재하시간을 기준하여 정적재하시험과 동적재하시험으로 구분할 수 있다(그림 2.68 참조). 말뚝의 정적재하시험은 재하방향에 따라 압축재하시험, 수평재하시험, 인발재하시험으로 나눌 수 있다. 압축재하시험에는 정재하시험과 오스터버그 셀(Osterberg cell) 재하시험 등이 있는데, 오스터버그 셀 재하시험은 양방향재하시험(bi-directional pile loading test)으로도 불린다. 동적재하시험에는 동재하시험(dynamic pile loading test 또는 high strain dynamic pile test), 정동적재하시험(statnamic pile loading test), 의사정적재하시험(pseudo static pile loading test) 등이 있다. 이 중 의사정적재하시험은 거의 사용되지 않는다.

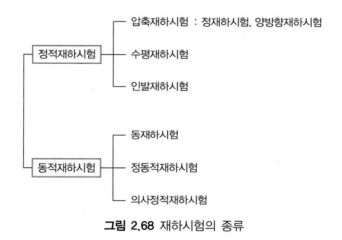

그림 2.68 재하시험의 종류

일반적으로 정재하시험은 실제 구조물 조건과 유사하므로 상대적으로 신뢰도가 높은 것으로 평가되지만, 시험방법과 분석방법에 따라서 차이가 나타날 수 있다. 동재하시험은 간편하고 경제적이며 상대적으로 많은 정보를 제공하지만 시험자나 해석자의 자질에 따라 그 신뢰도가 달라질 수 있다. 따라서 어느 시험방법이든 시험 자체를 제대로 이해하고 수행하는 것이 중요하다.

수평재하시험과 인발재하시험은 구조물의 목적에 따라 수용되는 일종의 특별 시험이라 할 수 있는데, 실무에서는 시험 자체를 이해하지 못한 채 적용되는 경우가 많다. 특히 수평재하시험은 시험의 본질에 대한 이해와 수행방법에 합의가 필요한 부분도 있다.

말뚝의 최종 지지력을 확인하기 위한 재하시험은 말뚝을 시공한 후 충분한 시일이 경과한 다음 시행되어야 한다. 즉, 타입말뚝에서는 시간경과효과를 반영하여야 하고, 매입말뚝과 현장타설말뚝에서는 시멘트풀이나 콘크리트의 양생기간 및 지반의 회복기간을 반영하여야 한다. 시공 후 경과시간을 줄여 일찍 시험할수록 시험결과는 보수적으로 산출되므로 현장 여건과 목적에 맞게 시험시간을 결정하는 것이 필요하다.

재하시험말뚝은 본공사에 사용하는 것을 선정할 수도 있고, 별도의 시험말뚝을 시공할 수도 있다. 어느 경우든 재하시험말뚝은 전체 말뚝의 대표성을 갖도록 선정되어야 한다. 말뚝재하시험 장치는 해당 규정에 준하여 설치되어야 하며, 측정 장비의 검증 및 확인이 선행되어야 한다.

2.6.2 정재하시험

1) 시험장치

정재하시험의 시험장치는 재하장치와 계측장치로 구성된다. 재하장치는 잭(jack), 재하빔 (loading frame), 반력장치(혹은 사하중) 등으로 이루어진다. 재하장치의 조합은 재하방법에 따라 달라진다. 정재하시험의 최대시험하중은 일반적으로 극한지지력 또는 설계하중에 안전율을 고려한 하중 이상으로 결정되고, 재하장치는 최대시험하중을 충분히 수용할 수 있도록 하되 규정에 따라 시험 시 안전하도록 선정되어야 한다.

계측장치에는 하중계, 변위계, 기준대(reference beam) 등이 있다. 하중계는 잭에 장치된 유압계기만의 사용을 가능한 한 지양하고 정확도를 위해 로드셀(load cell)과 함께 계측하되, 시험 전에 로드셀의 검증내용을 확인한다. 변위계는 다이얼게이지 또는 변위측정기(LVDT)를 이용하되, 측점 수는 시험말뚝에 대칭되는 방향으로 2개(또는 4개), 반력말뚝에 최소한 1개를 부착한다. 필요에 따라서는 말뚝의 침하계측이나 응력계측을 실시할 수 있다. 침하계측을 위해서는 텔테일(telltale)을 주로 사용하고, 응력계측을 위해서는 주로 스트레인게이지(strain gage)를 사용하나 엑스텐소메타(extensometer)도 이용된다.

변위 계측 시 이용되는 기준대 설치를 위한 기준점(가설말뚝 등)은 주변의 영향을 받지 않도록 시험말뚝으로부터 말뚝직경의 5배 이상(또는 2m), 반력말뚝으로부터 말뚝직경의 3배 이상에 설치한다. 또한 앵커, 재하판 및 받침대 등으로부터 2.5m 이상 이격시켜 기준점을 설치한다. 그리고 기준점을 본말뚝으로 할 경우 이것은 주변 지반에 의해 영향을 받지 않도록 시험말뚝으로부터 말뚝직경의 2.5배 이상, 반력말뚝으로부터 말뚝직경의 2.5배 이상 이격한다. 이상의 기준점 설치 위치를 그림 2.69에 나타내었다. 그림은 일본지반공학회 재하시험기준(2002)을 인용한 것인데, 실무적으로 합리적이라 생각된다.

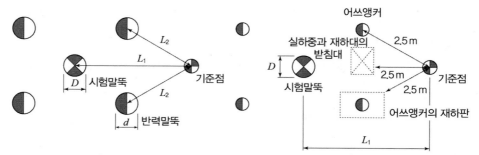

(a) 기준점과 시험말뚝, 반력말뚝과의 필요간격   (b) 기준점과 시험말뚝, 어쓰앵커 등의 필요간격

기준점 설치 개소 \ 대상물	시험말뚝(말뚝직경: D)	반력말뚝(말뚝직경: d)
사용말뚝	$L_1 \geq 2.5D$	$L_2 \geq 2.5d$
가설말뚝	$L_1 \geq 5.0D$ 혹은 $L_1 \geq 2.0m$	$L_1 \geq 3.0d$

주) L_1: 시험말뚝 중심과 기준점과의 간격, L_2: 반력말뚝 중심과 기준점과의 간격

그림 2.69 기준점 설치 위치(한국지반공학회, 2007)

2) 시험방법

정재하시험의 방법 및 절차는 KS F 2445에 상세하게 나와 있지만, 이는 근본적으로 ASTM D 1143을 기초로 한 것이다. 따라서 상세를 위해서 ASTM을 참고할 수 있다.

정재하시험의 재하방법은 그림 2.70에서와 같이 사하중 재하방법, 반력말뚝 또는 앵커 (anchor)의 인발저항력을 이용하는 방법, 이들을 조합하는 방법이 있다.

사하중 재하방법은 주변 말뚝이나 시설물의 영향을 받지 않고 수행되므로 단독 말뚝의 온전한 지지력을 측정할 수 있으며, 실제로 단독 말뚝의 지지력의 참값에 가깝다고 할 수 있다. 또한 어쓰앵커를 사용할 경우도 어쓰앵커를 독립적으로 설치한다면 사하중 재하방법과 유사한 조건이 만들어지므로 같은 상황으로 간주할 수 있다.

하지만 반력말뚝 이용방법으로 정재하시험을 할 경우, 시공 시 시험말뚝 주변을 교란하고, 또한 시험 시 시험말뚝이 압축되는 동안 주변 반력말뚝은 인발되므로 서로 지반의 영향범위를 공유하게 된다. 따라서 시험말뚝의 지지력은 작게 되어 측정된 지지력은 참값과 거리가 있다. ASTM에서는 이러한 영향을 없애기 위해 정재하시험 시 반력말뚝을 5D 이상 이격하도록 규정하고 있다. 한편 일본지반공학회기준(2002)에서는 3D(최소 1.5m)를 규정하고 있다. 이격거리가 크면 실제 지지력에 가까운 값을 얻을 수는 있지만, 재하대가 대형화되고, 이에 따라 시험의 비용과 난이도는 더 올라간다. 따라서 시험 목적에 맞추되 해당되는 이격거리를 선택하는 것이 바람직하다. 이에 대해서는 3.5.1절을 참조하기 바란다.

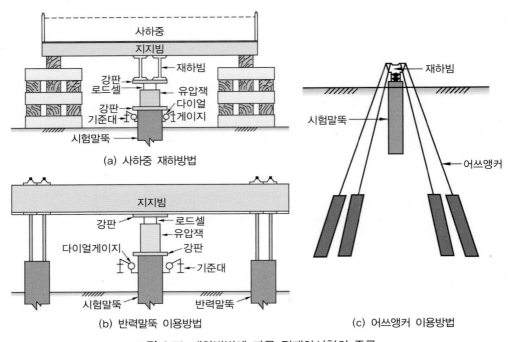

(a) 사하중 재하방법

(b) 반력말뚝 이용방법

(c) 어쓰앵커 이용방법

그림 2.70 재하방법에 따른 정재하시험의 종류

정재하시험 절차는 재하 또는 제하방법에 따라 완속재하시험법(표준재하시험법)을 포함하여 7개 정도로 나누어지는데, 이 중에서 국내에서는 완속재하시험법을 많이 채택하고 있다. 그러나 FHWA 매뉴얼(2006)에서는 급속재하시험을 추천하고 있으며, DM-7(DPT. of the Navy, 1982)에서는 시험 목적에 따라 표준재하방법, 급속재하방법, 일정침하율시험법을 추천하고 있다.

시험절차에서 시험시간이 길어지면 하중 – 침하량 곡선의 변곡점이 변하지 않더라도 상대적으로 침하량은 커지며, 또한 말뚝의 강성이 작아지는 것을 이해해야 한다. 그리고 다음에 설명하는 분석방법도 시험 절차에 의존하는 경우가 있으므로 분석 시 이를 고려해야 한다.

전술한 바와 같이 재하시험 방법 및 절차들은 서로 특징이 있으며, 또한 각각의 의미가 있는 것이므로 이들을 선택할 때에는 실시목적, 현장상황, 설계개념, 시방기준 등을 고려하여 적절히 선정하여야 한다.

3) 시험결과의 분석

정재하시험 결과의 주요 항목은 하중 – 침하량 – 시간의 관계곡선이며, 이를 이용하여 결과를 분석하게 된다.

말뚝의 재하시험결과로부터 얻어지는 하중 – 침하량 곡선을 이용하여 허용지지력을 결정하는 방법에는 여러 방법이 있다. 실물 재하시험으로 정의에 의한 극한지지력을 구하는 것은 곤란하므로 대부분 침하량을 기준으로 극한하중 또는 항복하중을 결정한 후 주어진 안전율을 적용하여 말뚝의 허용지지력을 계산하고 있다.

침하량을 기준으로 결정된 하중은 한계하중(limiting load)이라고 하며, 이에 의해 결정된 값은 정의에 의한 극한지지력과 차이가 있을 수 있으므로 적용 시 구분되어야 한다. 또한 항복하중을 결정하는 방법에 있어서도 한계하중법 외에 도해법, 수학적 기법으로 분류되는 각종의 방법이 있지만, 이들 역시 방법들 간의 결과에 있어 차이가 있으며, 또한 분석자 또는 곡선의 크기에 따라 오차가 발생할 수 있다.

우리나라와 일본을 제외하면 일반적으로 사용하는 극한하중(ultimate load or plunging load)과 항복하중(yield load)을 구분하지 않는다. 따라서 두 나라 외에서는 극한하중을 구하기 위한 대안으로 한계하중(limiting load) 또는 파괴하중(failure load or offset limit load)을 구하는 것이 일반적이다. 이들 중 많이 이용되는 주요 방법들은 말뚝 두부의 침하량이 말뚝직경의 10%일 때의 하중을 파괴하중으로 간주하는 방법, Chin 방법, Davisson 방법, De Beer 방법, Brinch – Hansen 방법, Butler and Hoy's 방법 등이 있다.

각국의 많은 기준에서는 비교적 안정된 결과를 주고 말뚝의 거동을 쉽게 이해할 수 있으며 시험 시 시험하중관리를 할 수 있다는 점에서 압축재하시험 결과의 분석 시 Davisson 방법을 많이 추천하고 있다. 예로 FHWA 매뉴얼(2006), Canadian Foundation Engineering Manual (CGS, 1992), DM-7(DPT. of the Navy, 1982)에서 Davisson 방법을 활용할 것을 추천하고 있다. Davisson 방법은 말뚝재료의 탄성침하량($\triangle = PL/A_p E_p$)과 선단부 지반의 탄소성 침하량 ($X = 4 + D/120$, mm)이 말뚝 두부의 침하량으로 발생했을 때 하중을 파괴하중이라 정의한다 (그림 2.71 참조).

Davisson 방법은 타입말뚝의 급속재하시험결과를 바탕으로 제안된 것이며, 또한 말뚝의 주면마찰에 의한 탄성침하량의 변화를 고려하지 못했다는 면에서 시공방법, 말뚝의 길이, 파괴형태에 따라서는 다른 결과를 줄 수 있다(4.5.1절 참조). 이러한 경우는 순침하량을 기준으로 하는

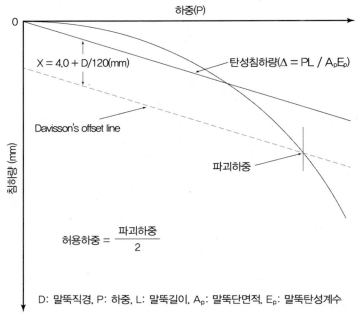

그림 2.71 Davisson 판정법

DIN 4026(순침하량 $0.025D$ 에서의 하중을 파괴하중으로 간주)이 합리적일 수 있다. 순침하량 법은 순침하량을 구하기 위해 재하시험 시 반복시험을 실시해야 하며, 그렇지 못할 경우에는 제 하 시 침하량 곡선으로부터 간접적으로 산정할 수 있다.

  구조물기초설계기준 해설(2018)은 극한하중(안전율 최소 3.0 적용)을 구하되 극한하중이 확인 되지 않을 경우는 항복하중(안전율 2.0 적용)을 구하여 이 값의 1.5배를 극한하중으로 하며, 어느 경우에도 항복하중에서 구한 극한하중은 실제 극한하중보다 작도록 규정하고 있다. 항복하중을 구하는 방법으로 3가지 도해방법($\log P - \log S$ 방법, $\mathrm{d}S/d\,(\log t\,) - P$ 방법, $S - \log t$ 방법)을 제안하고 있다.

  구조물기초설계기준 해설(2018)에서 제안하는 3가지 도해법에 의한 항복하중 판정법은 개인 오차가 포함될 가능성이 있다. 따라서 류정수 등(1995), 원상연 등(1996)은 최대곡률점을 구하는 방법을 제안한 바 있다. 그러나 이들 방법 역시 재하시험으로부터 얻어진 하중 – 침하량곡선이 쌍 곡선에 일치한다는 전제가 있어야 하므로 일반적으로 모든 말뚝에 적용하기에는 한계가 있다. 따 라서 합리적인 항복하중 판정을 위해서는 한 가지 방법이 아닌 여러 방법으로 구하여 평가하는 것 이 바람직한데, 이에 대한 상세는 3.5.1절과 4.5.1절을 참조하기 바란다.

2.6.3 수평재하시험

1) 시험장치

수평재하시험의 장비는 소규모이지만 압축재하시험의 그것과 유사하게 구성된다. 따라서 수평재하시험의 계측장치도 변위계, 하중계, 기준대 등으로 구성된다. 변위계에는 다이얼게이지 또는 변위측정기(LVDT) 등이 이용되고, 하중계에는 수평재하시험의 하중이 그다지 크지 않기 때문에 작은 용량의 로드셀(또는 압력계기)을 사용한다. 변위계는 하중작용 반대방향에 독립적인 기준대를 설치하여 측정한다. 기준대 설치를 위한 기준점(가설말뚝 등)은 인근 구조물의 영향을 받지 않는 위치에, 시험말뚝의 변위에 영향을 받지 않도록 시험말뚝으로부터 2m 이상 떨어진 지점에 설치하도록 계획한다.

수평재하시험말뚝의 주위에는 지표면 교란이 없고, 지반 표면은 수평이어야 한다. 그리고 시험말뚝의 변형에 영향을 미친다고 생각하는 범위 내에 구조물, 성토, 반력말뚝 등이 있지 않도록 해야 한다. 개략 수평하중 방향 전방으로 5D 이내에는 영향물건이 없어야 한다.

수평재하시험에서 재하점은 실제 말뚝하중 위치를 고려하되 일반적으로 지상으로부터 30cm 이내로 한다. 말뚝의 두부는 변위나 경사각이 크게 되면 장치 전체의 안정성이 문제 될 수 있으므로 사용부재 및 장치의 비산에 대한 안전대책도 취해 놓을 필요가 있다.

말뚝 두부의 수평변위량만 측정하는 일반적인 수평재하시험은 의미가 작다. 따라서 FHWA 매뉴얼(2006)은 가능한 한 수평재하시험 도중에 말뚝의 축방향 수평변위량을 측정하도록 추천하고 있다. 이러한 축방향 수평변위량은 말뚝의 내부에 경사계 튜브(inclinometer tube)를 설치함으로써 간편하게 측정할 수 있다. 설치깊이는 개략 말뚝직경의 10~20배 정도로 하면 된다.

2) 시험방법

수평재하시험의 방법 및 절차에 대한 KS F의 규정은 없으며, 따라서 ASTM D 3966에서 규정하는 수평재하시험법을 따르면 된다. 또는 일본지반공학회의 번역서인 『기초의 재하시험기준 및 해설』(2007) 등을 참고할 수 있다.

수평재하시험의 대표적인 방법에는 사하중(또는 주변구조물)을 반력으로 이용하는 방법, 두 개의 말뚝을 서로 반력으로 사용하는 방법 등이 있다(그림 2.72 참조). 이 두 가지 중 현장여건에 따라 선택할 수 있는데, 외말뚝 조건의 경우 앞서 언급한 정재하시험처럼 주변 말뚝의 영향에 대한 문제는 없다. 그림 2.72 방법 외에도 시험 목적 및 현장 여건에 따라 다양한 방법을 사용할 수 있다.

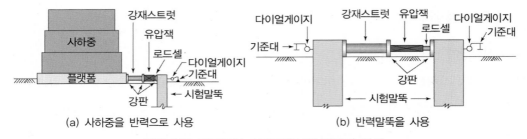

그림 2.72 대표적인 수평재하시험 방법과 장치

수평재하시험 절차의 하중단계, 재하하중 유지시간, 종료하중, 재하하중 적용방법은 ASTM을 참고하여 시행한다. 한편 FHWA 매뉴얼(2006)에서는 ASTM의 표준재하방법을 수정한 방법이 이용되고 있다.

수평재하시험의 절차의 선택은 상부구조물의 하중조건에 따라 결정되어야 한다. 다만 FHWA 매뉴얼에서처럼 시방서 등에 별도의 언급이 없다면, 일반적인 하중의 경우 표준재하방법(standard loading schedule) 또는 파동재하법(cyclic loading schedule)을, 지진하중의 경우 역재하법(reverse loading schedule) 또는 교번재하법(reciprocal loading schedule)을 이용한다.

수평재하시험의 최대하중을 결정할 때는 시험 목적, 시험말뚝의 종류와 변형특성을 고려하되 말뚝재료의 강도, 지반의 지지력, 말뚝에 발생하는 응력도, 허용수평변위량, 허용수평하중 등을 고려하여 결정한다. 시험말뚝이 시험시공 조건인 경우 최대하중(또는 변위)은 말뚝이 파손되지 않는 범위 내에서 시험 목적에 따라 하중(또한 변위)을 결정하고, 시험말뚝이 본시공 말뚝의 품질확인인 경우 최대하중(또는 변위)은 설계수평하중(또는 설계허용변위량)을 기준한다.

3) 시험결과의 분석

표 2.6은 일반적인 수평재하시험의 시험조건과 일반적인 설계조건(실제조건)에서의 주요한 차이를 보여주고 있다. 표에서와 같이 시험조건은 말뚝 두부의 조건, 상재하중의 유무, 말뚝 수 등이 실제조건과 달라 얻어지는 결과(말뚝의 하중 – 변위량, 응력도 등)도 다르게 나타나기 때문에 시험치를 그대로 설계에 이용할 수가 없다. 따라서 수평재하시험 결과를 이용하여 실구조물과 맞는 별도의 해석을 실시해야 한다. 이것이 압축 및 인발재하시험의 분석 방식과 다른 점이며, 보다 세밀한 검토가 필요한 이유이다.

표 2.6 수평재하시험 조건과 설계(실제)조건의 주요 차이점

	시험조건	설계조건
말뚝 두부	자유	고정
상재하중	무	유
말뚝 수	단말뚝	군말뚝

　일반적인 수평재하시험의 결과는 해석결과(해당 시험조건)와 비교할 수 있는 유일한 검증자료로 활용할 수 있다. 즉, 수평재하시험 결과 내용은 해석에서 가정된 주요 입력변수(지반정수, $p-y$ 곡선 등)의 확인에 이용되며, 이 결과를 바탕으로 실구조물 조건에서 말뚝의 수평안정성 분석이 이루어지게 된다. 이러한 의미에서 수평재하시험 시 얻어진 축방향의 계측(수평변위, 모멘트 등) 또는 경사계측치는 중요한 추가 정보가 된다. 그림 2.73은 수평재하시험 시 경사계로 측정한 지중변위와 해석으로 구한 지중변위를 비교한 결과인데, 이를 이용하면 가정된 주요 입력변수의 확인이 더욱 용이해진다. 따라서 수평력이 중요한 변수가 되는 말뚝기초로서 대규모 공사인 경우는 수평재하시험 시 가능한 한 경사계, 경사각도계, 스트레인게이지(strain gage) 등을 이용한 계측을 실시하는 것이 바람직하다.

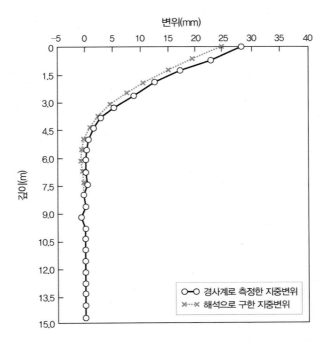

그림 2.73 수평재하시험과 해석에서의 지중변위 비교 예

2.6.4 인발재하시험

1) 시험장치

인발재하시험의 장치 및 계측기는 압축재하시험과 유사하다. 따라서 시험장치는 재하장치와 계측장치로 구성된다. 재하장치는 그림 2.74처럼 재하방법에 따라 달라진다. 재하장치는 잭, 재하빔, 반력장치 등으로 이루어지고, 계측장치에는 하중계, 변위계, 기준대 등이 있다.

계측장치 중 하중계는 잭에 장치된 유압계기(또는 보든게이지)만의 사용은 가능한 한 지양하고 신뢰도를 위해 로드셀과 함께 이용하여 계측하되, 시험 전에 로드셀의 검증내용을 확인하도록 한다. 변위계는 다이얼게이지 또는 변위측정기(LVDT)를 이용하되, 측점 수는 시험말뚝에 대칭되는 방향으로 2개, 그리고 반력말뚝(사용하는 경우)에 최소한 1개를 부착한다.

변위 계측 시 이용되는 기준대 설치를 위한 기준점은 주변의 영향을 받지 않도록 정재하시험(그림 2.69 참조)에서와 같이 이격한다. 다만, 반력판이 이용될 때는 기준점은 반력판으로부터 2.5m 이상 이격시킨다.

2) 시험방법

현재 인발재하시험에 관한 KS F의 규정은 없다. 따라서 별도의 규정이 없는 한 인발재하시험은 ASTM D 3689의 인발재하시험법에 의한다. 또는 일본지반공학회의 번역서인『기초의 재하시험기준 및 해설』(2007) 등을 참고한다.

인발재하시험방법은 시험말뚝 위로 빔을 설치하고 빔의 위에 한 개의 유압잭을 두어 하중을 가하거나 또는 빔의 아래에 두 개의 잭을 설치하여 빔에 하중을 가하는 방법이 있다(그림 2.74 참조). 그림처럼 인발재하시험에서 반력말뚝을 이용할 수 있는데, 이 경우 시험말뚝과 반력말뚝

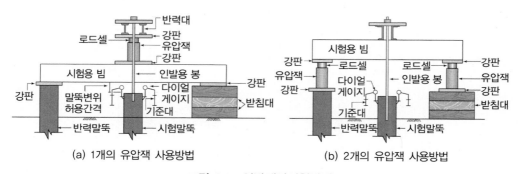

(a) 1개의 유압잭 사용방법   (b) 2개의 유압잭 사용방법

그림 2.74 인발재하시험방법

의 간격에 따라서 정재하시험처럼 시험말뚝은 반력말뚝의 영향을 받을 수 있다. 하지만 반력말뚝의 수나 시험하중의 크기가 정재하시험의 그것만큼은 아니어서 그 영향은 작다. 또한 인발재하시험은 현장 여건이 허락되면 지반반력을 이용하는 방식으로 시행할 수 있다.

시험말뚝과 반력말뚝의 중심간격 혹은 시험말뚝 중심과 반력판의 간격은 시험말뚝 직경의 3배(또는 1.5m) 이상을 유지한다. 인발력은 전체지지력에 비해 상대적으로 작지만, 주변 반력말뚝을 이용할 경우 간격을 가능한 한 넓게 조정하고, 반력말뚝의 저항력을 사전에 확인하는 편이 좋다.

인발재하시험에서 반력판을 이용할 경우 지중응력이 중첩되어 시험결과에 영향을 줄 수 있다. 따라서 시험말뚝의 시공법, 직경, 길이, 지반조건 등을 고려하여 시험말뚝과 반력판과의 간격을 가능한 한 크게 확보할 수 있도록 하되, 최소한 상기 이격기준을 준수한다.

여러 가지 인발재하시험 절차 중 일반 현장에서는 표준재하방법이 주로 이용되고, 실험의 목적 혹은 극한하중을 확인하기 위해 급속재하방법도 이용된다. 그러나 해양구조물과 같이 파도에 의한 하중이 작용하는 경우는 반복하중재하방법을 선택하는 것이 바람직하다. 결국 시험절차는 실제 말뚝에 가해지는 하중의 종류를 고려하여 시험 목적을 달성할 수 있도록 선택해야 한다. 각종 시험방법에 대한 하중단계와 하중유지시간, 종료하중과 제하하중에 대한 상세내용은 ASTM D 3689를 참고한다.

인발재하시험에서 최대하중은 시험 목적 및 시험 시기에 따라서 달라질 수 있는데, 일반적으로 설계단계에서 설계하중 결정용 시험시공(test pile)인 경우 파괴를 시키는 것이 바람직하다. 다만, 시공단계에서 본말뚝의 품질확인용 시험인 경우 설계하중의 200%까지 재하한다. 혹시 시험 중 말뚝의 변위가 큰(극한파괴된) 경우 원래의 지지력을 갖도록 하거나, 원위치까지 재항타를 실시하는 등의 조치를 취해야 한다. 이러한 조치가 용이하지 않을 경우는 본말뚝과 별도로 계획하는 것이 바람직하다.

3) 시험결과의 분석

인발재하시험의 결과는 하중 – 변위량 곡선으로 표시한다. 인발재하시험 결과를 분석하는 데 범용으로 적용되는 방법은 사실상 없다.

말뚝의 허용인발력은 말뚝의 극한인발력을 안전율로 나눈 후 말뚝의 유효중량을 더한 값으로 구한다. 말뚝의 허용인발력은 재료허용 인장하중보다 작아야 하며 이때 일반적으로 말뚝의 유효중량은 무시한다.

시험으로 극한하중이 결정되었을 경우는 허용인발력을 구하는 데 문제가 없지만, 극한하중이 확인되지 않을 경우는 적절한 방법을 이용하여 허용인발력을 구해야 한다. 시험으로 극한하중이 확인되지 않을 경우 허용인발력의 산정 방법은 정적압축재하시험의 분석에서 적용하는 항복하중판정법($\log P - \log S$ 방법, $\mathrm{d}S/d(\log t) - P$ 방법, $S - \log t$ 방법 등)이나 Fuller(1983)가 제안한 방법(그림 2.75 참조)을 사용할 수 있다.

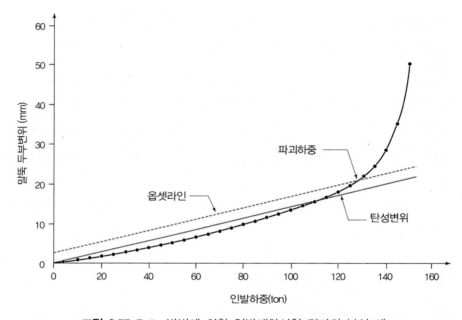

그림 2.75 Fuller방법에 의한 인발재하시험 결과의 분석 예

Fuller의 방법은 시험에서 얻은 하중 – 변위량 곡선이 옵셋라인(offset line = $PL/A_p E_p$ + 2.5, mm)과 만나는 점을 파괴하중으로 결정한다. 파괴하중이 결정되면 허용인발력은 파괴하중에 안전율 2.0을 적용하여 산정한다.

구조물기초설계기준 해설(2018)에 따르면 허용인발력을 구하기 위한 안전율은 상시와 지진 시 각각 3.0과 2.0으로 규정하고 있다. DM-7(DPT. of the Navy, 1982)에 의하면 재하시험이 수행된 경우 책임기술자의 판단에 따라 2.0까지 줄일 수 있다.

2.6.5 동재하시험

동재하시험은 1960년대 중반 개발되어 시험시간의 단축, 경제성, 다양한 정보취득 등의 장점으로 전 세계적으로 널리 사용되고 있다. 국내에는 1994년 동재하시험이 처음 도입되어 현재 많은 현장에서 말뚝기초의 시공관리 및 품질확인 수단으로 사용되고 있다.

동재하시험법에는 여러 종류가 있지만 시험방법들의 기본적인 원리는 유사하다. 국내의 경우 1990년 초반 도입기에 여러 동재하시험법들이 이용되었지만, 현재 실무에서 보편적으로 이용되는 것은 항타분석기(pile driving analyzer, PDA)를 이용한 동재하시험법이다. 따라서 여기서는 동재하시험의 적용을 설명하기 위해 편의상 항타분석기를 이용한 동재하시험의 기술자료(Pile Dynamics Inc., 2018)를 참고하였다.

또한 동재하시험으로부터 얻은 데이터를 해석하는 방법도 PDI사에서 제공하는 Case 방법(Pile Dynamics Inc., 2018)과 CAPWAP(case pile wave analysis program) 방법(GRL Associate Inc., 2014)을 위주로 설명하였다.

1) 시험 장비

동재하시험의 주요 장비에는 해머, 변형률계(strain transducer), 가속도계(accelerometer), 항타분석기 등이 있다(그림 2.76 참조).

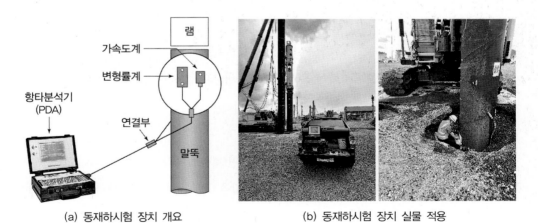

(a) 동재하시험 장치 개요　　　　　(b) 동재하시험 장치 실물 적용

그림 2.76 동재하시험 장치 개요와 시험 광경

동재하시험에 사용되는 해머는 디젤해머, 유압해머, 스팀해머, 드롭해머 등 항타시공에 사용되는 어떠한 종류의 해머도 가능하며, 보통 최대시험하중의 1~1.5%의 램 중량을 가져야 한다.

변형률계는 타격으로 인하여 말뚝 두부에 발생하는 변형률을 직접 측정할 수 있다. 변형률계로부터 측정된 변형률은 항타분석기에 의해 말뚝의 단면적과 탄성계수 관계식을 이용하여 힘으로 산출된다.

가속도계는 말뚝 두부에서 가속도를 측정하며, 측정된 가속도는 적분되어 속도와 변위로 변환된다. 가속도계로는 piezoelectric type과 piezoresistive type의 두 종류가 있다. 전자는 모든 말뚝 종류에 사용되고, 후자는 강말뚝의 항타 시 양질의 데이터를 얻을 수 있다.

항타분석기는 항타 시 변형률계 및 가속도계로부터 측정된 아날로그 신호를 signal conditioning 하여 시간에 대한 힘과 속도의 파형으로 화면에 나타내고 A/D(analogue to digital)변환기를 통해 디지털 데이터로 변환하여 저장한다. 또한 항타분석기는 타격응력, 타격에너지, 말뚝의 변위, 건전도 등 각종 측정 결과치를 Case 방법으로 계산된 지지력과 함께 화면에 보여준다.

2) 시험방법

동재하시험의 기본적인 동적 측정 방법은 KS F 2591, ASTM D 4945에 나와 있다. 동재하시험의 일반적인 시험순서는 시험말뚝 두부 정리, 게이지 부착용 천공 및 게이지 부착, 초기값 입력, 해머의 거치, 게이지 점검, 측정 및 저장 순으로 이루어진다. 이들 각각의 절차에 대한 주요 포인트를 3.5.4절에서 설명하였다.

3) 시험결과의 해석

항타분석기를 이용하여 정적지지력을 예측하는 방법에는 측정한 데이터를 이용하여 현장에서 직접 간편식으로 산정하는 Case 방법, 측정한 데이터를 파동방정식에 의한 동적해석방법으로 분석하는 CAPWAP 방법이 있다.

Case 방법은 동재하시험의 지지력 해석방법 중 간편 계산법이라 할 수 있다. Case 방법은 말뚝 두부에 변형률계와 가속도계를 설치하여 계측한 값을 Case 공식에 대입하여 직접 지지력을 구하는 방법이며, 결과치는 항타분석기 화면에 바로 나타난다. Case 방법은 동적지지력을 제거하기 위해 댐핑계수를 사용하는데, 현장에서 직접 입력한다. 그리고 Case 방법에서는 구하는 지지력값이 최대가 되도록 기준시간을 조절하거나 또는 초기 리바운드에 의해 지지력이 과소평가되는 것을 막기 위해 지지력을 보정한다.

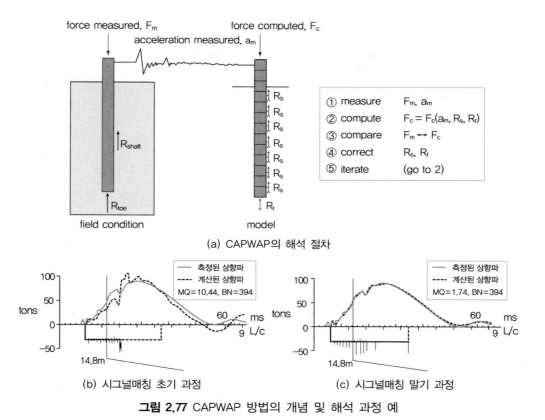

(a) CAPWAP의 해석 절차

(b) 시그널매칭 초기 과정   (c) 시그널매칭 말기 과정

그림 2.77 CAPWAP 방법의 개념 및 해석 과정 예

이에 반하여 CAPWAP 방법은 Case 방법과 같이 말뚝 두부에서 측정된 힘과 시간(또는 가속도와 시간)의 관계를 이용하여 지지력을 예측하나, Case 방법처럼 약산공식을 이용하지 않고 프로그램(CAPWAP)을 이용하여 구하는 방법이다. CAPWAP 방법은 항타분석기로부터 얻어진 힘파(또는 속도파)를 프로그램에 입력하고 계산된 파와 비교하는 시행착오법으로, 시그널매칭(signal matching) 과정을 통해 말뚝의 경계조건을 결정한다.

그림 2.77은 CAPWAP 방법의 개념을 보여주고 있다. 그림(a)와 같이 CAPWAP 방법은 말뚝을 응력파의 이동시간이 동일한 연속적인 요소로 모델링한다. 그리고 항타분석기에 의해 실측된 파형①과 가정된 경계조건을 사용하여 계산된 파형②을 비교한다③. 두 값이 일치되도록 경계조건을 수정한다④. 또한 두 값이 최대한 일치될 때까지 반복 계산한다⑤.

CAPWAP은 출력치로 정재하시험을 모사한 말뚝 두부와 선단에서의 하중 – 침하량 곡선을 도출한다. 이와 함께 관입깊이별 주면마찰력의 분포도 제시한다. 물론 항타 시 말뚝에 관련된 응력, 에너지, 건전도 등 각종 항타 정보를 제공한다(조천환, 2023).

2.6.6 양방향재하시험

1) 시험장치

현장타설말뚝은 큰 하중을 지지하도록 설계되므로 전통적인 정재하시험의 적용이 곤란한 경우가 일반적이다. 따라서 현장타설말뚝의 재하시험방법으로 오스터버그 셀 시험(또는 양방향재하시험)이 많이 이용되고 있다.

오스터버그 셀 시험은 오스터버그(J.O. Osterberg)가 1984년에 미국에서 개발·적용한 것으로 이제 세계적으로 보편적인 시험이 되었다. 국내의 경우 2002년에 도입된 후 관련 기술이 지속 개선되어 현장타설말뚝의 재하시험에 보편적으로 사용되고 있다.

그림 2.78(a)에서와 같이 정재하시험은 말뚝 두부에서 재하하므로 사하중이나 반력말뚝, 반력앵커 등 반력장치가 필요하다. 그러나 양방향재하시험의 기본적인 재하방식은 그림 2.78(b)에서 보는 바와 같이 셀(또는 잭)이 설치된 위치를 기점으로 셀 하부의 주면마찰력과 선단지지력이 셀 상부의 주면마찰력 성분에 대한 반력이 된다. 반대로 셀 상부의 주면마찰력이 셀 하부의 주면마찰력과 선단지지력의 반력으로 작용된다. 이런 이유로 양방향재하시험에서는 별도의 반력시스템이 필요치 않게 되어 큰 반력하중이 필요한 현장타설말뚝의 시험에서 유용하게 이용될 수 있다.

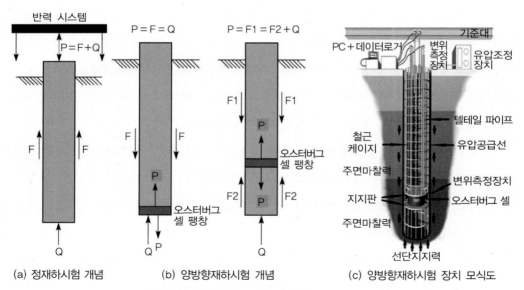

(a) 정재하시험 개념   (b) 양방향재하시험 개념   (c) 양방향재하시험 장치 모식도

그림 2.78 양방향재하시험의 개념과 장치 모식도

양방향재하시험의 시험장치는 재하장치와 계측장치로 구성된다. 재하장치는 셀과 부속장치 등으로 이루어지는데, 상부 반력이 부족한 특수한 경우는 보조 반력장치가 따를 수 있으나 일반적인 경우는 아니다. 계측장치에는 하중계, 변위계, 기준대 등이 있다(그림 2.78(c) 참조).

셀은 말뚝 내에 매설되어 유압으로 작동되는 검증된 하중장치를 일컫는다. 셀은 양방향으로 작용하며, 말뚝의 주면마찰력에 저항하는 상향 재하와 말뚝의 선단지지력에 저항하는 하향 재하로 구성된다. 셀의 재하능력은 최대 계획하중을 만족할 수 있어야 하며, 셀의 스트로크도 시험말뚝의 변위에 충분히 대응할 수 있어야 한다. 또한 셀을 포함한 재하시스템은 검증 후 사용되어야 한다. 일반적으로 셀은 전체 조립상태에서 공칭능력의 반(1/2) 이상의 압력까지 검증되어야 한다.

변위계는 상향변위 2개소 이상, 하향변위 2개소 이상, 말뚝 두부 변위 3개소 이상을 측정하도록 설치되어야 한다. 일반적으로 시험에 사용되는 셀의 팽창은 선형 진동현식 변위계(LVWDT)를 이용하여 측정할 수 있으며, 말뚝 본체의 변위나 압축량, 하향 변위 등은 텔테일(telltale)을 이용하여 측정할 수 있다. 말뚝의 축하중 전이를 측정하기 위해 위치별로 스트레인게이지를 설치하고 재하 시 이를 계측할 수 있다.

기준대는 주변환경조건(온도, 지반진동, 바람, 지반변위 등)에 영향을 받지 않도록 기준점에 설치한다. 시험조건이 해양인 경우 기준대의 설치에 특히 유의해야 한다. 기준대에 대한 기준은 2.6.2절의 정재하시험에서와 같다.

2) 시험방법

양방향재하시험은 다음 중 먼저 발생되는 현상이 있을 때까지 수행될 수 있다.

① 주면마찰력이 극한에 도달
② 선단지지력이 극한에 도달
③ 변위측정 스트로크를 초과(또는 재하 용량 초과)

물론 시험 목적에 따라 제한된 범위 내에서 재하 후 시험을 종료할 수도 있다. 그러나 셀의 설치위치가 부적합하여 ①~③의 조건이 발생하여 목적대로 시험을 마무리하지 못하는 경우가 자주 있다. 또한 양방향재하시험에서는 셀의 설치위치의 적정성에 따라 시험결과의 효용성이 크게 달라질 수 있으므로 설계내역, 지반조건, 실내시험결과 등을 면밀히 검토하여 셀의 설치위치를 결정하는 것이 중요하다.

양방향재하시험의 재하절차는 일반적으로 ASTM D 1143의 완속재하시험법(표준재하시험법) 또는 급속재하시험법, 반복하중재하시험법에 부합하도록 계획하고 이에 따라 시행한다. 시험기준에 명시된 시험절차는 모두 가능하며 당연히 실시목적, 설계개념, 현장상황, 시방기준 등을 고려하여 선택하는 것이 바람직하다. 양방향재하시험의 방법에 대한 상세는 기초의 재하시험 기준 및 해설(한국지반공학회, 2007)을 참고한다.

3) 시험결과의 분석

양방향재하시험의 결과 이용 시 시험의 특성대로 지지력성분(주면마찰력과 선단지지력)을 구하여 결과를 분석할 수도 있고, 상판과 하판의 두 개 하중 – 변위량 곡선을 조합한 후 말뚝 두부 하중 – 변위량 곡선으로 변환하여 분석할 수도 있다.

하판으로부터 얻어지는 주된 특성치는 극한선단지지력, 말뚝 선단의 연직지반반력계수 등으로 이 값들은 선단저항력과 하판변위량을 분석하여 구한다. 여기서 셀 상면이 부담하는 자중이 커서 이를 고려할 필요가 있을 경우는 이를 공제한 값을 선단저항력으로 한다. 하판과 선단지반의 위치가 상당히 떨어져 있는 경우 스트레인게이지(strain gage) 등의 측정치로부터 선단저항력을 분리하여 구할 수 있다.

상판으로부터 얻어지는 주요 특성치는 극한주면마찰력, 전단지반반력계수 등이다. 이들 값은 주면저항력과 상판변위량을 분석하여 구한다. 상판의 시험은 축방향 재하시험과 유사하므로 분석방법 또한 유사하게 적용할 수 있다.

말뚝체에 스트레인게이지 등을 설치하여 변형률을 측정한 경우 축방향 변형률 분포, 축방향력 분포 등을 구할 수 있다. 축방향력 분포는 각 단면의 변형률 값에 말뚝체의 압축강성(탄성계수와 단면적의 곱)을 곱하여 산정한다. 이렇게 구해진 재하하중별 축방향력 분포로부터 마찰력과 선단지지력성분의 분석이 가능하다. 또한 축방향력 분포로부터 게이지 위치별 하중차를 해당 주면적으로 나누면 해당 위치의 단위면적당 주면마찰력이 얻어지며, 선단지지력을 선단면적으로 나누면 단위면적당 선단지지력이 얻어진다. 이와 같은 방식으로 주면마찰력이나 선단지지력을 구할때는 해당 스트레인게이지 위치에서 충분한 변위가 일어났는지 평가하여 반영하여야 한다.

양방향재하시험은 선단지지력과 주면마찰력이 상호간에 반력으로 작용하여 동시에 측정된다. 따라서 여기서 얻은 두 개의 하중 – 변위량 곡선(선단지지력-하향변위 곡선, 주면마찰력-상향변위 곡선)을 이용하여 말뚝 두부의 하중 – 침하량 곡선(estimated top load-settlement curve)

을 구할 수 있는데, 이것은 정재하시험의 말뚝 두부 하중－침하량 곡선에 해당하는 것으로 볼 수 있다. 말뚝 두부 하중－침하량 곡선 작도 시 주면마찰력 곡선의 임의의 점에서 시작할 수 있는데, 말뚝 몸체를 변형이 없는 강체로 가정하면, 말뚝 두부와 바닥에서의 변위는 같다. 따라서 같은 변위에서의 선단지지력과 주면마찰력을 합하면 등가 하중－침하량 관계에서의 하나의 점으로 표시할 수 있고, 각각의 변위에서 같은 방법으로 점을 찍어 연결하면 말뚝 두부 하중－침하량 곡선(등가 하중－침하량 곡선 또는 등가곡선으로 불림)을 그릴 수 있다. 그러나 등가곡선은 상판과 하판의 힘의 평형이 이루어지지 않으면 얻어진 하중－침하량 곡선은 왜곡될 수 있으므로 적용 시 주의해야 한다. 이러한 등가곡선의 작도 과정을 그림 2.79에 도시하였다.

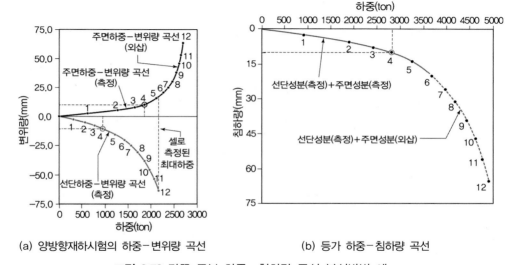

(a) 양방향재하시험의 하중－변위량 곡선   (b) 등가 하중－침하량 곡선

그림 2.79 말뚝 두부 하중－침하량 곡선 분석방법 예

전술한 바와 같이 등가곡선은 압축에 의한 말뚝 몸체의 변위는 무시할 수 있을 정도이므로 말뚝은 강체로 가정한다. 그러나 상판에 설치한 텔테일 계측을 통하여 말뚝의 탄성압축변형량을 측정하고 기설치된 스트레인게이지값 등과 조합하여 검토함으로써 말뚝의 탄성거동에 따른 변위를 반영하여 분석할 수 있다.

Chapter 3

현장에서 반복되는
이슈와 노하우

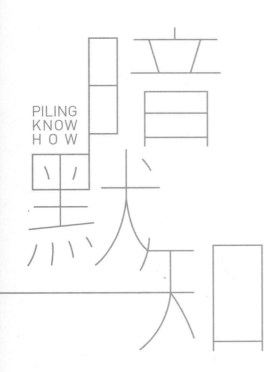

현장에서 반복되는 이슈와 노하우

3.1 타입말뚝

3.1.1 타입말뚝 시공 시 발생하는 문제

타입말뚝공법은 기성 말뚝을 타격하거나 진동으로 지반 내 소정의 깊이까지 관입시켜 구조물의 기초를 형성하는 공법이다. 타입말뚝은 말뚝이 타입될 때 체적만큼 말뚝 주변의 흙을 밀어내면서 관입되므로 변위말뚝에 해당된다. 타입말뚝은 가장 오래전부터 사용되어 온 보편적인 말뚝 시공법으로 경제적이고 확실한 방법이며 시공 중에 지지력 판정이 가능하다는 장점이 있다. 그러나 타격 시 진동과 소음이 발생하는 등의 단점이 있다.

타입말뚝공법은 지반의 관입저항력보다 큰 타격력을 말뚝 본체에 작용시켜 말뚝을 지반 중에 관입시키는 것이므로 시공 중에 허용치 이상의 큰 응력이 말뚝 본체에 발생할 수 있다. 또한 조사(또는 설계)의 미흡, 지중장애물, 지반 특성 등으로 예상 관입심도가 달라질 수 있으며, 말뚝관입 시 주변으로 흙을 밀어내게 되므로 관련된 문제가 발생할 수 있다.

타입말뚝의 문제점 조사(한국건설기술연구원, 1995)에 의하면 타입말뚝 시공 시 발생하는 주요 문제점은 표 3.1에서처럼 말뚝 본체의 손상, 예상 관입심도의 차이(예상 지지층 도달 전 관입종료 또는 예상된 지지층 도달 후 추가 관입), 지반 및 인근 구조물의 변형(기존 말뚝의 융기 포함) 등으로 나타났다.

상기에서 언급한 3가지 주요 항목이 문제 전체의 88.1%를 차지하고 있으며, 이 중 말뚝 본체의 손상은 53.8%, 예상 관입심도의 차이는 22.4%, 지반 및 인근 구조물의 변형은 11.9%로 구성되어 있다. 따라서 타입말뚝의 가장 큰 문제는 말뚝 본체의 손상(전체 53.8% = 강관말뚝 17.2%,

콘크리트말뚝 36.6%)임을 알 수 있고, 말뚝 본체의 손상 문제는 콘크리트말뚝에서 많이 나타남을 알 수가 있다.

일반적으로 말뚝 본체의 손상으로 강관말뚝의 경우 압축력에 의한 좌굴, 지중 장해물에 의한 말뚝 선단부의 손상을 들 수 있으며, 콘크리트말뚝의 경우 인장력에 의한 수평방향 균열, 과잉 항타에 의한 말뚝 두부의 손상을 들 수 있다.

예상된 관입심도의 차이는 지반조사의 부족, 지중 장해물, 말뚝 타입에 의한 지반 상태의 변화 등에 따라 발생하는 문제이다.

표 3.1 타입말뚝 시공 시 문제점 분석(한국건설기술연구원, 1995)

타입 시 문제점		건수(구성비,%)
말뚝 본체의 손상	강관말뚝	23(17.2)
	콘크리트말뚝	49(36.6)
예상 관입심도의 차이		30(22.4)
지반 및 인근 구조물의 변형		16(11.9)
부등침하		12(8.9)
경사, 편심		4(3.0)
전체 건수(구성비, %)		134(100)

말뚝 관입에 의한 인근 지반이나 구조물의 변형은 관입에 의해 흙이 말뚝의 체적만큼 측방으로 이동함에 따라 발생하는 것이다. 특히 군말뚝으로 말뚝 간격이 좁을 경우 잘 발생한다. 일반적으로 느슨한 사질토는 항타에 의해 잘 다져지므로 말뚝이 예상깊이까지 관입되지 않을 수도 있다. 연약한 점성토에서는 지반강도의 저하에 의한 인접 구조물의 변형이 발생할 수도 있는데, 심지어 항타기의 안전에 문제가 될 수 있으며, 또 시트파일로 둘러쌓인 지반에서 항타로 인해 시트파일의 변형이 일어날 수도 있다.

시공 중에 타입말뚝의 문제점이 조기에 발생되면 시공법의 즉시 개선으로 문제를 쉽게 해결할 수 있지만, 문제의 발견이 늦어지면 보수 및 보강은 그만큼 어려워진다. 이러한 피해를 줄이기 위해 타입말뚝 시공 시 문제가 있었던 사례들에 대한 원인을 조사·분석해 보는 것은 의미 있는 일이다.

전술한 바와 같이 타입말뚝공법의 전형적인 주요 문제점은 말뚝의 손상, 예상 관입심도의 차이, 지반 및 인근 구조물의 변형 등이고, 이외에 시간경과효과 및 항타공식의 적용, 두부 정리 및 이음 등과 관련된 문제들이 자주 나타나고 있다. 여기서는 이들 문제점을 살펴보고 이에 대한 노하우를 설명한다.

3.1.2 말뚝의 손상

1) 말뚝 손상의 원인과 대책

타입말뚝의 손상은 말뚝의 두부나 선단부에 많이 발생하는 것으로 보고되고 있다. 말뚝 두부의 손상은 육안으로 쉽게 알 수 있지만, 말뚝 선단부의 경우는 육안 관찰이 불가능하여 항타 시 거동(타격당 관입량, 리바운드량, 해머의 낙하고)의 이상으로 유추하거나 말뚝 시공 후의 시험 결과로 알려지는 경우가 많다.

말뚝의 손상 위치는 말뚝의 종류에 따라서도 다르다. 강관말뚝의 손상은 대부분 말뚝 선단부와 말뚝 두부의 좌굴로 나타난다. 반면, 콘크리트말뚝의 손상은 말뚝 두부의 파손, 전단 파괴, 말뚝 본체의 종방향 또는 횡방향 균열 등으로 나타나는데, 이 중 종방향 균열과 횡방향 균열의 발생 빈도가 높다.

말뚝 본체의 손상에 관한 문제의 원인 중 부적합한 해머 선정 및 오용, 편타, 말뚝의 강도 부족이 주요인으로 지적되고 있다. 부적합한 해머 선정 및 오용은 과대한 해머의 사용, 과잉 항타 등에 의해 나타날 수 있다. 또한 말뚝지지력의 증가효과(set up effect)를 무시하고 관례적인 시공관리기준을 만족할 때까지 항타하여 말뚝이 손상하는 경우도 자주 발생하고 있다(4.1.2절 참조). 편타 문제는 해머 캡 등의 불량과 항타기 자체의 경사 등에 의해 발생할 수 있다. 말뚝의 강도 부족은 프리스트레싱값이 작은 말뚝의 사용, 과항타 등과 관련이 있다.

말뚝의 손상에 대한 대책 중 부적절한 해머의 선정, 편타 등 해머에 기인한 것은 해머의 변경, 항타기와 말뚝의 축선 수정, 캡과 쿠션의 수정 등으로 조치할 수 있다. 그리고 시간경과효과의 미고려에 대한 문제는 시간경과에 따른 지지력을 조사하여 이를 시공에 반영함으로써 해결할 수 있다. 또한 말뚝의 강도 부족에 기인하는 문제는 고강도 말뚝의 사용 또는 형상의 변경, 말뚝 종류의 변경, 항타관리기준 조정 등을 대책으로 적용할 수 있다.

2) 콘크리트말뚝의 손상 원리와 형태

항타 중 발생하는 말뚝의 손상은 대부분 콘크리트말뚝에서 문제가 되고 있다. 이러한 콘크리트말뚝의 손상을 이해하기 위해선 항타의 원리를 파악하는 것이 필요하다. 그림 3.1은 항타 시파의 이동과 이에 따른 건전도 문제의 발생 원리를 도시한 것이다. 콘크리트말뚝의 항타 과정에서 발생하는 건전도 문제는 크게 압축파손과 인장파손으로 구분할 수 있다.

압축파손은 말뚝의 선단이 지지층에 도달했을 때(hard driving) 과잉 항타에 의해 두부에서주로 발생한다(그림 3.1(b) 참조). 그러나 드물게는 선단지반이 매우 단단하여(주로 암반) 말뚝의 선단에서 반사되는 압축파가 증폭되어 압축응력이 급증함으로써 선단부에서 압축균열이 발생할 수 있다. 이에 대한 상세가 그림 3.2(b)에 나타나 있다. 이러한 압축파손을 방지하기 위해서는 시항타 시 적절한 항타관리기준의 설정 및 이의 준수가 중요하다.

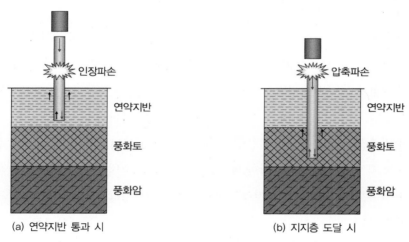

(a) 연약지반 통과 시   (b) 지지층 도달 시

그림 3.1 콘크리트말뚝의 타격 시 건전도 문제의 이해

인장파손은 말뚝이 연약지반에 타입될 때(easy driving) 자주 발생한다. 연약지반에 콘크리트말뚝이 타입되면 타격력에 의해 말뚝에 관성이 생기고 관성력에 의해 말뚝의 선단부로부터인장파(tension wave)가 반사되어 본체에 인장응력이 발생한다(그림 3.1(a) 참조). 이에 대한상세가 그림 3.2(a)에 나타나 있다. 콘크리트말뚝은 인장력에 취약하여 본체에 발생된 인장응력이 허용치를 초과하면 말뚝에 인장균열이 생기고, 심한 경우 말뚝 본체의 파손이 발생할 수 있다. 이러한 문제는 현장에서 시공 후 물찬 말뚝의 형태로 종종 발견되기도 한다. 물찬 말뚝에 대한 상세는 4)항에서 설명한다. 또한 물찬 말뚝과 관련된 사례가 4.1.4절과 4.1.5절에 소개되었다.

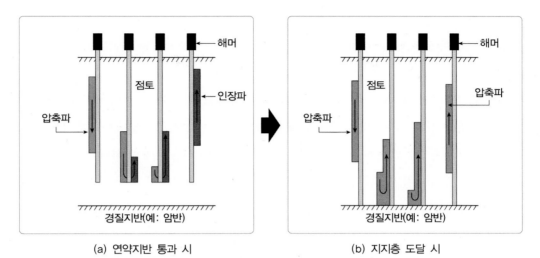

(a) 연약지반 통과 시   (b) 지지층 도달 시

그림 3.2 연약지반 항타 시 응력전달 모식도(조천환, 2010, 2023)

3) 콘크리트말뚝의 인장균열과 대책

콘크리트말뚝에 인장균열의 발생이 예상될 때는 일반적으로 해머의 용량을 한 단계 올려 낙하 높이를 줄이는 것이 바람직하다. 그리고 쿠션의 두께를 늘려 인장응력을 줄일 수도 있으며, 상황이 심각할 경우 허용인장응력이 큰 종류(B종 또는 C종)의 말뚝으로 변경하는 것도 검토할 수 있다. 만약 사전대책에 실패하여 시공된 말뚝에서 인장균열(또는 파손)이 발생했다면, 우선 항타된 말뚝의 지지력 만족 여부를 판단한 후, 지지력이 부족할 경우 보강타를 실시하고, 지지력이 충분할 경우 말뚝 본체를 구조적으로 보강할 수 있다. 이와 관련된 사례가 4.1.4절에 소개되었다.

또한 인장파손은 굴착, 성토 등 편토압에 의해 연약지반이 움직이면서 기설치된 말뚝에 휨응력이 발생하여 나타나는 경우가 있다. 이를 막기 위해서는 흙막이를 하거나 또는 시공 순서를 조정하는 등의 조치를 취한 후 말뚝을 시공할 필요가 있다.

4) 물찬 말뚝의 원인과 대책

PHC파일의 타입 시공이 완료된 후 말뚝의 중공부에 물이 차 있는 경우를 자주 접하게 된다. 말뚝 내부에 물이 차 있는 것은 다음과 같은 원인에 의해 나타날 수 있다.

① 말뚝 두부로부터 우수나 지하수의 유입

② 용접이음부 및 선단 강판의 불량으로 인한 지하수 유입

③ 말뚝 본체의 파손으로 인한 지하수 유입 등

이들 원인 중 우수나 지하수가 말뚝 두부로부터 유입된 경우 그리고 용접이음부나 말뚝 선단 강판의 틈새로 지하수가 유입된 경우는 말뚝 본체의 구조적인 안정성에 문제가 되지 않는다. 그러나 말뚝의 파손으로 말뚝에 물이 차 있는 경우는 경계해야 하는 문제 중 하나이다.

일단 말뚝에 물이 차면 그 원인을 분석하고 적절한 조치를 취해야 한다. 물찬 원인은 말뚝 내부의 물을 펌핑(pumping)한 후 깊이별 물의 유입 속도를 측정함으로써 개략적으로 추정할 수 있으며, 공내 영상 촬영을 실시하여 찾아낼 수도 있다. 그러나 정량적인 원인 조사를 위해서는 동재하시험을 병행하는 것이 도움이 된다. 물찬 원인이 말뚝의 파손으로 확인되면 전술한 것처럼 우선 설치된 말뚝의 지지력 만족 여부를 판단한다. 지지력이 설계하중을 만족할 경우 말뚝 중공부에 철근콘크리트 타설(또는 고강도 모르타르 충전) 등 보강을 검토하고(그림 3.3 참조), 지지력이 설계하중에 부족한 경우 보강타 또는 지반보강 등의 조치를 검토한다.

(a) 말뚝 공내 영상 촬영   (b) 철근보강 후 콘크리트 채움

그림 3.3 물찬 말뚝의 원인 조사 및 보강

3.1.3 항타 관리

1) 항타 중 관리사항

항타 중 말뚝파손의 문제를 막기 위해서는 시항타 과정에서 항타 시 동재하시험을 실시하고, 일정 시간이 경과한 후 재항타 동재하시험을 수행하여 지지력과 건전도를 만족하는 항타관리기준(해당 해머에 대한 램의 낙하 높이 및 최종타격당 관입량)을 설정한 후 이를 바탕으로 본항타

를 실시해야 한다. 당연히 항타 시 동재하시험에는 해머와 항타효율이 평가되어야 하며, 평가된 조건은 본항타 내내 지켜져야 한다(홍헌성 등, 2002).

2) 항타관리 사항 중 효율의 중요성

실무에서는 항타관리기준을 지키는 것만 강조된 나머지 시항타 시 적용된 효율의 준수에 대해서는 중요하게 여기지 않는 것 같다. 그러나 항타관리기준을 아무리 준수하더라도 정해진 효율이 전제되지 않으면 항타관리기준의 준수는 의미가 없어진다.

항타관리와 관련된 효율은 항타효율과 해머효율로 구분할 수 있다. 항타효율은 말뚝에 전달된 에너지를 위치에너지(=램 무게×낙하 높이)로 나눈 값으로 에너지 전달률이라고도 부른다. 해머효율은 해머가 방출한 에너지를 위치에너지로 나눈 값이다.

보통 실무에서 항타와 관련되어 통용되는 효율은 항타효율을 뜻하며, 그만큼 현장에서 중요하고 변수가 크다는 의미이기도 하다. 그러나 지반조건, 말뚝조건 등에 따라 특별한 관리가 필요한 경우는 해머효율도 중요한 요소가 될 수 있다(4.1.9절 참조).

일반적으로 현장에서 항타효율이 지켜지지 않는 이유는 항타 시 낙하 높이의 미준수, 쿠션 조건의 변화, 해머 시스템의 변화, 시공 중 해머의 변경 등이다.

일반적으로 낙하 높이 미준수나 해머 시스템 변화 등은 시방의 위반을 뜻하므로 잘못되었다는 인식을 하고 있으나, 쿠션 조건의 변화는 보이지 않는 부분이어서인지 문제를 인지하지 못하는 것 같다. 그래서인지 쿠션 조건의 변화에 의한 문제가 현장에서 자주 발생하는데, 이는 해머 쿠션과 말뚝쿠션의 문제로 나눌 수 있다.

말뚝쿠션의 경우 항타 시 동재하시험에서 제시된 쿠션기준을 지키면 되고, 시각적으로 관리자가 바로 확인할 수 있는 것이어서 관리가 비교적 용이하다. 그러나 해머쿠션은 해머 캡 내부에 있기 때문에 확인이나 관리가 용이하지 않다.

해머쿠션이 심하게 손상되면 낙하고를 일정하게 유지시켜도 정상적인 상태에 비해 타격에너지 전달이 불규칙하고, 편타 발생 등으로 인해 말뚝의 손상으로 이어지기도 한다(4.1.7절 참조). 따라서 시공 전에 캡을 해체하여 해머쿠션을 확인해야 하고, 아울러 본시공 중에 정기적으로 항타효율을 확인해야 하는 이유가 여기에 있다.

3) 해머쿠션 조건의 변화 사례

해머쿠션의 문제는 동재하시험 시 측정파형을 면밀히 관찰하고 해머쿠션의 상태를 확인하여 해소할 수 있다. 그림 3.4의 (a)와 (b)에는 각각 해머쿠션이 손상된 상태와 손상된 해머쿠션을 교체한 후의 동재하시험 화면(변형률계로 측정된 힘파, force wave)을 보여주고 있다. 동재하시험 시 편타가 발생하고 있는 상태에서 여러 조치에도 불구하고 편타가 수정이 되지 않으면 해머쿠션의 변화를 의심하고 확인할 필요가 있다. 유사한 사례가 4.1.7절에 소개되었다.

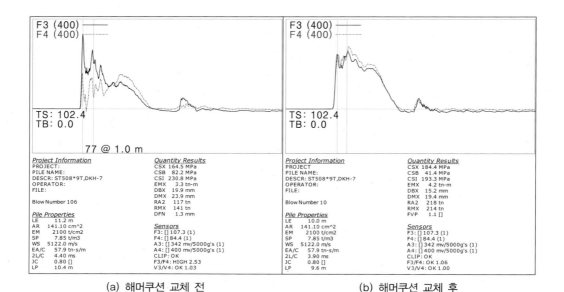

(a) 해머쿠션 교체 전   (b) 해머쿠션 교체 후

그림 3.4 해머쿠션 교체 전후의 동재하시험 화면

4) 항타 시 효율 관리 사례

그림 3.5는 동일 현장에서 말뚝공사 기간 동안 항타효율(에너지전달률)을 측정하여 관리한 사례를 보여주고 있다. 사례의 현장은 최종타격당 관입량의 관리를 위해 시항타 시 결정한 시공관리기준대로 램 낙하고를 고정하고 주기적으로 항타효율을 확인하였다. 먼저 최초 장비의 반입 시 해머쿠션의 재질 및 두께, 캡(헬멧) 상태, 낙하고 조절장치 등을 확인하고 기록한 후 공사기간 동안 일정한 주기로 육안 확인하여 이상 발견 시 수리(또는 교체)하였다. 또한 지지력 및 항타효율 확인을 위해 주기적으로 동재하시험을 실시하였으며, 이렇게 측정된 효율은 그림 3.5에서 보는 바와 같이 공사기간 동안 큰 편차 없이 일정하게 관리되었다.

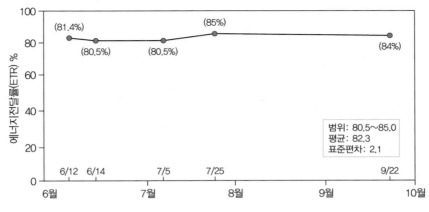

그림 3.5 항타시공 기간 동안 항타효율 측정 결과

현장에 따라서는 항타효율 외에도 해머효율의 관리가 필요할 수 있다. 그림 3.6에서와 같은 해머에 부착된 에너지 모니터링 장치를 사용하여 해머가 방출한 에너지를 타격수별로 관찰 기록할 수 있다. 이러한 해머효율의 관리는 항타효율의 신뢰성을 높이기도 하지만 해머 시스템의 문제도 파악할 수 있는 이점도 있다. 항타 시공 시 에너지를 모니터링하여 시공관리를 하는 경우는 많지 않지만, 항타관리가 까다롭고 중요한 조건에서는 이를 적용할 수 있다. 이에 대한 사례가 4.1.9절에 소개되었다.

(a) 해머 가동/에너지 모니터링 장치

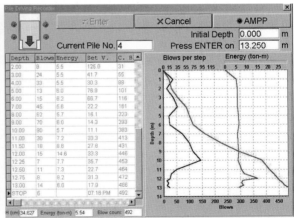
(b) 에너지 모니터링의 출력 결과

그림 3.6 에너지 모니터링 장치와 출력 결과(송명준 등, 2004)

3.1.4 최종타격당 관입량

1) 최종타격당 관입량 측정 시 주의사항

타입말뚝에서 최종타격의 불량 문제는 램의 낙하 높이 미준수는 물론 잘못된 기준대의 사용에 의해서도 발생한다. 따라서 바람직한 최종타격 작업이 되기 위해서는 램의 낙하 높이를 확인할 수 있도록 해머에 표식(marking)을 하고, 정확한 낙하 높이하에서 올바른 기준대(reference beam)를 이용하여 타격당 관입량을 측정할 수 있도록 관리해야 한다. 관입량 측정을 위한 기준대는 측정 시 용이하고 안정적이며 견고해야 한다(그림 3.7 참조).

그림 3.7 재래식 관입량 측정용 기준대와 측정 광경

2) 자동 항타관입량 측정기의 초기 개발과 적용 실패

자동 항타관입량 측정기는 관입량 측정 시 작업자의 안전 확보, 관입량의 정확성 유지, 기록 및 보관 등을 위해 2006년 삼성물산이 처음으로 디지털 항타관리기(Samsung pile inspection, SPI)를 개발하여 사용하였다. SPI는 그림 3.8처럼 표적(marker)을 말뚝에 붙인 후 디지털 카메라로 촬영하고 그 결과를 휴대용 PC로 영상 처리하여 관입량과 관입형상을 표시하게 된다.

SPI를 사용하면 항타 기록과 수치가 자동으로 저장되는 것은 물론 도면화되므로 정밀한 항타 품질관리가 가능하다. 아울러 이 장비는 각종 시험에서의 변위량 측정, 기준대의 움직임 확인 등 여러 가지 용도로 활용될 수 있다.

SPI는 개발 당시에 획기적인 현장 자동화 장치였으나, 생산성 저하 및 인력 추가 등의 이유로 시공사는 물론 협력사에도 인기가 없었다. 따라서 SPI 개발 이후 현장 적용을 위한 여러 노력에도 불구하고 아쉽게도 현장에 정착시키지 못했다.

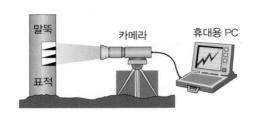

(a) SPI 개념도   (b) 관입량 측정 광경

그림 3.8 SPI의 개념 및 관입량 측정 광경(삼성물산, 2006)

3) 자동 항타관입량 측정기의 최신 개발 동향 및 기대

SPI가 개발된 지 15년이 지난 최근에는 안전에 대한 사회적인 분위기에 힘입어 다양한 자동 항타관입량 측정기가 개발되어 이용되고 있다. 표 3.2는 현재 국내에서 많이 사용되는 3종류의 자동 항타관입량 측정기를 보여주고 있다. 표 외에도 서승환 등(2023), (주)성웅 P&C(2023) 등에서 자동 항타관입량 측정기를 개발하거나 실용화 단계에 있다.

표 3.2 현재 사용 중인 대표적인 자동 항타관입량 측정기 비교

장비 이름	PDM (pile driving monitor)	PDAM (pile driving automatic monitor)	SPPA (smart pile penetration analyzer)
측정 장치			
개발사	AFT(advanced foundation technologies)	우리기술(주)(2020)	(주)지오멕스소프트, 포스코이앤씨, 삼성물산(2022)
장치구성	전용측정기(PDM), tablet PC, 표적	전용측정기(PDAM), tablet PC, 표적	휴대폰(S10급 이상), 삼각대, 표적
장비현황	구매, 장비가 많지 않음	임대	임대(휴대폰에 어플 설치 후 공유 가능)
정확도	높음	높음	높음
생산성	세팅시간 10분 이내	세팅시간 5분 이내	세팅시간 5분 이내

서승환 등(2023)이 개발하고 있는 비접촉식 관입량 측정장치는 해머에너지의 정확한 산정, 관입량 및 리바운드량의 측정, 동재하시험과의 연계 등을 통해서 식 (3.3)에서 제시한 항타공식의 개선을 포함하고 있다. (주)성웅 P&C(2024)가 개발한 측정기는 드롭해머용이므로 3.2.2절에서 설명하였다.

SPPA는 삼성물산 등(2022)에서 SPI를 업그레이드하여 개발된 것이다(신동현 등, 2023). 그림 3.9에서와 같이 SPPA는 SPI에서 사용됐던 노트 PC와 카메라가 작은 스마트폰으로 소형화되었으며 자동화 기능이 추가되었다. 이제 SPPA는 현장 측정뿐만 아니라 클라우드를 이용해 본사에서도 데이터 공유는 물론 현장의 항타관리가 가능하게 되었다.

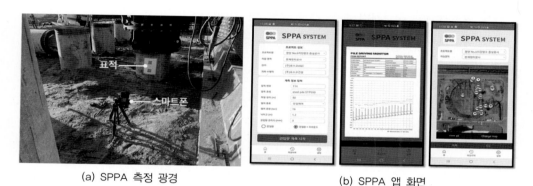

(a) SPPA 측정 광경   (b) SPPA 앱 화면

그림 3.9 SPPA 측정 광경 및 앱 사용 화면(삼성물산 등, 2022)

SPI가 개발된 지 15년이 지났지만 이제라도 활성화된 것은 다행이다. 또한 여러 가지 IT 신기술이 자동 항타관입량 측정기에 탑재된 것은 낙후된 말뚝 기술 분야의 혁신이며, 그 노력을 살 만하다. 현재 이용되고 있는 자동 항타관입량 측정기들은 하드웨어만 다를 뿐 기능이나 성능은 대부분 유사하다. 아직도 일부 기관에서 유사한 측정기가 개발되고 있으나, 이제는 추가 개발보다는 개발된 장치를 보편화하고 표준화하여 널리 활용하게 하는 것이 과제이다.

3.1.5 항타 시 말뚝의 솟아오름

1) 말뚝의 솟아오름의 개념과 문제

기존(기시공된) 말뚝에 인접하여 말뚝을 타입하면 지반 내에 관입되는 말뚝 체적만큼 토사가 이동 또는 압축되면서 기존 말뚝에 문제가 발생하게 된다. 말뚝이 시공되는 지반조건이 느슨한 사질토이거나 압축성이 큰 점성토 지반이면 말뚝의 주변으로 토사가 압축될 수 있지만, 조밀한 사질토 또는 비압축성(incompressible) 점토지반이면 말뚝의 관입으로 인한 체적변화는 토사의 이동으로 나타날 수밖에 없다. 토사가 위쪽 및 옆쪽으로 이동하게 되면, 지표면에 솟아오름(heave)이 생기거나 기존 말뚝에 휨 또는 솟아오름이 유발된다. 따라서 기존 말뚝에는 지지력 저하, 말뚝의 파손 등이 발생할 수 있다. 이러한 말뚝의 솟아오름 문제는 변위말뚝에서의 문제이며 소변위말뚝이나 비변위말뚝 등에서는 해당되지 않는다(여병철 등, 1998).

2) 말뚝의 솟아오름 시 발생 문제

기존 말뚝이 항타관리기준에 따라 소정의 지지력을 갖도록 시공되었더라도 인접위치에서 새로운 말뚝이 관입됨에 따라 기존 말뚝이 솟아오르면 기존 말뚝의 선단 하부는 공극이 생기거나 느슨한 지반조건으로 바뀌게 된다. 따라서 선단지지력이 감소한다. 반면, 주면마찰력은 큰 영향을 받지 않는다. 결국 기존 말뚝들이 선단지지력에 의존하는 선단지지 말뚝인 경우 말뚝의 지지력 저하 문제가 발생될 수 있으며, 필요에 따라서는 재항타 등의 조치가 필요할 수 있다. 그러나 말뚝의 지지력이 주면마찰력이 위주가 되면 지지력 저하는 크게 문제되지 않는다.

전술한 상황에 의해 말뚝이 솟아오르는 과정에서 말뚝 본체에 인장응력이 발생하여 말뚝재료가 파손될 수도 있다. 이 문제는 지지력 저하보다도 오히려 심각할 수 있다. 기존 말뚝의 인근에 신규 말뚝을 타입할 때 지반 내의 토립자 이동은 그림 3.10과 같이 나타날 것이다. 이때 기존 말뚝이 타입 후 일정 시간이 경과하여 상당한 지지력 증가(set up) 효과가 발생하였다면, 말뚝은 토립자 이동으로 인한 솟아오름에 저항하게 되며, 이 과정에서 말뚝재료가 허용 범위보다 큰 인장응력을 받을 수 있고, 이에 따라 말뚝재료가 파손될 수 있다(이명환 등, 1998). 특히 인장력에 취약한 콘크리트일 경우 이러한 상황을 확인하고 대책을 강구하여야 한다.

3) 말뚝의 솟아오름의 대책

기초구조물에 치명적인 영향을 미칠 수 있는 말뚝의 솟아오름 문제를 확인하고 대책을 수립하는 것은 간단하지만 실무적으로 용이하지 않다. 말뚝의 솟아오름 확인은 대부분 측량에 의하지만 현장 실무자들이 사전에 이를 예상하지 못하면 간과되기 쉽기 때문이다. 그리고 일단 말뚝의 솟아오름을 확인한 경우라도 해당 말뚝의 지지력과 건전도를 확인하기란 쉽지가 않다. 또한 대책에 있어서도 각종 문헌자료에는 솟아오름이 발생한 말뚝에 대하여 재항타를 실시하는 정도

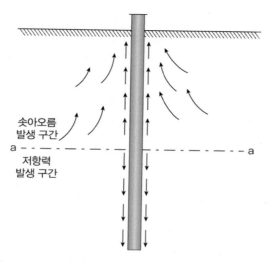

그림 3.10 인근 말뚝 타입 시 기존 말뚝 주위 토사의 이동

가 제시되어 있을 뿐이다(Tomlinson, 1994).

솟아오름이 발생한 말뚝에 대하여 정재하시험을 실시하면 말뚝의 지지력은 확인될 수 있지만, 말뚝에 인장응력이 발생하여 말뚝이 파손된 문제는 확인되지 않는다. 그러나 동재하시험을 이용하면 군말뚝 시공으로 인한 말뚝 솟아오름에 의한 문제, 즉 말뚝의 지지력 저하뿐만 아니라 말뚝재료의 파손 문제도 확인할 수 있다.

말뚝의 솟아오름 문제에 대한 이상적인 대책은 설계 시 이를 예상하고 대처하는 것이나, 용이하지는 않다. 이에 대한 실무적인 대책은 시항타 시 말뚝의 솟아오름 가능성을 조사(군말뚝 시공 시 측량 및 시험 실시)하여 예방하는 것이다.

시항타 단계에서 말뚝의 솟아오름에 대한 조사는 물론 예방도 간단하다. 본시공 단계에서 말뚝의 솟아오름을 인지하고 대책을 세우는 것은 이미 때가 늦어 조사도 어렵고 대책에도 한계가 있다. 특히 시공 완료 단계에서 말뚝의 솟아오름을 인지하는 경우는 공기 및 비용 면에서 큰 손실을 초래하는 등 프로젝트에 치명적인 영향을 줄 수가 있다.

말뚝의 솟아오름에 대한 사전 대책으로는 선천공을 실시하여 지반 내의 토사를 밖으로 배토시키는 방법, 말뚝 간격을 넓게 재배치하는 방법, 말뚝 종류를 배토량이 적은 소변위말뚝 또는 비변위말뚝으로 변경하는 방법 등이 있다. 말뚝의 솟아오름에 대한 문제, 조사 및 대책에 대한 사례가 4.1.6절에 소개되었다.

3.1.6 지지력의 시간경과효과

1) 시간경과효과의 개념과 현상

말뚝이 타입된 이후부터 말뚝 주변의 지반조건은 시간경과에 따라 변화하게 되므로 말뚝의 지지력도 시간의존적인 함수가 되는데, 이를 말뚝지지력의 시간경과효과(time effect)라고 한다. 시간경과효과에 의해 말뚝의 지지력은 증가 또는 감소할 수 있다. 항타 후 시간경과에 따라 말뚝의 지지력이 증가하는 현상을 set up(또는 freeze)이라 하고, 말뚝의 지지력이 감소하는 현상을 relaxation이라 한다(그림 3.11 참조).

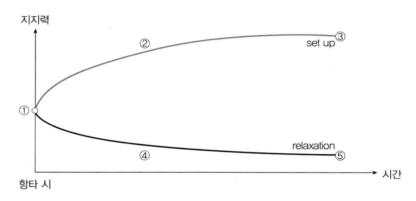

그림 3.11 말뚝지지력의 시간경과효과

그림 3.11에서와 같이 set up이 일어나는 지반에서는 항타 직후(①) 시간이 지나 지지력이 증가(②)하여 최종적인 장기지지력(③)에 이르게 되는 반면, relaxation이 일어나는 지반에서는 항타 직후(①) 시간에 따라 지지력이 감소(④)하여 최종적인 장기지지력(⑤)에 이르게 된다. 시간경과에 따른 지지력 변화의 양상은 복잡한 지반조건 및 시공조건에 좌우된다. 교과서나 코드에서 나오는 지지력 식으로 얻어진 값은 수렴된 최종지지력(③ 또는 ⑤)이라고 보면 된다.

시간경과에 따른 지지력의 증가는 주로 주면부에서 나타난다. 국내의 시험결과의 통계분석(조천환, 2003)에 의하면 전체지지력은 1.62배 증가하였으며 이 중 주면마찰력은 2.18배, 선단지지력은 1.15배 증가하였다. 일반적으로 시험 시 말뚝의 변위가 충분히 변위(mobilize)되지 않은 경우가 많은 것을 감안하면, 이 값들은 보수적이라고 평가할 수 있다.

시간경과에 따른 지지력의 감소는 지반조건에 따라 구분할 수 있다. 판상형 풍화암에서의

relaxation은 주로 선단 부분에서 나타나고, 포화된 세사지반에서의 relaxation은 주로 주면부에서 나타난다.

2) 시간경과효과의 원인

일반적으로 항타 후 시간경과에 따른 지지력의 변화는 set up 효과가 유력하게 나타난다. set up 효과의 원인은 지반조건별로 구분하여 설명할 수 있다. set up 효과는 주로 항타에 의한 과잉간극수압의 발생과 소산이라는 유효응력개념으로 설명되고 있지만, 이 외에 aging으로도 설명되고 있다.

점성토의 경우 말뚝의 지지력은 항타 중 발생된 지반의 교란이 항타 이후 과잉간극수압의 소산, thixotropy 및 aging효과 등으로 회복되어 증가되는 것으로 알려지고 있다. 사질토의 set up 효과는 주로 항타 후 과잉간극수압의 소산에 의한 것으로 알려져 오다, 과잉간극수압의 소산 외에 aging에 의해서도 나타나는 것으로 보고되고 있다. 조천환(1998)은 사질토에서 set up 효과는 과잉간극수압의 소산은 물론, 지반의 조성이력 및 함유 광물의 종류에 의해서도 영향 받는 것으로 설명하였다.

시간경과에 따라 지지력이 감소되는 relaxation현상은 현장에서 흔치 않은데 혈암(shale), 이암(mudstone) 등과 같은 판상형 풍화암 지지층에 말뚝이 관입되었을 때 나타나며, 이는 관입에 따른 지지층의 교란에 의한 것이다. 한편 포화된 조밀세사지반에서도 일어나는 relaxation현상은 유효응력의 변화에 기인하는 것이다. 따라서 이러한 지반에서 항타할 때는 relaxation에 대한 현상을 미리 예상하고 확인하는 것이 필요하다.

3) 시간경과효과의 미고려 시 문제

시간경과효과는 복잡한 요인에 의해 나타나는 예측 곤란한 현상으로 단순히 토질종류만으로 판단하기는 어렵다. 공학적으로 동일하게 분류된 흙이라도 흙의 성상 및 광물조성에 따라 말뚝 지지력의 시간경과효과는 달라지므로 토질종류에 따라 지반의 시간경과효과를 간단히 판단할 수는 없다. 따라서 시간경과효과를 실무에 반영하기 위해서는 해당 현장의 시험값을 기준으로 평가하는 것이 가장 신뢰도가 높다. 동재하시험이 도입되기 이전에는 이러한 평가가 곤란했지만, 이제는 동재하시험이 보편화되어 평가가 어렵지 않게 이루어질 수 있다.

시간경과에 따라 지지력이 증가하는 set up 효과는 말뚝을 설계하고 시공하는 데 큰 영향을 미친다. set up 효과를 효과적으로 활용하면 설계내용을 개선시킬 수 있으며, 시공관리에 응용할 경우 불필요한 작업을 줄이고 공사비를 절감할 수 있다. 반면, set up 효과를 적절하게 고려하지 못하면 시공이 어려워지거나 과잉시공이 되어 공사비의 낭비 또는 말뚝재료의 손상, 나아가서 기초의 부실화까지도 초래될 수 있다. 예를 들어 set up 효과를 고려하지 못해 그림 3.11에서 ① 또는 ②의 지지력을 적용한다면 그만큼 비경제적이 되고, 소정의 지지력을 얻기 위해 과잉시공을 해야 할 가능성이 커지게 된다. 이러한 사례를 4.1.1절과 4.1.2절에서 설명하였다.

드물게 나타나는 현상이지만, 시간경과에 따라 말뚝지지력이 감소하는 지반조건을 확인하지 않고 시공을 마무리할 경우 기초구조물의 침하 등의 원인이 될 수 있다. 예를 들어 말뚝지지력이 감소(relaxation)하는 지반조건에서 그림 3.11의 ① 또는 ④를 적용한다면 최종지지력보다 큰 지지력을 적용하였으므로 그만큼 위험성이 커지며, 극단적으로는 상부구조물의 불안정을 초래할 수 있다. 이에 대한 사례가 4.1.3절에 소개되었다.

4) set up 효과의 예측

항타 후 시간경과에 따른 지지력을 예측하는 것은 설계지지력을 결정하거나 합리적인 시공관리기준을 확정할 수 있고, 또한 재하시험의 적절한 시간을 선정할 수 있다는 점에서 유익하다고 할 수 있다. 따라서 이에 대한 많은 연구가 이루어졌으며, 이들 연구는 주로 현장에서 일반적으로 나타나는 set up 효과에 대한 내용이다.

set up 효과의 예측에 대한 대부분의 연구들은 지반을 주요 토성에 따라 점성토와 사질토로 구분한 후 해당 시험자료를 회귀분석함으로써 시간에 따라 지지력의 변화를 예측하는 식을 제시하였다. 점성토에 관한 지지력의 예측방법들은 주로 시간에 로그함수를 도입하여 지지력이 증가하는 것으로 표현하고 있다. 사질토에 대한 지지력의 예측방법은 공통적으로 인정되는 방법은 없는데, 일반적으로 사질토의 경우 지지력과 시간의 변화는 직선관계에 있는 것으로 제시되고 있다. 그러나 알고 보면 이들의 예측식들은 현장에서 측정한 데이터를 회귀분석한 것에 지나지 않는다.

시간경과에 따라 지지력이 증가하는 변화 형태는 그림 3.11처럼 흙의 종류에 관계없이 유사함에도 불구하고, 데이터를 단순히 회귀분석하여 2종류의 토질(점성토 및 사질토)에 따라 다른 형태의 식을 제안하고 있는 것이다. 또한 회귀분석 시 비교적 짧은 기간의 실험결과만을 이용하다 보니 지지력의 증가는 시간, t(또는 $\log t$)에 무한정 비례하도록 표현됨으로써, 그림 3.11처럼 실제적인 의미를 갖는 최종 수렴강도인 장기지지력을 무시했다.

　set up 효과가 나타나는 지반에서 항타 후 지지력은 계속 증가하여 장기지지력에 이르게 된
다. 여기서 지지력의 증가 형태는 전술한 기존 연구들처럼 흙의 종류에 따라 로그함수나 직선으
로 변하는 것은 아니다. 즉, 그림 3.12에서와 같이 지지력의 증가(회복) 형태는 흙의 종류에 관계
없이 유사하고, 단지 지지력의 회복 속도가 지반에 따라 다르게 나타나는 것이다.

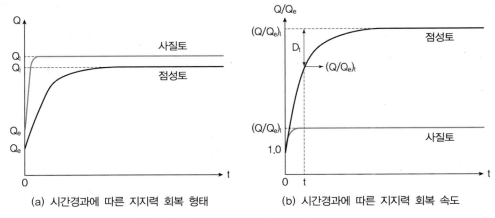

(a) 시간경과에 따른 지지력 회복 형태　　　　(b) 시간경과에 따른 지지력 회복 속도

그림 3.12 시간경과에 따른 지지력 증가(회복)

　이러한 점에 착안하여 조천환(1998)은 그림 3.12(b)에서 지지력 회복 속도 곡선을 미분방정
식으로 풀어 지지력과 경과시간의 예측식을 아래와 같이 제시하였다.

$$y = A \left\{ 1 - \left(\frac{A-1}{A} \right) e^{-\left(\frac{t}{B} \right)} \right\} \tag{3.1}$$

$$t = - B \ln \left(\frac{y-A}{1-A} \right) \tag{3.2}$$

여기서,　$y = Q/Q_e$

　　　　Q, Q_e : 임의 시간 및 항타 시 지지력

　　　　$A = (Q/Q_e)_l = Q_l/Q_e = y_l$: 최대지지력 증가비

　　　　B : 상수(소산계수(K)와 aging계수(G)의 비 $\approx G/K$)

5) set up 효과 예측을 위한 과제

항타 초기에 시간경과에 따른 지지력을 예측할 수 있다면 실무에 도움이 될 것이다. 이러한 점에서 식 (3.1)과 (3.2)는 초기의 시험결과를 토대로 말뚝지지력의 증가를 예측할 수 있는 방안이다. 하지만 이에 따라 제시된 식이라도 특정 현장에서 제한된 항타조건의 시험결과를 분석한 후 지지력과 경과시간을 도출하는 것이므로 엄밀히 말하면 해당 현장에만 적용할 수 있는 것이다. 실무적으로 보면 항타 전에 보편적으로 지지력을 예측하는 것이 가치가 있으므로, 이런 점에서 본 식은 한계가 있을 수밖에 없다. 그러나 향후 신뢰도 있는 많은 자료의 분석이 이루어진다면 식 (3.1)의 상수 A와 B를 지반 종류에 따라 분류도 가능하다고 판단된다. 이럴 경우 항타 전에 set up 효과의 예측이 가능해지므로 이에 대한 연구도 기대된다.

3.1.7 항타공식

1) 항타공식의 특성과 문제점

말뚝의 항타공식(또는 동적공식: driving or dynamic formula)은 여러 가지 결점에도 불구하고 시공말뚝 전부에 대해 간단히 품질관리를 수행할 수 있는 잠재력을 가진 유일한 방법으로 받아들여져 왔다. 따라서 실무에서 항타공식은 시공 시 품질관리 등 여러 목적으로 자주 이용되고 있다.

항타공식은 많은 연구결과들에 의해 신뢰도가 매우 낮은 것으로 밝혀졌으며, 국내에서도 이명환 등(1992)에 의해 이러한 결과가 보고된 바 있다. 그러나 항타공식의 신뢰도 분석에 대한 많은 연구결과들은 항타공식에 의한 항타 시 지지력과 항타 후 상당한 시간이 경과된 정재하시험 결과를 비교하였는데 엄밀한 의미에서 합리적인 신뢰도 평가가 될 수 없었다. 왜냐하면 그림 3.11과 같이 항타공식에 의한 지지력(①)과 정재하시험값(③)은 물리적으로 서로 다른 개념이기 때문이다. 즉, 전자는 지지력이 아닌 항타 시 말뚝의 동적 저항값이라 할 수 있고, 후자는 말뚝이 갖고 있는 해당 시점의 정적 지지력이다. 결국 두 값을 비교한 평가들은 엄밀한 의미에서 신뢰도 평가라기보다는 두 절대치의 비교일 뿐이다.

수많은 항타공식이 제안되어 이용되고 있는 것을 보더라도 실무에서 그 활용도나 의존도가 대단함을 알 수 있다. 대표적인 항타공식으로 엔지니어링뉴스공식, Hiley공식, Danish공식, Gate공식, Janbu공식 등을 들 수 있다. 이들 항타공식은 에너지 보존법칙 및 충격이론에 근거하여 작성된 것으로 실무 적용 시 여러 가지 문제점이 있는데, 이 중 주요 문제들을 열거하면 다음과 같다.

- 항타공식은 말뚝을 한 개의 집중 질량으로 간주함으로써 말뚝이 지반에 관입되는 데 영향을 주는 말뚝의 길이나 강성도, 시간의존적인 응력 및 변형의 거동 등을 무시하였다. 따라서 실제적인 항타 조건과 거리가 있다.
- 항타공식으로 산출되는 흙의 저항력은 정적 지지력과 같은 것으로 가정된다. 그러나 항타 중 발생하는 말뚝의 지지력은 정적 저항력 외에 높은 전단변형률(high shear rate)에 의해서 발생하는 동적 저항력을 포함하고 있다.
- 항타공식으로 산출되는 지지력은 항타시점의 저항력이다. 따라서 산출된 지지력은 시간경과에 의해서 변할 수 있는 값이다. 결국 항타공식에 의한 값은 시간경과효과가 반영되지 않은 항타 시 저항력으로 말뚝의 지지력이 아니다.
- 항타공식은 복잡한 항타 시스템을 단순하게 가정함으로써 항타 시스템 내의 각종 요소들에 의한 에너지 손실 및 에너지의 분포, 장비의 성능 등을 고려하지 못하고 있다.

2) 개선된 항타공식과 적용방안

조천환 등(2001)은 상기에서 언급한 4가지의 문제점들을 해소하기 위해 동재하시험기의 측정 결과를 활용할 수 있는 식(3.3)과 같은 수정항타공식을 제시하였다.

$$Q_u = \frac{EMX}{S + (C/2)} \cdot S_a \cdot S_f \tag{3.3}$$

여기서, EMX : 말뚝에 전달된 에너지(PDA측정값)

S_f : set up factor(재항타 시 지지력/항타 시 지지력)

S_a : 현장보정계수(항타 시 측정 지지력 값/항타공식 계산값)

S, C : 타격당 관입량(set), 리바운드(rebound)

식(3.3)은 항타공식의 신뢰도를 높이기 위해서는 실측값을 기준할 수밖에 없다고 보고, 항타공식에 의한 계산값 대비 동재하시험에 의한 측정값으로 산출된 현장보정계수(S_a), 항타 시 지지력과 재항타 시 지지력으로부터 구한 set up factor(S_f), 그리고 항타분석기로 실측한 에너지 값(EMX)을 도입한 것이다. 결국 제안된 식은 실측자료를 근간으로 보정되므로 현장별로 이용할 경우 신뢰성이 있을 것으로 평가된다. 따라서 이 식을 적용하기 위해서는 지반조건이 유사한 지역으로 구분된 구역에서 최소 2개소 이상의 동재하시험(항타 시 및 재항타 시)이 필요하다.

구조물기초설계기준 해설(2018)에서도 항타공식은 원칙적으로 사용하지 않도록 제한하였다. 다만, 동일 현장에서 실시한 여러 개 말뚝에 대한 항타 시 동재하시험 결과와 항타공식 계산 결과를 비교하여 일정한 관계식을 만들 수 있는 경우에 시공관리의 목적으로 사용할 수 있도록 규정하고 있다. 이러한 내용은 앞서 설명한 항타공식의 한계점과 수정항타공식의 활용과 같은 개념으로 보면 된다.

3.1.8 말뚝의 두부 정리 및 보강

1) PHC파일의 두부 정리 문제와 주의 사항

강관말뚝의 두부 정리는 실무적으로 문제가 없다. 하지만 PHC파일의 두부 정리는 아직도 재래식으로 이루어져 문제가 되는 경우가 있다. 그림 3.13처럼 PHC파일의 재래식 두부 정리 방법은 소정의 위치에서 커터기로 강선외부까지 커팅한 후 커팅면으로부터 20cm 상부까지 유압파쇄기로 말뚝을 깨뜨리고 해머로 커팅면까지 정리하도록 되어 있다. 이러한 일련의 작업은 작업환경이 매우 열악하여 품질 문제는 물론 안전이나 보건 문제를 야기한다.

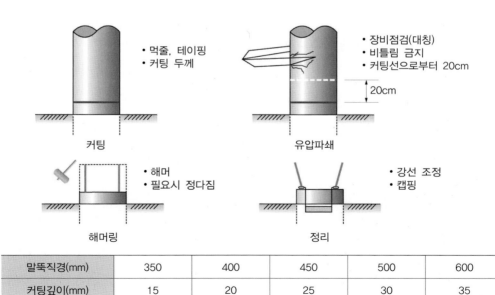

말뚝직경(mm)	350	400	450	500	600
커팅깊이(mm)	15	20	25	30	35

그림 3.13 PHC파일의 재래식 두부 정리 방법

그림 3.14는 재래식 두부 정리 방법에서 작업 표준을 지키지 않아 말뚝 두부에 균열, 파쇄, 강선파손 등의 품질 문제가 발생한 모습을 보여주고 있다. 이러한 재래식 두부 정리 방법은 아직도 적용되어 문제를 일으키기도 하는데 이제는 사라져야 할 방식이다.

(a) 커팅 부족 후 파쇄로 인한 수직균열 연장   (b) 두부 정리 후 굴착기 운용으로 두부 및 강선 손상

그림 3.14 재래식 두부 정리 방법의 품질 문제

상술한 문제를 해소하기 위한 두부 정리 방법은 두부 단면 전체를 커터기로 절단(원커팅이라 부름)하고 내부에 철근 보강을 실시하여 마무리하는 것이다. PHC파일의 두부 보강은 그림 3.15와 같이 두부를 절단하고 보강재를 삽입하는 각종의 특허 제품이 이용되고 있다. 따라서 현장에서는 구조 설계에 따라 적절히 선택하여 사용할 수 있다. 이러한 방법은 어느 정도 비용의 추가를 감수하더라도 품질과 안전 측면에서 효과를 얻을 수 있다. 그러나 PHC파일의 원커팅 방법도 재래식 두부 정리 방법의 문제를 만족스럽게 해소하지는 못했다. 말뚝 두부 잔여부 사이에서 인력으로 커팅 작업을 하다 보니 안전 및 보건 문제가 여전히 일어나고 있다. 한편 강관말뚝은 근래 각종의 두부 보강 방법이 개발되어 잘 이용되고 있으며 주된 이슈도 없다.

(a) 말뚝 두부 보강 특허 제품 사례 1   (b) 말뚝 두부 보강 특허 제품 사례 2

그림 3.15 PHC파일의 두부 보강 사례

그런데 PHC파일은 두부 정리 작업으로 인해 두부에서 프리스트레싱(prestressing) 효과가 사라지는 문제(강선직경의 50배 정도 범위에서 직선적인 감소로 가정)도 발생한다. 말뚝의 두부에 전단력이나 모멘트 하중이 작용하지 않으면 문제가 없지만, 이러한 하중이 큰 경우 보강 조치가 필요하다. 특히 토목 및 플랜트 구조물에서 내진설계가 반영된 경우 절단 후 PHC파일 두부의 응력해제상태(절단 부위는 무근 콘크리트 상태임)를 고려하는 것이 중요하므로 이의 검토가 필수적이다.

2) PHC파일의 두부 절단용 자동기계

전술한 것처럼 PHC파일의 재래식 두부 정리 방법은 안전, 보건, 품질 문제를 초래하므로 근본적인 변화가 필요하다. 이에 대한 대안으로 말뚝의 두부를 절단하는 자동기계를 활용하면 언급한 문제들을 해결하는 데 도움이 된다. 그림 3.16(a)는 17년 전에 획기적으로 개발된 말뚝의 두부 절단용 자동기계로, 아쉽게도 그동안 관심 밖에 있어 활용되지 않았다. 최근에 안전 및 보건, 환경이 중요 이슈로 부각되면서 김영석(2023, 2024)은 이를 개선한 그림 3.16(b)와 같은 PHC파일 스마트 커터(두부 정리 자동화 로봇)를 개발하였다. 이 장비를 사용할 경우 재래식 말뚝 절단 작업에서의 열악한 조건이 사라져 건설기술인의 안전 및 보건은 물론 시공품질과 생산성도 향상시킬 수 있어 향후 사용이 기대된다.

(a) PHC파일 두부 절단 장치(조천환, 2006)   (b) 스마트 커터(김영석, 2023)

그림 3.16 PHC파일 두부 절단용 자동기계

3.1.9 말뚝의 이음

말뚝의 이음은 전통적으로 용접에 의해 이루어져 왔다. 용접과 관련된 문제는 주로 품질과 안전 측면에서 다루어져 왔으며, 말뚝시공 현장의 용접작업은 일반적으로 감독 대상으로 비교적 잘 이행되고 있다고 본다. 하지만 대부분 관리사항은 간단한 시방 규정을 확인하는 방식으로 이루어지고 있는데, 이제는 대규모 현장(특히 강관말뚝)부터라도 WPS(welding process specification)를 활용한 체계적인 용접작업이 필요하다.

1) 항타 전 용접이음부의 냉각시간

말뚝에 용접이음을 하고 나서 바로 항타하면 용접부가 충격을 받게 되고 이음부가 손상될 우려가 있다. 이러한 우려를 불식하기 위해 그림 3.17과 같은 유용한 실험 데이터가 제시되었다. 실험 결과에 따르면 용접이음부는 용접 후 서서히 냉각시키고 나서 항타해야만 급냉 및 충격에 의한 균열방지를 막을 수 있다. 이와 관련하여 용착금속의 균열을 피하기 위해서는 적어도 200°C 정도까지 자연 방열시켜야 한다. 그림의 실험결과에 따르면 용접 완료 후 1분 정도 지나면 용접범위의 온도는 200~250°C가 된다. 따라서 용접 완료 후 1.5분 이상 경과 후 항타하는 것이 바람직하다.

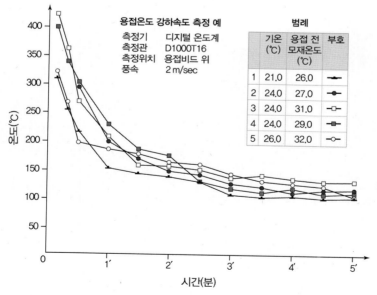

그림 3.17 용접온도 하강 속도 측정 예(일본도로협회, 2007)

2) 강관말뚝 용접이음의 개선사항

강관말뚝의 표준화된 이음조건(KS F 4602)은 그림 3.18(a)를 참고할 수 있다. 그림과 같이 현장 용접은 스토퍼(stopper)와 백링(back ring)을 설치하고 간격을 유지하기 위한 비드를 만들어야 한다. 이러한 작업은 상당히 시간이 걸리고 번잡해진다. 따라서 강관의 이음을 간단하게 하고 이음부의 신뢰도를 높이기 위해 그림 3.18(b)와 같은 루트백링(root back ring)을 사용할 수 있다. 루트백링은 효과적이고 용접이음의 품질을 확보하는 데 도움이 된다. 루트백링이 개발된 지 오래되었는데도 아직 현장에서 활용도는 크지 않으므로 보다 적극적인 활용이 기대된다.

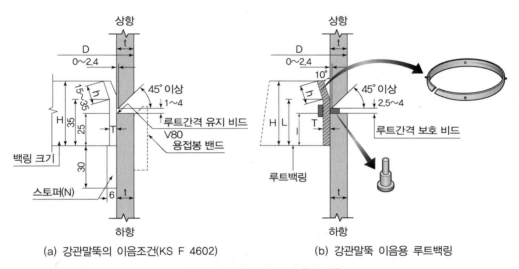

(a) 강관말뚝의 이음조건(KS F 4602)　　(b) 강관말뚝 이음용 루트백링

그림 3.18 강관말뚝의 용접이음

강관말뚝을 보다 효율적으로 활용하는 측면에서 강관말뚝 본체를 두께가 다른 강관으로 조합한 말뚝(강관 복합말뚝이라 칭함)을 사용할 수가 있다. 즉, 힘(휨 또는 모멘트)을 크게 받는 곳은 두께를 늘리고, 작게 받는 곳은 두께를 줄이는 것이다. 이 경우 강관에서 변단면이 조성되고 이것의 이음이 제대로 되어야 응력의 전달이 원활하게 이루어질 것이다. 따라서 KS F 4602는 변단면의 이음방법에 대한 기준을 제시하고 있는데, 이 기준은 품질과 재료 절감 면에서 개선의 여지가 있다. 이와 관련해서는 3.4.4절에서 설명하였다.

3) PHC파일의 무용접 조립식 이음장치

최근에 콘크리트말뚝의 이음에서 혁신적인 개발이 진행되고 있다. 알려진 바와 같이 말뚝용접의 단점으로 용접 시 누전사고, 화재사고 등 안전문제 그리고 숙련도, 날씨에 따라 발생하는 품질편차 등이 지적되고 있다. 특히 타입말뚝 시공에서 용접작업은 CP(critical path)이므로 공기와 생산성에 영향을 주게 된다. 이러한 문제를 해소하기 위해 최근에 무용접 조립식 이음장치가 개발되어 이용되고 있다. 그림 3.19에는 국내에서 이용되는 PHC파일의 무용접 조립식 이음장치 중의 하나인 TK-Joint공법((주)택한, 2018, 2024)의 시공 절차를 나타내었다. 그림과 같이 TK-Joint공법의 시공 절차는 ① 연결판을 볼트로 연결하고, ② 상하부 말뚝을 결합한다. 그리고 ③ 핀을 심고 이를 해머로 타격하여 삽입한 후, ④ 연결체를 항타하여 설치하는 순서로 진행되며 CP로 보면 이음은 5분 정도면 완료된다.

TK-Joint 외에도 IB-Joint((주)파일웍스, 2021) 등도 개발되어 사용되고 있는데, 이러한 무용접 조립식 이음장치는 용접이음 방식에 비해 가격이 비싸다는 단점이 있지만, 안전 문제, 품질 문제, 생산성 문제를 개선할 수 있는 장점이 있다. 특히 타입말뚝에서 무용접 조립식 이음장치는 용접을 하기에 애매한(약한) 비, 낮은 온도 및 바람, 낮은 생산성 등이 발생하는 조건에서 효과적이므로, 향후 활용이 기대된다.

| ① 연결판 체결 | ② 상하부 말뚝 결합 | ③ 핀타격 삽입 | ④ 연결체 말뚝 설치 |

그림 3.19 TK-Joint의 시공 절차((주)택한, 2018)

3.1.10 그 외 주요한 문제

1) 항타 진동이 콘크리트 양생에 미치는 영향

항타 중 인근에서 콘크리트 타설 작업을 하는 경우가 있다. 특히 기초 콘크리트를 타설하고 양생 중인 상태에서 구조물에 인접하여 항타할 시 항타에 의한 진동이 콘크리트 양생에 영향을 미칠 수 있다. 이러한 경우 표 3.3의 양생 중인 콘크리트의 진동허용 기준치를 참조할 수 있다. 표는 콘크리트 타설 시 진동 영향에 대한 각종 기준들의 내용의 차이가 커서 해당 값에 대해서 비교적 보수적인 값을 선택하여 정리한 것이다. 전반적으로 진동이 콘크리트 양생에 미치는 영향은 타설 후 3시간까지는 다짐효과를 주어 양생에 도움을 줄 수 있으나, 이후에는 콘크리트의 세팅 (setting)이 시작되므로 양생 및 구조물에 도움이 되지 않는다. 이러한 영향이 표의 기준치에 반영되어 있다. 그러나 현장에서 시간에 따른 영향 정도를 구분하여 항타를 실시하는 것은 현실적이지 않을 수 있으므로 회피를 전제로 기준치로 제한하여 관리하는 것이 바람직하다.

표 3.3 양생 중인 콘크리트의 진동허용 기준치

타설 후 경과 시간	허용 진동 속도(cm/sec)
0~3시간	10.16
3~10시간	0.254
10~24시간	1.27
1일 이후	5.08

2) 타입말뚝의 수직도 관리

항타 중 수직도 관리가 말뚝의 시공품질에 영향을 줄 수 있다. 특히 긴 말뚝의 경우 수직도가 불량하면 이음이 어렵게 되거나 이음부에 문제가 생길 수 있으며, 콘크리트말뚝에서는 말뚝이 파손될 수도 있다. 수직도와 관련해서는 초기의 항타가 전체 항타의 수직도를 좌우한다. 따라서 항타 초기에 경타를 실시하여 말뚝 중심 위치와 연직도를 반드시 확인한 후 본항타로 들어가는 것이 좋다. 상부지반이 연약한 경우 처음부터 해머를 말뚝 위에 거치하면 말뚝이 자중 침하하여 중심위치나 수직도를 수정하기가 어렵게 될 수 있다. 이러한 경우에는 초기에 말뚝을 해머 캡에 당겨 넣은 다음 중심위치와 말뚝의 연직도를 확인하고 나서 말뚝을 지반에 놓고 경타부터 시작하여 본 타격에 들어가는 것이 좋다.

3) 항타가 인접 말뚝 및 구조물에 미치는 영향

기초를 구성하는 말뚝은 대부분 군말뚝을 형성하기 때문에 항타 시 순서를 사전에 결정해야 한다. 이는 항타로 인한 지반 다짐 효과에 의해 항타 저항이 증대하여 관입불능이 되거나, 이미 타입된 말뚝이 이동, 휨 등으로 유해한 변형이 발생할 수 있기 때문이다. 이를 피하기 위해서는 군말뚝 한쪽의 모서리에서 다른 쪽의 모서리로 항타하든지 군말뚝의 중앙부에서부터 바깥 방향으로 항타하는 것이 바람직하다. 또한 구조물에 근접하여 항타하는 경우 구조물로부터 멀어지는 방향으로 항타하는 것이 바람직하다.

전술한 순서 조정에도 불구하고 말뚝에 변형이 생기거나 지지력의 변화가 발생하여 심각한 상황이 되기도 한다. 결국 항타가 인접 말뚝이나 구조물에 영향을 주는 가능성을 사전에 인지하는 것이 필요하다. 따라서 군말뚝 시공에 의한 영향이 우려되는 현장은 반드시 시항타 과정에 군말뚝 조건의 시항타를 포함시키고 이의 영향을 확인해야 한다. 이때 가장 기본적인 확인방법은 군말뚝 시공 중 연속적인 측량이며, 말뚝의 동재하시험도 병행한다.

4) 시항타와 시험시공

시항타(initial driving pile)와 시험시공(test pile)의 차이점은 2.2.1절에서 설명하였다.

타입말뚝에는 시공에 절대적인 영향을 미치는 시간경과효과라는 요인이 있어 반드시 시항타를 통해서 시공관리기준을 정하고 본시공을 실시하여야 한다. 시항타에서는 시항타 동재하시험을 실시하여 선단지지력과 관입성을 확인하고, 일정한 시간경과 후 재항타 동재하시험을 실시하여 시간경과에 따른 최종 지지력의 확인과 시공관리기준을 확정하는 것이 필수적이다. 이러한 시항타 절차는 국내에서도 잘 지켜지고 있다.

반면, 시험시공은 기초공의 경제성 및 안정성에 입각하여 공법, 장비, 재료, 지지력, 시공기준 등을 설계단계에서 확정하기 위한 것이다. 당연히 시험시공에서도 타입말뚝의 시간경과효과는 확인되어야 한다. 그림 2.11에서와 같이 해외에서는 시험시공이 설계의 과정에 포함되어 하나의 프로세스로 인식되고 있지만, 국내에서는 비용 추가라는 이유로 거의 시행되지 않고 있다.

국내에서 시험시공을 하지 않는 이유는 초기투입비의 부담에 기인한다. 시험시공은 최적설계를 목표로 하고 있기 때문에 단순히 시공관리기준의 설정을 목표로 하는 시항타와는 차원이 다르다. 시험시공의 효과는 초기 투입비에 비할 바가 아니다. 이와 같이 국내에서 시험시공이 실시되지 않는 현상은 보수적인 말뚝기초공에서 벗어나기 어려운 이유 중 하나라고 생각된다. 따라서 시험시공 절차의 도입을 통해서 신뢰성 있고 최적화된 설계법이 정착되길 기대한다.

3.2 매입말뚝

3.2.1 매입말뚝의 시공 문제 개요

강화되고 있는 사회의 환경의식으로 인하여 말뚝기초의 시공방법도 매입공법 등의 저공해공법으로 전환되었고, 이러한 경향은 더욱 심화될 전망이다. 그러나 국내에서 이용되는 매입말뚝 공법은 소수의 공법에 의존도가 커서 다양해지고 열악해지는 시공여건을 만족시키기에는 미흡하다고 할 수 있다. 또한 국내 말뚝 기초공 시장 여건은 심한 경쟁과 최저가 입찰 지향으로 인해 공법의 개선과 새로운 공법의 도입을 어렵게 하고 있고, 더군다나 매입말뚝의 체계적인 시공관리 및 양질의 품질확보도 쉽지 않은 현실이다. 심지어 매입말뚝 도입기라 할 수 있는 1990년대 중반에 비해 현재의 공법이나 기술 등이 크게 나아졌다고 할 수 없는 실정이다.

국내에서 실시한 202개 말뚝의 정재하시험 결과의 분석(이명환 등, 1994)에 의하면 말뚝기초의 설계는 지나칠 정도로 보수적으로 이루어지고 있지만, 설계지지력을 미달하는 경우도 21.3%에 달하는 것으로 나타났다. 이 보고서 이후에도 유사한 연구결과가 보고되었다. 조천환 등(1996), 이원제(2000)도 국내의 말뚝재하시험의 분석 결과 유사한 의견과 함께 설계지지력을 미달하는 경우가 각각 20.0%, 14.5%에 달하는 것으로 보고하였다. 이는 전체적으로 보아 국내 말뚝의 설계는 보수적이지만, 품질은 과잉 또는 과소라는 양극 현상을 보여주는 것이다.

그동안 설계기술의 발전 및 시공품질에 대한 노력이 성과로 나타나 다행히 근래에는 최적설계에 점점 가까워지고 있다. 또한 최근에는 재료기술의 발전으로 초고강도 말뚝(예: 초고강도 PHC, STP550 등)이 개발되어 이용되고 있는 등 긍정적인 변화가 일어나고 있다. 그러나 과열경쟁, 최저가 입찰 등이 심해지면서 기술발전은 없고 시공품질도 향상되지 못해 말뚝의 재료 활용률이 정체되는 등 여건은 1990년대 후반과 비슷한 상황이다.

표 3.4의 연구 결과(조천환 등, 1996)는 국내에서 실시한 300여 개 재하시험결과를 분석한 것이며, 또한 지지력이 미달하는 매입말뚝의 원인을 분석하기 위하여 시험기술자를 대상으로 설문조사를 실시한 것이다. 이 결과는 1990년대 중후반 것이지만, 전술한 바와 같이 기초공의 현상황이 당시와 유사한 부분이 있어 조사 내용을 참고할 가치가 있다.

표 3.4에서와 같이 전체 조사 말뚝 중 지지력 미달말뚝은 300건 중 총 60건(20%)이며, 미달 말뚝 건수 중 매입말뚝은 22건으로 나타났다. 지지력이 미달된 매입말뚝의 원인별 구성비를 보면 최종 경타 미흡(45.4%), 주면부 처리 미흡(36.4%)의 두 가지 원인이 뚜렷하게 나타나고 있다. 표의 결과는 조사 당시 주로 사용하는 매입말뚝의 종류에 영향을 받은 것이지만, 두 가지 항목이 매입말뚝공법의 주요한 지지력 미달의 원인임은 부인할 수가 없을 것이다.

표 3.4 매입말뚝의 지지력 미달 원인 분석

미달 원인	건수(구성비, %)
시공기계 선정	–
지중 장애물	–
주면부 처리 미흡	8(36.4)
지지층 조사	1(4.6)
건입 불량	2(9.1)
선단 고정액 불량	1(4.6)
최종 경타 미흡	10(45.4)
소계	22(100)
전체 미달 건수	60(20)

조사 당시만 해도 1990년대 중반 매입말뚝 초창기의 일이라 미래에는 시공품질이 많이 개선될 거로 예상했었다. 하지만 27년 정도 지난 현재 기술은 크게 진보되지 않고 공법 수만 줄어들었으며, 현장 품질 문제의 원인도 변하지 않은 것 같다. 더욱이 최근에는 안전이 강조되고 설계 지지력도 초창기에 비해 상당히 커지다 보니 공사안전과 시공품질의 미흡한 사항이 노출되고 있다. 또한 최근에 초고강도 말뚝이 많이 사용되어 최적설계와의 격차도 다시 커지는 상황이 나타나고 있다. 결과적이고 의도적이지는 않았지만, 긍정적이라고 볼 수 없는 기초공 기술의 복귀(negative retro)가 연상되기도 한다.

시공 중에 매입말뚝의 문제점이 발생할 경우 시공법의 개선으로 간단히 문제를 해결할 수도 있는데, 문제의 발견이 늦어져 대규모 보수 및 보강공법이 수행되어야만 하는 경우도 있다(4.2.1절 참조). 매입말뚝 시공에서 지지력이 미달된 말뚝이 발견될 때는 최소한 양생기간 이상의 시간이 경과하였으므로 보수 및 보강공법에 대한 선택의 폭이 작아지며, 특히 시공 후 경과시간이 길어질수록 보수·보강작업은 더욱 어려워진다. 따라서 문제가 발생하기 전에 이를 예방하는 일이 더욱 중요하다. 이러한 관점에서 본 절에서는 매입말뚝 시공 중에 자주 나타나는 주요 문제점에 대해 기본적인 원인을 설명하고 이에 대한 대책을 제시하였다. 전술한 바와 같이 매입말뚝공법의 전형적인 주요 문제점은 경타와 시멘트풀 주입의 미흡이지만, 근래에는 보조말뚝, 천공기 및 해머의 선정, 부력, 말뚝낙하 등도 자주 문제가 되고 있다.

3.2.2 경타

1) 매입말뚝의 경타 개요

매입말뚝공법의 도입 초기에는 공법의 원리로부터 경타 여부가 정해졌지만, 이제는 공법의 원리와 관계없이 품질의 확보 및 확인 차원에서 경타를 실시하되 민원이 우려되는 곳에서는 경타를 실시하지 않는 방안을 검토하고 있다. 결국 현재 매입말뚝공법에서는 실무적으로 대부분 경타를 실시하고 있다.

매입말뚝공법에서 경타를 하지 않는 경우는 일정 부배합비의 시멘트풀을 주입하여 마찰말뚝으로 설계를 하거나, 시멘트풀을 선단고정액과 주면고정액으로 나누어 2단계로 주입하게 된다. 2단계 주입방식은 무소음, 무진동 공법이라는 장점이 있지만, 시공효율이 떨어지고 품질관리가 쉽지 않아 진동·소음에 예민한 지역과 같은 특수한 조건에서 사용하게 되는데, 근래에는 이마저 거의 사용하지 않고 있다. 이러한 근저에는 국내의 경우 지지층이 비교적 확실해 선단지지력의 활용이 용이하기 때문이고, 또한 민원이라는 것이 법 규정보다는 합의라는 수단으로 해결되는 경향이 반영되고 있는 것 같다.

경타의 우선적인 목적은 천공한 구멍에 말뚝을 삽입한 후 말뚝 선단이 천공 바닥의 부근 또는 아래에 설치되게 함으로써 선단지지력을 확보하려는 것이다. 경타의 또 다른 목적은 경타를 이용하여 시공 중 말뚝의 품질을 확인하기 위한 것이다. 국내의 지지층 조건은 변화가 크고 지하수의 영향을 받는 것이 일반적이기 때문에 일정한 천공깊이를 기준으로 시공하는 방식으로는 소정의 지지력을 얻는 것이 곤란하므로, 시공 중 말뚝의 품질관리 및 확보 차원에서 경타를 필수 공정으로 인식하고 있는 것 같다.

근래에 가장 많이 사용되는 SDA공법은 당초 경타를 하지 않는 공법으로 고안되었다. 그러나 시공 중 천공효율을 높이기 위해 내부오거(또는 천공기)가 말뚝 선단 하부지반을 선행 천공하여 교란시키는 일이 발생하고, 말뚝하부에 슬라임이 쌓이는 문제가 생기자 이를 해결하고 확인하기 위해 경타가 도입되었다. PRD공법 역시 원리상 경타를 하지 않는 공법으로 개발되었지만, 강관(케이싱) 하부에 슬라임이 남는 문제 등을 해결하기 위해 경타가 도입되었다. 또한 PRD공법은 선단지지력에 상당히 의존하기 때문에 품질의 확보 및 확인의 일환으로 경타가 이용되었다.

부적합한 경타 작업으로 인해 지지력의 부족, 말뚝의 파손 등이 발생하는 경우가 종종 있다. 이러한 문제를 막기 위한 바람직한 방법은 시항타 과정에서 항타 시 동재하시험을 실시하고 시멘트풀이 양생된 후 재항타 동재하시험을 수행하여 건전도와 지지력을 만족하는 경타관리기준을 정한 다음, 이를 바탕으로 본항타를 실시하는 것이다. 당연히 항타 시 동재하시험에서 해머의 용량과 효율이 평가되어야 하며, 이러한 조건은 본시공 작업 중 지켜져야 한다.

본시공 중 해머의 효율을 유지하기 위해서는 쿠션 조건의 변화, 해머 변경 등을 허용해서는 안된다. 만약 변경이 필요한 경우 추가의 동재하시험을 통해 새로운 경타관리기준을 설정해야 한다. 관련 사례가 4.2.7절에 소개되었다.

2) 부적절한 경타와 대책

그림 3.20에서와 같이 불량한 기준대의 사용, 흙더미 위에서의 경타 등 현장에서 경타 관리가 제대로 이루어지지 않을 경우가 있다. 최악의 경우 경타 시 낙하 높이나 관입량을 조작하는 사례도 있다. 따라서 바람직한 경타 작업을 위해서는 램의 낙하 높이를 확인할 수 있도록 항타기의 보조리더에 마킹, 배토된 흙의 제거, 올바른 기준대의 적용 등을 준수해야 한다. 또한 이러한 작업은 관리하에 이루어지는 것이 필요하다.

이제는 부적절한 경타, 그리고 이와 관련된 자료조작과 같은 컴플라이언스(compliance) 위

(a) 삽으로 관입량 측정   (b) 배토된 흙 위에서 관입량 측정

그림 3.20 부적절한 경타 관리의 예

반 사례는 사라져야 하는 게 아닌가 싶다. 최근에는 말뚝의 경타와 관련된 안전문제가 심각히 지적되고 있고, 측정된 자료의 데이터 관리에 대해서 관심이 모아지고 있다. 이러한 점에서 3.1.4 절에서 설명한 SPPA 등 자동 항타관입량 측정기(그림 3.8 참조)를 이용하면 경타 시 안전하고 신뢰도 있는 경타 작업을 수행할 수 있다. (주)성웅 P&C가 개발한 파일항타 무인 자동화 측정 시스템은 다른 측정기들과 달리 엔코더(encoder)를 이용하여 말뚝의 관입량은 물론 램의 낙하높이를 측정할 수 있고 무인으로 운용할 수 있다는 점에서 유용하다. 그러나 측정된 관입량 값에 캡과 말뚝 쿠션의 침하량이 포함되어 있어 향후 개선이 필요하다. 이의 개선은 탄성 쿠션재 등의 도입을 통해서 이루어질 수 있을 것으로 보며 이것이 완성되면 활용성이 클 것으로 기대된다.

이제 원격으로 경타 현황을 확인하고 데이터를 공유하는 것도 가능해졌다. 일부 회사에서 작업지침에 자동 항타관입량 측정기를 사용하도록 규정하는 등 긍정적인 움직임도 있는데, 보다 적극적인 자동 항타관입량 측정기의 도입이 이루어져 확산되길 기대한다.

3) 매입말뚝에서 경타에 대한 오해

타입말뚝의 파손은 항타 중에 두부 또는 본체에서 발생하고 시각적으로 드러나다 보니 문제를 인식하게 되고 주의를 기울이는 경향이 있다. 반대로 매입말뚝의 파손은 지중에 있는 말뚝 본체 또는 선단부에서 주로 발생하여 현장에서 눈에 띄지 않게 된다. 또한 매입말뚝에서 경타는 말 그대로 '경타(가벼운 타격)'여서 말뚝의 건전도에 문제가 없다는 것으로 잘못 인식되기도 하는데, 이는 항타의 원리를 충분히 이해하지 못하는 것에 기인한다.

일반적으로 매입말뚝에서는 지반교란으로 인해 줄어든 주면마찰력을 보완하기 위해 단단한 지반(풍화암 정도)이 선단 지지층으로 선택된다. 경타에 의해 말뚝 두부에 전달된 힘은 주면의 마찰저항이 없기 때문에 대부분 선단부까지 그대로 전달된다. 이렇게 전달된 힘은 작더라도 단단한 지반조건을 만나면 상승하여 큰 힘(이론적으로 최대 2배)으로 반사되는데, 이 경우 말뚝의 선단부에 문제가 발생할 수 있다(그림 3.21(b) 참조).

상기의 원리를 쉽게 설명하기 위해 손수건을 놓고 책상을 주먹으로 내려칠 때와 손수건이 없을 때를 비교하기도 한다. 특히 매입말뚝의 선단이 연암과 같이 단단한 조건인 경우 경타 시 선단부 파손에 주의할 필요가 있다. 예로 암반에 지지되는 PRD공법에서 경타 과정이 강조된 나머지 강관 선단부에 국부 좌굴이 생기기도 한다. 이와 같이 매입말뚝의 경우도 건전도에 심각한 문제가 초래될 수 있는 만큼 타입말뚝과 동등하게 주의를 기울여야 한다.

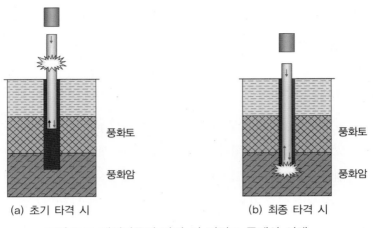

풍화토

풍화암

풍화토

풍화암

(a) 초기 타격 시
(b) 최종 타격 시

그림 3.21 매입말뚝의 타격 시 건전도 문제의 이해

4) 암에 설치된 말뚝을 경타할 때 발생하는 문제와 대책

지반조건상 단단한 암 위에 놓인 말뚝을 경타할 경우가 있는데, 이때 말뚝의 건전도에 문제가 발생할 수 있다. 예로 느슨한 퇴적층 하부에 단단한 암이 출현하는 지반조건인 경우, 마찰력이 작아서 대부분의 지지력은 단단한 암에서 발현되는 선단지지력을 이용하게 된다. 따라서 시항타 시 동재하시험자(PDA엔지니어)는 확실한 지지력을 보장하기 위해 낙하에너지를 키우는 방법으로 램의 낙하 높이를 일반 지반조건과 같은 높이로 책정하여 시험하게 된다. 당연히 지지력은 크게 나오지만, 선단응력(CSB)은 허용치를 초과할 가능성이 크다. 그러나 시험자는 그림 3.21(b)의 원리를 이해하지 못한 나머지 선단응력의 초과상태를 간과하거나, 시험용 소수 타격이라는 이유로 초과응력을 무시한 상태에서 시험한 낙하 높이를 시공관리기준으로 제시하게 된다. 결국 본시공에서는 시항타의 타격조건(시험을 위해 소수 타격)과 달리 기준값이 나올 때까지 집중 경타하므로 건전도 문제가 발생할 수 있으며, 더 심각한 것은 그림 3.22처럼 선단부의 파손은 보이지 않기 때문에 시공 완료 후 품질확인시험 등을 통해서 뒤늦게 문제가 드러날 수 있다는 것이다. 이에 대한 사례가 4.2.3절에 소개되었다.

이러한 문제를 막기 위해서 시항타 시 낙하 높이를 두 단계로 나누어 실시하고 본항타관리기준을 설정함으로써 문제를 해결할 수 있다. 즉, 첫 단계로 지지력을 확인하기 위한 낙하 높이는 필요한 만큼 높여서 시험하는데, 여기서 응력이 허용치를 일부 초과해도 시험용 소수 타격이므로 본항타의 건전도와는 관련이 없다. 다음 단계로 경타관리기준을 위한 낙하 높이는 응력이 허용하는 만큼 낮추어 결정하는 것이다. 지지층이 암반 조건이고 시공이 제대로 되었다면(슬라임

(a) 선단 균열 사례 1　　　　　　　　(b) 선단 균열 사례 2

그림 3.22 선단이 암반 위에 지지된 매입말뚝의 경타 실패 사례

제거 등) 두 단계의 침하량은 비슷하게 0에 가까운 작은 값일 것이므로, 관리기준용 낙하 높이는 두 번째 단계의 높이로 정하면 된다. 후자의 지지력은 전자의 것보다 작게 나오고(심지어 목표치보다 작을 수도 있지만), 낙하에너지가 작아 생기는 것이니 문제는 없다. 물론 낙하 높이를 두 단계로 나누어 검토할 필요가 없는 경우는 일반적인 경우와 같이 한 가지로 시행하면 되는데, 이때는 시험 시 낙하 높이를 높여가면서 말뚝의 지지력과 건전도를 확인하고 최종 낙하 높이와 관입량을 결정하면 된다.

5) PHC파일의 압축 및 인장 파손 문제와 조치

PHC파일을 사용하는 매입말뚝공법에서 건전도 문제가 생길 가능성은 여러 가지가 있지만, 타입말뚝에서와 같이 압축파손과 인장파손으로 구분할 수 있다. 압축파손은 앞서 설명한 것처럼 경타 시 선단부의 반사파로 인해 발생할 가능성이 크다. 빈도 수가 많지 않지만 과항타로 의한 경우도 있는데, 압축파손은 주로 말뚝의 선단부에서 인장파손은 주로 말뚝의 본체에서 나타나게 된다. 이를 방지하기 위해서는 시항타 시 적절한 경타관리기준 설정과 이의 관리가 중요하다. 특히 인장파손은 그림 3.21(a)에서와 같이 타입말뚝이 연약지반을 통과할 때 나타나는 현상처럼 말뚝이 지지층에 안착하기 이전에 과항타되어 허용인장응력을 초과하거나 또는 부력을 받는 말뚝을 과도하게 타격함으로써 나타날 수 있다. 어느 경우이든 지지층 안착 이전에 필요 이상의 과항타는 금지되어야 한다. 이에 대한 사례가 4.2.4절에 소개되었다.

결론적으로 매입말뚝의 경타 방법은 초기에 낮은 높이로 타격하고, 천공한 선단부에 이르렀을 때는 경타관리기준에서 주어진 낙하 높이를 지켜야 한다. 그러나 실무에서는 이러한 사항을 거꾸로 이해하거나, 생산성을 높인다는 미명하에 초기에는 낙하 높이를 높게, 말기에는 낙하 높이를 낮게 하는 경우가 있는데 모두 잘못된 경우이다.

3.2.3 시멘트풀 주입

1) 시멘트풀 주입 방식

매입말뚝에서 시멘트풀은 말뚝과 지반 사이의 공간에 충전되어 양생된 후 주면마찰력과 수평 지지력을 발휘하게 된다. 시멘트풀을 주입하는 방법은 공법에 따라 다르다. 오거를 사용하여 천공하는 경우는 오거의 중공부를 통해서 주입하게 되고, 에어해머 등을 사용하여 천공하는 경우는 두부가 막혀 있으므로 천공기를 인발한 후 별도의 호스 등을 통해 주입하게 된다.

시멘트풀의 주입량은 말뚝과 천공 구멍 간의 공간을 모두 채울 수 있어야 한다. 일반적으로 주입 시 충분한 시멘트풀을 충전하기 위해서는 유출 등을 고려해 필요한 양보다 약간 많게 산정(추가 산정량은 현장조건에 따라 차이가 큼)한 후 1차 및 2차로 나누어서 주입한다. 그래도 주입이 부족한 경우가 발생할 수 있는데, 이때는 케이싱을 인발하기 전에 케이싱과 말뚝 사이를 주입호스 등으로 충분히 주입하는 것이 바람직하다. 이렇게 해도 케이싱을 인발하면 주입액은 케이싱 부피 및 유출량만큼 줄어들게 되므로 공간을 채워 주어야 한다. 이와 같이 1, 2차 주입 후 추가 주입하는 과정을 3차 주입이라 한다.

2) 강관 SDA공법의 주입 시 문제

강관 SDA의 경우 2차 주입에서 특별히 주의를 기울일 필요가 있다. 강관말뚝의 SDA공법의 2차 주입(강관말뚝의 외주면과 케이싱 내면 사이의 공간 주입) 시 강관말뚝의 선단부가 열려 있어, 강관 외부로 주입된 시멘트풀은 강관 내부로 유입되므로 외부 주입만을 시행하도록 조치해야 한다. 따라서 이러한 경우 강관 외부 주입만 위해서는 1차 주입(선단에서 5D 정도 또는 시방에 따름) 뒤 강관을 삽입하고 1차 경타함으로써 강관 내외부를 차단시킨 후 주입하는 것이 바람직하다. 이를 수행하려면 강관 외주면과 케이싱 내면(또는 지반) 사이에 추가로 주입이 가능한 장비와 공정이 필요하다(그림 3.23 참조). 이렇게 하지 않을 경우 강관 주위에 주입이 이루어지지 않아 주면마찰력이 발현되지 못하는 것은 물론 수평지지력 부족의 문제가 발생할 수 있다.

원래 SDA공법은 PHC파일을 위한 공법이므로 강관 SDA공법의 2차 주입과 같은 문제는 없었다.

그런데 강관 PRD 공법이 비용이 비싸다 보니 SDA 공법에서 강관을 사용하게 되었고, 이에 따라 문제가 생기게 된 것이므로 필요한 공정이 추가되는 것은 당연하다. 특히 강관을 사용하는 대부분의 구조물에서는 수평력이 중요하므로 이러한 문제의 발생 여부를 반드시 확인하고 조치해야 한다.

(a) 추가 주입 호스 연결   (b) 추가 주입 방법(강관 외부와 케이싱 내부)

그림 3.23 강관 SDA 공법에서 강관말뚝 외부에 시멘트풀 주입을 위한 장치 및 방법

3) 지하수가 높은 지반에서 시멘트풀 주입 시 문제

1차 주입은 지하수에 의한 희석을 막기 위해 가능한 한 공내로 지하수 유입이 이루어지기 전에 천공 바닥에서 실시하는 것이 중요하다. 이것이 미흡하면 이후 실시하는 추가 주입은 지하수 유입, 공벽 붕괴 등에 의해 충전의 관점에서 주입의 의미가 없어진다.

에어해머를 사용하는 매입말뚝의 경우 천공 후 지체 없이 시멘트풀을 주입하고 이어서 말뚝을 삽입하는 등 연속적으로 작업하는 것이 필요하다. 천공 후 작업이 지체되면 컴프레서의 압에 의해 일시적으로 유지되었던 공내 지하수의 유입 차단 효과가 사라져 지하수가 유입되기 시작한다. 이러한 상태로 공내 수위 상부에 시멘트풀을 주입하고 말뚝을 삽입하게 되면 시멘트풀이 오버플로우(over flow)되는 현상이 생길 수 있다. 전술한 바와 같이 시멘트풀의 주입 전에 지하수가 공내로 유입되는 조건에서는 주입 호스를 천공 바닥까지 내려 주입하여 작업해야 한다. 이러한 조치는 주면마찰력과 수평지지력의 발현을 위해 필수적인데도 어렵다는 이유로 기피되거나 형식적으로 이루어지기도 하는데, 설계 개념상 허용되어서는 안 된다.

시공 중 공내에 지하수가 유입되어 주입이 곤란한 상황은 천공기(오거 또는 에어해머)가 케이싱을 선행 천공하는 경우에도 발생할 수 있다. 천공기가 케이싱보다 선행 천공하게 되면 압축공기가 공내로 들어오기보다는 케이싱 외면을 타고 올라가다 지하수층을 만나 유로를 형성하게 된다. 이후 천공이 완료되어 압축공기가 사라지면 급속하게 지하수가 천공 바닥으로 유입하게 되어 시멘트풀 주입의 효과가 작아지게 된다. 따라서 가능한 한 천공기를 케이싱보다 선행 천공하지 않도록 해야 하는데, 이를 위한 가장 간편한 방법은 오거스크류(상부) 모터와 케이싱(하부) 모터의 간격이 정해진 간격인지 자주 확인해야 한다. 정해진 간격은 천공하기 전에 케이싱과 오거스크류를 바닥에 놓은 상태에서 상부 모터와 하부 모터의 간격을 의미한다.

4) 에어해머 주입의 문제를 해결하기 위한 방안

전술한 바와 같이 에어해머를 사용하는 매입말뚝의 경우 에어해머로 직접 주입이 안 되어 이를 빼고 별도의 호스로 주입하다 보니 주입 시 문제가 발생할 소지가 있다. 심지어 지질조건에 따라 에어해머를 선정하고도 주입 자체를 소홀히 하는 경우도 있다(4.2.2절 참조).

(a) NOVAL 해머

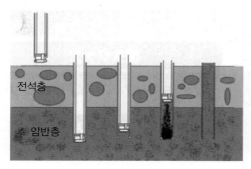

(b) NOVAL 해머 시공 순서

(c) NOVAL 해머 시공 전경

그림 3.24 NOVAL 해머의 주입 방식과 시공 전경(建設 Plaza, 2022)

근래에는 그림 3.24와 같은 직접 주입이 가능한 에어해머(NOVAL 해머)가 일본에서 개발되어 이용되고 있으므로, 이를 국내 매입말뚝에 적용하는 방법을 강구해 볼 필요가 있다. NOVAL 해머는 국내의 에어해머와 같이 스크류 중공부로 보내온 에어로 해머 피스톤을 진동시켜 만든 선단비트의 충격력으로 경질 지반을 천공한다. 그리고 목표깊이까지 에어해머가 도달하면 오거와 유사하게 에어해머를 인발하면서 주입을 할 수 있다. 따라서 이를 국내 매입공법에 적용할 경우 그동안 에어해머의 사용에 장애가 되었던 주입 이슈가 일거에 해소될 수 있으므로 이의 도입과 적용성 검토가 기대된다.

5) 매입말뚝 주입량 관리의 낙후 및 자동관리시스템의 활용

1, 2차 주입 시 정량 주입을 위해서는 별도 믹싱을 하여 주입하거나, 또는 주입량에 맞는 펌프 개폐시간을 결정한 후 시간으로 관리하는 방법을 이용할 수 있다. 전자는 작업효율이 떨어져 현장에서는 주로 후자의 방식을 이용하게 된다. 또한 2, 3차 주입 시 필요에 따라 보충 주입을 하기 위해서는 별도의 고무호스 등으로 말뚝과 케이싱(또는 지반) 사이를 주입하면 도움이 된다. 그러나 이러한 작업은 수작업으로 이루어지므로 관리가 어렵거나 관리되지 않아 시공 중 또는 후에 각종 논란이 있는 것이 현실이다. 따라서 이제는 주입량이 자동 관리되고 기록되는 유량계를 사용하여 불필요한 낭비와 에너지를 소모하지 않도록 유량계의 도입이 필요하다. 아울러 매입말뚝의 정량적인 관리를 위해 천공깊이, 램의 낙하 높이, 연직도, 수직도 등 관리항목이 자동으로 측정되고 기록되는 시스템을 활용하는 것이 바람직하다고 생각하며, 이제 그렇게 해야 할 때도 되었다고 생각한다.

이러한 시스템의 사용은 매입말뚝 도입 초기에도 부분적으로 시도되었으나 대부분의 관련자들의 기피사항이기도 하고, 또한 이에 대한 보상도 이루어지지 않아 현재에 이르게 되었다. 반면 매입말뚝의 발상지인 일본은 오래전부터 이러한 시스템을 활용하고 있다(그림 5.9 참조). 때마침 국내에서도 매입말뚝을 자동으로 시공관리할 수 있는 매입말뚝 스마트 시공관리 MG(machine guide)가 개발되었다(그림 3.25 참조). 이에 대한 현실적인 실용화가 이루어져 향후 적극적인 활용이 기대된다. 매입말뚝 자동관리시스템의 도입을 위해서는 우선 발주처(특히 공공기관 등)에서 적극적인 관심을 가져야 하며 필요하다면 지원을 아끼지 말아야 한다. 이 시스템의 도입은 매입말뚝의 시공품질 향상과 기술발전을 위해 그 이상의 가치가 있다고 생각한다.

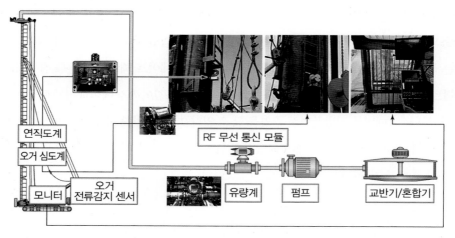

그림 3.25 매입말뚝 스마트 시공관리 MG(LH공사, 2023)

6) 시멘트풀 배합비의 결정 및 관리

현재 시멘트풀의 배합비는 물시멘트비(W/C)로 정량화되고 있고, 이 물시멘트비는 자동 계량 되는 사일로를 통해 믹서기에서 조성된 후, 교반기에서 비중계 등을 이용해서 관리된다.

매입말뚝공법에서 시멘트풀의 배합비의 결정은 주로 지하수 조건과 지반조건과 관련이 있다. 즉, 지하수위가 높거나 흐를 경우 부배합의 시멘트풀을 주입하거나 첨가제를 추가하여 시멘트풀의 희석과 유실을 줄여야 한다. 또한 지반이 느슨하여 시멘트풀의 유출이 우려되는 조건에서는 가능한 한 부배합의 시멘트풀을 주입하거나 첨가제를 추가하는 등의 조치가 필요하다. 시멘트풀의 배합비 관리는 가능한 한 간소화하는 것이 시공관리상 편리하다. 예를 들어 기준배합비(W/C = 83%)를 책정해 놓고 이를 기준하여 빈배합과 부배합으로 배합비를 조정하면 현장에서 적용하기가 용이하다.

7) 경타를 하지 않는 매입말뚝공법의 주입과 관리방법

경타를 하지 않는 매입말뚝공법의 2단계 주입방법에서는 선단고정액과 주면고정액을 구분해야 한다. 일반적으로 선단고정액은 부배합(W/C = 60% 정도, 일축압축강도 200kg/cm²)을 사용하며, 주면고정액은 전술한 바와 같이 상황에 따라 적절한 배합비를 선택한다. 배합비와 관련된 여러 문제를 해결하는 방법 중의 하나는 시항타를 통해 적절한 배합비를 결정하는 것이다. 시항타 시에는 항타 시 동재하시험을 통해 선단지지력을 확인하고 시멘트풀의 양생 후 재항타 동재하시험을 실시하여 주면마찰력을 포함한 전체 지지력을 확인하는 것이 필요하다.

전술한 2단계 주입방법은 2조의 믹서와 펌프를 사용한다. 먼저 천공 바닥에서 부배합의 선단고정액을 주입하고 오거를 상하로 움직여 교반을 실시한다. 그리고 오거를 인발하면서 주면고정액을 주입하게 된다. 이렇게 2조의 플랜트로 주입이 끝나면 말뚝을 삽입하는데, 말뚝의 선단이 천공 바닥으로부터 일정 부분 이격하여 위치하도록 설치한다. 이렇게 해야만 선단부에서 지지층과 말뚝이 단단한 시멘트체로 고정되어 선단지지력이 확보되는 것이다. 이러한 공법에서는 정밀한 시공 및 품질관리가 핵심이다.

8) PRD공법의 주입방법

PRD공법에서는 천공과 동시에 강관말뚝을 압입하기 때문에 시멘트풀을 주입하지 않거나 주입할 수도 있다. 그러나 강관말뚝이 단단한 지반상에서 순단면으로 장기간 지지함으로써 발생할 수 있는 문제를 해소하는 차원에서 천공 후 말뚝 하단부에 시멘트풀 또는 모르타르를 충전하기도 한다. 이 목적을 달성하기 위해서는 시멘트풀 주입방식의 경우 부배합으로 하여 주입 양과 범위를 명확히 하고, 또한 모르타르 주입방식의 경우는 하부 슬라임을 완전히 처리하고 모르타르를 타설해야 한다. 이렇게 해야만 충전물과 말뚝 내부의 충분한 부착조건이 만들어져 설계가정과 같은 전단면 선단지지 조건이 조성된다.

9) 매입말뚝의 고효율을 위한 주입재의 조기양생

국내의 매입말뚝 시공이 비효율적인 이유 중 하나는 시멘트풀의 양생기간과 관련이 있다. 보통 시항타를 하고 나서 주면마찰력을 확인하기 위해서는 시멘트풀의 양생기간(적어도 1주일 정도)을 기다려야 한다. 그러나 실무자들은 1주일 이상을 기다려서 재항타시험을 하고 이를 통해 주면마찰력을 반영한 시공관리기준(천공깊이, 램 낙하 높이, 타격당 관입량, 배합비 등)을 정하는 것은 현실적이라고 생각하지 않는 것 같다. 따라서 실무자들은 시항타 당일에 얻어진 선단지지력 위주로 본시공 관리기준을 정하여 시공하게 되는데, 이는 시멘트풀이 양생되어 주면에서 발현될 마찰력을 무시하여 시공하는 것이므로 비경제적이고 비합리적이라 할 수 있다.

이러한 상황이 오랫동안 지속되어 온 이유는 시공자들의 생각 외에 감리자(또는 감독자)들의 보수적인 관점, 그리고 설계자들의 시공품질에 대한 신뢰도 저하 등이 복합적으로 작용하는 것 같다. 결국 설계 개념과 달리 마찰력을 무시(또는 일부 반영)한 시공은 비경제적인 것은 물론 최적설계의 완성에도 장애가 되어, 매입말뚝 기술발전의 악순환의 고리가 되므로 개선될 필요가 있다.

사실, 이 문제의 해결책은 간단하다. 즉, 시멘트풀을 조기에 양생하여 주면마찰력의 발현을 조기에 확인하는 것이다. 시멘트풀의 조기양생법으로 두 가지를 제시할 수 있는데, 하나는 조강시멘트를 사용하는 것(김경환 등, 2011)이고, 다른 하나는 히터(heater)를 이용한 조기양생시스템(그림 3.26 참조)을 이용하는 것(양승준 등, 2015)이다. 전자는 별도의 조강시멘트를 처리해야 하고, 후자는 히터를 사용하는 불편함이 있지만, 이 불편함에 비해서 얻어지는 비용절감과 공기단축 효과는 작지 않다. 두 가지 방법 중 어느 것도 적용이 간편하며, 이를 적용할 시 따르는 혜택도 크므로 이의 활용이 기대된다. 두 가지 방법에 대한 사례는 각각 4.2.8절과 4.2.9절에 소개되었다.

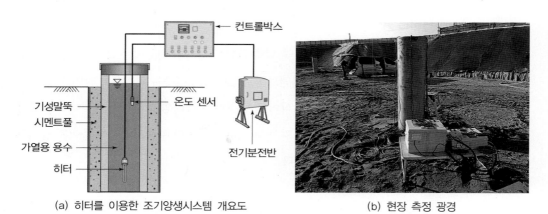

(a) 히터를 이용한 조기양생시스템 개요도　　(b) 현장 측정 광경

그림 3.26 히터를 이용한 조기양생시스템(BT E&C 등, 2015)

3.2.4 보조말뚝의 사용

1) 보조말뚝의 개요

그림 3.27과 같이 일반적인 매입말뚝은 기초 저면 근처까지 굴착한 후 말뚝시공을 하나, 현장 여건상 말뚝 두부 높이가 말뚝시공 지표면보다 아래에 설치되도록 시공하는 경우가 있다. 이와 같은 조건은 굴착 평면이 좁아 항타기를 내려서 시공이 불가한 경우, 또는 흙막이 지보로 스트럿 등을 사용해서 항타기의 운용이 불가한 경우, 경타 시 주변 흙막이의 안정에 문제가 있는 경우 등에서 나타난다. 그림에서와 같이 공삭공(空削孔)에 설치된 말뚝 두부가 지표면보다 아래에 있으면 해머의 타격력을 말뚝에 전달하기 위한 보조 장치가 필요한데, 이를 보조말뚝(follower)이라고 한다.

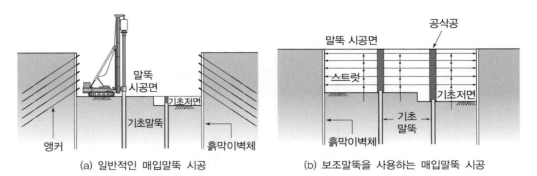

(a) 일반적인 매입말뚝 시공   (b) 보조말뚝을 사용하는 매입말뚝 시공

그림 3.27 보조말뚝을 사용하는 매입말뚝의 시공 개념

2) 보조말뚝 시공 순서 관련 문제와 대책

보조말뚝을 사용하는 매입공법에서는 경타 후 안정화된 말뚝이 케이싱 인발 시 따라 올라오거나 움직일 가능성이 있다. 이를 막기 위해서 보조말뚝은 케이싱 내에 우선 삽입되고 케이싱을 인발한 후 경타를 하고 회수될 필요가 있다(김성회 등, 2010). 이러한 작업을 가능하게 하려면 보조말뚝의 인양용 러그는 그림 3.28과 같이 말뚝 두부에 설치되는 것이 필요하다.

그림 3.28 매입공법의 재래식 보조말뚝의 예

전술한 바와 같이 보조말뚝을 이용하여 경타하는 경우 케이싱에 보조말뚝을 넣고 케이싱을 인발한 후 보조말뚝을 사용하여 최종 경타하고 이를 인발하는 순서로 마무리하는 것이 바람직하다(그림 3.29 참조). 만약 케이싱에 보조말뚝을 넣은 상태에서 경타한 후 케이싱을 인발할 경우, 최종관입량의 측정(케이싱 상단을 기준대로 사용) 시 케이싱의 고정 상태 조건을 확인하고, 또한 케이싱 인발 시 품질확정된 말뚝이 움직이지 않는 조건을 모두 확인할 필요가 있다.

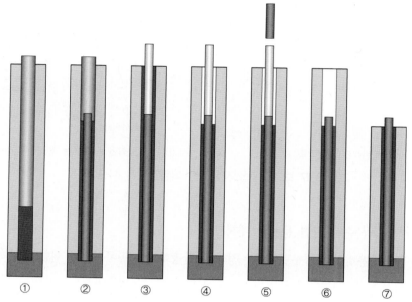

① 천공(케이싱 활용) 후 시멘트풀 충전   ② 말뚝 삽입   ③ 보조말뚝 삽입
④ 케이싱 인발   ⑤ 경타에 의한 말뚝안착(관입량은 보조말뚝에서 측정)
⑥ 보조말뚝 인발(천공 구멍 채움)   ⑦ 지반굴착 후 말뚝 두부 정리

그림 3.29 매입공법에서 재래식 보조말뚝을 이용한 시공 순서

3) 보조말뚝의 부적절한 경타와 조치

보조말뚝을 사용하는 매입공법에서 그림 3.30에서와 같이 부적절하게 경타가 이루어지는 경우가 자주 있다. 보조말뚝을 사용하는 매입공법이라 하더라도 경타 시 침하량 측정은 일반 매입말뚝과 동일한 방식으로 실시되고 관리되어야 한다. 즉, 경타 시 침하량 측정은 지반상에 설치된 기준대를 통해서 보조말뚝의 움직임을 정확하게 측정할 수 있도록 수행되어야 한다.

(a) 케이싱 상단에서 측정   (b) 관입깊이 변화로 측정   (c) 케이싱 상단에서 측정 및 동재하시험

그림 3.30 보조말뚝 경타 시 측정 오류

4) 보조말뚝의 사용 시 건전도 문제와 대책

보조말뚝을 사용하면서 발생하는 주요 문제는 경타 시 말뚝의 건전도, 지지력 확인, 말뚝의 낙하 등이다. 특히 보조말뚝 사용 시 경타에 따른 건전도 문제가 자주 발생하고 결과도 다양하게 나타난다(그림 3.31 참조). 보조말뚝 사용 시 발생하는 전반적인 문제에 대한 사례가 4.2.5절에 소개되었다.

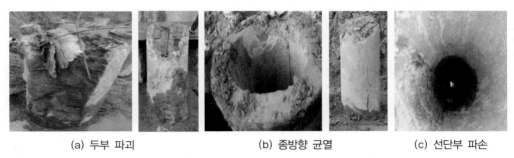

| (a) 두부 파괴 | (b) 종방향 균열 | (c) 선단부 파손 |

그림 3.31 보조말뚝 오용에 의한 말뚝의 건전도 문제

보조말뚝 사용 시 건전도 문제는 보조말뚝과 본말뚝의 재료 차에 의해 주로 발생한다. 말뚝 두부에 가해진 타격에 의한 하향 응력파는 지반저항이 작용하거나 말뚝의 임피던스(impedence)가 변화하는 지점, 그리고 말뚝의 선단부에서 상향 인장파로 반사되어 말뚝 두부에 도달하게 된다. 임피던스(Z)는 식 (3.4)로 표시되는 말뚝 재질과 관련된 함수이다.

$$Z = E_p\,A_p\,/\,c = \rho\;c\;A_p \tag{3.4}$$

여기서, E_p : 말뚝의 탄성계수

A_p : 말뚝의 단면적

ρ : 밀도

c : 파의 속도

보조말뚝의 임피던스가 본말뚝에 비해 큰 것을 사용할수록 본말뚝에는 과잉 항타응력이 작용하게 된다. 따라서 보조말뚝을 사용하여 경타하는 경우, 보조말뚝의 임피던스는 본말뚝과 같거나 약간 작은 임피던스의 것을 사용하는 것이 과잉 항타응력 발생으로 인한 재료 손상을 방지할 수 있다. 보조말뚝 사용 시 본말뚝의 건전도 문제는 전술한 임피던스 차로 인해 주로 발생하지만 보조말뚝과 본말뚝의 접촉부의 불완전성에 의해서도 발생하므로 보조말뚝의 제작에도 세심한 주의가 필요하다(그림 3.28 참조).

5) 보조말뚝의 사용 시 지지력 확인 문제와 대책

보조말뚝 사용 시 말뚝의 지지력 확인과 관련된 문제도 자주 발생하는 이슈이다. 보조말뚝을 사용한 동재하시험은 지상에서 실시하기 때문에 굴착이 되면 말뚝이 설치된 지중(사질토 조건)의 유효응력이 변화하고 이에 따라 지지력도 변하게 될 것이다. 이럴 경우 정역학적 지지력공식으로 굴착 전후의 지지력비를 구하고, 이를 지지력 감소비로 가정한 후 재항타시험으로 측정한 최종 지지력에 산정된 감소비를 곱함으로써 굴착의 영향으로 인한 지지력의 변화를 예측하는 것도 한 방법이 될 수 있다. 이와 관련된 사례가 4.2.5절에 소개되었다.

또한 보조말뚝을 사용하는 시공계획이 수립되었음에도 보조말뚝을 이용한 동재하시험이 까다롭다는 이유로 말뚝 두부를 지표면 위까지 연장하여 시항타하는 사례가 종종 있다. 여기에는 본말뚝에 게이지를 부착한 후 두부를 경타하거나 또는 두부 위에 보조말뚝(게이지 부착)을 설치하고 보조말뚝을 경타하는 경우가 있다. 전자는 실제조건보다 에너지가 커서 위험 측이 될 수 있고, 후자는 보조말뚝 시공 중 안전 측면에서 위험하고 시공관리도 용이하지 않으므로 지양해야 한다. 당연히 보조말뚝을 사용한 시항타 시 시공관리기준은 그림 3.32에서와 같이 본시공과 동일한 조건에서 경타 측정(동재하시험도 동일)이 이루어져야 하고 이를 바탕으로 결정되어야 한다.

(a) 재래식으로 관입량 측정   (b) SPPA로 관입량 측정

그림 3.32 보조말뚝을 이용한 경타 시 관입량 측정

보조말뚝을 사용하는 경우 동재하시험은 시공관리 기준을 설정하고 항타시점에서의 지지력을 평가할 수 있는 유일한 방법이라 할 수 있다(이명환 등, 2002). 동재하시험을 위한 측정 게이지는 강관으로 된 보조말뚝에 부착되기 때문에 본말뚝이 콘크리트인 경우 비균일단면(non-uniform pile) 조건이 되어 시험 및 해석 시 이를 고려해 주어야 한다(김성회 등, 2010). 그러나 본말뚝이 강관말뚝이면 동일한 재질 및 단면을 갖는 보조말뚝의 사용이 가능하기 때문에 균일단면조건에서의 해석이 가능하고 시험 및 해석상의 큰 문제는 없다.

6) 공삭공 내 말뚝낙하 시 건전도 문제와 대책

보조말뚝 사용 시 말뚝의 건전도 문제의 또 다른 이슈는 공삭공 내에서 PHC파일을 낙하하는 것이다. 천공한 구멍 내에 1차 주입한 후 말뚝을 낙하한다는 것을 감안하더라도 상당한 무게(PHC600의 경우 0.375ton/m)의 말뚝을 상당한 높이(공삭공을 포함한 높이)에서 단단한 지지층위로 떨어뜨리게 된다. 이러한 상황은 PHC파일의 건전도 측면에서 매우 위험한 일이다. 따라서 경험적으로 보조말뚝의 길이가 10m 정도로 제한되고 있는 것이다. 그러나 근래에 지하층이 깊어지고 부분 톱다운공법도 자주 채택되고 있다 보니 말뚝 길이가 길어지고 제한 길이를 초과하는 경우가 많다. 결국 보조말뚝 시공 시 말뚝낙하 문제가 심각해지고 있으며, 이러한 사례가 4.2.6절에 소개되었다.

재래식 보조말뚝의 한계를 극복하기 위해 그림 3.33과 같은 SACP-pile(special automatic casing pipe pile, 탈착식 보조말뚝)이 개발되어 사용되고 있다(SACP(주), 2016). SACP-pile은 내부에 탈착식이 가능한 기계식 연결구가 있고, 이의 하단에 본말뚝과 연결할 상판을 달고 있다. 그리고 SACP-pile의 상판을 말뚝 두부에 설치되어 있는 하판과 기계식 연결구로 연결하여 사용한다.

SACP-pile의 시공 순서는 우선 본말뚝(PHC파일)의 두부에 부착식 하판이 미리 설치된다. 이어서 본말뚝을 서비스 홀에 넣고 SACP의 상판과 본말뚝 두부의 하판을 일체로 연결한다. 다음으로 본말뚝과 일체로 연결된 SACP-pile을 공삭공 내에 삽입하고 케이싱을 인발한 후, 경타를 실시한다. 이후 연결구를 이용해 본말뚝과 SACP의 연결부를 해체하여 SACP만 들어 올린다. 마지막으로 공삭공을 되메우면 작업이 마무리된다. 말뚝 시공 이후 굴착이 되면 본말뚝 두부에 부착된 하판은 말뚝 두부 정리 시 회수되어 고철로 폐기(또는 재활용)된다.

(a) 보조말뚝 하단에 있는 상판　　(b) 본말뚝 두부에 부착한 하판　　(c) 말뚝과 보조말뚝의 연결

그림 3.33 SACP-pile 장치

SACP-pile은 말뚝을 낙하할 필요가 없고, PHC파일과 보조말뚝이 일체화되어 경타 시 편타에 의한 파손의 가능성이 낮다. 또한 SACP의 재료특성을 하부 PHC파일과 일치하게 제작할 수있어 경타 시 안정성이 높다. 이와 같이 SACP-pile은 재래식 보조말뚝의 문제를 모두 해소할 수있는 창의적인 개발품이다. 하지만 하판이 폐기되고 기계식 보조말뚝의 제작이 수반되어 비용은 재래식에 비해 비싼 편이다.

SACP-pile 사용 시 경타 후 케이싱을 인발할 경우 케이싱 상단에서 관입량 측정 시 신뢰도 문제 그리고 케이싱 인발 시 정착된 본말뚝의 움직임에 대한 문제 등이 발생할 수 있으므로 케이싱을 인발하고 경타를 실시하도록 한다. 특히 이러한 문제는 모래자갈층이 포함되어 있는 지층조건 또는 케이싱이 말뚝 하부 근처까지 설치되는 조건으로 시공할 때 자주 발생하므로 주의해야한다. 그리고 SACP의 연결부 기계장치에 토사 등이 유입되어 기계장치의 문제가 생기지 않도록관리해야 한다. 이러한 사례가 4.2.6절에 소개되었다.

SACP-pile의 사용이 어려운 경우 보조장치를 사용하는 보조말뚝을 적용할 수가 있다. 그림3.34는 보조말뚝 시공 시 본말뚝 두부에 하판을 달고 하카(hakka)를 이용하는 것이다. 여기서하판은 SACP와 대응하기 위해 동일하게 표현했지만 사용 목적은 서로 다른데, 본 건에서는 하카로 말뚝을 인양하기 위한 강판이다. 하카는 하판과 연계하여 다양한 것을 사용할 수가 있다.이 보조말뚝을 사용하면, 재래식 보조말뚝에 비해 말뚝의 낙하에 따른 우려가 해결되고, 하판에의한 부분적인 두부부강이 되어 말뚝의 두부파손 방지에 어느 정도 도움이 된다. 하지만 재래식보다는 추가 비용이 고려되어야 한다.

(a) 하판과 하카 연결   (b) 하판 모양

그림 3.34 하판과 하카를 이용한 공삭공 내 말뚝 설치

그림 3.35는 앞서 설명한 보조장치가 개선된 제품(TK-인양구)이다. TK-인양구((주)택한, 2023)는 보조말뚝 시공 시 말뚝에 미리 설치된 인양러그, 그리고 여기에 와이어를 체결하고 중력식으로 해체하는 체결구로 구성된다. 이를 사용하면, 재래식 보조말뚝에 비해 말뚝의 낙하에 따른 우려가 해결되고, 하판이 필요 없으므로 비용도 비교적 저렴하다. 하지만 PHC파일의 제작 시 인양러그의 설치를 고려해야 하며, 보조말뚝 시공의 문제점 중 말뚝낙하와 관련된 제한된 문제만 해결된다고 할 수 있다.

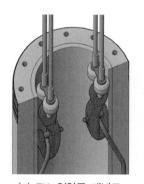

(a) TK-인양구 개념도   (b) 본말뚝에 설치된 인양러그   (c) 러그에 설치된 체결구

그림 3.35 TK-인양구 장치((주)택한, 2023)

근래에 보조말뚝과 관련된 여러 가지 장치가 고안되거나 개발되어 사용되고 있다. 그동안 매입말뚝과 관련하여 기술적인 진전이 거의 없었던 것을 고려하면 이러한 현상은 고무적이라고 할 수 있다. 이제 매입말뚝은 국내의 주요 기초공법으로 자리매김하였다. 따라서 설계는 물론 시공품질 기술에도 창의적인 아이디어를 바탕으로 지속적인 기술발전이 이루어지길 기대한다.

3.2.5 시공 장치 선정

매입말뚝 시공 시 시공 장치와 관련되어 주로 나타나는 문제는 케이싱의 사용, 천공기의 선택 및 천공심도 결정, 경타용 해머의 용량 등이다.

1) 케이싱 사용 여부 결정 및 적절한 케이싱의 준비

케이싱의 사용 여부는 전적으로 현장 지반조건에 달려 있으며, 매입공법의 종류를 결정하는 중요한 요소가 되기도 한다(표 2.3 참조). 케이싱이 필요한 곳은 당연히 공벽 붕괴의 우려가 있는 곳이다. 따라서 천공할 지반이 지하수가 높거나 모래질 흙으로 구성된 경우, 혹은 연약지반으로 이루어진 경우는 케이싱을 사용할 필요가 있다. 케이싱 사용 여부의 결정이 애매한 경우는 시항타를 통해서 결정하는 것도 방법이지만, 국내 지반조건의 경우 지하수 문제에서 벗어나기가 어려운 상황이므로 가능하면 케이싱을 사용하는 방향으로 검토하는 것이 현실적이다. 또한 시항타 당시 단말뚝 조건에서 공벽이 자립된다 하더라도 군말뚝 조건에서는 공벽유지가 어려운 조건이 있다는 것을 고려하면 케이싱을 사용하는 편이 바람직하다.

케이싱의 사용 여부가 결정되면 현장조건에 맞게 적절한 케이싱이 준비되어야 한다. 케이싱은 수직도가 유지되어야 하고, 하부에 견고한 링비트(ring bit)가 부착되어야 하며, 적절한 길이(지표에서 1m 내외 유지) 등을 갖추어야 한다. 특히 마찰력이 커서 인발이 우려가 되는 경우는 friction cutter(모래자갈층에서 끼임 방지를 위해 하부에 철근 등 부착)의 설치를 검토할 필요가 있으며, 이 경우 지속 유지관리가 필요하다.

2) 천공기의 선택

천공기의 선택은 주로 오거와 에어해머에 대한 결정이다. 지반조건이 토사와 암반(또는 전석)처럼 확실히 구분되면 천공기의 선택이 용이하지만, 자갈로 이루어진 지층에서는 입자의 크기 뿐만 아니라 해당 층의 조밀도와 층 두께 등도 천공기의 선택에 영향을 미친다. 따라서 자갈 퇴적층 조건에서는 시험천공을 실시하여 최종 결정하는 것이 필요하다.

모래자갈층, 자갈 및 호박돌층, 전석층, 암반층 등에서는 천공기로 에어해머를 선택한다. 그리고 에어해머의 헤드는 암반용, 자갈층용, 소음 및 진동 저감용 등이 있으므로 현장조건에 따라 적절히 선정한다(그림 3.36 참조).

(a) 암반용

(b) 자갈층(전석 포함)용

(c) 저소음·저진동용

그림 3.36 에어해머의 헤드 종류

일반적으로 자갈이 포함된 퇴적층에서 천공기로 오거를 선택하는 것이 비용이나 시공품질 측면에서 유리하다. 이 경우는 지하수의 영향이 작거나, 또는 지하수 영향이 있다 하더라도 지지층에 풍화대(풍화토 또는 풍화암)가 있어 지하수의 영향을 줄일 수 있다는 조건이 전제되어야 한다. 그러나 지하수위가 높고 지하수의 영향이 큰 모래자갈층 지역에서는 지하수에 의해 자갈이 씻기면서 오거날개로 자갈의 배출이 쉽지 않으므로 모래자갈층용 에어해머(일명 개량형 T4)와 고압 컴프를 이용하여 천공하는 편이 유리하다. 보통 이러한 조건은 모래자갈층 하부에 암반이 존재하는 지층에서 주로 나타난다.

단단한 암반에 말뚝을 근입해야 하는 경우는 암반용 에어해머(DTH해머로 일명 정T4)가 바람직하다. 단단한 암반에서 모래자갈층용 에어해머의 사용은 효율이 떨어지고, 또한 말뚝의 선단하부에 부적절한 공간이 만들어질 수도 있어 경타 시 말뚝에 영향을 줄 수도 있다. 특히 단단한 암반지지층이 경사져 있는 경우 암반용 에어해머가 적절한데, 이는 미끄러짐을 줄이고 수직도를 유지하는 데 도움이 되기 때문이다.

천공 시 효율을 높이기 위해 컴프레서의 공기압을 높이거나 고압 컴프레서를 사용한다. 일반적으로 공기압을 높이면 천공효율 측면에서는 소기의 목적을 달성하지만, 시멘트풀 주입과 관련해서는 부정적인 영향을 줄 수 있다. 즉, 천공 중 유입되는 공기압이 크면 주변의 기설치된 말뚝의 시멘트풀이 지중에서 유출되거나 지상으로 오버플로우될 수가 있다. 따라서 컴프레서를 사용하여 공기를 유입하면서 천공하는 경우, 천공효율도 고려하되 충전된 시멘트풀에 대한 영향도 감안하여 컴프레서의 압력을 조정하고, 천공기의 선행 천공도 제한해야 한다. 필요하다면 시멘트풀의 보충 주입 등의 조치도 고려한다.

3) 천공심도 관리 문제 및 대책

천공기의 종류에 따라서 최종 천공심도의 관리방법이 달라진다. 오거 사용 시 모터의 용량에 따라 천공 가능 심도가 달라지므로 최종 천공심도를 결정하기 위해서는 토질 주상도, 전류치 등의 자료를 참고하여 결정해야 한다. 층이 균질한 일반적인 지반조건에서는 적절한 오거 용량을 결정한 후 천공 시 오거모터를 잡고 있는 드럼 와이어가 늘어질 때를 최종 천공심도로 결정하는 경험적인 방식을 사용하기도 한다. 에어해머를 사용하는 경우 천공심도의 관리는 더욱 어려워진다. 이러한 경우, 지반주상도와 시험천공 결과를 참고로 항타기 기사의 경험 및 감각에 의존하여 최종 천공심도를 결정하는 것이 현실이다.

이와 같이 천공심도가 설계깊이와 관계없이 비공학적인 방식으로 결정되는 이면에는 3.2.3절에서 설명한 주면마찰력의 무시, 시공품질의 불량, 지반조사의 부족, 정량적 측정 장치의 기피 등이 자리하고 있다. 이러한 상황을 고려하면 그림 3.25에서와 같은 매입말뚝 시공관리시스템을 도입하여 이용하는 것이 절실한 상황이다. 향후 이러한 시스템이 도입되고 활성화되어 매입말뚝의 시공이 보다 공학적으로 이루어지길 기대한다.

4) 경타용 해머의 선정 및 부속장치

경타 해머의 용량은 설계지지력의 만족, 말뚝의 건전도 유지, 시공성 향상 등을 위해 중요한 요소이다. 매입말뚝공법에서 경타 시 드롭해머(그림 3.37 참조)를 주로 사용하기 때문에 해머의 용량은 램의 무게로 가늠한다. 말뚝의 지지력 평가를 위해서는 해머의 용량이 말뚝을 충분히 변위시킬 수 있는 에너지를 가졌는가가 중요한 항목이다. 그렇지 못하면 지지력이 작게 평가되거나 지지력을 미달로 평가하는 상황이 발생할 수 있다. 또한 최악의 경우 해머의 용량 부족으로 말뚝의 건전도에 이상이 생길 수도 있다. 따라서 매입말뚝의 해머 선정 시 설계지지력의 확인과 시공품질관리를 위하여 충분한 무게를 갖는 램을 준비하는 것이 필요하다. 램의 무게는 개략 목표 하중의 1.5% 정도를 기준으로 하되 시항타를 통해서 결정하면 된다.

동일 조건에서 타격 시 말뚝이 받는 응력은 램의 낙하 높이에 의존한다. 즉, 에너지를 전달하는 데 있어 램의 무게가 작으면 낙하 높이를 올려야 하고 그만큼 말뚝이 받는 응력은 커진다. 또한 램의 무게가 작으면 낙하 높이가 높아져 편타 가능성이 커지고, 소정의 목적을 달성하는 데 있어 타격횟수도 상대적으로 많아 시공성도 떨어진다. 따라서 유사한 조건이라면 한 단계 무거운 램을 선택하여 낙하 높이를 한 단계 줄이는 개념으로 준비하는 것이 바람직하다.

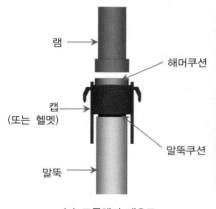

| (a) 드롭해머 개요도 | (b) 재생합판(상)과 압축합판(하) | (c) 드롭해머 파일 멀티 캡 |

그림 3.37 캡과 쿠션

적정한 경타 해머를 선택하는 데 있어 램의 무게 외에 에너지전달률(항타효율)도 중요하다. 에너지전달률은 낙하시스템, 캡, 쿠션 등에 영향을 받는다. 특히 높은 에너지전달률을 유지하고 안정적인 경타가 되기 위해서는 적정한 캡(캡쿠션 포함)의 제작과 관리가 필수적이다. 일반적으로 캡은 단순하게 제작된 것이 좋고, 캡(해머)쿠션은 경질의 목재(압축합판 등)가 좋다(그림 3.37 참조). 캡과 캡쿠션은 시공 전에 전체를 리모델링하고 사용하는 것이 좋다. 이전 현장에서 사용하는 것을 그대로 옮겨와 사용하면 경타 시 소음도 크고, 효율도 낮아 중간에 변경하는 등 시공관리 오류의 요인이 되기도 한다. 특히 본항타 중에 아무런 조치(시항타 시행 등) 없이 캡과 캡쿠션의 리모델링을 실시하는 것은 지양해야 한다.

말뚝쿠션은 콘크리트말뚝을 사용하는 매입말뚝에서 사용되는데, 일회용으로 사용되기 때문에 주로 재생합판을 사용하게 된다(그림 3.37 참조). 따라서 말뚝쿠션은 캡에 넣고 한번 사용되면 바로 제거하고 새로운 쿠션으로 교체되어야 하는데, 실제는 사용 후 제거 없이 지속적으로 넣어 겹쳐 사용되는 경우가 많아 캡 안쪽에 말뚝쿠션이 겹겹이 쌓이게 된다. 이렇게 될 경우 시항타로 정해진 효율이 지켜지지 않는 것은 물론, 항타 시공 중간에 캡을 청소하려다(캡 내부에 쌓인 쿠션을 제거하려다)가 안전사고가 일어나기도 한다. 효율적인 항타관리 및 안전사고예방, 목재의 낭비를 줄이기 위해 특수 재질로 제작된 반복 사용이 가능한 쿠션을 고안해 보는 것도 필요하다.

상기 언급한 쿠션의 반복사용 목적을 위해 최근 그림 3.37(c)와 같은 드롭해머 파일 멀티 캡(우리기술(주), 2023)이 고안되었다. 멀티 캡은 캡의 본체의 길이를 늘려 말뚝 두부의 커팅 길이도 감소시키고자 했고, 말뚝쿠션 및 해머쿠션을 장기 사용할 수 있도록 특수 재질로 제작하였다.

또한 램의 낙하 높이를 관리할 수 있는 체인이 달려 있는 등 다용도 캡을 지향하여 개발되었다. 향후 현장 적용성 확인과 이를 바탕으로 한 개선 또는 확대 적용이 기대된다.

3.2.6 부력 발생

PHC파일을 사용하는 매입공법 적용 시 지하수위가 높은 지역에서 천공 구멍에 시멘트풀을 주입하고 말뚝을 삽입하다 보면 말뚝이 부력을 받는 경우가 있다. 이러한 부력은 지하수위가 높고, 말뚝의 직경이 크며 말뚝이 길수록 커지는 경향이 있다.

말뚝이 부력을 받으면 경타 중 말뚝의 지지층 안착이 어렵고, 심하면 말뚝 본체에 인장응력이 걸려 건전도에 문제가 생길 수 있으며, 말뚝 설치 후에도 부력에 의해 해당 말뚝이 부상하여 나쁜 결과를 초래할 수 있다. 또한 시공 중인 해당 말뚝의 부력은 인접말뚝에 영향을 줄 수도 있다. 그리고 컴프레서를 사용하는 매입공법에서는 공기압에 의해 기존에 설치된 말뚝이 부력을 받을 수도 있다.

부력에 의한 현상은 경타 시 육안으로 인지할 수도 있지만, 육안으로 식별이 쉽지 않아 트랜싯 등에 의한 시간경과별 수준측량이 필요할 수도 있다(그림 3.38 참조). 부력의 발생은 대부분 설치 초기에 일어나므로 해당 말뚝을 중심으로 인근 말뚝을 포함하여 초기 일정 기간 동안 측정하는 것이 좋다. 지상에서 시공하는 일반 말뚝의 경우 부력 발생을 인지하여 조치를 취하면 되지만, 보조말뚝을 이용한 시공의 경우 대부분 부력을 인지하지 못하다 천공 후에 알게 되는 경우가 있으므로 주의가 필요하다. 당연히 부력 발생의 조사는 시항타에서 실시하는 것이 바람직하지만, 조사가 누락된 경우 본항타 초기라도 조사를 실시하고 이에 따라 대책을 강구해야 한다.

(a) 부력 발생 조사   (b) 정상적인 선단 구멍과 잘못된 경우

그림 3.38 부력 발생 조사 및 방지용 선단부 구멍

부력의 발생이 의심되는 경우는 말뚝 선단 슈(철판)에 구멍을 뚫어 부력을 줄인 후 경타할 수 있다. 말뚝 본체의 구조성능이나 시공성을 고려할 때, 선단부 철판의 구멍은 선단직경의 1/6 이내로 하는 것이 좋다. PHC파일의 선단부 철판에 구멍을 크게 하면 말뚝 본체에 구조적으로 문제가 발생할 수 있는데, 드물게는 말뚝 하단의 선단 철판을 모두 제거하여(그림 3.38 참조) 경타 시 흙의 차오름으로 인해 말뚝 본체의 건전도나 선단지지 능력에 문제가 있을 수 있다. 또한 선단부의 철판에 구멍을 뚫으면 말뚝 중공부로 시멘트풀이 유입되므로 주면마찰력의 발현이 제한될 수도 있다. 따라서 이러한 현상이 없게 해야 하지만 나타난 것에 대해서는 유념하여 시멘트풀을 보충하는 것이 필요하다.

3.2.7 PHC파일 낙하 등 안전

PHC파일의 여러 작업 중 가장 위험한 작업은 말뚝의 인양 작업이다. 왜냐하면 말뚝을 들고 움직여서 설치하는 도중 말뚝이 넘어지거나 떨어질 수 있는데, 이 경우 주변 작업자들의 안전에 치명적인 영향을 줄 수 있기 때문이다. 따라서 PHC파일을 양중하여 이동하고 근입할 때 안전 이슈가 자주 제기되고 있으며, 주요 이슈는 와이어로프 안전성, 말뚝매기 안전성, 이음부의 안전성 등이다.

1) 말뚝매기용 와이어로프의 안전성

일반적으로 와이어로프는 총 파단하중을 말뚝무게로 나누어 안전율을 산정하는데, 여기서 말뚝매기의 파단하중은 초크형임을 감안하여 일부 줄여서(85%) 적용한다. 공인된 허용 안전율은 5.0을 기준값으로 한다. 하지만 말뚝인양 시 와이어로프의 안전은 안전율보다 심선돌출, 압착변형 등 사용상태 관리가 더 중요하다. 표 3.5에는 와이어로프(마심형)의 직경 및 말뚝 길이에 따른 안전율을 정리하였다. 안전율을 높이기 위해(파단 강도를 크게 하기 위해) 큰 직경의 와이어를 사용한다고 더 안전한 것은 아니다. 와이어직경이 커지면 와이어의 밀착성이 떨어져 오히려 말뚝과 와이어 간의 미끄러짐이 발생할 수 있기 때문이다. 특히 신규 와이어로프 사용 시 밀착도가 떨어져 더 위험하므로 사용 초기에 주의와 조치를 기할 필요가 있다. 또한 철심형은 마심형에 비해 강성이 커서 밀착도가 떨어진다. 따라서 동일 조건이라면 초크형 매기에는 마심형이 더 유리하므로 이를 사용하는 것이 좋다.

표 3.5 PHC500(600) 말뚝 길이에 따른 와이어로프의 직경별 안전율 산정 예

줄걸이 효율85%	5 미만	PHC파일(길이/무게)										
5~6	6 이상	D500										
와이어로프 (마심, 단선)		15m	14m	13m	12m	11m	10m	9m	8m	7m	6m	5m
직경	파단 하중	4.1 ton	3.8 ton	3.6 ton	3.3 ton	3.0 ton	2.7 ton	2.5 ton	2.2 ton	1.9 ton	1.6 ton	1.4 ton
32.0mm	47.6ton	9.8	10.5	11.4	12.3	13.4	14.8	16.4	18.5	21.1	24.6	29.5
30.0mm	41.9ton	8.7	9.3	10.0	10.8	11.8	13.0	14.4	16.2	18.6	21.7	26.0
28.0mm	36.5ton	7.5	8.1	8.7	9.4	10.3	11.3	12.6	14.2	16.2	18.9	22.6
26.0mm	31.4ton	6.5	7.0	7.5	8.1	8.9	9.7	10.8	12.2	13.9	16.2	19.5
24.0mm	26.8ton	5.5	5.9	6.4	6.9	7.6	8.3	9.2	10.4	11.9	13.9	16.6
22.4mm	23.3ton	4.8	5.2	5.6	6.0	6.6	7.2	8.0	9.0	10.3	12.0	14.5
20.0mm	18.6ton	3.8	4.1	4.4	4.8	5.2	5.8	6.4	7.2	8.2	9.6	11.5
		D600										
직경	파단 하중	5.6 ton	5.3 ton	4.9 ton	4.5 ton	4.1 ton	3.8 ton	3.4 ton	3.0 ton	2.6 ton	2.3 ton	1.9 ton
32.0mm	47.6ton	7.2	7.7	8.3	9.0	9.8	10.8	12.0	13.5	15.4	18.0	21.6
30.0mm	41.9ton	6.3	6.8	7.3	7.9	8.6	9.5	10.6	11.9	13.6	15.8	19.0
28.0mm	36.5ton	5.5	5.9	6.4	6.9	7.5	8.3	9.2	10.3	11.8	13.8	16.5
26.0mm	31.4ton	4.7	5.1	5.5	5.9	6.5	7.1	7.9	8.9	10.2	11.9	14.2
24.0mm	26.8ton	4.0	4.3	4.7	5.1	5.5	6.1	6.7	7.6	8.7	10.1	12.1
22.4mm	23.3ton	3.5	3.8	4.1	4.4	4.8	5.3	5.9	6.6	7.5	8.8	10.6
20.0mm	18.6ton	2.8	3.0	3.2	3.5	3.8	4.2	4.7	5.3	6.0	7.0	8.4

주) 파단하중은 PHC파일 제품에 따라 달라짐

2) 말뚝의 인양 방법의 선정

현장에서 사용되는 말뚝의 인양을 위한 매기 방법은 그림 3.39에서와 같이 외줄매기, 쌍줄매기, 전용 러그 등이 있는데, 이에 대한 기준은 없고 경험적으로 사용하는 경우가 대부분이다. 표 3.6은 PHC파일의 인양 방법에 대한 가이드를 정리한 것이다. 이 표는 표 3.5를 바탕으로 경험적으로 정리한 것이다. 말뚝 매기 시 와이어의 위치는 미끄러짐에 대비하기 위해 말뚝 상단으로부터 최소 1m 정도를 확보하도록 한다. 러그를 사용한다고 말뚝의 인양 작업이 안전한 것은 아니다. 따라서 러그 인양 작업의 안전을 위해서는 러그의 제원과 구조, 볼트의 강도 및 체결 깊이, 나사의 깊이 및 구멍, 나사의 사용 횟수 등을 확인하고 관리해야 한다.

(a) 외줄매기 (b) 쌍줄매기

(c) 전용 러그(1) (d) 전용 러그(2)

그림 3.39 PHC파일의 인양 방법

표 3.6 PHC파일의 직경 및 길이에 따른 인양 방법

PHC 직경	PHC 길이	양중 방법	양중 장비	비고
PHC500 (0.274ton/m)	9m 이하	ϕ20mm 와이어 외줄매기	항타기 보조인양 장치	
	15m 이하	ϕ24mm 와이어 외줄매기	항타기 보조인양 장치	
	16m 이상	와이어 쌍줄매기	전용 크레인	
PHC600 (0.375ton/m)	12m 이하	ϕ24mm 와이어 외줄매기	항타기 보조인양 장치	
	13~15m	ϕ22mm 와이어 쌍줄매기	항타기 보조인양 장치	밸런스 필요
	30m 이하	와이어 쌍줄매기	전용 크레인	
	30m 초과	전용 러그	전용 크레인	고장력 볼트
PHC700~1000	15m 이하	와이어 쌍줄매기	전용 크레인	
	16m 이상	전용 러그	전용 크레인	고장력 볼트
비고		마심형 와이어	항타기 용량에 말뚝 무게 고려	

주) 상기 내용은 표 3.5에 따라 정리되었으며 일부 조정이 가능함

이렇게 해도 말뚝의 인양 작업은 항상 우려의 대상이고, 특히 시각적으로 불안정해 보인다. 따라서 그림 3.35와 같은 인양구를 보다 간결하고 경제성 있게 개선하여 모든 말뚝의 인양 방법으로 대체하면 안전은 물론 시공성에도 획기적인 도움이 될 것이다. 이에 대한 진전을 기대해 본다.

3) 말뚝의 인양 작업 시 충돌 문제와 대책

PHC파일의 인양 작업은 와이어로프와 인양 방법 외에도 보이지 않는 위험이 내재되어 있다. 이것은 장대 말뚝(2절 이음 이상)의 인양 작업에서 일어날 수 있는데, 주요 이슈는 이동 시 충돌, 말뚝 삽입 시 실수 등 2가지이다.

장대 말뚝 인양 작업의 첫 번째 이슈는 이동 시 충돌이다. PHC600 말뚝을 2절 이음하면 최대 45m(무게 17ton)가 되는데, 이 긴 중량물이 양중/이동/근입하는 중에 지상에 있는 물체(기존 말뚝, 장비, 케이싱 등)와 충돌하면 말뚝 두부는 크레인에 매달려 있기 때문에 본체에 휨(력)이 작용하게 된다. 이 휨은 하부에서 크게 되고, 최악의 경우 가장 취약한 하부 이음부가 파손되거나 절단된다. 특히 말뚝의 이음부에 불완전한 요인이 있는 상태에서 충돌하면, 이음부(특히 하부 이음부)가 절단되고, 하부 말뚝 본체가 낙하할 수 있다. 따라서 장대 말뚝의 인양 작업은 신호수를 통해서 주변 정리, 장비 제한, 작업자 위치 지정 등을 관리하도록 구성되어야 한다.

전술한 말뚝 이음부의 불완전한 요인은 강선의 절단 가능성인데, 이는 주로 PHC파일 단부의 너트에 걸려 있는 강선의 헤드(head)에서 일어난다. 강선의 헤드는 강선 끝에 순간적인 열과 압을 가해 만들어지며, 이 과정을 강선 헤딩(heading) 작업이라고 한다(그림 3.40 참조). 그런데 헤딩 장치(가압 및 가열 장치)가 불안정할 경우 헤드부에 문제가 생기고, 결국 강선의 인장강도는 헤드부의 품질에 좌우되는 것이다(그림 3.40 참조). 따라서 생산라인을 제대로 관리하는 공장은 헤딩 작업 초기에 만든 강선에 대해 인장시험을 하고 본작업을 시작한다. 왜냐하면 헤딩의 품질불량을 초기에 간과하면, PHC파일 본체에 인장력을 도입할 시 강선이 절단되어 PHC파일 본체를 버려야 하는 상황이 일어나기 때문이다. 헤딩의 품질오류는 공장에서는 강선(또는 본체)의 손실로 나타나지만, 현장에서는 안전 문제로 비화할 수 있다. 따라서 현장의 품질관리자는 PHC파일을 납품하는 제작공장의 헤딩 작업의 관리 상태를 체크할 수 있는 프로세스를 유지할 필요가 있다. 이와 관련된 사례가 4.2.10절에 소개되었다.

헤드부의 절단은 용접이음보다 조립식 이음에서 더 쉽게 일어날 수 있다. 왜냐하면 조립식 이음의 이음 강판은 분리식이어서 개개의 강판과 강선이 볼트로 체결되어 있기 때문이다. 즉, 한 개의

(a) 헤딩 작업   (b) 헤드부 합격   (c) 헤드부 불합격

그림 3.40 강선 헤딩 작업 및 헤딩 품질시험 결과

강선이 절단되면 주변 강선으로 진행성 파단이 일어나 말뚝 이음부 절단의 빌미가 될 수 있다. 따라서 장대 말뚝에서는 조립식 이음을 채택하더라도 이음부(특히 하부)에는 용접용 보강판을 추가하는 것이 안전 측면에서 도움이 된다.

4) 말뚝의 케이싱 내 삽입 시 실수와 대책

장대 말뚝의 인양 작업의 두 번째 이슈는 말뚝의 삽입 중에 생길 수 있는 크레인 기사의 실수이다. 보통 크레인 기사는 10여 미터 떨어진 위치에서 20mm 정도 여유가 있는 케이싱 구멍에 말뚝을 삽입하게 된다. 그런데 만약 크레인 기사가 케이싱 내로 말뚝이 삽입되었다고 착각하여 줄걸이 와이어를 풀 수 있는데, 이렇게 되면 말뚝은 케이싱 구멍이 아닌 지상으로 떨어지게 되고, 말뚝은 반동에 의해 움직이다가 주변의 물체와 충돌할 수 있다. 이때 발생한 충돌은 전술한 바와 같이 말뚝 이음부의 절단으로 이어질 가능성이 있다. 실제로 말뚝의 인양 작업은 고난도 작업이 반복되는 것이므로 항상 실수의 개연성이 있는 것이다. 따라서 작업자에게 휴식을 부여하고, 실수를 줄이기 위한 풀 프루프(fool proof)를 사용하는 것이 바람직하다. 그림 3.41은 말뚝 삽입 시 실수를 줄이기 위한 풀 프루프의 하나로 고안된 깔때기를 보여주고 있다(4.2.10절 참조).

(a) 깔때기   (b) 깔때기를 이용한 작업 광경

그림 3.41 말뚝 삽입용 깔때기와 작업 광경

5) 매입말뚝 작업 시 토사 낙하와 대책

매입말뚝 작업 시 말뚝 낙하 외에 안전과 관련된 주요 이슈 중 하나는 토사 낙하에 의한 사고이다. 토사의 낙하는 자갈층에서 작업하는 경우 특별히 주의가 필요하다. 오거날개 및 모터로부터 토사의 낙하를 막기 위한 흙털이, 안전슈트(어깨 보호), 가림막(근접 시공 시 상부 차단막) 등이 사용되고 있다. 가능하면 이 3가지 조치는 매입말뚝 작업 시 모두 수행되는 것이 바람직하다. 여기서 흙털이는 안전사고 예방 외에도 시공성 향상을 위해서도 필요하다.

그림 3.42에는 각종의 오거용 흙털이가 소개되었다. 매입말뚝에서 흙털이의 활용은 안전뿐만 아니라 모래자갈층에서 케이싱에 말뚝이 딸려오는 가능성을 줄여주는 역할도 한다. 모래자갈층에서 케이싱을 인발할 때 말뚝과 케이싱 사이에 모래자갈이 끼어 말뚝이 딸려오는 경우가 간혹 있다. 이럴 경우 해당 말뚝은 물론 최악의 경우 케이싱까지 버리고 새로 준비하여 시공을 재개해야 할 수가 있으므로 스크류의 날개 위에 올려진 토사 제거를 게을리하지 말아야 한다. 아울러 하부 오거모터(케이싱 오거모터)의 상단에 쌓여 있을 수 있는 토사도 주기적으로 제거 하여야 한다.

(a)　　　　　　　　　　(b)　　　　　　　　　　(c)

그림 3.42 오거날개로부터 토사 낙하를 막기 위한 흙털이 장치

3.2.8 그 외 주요한 문제

상기에서 언급한 것들 외에 매입말뚝 시공 시 일어나는 문제로는 두부 정리 오류, 이음부 품질 불량, 경타측정 미흡, 수직도 불량 등이 있다. 이들의 대부분은 3.1절 타입말뚝에서 이미 언급되었으므로 여기서는 향후 개선 사항에 대해 간단히 설명한다. 또한 매입말뚝에서 시항타와 시험 시공의 중요성과 현황 그리고 개선사항에 대해서 정리하였다.

1) 말뚝의 두부 정리 방법의 개선

매입말뚝의 두부 정리에 대해서는 3.1.8절에서 설명한 내용과 유사하다. 다만, 향후 적용이 기대되는 두부 절단용 자동기계(예: 스마트 커터)의 사용을 위해서는 말뚝 두부에 부착된 양생 시멘트풀의 정리를 용이하게 하는 방법이 강구되어야 한다. 또한 아파트 공사에서와 같이 기초폭이 큰 곳에서 두부 절단용 자동기계를 사용하기 위한 롱붐(long boom)의 적용과 안전에 대한 검토 등 실무적인 개선이 이루어져야 한다.

2) 무용접 조립식 이음장치의 효과

이음부와 관련해서는 3.1절에서 타입 PHC파일의 조립식 이음에 대한 장점과 단점 그리고 향후 기대도 언급한 바 있다. 그러나 매입 PHC파일에서 조립식 이음은 타입말뚝에서 만큼 효과가 크지 않다. 왜냐하면 매입말뚝의 이음은 서비스홀을 통해 CP공정 외에서 이루어지므로 생산성과 품질 면에서 효과가 크지 않기 때문이다. 또한 기초공은 대부분 나대지에서 수행되므로 안전(화재, 누전 등)이 주요한 문제라고 할 수 없어 조립식 이음의 안전효과가 크다고 하기는 어렵다. 그리고 긴 말뚝의 인양 시 충격에 의한 강선의 안정성은 강선을 개별로 잡고 있는 연결판으로 구성된 조립식 이음이 강선을 전체로 잡고 있는 용접판으로 구성된 용접이음보다 유리하다고 할 수 없기 때문이다. 물론 조립식 이음이 매입말뚝에서 효과가 없는 것은 아니고 투자대비 효과가 작다는 것이며, CP공정 내에서 이루어지는 타입말뚝만큼 효과가 크지 않다는 것이다. 따라서 매입말뚝에서 조립식 이음의 파급도는 경제성이 중요한 변수가 될 것으로 생각된다.

3) 자동 항타관입량 측정기의 활용

최종 관입량을 측정하는 SPPA는 매입말뚝에서도 효과적이라 할 수 있으며, 도입이 확대되었으면 한다. 특히 경타 시공의 데이터 공유 및 원격관리 등이 기대된다. 향후 자동 항타관입량 측정기능 외에 램의 낙하 높이도 측정할 수 있는 파일항타 무인 자동화 측정 시스템((주)성웅 P&C, 2024)이 완성되어 연동되어 사용되었으면 하는 기대감이 있다. 결국 이러한 다양한 요구는 매입말뚝의 자동관리시스템의 도입으로 귀결될 것이다.

4) 매입말뚝의 수직도 문제와 대책

매입말뚝에서 수직도는 천공의 문제이지 말뚝 자체의 문제는 아니다. 즉, 매입말뚝에서는 이음을 미리하여 말뚝을 천공 구멍에 삽입하기 때문에 천공 구멍의 수직도에 문제가 없으면 구멍과 말뚝의 여유 공간이 작아(최대 10cm) 말뚝의 수직도는 그다지 문제가 되지 않는다. 따라서 매입말뚝에서 수직도 문제를 해소하기 위해서는 천공 시 케이싱의 수직도에 유의해야 한다. 수직도 유지 대책은 천공 초기에 케이싱의 중심 위치와 연직도를 반드시 확인한 후 본 천공에 들어가면 된다.

보조말뚝을 사용하는 매입말뚝에서 수직도는 중요하다. 왜냐하면 시공 중 보조말뚝과 본말뚝의 접촉 상태가 중요하고 또한 보조말뚝을 사용하는 매입말뚝은 긴 말뚝에 해당하여 굴착 후 기초 바닥면에서 수평이동 양이 크기 때문이다. 특히 톱다운공법 등에서 수직도가 불량하면 굴착 후 본말뚝 위치가 벽체 위치 등과 맞지 않는 문제가 생기므로 정밀하게 수직도를 관리해야 한다.

5) 시항타와 시험시공

매입말뚝에서도 타입말뚝의 시간경과효과처럼 시멘트풀의 양생효과가 있다. 따라서 매입말뚝 시공 시 시항타를 하지 않으면 본시공의 진행이 어렵고 시공품질 확인 자체가 어렵기 때문에 시항타는 중요한 시공 절차로 인식되고 있다. 이러한 상황 외에도 매입말뚝의 기술은 타입말뚝에 비해 상대적으로 일천하여 아직도 현장 상황을 충분히 반영하지 못하고 있어 시항타가 필요하다. 더욱이 근래에는 말뚝의 재료가 고강도화되고, 최적화 요구에 부응하여 본당 설계하중이 커지고 있지만, 설계는 아직 개략적이어서 우려되는 부분이 있다. 따라서 시공자는 본시공 전에 설계내용을 확인하고, 시항타를 통해서 시공관리기준을 정한 다음 본시공에 임해야 한다. 이러한 상황에서 시항타의 역할이 중요하지 않을 수 없다.

시항타의 문제점으로 본항타 관리기준 설정 시 재항타 동재하시험(restrike test)의 지지력을 잘 반영하지 않는 것이 지적되어 왔다. 보통 시항타 후 재항타 동재하시험까지의 대기시간(최소 7일 정도)이 길어 경타 시 동재하시험(EOID test)만을 실시함으로써 선단지지력 위주로 본항타

관리기준을 정한 후 본시공을 실시하고 있는 것이다. 약간 진전된 경우이지만, 시멘트풀 양생 후 주면마찰력을 가정(보수적으로)하여 반영한 후 본시공을 시행하기도 한다.

양생까지의 대기시간에 본시공을 상당히 진행할 수 있다는 사실을 이해는 한다. 하지만 전술한 방식은 매입말뚝 시공 후 선단부의 지지력 증가(약간 증가)와 주면부의 시멘트풀이 양생된 후 마찰력 증가(크게 증가)를 고려하지 않은 것이어서 경제성 및 시공성도 나빠지고, 나아가서는 기술의 발전에도 바람직하지 않다.

다행히도 3.2.3절에 설명한 것처럼 조강시멘트의 적용(김경환 등, 2011) 또는 히터를 이용한 조기양생시스템(BTENC(주), 2015)이 개발되어 2일 이내에 재항타시험이 가능하게 됨으로써 전술한 문제를 해소할 수 있게 되었다. 이러한 시도는 아직까지도 보수적으로 시행되는 설계를 그나마 최적화 시공으로 관리기준을 정할 수 있다는 점에서 발전적이라 생각한다.

매입말뚝에서 시험시공의 중요성 그리고 실무에서의 현황은 3.1.10절에서 설명한 타입말뚝에서와 유사하다. 실무적으로 시항타는 설계하중만 확인할 뿐 결과의 피드백(feedback)을 통해 최적 설계를 완성하는 데 기여할 수 없다. 이와 같은 일방적인 기술 순환은 기술발전에 큰 역할을 하지 못한다. 물론 시항타의 결과를 반영해서 시공 초기에 기초설계(말뚝, 푸팅 등)를 변경할 수도 있지만, 소요 기간, 책임 주체, 이해관계 등으로 여의치 않다. 이러한 점에서 시험시공의 중요성은 부각될 수밖에 없다. 근래 초고강도 재료가 도입되었는바, 이의 최적 설계 및 시공이 완성되면 매입말뚝공법의 경쟁력은 이전보다 커질 것이다. 이러한 점에서 매입말뚝에서도 시험시공의 도입이 기대된다.

3.3 현장타설말뚝

3.3.1 현장타설말뚝의 시공 문제 개요

일반적으로 현장타설말뚝은 문제점이 발견되는 시기는 양생기간이 끝나고 다른 공정이 진행되고 있는 과정이므로 문제의 해결도 그만큼 복잡하고 힘들어진다. 특히 현장타설말뚝의 경우 시공 규모가 상대적으로 크고 양생기간도 길어 문제 해결에 드는 시간과 경비는 그만큼 많아진다. 따라서 문제가 발생하기 이전에 이들을 예측하고 조치를 취하는 일이 더욱 중요하다. 이러한 점에서 현장타설말뚝 시공 시 자주 일어나는 문제점을 살펴보고 문제가 있었던 사례들에 대한 원인을 조사·분석해 보는 것은 의미가 있는 일이다.

표 3.7은 현장타설말뚝 기초의 문제점에 대한 설문조사(한국건설기술연구원, 1995) 결과를 인용하여 재분석한 것이다. 설문조사에는 총 143건의 문제 발생 사례가 포함되었으며, 이 조사의 원자료는 일본토질공학회(1992)에서 나온 것이다. 문제 발생 사례를 공법별로 분류하면 올케이싱공법 55건(39.0%), 어쓰드릴공법 46건(32.0%), RCD공법 42건(29.0%)으로 구성된다.

이 조사는 비교적 오래되었고, 전통적인 공법을 위주로 조사한 것이어서 근래 국내에서 사용하는 공법과 약간 다르다고 할 수도 있다. 하지만 조사가 체계적이고 구체적이어 매우 유익하다. 그리고 국내에서는 지금도 전통적인 공법을 일부 사용하고 있고, 또한 근래에 사용되는 조합된 공법(수정 공법)들이라도 전통적인 공법을 기본으로 하고 있기 때문에 본 조사 자료가 참고할 만한 가치가 있어 분석해 보았다.

표 3.7처럼 현장타설말뚝 시공 시 발생하는 주요 문제점의 종류는 말뚝 본체의 형상 및 콘크리트 불량, 공벽 붕괴, 굴착 불능 및 능률 저하, 철근 따라오름 및 떠오름, 기구의 매설 등 5가지로, 전체의 86%를 차지하고 있다. 따라서 현장타설말뚝의 시공품질 향상을 위해서는 이들을 해결하는 것이 중요하다고 할 수 있다. 또한 현장타설말뚝공법의 문제점의 종류 중에는 공법과 관계없이 많이 나타나는 것도 있다. 이것은 본체 형상 및 콘크리트 불량으로, 현장타설말뚝의 콘크리트 타설이라는 공통 작업에서 주로 나타난다.

표 3.7 현장타설말뚝 시공 시 문제점 분석

문제점 종류	건수 올케이싱	건수 어쓰드릴	건수 RCD	전체 건수 (구성비, %)
본체 형상 및 콘크리트 불량	10	14	10	34(24.0)
공벽 붕괴	3	9	15	27(19.0)
굴착 불능 또는 능률 저하	10	6	8	24(17.0)
철근 따라오름 및 떠오름	18	3		21(15.0)
기구의 매설	8	7	1	16(11.0)
지반이완 혹은 지지력 부족	3	4	5	12(8.0)
경사 및 편심	1	3	3	7(5.0)
굴착 길이 변경	2			2(1.0)
전체 건수(구성비, %)	55(39.0)	46(32.0)	42(29.0)	143(100.0)

현장타설말뚝의 시공 문제의 종류를 주요 원인과 공법별로 분석한 내용을 표 3.8에 정리해 보았다. 표에서처럼 문제 발생 유형을 공법별로 구분해 본 결과, 어쓰드릴공법의 주요 문제는 본체 불량 그리고 공벽 붕괴로 나타났다. 또한 RCD공법의 주요 문제 유형은 공벽 붕괴 그리고 본체 불량으로 분석되었다. 반면, 올케이싱공법의 주요 문제 유형은 철근케이지 오름 그리고 굴착 곤란으로 나타났다. 이와 같이 공법별로 문제의 두드러진 유형이 있음을 알 수가 있다.

표 3.8과 같이 문제의 원인을 25개로 분류한 후 정리해보면, 문제의 요인은 시공관리 불량, 조사 결과와 실제 지반의 차이, 장비 고장, 근접 시공, 안정액 부적합 등의 순서로 나타났다. 이들 5가지 는 전체 요인의 반 정도를 차지하고 있어 현장타설말뚝 시공의 주요 원인임이 틀림없다. 흥미로운 사항은 공법별로 두드러진 원인이 있고, 이는 문제의 종류와도 관계가 있는 것으로 분석되었다.

어쓰드릴공법에서 문제의 주요 요인은 근접시공과 안정액 부적합 두 가지로 나타났는데, 실 제로 이들은 서로 관련된 사항이므로 결국 어쓰드릴공법에서는 안정액처리가 중요한 과제임을 알 수 있다. 이들 요인을 주요 문제 유형(본체 불량과 공벽 붕괴)과 비교해 보면 서로 인과 관계가 있음을 알 수 있다. 따라서 조사 분석내용은 어쓰드릴공법의 문제와 원인을 잘 나타낸다고 할 수 있으며, 이러한 내용을 감안하여 예방 대책을 강구하면 도움이 될 것이다.

RCD공법에서 문제점의 주요 원인은 지반 차이, 수두압 부족, 케이싱 길이 부적격 등으로 나 타났다. 지반 차이와 케이싱 길이 부적격은 서로 관계가 있는 요인임을 고려하면, RCD공법에서 는 지반 차이에 따른 케이싱 길이 대응, 그리고 수두압 관리가 주요 과제라 할 수 있다. 이들 요인 을 주요 문제 유형(공벽 붕괴와 본체 불량)과 비교해 보면 인과 관계가 있다고 할 수 있다. 이러한 내용은 RCD공법의 예방 대책 강구 시 도움이 될 것이다.

올케이싱공법에서 문제점의 주요 원인은 보일링 발생, 지반 차이 등으로 나타났는데, 두 요인 은 서로 관련된 사항이므로 올케이싱공법에서는 케이싱 관리가 주요 관리항목이다. 한편 특이 한 점은 올케이싱공법에서 문제점의 주요 원인으로 시공관리 불량이 유력하게 나타난다는 것이 다. 이는 올케이싱공법의 주요 문제 유형인 철근케이지 오름의 대부분을 차지하고 있다. 따라서 올케이싱공법에서는 철근케이지의 오름에 대한 시공관리 그리고 지반 차이에 따른 케이싱을 제 대로 다루는 것이 주요 과제라고 할 수 있다.

사례조사를 통해서 현장타설말뚝 공통의 주요 문제점과 주요 원인, 그리고 공법별 주요 문제 점과 원인을 알 수 있었다. 다음 절부터는 조사결과를 바탕으로 시공 중에 자주 나타나는 문제들 에 대한 원인별 대책을 제시하였다. 이들은 공별별로 상관없이 나타나는 공통 문제, 그리고 공법 별(어쓰드릴공법, 올케이싱공법, RCD공법)로 나타나는 문제로 구분하여 설명하였다.

표 **3.8** 현장 문제의 종류별, 공법별 원인

AC: 올케이싱공법, ED: 어쓰드릴공법, RC: RCD공법

이 표는 문제의 요인(행)별로 문제의 종류(말뚝 몸체 형상 불량(콘크리트 불량), 공벽 붕괴, 공저 불능·늘름 저하, 철근 따라오름·떠오름, 기구매설, 지지력 부족·지반 이완, 경사·편심, 굴착길이 변경)와 공법(AC, ED, RC)별 발생 건수를 정리한 것이다.

번호	문제의 요인	전체	%
1	설계상의 문제점	5	3.5
2	공법선정의 부적절	4	2.8
3	기계고장, 장비 불량	11	7.7
4	지층장해물	4	2.8
5	연약지반	4	2.8
6	조사결과와 지반 차이	16	11.2
7	조사 부족	2	1.4
8	경사지반	2	1.4
9	근접시공	9	6.3
10	파일 복부수 존재	5	3.5
11	보일링 발생	6	4.2
12	누출	5	3.5
13	안정액의 부적합	7	4.9
14	수두압의 부족	5	3.5
15	케이싱 길이의 부적절	3	2.1
16	굴착조작의 부적절	3	2.1
17	파도한 2차 공저 처리	3	2.1
18	철근케이지 좌굴	5	3.5
19	철근의 순간격 부족	4	2.8
20	슬라임표 부적절	2	1.4
21	콘크리트 타설 지연	4	2.8
22	시공관리 불량	25	17.5
23	소음·진동	0	0.0
24	습지입	3	2.1
25	기타	6	4.2
	소계(건수)	143	100
	%	100	

3.3.2 각 공법의 주요 공통 문제점과 대책

1) 사전조사 단계

(1) 연약지반의 정도 판정

현장타설말뚝공법의 선정 시 연약지반의 연약 정도가 영향을 미칠 수 있다. 연약지반에서 일축압축강도, q_u=0.2~0.3kg/cm² 정도가 통상적인 현장타설말뚝으로 대처할 수 있는 하한치로 보고 있다. 일축압축강도, q_u=0.2kg/ccm² 이하의 연약지반에서는 굴착공이 변형되어 말뚝 본체의 불량 문제가 일어날 수 있다. 이 경우에는 공벽을 확보하기 위해 희생 강관을 사용하는 현장타설말뚝을 사용할 수 있지만, 경제성이 크게 떨어지므로 강관말뚝 등으로 변경하는 것도 검토할 필요가 있다.

(2) 피압지하수의 유무

피압지하수(수두가 지표 부근 이상인 지하수)는 현장타설말뚝 시공에 악영향을 미치며, 이러한 정도의 피압수는 일반적으로 시추조사의 실시 단계에서 쉽게 판명된다. 현장타설말뚝을 계획하는 장소에서는 시추지반조사 결과를 활용해야 한다는 것이 최소한의 전제 조건이다. 피압지하수층이 존재한다면 피압수두가 어느 정도 되는지 알아야 하며, 이를 위해서는 별도의 조사가 필요하다. 피압지하수의 수두가 지표면 이하라 하더라도 이를 알고 굴착하는 경우와 그렇지 않은 경우는 크게 다르며, 보일링(boiling) 등의 문제는 통상 후자에서 발생한다.

피압지하수층의 문제 발생을 막기 위해서는 이 층에 도달하기 직전(1~2m 정도 위쪽)에 미리 피압수에 저항할 수 있는 공내수위(피압수두+1~2m 정도)를 조성한 후 피압지하수층의 굴착에 들어가는 것이 방책일 수 있다. 이 방책을 너무 이른 단계부터 시행하면 공내 수압이 지나쳐 RCD공법 같은 경우 스탠드파이프 하단 부근에서 지표면 쪽으로의 누수 현상(piping 현상 등)을 야기할 수 있으므로 주의할 필요가 있다.

(3) 유동 지하수의 유무

유동 지하수의 유무를 통상적인 시추조사로 발견하는 것은 비교적 어려우므로, 우선 지형, 지층의 경사 등으로 짐작한 다음, 2곳 이상의 시추공 사이에서 트레이서(tracer)와 같은 약품으로 유향·유속 조사를 함으로써 확인할 수 있다. 따라서 부근에 하천이 있다거나 또는 모래자갈층이 경사져 있는 경우, 그리고 현 지표면에 하천이 없어도 한때 하천이 있었던 것으로 추정되는 경우는 의심해 볼 필요가 있다. 또한 투수성이 큰 모래자갈층이 어떤 방향으로 경사가 있는지 보링 주상도 등을 토대로 추정해보고, 의심되는 곳은 트레이서에 의한 지하수의 유향·유속 조사를 실시하여 확인하는 것이 좋다. 이렇게 해야만 현장타설말뚝을 시공하는 동안 지하수 흐름으로 인한 문제 발생에서 자유로워질 수 있다.

(4) 사력, 호박돌 등의 최대 입경에 대한 판단

시추주상도 보고서에 모래자갈층에서의 입경조사 결과가 있지만 이것만으로 최대 입경을 판단하기가 쉽지 않다. 통상 모래자갈층에서 시추기계로 만들어지는 시편(코어, core)은 최대입경의 호박돌 등에서 나온 것이라고 볼 수 없고, 시추 위치에 걸린 호박돌 등에서 그리고 그것도 해당 호박돌 등의 일부분이 절삭되어 반출되는 것에 지나지 않는다. 보통 최대입경은 시추주상도에 기술된 입경의 2~3배 정도 크기까지 존재할 수 있다는 점을 감안할 필요가 있다. 또한 호박돌, 자갈 등의 형상은 구형이라고는 할 수 없고, 편평한 모양, 둥근 모양, 긴 모양 등 다양한 형상을 하고 있는 게 일반적이다.

그런데 RCD공법 등에서는 이 최대입경의 크기가 공법 선정의 결정적인 요소가 된다. 예로 드릴파이프의 내경이 150mm인 경우 최대 입경이 40~60mm 정도여도, 그 형상이 길쭉하면 드릴파이프가 막혀, 공사가 중단되는 경우도 있다. 따라서 RCD공법 선정 시에는 시추주상도에 나오는 최대입경이 드릴파이프 내경의 1/2~1/3 정도까지가 시공 가능한 입경이라는 것을 감안하는 것이 좋다.

(5) 지지층의 경사

현장타설말뚝의 지지 지반이 경사져 있으면 굴착에 따라 굴착선단부가 미끄러짐 등을 일으켜 굴착공이 휘어지기도 하고, 완성 후에도 말뚝 선단부의 미끄러짐 등의 문제가 발생할 수 있다. 통상 토사층에서는 경사각도가 30° 이상, 암반층에서는 경사각도가 20° 이상 정도에서 문제의 원인이 되므로, 이때는 별도의 시공법이나 굴착기 등을 고려하고, 말뚝의 선단부를 지지층에 일부 근입시키는 것이 필요하다.

2) 설계 단계

(1) 말뚝 본체의 철근량

현장타설말뚝에서 주철근량은 기준에 따라 다르다. 시공에서는 통상 사용하는 최소철근량 (보통 0.4%)과 최대철근량(보통 2.4%)을 지키는 것이 바람직하다. 철근량이 작으면 이동, 설치, 타설 시 철근케이지의 좌굴에 유의해야 한다(4.3.3절 참조). 특히 철근량이 최대철근량을 초과하는 경우 철근케이지 밖으로 큰크리트의 흐름이 원활하지 않아 문제가 되어 말뚝 본체 불량의 원인이 된다. 이러한 경우 대처 방법은 우선 설계를 재검토(철근량, 철근강도, 철근재배치 등)하되, 이것이 어려우면 유동성 향상을 위해 고성능 감수제의 사용을 고려해야 한다.

현장타설말뚝에서 띠철근은 일반적으로 주철근 직경의 20배 이하의 피치(pitch), 띠철근 직경의 48배 이하의 피치로 배근된다. 하지만 철근케이지의 1세트당 길이가 긴 경우(일반적으로 1세트 철근케이지 길이는 8m 정도), 띠철근량을 10~20%(줄수 증가) 정도 증가시키는 것이 좋고, 5세트 중 1세트 정도는 한 단계 높은 철근직경을 사용하여 띠철근을 보강하는 것이 철근케이지의 좌굴 방지에 도움이 된다.

(2) 공법 선정의 적정성 확인

현장타설말뚝에서 최적의 공법 선정은 시공 시 발생하는 문제의 예방을 위한 중요 사항 중의 하나이다. 일반적으로 현장타설말뚝의 설계자는 토질조건, 설계조건, 작업환경, 공기 및 공사비 등 각종 조건을 고려하여 공법을 선정하고 그 공법에 맞게 말뚝지름과 철근 배치 등을 정한다. 하지만 설계자에 따라서는 공법 선정이 합리적이지 못한 경우가 있을 수도 있으므로, 설계 검토 시 시공성에 입각하여 공법 선정이 타당한지 반드시 검토가 필요하다. 이렇게 함으로써 공법 선정 오류에 의한 문제를 대부분 제거할 수 있다. 현장타설말뚝에서 최적 공법의 선정에 대해서는 2.4.6절을 참조하기 바란다. 또한 현장타설말뚝에서 최적 공법의 선정에 대한 사례가 4.3.8절에 소개되었다.

3) 시공 단계

현장타설말뚝은 각 공법이 기본적으로 다르기 때문에 공통적인 문제는 주로 콘크리트 타설과 관련이 있다. 여기서는 공통적인 문제 중 대표적인 것에 대해 설명하고, 각 공법의 문제는 다음 절에서 설명한다.

(1) 기구의 정비 불량

현장타설말뚝의 시공 중 굴착 기계 장치와 관련된 문제는 의외로 많은데, 이들의 대부분은 굴착을 위한 기계장치의 정비 불량에 의한 것이다. 기계 장치는 사용 시 마모되므로, 이를 다음 공사에 사용하기 위해서 충분한 정비를 하지 않으면 문제의 원인이 된다. 반드시 굴착 기계 장치의 보수, 점검, 정비에 충분한 시간을 들여 수행해야 한다.

(2) 슬라임 제거와 그 대책

현장타설말뚝의 슬라임 제거는 말뚝 길이가 짧을수록 중요한데, 슬라임이 남아 있으면 다음과 같은 문제가 발생한다.

- 선단지지력이 저하되고 이것은 말뚝이 짧을수록 영향이 커짐
- 슬라임이 콘크리트 안으로 들어가 부분적으로 콘크리트 강도 저하
- 콘크리트 타설 중 슬라임이 상승할 때 철근과의 저항이 커져 철근케이지가 부상

이러한 대책으로써 선단 슬라임 제거는 이수농도, 바닥처리 시기, 철근케이지 설치와 콘크리트 타설까지의 시간 경과, 보일링 영향 등 슬라임 침적 상황과 관련하여 처리 방법을 생각해야 한다. 슬라임을 처리하기 가장 까다로운 공법은 올케이싱공법이며, 다음으로 어쓰드릴공법, RCD 공법 순이다. 각 공법별로 주된 슬라임 처리 방법이 있고, 이외에 부차적인 슬라임 처리 방법이 있는데 이를 그림 3.43에 나타내었다. 이 중 석션펌프(suction pump)를 사용하여 슬라임을 처리하는 경우 흡입력이 강하므로 2분 이내 짧은 시간 안에 처리하여야 한다.

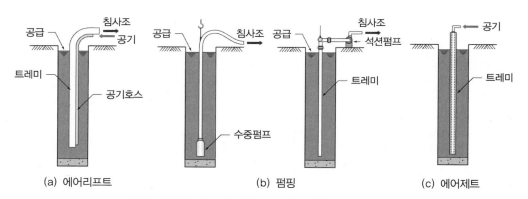

그림 3.43 각종의 부차적인 슬라임 처리 방법의 모식도

(3) 철근케이지의 제작과 설치

철근케이지 가공 조립 시 철근케이지가 휘거나 원형이 찌그러지는 등 문제가 있거나, 철근케이지를 인상하다가 철근케이지가 구부러지면 철근케이지 설치 시 공벽을 손상시켜 공벽 붕괴의 문제가 발생할 수 있다. 이러한 문제의 대책은 철근 조립용 지그(jig)를 준비하여 바르게 철근케이지를 제작하는 동시에, 철근케이지를 인상할 때 철근케이지가 지면으로 밀려 구부러지지 않는 장치를 사용하여 변형을 방지하는 것이다. 철근케이지를 인상할 때에도 매달기 지그를 이용하는 동시에, 인상용 철근은 다른 띠 철근보다 굵게 하여 샤클(shackle)을 걸었을 때 충분히 견디도록 해야 한다.

콘크리트로 만든 바퀴형 스페이서(spacer)는 별도로 제작한 후 철근케이지를 천공 구멍에 삽입하면서 띠철근을 풀어 설치하는데(그림 3.44(a) 참조), 이럴 경우 케이지 설치가 지체되고, 품질과 안전 측면에서 불안정한 이슈가 발생할 수 있다. 따라서 재래식 콘크리트 스페이서보다는 규격화되고 일시에 착용이 가능한 그림 3.44(b)와 같은 일시 착용식 스페이서(pier wheel)를 사용하면 발생 가능한 각종 이슈도 줄일 수 있고, 케이지 설치 작업이 빠르고 간편해질 수 있다. 이러한 주면용 스페이서 외에 철근케이지 하부를 보완하는 선단보조장치(그림 5.14 참조)도 있다.

(a) 재래식 스페이서　　　　　　　　　　　(b) 일시 착용식 스페이서

그림 3.44 재래식 스페이서와 일시 착용식 스페이서

(4) 콘크리트 타설 시 주요 문제와 대책

현장타설말뚝의 시공 시 가장 많이 발생하는 문제로 본체 형상 및 콘크리트 불량을 들 수 있는데, 이의 상당 부분은 콘크리트 타설 시에 발생한다. 그 대표적인 예와 대책을 그림 3.45에 나타내었다.

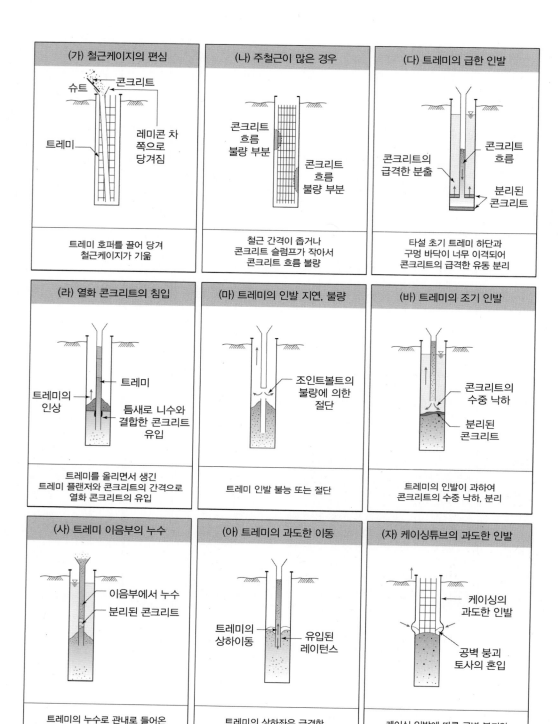

그림 3.45 콘크리트 타설 시 주요 문제 사례(大植英豪 等, 1993)

(가) 철근케이지의 편심

철근케이지의 편심은 그림과 같이 생기는 것 외에 철근케이지를 매달고 있는 크레인의 발판 등이 미흡하여 발생할 수 있는데, 이러한 것은 약간의 주의로 방지할 수 있다.

(나) 주철근량이 많거나 슬럼프가 낮은 콘크리트의 타설

콘크리트 타설 시 콘크리트의 흐름 불량은 주철근량이 특별히 많거나 슬럼프가 낮은 (12cm 이하 정도) 경우 주로 발생한다. 따라서 주철근의 철근량이 많을 경우 흐름 불량이 생길 가능성을 검토하고 조치를 취하되, 슬럼프는 16~18cm 정도가 좋다.

(다) 콘크리트 타설 초기의 트레미파이프의 급격한 인발과 유동분리

콘크리트 타설 초기 재료 분리를 방지하기 위해서 재래식은 고무공을 사용해 왔지만, 회수되지 않는 문제가 있었다. 따라서 트레미에 미리 플런저(plunger) 등을 투입하기도 하는데, 이 경우 플런저는 트레미 내면에 접촉하면서 강하하는 가소성이 있는 재료(함석 또는 플라스틱 재료 이용)를 사용하도록 한다. 하지만 플런저의 제작과 관리상 불편한 점이 있어 플런저 대신 버미큘라이트(vermiculite)를 사용할 수 있는데 시공관리상 간편하다는 이점이 있다(그림 3.46 참조).

콘크리트를 타설하는 초기 단계에서 트레미파이프를 굴착공 바닥에서 급하게 끌어올리면 구멍바닥에 쌓인 슬라임과 함께 콘크리트를 뽑어낼 수밖에 없다. 따라서 트레미파이프에 어느 정도 콘크리트가 쌓인 후 서서히 트레미파이프를 들어 올리는 것이 중요하다. 여기서 트레미파이프의 선단은 플런저 등이 빠져나올 수 있도록 바닥에서 0.2m 정도 이격한다. 더 이상 이격되면 콘크리트의 분리의 원인이 되기도 한다.

(a) 버미큘라이트

(b) 버미큘라이트의 투입

그림 3.46 버미큘라이트의 사용

(라) 열화 콘크리트의 침입

슬럼프가 비교적 낮은 경우나 레미콘 차량의 현장 도착이 지연된 경우, 트레미파이프의 플랜지(flange) 아래쪽에 간극 등이 생겨 이수와 결합한 열화 콘크리트가 침입할 수 있다. 이를 막기 위해서는 슬럼프가 저하되지 않도록 하고 순차적으로 콘크리트를 연속 타설하는 것이 중요하다.

(마) 트레미파이프의 인발 지연 및 조인트 불량

콘크리트 안에 트레미파이프를 깊게 넣거나 트레미파이프 조인트 부분의 볼트가 불량일 경우 트레미파이프의 인발 불능 혹은 절단 문제가 발생할 수 있다. 이를 막기 위해서 트레미파이프의 콘크리트 내 삽입은 2~3m 정도로 하고, 수시로 조인트 부의 볼트, 너트를 점검한다.

(바) 콘크리트 타설 시 트레미파이프의 조기 인발

콘크리트 타설 시 트레미파이프를 콘크리트 타설 상승면보다 빨리 빼내면 콘크리트가 물속으로 떨어지고, 재료 분리된 콘크리트가 말뚝 본체 내에 생겨 강도 저하 문제가 발생할 수 있다. 이를 막기 위해서는 트레미파이프를 끌어올릴 때 반드시 콘크리트 상면을 검측하면서 트레미파이프의 하단 위치(2m 묻힘)를 확인하는 것이 중요하다.

(사) 트레미파이프 이음부의 누수

트레미파이프 이음부의 패킹 등이 불량하여 충분히 조여지지 않는 경우, 이음부로부터 누수가 발생하여 콘크리트의 재료 분리가 발생한다. 이음부는 사용 전에 충분히 세척하여 이상이 없는지 확인하고, 패킹의 손상 유무 등도 확인한다.

(아) 콘크리트를 타설할 때 트레미파이프의 급격한 이동

콘크리트를 타설할 때 트레미파이프를 급격하게 움직이게 되면 레이턴스가 본체로 유입되거나, 콘크리트 상면의 이수 등이 본체로 유입되므로 급하게 움직이지 않도록 주의한다. 또한 말뚝 두부 부근은 배근이 밀실하고 콘크리트의 타설 낙차가 작아짐으로써 철근 케이지 속의 콘크리트 면이 높아지고 외측이 낮아지는 경향이 있다. 이를 조정하기 위해 트레미를 상하로 움직일 수 있는데, 이때 콘크리트 상면 부근에 트레미의 접속부인 플랜지가 있으면 레이턴스가 하부 본체로 유입할 수 있으므로 경계면에 플랜지부가 없도록 트레미를 조합할 필요도 있다.

(자) 케이싱튜브의 과도한 인발과 공벽 붕괴에 의한 토사 혼입

올케이싱공법의 케이싱튜브는 선단부 커팅 엣지(cutting edge)가 55mm의 두께로 되어 있어 케이싱튜브를 무리하게 뽑아내면 공벽이 붕괴되고 콘크리트 안에 토사가 유입되므로 서서히 일정하게 인발하도록 한다. 원인은 다르지만 유사 사례가 4.3.7절에 소개되었다. 한편 RCD공법의 스탠드파이프나 어쓰드릴공법의 표층케이싱은 두께가 16mm 정도로 얇아 올케이싱과 같은 트러블이 거의 생기지 않는다. 두 공법 모두 공통적으로 지표면 부근의 지반이 연약한 경우 케이싱튜브 인발과 함께 콘크리트의 무게에 의해 공벽이 바깥쪽으로 확대되어 말뚝 두부 부근의 콘크리트가 부족하거나 또는 말뚝 두부가 변형되는 등의 문제가 발생한다. 이는 지반이 연약하기 때문에 생기는 것으로, 이에 대한 대책은 3.3.2절 1)에서 설명한 바와 같이 별도의 대책이 시공 이전에 마련되어야 한다.

(5) 말뚝 두부 정리

말뚝 두부 정리란 콘크리트 경화 후 여유타설부(레이턴스)를 제거하여 양호한 콘크리트로 형성된 말뚝 두부를 설계위치로 맞추는 작업과 기초 푸팅과의 일체화를 도모하기 위한 배근작업을 실시하는 것이다. 말뚝 두부 정리 시에는 콘크리트의 균열발생과 손상, 철근의 파손, 콘크리트와 철근 높이, 형상치수 등에 주의해야 한다.

여유타설부의 제거는 브레이커 등으로 파쇄하는 것이 일반적인데, 이 방법은 콘크리트를 파쇄할 때 유해한 균열을 발생하게 할 수 있고, 또 브레이커와 컴프레서에서 발생하는 소음과 진동, 작업시간의 제한 등의 문제를 초래할 수 있다. 이외에도 각종 안전, 보건, 환경 등의 문제가 있다. 따라서 여러 가지 말뚝 두부 정리 방법이 사용되고 있다.

일반적인 말뚝 두부 정리 방법으로 철근케이지 조립 시 여유타설부의 주철근에 부착방지재를 부착하여 여유타설부의 콘크리트를 파쇄하지 않고 쐐기로 소정의 말뚝 두부 위치에서 절단하고, 여유타설부 콘크리트를 덩어리 상태로 끌어 올려 제거하는 재래식 방법을 많이 사용하고 있다. 그러나 이 방법도 안전 및 보건, 환경 측면에서 우려되는 점이 많으며, 또한 시공성 및 생산성도 떨어진다. 이러한 점에서 여러 가지 대안의 말뚝 두부 정리 방법이 고안되었다. 이 중에서 유압파쇄기를 사용하는 방법은 콘크리트 외주면부 전체에서 일시에 유압으로 작동하는 쐐기 핀을 삽입하여 말뚝 두부를 일시에 정리하는 방식이다(그림 3.47 참조). 이 방법은 재래식 방법에 비해 안전, 보건, 환경, 시공성, 생산성 등에서 장점이 있으므로 사용을 검토할 만하다.

| (a) 유압파쇄기로 파쇄하여 인양 | (b) 유압파쇄기 작업 전경 |

그림 3.47 유압파쇄기를 이용한 말뚝 두부 정리 방법

4) 시공 및 품질 관리

(1) 시공관리 항목

현장타설말뚝에서 요구되는 성능은 본체와 지반으로 구분하여 설명할 수 있는데, 본체는 외력을 지지하고 그 외력을 충분히 지반에 전달할 수 있어야 하며, 지반은 충분한 지내력을 확보할 수 있어야 한다. 현장타설말뚝은 말뚝 본체를 지반 속에 직접 조성하기 때문에 완성 형상을 육안으로 확인할 수 없으며, 그렇다고 지내력을 일일이 재하시험으로 확인하는 것도 비용 및 공기 면에서 현실적이지 않다. 또한 각종의 건전도 시험이 있지만 양적이나 질적 측면에서 충분하지 않은 것이 현실이다.

결국 시공 후 요구되는 품질의 만족 여부를 전부 확인하는 것이 현실적으로 어려우므로, 소정 이상의 품질을 얻기 위해서는 시공 단계마다 소정의 관리치가 확실하게 되었는지를 판단하는 것이 실용적이라고 할 수 있다. 그리고 어느 정도 관리를 하면 어느 정도 성능의 말뚝이 가능한지를 관련 지을 수 있는 데이터도 적다. 따라서 현 상황에서는 관리 항목별로 경험적인 관리치를 가지고 관리하는 것이 시공관리의 방안이다. 더욱 바람직한 것은 시험시공 또는 시항타 말뚝에서 실시하는 시험 시 품질관리 항목과 관리 내용 그리고 관리치를 주의 깊게 관찰하여 평가한 후 이후의 시공에 반영시키는 것이다.

표 3.9에는 현장타설말뚝의 품질관리 항목과 시공관리 내용을 요약하였다. 이러한 내용은 공법별로 차이가 있지만 여기서는 대표적인 사항을 위주로 정리하였다.

표 3.9 현장타설말뚝의 품질관리 항목 및 시공관리 내용

품질관리 항목		시공관리 내용
형상 치수	말뚝 두부 평면 위치	말뚝 중심 위치
	말뚝 두부 심도	말뚝 두부 심도
	굴착직경	굴착기 직경, 공벽면 측정, 안정액의 상태, 공내수위 등
	굴착깊이	굴착길이, 지지층까지의 깊이, 지지층 내 근입길이
	경사	굴착기 등의 연직성 및 수평도(케이싱튜브, 스탠드파이프, 켈리버, 리더, 굴착기 등), 공벽면 측정기 등으로 측정
본체 내력	콘크리트	콘크리트의 배합, 슬럼프·공기량, 콘크리트의 타설높이, 트레미파이프 깊이, 케이싱 깊이, 콘크리트 타설량, 안정액의 상태
	철근	재질, 주철근 및 띠철근의 제원 및 수량, 간격, 스페이서의 상태, 이음장·정착장, 띠철근의 이음부 길이, 연직정밀도, 철근천단, 안정액 상태
지지력	선단지지력	슬라임 양, 지지층의 토질 및 암질, 안정액의 상태, 공내수위
	주면지지력	말뚝 주위의 토질 및 암질, 안정액의 상태, 초음파 방법 등으로 공벽 측정, 공내수위
	수평·인발 저항	말뚝 주위의 토질, 안정액의 상태, 공내수위

(2) 말뚝의 형상 및 치수의 품질·시공관리

(가) 말뚝 두부 평면 위치

말뚝 두부의 평면 위치는 설계도서에 나타난 말뚝 중심에 일치시키도록 관리한다. 관리 방법은 말뚝 중심 세팅 시 굴착기구가 말뚝 중심에 맞는지를 확인하는 것이다. 말뚝 두부 평면 위치의 관리치는 시방에 따라 다르지만 일반적으로 100mm 이내를 기준한다. 연직 정밀도가 나쁜 경우 말뚝 설계 길이가 커질수록 편심량이 커지므로, 긴 말뚝에서 연직도 관리가 중요하다.

(나) 말뚝 두부 심도

말뚝 두부 심도는 설계도서에 제시된 위치에 일치시키도록 관리한다. 관리 방법은 철근 과 콘크리트의 천단위치가 설계값과 일치하고 있는지를 검측자로 확인한다.

(다) 굴착직경

굴착직경은 일반적으로 설계 말뚝직경 이상이 되도록 관리한다. 시공 시 말뚝직경을 확보하 기 위한 관리 방법은 굴착 전에 굴착 기구의 직경이 소정의 값을 만족하는지 확인하는 것이다.

(라) 굴착깊이

굴착깊이는 설계도서에 제시된 지지층에의 근입깊이 확보를 기본으로 하여 설계도서에 나타난 길이가 만족되도록 관리한다. 관리 방법은 다림추와 검측자 등으로 굴착 심도를 측정함으로써 지지층에 도달한 깊이 및 지지층으로의 근입길이를 확인한다. 그러나 지층이 변하는 경우 이를 반영한 길이를 검토하고 관리해야 한다.

(마) 연직성

굴착공의 연직성은 연직정밀도가 관리치 이내가 되도록 관리한다. 굴착공의 연직 정밀도는 지층이 바뀌는 곳과 지반강도가 변화하는 곳에서 불량한 경우가 많으므로 특별히 주의를 기한다. 연직 정밀도는 각종의 공벽면 측정기(예: 초음파 방법 등) 등으로 확인하고 관리한다. 연직성의 시공관리 값은 시방에 따라 다르지만 일반적으로 1/100이다. 그러나 PRD공법, 톱다운공법의 현장타설말뚝 등에서와 같이 연직성이 중요한 경우는 1/300(또는 그 이하)까지 관리한다.

(3) 말뚝 본체의 품질·시공관리

말뚝 본체의 품질은 철근케이지를 조립하여 공내로 삽입하고 콘크리트를 타설할 때까지의 작업 상태에 따라 좌우된다. 따라서 말뚝 본체의 품질·시공관리는 철근작업과 콘크리트 공사의 관리라 할 수 있다.

철근 작업의 공정별 관리 항목과 관리 방법은 표 3.10, 그리고 콘크리트공사의 공정별 관리 항목과 관리 방법은 표 3.11에 나타내었다.

표 3.10 철근 작업의 공정별 관리 항목 및 관리 방법

공정	관리 항목	관리 방법
재료의 반입	재질, 주근의 직경/길이/본수, 띠철근의 직경/길이/본수 등	밀시트, 철근 택, 철근 표면의 기호 등으로 확인, 스케일 등으로 측정
가공	후크의 형상, 치수 등	스케일 등으로 측정
조립	주근의 본수, 케이지의 직경 및 길이, 띠철근의 간격, 이음부의 길이, 스페이서의 높이 및 간격, 용접 상황, 앵커 길이 등	육안 확인, 스케일 등으로 측정
케이지 삽입	주근의 중첩 및 이음 길이, 천단 위치, 연직성 등	스케일, 다림추 등으로 측정

표 3.11 콘크리트공사의 공정별 관리 항목 및 관리 방법

공정	관리 항목	관리 방법
계획·준비	배합, 플랜트 능력, 운반시간 등	플랜트 확인, 운반시간 측정
검사	배합, 슬럼프, 공기량, 염화물 함유량, 온도, 운반시간 등	납품서 확인, 슬럼프 등 필요 시험 실시
타설	슬럼프, 트레미파이프의 콘크리트 속 묻힘 깊이, 케이싱 선단의 깊이, 콘크리트 타설 높이, 콘크리트 천단 위치 등	타입 중 콘크리트의 유동상태를 수시로 육안 확인, 운반차 1대마다 다림추와 검측자로 심도(콘크리트 높이, 케이지 천단 위치) 측정, 타입 중 콘크리트 타설 높이별로 트레미파이프 및 케이싱의 선단 깊이 확인, 운반차 1대마다 용량 그리고 대수를 기록
여유타설	여유타설 높이	다림추와 검측자로 심도 측정
양생	경과 일수	일수 확인

(4) 지지력의 품질·시공관리

지지력은 말뚝의 성능을 구성하는 중요한 항목이다. 시공 시에 말뚝의 지지력에 영향을 주는 항목에 대해서 다음과 같이 관리한다.

(가) 선단지지력

선단지지력은 지지층의 토질, 근입길이, 슬라임의 양 등에 좌우된다. 관리방법은 지지층의 토질이 설계도서에 제시된 것임을 확인한다. 또한 슬라임이 충분히 제거된 것을 확인한다(표 3.12 참조).

표 3.12 선단지지력의 시공관리항목 및 관리방법

관리 항목	관리 방법
지지층의 토질	굴착토(암편)와 지반조사 자료의 대조 및 확인, 암판정 실시, 암편 시험 실시
근입길이	다림추와 검측자로 측정
슬라임 양	다림추와 검측자로 측정, 슬라임 처리 시 침전율 측정, 슬라임 처리 시 침전량 측정(슬라임 측정기기 사용: 그림 3.48 참조)
콘크리트 재료분리 방지	스토퍼, 플런저, 버미큘라이트, 트레미파이프, 케이싱 등 관리

(나) 슬라임 관리

슬라임의 침전량은 지반조건에 가장 영향을 받지만, 같은 지반이라도 공법별로 시공상태에 따라 다르게 나타난다. 예로 어쓰드릴공법의 경우 슬라임의 침전량은 공내 안정액의 성상에 따라 변화한다. 공벽의 붕괴 방지에 주안을 두기 위해 안정액(예: 벤토나이트)의 농도를 너무 높게 하면, 슬라임의 침강속도가 느려져 안정액 속에 모래성분이 과도하게 증가하여 콘크리트 타입 전까지의 슬라임 양이 증가하고 콘크리트 타설 시 콘크리트와의 치환성이 떨어진다.

슬라임의 관리는 현장타설말뚝의 주요 시공품질관리 항목 중 하나이다. 시공 중 슬라임 관리가 불충분할 경우 말뚝의 지지력에 치명적인 영향을 줄 수 있다. 그러나 현장타설말뚝의 슬라임 문제는 정량화하기가 쉽지 않고 관련 현장 데이터도 많지 않아 경험에 의존하는 경우가 많다. 아직도 슬라임 두께는 다림추를 사용하여 경험적으로 측정하는 것이 일반적인데, 오차를 최소화하기 위해 가능한 한 사람이 지속적으로 측정하는 것이 바람직하다.

최근에는 그림 3.48에서와 같이 각종 정량적 측정기기, SID(shaft inspection device, GPE), SQUID(shaft quantitative inspection device, PDI), DID(Ding inspection device; Ding, 2015), Slime-meter(박민철, 2022) 등이 개발되어 있지만 아직 보편적이지 않다. 국내에서도 Slime-meter가 개발된 것은 다행스럽지만, 활용되지 않는 것은 아쉬운 부분이다.

(a) SID   (b) SQUID   (c) DID   (d) Slime-meter

그림 3.48 각종 슬라임 측정기기

굴착 후 잔류 슬라임 허용치에 대한 기준은 토목공사일반시방서(2016), AASHTO (2012), JGJ(중국빌딩기초기준, 2008) 등 일부 기준에서만 제시하고 있으며, 이들은 각각 50mm, 76mm, 100mm를 허용치로 규정하고 있다. 이와 같은 잔류 슬라임의 기준은 보편적이지 않고, 일부 주어진 값들에서조차 편차가 크다. 앞서 소개한 Slime-meter와 같은 측정기기가 활용되어 데이터가 축적(그림 3.49 참조)되면 슬라임이 선단지지력에 미치는 영향을 파악할 수 있는 것은 물론 합리적인 슬라임 허용치도 결정할 수 있는바 많은 활용이 기대된다. Slime-meter를 이용한 사례가 4.3.1절에 소개되었다.

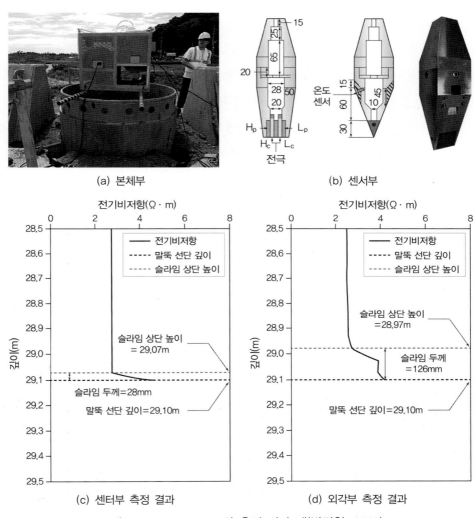

그림 3.49 Slime-meter와 측정 결과 예(박민철, 2022)

(다) 주면마찰력

주면마찰력은 말뚝 주변의 지반조건과 강도에 좌우된다. 주면마찰력이 소정의 값을 발휘할 수 있도록 굴착 시 보일링 방지 등 주위 지반이 이완되지 않도록 최대한 관리한다.

특히 공벽이 무너지지 않도록 관리하는 것이 중요한 포인트이다. 암반근입 말뚝인 경우 암반 상태와 근입깊이를 확인한다. 말뚝 주변의 토질 확인은 굴착 시 샘플을 채취하여 지반조사 자료와 비교하여 평가한다.

5) 품질확인

(1) 품질확인 방법의 개요

현장타설말뚝에 대한 품질확인(지내력 및 건전도)을 위해서 말뚝재하시험(정재하시험 또는 양방향재하시험, 동재하시험 등), 건전도시험 등을 실시하게 된다. 말뚝재하시험에 대해서는 3.5절에서 설명하므로 여기서는 건전도시험 위주로 설명한다.

현장타설말뚝은 말뚝 본체를 현장에서 직접 땅속에 조성하기 때문에 완성 형상을 알 수 없으므로 본체의 건전도 확인이 매우 중요하다. 현재 실무에서 일반적으로 적용되는 현장타설말뚝의 건전도시험은 다음과 같은 4종류가 있다.

- CSL(cross-hole sonic logging) 방법 : 공대공탄성파검사 방법이라고 함
- 충격반향(impact echo) 방법 : 저변형률시험으로 PIT(pile integrity test) 등이 있음
- TIP(thermal integrity profiler) 방법 : 온도변화를 이용하는 건전도시험(그림 3.50 참조)
- 코어링(coring) 방법 : 말뚝의 본체 및 그 하부 지반을 코어링하여 조사

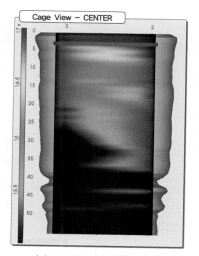

| (a) 온도계 설치 후 | (b) 분석 결과(깊이별 반경) | (c) 결과 도식화(말뚝 형상) |

그림 3.50 TIP 방법의 현장 설치 및 적용결과 예(PDI, 2023)

표 3.13에는 상기 4가지 방법들에 대한 장단점을 비교하여 요약하였다. 표에서와 같이 CSL 방법은 실질적이고 상대적으로 확실한 정보를 주는 장점이 있다. 그러나 미리 튜브를 설치한다는 점에서 품질확인의 의미가 작아지고, 초기 시설비가 필요하며 조사 튜브들로 이루어지는 바깥 공간은 확인할 수 없다는 단점이 있다. 한편 TIP 방법은 CSL 방법이 갖는 장점을 모두 갖고 있으며, 철근 공간 외부는 물론 말뚝 전단면에 대해 측정이 가능한 방법으로 ASTM D 7949에 등재되어 있다.

표 3.13 각종 건전도시험의 비교

구분	장점	단점
CSL 방법	결과가 비교적 정확함, 다수의 결함부 파악이 가능, 말뚝 길이에 제한받지 않음, 주변 토질에 민감하지 않음	타설 전 튜브를 매설해야 함, 튜브 외부 공간은 측정이 안 됨, 탄성파 경로 외에서는 결함부를 찾을 수 없음
TIP 방법	결과가 비교적 정확함, 다수의 결함부 파악이 가능, 말뚝 길이에 제한받지 않음, 말뚝 전단면에 대해서 측정 가능함	타설 전 온도계를 매설해야 함, 측정 기간이 비교적 길게 소요됨
충격반향 방법	장비가 간단, 시공 전 시험 준비가 필요 없음, 시험이 간편함, 많은 말뚝에 쉽게 적용이 가능함, 경제적임	결과가 개요적임, 결함부의 평면위치를 찾을 수 없음, 측정 가능한 말뚝의 길이가 제한됨
코어링 방법	결과가 정확함, 결함부의 육안 관측이 가능하고 정량적 판단이 가능함, 건전도 외에 부가적인 정보(슬라임 상태, 암반 상태, 강도)를 얻을 수 있음	상대적으로 경비와 시간이 소요됨

충격반향 방법은 장비가 간단하고 측정이 간편하여 경제적이고 모든 말뚝에 쉽게 적용이 가능하다는 장점이 있다. 그러나 해머의 타격에너지가 작아 측정할 수 있는 말뚝길이에 제한($\leq 30D$)이 있으며, 결함의 위치는 일차원적으로 제공되고 시험 및 해석에 상당한 경험이 필요하다는 단점이 있다. 따라서 충격반향 방법은 전체적으로 문제가 있는 말뚝만을 찾아내는 데 활용하고, 이후 동재하시험(또는 코어링 방법)을 병용하는 방식으로 조합하여 사용하는 것이 바람직하다.

코어링 방법은 본체를 코어링하여 직접 육안으로 건전도를 확인하는 확실한 방법이지만, 다른 3가지 방법에 비해 비용이 크게 든다. 일반적으로 고층 건물의 현장타설말뚝에서는 철근 외에 철골을 삽입하는데, 이러한 경우는 CSL 방법, 충격반향 방법의 적용이 곤란하다. 따라서 코어링 방법은 다른 3가지 방법의 적용이 어려운 조건에서 이용되기도 하고, 다른 3가지 방법으로 말뚝의 건전도 문제가 개략 확인되었을 경우, 보다 정확한 정보를 얻기 위해서도 적용된다. 또한 코어링 방법은 말뚝 본체의 건전도 확인은 물론 말뚝 선단부에서의 슬라임 상태, 선단부의 암반 상태를 종합적으로 판단할 수 있는 특별한 장점이 있다(조천환 등, 2006). 다음 항에서는 현장타설말뚝의 코어링 방법과 이용에 대한 상세를 기술하였다.

(2) 코어링 방법과 이용

현장타설말뚝의 코어링은 그림 3.51과 같이 말뚝 본체 콘크리트의 결함 위치와 강도 만족 여부, 지지층 암석 강도의 만족 여부, 말뚝 선단부와 암반의 접촉면의 슬라임 상태 및 만족 여부 등을 판단하는 데 사용할 수가 있다.

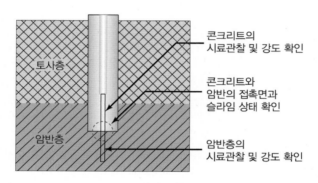

그림 3.51 현장타설말뚝의 품질확인용 코어링 개념(조천환, 2023)

코어링 작업 중 중요한 공정은 코어링과 코어링 후 그라우팅이라 할 수 있다. 코어링 시 수직도에 특별한 준비(장비 레벨링 후 고정 등)를 통해 시추 비트가 철근을 절단하지 않도록 하거나 시추 롯드가 말뚝 본체를 이탈하지 않도록 해야 한다. 또한 콘크리트와 암반 접촉부의 슬라임 상태를 확인하기 위해 코어의 원형을 최대한 보전할 수 있도록 해당 위치에서 국부적으로 무수(無水)보링이 필요할 수 있다. 코어링을 한 다음에는 후 그라우팅(post grouting)이 필요하다. 코어링 후 그라우팅의 주요 포인트는 그라우트가 천공 구멍 및 결함부에 정상적으로 주입되고 양생되어 강도를 발휘할 수 있도록 그라우팅 튜브를 천공 구멍의 하부까지 내려 그라우팅하는 것이며, 이후 압력을 가하고 재충전하는 작업도 포함된다.

각 작업별 주요 내용 및 방법은 다음과 같다.

• 코어링 실시 전 주요 준비사항
- 유압 시추장비 및 레벨링(levelling)
- NX 사이즈(직경 76mm, 시료 55mm)의 더블 코어 바렐(double core barrel)

• 코어링
- 수직도에 특별히 유의하여 말뚝 본체 내 코어링 실시
- 코어링 심도는 말뚝 선단 하부로 말뚝직경 정도 실시
- 선단부를 천공할 때에는 무수보링을 실시하여 접촉부의 상태를 최대한 보존
- 선단부 1.5m 상부에서는 바렐을 새로 시작하여 말뚝 본체, 슬라임, 선단암반이 동일한 바렐에 들어오도록 조정

• 코어링 실시 후 그라우팅
- 그라우트의 물시멘트배합비(W/C)는 40~45% 정도의 부배합 사용
- 그라우팅용 시멘트는 마이크로시멘트(micro cement)를 사용
- 그라우팅용 호스를 천공된 바닥까지 내린 것을 확인한 후 주입
- 1차 주입(중력식) 시 그라우트가 오버플로우(over flow)되어 초기 배합 상태의 양호한 그라우트가 배출되는 것을 확인
- 1차 주입 후 상부에 팩커(packer)를 설치하여 가압 주입 및 추가 충전
- 가압 주입 전후의 주입량 및 주입압, 주입시간 등 기록

코어링은 단순히 코어를 육안 관찰하여 건전도만을 확인하는 것이 아니라, 코어링한 시편에 몇 가지 정량적인 시험을 조합하면 말뚝 본체 콘크리트의 강도 확인, 선단부 암반의 강도 확인, 슬라임의 확인 등이 가능하게 된다. 이렇게 측정된 값들은 설계값과 비교 평가가 가능하므로 말뚝의 품질확인이 가능하게 된다. 현장타설말뚝의 재하시험은 상당히 큰 비용과 시간을 들여서 지내력(지지력과 침하)만을 확인한다는 약점, 그리고 재하시험방식의 제한점이나 시험표본의 선정 등에 있어 문제점도 있다. 물론 코어링 방법도 주면마찰력을 확인하지 못하는 단점이 있다. 하지만 코어링 방법은 전술한 바와 같이 건전도 확인과 선단지지력의 확인, 그리고 시험방식의

제한이나 표본 선정에서 자유로울 수 있는 점을 감안하면 품질확인시험으로서 가치가 있는 방법이라고 할 수 있다. 무엇보다도 현장타설말뚝의 재하시험보다도 훨씬 경제적이고 간편하며 육안 확인까지 가능하다는 장점이 있는 시험이라 할 수 있다. 따라서 향후 코어링 방법이 현장타설말뚝의 하나의 품질확인시험으로서 활용되기를 기대한다.

코어링으로 품질을 확인하는 내용은 코어링 직후 실시하는 육안관찰과 코어링으로부터 회수된 코어의 시험으로 구분할 수 있다.

코어링한 직후 바렐에서 콘크리트와 암반 상태, 그리고 접촉부의 슬라임 상태 등을 육안 관찰 후 사진을 찍어 원형을 기록 보관한다(그림 3.52 참조). 이 과정을 놓치게 되면 슬라임 상태의 정확한 판단이 어려운 경우가 자주 있다. 따라서 말뚝 본체와 암반의 접촉부의 관찰은 코어링 직후 바렐을 열자마자 실시하고, 상태를 기록하는 것이 중요하다.

(a) 코어링 직후 코어

(b) 콘크리트와 암반의 접촉부

(c) 접촉부의 슬라임 상태

그림 3.52 코어링 직후 육안 관찰(조천환, 2023)

바렐에서 코어 관찰이 완료되면 코어를 박스로 옮기고 콘크리트시료와 암석시료에 대한 평가를 실시한다. 콘크리트시료에 대해서는 결함부의 상태 및 위치, 강도 등을 파악하여 전체적인 건전도를 평가하고, 암석시료에 대해서는 암석의 종류, 강도, 불연속면의 상태 등을 평가한다.

코어박스 상태에서 콘크리트 본체와 암반부의 대표적인 시료를 선정하여 필요한 시험을 수행한다. 시험 항목은 주로 설계에서 가정한 값들이 대상이 되며, 일반적으로 물성시험(밀도, 탄성계수, 포아송비 등), 각종의 강도시험이 포함된다. 각종의 시험이 완료되면 최종적으로 시험결과와 설계 내용을 비교하여 현장타설말뚝의 품질을 확인한다.

6) 시항타와 시험시공

현장타설말뚝은 시공 중에 품질을 확인할 방법이 없다. 현장타설말뚝은 4주 정도의 양생기간이 지나야만 품질확인이 가능하며, 따라서 시항타 준비, 시항타, 양생 및 품질확인 기간을 고려하면 전체 시항타 절차에 상당한 기간(약 2개월)이 소요된다. 이러한 사유로 인해 국내의 현장타설말뚝은 타입말뚝이나 매입말뚝과 달리 실질적인 시항타가 보편화되지 않은 것 같다.

결국 현장타설말뚝의 시공은 설계대로 본시공이 시행되고 이후 설계하중의 만족 여부를 확인하는 품질확인시험이 수행되는 단순한 절차로 마무리된다. 이러한 바람직하지 못한 시공 절차로 인해 시공 결과는 설계에 긍정적인 피드백(feed back)을 줄 수가 없다. 이로 인해 국내 현장타설말뚝의 설계는 보수적일 수밖에 없었다고 생각한다.

보수적인 설계를 해결하기 위한 방안으로 설계단계에서 시험시공을 할 수 있으며, 이를 통해 해당 현장에 맞는 시공법의 선정, 최적설계의 시도, 시공관리방법 및 기준의 결정이라는 유용한 결과를 얻을 수 있다. 그러나 이 절차는 초기투입비가 크다는 이유로 국내에서 적용되지 않고 있다. 반면, 해외에서는 시험시공이 설계단계에서 하나의 프로세스로 인식되고 있으며, 이를 통해 설계를 마무리하는 것은 물론, 시공관리기준(method statement)도 작성하여 본시공에 임하고 있다.

국내의 경우 현장타설말뚝에 관한 한 변화가 필요하다. 우선 시공 초기에 시항타 절차를 전면 도입하여 기초공 전체의 리스크를 줄일 필요가 있다. 시공 초기 시항타의 전면적인 시행은 기초공의 리스크 헤지(risk hedge)는 물론 설계최적화에도 점진적으로 도움이 될 것이다. 다음으로 설계단계에서의 시험시공 절차를 도입하여 기초공의 안정성은 물론 경제성, 시공성, 안전성 등을 향상시킬 필요가 있다. 종국적으로는 이러한 절차들을 통해 초기투입비보다 훨씬 큰 효과를 얻을 수 있으며, 기초 기술의 발전도 도모할 수 있을 것이다.

3.3.3 어쓰드릴공법의 주요 문제점과 대책

1) 어쓰드릴공법의 주요 문제

전통적인 어쓰드릴공법(이하 어쓰드릴공법)은 토사 지반에서 유용한 공법으로 다른 현장타설말뚝공법에 비해 생산성이 좋고, 비용이 저렴하다. 어쓰드릴공법은 케이싱을 사용하지 않고 상부 표층케이싱과 안정액을 이용하여 시공하기 때문에, 안정액의 관리가 불충분하면 공벽의 붕괴가 용이한 단점도 있다.

어쓰드릴공법은 국내에서 이용되지 않는다. 대신에 국내에서는 안정액 대신에 케이싱을 사용하는 수정어쓰드릴공법이 주로 이용되고 있다. 수정어쓰드릴공법이 케이싱을 사용한다 하더라도 올케이싱이 아닌 풍화암 상단 정도까지 부분 케이싱을 사용하기 때문에 이의 주요 문제점은 어쓰드릴공법의 문제를 포함하고 있다. 따라서 어쓰드릴공법의 원리를 이해하는 것은 수정어쓰드릴공법을 적용하는 데 도움이 되고, 또한 해외에서는 어쓰드릴공법이 주로 이용되므로 본 절에서는 이 공법의 주요 문제와 대책을 설명하였다.

현장타설말뚝공법의 공통 문제를 제외하면, 어쓰드릴공법의 주요 문제는 안정액의 관리 불량 등으로 발생하는 공벽 붕괴이다. 공벽 붕괴의 주요 원인은 다음과 같은 것을 들 수 있다.

- 안정액의 관리 불량에 의한 것
- 모래자갈층 등 큰 투수층 또는 굴착 중 지장물로 인해 안정액이 누출되는 경우
- 지표면의 중기류 등 상재 하중의 영향에 의해 붕괴하는 경우
- 공내에 철근 설치 시 공벽을 손상시키는 경우
- 캘리퍼의 흔들림의 영향에 의한 경우

어쓰드릴공법은 안정액 관리를 통해 굴착 공벽의 안정을 유지하는 것이고, 상기 5가지 항목은 모두 안정액의 관리와 관련이 있다. 따라서 어쓰드릴공법에서는 안정액 관리가 가장 중요하다고 할 수 있다.

어쓰드릴공법을 시공할 때, 대상 지반은 일반적으로 점토, 실트, 모래 등의 호층으로 이루어져 있으며, 이들 지반조건과 공벽 붕괴 가능성의 정성적인 관계를 표 3.14에 나타내었다. 일반적으로 점토층이나 실트층에서는 어쓰드릴공법에서 발생하는 공벽 붕괴의 문제가 작지만, 모래 혹은 자갈층에서는 안정액의 누출이 생기고 이로 인해 공벽 붕괴의 문제가 발생하게 된다. 이와 같이 공벽 붕괴의 주요인 중의 하나는 안정액의 누출인데 이의 원인은 표 3.15와 같다.

표 3.14 지반조건과 붕괴 가능성

지질	붕괴 가능성	
	지하수가 없는 경우	지하수가 있는 경우
점토	없음	일반적으로 없음
실트	일반적으로 없음	작음
모래질 실트	작음	보통
가는 모래	보통	약간 큼
굵은 모래	약간 큼	큼
모래자갈	큼	매우 큼
자갈	매우 큼	매우 큼

표 3.15 안정액 누출의 원인

문제 분류	원인
지반조건의 문제	투수성이 높은 지반(모래층, 모래자갈층 등)
	단층 균열, 공동이 있는 지반(기설물 인접부에서도 자주 발생)
안정액의 상태 문제	점성이 낮음
	비중이 높음
	머드 케이크 형성이 좋지 않음
	지반의 균열이나 흙 입자의 틈을 막는 입자가 안정액에 없음
안정액의 압력 문제	안정액의 정수압이 높음(비중이 높은 것과 관련)
	안정액의 동수압이 과대함(버킷의 급격한 하강 및 인상에 의한 압력)

2) 안정액의 관리

자연적으로 안정된 지반을 수직으로 굴착하면, 지압(수압 포함)의 평형이 깨져 굴착 벽면은 붕괴될 우려가 있다. 안정액은 이를 위한 대책으로 사용되며, 대표적인 것으로는 벤토나이트와 폴리머 안정액이 있다. 표 3.16에는 대표적인 두 가지 안정액의 특성을 비교하였다.

표 3.16 벤토나이트와 폴리머 안정액의 특성 비교(일본도로협회, 2007)

항목	벤토나이트	폴리머
점성과 비중	종류와 혼합률에 의존하고, 사용 상황에 따라 변화가 큼	혼합률에 의존하고, 사용 상황에 따라 변화가 작음
침강 분리성	침적 대기 시간이 긺	침적 대기 시간이 짧음
열화요인	많음	적음
재생처리	어려움	쉬움
재료	사용량이 많지만 저렴함	사용량이 적지만 상대적으로 비쌈
폐기량	전용률이 낮음	전용률이 높음
용해수	성질에 제한이 있음	성질에 제한이 적음
혼합량과 비용	많지만 저렴함	적지만 비교적 비쌈

벤토나이트 안정액으로 공벽의 붕괴를 막는 원리는 토사층 공벽에 머드 케이크(mud cake)를 형성시킨 후 천공 구멍 내에 보급된 안정액에 의해 발생된 수압이 머드 케이크를 눌러 공벽을 보호하는 것이다. 머드 케이크가 형성되는 원리는 지반의 천공 구멍 내에 비중이 물보다 큰 안정액을 채워 발생된 수압차에 의해 안정액이 지반 내로 유출되면서 안정액 중 점토입자가 천공 구멍 벽면에 붙어 막을 형성하는 것이다.

반면, 폴리머 안정액으로 공벽의 붕괴를 막는 원리는 토사층 공벽에 롱 체인(long chain)으로 엮인 필터 케이크(filter cake)를 형성시킨 후 천공 구멍 내에 보급된 안정액에 의해 발생된 수압차로 공벽을 보호하는 것이다. 필터 케이크는 폴리머 내의 체인이 흙입자 사이로 들어가서 체인과 흙이 서로 엮여서 만들어지고, 여기에 공내에서 조성된 액압이 가해져 공벽이 안정하게 된다.

벤토나이트의 머드 케이크는 불투수층에, 그리고 폴리머의 필터 케이크는 투수층에 가깝다. 따라서 벤토나이트 안정액은 물리적 현상이 없는 한 비중이 큰(상대적으로) 안정액의 수두가 유지되지만, 반편 폴리머 안정액은 역겨진 필터 케이크를 통해 비중이 작은(상대적으로) 안정액이 계속 유출되므로 액압을 유지하기 위해서는 지속 폴리머 안정액의 공급이 필요하다. 당연히 안정액의 관리 수두의 높이는 비중이 작은 폴리머 안정액이 크게 된다. 이와 같이 안정액은 각각의 특성에 따라 공벽의 안정을 유지하기 위한 관리가 이루어져야 하고, 슬라임 처리 방식도 다르다.

안정액 관리에 필요한 대표적인 특성에는 비중, 점성, pH, 모래 함량 등이 있다. 표 3.17은 안정액의 이해를 돕기 위해 안정액의 특성을 사용 목적과 성질에 따라 설명하였다. 안정액의 특성치는 항상 필요한 수치 내에 있는 것이 중요하므로 해당 측정기구를 사용하여 안정액을 관리해야 한다. 이들을 측정할 때는 시료채취의 대표성이 중요하다. 특히 굴착 중 채취되는 시료의 대표성이 중요한데, 굴착공의 중앙부와 바닥 근처에서 일정 간격으로 시료를 채취하여 시험을 하는 것이 필요하다.

표 3.17 안정액의 목적과 성질의 관계(일본도로협회, 2007)

목적 \ 성질	수위차	비중	점성	pH	모래 함량
붕괴방지	↑	↑	⇧	⇔	
침강속도		↓	↓		
치환성		↓	⇩	⇔	↓

주) 채워진(비워진) 화살표는 기능과 상관성이 높음(보통)을 의미하고, 상향(하향) 화살표는 높은(낮은) 값과 목적이 유효함을 의미

표 3.18에는 안정액의 통상적인 관리기준치를 나타내었다. 표에서와 같이 관리 기준치의 범위는 상당히 넓어 특정 현장에서 그대로 적용하기는 어렵다. 이것은 이들 관리기준치가 제품마다 특성이 다를 수 있다는 것을 의미하는 것으로 제품에서 주어진 사양을 참고하는 것이 우선이다. 또한 표의 기준치는 안정액의 신액(fresh slurry)에 대한 값이므로 재활용 액(reuse slurry)에 대한 기준치는 별도로 정할 필요가 있는데, 당연히 이 값들은 표에서 규정한 신액의 값보다는 작게 설정될 것이다.

표 3.18 안정액의 관리기준치(AASHTO, 2008)

구분	규정치		시험법 규정(API)
	벤토나이트	폴리머	
비중(t/m^3)	1.03~1.15	≤ 1.02	mud weight density balance(API 13B-1)
점성(sec/quart)	28~50	32~135	Marsh funnel and cup(API 13B-1)
pH	8~11	8~11.5	glass electrode pH meter or pH paper strips
모래 함량(타설 직전)(부피 %)	≤ 4.0	≤ 1.0	sand content(API 13B-1)

(1) 비중

안정액은 굴착 공벽에 형성된 케이크에 압력(수압＋토압)을 가해 주변과의 압력차를 발생시켜 공벽의 안정을 유지하고 있는데, 비중은 이 압력차를 유지하는 역할을 한다. 비중이 너무 높으면 펌프의 가동 불량이나 콘크리트와의 치환 불량 등이 초래된다. 안정액의 바람직한 비중은 표 3.18과 같으며 비중측정기(lever arm scale)로 측정하여 관리한다.

(2) 점성

점성은 공법, 굴삭기, 작업시간, 지반조건, 이수의 사용조건(정지 또는 순환) 등에 따라 적당한 범위가 있으며(표 3.18 참조), 이 모든 조건을 감안하여 결정하여야 한다. 점도는 점도측정시험(Marsh funnel test)을 사용하여 측정할 수 있다.

(3) pH

안정액의 pH는 안정액의 기능(예: 경화 방지제 효과)을 확인하는 것으로, pH측정기(pH페이퍼 또는 pH미터)를 사용하여 측정한다. pH 측정은 안정액에 대한 시멘트의 혼합 정도를 파악하기 위해서도 수행된다. 일반적으로 pH가 10에 가까워지면 시멘트의 혼합 영향이 나타나기 시작한 것으로, 11 이상이 되면 점성이 증가하여 안정액으로서 바람직하지 않은 상태가 되므로 사용하지 않는 것이 좋다. 시멘트에 의한 열화의 예방이나 개선을 위해 분산제를 적당량 혼합할 수 있다.

(4) 모래 함량

안정액에 함유된 모래분을 측정하기 위해서는 모래함량시험기(sand content test kit)를 사용한다. 모래가 안정액에 많이 포함되었다는 것은 시멘트의 영향을 받아 안정액의 겔화가 진행되고 있음을 의미하는 것으로, 공벽 붕괴로 발전할 가능성이 있다. 모래 함량은 표 3.18을 참고하되, 일반적으로 모래 함량이 1.0% 미만이면 안정액의 재사용이 가능하고, 5.0%를 초과하면 분산제 등을 사용하여 안정액을 재생하고, 10%를 초과하는 안정액은 폐기처리한다.

안정액은 현장타설말뚝의 굴착에 앞서, 굴착하는 말뚝 부피의 2배를 준비하는 것이 기본이지만, 반복 사용함으로써 점차 열화하게 된다. 안정액의 기본 사항인 비중, 점성, pH, 모래함유율이 표준치로부터 벗어나면 이에 따라 재생하거나 폐기처리한다. 이러한 판단을 위해서 제품에서 주어진 사양을 참고하는 것이 우선되어야 한다.

3) 안정액의 누출과 처리

투수성이 높은 지반에서는 지금까지 통상의 안정액으로는 대처하기가 어렵다. 이러한 경우 누출 방지제를 첨가하여 안정액의 누출을 막아야 한다. 하지만 누출 방지제의 사용으로 누출을 멈추게 하는 것이 어느 정도 가능하더라도 완성된 말뚝은 상대적으로 신뢰에 문제가 있을 수 있다. 따라서 이후의 말뚝에서는 공법 변경 등의 조치도 적극 검토할 필요가 있다.

4) 폴리머 안정액의 믹싱과 펌핑 시 기능저하와 대책

폴리머 안정액의 경우 믹싱(mixing)과 펌핑(pumping) 과정의 부적합으로 기능저하가 나타나기도 한다. 폴리머는 긴 체인으로 구성되어 있고 이를 통해 공벽의 안정을 조성한다. 그런데 폴리머를 믹싱할 때 보편적으로 사용하는 회전식 날개가 달린 믹서기를 사용하면 체인이 손상되어 폴리머의 기능이 떨어진다. 따라서 믹싱은 회전식 날개로 강제로 혼합하지 말고, 에어 등으로 순환하는 방식(그림 3.53 참조)을 사용하는 것이 좋다. 또한 안정액을 보내기 위해 압송 펌프를 사용할 때 원심력식 펌프를 쓰면 마찬가지로 폴리머 내의 체인이 손상되어 기능이 떨어지므로 다이아프럼 펌프(diaphragm pump)를 사용하는 것이 바람직하다.

(a) 회전식 날개로 혼합(부적합)   (b) 순환방식 혼합(적합)

그림 3.53 폴리머의 믹싱 방법

5) 안정액의 정수압 관리

공벽의 안정을 이루기 위해서는 필요한 정수압을 지속 유지시키는 것이 중요하다. 안정액의 정수압 문제에 비중이 관련되지만 이것은 안정액의 관리로 가능하고, 오히려 정수압 문제에 더 영향을 주는 요인은 안정액 수두를 유지하는 것이다. 벤토나이트 안정액은 그림 3.54와 같이 조성된 머드 케이크에 안정액의 압을 가해 공벽의 안정을 이루기 때문에 항상 필요한 수두(통상, 지하수위 + 2m 이내)를 지켜야 하며, 그렇지 못할 경우 공벽의 수압평형이 깨져 공벽이 불안정하게 된다(FHWA, 2010). 한편 폴리머 슬러리는 그림 3.55와 같이 체인이 공벽의 토립자와 결합하여 액압을 유지하면서 공벽의 안정을 이루는데, 여기서는 안정액이 투과되기 때문에 필요한 높이(통상 지하수위 + 2m 이상)를 유지하기 위해 폴리머 안정액을 지속 공급해야 한다(FHWA, 2010). 특히 폴리머 안정액은 비중이 물과 거의 유사(1.01)하고, 또한 안정액의 투과성 때문에 벤토나이트 슬러리에 비해 수두관리를 보다 철저히 해야 한다.

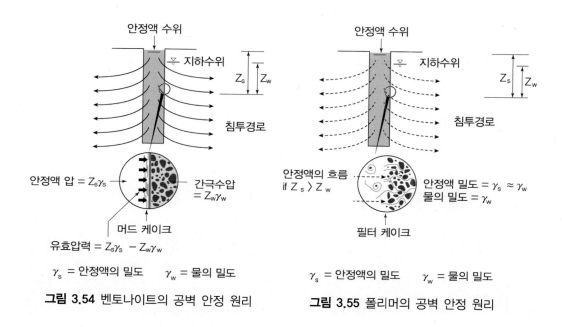

그림 3.54 벤토나이트의 공벽 안정 원리 **그림 3.55** 폴리머의 공벽 안정 원리

6) 안정액의 동수압 관리

안정액의 동수압 문제는 안정액의 관리만으로는 해결되지 않는다. 이의 근본 원인을 해결해야 한다. 일반적으로 어쓰드릴공법에서 동수압의 과대 발생은 버킷의 상승 및 하강 속도와 관련이 있다. 안정액 내에서 버킷의 속도가 빨라지면 버킷의 하부(상승 시) 또는 상부(하강 시)에서 부압이 발생하며, 이로 인해 약해진 공벽이나 붕괴에 취약한 지반(사질토 지반 등)은 여굴이 되고 심해지면 붕괴가 발생하게 된다. 특히 버킷의 상승 시 버킷의 하부에서 발생하는 부압이 공벽의 여굴이나 붕괴에 영향을 준다. 관련된 사례가 4.3.5절에 소개되었다.

공벽 붕괴의 징후는 슬라임의 처리에도 높이가 줄지 않는 현상으로 알 수 있고, 심해진 경우 버킷 상부에 실려 올라오는 토사로도 알 수가 있다. 일단 공벽 붕괴가 인지될 정도면, 이는 진전되는 경향이 있기 때문에 공벽을 매립하고 재굴착하는 것이 바람직하다. 이러한 판단이 지체될 경우 붕괴는 확대되고, 심해질 경우 지표 부분까지 붕괴면이 확장되어 지상의 작업상태가 어렵거나 장비전도 등의 심각한 문제로 확대될 수 있다.

이에 대한 대책으로는 버킷의 속도(특히 상승속도)를 늦추는 것이 필요하다. 특히 어쓰드릴공법에서 말뚝 길이가 긴 경우 천공작업의 생산성이 현저히 떨어지므로 이를 보상하기 위해 버킷의 상승속도를 높이려는 현상이 나타나기 때문에 더욱 조심해야 한다. 버킷의 감속 조치 이외에도 버킷의 상부(상단 및 측면 윗부분)에 구멍(그림 3.56(a) 참조)을 뚫어 부압을 완화시키면 도움이 된다. 이러한 방법으로도 문제가 해결되지 않을 경우 그림 3.56(b)(c)와 같이 버킷의 내부에 바이패스(bypass)를 설치하면 동수압 문제는 대부분 해소된다.

(a) 드릴링 버킷 상단의 구멍   (b) 드릴링 버킷의 바이패스   (c) 클리닝 버킷의 바이패스

그림 3.56 부압 완화를 위한 조치

3.3.4 RCD공법의 주요 문제점과 대책

1) RCD공법의 주요 문제

전통적인 RCD공법(이하 RCD공법)은 케이싱(스탠드파이프와 다름)도 안정액도 사용하지 않는다. RCD공법은 국내에서 사용되지 않지만, 대신에 케이싱을 사용하는 수정RCD공법이 주로 이용되고 있다. 수정RCD공법이 케이싱을 사용한다 하더라도 올케이싱이 아닌 풍화암 상단 정도까지 케이싱을 설치하기 때문에 수정RCD공법의 주요 문제점은 RCD공법의 문제와 유사한 경우가 많다. 따라서 RCD공법의 원리를 이해하는 것은 수정RCD공법을 적용하는 데 도움이 되고, 또한 해외에서는 RCD공법이 이용되기도 하므로 본 절에서는 RCD공법의 주요 문제와 대책을 설명하였다.

표 3.7에서 보는 바와 같이 RCD공법 중 가장 큰 문제는 공벽 붕괴이며, 다른 현장타설말뚝공법과 비교해도 공벽 붕괴 문제가 많이 일어나는 편이다. 따라서 공벽 붕괴의 원인을 알고 있으면 대책을 강구하는 데 도움이 된다. RCD공법에서 공벽 붕괴와 관련된 사례가 4.3.4절에 소개되었다.

RCD공법에 있어서 공벽 붕괴의 원인 중 현장타설말뚝의 공통의 문제들을 제외하면 다음과 같은 사항을 들 수 있다.

- 공내 정수압을 공외 수압에 비해 $0.2kg/cm^2$(수두차 2m) 이상 유지하지 않은 경우
- 스탠드파이프의 설치(선단) 위치가 적정하지 않은 경우
- RCD리그의 진동으로 스탠드파이프의 선단에서 누수되어 정수압을 유지할 수 없는 경우
- 공내 정수압이 너무 클 경우
- 굵은 모래자갈층 등 큰 투수층이 있어 공내 이수가 유실된 경우
- 조수 간만으로 인해 수두차가 유지되지 않는 경우

2) 정수압 $0.2kg/cm^2$의 유지와 대책

RCD공법에서 공벽 붕괴를 막기 위해서는 다음과 같은 5가지 조건이 모두 만족되어야 한다.

(1) 수위차 2m의 유지

공내수위와 지하수위(공외수위)의 수위차를 항상 2m 이상 유지하는 것이 RCD공법의 기본 사항이다. RCD공법에서는 이 수두차를 유지하지 못할 때 공벽 붕괴에 이른다고 할 정도로 중요한 의미를 가지며, 따라서 시공 중 수위 관리를 철저히 해야 한다.

(2) 순환수 비중

굴착공 내 순환수의 비중(1.02~1.08)은 굴착에 의해 지반 안의 점토나 실트가 녹아 물보다 비중이 약간 크다. 보통 토사 굴착 시 이수의 비중은 1.02~1.04 정도이지만, 모래나 모래자갈층과 같이 붕괴 가능성이 큰 지반에서는 이수의 비중을 1.05~1.08 정도로 하여 굴착해야 한다.

이수의 비중이 1.08 이상이면 굴착능률이 떨어지고, 비중이 더 높아지면 굴착이 곤란해지므로 지반에 따라 적당한 비중을 유지하도록 물로 희석하는 등 이수의 비중을 조절할 필요가 있다. 한편 순수 모래 지반에서는 미리 저수조에 점토를 넣어 공내 이수 비중이 1.05 정도가 되도록 조정된 이수를 사용하여 굴착할 수 있다. 이와 같이 RCD공법에서는 이수 비중의 문제로 공벽 붕괴에 이르는 경우가 자주 발생하므로 꼼꼼한 시공관리가 필요하다.

(3) 진흙막의 유지

굴착 중 공내 이수는 순환하면서 공벽에 진흙막(이수에 의해 만들어지는 막으로 머드 케이크와 구분)을 만든다. 지하수의 비중 1.0에 비해 이수의 비중은 1.02∼1.08 정도로 크고, 게다가 공내에는 항상 +2.0m의 수압이 진흙막에 가해져서 공벽을 보호하는 역할을 하고 있다. 따라서 이 진흙막을 손상하지 않고 유지시키는 것이 중요하다.

(4) 굴착 중 공내 유속이 완만할 것

RCD공법에서의 공내 이수는 굴착비트가 회전하면서 토사와 함께 드릴파이프를 통해 뿜어져 나오고, 이수는 다시 원래대로 되돌려져 공내로 유입된 후 공내를 하강하여 드릴파이프로 들어간다. RCD공법은 케이싱을 사용하지 않기 때문에 공내를 하강하는 유속이 빠르면 붕괴의 원인이 된다. 따라서 RCD공법은 이수의 하강 속도가 완만하여 공벽을 손상시키지 않는 조건(0.5m/s 이내)이 지켜져야 한다.

(5) 굴착 속도를 지킬 것

일반적으로 굴착 속도는 토질의 상황, 비트의 회전수, 이수의 양수능력, 이수 비중 등과 관련이 있어 일률적으로 단정할 수는 없으나, 지역의 경험적인 굴착 속도값(예: 실트층에서 10분/m)을 지키는 것이 바람직하다. 토질이 변화되는 층에서 공벽 붕괴가 잘 일어나는데, 특히 모래 또는 모래자갈층에서 점성토층으로의 변하는 지점에서는 주의가 필요하다.

3) 스탠드파이프의 선단 위치에 대한 문제와 대책

지하수위보다 2m 정도 높게 수위차를 유지하기 위해 타설하는 스탠드파이프의 위치가 부적절할 경우 문제가 발생할 수 있다. 그림 3.57(大植英豪 等, 1993)에서 스탠드파이프의 타설 위치는 (a)(b)의 경우는 좋으나, (c)(d)의 경우는 좋지 않다. 왜냐하면, (c)(d)의 경우 모두 스탠드파이프의 선단이 모래(또는 굵은 모래)에 위치하고 있는데, 모래는 물에 의해 붕괴되기 쉬운 특성이 있으므로 스탠드파이프가 진동이나 충격을 받을 경우 파이프의 주변이나 선단 부근의 지반이 느슨해져서 붕괴의 원인이 될 수 있기 때문이다. 특히 (d)의 경우는 가장 위험한 요소를 가지고 있는데, 이유는 스탠드파이프의 주위 지반이 모두 투수성이 커서, 공내 수압으로 파이핑 현상을 일으켜 붕괴될 수 있기 때문이다. 따라서 스탠드파이프의 타설 시 선단부의 지질 조건에 따라 스탠드파이프 길이를 결정하는 것이 중요하다.

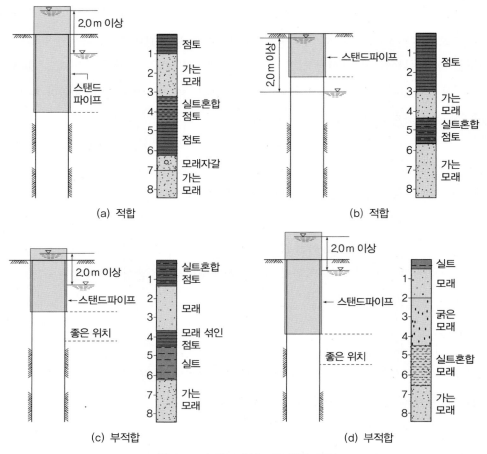

그림 3.57 스탠드파이프의 선단 위치

4) RCD리그의 진동으로 인한 누수 문제와 대책

RCD리그를 직접 스탠드파이프 위에 설치하면 굴착 중 진동에 의해 스탠드파이프 주위와 선단부의 지반이 이완되어 공내 이수가 빠져나가 공벽 붕괴의 원인이 될 수 있다. 따라서 이 방법은 양질의 점성토 지반 이외에서는 위험하므로 사용하지 않는 것이 좋고, 점성토에 사용하더라도 가능한 한 깊게 설치하는 것이 바람직하다.

그리고 작업 중인 RCD공 근처에서 진동을 주는 작업(동시굴착, 바이브로 해머 작업 등)을 수행할 경우 느슨한 상태의 지층(모래자갈층, 파쇄대층 등)에서 공벽이 붕괴될 수 있으므로 금지해야 한다. 이와 관련된 사례가 4.3.4절에 소개되었다.

5) 공내 수두압이 너무 클 경우 문제와 대책

RCD공법에서는 공내 수두압으로 수두 + 2.0m를 원칙으로 하는데, 수두압을 필요 이상으로 가하면 스탠드파이프 하단에서의 수압이 그 깊이에서의 상재토압보다 커져 보일링(굴착공 외부 위로)이 생겨 스탠드파이프 주변 지반이 파괴될 수 있다. 이러한 것은 스탠드파이프의 선단이 점성토에 설치되어 있는 경우는 크게 문제되지 않지만, 모래지반이나 연약한 실트층에 설치된 경우는 조심해야 하고, 굴착 중 공내수위 관측에 특히 유의해야 한다.

6) 굵은 모래자갈층 등에서의 문제와 대책

굵은 모래자갈층 등과 같이 큰 투수성을 가지고, 게다가 지하수압이 낮은 토층(지하수 양수 등에 의한 것)이 존재할 때, 굴착공이 이 층에 도달하면 그림 3.58과 같이 공내수가 이 지층으로 유실되어 공내수위가 급격히 저하되고, 공벽 붕괴가 초래될 수 있다. 이러한 지반에 대해서는 미리 그 지반을 약액 주입 등으로 고화하던가 또는 누출 방지제 등을 사용하여 지반으로 안정액 누출 방지 등의 대책을 강구해 두어야 한다(大植英豪 等, 1993).

만약 시추 조사에 의해 이와 같은 층이 있는 것을 미리 파악한 경우는 현장타설말뚝공법이 아닌 다른 공법을 검토하는 것이 바람직하다.

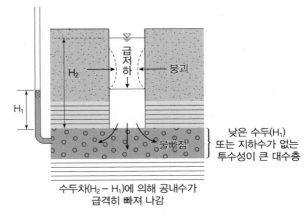

그림 3.58 저수압 투수층으로 공내수의 유실 현상

7) 조수 간만으로 인한 문제와 대책

바다와 가까운 현장에서 조수 간만으로 인해 RCD공법의 기본인 공내 수두(지하수위 + 2.0m)가 만조 시 확보되지 않아 공벽 붕괴를 일으킬 수 있다. 간만의 차이는 지역 및 장소에 따라 다르게 나타나기도 하므로, 현장 부근에 관측정 등을 설치하여 지하수의 변동을 측정하고 이에 연동된 공내 수두차 + 2.0m를 지키는 것이 중요하다.

3.3.5 올케이싱공법의 주요 문제점과 대책

1) 올케이싱공법에서 발생하는 문제

올케이싱공법의 굴착기에는 요동식(benoto공법)과 전회전식(돗바늘공법)이 있다. 전회전식은 빽빽한 전석층이나 단단한 지층 등에서 굴착이 유리한 장점도 있지만, 장비 용량(또는 말뚝 직경)이 다양하지 않고, 전용 장비 위주로 사용되어 장비 대수가 많지 않아 실무에서 자주 사용되지 않는다. 반면, 요동식은 다양한 장비(해머그래브, 치즐, 오실레이터, 케이싱 등)의 조합으로 사용이 가능하여 장비 용량도 다양하고 장비 대수도 많아 실무에서 많이 사용된다.

수정현장타설말뚝공법(수정어쓰드릴공법, 수정RCD공법 등)들이 주로 요동식의 방식을 사용하고 있어 요동식 올케이싱공법을 설명하는 것이 실무에 도움이 된다. 따라서 본 절에서는 요동식 올케이싱공법(이하 올케이싱공법)을 위주로 설명한다.

올케이싱공법은 선단에 커팅 엣지를 둔 케이싱튜브를 굴착공 전체에 사용하기 때문에, 발생하는 문제도 주로 케이싱튜브로 인해 일어난다. 이 중에서 가장 많은 일어나는 문제는 표 3.7과 같이 철근케이지의 따라오름으로, 올케이싱 공법 전체 문제의 약 1/3이나 된다. 다음으로 많은 문제는 케이싱튜브의 요동 등에 의해 주변 지반이 이완됨으로써 생기는 본체 형상 및 콘크리트 불량 등이다. 여기에는 케이싱튜브의 인발 시 발생하는 철근케이지의 좌굴도 포함된다. 이러한 주요 문제의 개요를 그림 3.59에 나타내었다. 그다음으로 많은 문제는 케이싱튜브의 요동에 의해 세사층 등에서 끼임현상으로 생기는 케이싱튜브의 인발 불능, 콘크리트 타설 시 타이밍이 맞지 않아 발생하는 케이싱튜브의 인발 불량 등이다. 또한 전석 등에 의한 굴착능률 저하 등이 있다. 이상의 문제가 올케이싱공법 전체 문제의 약 80% 정도를 차지한다.

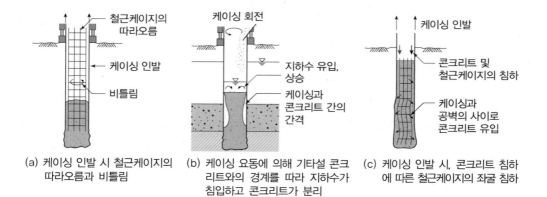

(a) 케이싱 인발 시 철근케이지의 따라오름과 비틀림

(b) 케이싱 요동에 의해 기타설 콘크리트와의 경계를 따라 지하수가 침입하고 콘크리트가 분리

(c) 케이싱 인발 시, 콘크리트 침하에 따른 철근케이지의 좌굴 침하

그림 3.59 올케이싱공법에서 자주 일어나는 문제 개요(大植英豪 等, 1993)

2) 철근케이지의 따라오름 문제와 대책

올케이싱공법은 콘크리트 타설 시 철근케이지의 따라오름 문제가 자주 일어나는데, 이의 원인과 대책 그리고 문제 발생 후 응급조치는 다음과 같다.

(1) 철근케이지의 따라오름의 원인과 대책

(가) 첫 번째 원인은 철근케이지 자체의 만곡, 철근케이지 연결부위의 불량, 좌굴, 띠철근의 변형 탈락, 케이싱튜브의 경사 등으로 이로 인해 철근케이지가 케이싱튜브 내벽을 강하게 접촉하는 경우이다. 이에 대한 대책은 철근케이지 가공 조립의 정밀도 향상, 운반 중 변형 방지, 삽입 시 케이싱튜브 안에서 철근케이지의 여유를 확인하는 것이다. 또한 작업 중 철근케이지를 낙하하거나 철근케이지의 꼭대기를 때려서는 안 되며, 케이싱튜브의 관입 시 수직도에 주의해야 한다.

(나) 두 번째 원인은 케이싱튜브 선단의 내벽에 모르타르나 토사가 부착되어 있거나, 튜브의 변형부가 있어 튜브 인발 시 철근케이지가 끼어 있는 경우이다. 이에 대한 대책은 굴착에 앞서 선단 케이싱튜브의 내벽을 반드시 점검하여 부착물을 제거하고 또한 변형이 확인되면 보수하는 것이다.

(다) 세 번째 원인은 콘크리트가 응결되기 시작하여 케이싱튜브에 콘크리트가 부착된 경우이다. 이에 대한 대책은 콘크리트 타설 시 장시간 중단을 피하고, 유동성이 저하된 콘크리트를 타설하지 않는 것은 물론, 운반 시간이 길거나 더운 날씨에는 미리 응결지연제를 사용하는 것이다.

(라) 네 번째 원인은 슬라임이 있는 경우, 또는 보일링 현상으로 모래가 철근 주위로 유입되는 경우이다. 이에 대한 대책은 슬라임을 완전히 처리하는 것, 그리고 보일링 여부를 확인하여 보일링이 있는 경우 수압으로 이를 억제하는 것이다.

(마) 다섯 번째 원인은 트레미 선단에서 콘크리트가 쏟아져 나와 흘러내리는 경우이다. 트레미 선단에서 쏟아져 나와 흘러내린 콘크리트는 분리되어 자갈, 모래, 시멘트가 따로 낙하하고, 이것이 철근 주변으로 흘러내리면 자갈과 모래 그리고 철근이 서로 끼어서 따라오름의 원인이 된다. 이에 대한 대책은 콘크리트가 쏟아져 나와 흘러내려 재료분리가 생기지 않도록 주의하는 동시에 콘크리트 타설 전에는 반드시 케이싱튜브를 약간 인발하여 철근케이지 따라오름 여부를 확인하는 것이다. 또한 콘크리트의 흘러내림에 의한 재료

분리 문제는 품질관리 측면에서도 엄격히 관리되어야 한다(3.3.2절 참조).

(2) 철근케이지의 따라오름 문제 발생 상황과 응급조치

(가) 콘크리트 타설 초기에 문제가 발생한 경우, 즉시 콘크리트 타설을 중지하고 케이싱튜브의 요동, 상하 움직임 등을 반복하거나 1방향으로 회전하여 접촉부를 분리시킨다.

(나) 콘크리트 타설 도중 케이싱튜브의 인발에 따라 철근케이지의 따라오름이 발생하지만 콘크리트 상면은 올라오지 않는 경우, 철근케이지와 케이싱튜브의 단순 접촉에 기인하므로 케이싱튜브의 요동, 상하 움직임을 반복하여 접촉부를 분리시킨다. 단, 극단적인 1방향 회전은 철근케이지를 비틀리게 할 우려가 있으므로 하지 않는다.

(다) 콘크리트 타설 도중 케이싱튜브의 인발에 따라 철근케이지와 콘크리트 상면이 함께 올라오는 경우가 있는데, 이것은 철근 따라오름 문제의 최악의 상황이다. 이럴 경우 말뚝과 지반의 밀착이 나빠지고, 공극이 생길 수도 있기 때문에, 지반 함몰에 대한 보강조치를 한 후 케이싱튜브를 인발해야 한다. 이러한 문제가 발생할 경우 일반적으로 말뚝을 다시 박는다.

(라) 철근케이지의 따라오름이 도중에 멈춘 경우는 설계조건을 검토하여 철근량 부족 등의 문제가 없으면 시공을 계속해도 좋으나, 말뚝의 강도 저하 등에 영향이 있을 때는 말뚝을 다시 박는 것을 검토한다.

(마) 철근케이지의 따라오름이 멈추지 않았을 경우는 철근케이지 및 콘크리트를 꺼내고, 말뚝을 다시 박는다.

3) 말뚝 주변 지반의 이완과 대책

(1) 올케이싱공법에 의한 주변 지반의 이완 상황

올케이싱공법은 천공 구멍 전체에 케이싱튜브를 설치하기 때문에 어쓰드릴공법이나 RCD공법에서 볼 수 있는 공벽 붕괴의 문제는 적다. 하지만 케이싱튜브의 요동, 해머그래브의 사용 등으로 말뚝 주변 지반의 이완 정도는 크다. 이러한 이유로 완성된 말뚝의 지지력, 말뚝 본체 콘크리트의 품질(느슨한 지반의 토사 혼입에 의한) 등에 대한 신뢰성은 다른 두 공법에 비해 상대적으로 낮아진다. 따라서 올케이싱공법에서는 말뚝 주변 지반의 이완이 작게 시공하는 것이 중요하다.

(2) 말뚝 주변 지반의 이완에 대한 대책

(가) 올케이싱공법에서 말뚝 주변 지반을 이완시키지 않고 굴착할 수는 없지만, 이완 범위를 최소화하기 위한 기본은 굴착 시 케이싱튜브 내의 수위를 지하수위 이상으로 유지하여 굴착하는 것이다. 이렇게 할 경우 공내수위가 낮아서 생기는 주변 지반의 이완이 없어지고, 또한 케이싱튜브 선단 커팅 엣지 부위의 이완도 줄어든다.

(나) 케이싱을 필요 이상으로 급격하게 요동시키지 말아야 한다. 특히 사질토 지반에서는 심한 요동에 의해 원지반의 붕괴가 일어날 수 있으므로 주의해야 한다.

(다) 가능한 한 선굴착을 하지 않도록 조금씩 굴진시켜야 한다. 이렇게 하면 시간이 더 들지만, 결과적으로 양호한 말뚝 본체를 형성하여 시간을 줄이는 효과를 얻게 된다.

4) 철근케이지의 좌굴로 인한 문제와 대책

(1) 철근케이지의 좌굴 문제 발생 원인

지표면 부근에 스탠드파이프를 사용하는 RCD공법과 달리 올케이싱공법은 말뚝의 전체 길이에 걸쳐 케이싱튜브를 사용하다 보니 철근케이지의 좌굴에 의한 문제가 비교적 많다. 예를 들어 철근케이지 삽입 후 케이싱튜브의 요동에 의해 철근케이지에 비틀림이 생기면 콘크리트 타설 시 철근케이지의 따라오름이 발생한다. 또한 케이싱튜브의 인발에 따른 콘크리트 강하 시 부착력에 의해 철근케이지가 밀려 내려가기도 한다. 관련된 사례가 4.3.3절에 소개되었다. 이 외에도 현장타설말뚝공법의 공통적인 원인, 즉 띠철근이 탈락하거나, 철근케이지를 설치할 때 철근케이지를 떨어뜨리거나, 철근케이지 상부를 두드리거나 했을 때 철근케이지의 좌굴이 생기기도 한다.

(2) 철근케이지 좌굴 방지 대책

철근케이지의 좌굴을 방지하기 위한 대책으로는 다음과 같은 점에 유의해야 한다.

- 철근의 정확한 가공 조립 실시, 철근케이지의 이음매 시공관리 철저
- 트레미관 설치 시 수직도에 주의
- 철근케이지를 두드리거나 떨어뜨리는 등 불필요한 외력 금지
- 긴 철근케이지에서 좌굴이 없도록 설계 및 시공상 유의

5) 케이싱튜브 인발에 따른 문제와 대책

올케이싱공법에서 케이싱튜브의 인발이 곤란하거나 불능이 되는 원인은 크게 지반 상태(주로 모래층)에 따라 주면마찰력이 인발능력(인발력 + 요동력)보다 큰 경우, 그리고 기계 자체의 능력이 부족하여 일어나는 것이다. 표 3.19에는 케이싱튜브의 인발에 따른 문제의 원인과 대책 그리고 응급조치에 대해 나타내었다.

표 3.19 케이싱튜브(CT)의 인발 곤란 또는 불능의 원인, 대책, 응급조치

구분	원인	대책	응급조치
지반 관련	주면마찰력이 기계의 인발능력보다 큰 경우		(1) 인발이 곤란한 경우 요동곤란에 의한 것이므로 요동이 용이한 상태로 수정. 예로 전환밸브를 조작하여 작은 요동각도로 시작하여 서서히 정상 상태로 작동하면서 인발을 시행 (2) 인발 불능인 경우 별도 유압잭 등으로 인발. 무리하게 요동하면 기계후부가 미끄러져 기계가 불안정해지거나 요동장치의 고장, 록핀의 파손 등이 생길 수 있음. 일단 인발상태가 되면 연속작업을 할 수 있도록 미리 준비 필요
	커팅 엣지 둘레가 마모되어 CT의 외부 직경과 차이가 없는 경우	마모된 것을 용접 등을 통해 원래 치수대로 복구	
	주면마찰력이 특별히 큰 경우	여러 번 시도해도 인발이 안 된다면 공법 선정의 오류로 간주	
	굴착 방법이 적절하지 않은 경우	점토, 실트 등 굴착이 용이한 지반에서도 CT의 관입을 정확하게 하고, 해머그래브와 CT의 선단을 같은 깊이로 유지하며 굴착	
	부적절한 콘크리트 타설로 CT 내면에 과도한 부착력이 생긴 경우	• 콘크리트 상면과 CT선단과의 차이가 과도하지 않게 함 • 믹싱 후 장시간 경과한 콘크리트가 타설되지 않도록 타설 전에 확인	
기계 관련	기계 자체의 능력이 부족하거나 기능이 저하한 경우		
	CT가 기울어져 인발 방향과 다른 경우	기계 설치 전 지반을 견고하게 다짐하여 기계를 정확히 설치하고, CT의 수직도를 정확히 유지	기계의 인발 방향과 CT의 방향을 일치하여 인발. 이를 위해 CT가 경사져 있는 경우는 기계의 수평도 등을 조정하여 방향을 일치시켜 시행
	기계 설치 또는 지지 지반의 불량으로 기계가 경사져 CT의 방향과 다른 경우		
	요동밴드 내면이 마모되어 미끄러져 요동도 안 되고 인발도 할 수 없는 경우	필요시 요동 밴드 내면의 라이너 플레이트를 교체	응급처치로 CT와 밴드 사이에 얇은 강판을 끼우고 인발 시도
	유압장치 고장	점검, 정비 확인	신속히 기능 복구

3.4 특수말뚝

3.4.1 기성말뚝 사용 공법

1) 압입말뚝공법

압입말뚝 시공 중에 자주 접하는 난제는 관입종료기준, 인접말뚝의 융기 등이 있고, 그 외 지중장애물, 장비용량, 바닥정리, 재래식 작업 등이 있다. 여기서는 이들 문제점과 대책에 대한 노하우를 살펴본다.

압입말뚝 시공 중 가장 중요 사항은 관입종료기준이라 할 수 있다. 마찰말뚝에서는 관입깊이가 관입종료기준이 되지만, 선단지지말뚝의 경우 관입종료기준 자체가 품질확인 사항이기 때문에 중요한 절차가 된다. 이와 관련하여 현장에서 통용되는 방법은 없으므로 현장별로 기준을 정해 사용하여야 한다. 일반적으로 관입종료기준은 압입력과 최종침하량으로 규정된다.

GNP(2009) 시방가이드에 의하면 압입력이 설계하중의 2.5배(최대하중 가정)에 도달하면, 최대하중을 최소 2회 재하하되, 회당 재하시간은 침하량 없이 30초간 유지하도록 되어 있다(말련 지역). Chow et al.(2010)은 압입력은 설계하중의 2.0배를 최소 2회 30초 유지하되, 침하량은 2mm 이내로 제안하고 있다. Zhang et al.(2006)은 N값이 120(50/12.5)인 지층에 도달하면 설계하중의 2.5배인 압입력을 최소 3회 이상 가하되 이때의 침하속도는 5mm/15분 이내를 유지하도록 제안하고 있다(홍콩 지역). 삼성물산(2023)의 작업지침에 의하면 압입력은 설계하중의 3.0배를 최소 2회 30초 유지하되, 침하량은 2mm 이내를 유지하도록 규정되어 있다.

현재 이용되는 기준을 요약하면 압입하중은 설계하중의 2~3배, 재하시간은 30초 2회, 제한침하(set)는 2mm 정도가 통용되고 있다. 그런데 각종의 기준에서 제안하는 침하(침하율)는 절대적인 의미가 있는 것이 아닌 각 지역의 경험치이다. 이러한 상황에서 현장의 관입종료기준은 현지의 시항타 등에 의해 결정되는 것이 바람직하다고 생각한다. 다만, 목표 설정을 위한 참고치로 압입력은 2.5배, 재하시간은 30초 2회, 제한침하량은 2mm를 기준할 수 있다고 본다. 여기서 정리된 압입력(설계하중의 2.5배)과 침하량(2mm)은 비교적 보수적인 값이라 생각되는데, 보다 실질적인 침하관리기준의 결정을 위해서는 시항타 등을 통해서 확인 후 적용할 수밖에 없을 것이다.

압입말뚝 시공이 대변위말뚝(폐단말뚝)인 경우 시공 중 인접말뚝의 융기(heaving)가 종종 일어나기도 한다(그림 3.60 참조). 특히 시공 시 주변 흙의 변위가 큰 지반조건(점토, 실트 등)에서 선단지지말뚝인 경우 말뚝의 융기에 유의해야 하며, 또한 말뚝 중심 간 간격이 좁은 경우도 주의가 필요하다. 이에 대한 대책 중 보다 중요한 것은 사전에 확인하는 것이라 할 수 있다. 이를 위해 지반조사 결과를 이용하여 설계단계에서 이러한 현상을 예측하고 준비하는 것이 필요하다. 그리고 말뚝의 융기에 대한 확인은 시항타 시 수준 측량 등을 통해 초기에 실시하는 것이다.

조사를 통해서 말뚝의 융기가 확인되면 즉시 조치해야 한다. 말뚝이 융기에 대한 대책은 소극적인 방법(말뚝간격 조정, 일부 프리보링 등)으로부터, 적극적인 방법(공법 변경, 자재 변경 등) 등 여러 가지가 있으므로 현장에 맞게 검토해야 한다. 이와 관련된 사례가 4.4.1절에 소개되었다.

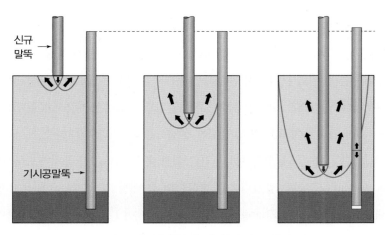

그림 3.60 말뚝의 융기 현상과 문제점

이외에 압입말뚝의 시공 중 어려운 점은 중간층 장애물, 적합한 장비하중의 선정, 시공 바닥의 정리 등이 있다. 중간층에 장애물이 있는 경우 치환 또는 프리보링을 통해 보완할 수 있으며, 사전에 금액은 물론 공기도 반영되어야 한다. 압입장비의 하중(사하중 포함)은 전체 하중의 80% 이상 사용하지 않도록 계획하고, 시공 바닥은 장비의 이동을 원활하도록, 편평하게 충분히 다짐되어야 한다.

압입말뚝 시공 중 문제로 지적할 수는 없지만, 불편하고 재래적인 작업이 포함되어 있다. 이들은 최종 관입량 측정, 말뚝이음, 말뚝 두부 절단, 압입력 및 관입량 측정 등이다. 앞의 3가지는 3.1절과 3.2절에서 소개한 자동 항타관입량 측정기, 무용접 조립식 이음장치, 두부 절단용 자동장치 등을 활용하면 편리하고 안전한 작업이 이루어질 것으로 생각된다. 이와 더불어 압입력과 관입량 측정도 자동장치 시스템을 개발하여 적용하면 유용한 정보와 응용이 가능할 것이라 생각한다. 이에 대한 진전도 기대되는 부분이다.

2) SSP공법

SSP공법은 시공 중 관입심도의 관리가 가장 중요한 관리항목이다. 관입심도는 토크를 관입속도(1회전당 관입량)로 나눈 경도계수(hardness index, K)를 구하여 결정한다. 관입심도 결정을 위한 관리치(경도계수)는 해당 현장별로 시항타를 실시하여 구한다. 시항타가 끝나면 본시공은 관리치를 바탕으로 모니터링하면서 시행하고, 품질확인은 재하시험이 아닌 모니터링 관리치로 대체된다. 따라서 시항타 시 관리치 결정과 시공 중 이의 모니터링이 중요한 항목이라 할 수 있다.

일반적으로 관입심도는 N치를 참고하여, 지지층에 1D 관입시키는 것을 기준으로 한다. 최종 관입심도의 K값은 최소 150(D=318mm) 이상으로 하는데, 직경별로 K값은 증가한다. 예로 본체의 직경(D)이 600mm, 900mm, 1,200mm인 경우 K값은 각각 400 이상, 500 이상, 600 이상으로 관리된다. 그림 3.61은 SSP 시공 중 모니터링 기록지의 사례를 보여주고 있다.

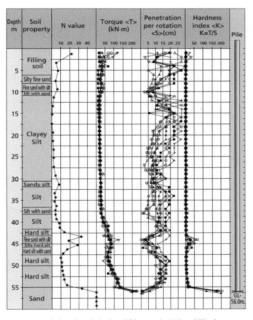

(a) 전 길이에 대한 모니터링 기록지

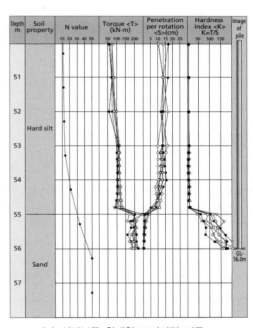

(b) 선단부를 확대한 모니터링 기록

그림 3.61 시공 중 모니터링 사례(JFE Steel Cooperation, 2009)

SSP공법은 차세대 기초공법으로 평가받을 만큼 그 의미가 있다. 하지만 이 공법이 일본 외 지역에서 적용되기 위해서는 몇 가지 고려할 점이 있다. SSP공법은 우선 공사비가 높아 이의 경제성에 대한 검토가 필요하고, 또한 장비나 시공 자체도 제작자(특허권자) 중심으로 구성된 협회 단위로 운용되어 도입 시 이를 감안해야 한다. 이와 관련된 사례가 4.4.3절에 소개되었다.

SSP공법의 또 다른 의문은 SSP공법과 같은 선단부 확장말뚝의 지역별 적용성이다. 보통 선단부를 확장한 말뚝이 개발되는 이유는 양호하지 못한 선단을 지지층으로 해야 하기 때문이다. 따라서 일본과 같이 충적퇴적층이 발달한 지역에서는 선단부 확장말뚝의 적용효과가 크다. 하지만 예로 우리나라는 말뚝의 선단지지층의 대상이 풍화암층 혹은 이보다 견고한 암반층이고, 이러한 선단지지층은 비교적 얕은 깊이에서 출현하기 때문에 선단부 확장말뚝의 효과는 그리 크지 않다. 즉, 국내 지반조건에서는 말뚝 본체에 확장부를 달고 별도의 장비를 개발해서 말뚝을 설치하는 것보다는 기존 말뚝 시공 시 약간 더 천공하여 단단한 지지층에 말뚝 선단을 두는 것이 경제적이고 효과가 크다는 의미이다. 따라서 국내 또는 유사한 지반조건을 갖는 지역에서 SSP공법을 도입하기 위해서는 이의 적용성을 확실히 검토할 필요가 있다.

3.4.2 현장타설말뚝 사용 공법

1) CFA파일공법

CFA파일공법의 시공 시 어려운 점은 오거의 회전과 관입 속도 유지, 그라우트의 연속적인 타설, 그라우트 로스(grout loss), 시공품질관리 등이다. 여기서는 이들 문제와 대책에 대해 설명하였다.

CFA파일공법의 원리상 천공 시 가장 중요한 점은 오거의 회전과 관입 속도의 균형유지이다. 적정 관입 속도를 유지하려면 오거의 토크와 하향력이 충분해야 하며, 이 조건이 장비 선정의 중요한 요소가 된다. 또한 관입 속도는 천공 중 관리되고 평가되어 현장 조건에 맞게 조정, 적용될 수 있도록 하는 절차가 필요하다.

그라우팅에서 포인트는 타설 중 단속(끊기는 것)을 막는 일이다. 단속이 발생하면 케이지 삽입이 곤란해지고 재천공하거나 재시공하는 경우가 발생할 수 있다. 따라서 항상 전체 레미콘이 준비된 후, 천공을 시작해야 한다. 그리고 주입을 시작하면 한번에 끝내야 한다.

CFA파일의 그라우팅 공정에서 특기할 사항은 그라우트 로스가 크다는 점이다. CFA파일의 그라우팅 시 오버플로우(over flow), 플러싱(flushing), 대기 후 일시 주입 등은 피할 수가 없는데, 이로 인해 발생하는 그라우트 로스는 생각보다 크게 된다. 따라서 사전 계획단계에서 반드시 이를 반영해야 한다.

CFA파일은 소구경 현장타설말뚝이고, 지반에 따라서는 원리를 지키는 것이 쉽지 않아 매 공마다 시공품질을 모니터링하는 것이 필요하다. 모니터링 항목은 토크, 그라우팅 볼륨과 압력, 오거속도 등으로 이들은 현장 피드백(feedback)을 통해서 해당 현장의 기준치 설정에 활용되어야 한다. 그림 3.62는 현장의 모니터링 사례를 보여주고 있다.

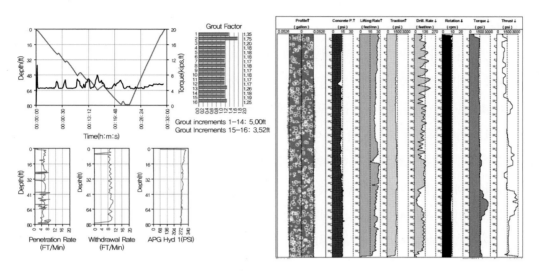

그림 3.62 CFA파일 시공 모니터링 사례

일반적으로 CFA파일은 공사비가 저렴하고 생산성이 큰 것으로 알려져 있고, 이러한 관례에 따라 CFA파일을 선정하는 경우가 종종 있다. 하지만 CFA파일은 직경이 클수록 큰 힘을 가진 장비가 필요하고, 또한 단단한 지반을 굴착해야 하므로 생산성과 경제성이 현저하게 떨어지게 된다. 그리고 직경이 커질수록 전술한 그라우트 로스도 커진다. 따라서 CFA파일은 가능하면 토사 지반에 직경이 작은 것(≤ 0.76m)을 선정하는 것이 유리하다. 당연히 공법 선정 시에는 그라우트 로스도 반영되어야 한다. 이에 대한 사례가 4.4.2절에 소개되었다.

2) 중구경 현장타설말뚝공법

국내의 중구경 현장타설말뚝은 초기 개발된 방법(MISCP공법)과 이를 개선한 방법(MCC파일공법) 등 2종류가 이용되었다. 여기서는 중구경 현장타설말뚝공법의 현장적용 시 발생하는 주요 문제점과 대책을 간단히 설명하고, 향후 이 공법의 전망을 평가해 보았다.

초기 중구경 현장타설말뚝의 개발(LH공사, 김원철 등)은 소구경과 대구경 사이의 말뚝 부재 해결, 소음·진동으로 인한 민원 감소, 풍화암에서의 지지력 확충 등 현업의 부족함을 채우고자

하는 긍정적인 발상에서 시작되었다. 개발된 공법의 개념을 보면 일견 현업의 요구들이 해소된 것처럼 보인다. 하지만 본 공법은 현장타설말뚝 중 작은 구경이라는 원천적인 한계가 있기 때문에 시공품질관리에 대한 문제가 내재되어 있다. 특히 케이싱 인발 시 철근망의 움직임, 지하수 아래 풍화대에서 선단부의 연약화, 수중 슬라임 처리 곤란 등은 시공 중 언제나 발생할 수 있는 문제들이므로 특별한 관리가 필요하다. 그렇지 않을 경우 현장의 품질 문제로 부각될 수 있다. 이와 관련된 유사한 사례가 4.3.6절에 소개되었다. 이의 문제 해결 방법은 일반 현장타설말뚝의 대책과 같지만, 실제로 일반 현장타설말뚝은 대부분 풍화암대를 선단지지층으로 하지 않아 문제 해결책은 더 어려우며, 더구나 중구경 현장타설말뚝은 직경도 작으므로 자체적으로 시공품질관리를 위한 특별한 조치가 필요하다.

MCC파일공법은 초기 중구경 현장타설말뚝(MISCP)의 난점이라 할 수 있는 풍화대 선단부의 연약화, 슬라임 처리의 곤란함 등을 해결하기 위해 실무적인 방식(경타)을 도입했는데, 이를 위해 몰드 케이스(내부케이싱)과 강재저판을 추가하고, 콘크리트를 분리 타설하는 방식을 채택했다. 시공 절차가 복잡하지만, 주어진 시방과 절차대로 시공품질관리가 이루어지면 공법의 개념대로 시공이 가능할 것이다. 그러나 시공 절차가 많아졌고, 초기 중구경 현장타설말뚝의 개발 당시 의도했던 저소음·저진동에 대한 장점도 없어졌다. 그리고 본 공법 역시 비교적 작은 구경의 현장타설말뚝이므로 케이싱 인발 시 철근망 움직임, 콘크리트 타설 등 시공품질관리에 특별한 주의가 필요하다고 할 수밖에 없다(한국지반공학회, 2019). 이러한 것이 지켜지지 않을 경우 그림 3.63과 같은 현장의 품질 문제로 부각될 수 있다. 이와 관련된 사례가 4.4.6절에 소개되었다.

그림 3.63 중구경 현장타설말뚝의 품질 불량 사례

중구경 현장타설말뚝의 개발은 2000년 초 말뚝기초공 여건에서 의미가 있었다고 본다. 하지만 이후 기성말뚝의 설계도 최적화가 급속히 진전되었고, 2011년 초고강도PHC가 등장하면서 기초공 여건이 크게 변했다. 예로 2023년 현재 초고강도PHC600으로도 본당 300ton 정도 설계가 가능하여 중구경에서 시도하려는 중규모 설계하중이 소구경 말뚝에서 이루어졌고, 관련 장비와 장치도 개선되어 민원 해소에도 도움이 되고 있다. 그리고 근래에 기성말뚝 시공장비가 대형화되고, 대구경 PHC파일(D ≥ 700mm)이 도입되어 오히려 현장타설말뚝의 영역을 일부 잠식할 수도 있는 상황이 되었다. 또한 암반이 비교적 얕게 나타나는 국내 일반적인 지반조건을 감안할 때 중구경 현장타설말뚝의 경쟁력은 재평가될 수 있을 것이다. 더욱이 중구경 현장타설말뚝은 국내 기술자들에게 시공품질관리(특히 슬라임 처리 및 콘크리트 타설)가 익숙하지 않을뿐더러 어렵기까지 해서 기성말뚝 매입공법에 비해 입지가 좁아질 수밖에 없을 것으로 평가된다.

3) RCMH공법

RCMH공법을 설명하기 위해서는 RCD공법과 PRD공법의 문제점을 설명하지 않을 수 없다. 현업에서 RCD공법(수정RCD공법임)과 PRD공법은 장점을 이용하여 많이 활용되고 있는데, RCD공법은 주로 토목구조물, PRD공법은 주로 건축구조물에서 이용되고 있다. 이처럼 실무에서 두 공법을 잘 활용하고 있지만, 사용 시 아쉬움을 자주 접하게 된다.

표 3.20에서와 같이 PRD공법은 장점을 이용하여 도심지 건축물 기초에서 많이 적용되고 있지만, 슬라임 처리, 소음진동, 장비안정성, 직경 제한(실무적으로 1.2m) 등의 한계가 있다. 반면,

표 3.20 RCD공법과 PRD공법의 비교

구분	공벽유지		천공 속도	슬라임 처리		소음 진동	수직도	장비 안전성	한계점	비고 (천공기)
	방지책	안정성		처리법	정도					
(수정) RCD공법	케이싱 + 수압	안정	느림	자체 장비	양호	문제 없음	보통	안정	공기	드릴비트 + 그래브
PRD공법	케이싱 + 수압	안정	매우 빠름	미케니컬 펌프	불량	문제	양호	불안정	직경 제한	DTH해머
RCMH공법	케이싱 + 수압	안정	매우 빠름	자체 장비	매우 양호	문제 없음	양호	안정	실적 부족	멀티 DTH해머

RCD공법은 장점을 활용하여 대구경이 필요한 기초구조물에서 주로 사용되고 있지만, 천공속도, 수직도, 공기 등에 있어 한계가 있다. RCMH는 2.5.4절에서 원리를 설명한 것처럼 두 공법의 장점을 조합하여 개발한 것으로 표에서와 같은 효과를 나타내고 있다.

RCMH가 개발되고 나서 이에 대하여 현장 실증시험(건기연, (주)코아지질, 2012)이 이루어졌다. 실증시험에서는 인접한 위치(12m 이격)에 두 가지 공법(RCMH, 수정RCD)으로 두 개의 말뚝(직경 2m, 깊이 20m)을 천공하고, 천공 중에 천공속도, 진동, 소음, 수직도 등을 비교함으로써 개발 시 설정했던 목표를 확인했다.

두 공법의 장비로 각각 천공을 했고, 각 천공 구멍 위치에는 사전에 지반조사가 이루어졌다. 두 위치의 지반조건은 유사하게 나타났다. 지반의 층서는 지표로부터 토사층(9m), 풍화암층(5m), 연암층(3.5m), 이하 경암층으로 이루어졌다. 지하수위는 지표하 3m에서 나타났다.

표 3.21은 RCMH와 RCD의 천공속도를 비교한 것이다. 표에서와 같이 천공속도는 암종에 따라 다르지만 RCMH는 RCD보다 3~5배(평균 4.2배) 정도 크게 나타났다. 이러한 결과는 PRD와 거의 유사한 천공속도를 보여준다고 할 수 있다.

표 3.21 RCMH와 RCD의 천공속도 비교

번호	암 종류 (층두께, m)	RCMH 천공속도 (m/hr)	RCD 천공속도 (m/hr)	비고(비율)
1	풍화암층(5.0m)	3.06	0.60	5.1
2	연암층(3.5m)	1.55	0.51	3.0
3	경암층(2.5m)	0.54	0.14	3.9

표 3.22는 RCMH와 RCD의 천공 중 거리에 따라 발생한 소음 및 진동을 비교한 것이다. 표에서와 같이 소음은 두 공법에서 큰 차이가 없었다. 소음의 경우 근접위치에서 두 공법 모두 주간 소음허용규준치(60dB(A))를 초과하는 것으로 나타났으며, 이를 만족하기 위해서는 RCMH와 RCD는 각각 60m, 70m를 이격해야 하는 것으로 나타났다. 진동의 경우 역시 두 공법 모두 큰 차이가 없었으며, 모두 주간 진동허용기준치(65dB(A))를 만족하는 것으로 나타났다.

표 3.22 RCMH와 RCD의 천공 중 이격거리별 소음 및 진동 비교

번호	측정거리 (m)	소음[dB(A)]		진동[dB(A)]	
		RCMH	RCD	RCMH	RCD
1	10	76.1	83.4	50.4	54.7
2	20	71.6	77.5	43.2	47.2
3	30	69.8	72.9	40.4	40.0
4	40	66.3	69.4	34.8	38.8
5	50	65.2	67.0	34.0	32.3
6	60	61.3	65.3	32.0	27.7
7	70	59.2	63.5	32.8	27.2
8	80	58,8	62.1	30.4	26.7
비고	45	66.0	70.1	37.2	36.8

코덴(Koden)장비를 사용하여 두 공법으로 천공한 구멍의 수직도를 측정하였다. RCMH와 RCD로 측정한 수직도는 각각 1/1000과 1/317로 나타났고, RCMH의 수직도가 더 양호한 것으로 측정되었다. 또한 RCMH의 슬라임 처리도 천공과 함께 무난하게 이루어졌다.

RCMH의 현장 실증시험은 1개소에서 시험한 천공결과이지만, 장비 개발 시 의도한 대로 RCD공법과 PRD공법의 장점을 조합한 특장점이 RCMH에 반영되어 있는 것을 보여주는 것이라 할 수 있다. 즉, RCMH공법의 천공속도 및 수직도는 PRD공법의 우수한 수준에 도달했고, 또한 RCMH공법의 소음 및 진동, 슬라임 처리 그리고 장비의 안정성은 RCD공법의 우수한 수준에 도달한 것을 보여주는 것이다.

현업에서 현장타설말뚝공법으로 가장 많이 사용되는 공법이 RCD공법(수정RCD공법)과 PRD공법이다. 그만큼 두 공법은 장점이 있는 공법이지만, 사용상 한계가 자주 노출된다. RCMH공법은 각 공법의 장점을 취하여 아쉬운 점을 보완한 혁신적이고 실용적인 공법이라 할 수 있다. 그러나 RCMH공법은 개발된 지 15년이 되었지만, 아직 활용이 적어 응용할 수 있는 자료가 적다. 향후 이의 활용과 확장이 기대된다.

3.4.3 강소말뚝

강소말뚝에는 MP, JP, SAP, HP 등이 있다. 강소말뚝들은 공법개념, 지지력 산정식(안전율 포함), 사용강재 및 부식대공제, 그라우팅 여부 등에서 공법별로 차이가 커서 상대적인 비교는 곤란하다. 특히 각 공법의 개발 목적도 다르므로 실제적으로는 비교의 의미도 크지 않다. 따라서 여기서는 각 강소말뚝의 시공 시 유의점을 간단히 설명하고, 공법을 선정하는 방법에 대해 설명하였다.

표 3.23에는 마이크로파일(micro pile, MP)을 포함한 강소말뚝의 개념, 특징, 단점, 유리한 조건 등 특징을 비교해 보았다. MP는 전통적으로 사용되어 왔던 소구경 말뚝으로, 암반 등 단단한 지반의 마찰력으로 지지되어 조건에 따라서는 경제성이나 시공성이 지적되곤 했다.

표 3.23 강소말뚝 공법별 특징 비교

구분		마이크로파일(MP)	잭파일(JP)	SAP	헬리컬파일(HP)
주면 개념	주면 면적	주입부와 천공벽면의 마찰부(접촉저항 검토)	강관과 지반의 마찰부	스크류 외경부와 천공벽면의 마찰부	날개 상부의 강관과 주변 지반의 마찰부
	기준	구조물기초설계기준	매입말뚝식 기준	마이크로파일과 동일	매입말뚝식 기준
선단 개념	선단 면적	미고려	강관선단부 면적	스크류 외경의 면적 (암반 지지 시만 고려)	개별 날개의 면적
	기준	미고려	매입말뚝식 기준 (암반 별도 고려)	암반 지지력 식 기준	매입말뚝식 기준
재료하중		강재와 그라우팅의 재료하중(FHWA)	강관재료하중(구조물기초설계기준)	마이크로파일과 동일	마이크로파일과 동일
특징	시공 속도	보통	보통	보통	양호
	소요 공간	양호	양호	양호	보통
	소음 진동	보통(불량)	양호	보통(불량)	보통
	품질 관리	보통	보통	보통	보통
단점		• T4 사용 시 소음·진동 발생 • 암반 천공 필요	• 전석층 시공 불가 (선천공 필요) • 파일 이음부 용접 품질 보증 필요	• T4 사용 시 소음·진동 발생 • 지층에 따라 암반 천공 필요	• 전석층 시공 불가 (선천공 필요) • 파일 이음부(판타입) 확인 필요
유리한 조건		암반지지층이 얕을 때	구조물 인상 등	리모델링 등	외부 경량구조 기초

HP 및 SAP는 날개가 달린 강관말뚝을 지반에 회전 관입하는 것은 유사하나, 전자는 선단지지력 성분을, 후자는 주면마찰력 성분을 주요 지지력으로 사용하는 것이 다르다. HP는 이음부에서 여러 문제가 생길 수 있으므로 이음 형식의 선정 시 주의가 필요하다. SAP는 주면마찰력을 주요 지지력으로 활용하므로 토사 지지층의 두께가 얇을 경우 암반 천공이 불가피하다.

JP는 최종 압입하중으로 말뚝의 지지력 발현을 관리할 수 있어 다른 공법에 비하여 품질관리 측면에서 장점이 있으나, 시공속도가 비교적 느리고 얇은 강관을 이음하기 위한 용접의 품질관리에 주의를 기해야 한다.

이상의 모든 공법은 통상적인 방법으로 말뚝 설치가 불가능한 지층(전석 또는 맥암) 등을 만날 경우 에어해머 등으로 선천공한 후 말뚝을 설치해야 한다.

강소말뚝은 각기 특장점이 있고, 이를 발전시켜 정착된 공법이다. 따라서 비교를 통하여 공법을 선정하기보다는 각 공법의 특장점을 채택하여 공법을 선정하는 것이 필요하다. 즉, 공사할 조건에 맞는 공법을 선택하는 것이 공법의 선정 방법이라 할 수 있는데, 결국 각 공법의 특징을 제대로 이해하는 것이 최적의 공법을 선정하는 요령이다.

3.4.4 복합말뚝

2.5.7절에서 국내에서 도입되거나 개발되어 사용되고 있는 6종류의 복합말뚝을 소개하였다. 이 중에서 4개 종류(HCP, ICP, SC파일, 강관 복합말뚝)는 다소 차이는 있지만 국내에서 활발히 적용되고 있고, 2종류(SCP, FRP)는 현재 사용되지 않는다.

복합말뚝을 원재료별로 구분하면, 콘크리트 복합말뚝, 강관 복합말뚝, 섬유 복합말뚝 등 3가지로 구분할 수 있을 것 같다. 이 분류는 개발의 원재료가 무엇인지를 의미하는 것으로, 결국 원재료 분야가 자체 재료의 단점을 보완하려고 시도한 내용이기도 해서 그룹별 공통점도 있다.

본 절에서는 3가지 분류에 대해 현장에서 접하는 문제점과 해소책을 설명하였다. 그리고 현재 사용되지 않은 FRP파일에 대해서는 실용화 방안에 대해서 언급하였다.

1) 콘크리트 복합말뚝

콘크리트 복합말뚝에는 HCP, SCP, ICP, SC파일 등 4종류가 있다. 이 중 일본에서 도입된 SCP를 제외한 3종류는 다소 차이는 있지만 실무에서 활용되고 있다.

SCP가 1994년에 국내에 도입되어 정착되지 못한 이유는 일본과 달리 국내의 지반조건은 지지층의 변동이 심하여 SCP의 설치가 어려울 뿐만 아니라 고가의 상부 말뚝의 절단 및 폐기에 대한 부담이 원인이었을 것이다. 그리고 당시 국내는 PHC를 도입한 지 얼마 되지 않은 정착 단계여서 SCP의 제작기술에 대한 어려움도 이유가 되었을 거라 생각한다.

현재 사용되고 있는 콘크리트 복합말뚝(HCP, ICP, SC파일 등)의 개발 목적에는 여러 가지가 있겠지만 주목적은 PHC의 판매량 감소에서 나온 PHC 분야의 마케팅 전략의 하나라고도 할 수 있다. PHC는 재료 자체의 한계로 시장을 더 이상 확장하는 데 문제가 있었으며, 따라서 PHC 분야는 사용량을 확대하려는 미션이 있었다. 특히 강재 분야의 고강도 강관말뚝의 개발, 지반개량 공법의 확장 등으로 PHC파일의 점유율이 점차 감소하였다. 따라서 PHC 분야는 강재를 쓰는 희생을 감수하더라도 토목구조물 영역에 PHC를 사용하기 위해 복합말뚝 개발에 참여하는 동시에, PHC 자체의 공법 개선(대구경, 초고강도) 등을 추진하여 시장을 확대하고자 했다. 이러한 개발 프로젝트(또는 마케팅 전략)는 PHC 분야 측에 의해 주도된 것은 아니다. 대부분 기초전문가(사) 측이 주관하고 PHC 분야가 동참하는 방식으로 진행되었다. 이러한 점에서 복합말뚝의 개발이 더 의미있고 원활하게 진행되었다고 생각한다.

복합말뚝 중 2007년 처음 개발된 HCP는 지지층의 깊이 변화가 큰 경우 이음부의 위치(상부 강관의 길이)를 맞추는 데 어려움이 있다. HCP의 이음부(강관)의 길이는 그림 3.64(a)에서와 같이 말뚝 두부의 경계조건을 고정과 힌지로 하여 구한 모멘트 중 큰 값의 1/2의 값이 발생하는 위치에서 1m의 여유를 갖도록 하고 있다.

이렇게 정해진 강관의 길이는 현장 시공 중 지지층의 변화로 인해 그림 3.64(b)에서와 같은 3가지 경우를 접하게 된다. 먼저 설계 심도와 동일한 위치에 이음부가 위치하는 것(case 1)이 있다. 또한 지지층이 상승하여 말뚝이 예상보다 작게 근입될 경우(case 2)는 이음부 위치에는 구조 내력이 작은 PHC파일이 설치되어 구조적 안정성을 확보하지 못하는 상황이 발생할 수 있다. 그리고 지지층이 하강하여 말뚝이 예상보다 더 근입될 경우(case 3)는 저가의 PHC파일 대신 고가의 강관이 설치되어 경제성과 시공성이 떨어지는 상황이 발생할 수 있다. case 1이 HCP의 이상적인 조건이지만, 실제로 이러한 조건은 흔치 않다. 따라서 실무에서 case 2와 case 3이 자주 나타나는데, 전자는 암을 천공하여 말뚝을 추가 시공해야 하고, 후자 역시 재료와 이음이 추가되어 현장에서는 불편한 상황을 맞게 된다. 관련된 사례가 4.4.4절에 소개되었다.

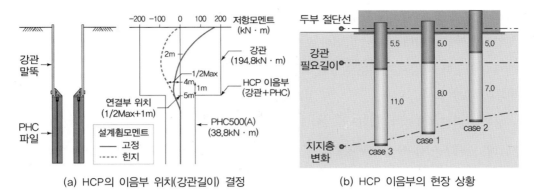

(a) HCP의 이음부 위치(강관길이) 결정   (b) HCP 이음부의 현장 상황

그림 3.64 HCP의 현장 적용

HCP에서 지지층 변화에 대한 문제를 해소하기 위해서는 사전 지반조사와 분석은 물론 이에 따른 사전 시공준비가 필요하다. 그러나 지지층 지반의 사전확인이 쉽지 않고, 사전 시공준비가 여의치 않다 보니 시공성과 경제성이 떨어질 수밖에 없다. 또한 15m 이하 말뚝은 이음 없이 1본으로 시공하지만 HCP는 2개의 기성말뚝(강관과 PHC파일)을 이어서 시공해야 한다. 따라서 이음으로 인한 시공비가 추가되어 말뚝 길이가 12m 이하인 경우, 강관말뚝보다 더 고가가 되고, 이음으로 인한 재료허용하중도 감소되어 사용범위에도 제한이 있다.

상기 언급한 HCP의 문제를 보완하기 위해 ICP가 나왔고, 최근에 SC파일도 개발되었다. ICP와 SC파일은 말뚝을 설치하고 필요한 깊이까지 중공부를 보강한다는 점에서 HCP의 단점을 극복한 것이다. 하지만 ICP는 상부 말뚝을 미리 이음을 해야 한다는 점에서 SC파일보다 지지층의 변화에 따른 대처 효과는 작을 수 있다고 평가된다.

2) 강관 복합말뚝

PHC 분야가 복합말뚝에 참여하고, 대구경과 초고강도PHC(σ_{ck}=110MPa)를 개발하여 점유율을 확대해 나가자, 강관 분야에서도 고강도 말뚝의 개발을 심화하는 등 이에 부응하는 시도를 하였다. 강관 분야의 고강도화는 1996년 STP355로 시작하였고(포스코 등, 1997), 이후 STP380, STP450으로 발전했는데, 이제 초고강도인 STP550까지 확장하게 되었다(에스텍(주), 2022). STP550은 소수의 제철소에서만 제작이 가능한 강종일 정도로 고급강재로 알려졌다. 이와 같이 강관 분야도 경쟁력을 높이기 위한 노력을 진행하고 있다. 강관 분야가 이렇게 할 수 있는 이유 중 하나는 국내에 포스코 제철소가 존재하고, 또한 강관을 고강도화하는 데 PHC에 비해서 비용 추가 및 제작이 상대적으로 용이하기 때문이다.

강관말뚝의 경쟁력을 높이기 위한 초기의 노력은 고강도화에 있었지만, 고강도화만으로는 한계가 있었다. 따라서 이제는 전술한 초고강도 강관을 개발하거나 변단면을 이용하는 시도가 이루어지고 있다.

강관을 변단면화하기 위해서는 그림 3.65처럼 용접의 품질이 중요하다. KS F4602(2016)에 따르면 변단면 이음 시 상하부 강관의 두께 차이가 3mm보다 클 경우 상부의 두꺼운 말뚝을 하부 소관에 맞게 절삭한 후 2m 이상의 소관을 용접(공장)하여 제작해야 한다. 이후에 제작된 상부 말뚝을 현장으로 반입하여 하부강관과 잇는 현장용접을 실시해야 하는 등 번잡하고 까다로운 이음작업이 필요하다.

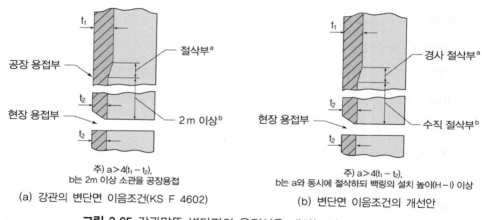

주) $a > 4(t_1 - t_2)$,
b는 2m 이상 소관을 공장용접

(a) 강관의 변단면 이음조건(KS F 4602)

주) $a > 4(t_1 - t_2)$,
b는 a와 동시에 절삭하되 백링의 설치 높이(H−l) 이상

(b) 변단면 이음조건의 개선안

그림 3.65 강관말뚝 변단면의 용접이음 개선(그림 3.18 참조)

KS F4602 방식을 자세히 살펴보면 2m 이상의 소관용접은 굳이 필요하지 않을 수 있다. 즉, 상부 말뚝의 수직 절삭부의 길이를 조정한 후 이를 현장으로 반입하여 하부강관과 용접하면 품질의 저하 없이 간편하게 이음이 될 수 있다. 여기서 경사 절삭부(a)의 길이는 기준대로 $4(t_1 - t_2)$보다 크게 하고, 수직 절삭부(b)의 길이는 백링(받침링)을 설치(그림 3.18(b) 참조)할 수 있을 정도면 된다. 이것이 실용화되면 1회의 용접이 생략되고, 2m 이상의 소관이 절감될 수 있을 것이다. 일반적으로 강관 복합말뚝이 장대 말뚝인 것을 감안하면 이러한 개선은 현장 작업 시 효과적일 것으로 평가된다.

3) FRP파일

2010년 즈음 국내에서 탄소섬유, 유리섬유 등을 이용한 FRP파일의 논의가 있었지만, 실제 실용화를 위한 시도는 유리섬유를 활용한 FRP파일(김홍택 등, 2011)이 시초이다.

탄소섬유는 다른 섬유들에 비해 강성이 큰 장점이 있지만 고가이기 때문에 실용화가 용이한 유리섬유를 사용하였다. 처음 시도한 CFFT파일은 콘크리트와 복합재료로 사용하였지만, FRP를 필라멘트와인딩 방식으로 제작함으로써 휨과 전단에 상대적으로 취약한 특성을 보여주었다. 따라서 이의 단점을 보완하기 위해 먼저 압출성형한 FRP를 조립한 후 원주부에 FRP를 필라멘트와인딩 방식으로 성형하여 보완함으로써 H-CFFT파일을 개발하였다. H-CFFT파일은 축방향 강성은 물론 휨과 전단 강도도 향상되었다.

제작된 H-CFFT 시제품은 그림 3.66처럼 실내에서 각종의 기본시험은 물론이고 현장에서 시험시공을 거쳐서 실제로 말뚝으로 사용할 수 있음을 확인하였다. 시험결과를 바탕으로 실시한 분석에 의하면 H-CFFT의 경제성은 강관과 유사하고 PHC보다는 떨어지는 것으로 나타났다 ((주)브니엘, 2016).

(a) H-CFFT파일의 실내시험(휨강도시험)　　　　(b) H-CFFT파일의 현장시험(직항타)

그림 3.66 H-CFFT파일의 실용화 시험

국내의 말뚝 분야에서 FRP와 같은 복합말뚝의 시도는 혁신적이며 대단히 긍정적인 시도라할 수 있다. 그럼에도 불구하고, H-CFFT파일은 실용화되지는 못했다. 향후 FRP파일이 실용화되기 위해서는 이음방식, 두부 보강 등에 대한 검토가 필요하고, 특히 경제성이 반영된 사용 영역의 구축, 그리고 설계기준화가 과제라고 생각된다.

3.5 말뚝재하시험

실무에서 주로 이용되는 재하시험은 정적재하시험 중에서 정재하시험, 수평재하시험, 인발재하시험, 양방향재하시험, 그리고 동적재하시험 중에서 동재하시험 등이다. 여기서는 실무에서 자주 이용되는 재하시험의 문제와 대책에 대해서 설명하였다.

3.5.1 정재하시험

정재하시험(또는 정적압축재하시험)은 재하시간, 재하형식 등에 있어 실제와 약간 다르지만 지지력을 예측하는 여러 가지 방법 중 어느 것보다 신뢰성이 높아 현실적으로 이 방법으로 얻어진 값은 말뚝지지력의 기준값으로 여겨지고 있다. 이러한 이유로 정재하시험은 말뚝재하시험 종류 중 가장 많이 알려진 시험이기도 하다. 다만, 정재하시험은 상대적으로 시험시간이 길고 시험장치가 대규모이고, 시험비가 고가이므로 현장의 많은 말뚝에 적용하기가 곤란하며, 또한 지지력의 시간경과효과분석에 적절히 대처하기 어려운 문제가 있다.

정재하시험 수행 시 현장에서 자주 접하는 이슈는 기준대 설치, 시험방법의 선정, 시험결과 분석방법 등이 있다. 여기서는 이와 관련된 문제점과 해결방안에 대해서 설명하였다.

1) 시험장치

현장에서 시험장치와 관련되어 자주 나타나는 문제는 계측장치 중 계측기의 검증과 기준대의 설치이다.

계측기의 검증(유효기간 내 실시)은 당연히 지켜야 할 사항이므로 시험사는 기준에 따라 이를 준수하고, 관리자는 이를 확인해야 한다.

기준대의 설치는 잘 지켜지지 않는 것 중의 하나인데, 이는 시험결과의 신뢰도에 관련되는 것이므로 기준을 준수하도록 해야 한다. 그림 3.67에는 기준대 설치 오류의 일례를 나타내었다. 기준대는 독립적으로 설치되어야 하므로 2.6.2절에서 설명한 바와 같이 기준에서 제시하는 이격위치에 기준점을 설치하고 조립하도록 한다. 기준대의 설치 기준을 지키는 것은 어려운 일이 아니나, 잘 지켜지지 않는 것이 현실이다. 이러한 상황을 감안하여 관리자는 이를 확인하는 절차를 만들고 시행하는 것이 필요하다고 생각된다.

그림 3.67 기준대 설치 오류 예

2) 시험방법

그림 2.70의 3가지 방법 중 반력말뚝을 이용하여 정재하시험을 할 경우, 시험말뚝이 압축되는 동안 주변 반력말뚝은 인발되므로 서로 지반의 영향범위를 공유하게 된다. 따라서 시험말뚝의 지지력은 작게 되어(또는 침하량은 크게 되어) 측정된 지지력은 참값과 거리가 있을 수 있다. 따라서 ASTM에서는 정재하시험 시 반력말뚝을 시험말뚝으로부터 $5D$ 이상 이격하도록 규정하고 있다.

반력말뚝이 시험말뚝에 영향을 주지 않는 이격거리는 지반에 따라 달라지는데, 시험말뚝이 인접말뚝과 독립적이기 위해서는 $9D$까지 필요하다는 의견(Poulos et al., 1980)도 있다. 그러나 이격거리가 크면 실제 지지력에 가까운 값을 얻을 수는 있지만, 재하대가 대형화 되므로, 시험의 비용과 난이도는 커진다. 이러한 이유에서 표 3.24와 같이 본말뚝과 반력말뚝의 이격거리에 대한 각국의 기준은 다양하다.

표 3.24 국가기준별 시험말뚝과 반력말뚝 간 이격거리(일본지반공학회, 2002)

국가기준	이격거리(중심간격)에 대한 기준 내용
ASTM	말뚝직경의 5배 이상, 적어도 2.5m
BS	말뚝직경의 3배, 동시에 2m 이상
DIN	말뚝직경의 4배, 최대 2.5m
일본지반공학회	말뚝직경의 3배 이상, 1.5m 이상
스위스	서로 영향을 주지 않도록 이격거리를 크게

ASTM에서 제시하는 이격거리의 유지는 시험시공 상황에서도 쉽지 않지만, 시공 후에 실시되는 본말뚝(보통 말뚝 간격이 2.5D)의 품질확인시험에서는 더욱 곤란하다. 그래서 정재하시험의 시험말뚝과 반력말뚝 간 이격거리에 대한 논란은 본말뚝을 시공한 후 임의로 시험말뚝을 선정하고 반력말뚝을 사용하여 수행하는 품질확인시험에서 자주 일어난다.

일반적으로 관리자는 말뚝 간 간격이 규정(예: 5D)보다 좁은 경우 반력말뚝시험은 오히려 보수적인(지지력이 작은) 결과를 초래함에도 불구하고 각종의 이유로 사하중시험(또는 앵커시험)을 실시하도록 주장하기도 한다. 이러한 주장은 현실적이지도 못할뿐더러 시공 품질 평가가 목적인 품질확인시험의 경우 사하중시험의 조건은 실제(설계)조건과 다르므로 이치에도 맞지 않는다. 또한 반력말뚝시험은 보수적인 지지력 값을 도출한다는 점에서 관리자의 입장과도 배치된다.

Van Weele(1989)는 반력말뚝을 이용한 정재하시험은 사하중 재하방법에 비해 지지력이 상당히 작게 나타나는 것을 사례로 보고한 바 있다. 이러한 사례로부터 시험방법에 따라 시험결과가 뒤집어질 수도 있다는 것을 짐작할 수 있다. 따라서 정재하시험 방법을 선정할 경우 금액, 상황 등 현장 여건뿐만 아니라, 지반조건 및 시공조건 그리고 시험 목적도 고려하는 것이 필요하다. 이와 관련된 사례를 4.5.1절에 소개하였다.

결국 재하시험 선정 시 그림 2.70의 모든 시험방법을 고려할 수 있지만, 시험 목적별로 구분한다면 설계 시 극한지지력확인을 위한 시험일 경우 사하중 재하방법(또는 어쓰앵커 이용방법)을 적용하되, 반력말뚝 이용방법을 적용할 경우는 ASTM 규정을 준수하도록 하는 것이다. 그리고 시공 후 품질확인을 위한 시험일 경우 반력말뚝 이용방법을 적용하도록 하되, 지반조건에 따라 지지력이 작게 예상될 경우는 사하중 재하방법(또는 어쓰앵커 이용방법)을 선택할 수 있도록 하는 것이 실무적이라 본다(4.5.1절 참조).

정재하시험 절차는 ASTM D 1143에 잘 규정되어 있다(조천환, 2023). 이 절차들은 각각의 특징이 있고, 분석방법과도 관련이 있다. 따라서 시험절차를 선택할 때에는 실시목적, 현장상황, 설계개념, 시방기준 등을 고려하여 적절히 선정하여야 한다.

3) 시험 결과의 분석

2.6.2절에서 설명한 것처럼 정재하시험 결과를 분석하는 방법은 다양하며, 각기 특징이 있다. 따라서 이들을 사용하기 위해서는 각각의 특징을 이해하고 적절한 방법을 선정하여 분석한 후

평가하는 것이 필요하다.

Fellenius(1980)는 한 개의 재하시험 결과를 9가지의 분석방법에 의해 파괴하중을 구한 후 이들에 대해 고찰하였다. 이에 의하면 9가지 방법에 따라 결정되는 파괴하중은 모두 다르고, 차이도 크며, 이들 중 Davisson 방법이 가장 작은 값을, Chin의 방법이 가장 큰 값을 주는 것으로 보고하였다. 이러한 사실로부터 허용하중을 구하기 위한 합리적인 단일 방법을 선정한다는 것은 어려운 것임을 알 수 있다. 따라서 Fellenius(1980)는 파괴하중을 결정할 때 한 가지 방법에 의존하지 않고 3~4개의 방법으로 산정한 후 판단할 것을 제안하고 있다. 또한 Prakash et al.(1990)은 파괴하중을 구하기 위한 방법으로 재하시험법별로 시공법별로 적절한 판정방법들을 제시하고 있다.

이와 같이 정재하시험결과를 분석하는 방법은 여러 가지가 있지만 어느 것도 절대적이지 못한 것이 현실이다. 따라서 천병식 등(1997)은 국내 타입 및 매입말뚝의 재하시험 결과를 분석한 후 여러 가지 실무적인 안을 제시하고 있다.

천병식 등(1997)에 따르면 여러 가지 항복하중 판정기법들은 결과에 있어 상당한 차이를 보여주고 있는데, 이들 중 순침하량 판정기법과 Davisson 방법의 신뢰도가 비교적 높게 나타났으며, 도해법의 경우 신뢰도가 낮은 것으로 분석되었다. 극한하중 판정법으로써 Chin의 방법은 쌍곡선 형태의 하중-침하량 곡선에서 비교적 안정된 결과를 보여주는 것으로 나타났다. 기본적으로 순침하량법은 반복재하시험을, Davisson 방법은 급속재하시험을 기준하고 있으므로 이러한 시험방법에서 가장 이상적이다. 또한 Davisson 방법을 짧은 말뚝이나 긴 말뚝, 극한파괴가 생긴 말뚝 등에 적용하여 파괴하중을 구할 경우 상대적으로 다른 값이 얻어지므로 순침하량법의 결과를 참고할 필요가 있다.

한편 말뚝 두부 침하량 $0.1D$에서의 하중은 정의에 의한 극한하중과 차이가 있는데, 이는 항복하중과 극한하중 사이에 존재하는 일종의 한계하중으로 평가된다. 말뚝 두부 침하량 $0.1D$에서의 하중에 적용해야 할 안전율을 구조물기초설계기준 해설의 안전율 기준으로 환산해 보면 약 2.6 정도이다.

결론적으로 천병식 등(1997)은 허용하중을 구하기 위한 항복하중은 한 가지 방법에 의존하지 말고 시험방법, 시공법, 말뚝조건 등을 고려하여 여러 가지 방법으로 분석하여 비교한 후 최종적으로 평가하도록 제안하고 있다. 이에 대한 사례를 4.5.1절에 소개하였다.

3.5.2 수평재하시험

수평재하시험은 시험하중도 작고 시험장치도 소규모여서 시험수행 시 현장에서 심각하게 이슈가 되는 사항은 없지만, 정재하시험과 같이 기준대의 설치, 계측기의 검증, 주변 정리 등의 문제는 가끔 발생한다. 그러나 시험 후 이를 분석하고 평가하는 방식에 대한 문제는 오히려 심각하여 이해와 합의가 필요한 부분이 있다.

1) 시험 장치 및 방법

수평재하시험에서 기준대의 설치는 역시 잘 지켜지지 않는 항목이며, 이외 계측기의 미검증, 시험말뚝 주변 정리 등도 자주 지적되는 사항이다. 그림 3.68에는 수평하중시험 시 기준대 설치, 그리고 시험말뚝의 영향범위 내 정리 등 준비 오류의 예를 나타내었다. 기준대는 독립적이도록 설치되어야 하므로 2.6.3절에서 설명한 바와 같이 기준에서 제시하는 이격 위치에 기준점을 설치하고 조립하도록 한다. 수평재하시험에서 설치 기준을 지키는 것은 어려운 일이 아니므로 시험사가 기준을 따르도록 하되, 다만 잘 지켜지지 않는 상황을 감안하여 관리자는 이를 확인하는 절차를 만들고 시행하는 것이 필요하다. 이와 관련된 사례가 4.5.6절에 소개되었다.

그림 3.68 수평재하시험 시 준비 오류 예

수평재하시험은 수평안정성 분석에 필요한 정보를 얻기 위한 수단임에도 불구하고, 정재하시험에서와 같이 수평재하시험의 하중 – 변위량 결과로부터 직접 말뚝의 수평지지력을 구하는 경우가 자주 있다. 이러한 것은 기술자들의 수평하중 검토에 대한 이해 부족에서 기인한다고 생각된다.

수평재하시험은 실제의 말뚝이 사용되는 조건으로 실시되는 경우는 드물다. 그림 2.72처럼 일반적인 수평재하시험은 단말뚝 조건이고, 말뚝 두부의 구속조건은 자유조건이며, 상재하중은 없는 상태로 수행된다. 한편 실제 말뚝의 일반적인 수평하중조건은 군말뚝이며, 두부가 구속되고, 상재하중이 있는 상태이다(표 2.6 참조).

물론 수평재하시험을 실제 조건과 같게 수행할 수도 있지만, 시험은 그만큼 복잡해지고 비용도 많이 든다. 따라서 말뚝의 수평안정성 평가는 수평재하시험 조건에서 지반 특성치를 구한 후, 이를 바탕으로 실제 말뚝기초의 수평거동을 해석하는 방식으로 시험과 분석을 수행하는 것이 바람직하다.

2) 시험결과의 분석

일반적인 수평재하시험의 목적은 설계하중(또는 설계변위량)에서 구해진 해당 변위(또는 해당 하중)가 허용치 내에 있는지 확인하고, 또한 이로 인해 말뚝 본체에 발생하는 응력(전단, 휨 등)이 재료의 허용강도 내에 있는지 평가하기 위한 것이다. 그러나 전술한 바와 같이 일반적인 수평재하시험의 조건은 실제 조건과 다르기 때문에 수평재하시험은 실제 조건을 평가하기 위한 해석의 기본 자료를 얻도록 계획되어야 한다.

만약, 설계에서 수평재하시험을 위해 시험조건(시험방법, 분석방법 등)과 설계하중(또는 설계변위, 모멘트) 등을 제시했다면 수평재하시험은 주어진 값을 확인하는 간단한 시험이 되나 이러한 경우는 거의 없다. 그렇다면 현장기술자가 구조계산서(또는 도면)를 보고 시험조건을 정리하고 시험을 위한 설계하중을 도출한 후, 시험을 의뢰해야 하나 이러한 상황도 쉽지가 않다. 이러한 이유로 현장기술자는 구조계산서에서 읽혀지는 설계 수평하중(대부분 구체적인 시험조건 없이)을 시험자에게 알려주고 시험을 의뢰하게 된다.

결국 시험의뢰를 받은 시험자는 일반적인 수평재하시험을 실시하고 결과를 이용하여 지지력을 분석하는데, 여러 가지 오류 사례가 있다. 첫 번째 사례는 수평재하시험에서 얻은 하중 – 변위량 곡선을 정재하시험에서 사용하는 하중 – 침하량 곡선 분석방식(3.5.1절 3)의 방식)으로 분석하여 허용하중을 구하는 경우이다. 또 다른 사례는 수평재하시험에서 얻은 하중 – 변위량 곡선에서 주어진 변위(예: 15mm)에 대한 하중을 구하여 허용하중으로 보고 평가하는 경우이다. 첫째 사례는 출처가 분명하지 않고 논리적이지 않다. 두 번째 경우는 도로교표준시방서(1996) 등에서 제시하는 기준변위량(15mm)에 대한 하중을 허용하중으로 가정하는 것인데, 이것은 어디까지나 경험적이고 개략적인 분석 방법이라고 할 수밖에 없다. 이 가정이 합리적이기 위해서는 우선 수평재하시험 조건(단말뚝, 두부자유, 상재하중 없음 등)과 실제구조물 조건이 일치해야 하고, 실제구조물의 단독말뚝의 허용변위량이 15mm라는 전제가 있어야 한다.

따라서 일반적인 수평재하시험의 결과를 올바로 이용하기 위해서는 먼저 시험결과를 가지고 시험과 같은 조건의 해석을 통해서 현장에 맞는 입력변수를 도출한다. 그리고 얻어진 변수를 사용하여 말뚝의 수평안정성 해석을 실시한다. 이때의 해석조건은 말뚝의 실제 하중조건(예: 군말뚝, 말뚝 두부 구속조건, 상재하중재하 등)과 일치시켜야 하고, 비로소 말뚝의 수평안정성이 평가되어야 한다. 이러한 수평재하시험의 분석 절차를 정리하면 다음과 같다.

① 수평재하시험결과(하중 – 변위량 곡선, 계측치 등) 정리
② 입력변수를 가정하여 해석을 통해 수평재하시험 조건(예: 단말뚝, 말뚝 두부 자유, 상재하중 없음)의 하중 – 변위량 곡선(또는 계측치) 생성
③ ①(수평재하시험결과)과 ②(해석결과)의 비교
④ ①(수평재하시험결과)과 ②(해석결과)가 일치할 때까지 반복 해석하여 현장 조건에 맞는 입력변수(경계조건) 선정
⑤ ④에서 선정된 입력변수를 이용하여 설계(또는 실제) 조건(예: 군말뚝, 말뚝 두부 구속, 상재하중재하 등)으로 해석한 다음 필요한 결과(변위량, 모멘트, 응력 등) 평가
⑥ ⑤의 평가 결과를 바탕으로 말뚝의 수평 안정성 평가

3.5.3 인발재하시험

말뚝의 인발재하시험은 수직이나 경사방향으로 설치된 단말뚝 또는 군말뚝의 정적 인발저항력을 측정하기 위한 것이다. 특히 말뚝의 인발저항력은 큰 모멘트가 작용하는 군말뚝 조건에서 중요하므로 인발재하시험은 지진하중을 고려하는 설계 등에서 더욱 의미가 있다. 인발재하시험은 말뚝 설계 시 인발하중에 저항하는 인발저항력 산정에도 필요하지만 압축재하시험 결과의 보완, 주면마찰력 크기의 규명 등을 위해서도 이용될 수 있다. 심지어 말뚝의 부주면마찰력의 예상을 위해서도 인발재하시험이 활용되기도 한다.

인발재하시험의 기본 개념은 하중작용방향을 제외하면 압축재하시험과 유사하다. 인발재하시험은 말뚝의 상향 마찰력을 확인하는 것으로 정재하시험에 비해 시험하중도 작고 시험장치도

소규모여서 시험수행 시 현장에서 이슈가 되는 사항은 많지 않다.

1) 시험장치 및 방법

인발재하시험은 두 가지 지지력 성분 중 주면마찰력만을 다루는 시험으로 비교적 복잡한 선단지지력의 불확실성이 배제되므로 시험결과도 상대적으로 확실하다. 그리고 전술한 것처럼 시험 하중 및 장치도 작으므로 인발재하시험에서 이슈가 되는 점은 많지 않은 것 같다. 그러나 여전히 기준대의 설치 및 계측기의 검증 등은 잘 관리되어야 할 항목이다.

그림 2.74처럼 인발재하시험은 주변의 반력말뚝을 이용할 수가 있다. 이 경우 상대적으로 시험하중이 작고 반력말뚝의 수도 적어 시험말뚝에 대한 반력말뚝의 영향도 작지만, 시험말뚝과 반력말뚝의 간격을 가능한 한 넓게 조정하고, 반력말뚝의 저항력을 사전에 확인하는 것이 바람직하다.

반력말뚝으로서 인발저항력이 모호한 경우 인발재하시험 전에 반력말뚝에 동재하시험을 실시하여 마찰저항력을 확인하는 것도 방법이다. 동재하시험을 통해 반력말뚝의 마찰력을 확인하면 인발재하시험 수행의 안정성을 확인하는 것은 물론 인발재하시험값의 관계치로 활용할 수 있어 유용하다.

2) 시험결과의 분석

인발재하시험 결과를 분석하는 범용의 방법은 없지만, 실무적으로 적용할 수 있는 방법이 2.6.4절에 상세히 설명되었다. 인발재하시험은 상대적으로 간단하여 시험결과의 분석과 관련되어 발생하는 이슈는 거의 없는 것 같다.

전술한 것처럼 인발저항력을 구하기 위해 인발재하시험 외에 동재하시험을 이용할 수 있다. 동재하시험의 해석결과(CAPWAP결과)에서 얻은 마찰력에 마찰감소계수(friction reduction factor, FRF)를 적용하면 극한 인발저항력이 산출된다. 일반적으로 FRF는 동재하시험 결과의 신뢰도를 전제로 0.8을 사용한다.

해당 현장에서 소수의 정재하시험(또는 인발재하시험)이 수행된다면 이를 기준으로 동재하시험으로부터 얻은 인발저항력을 검증(또는 보정)할 수도 있어 이후 말뚝에 대해 간단하게 인발저항력을 구할 수 있다. 그러나 개단 강관말뚝에 대한 동재하시험의 결과는 폐색 등의 영향을 고려하여야 하므로 사용 시 정밀한 검토를 요한다.

3.5.4 동재하시험

동재하시험은 말뚝의 정적지지력 산정(선단지지력, 주면마찰력, 지지력 분포, 시간경과별 지지력 등), 항타 과정 중 거동 측정(항타응력, 항타에너지, 말뚝의 건전도 등), 항타장비의 성능 검증 등의 목적으로 실시되며, 필요로 하는 정보 또는 시험의 목적에 따라 여러 가지 용도로 사용될 수 있다.

이와 같이 동재하시험은 상대적으로 비용과 시간, 획득 가능한 정보 면에서 유용한 시험방법이므로 여러 재하시험 방법 중 가장 많이 활용된다. 다만, 동재하시험은 시험법 자체의 한계로 인해 시험자 및 해석자에 따라 시험결과의 신뢰도가 달라질 수 있으므로 양질의 결과를 얻기 위해서는 시험자 및 해석자의 자질이 중요하다. 여기서는 이와 관련된 문제점과 해결방안에 대해서 설명하였다.

1) 시험방법

항타분석기를 이용한 동재하시험의 일반적인 시험방법은 아래의 순서대로 이루어진다. 각 순서별 내용에는 현장에서 자주 접하는 의문과 이슈들을 정리하였다.

(1) 시험말뚝 두부 정리

시험말뚝(재항타시험)은 지상 부분의 길이가 $3D$(D : 말뚝직경) 정도가 바람직하며, 대구경 현장타설말뚝의 경우 $1.5D$ 이하(직경이 클수록 작게 하되 시험장치에 맞게 결정)가 되도록 한다. 말뚝 두부는 편심이 걸리지 않도록 수평으로 정리한다. 기성말뚝의 말뚝 두부 평탄화 작업은 절단 후 그라인딩으로 가능하다. 하지만 현장타설말뚝의 평탄화 작업은 본체를 절단하고 치핑(chipping)하거나 또는 capping부를 치핑한 후 그라우팅하는 것이 바람직하다. 여기서 그라우트는 본체의 강도보다 크고 자체 수평화(self leveling)가 용이한 재료(예: 무수축 주입재 또는 모르타르)가 적합하다.

(2) 게이지 부착용 천공 및 게이지 부착

말뚝 두부 선단으로부터 대략 $1.5D$ 이상 되는 지점에 드릴을 사용하여 대칭으로 한 쌍의 구멍을 천공한다. 대구경 현장타설말뚝의 경우 $1.0D$ 정도에 게이지를 부착할 수 있다. 일반적으로 대구경($D1000$ 이상)인 경우에 두 쌍을 부착하는 것이 바람직하다.

복합단면을 가진 기성말뚝의 경우 단면 변화가 발생하는 위치에 가까운 곳, 이음말뚝의 경우 이음부에 근접한 곳 등은 가능한 한 피하여 천공하여야 한다. 이와는 달리 현장타설말뚝에서 동재하시험을 위해 두부 보강(capping)을 한 경우는 말뚝 본체와의 연결부 하부에 게이지를 부착하는 것이 양질의 데이터를 얻는 방법이다. 강관말뚝의 경우도 동재하시험을 위해 말뚝 두부 위치에 강관을 용접할 수 있는데, 마찬가지로 연결부 하부에 게이지를 부착하는 것이 바람직하다.

천공한 구멍에 고강도 볼트를 사용하여 변형률계와 가속도계를 부착한다. 가속도계의 경우 말뚝의 종류별로 type을 구분(2.6.5절 참조)하였지만, 실무적으로는 차이가 없으므로 구분하지 않고 사용해도 무방하다.

(3) 초기값 입력

항타분석기에 말뚝 길이, 단면적, 탄성계수, 단위중량, 파속도, 지반의 댐핑계수, 게이지보정계수 등 초기값을 입력하고 측정준비를 한다. 기성말뚝의 경우 제작사에서 주어진 탄성계수(또는 파속도)를 이용할 수 있으며, 현장타설말뚝의 경우 탄성계수는 말뚝 본체의 일축압축강도로 산정한 값을 사용한다. 일단, 탄성계수를 입력하고 타격 후 PDA 화면에 나타난 시간축을 조정하면서 적절한 파속도(Wc)를 산출하여 파속도(또는 탄성계수)를 조정하면 실제 현장값을 찾아낼 수가 있다. 현장에서 PIT(pile integrity test)시험을 실시했다면 여기서 측정한 파속도(또는 탄성계수)를 이용할 수도 있다.

(4) 해머의 거치

말뚝을 타격하기 위하여 해머를 말뚝에 거치한다. 이때 유의할 점은 편타가 생기지 않도록 해머와 말뚝의 축선이 일치하도록 하여야 한다. 쿠션상태도 확인한다.

(5) 게이지 점검

메인 케이블을 사용하여 게이지를 항타분석기에 연결하고, 게이지 점검 테스트를 실시하여 이상 유무를 확인한다. 게이지의 초기상태는 동재하시험의 신뢰도와 관련되어 중요하다. 점검 항목은 기입력된 게이지 보정계수의 확인, 그리고 게이지 부착 상태의 확인 등이 있다. 게이지 점검 시 출력값이 허용범위 이상이거나 파형이 불안정하면 말뚝에 부착된 게이지를 점검하고 필요시 조정한다.

(6) 측정 및 저장

초기타(작은 에너지로 2타 이내)를 가해 가속도계와 변형률계로 힘과 속도파를 측정한다. 타격 후 게이지의 거동을 관찰하면서 편타 여부를 확인한다. 편타가 관찰되면 항타기 수평도, 축선 일치, 말뚝의 수직도, 게이지 부착상태 등을 확인하여 이를 수정한다. 여러 가지 조정을 통해서도 수정이 어려우면 해머쿠션, 캡 등 해머 상태도 점검한다. 일반적으로 2쌍의 게이지를 부착한 경우는 심한 차이를 제외하면 편타가 중요하지 않으므로, 편타 수정보다는 게이지의 작동상태를 보다 면밀하게 확인하도록 한다. 양질의 데이터를 위하여 측정자료의 비례성(proportionality)도 확인한다. 적절하게 측정이 되면 Case 방법으로 현장에서 말뚝의 거동을 분석하고, CAPWAP 해석을 위해 데이터를 저장한다.

2) 시험 준비

전술한 바와 같이 신뢰도 있는 동재하시험 결과를 얻기 위해서는 시험을 하는 시험기술자의 경험과 능력이 중요하다. 일반적으로 기성말뚝의 동재하시험은 별도의 시험 준비가 필요하지 않고, 시험 준비 자체도 시험과정 중 단시간에 이루어진다. 따라서 기성말뚝의 동재하시험은 준비를 포함한 시험 자체가 시험기술자의 관리하에 이루어진다고 할 수 있어, 시험기술자가 중급 이상의 경험자라면 특별한 이슈 없이 간단히 마무리된다.

그러나 현장타설말뚝의 동재하시험은 시험 준비 자체가 시공에 준하는 정도이고, 준비기간도 길다. 현장타설말뚝의 시험 준비는 양질의 데이터를 획득하는 데 큰 영향을 주게 됨에도 불구하고, 준비 기간이 길다 보니 시험기술자의 조언(전통 또는 문서 등)에 따라 현장 자체적으로 준비를 하는 경우가 많다. 결국 시험 준비가 미흡하고, 결과적으로 동재하시험 자체가 실패하여 현장의 공기, 비용, 품질확인에 손실을 주는 경우가 종종 있다. 관련된 사례가 4.5.3절에 소개되었다.

현장타설말뚝의 동재하시험은 시험 준비부터 시행까지 능력과 경험을 갖춘 시험기술자가 주도하도록 주선하는 것이 바람직하다. 그림 3.69에는 현장타설말뚝의 동재하시험을 위한 일반적인 준비 방법을 소개하였다.

현장타설말뚝의 동재하시험 준비가 상대적으로 어려운 점을 고려하여, 보다 양질의 데이터를 얻기 위해 Top transducer가 개발되어 이용되고 있다. 이것은 그림 3.70과 같이 강재로 된 원통에 스트레인게이지(8개)를 부착하여 만든 것이다. 강재 원통의 면적과 탄성계수는 정확한 값을 이미 알고 있어 변형률계로 힘파를 보다 정확하게 측정할 수 있는 장점이 있다. 또한 동재하시험 준비를 위한 굴착깊이를 일부 줄일 수 있다. 하지만 가속도계는 말뚝의 콘크리트 본체에 부착되어야 하고 말뚝의 두부 보강(capping) 자체가 없어지는 것은 아니어서 준비 작업 자체가 없어지는 것은 아니다. Top transducer는 일개 프로젝트에서 유사한 말뚝을 대상으로 많은 시험을 수행할 경우 편리하게 이용될 수 있다.

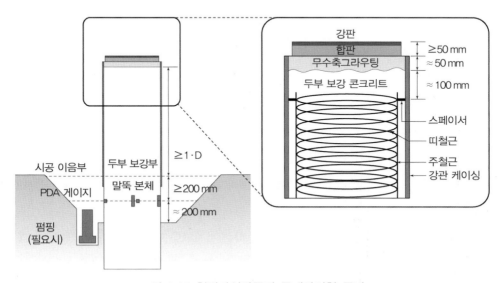

그림 3.69 현장타설말뚝의 동재하시험 준비

(a) top transducer   (b) top transducer 사용

그림 3.70 동재하시험용 top transducer

3) 시험결과의 해석

그림 2.77과 같이 CAPWAP 방법은 우선 말뚝을 응력파의 이동시간이 동일한 연속적인 요소로 모델링한다. 그리고 항타분석기로 실측한 파형과 가정한 경계조건을 사용하여 계산된 파형을 비교한다. 이어서 두 값이 일치되도록 경계조건을 수정하되, 최대한 일치될 때까지 반복 계산한다. 최종적으로 얻는 경계조건 중 하나가 지지력이고, 이것이 말뚝의 최종지지력이다. 즉, 동재하시험은 시험에서 지지력을 직접 구하는 정재하시험과 달리 실측한 파형으로부터 지지력을 찾아내는 것이다. 이것이 동재하시험의 원리의 한계이며, 결과의 신뢰도에 영향을 주는 요인이다.

계산된 파와 실측된 파를 일치시키기 위한 반복 작업 시 조정되는 경계조건의 입력변수 중 대표적인 것은 quake(또는 unloading quake), 흙 및 말뚝의 damping, unloading level(또는 reloading level), radiation damping, 말뚝의 지지력, 주면마찰력의 분포 등으로 23개 정도가 된다. 따라서 CAPWAP에서 도출된 동일한 결과라도 입력값이 서로 다른 케이스가 있게 된다. 예를 들어, CAPWAP에서 동일한 시그널매칭값이라 하더라도, 현장을 제대로 모사한 경계조건을 입력해서 얻은 값일 수도 있고, 여러 부적합한 경계조건들이 복합되어 얻은 값일 수도 있을 것이다. 최악의 경우 부적합한 경계조건 중 하나인 다른 지지력을 얻을 수 있다. 이것이 CAPWAP 해석에서 결과의 신뢰도를 위해 지식과 경험이 있는 해석자가 필요한 이유이다.

동재하시험의 또 다른 어려운 점은 동재하시험 보고에서 컴플라이언스 위반이 초래될 수 있다는 것이다. 동재하시험의 해석법 자체가 경계조건을 수정하는 것이다 보니 의도적으로 다른 결과를 낼 수 있고, 해석결과 보고서가 비교적 복잡하고 난해하다 보니 간편 보고서 출력 중 의도적으로 내용을 수정할 수도 있는 것이다. 물론 이러한 것은 기술자의 도덕적인 문제이므로 다른 시험에서도 나타날 수 있지만, 현장기술자에게 난수표에 가까운 동재하시험 결과는 우심한 조건이라고 할 수밖에 없다.

국내의 동재하시험에서 신뢰도 문제가 지속되는 근본 원인으로 동재하시험과 관련된 국내의 여러 상황, 즉 최저가 입찰방식에 의한 동재하시험비의 비현실적인 가격, 심각한 경쟁 구조, 항타협력사와 연계된 시험사의 비독립적 활동, 그리고 이러한 조건에서 근무하는 기술자들의 동기 저하 등을 들 수 있다. 국내에서 동재하시험이 가장 많이 이용되는 것은 그만큼 유용하다는 것이다. 그렇다면 동재하시험이 제대로 이용되는 것이 중요하고, 이를 위해서는 전술한 원인이 해소되어야 할 것이다. 이와 관련된 사례가 4.5.2절에 소개되었다.

CAPWAP으로 결정된 극한지지력으로부터 허용지지력을 구하기 위한 방법에는 극한지지력에 안전율을 적용하는 방법 그리고 하중 – 침하량 곡선으로부터 한계하중을 결정하여 안전율을 적용하는 방법이 있다. 이 중 극한지지력에 일정 안전율을 적용하는 방법은 허용하중 평가에 있어 타격에너지 문제로 인해 일관되지 못한 결과를 줄 수가 있으므로 주의해야 한다(홍헌성 등, 1995; 송명준 등, 2004). 타격에너지가 작아 시험말뚝이 충분히 변위되지 못하는 경우 CAPWAP에서 얻어지는 극한지지력은 실제의 극한지지력에 비해 작은 값이 되는 것처럼 타격에너지에 따라 극한지지력이 변화할 수 있다. 따라서 얻어지는 허용지지력도 변하게 된다. 이를 해결하기 위해서는 시험말뚝에 큰 에너지를 가해 충분한 변위(순침하량 3.0mm 이상)를 유도하면 된다. 그러나 실무에서는 해머조건, 지반조건, 시험시기, 말뚝조건 등의 상황에 의해 극한지지력을 얻을 만큼 말뚝을 충분히 변위시켜 시험할 수 있는 경우는 많지 않다.

이러한 점을 감안하면 CAPWAP의 극한지지력으로부터 허용지지력을 구하기 위해 일정 안전율(예: F_s =2.5)을 적용하는 경우는 허용하중 평가에 있어 일관되지 못하거나 부정확한 결과를 줄 수가 있다. 따라서 동재하시험 결과로부터 허용지지력을 판정하기 위해서는 홍헌성 등 (1995)이 제안한 것처럼 CAPWAP 해석을 실시한 후 하중 – 침하량 관계를 도출하고 이를 Davisson 방법으로 판정하여 해당 안전율(2.0)을 적용하는 방법이 바람직하다고 평가된다. 다만, 시험말뚝이 극한파괴(plunging failure), 짧은 말뚝 혹은 긴 말뚝일 경우는 이에 대한 적절한 판단이 요구되며 이에 대해서는 천병식 등(1997)의 연구를 참고하기 바란다. 물론 시험 시 말뚝을 충분히 변위시킬 만큼 타격에너지가 충분할 경우 일정 안전율을 적용하면 된다.

4) 시험결과의 활용과 전제 조건

동재하시험 결과는 여러 가지 좋은 정보를 제공하는데, 이를 잘 이용하면 각종의 문제를 해결할 수 있다. 동재하시험 결과로부터 얻을 수 있는 일반적인 정보는 앞에서 이미 설명하였다. 이외에도 3.5.3절에서 설명한 것처럼 동재하시험 결과를 이용하면 인발저항력을 구할 수 있다. 또한 동재하시험 결과를 이용하면 실용적으로 부주면마찰력이 작용하는 말뚝의 허용지지력 ($Q_a = (Q_b + Q_{ps} - Q_{ns})/F_s$)을 산정하는 것이 가능하다.

예로 부주면마찰력이 작용하는 말뚝의 허용지지력을 구하는 방법을 설명해 본다. 앞의 식에서 허용지지력을 구하기 위해 필요한 미지수는 선단지지력(Q_b), 양의 주면마찰력(Q_{ps}), 부주면마찰력(Q_{ns})이다. 우선 CAPWAP 해석 결과에서 말뚝의 깊이별 마찰력의 분포와 선단지지력 (Q_b)을 구한다. 그리고 말뚝 깊이별 마찰력의 분포에서 중립축까지의 마찰력을 제외하여 양의 마찰력(Q_{ps})을 분리한다. 여기서 중립축은 토질주상도의 연약층 두께로부터 구하거나, 또는 동재하시험 결과의 마찰력분포로부터 연약층 두께를 추정하여 구할 수도 있다. 부주면마찰력(Q_{ns})은 동재하시험의 측정으로 구하는 것이 곤란하므로 해당 중립축을 고려한 층에 대해 각종의 계산식으로 구한 설계치를 적용한다. 이러한 방식으로 부주면마찰력이 작용하는 말뚝의 허용지지력을 동재하시험으로 구할 수 있다. 단, 양의 주면마찰력을 분리하는 데 있어 시간경과효과의 영향을 고려하는 것이 중요하다. 4.1.8절에는 동재하시험 결과로부터 부주면마찰력을 고려한 허용지지력을 구하는 사례를 소개하였다.

상기와 같이 동재하시험은 말뚝의 지지력 측정 외에 다양한 정보를 얻고 문제를 해결할 수 있는 매우 유용한 방법이라 할 수 있다. 그러나 동재하시험의 결과가 유익한 정보로 활용되기 위해서는 다음과 같은 세 가지 조건이 만족되어야 한다.

(1) 충분한 타격에너지의 도입

시험 시 타격에너지를 충분히 도입하여 말뚝을 충분히 변위시키는 것이 바람직하지만 현장에서 이러한 조건은 쉽게 얻어지지 않는다. 이 경우 3)에서 설명한 방법을 상황에 따라 적절히 응용할 수 있어야 한다. 특히 재항타시험 시 에너지의 부족 문제는 실무에서 자주 경험하게 된다. 이러한 문제를 해소하기 위해, 항타 시 선단지지력과 재항타 시 마찰력을 조합하여 극한지지력으로 산정할 수 있다(한국지반공학회, 1999; Hussein et al., 2002; Seo et al., 2022). 이 방법은 relaxation이 없다는 것을 전제로 사용해야 하며, 해머의 용량이 부족한 경우 유용하게 사용할 수 있다. 이와 관련된 사례가 4.1.8절에 소개되었다.

(2) 동재하시험을 수행하는 기술자의 능력

현장 동적 데이터의 수집에 문제가 있으면 당연히 CAPWAP 해석에도 문제가 있게 된다. 현장에서 동재하시험 기술자(PDA engineer)와 관련된 문제에는 데이터의 입력 오류, 그리고 현장에서 측정되는 정보의 이해 부족 문제가 있다. 이런 문제는 시공관리기준을 설정하는 EOID 시험인 경우 향후 시공할 말뚝에 영향을 줄 수 있다는 점에서 치명적인 결과를 초래할 수 있으므로 시험기술자의 경험과 능력이 중요하다. 상세한 내용은 1)에서 설명하였다. 그리고 동재하시험을 수행하는 기술자의 역량과 관련된 사례가 4.1.1절과 4.1.2절에 소개되었다.

(3) 동재하시험 결과를 해석하는 기술자의 능력

동재하시험 기술자의 능력도 중요하지만 동재하시험 결과를 실무에 적용하기 위해서는 측정된 데이터를 해석하고, 이를 활용하는 경험 또한 중요하다. 사례(김성회 등, 2009)에 따르면 측정된 결과를 잘못 해석하거나 제대로 이용하지 못하는 경우가 자주 있는 것으로 보고되고 있다. 이와 관련된 사례가 4.5.3절에 소개되었다.

CAPWAP 해석의 문제는 원천적으로 그림 2.77과 같은 해석기법 자체도 관련이 있다. CAPWAP은 일종의 시행착오법으로 시그널매칭을 통해서 해석을 수행하므로 단일해가 주어지지 않는다. 시그널매칭하는 데 사용되는 입력변수가 23개나 되고, 간혹 복잡한 모델링이 수반되므로 해석자에 따라 얻어지는 해도 달라지는 것이다. CAPWAP에 자동해석기능도 있지만, 이것은 신뢰도 문제를 해결하는 것이 아닌 해석자의 편의를 제공할 뿐이다.

이런 점을 우려하여 PDI(2024)는 교육 및 자격증제도(그림 3.71 참조)를 운용하고 있다. PDI는 지역별로 주기적으로 동재하시험 워크샵(교육)을 한 후 시험(proficiency test)을 통해 동재하시험 자격증을 부여한다. 그림은 PDI사가 제공하는 웹사이트(PDI, 2024)이다. 여기에는 세계 각국의 PDA엔지니어의 자격(basic, intermediate, advanced, master, expert 등 5등급으로 구분)과 소속 등에 대한 데이터베이스가 실려 있다. 이를 검색하면 세계 어느 나라 무슨 회사의 누가 어떠한 자격증이 있는지 알 수 있다.

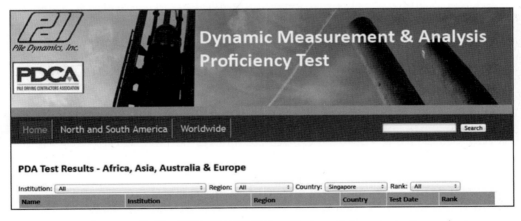

그림 3.71 교육 및 자격증 웹사이트(https://pdaproficiencytest.pile.com)

동재하시험 기술자들의 시험 및 해석에 대한 능력을 일반기술자들이 확인하는 것은 곤란하다. 다행히 많은 나라의 PDA시험회사(또는 PDA엔지니어)가 PDI에서 제공하는 자격증제도에 동참하고 있어, 그들의 자격증을 확인하고 시험을 의뢰하는 간단한 방법으로도 동재하시험의 신뢰도 문제는 어느 정도 해결이 가능하다. 특히 이 웹사이트는 해외 프로젝트에서 동재하시험의 신뢰도 문제를 해결하는 대안으로 매우 유용하다. 현재로서는 이 제도가 동재하시험의 신뢰도 문제를 해소하기 위한 해결책이라 본다. 이에 대한 사례가 4.5.3절에 소개되었다.

그러나 국내의 경우 동재하시험을 많이 활용하고 있음에도 이 제도에 동참하지 않아 무용한 상황이다. 구조물기초설계기준 해설(2018)은 동재하시험과 정재하시험을 동일한 말뚝에 대하여 실시하고, 그 결과의 비교를 통하여 동재하시험의 신뢰도를 검증하도록 제안하고 있다. 이 방법은 바람직한 방법임에도 실무에서 실행되지 않고 있어 문제 해결에 도움을 주지 못하는 것 같다. 결국 국내에서 동재하시험이 제대로 적용되기 위해서는 동재하시험방법이 일반화되도록 여건과 제도를 개선하고 기술자들을 꾸준히 교육시키는 것이라고 생각한다(조천환, 2009; 이우진, 2010).

3.5.5 양방향재하시험

국내에서 2002년 양방향재하시험이 도입된 이후 많은 개선이 이루어졌다. 현재는 현장타설말뚝의 재하시험은 대부분 양방향재하시험으로 수행되고 있으며, 그것도 국내에서 개발된 기술로 이루어지고 있다. 이러한 이유로 양방향재하시험과 관련된 이슈 중 기계장치와 관련된 사항은 많지 않다. 오히려 현장에서 자주 발생하는 양방향재하시험의 이슈는 셀의 위치 결정과 셀의 설치 불량 등 관리, 운영적인 문제와 관련되어 있다.

양방향재하시험의 셀의 설치위치는 사실상 동원하는 반력의 평형을 맞추기 위한 것으로 정재하시험에서 시험방법의 선정과 대응되는 부분이라고도 할 수 있다. 그림 3.72는 현장타설말뚝에서의 시험 목적에 따른 양방향재하시험의 셀의 설치위치를 나타낸 것이다. 일반적으로 실무에서는 ①, ②, ⑤의 방법이 주로 이용된다. 셀의 설치위치는 시험 목적에 따라 그림 3.72를 참조하여 선택한 후, 상하부 반력을 계산하여 평형인 곳에 셀의 설치지점을 결정하면 된다.

셀의 설치지점의 결정은 엔지니어링 영역에 속하여 비교적 명확하지만, 필요하다면 3자가 확인하는 과정을 거치는 것이 바람직하다. 셀의 위치 결정이 잘못되면 양방향재하시험은 실패하게 되며, 이에 따른 현장에의 영향이 심각하게 되므로 주의가 필요하다. 셀의 위치 결정과 관련된 사례가 4.5.4절에 소개되었다.

셀의 위치	셀의 설치위치 목적
①	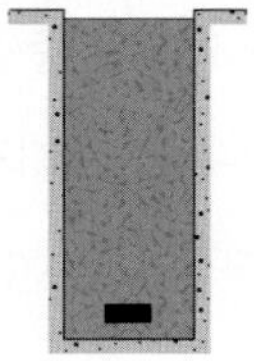 일반적으로 양방향재하시험 장치는 말뚝의 선단부에 설치하는데, 이 경우 추정되는 선단지지력과 주면마찰력이 거의 비슷하거나 추정 선단지지력이 추정 주면마찰력보다 큰 경우에 적절한 방법이다. 또한 시험 목적이 단지 말뚝의 극한 주면마찰력만을 측정하는 경우에도 사용된다.
②	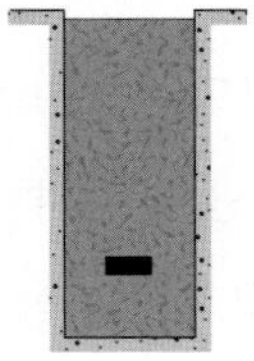 만일 주면마찰력이 선단지지력보다 상당히 크다고 추정되거나 극한선단지지력과 극한주면마찰력 모두를 구하고자 할 경우, 양방향재하장치를 선단으로부터 일정거리만큼 떨어진 곳에 설치할 수 있다. 이 경우 이격시킬 거리를 정확히 산정할 수 있다면 양방향재하장치 위쪽의 주면마찰력이 극한에 도달할 때 양방향재하장치 아래쪽의 주면마찰력과 선단지지력의 합 또한 극한에 도달할 수 있다.
③	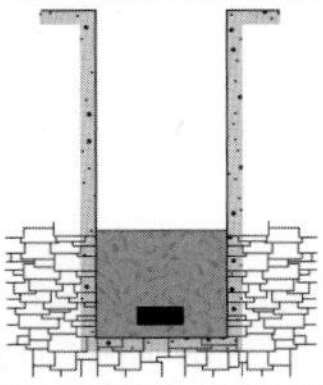 암반에 소켓된 말뚝에서 상재 토사층의 마찰력을 제외한 암반근입 부분의 선단지지력과 주면마찰력을 측정할 경우에 사용되는 방법으로, 암반근입 부분의 지지력과 암반근입부 위쪽의 주면마찰력을 구별하기 위해 말뚝의 각 위치에 스트레인게이지를 설치하는 방법을 대체할 수 있는 방법이다. 만약 추가적으로 상재 토사의 극한주면마찰력을 측정하고자 한다면 암반 근입부 시험을 마친 후, 말뚝의 나머지 부분을 모두 타설하고 다시 양방향재하시험을 실시할 수 있다.
④	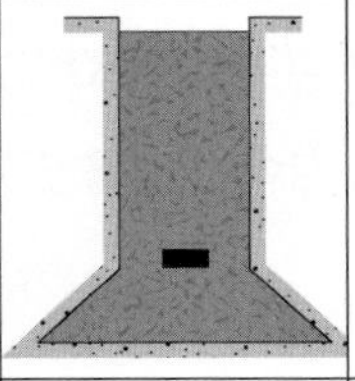 선단지지력이 주면마찰력보다 더 작다고 예측되는 경우에는 설계심도 아래를 종 모양으로 넓게 굴착을 하고 양방향재하시험 장치를 설계심도에 위치시키면 충분한 선단지지력을 얻을 수 있다.
⑤	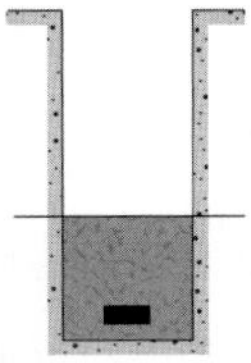 말뚝 두부가 현재 지표면보다 아래에 있을 경우 종래의 재하시험과는 달리 주변 지반을 굴착하지 않고도 양방향재하시험을 실시할 수 있다.
⑥	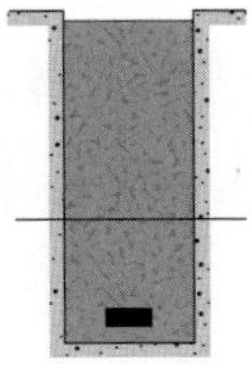 2개 지층의 극한주면마찰력을 평가해야 될 경우에는 하부층까지만 먼저 콘크리트를 채우고 양방향재하시험을 하여 하부층의 주면마찰력을 측정한 뒤, 말뚝 전체를 타설하고 다시 시험한다. 이때, 전체 극한주면마찰력에서 하부층의 주면마찰력을 빼면 상부층의 주면마찰력을 구할 수 있다.
⑦	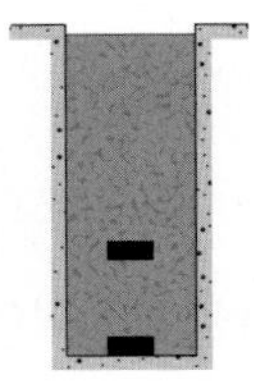 말뚝의 바닥과 미리 계산된 거리만큼 위쪽에 각각 양방향재하장치를 설치할 경우 상부 양방향재하시험 장치(upper cell)의 위쪽 극한주면마찰력과 상부 양방향재하시험 장치의 아래쪽 주면마찰력 그리고 선단지지력을 각각 구할 수 있다. 이 경우에는 일반적으로 먼저 하부 양방향재하시험 장치(lower cell)에 압력을 가하여 말뚝의 선단지지력을 먼저 측정한 뒤, 하부 양방향재하시험 장치의 압력을 빼고 상부 양방향재하시험 장치에 압력을 가하여 상부 양방향재하시험 장치 위쪽과 아래쪽의 주면마찰력을 측정한다.

그림 3.72 시험 목적별 셀의 설치위치 예(Osterberg, 2001)

양방향재하시험의 셀의 위치 결정 외에 자주 발생하는 문제로 셀의 설치 불량(그라우팅 또는 콘크리트 타설 포함)을 들 수 있다. 셀의 설치 불량으로 인해 시험이 실패하는 사례도 종종 일어난다. 이의 요인으로 재하시험에 대한 현장기술자들의 인식을 지적할 수 있는데, 현장기술자들은 셀의 설치보다는 시험 자체에 관심과 중요성을 두는 경향이 있다. 따라서 현장기술자들은 셀의 설치에 대한 중요성을 이해하지 못하며, 당연히 정성을 다하지 않는다.

또한 현장에서 셀의 설치 불량 문제는 공사 일정이 단순한 시험시공 단계보다는 공사 일정이 복합적이고 지연 가능성이 있는 본시공 단계의 품질확인시험에서 주로 일어난다. 왜냐하면 본공사 시 현장기술자들은 셀의 설치에 관심이 없을뿐더러 셀의 설치 자체가 본공사의 일부분에 포함되어 시간이 자주 변경되므로, 정작 셀의 설치 시에 경험 있는 전문가가 참석하지 못하거나 형식적인 지도가 이루어지는 상황이 발생하기 때문이다. 셀의 설치 불량과 관련된 사례가 4.5.5절에 소개되었다.

양방향재하시험은 정재하시험(또는 동재하시험)과 달리 실패하면 최악의 경우 시험기의 설치와 양생을 다시 해야 하는 상황이 발생할 수 있다. 따라서 시험 실패 시 여러 난점을 감안하여 실시 전에 세심하게 계획하고 확실하게 관리하는 것과 함께, 특히 셀의 설치 시에는 경험 있는 전문가가 반드시 입회하여 설치 과정을 확인하는 것이 중요하다.

3.5.6 재하시험법의 선정

말뚝재하시험의 종류(그림 2.68 참조) 중 수평재하시험과 인발재하시험은 실용적으로 단일방법밖에 없으므로 시험법 선정 시 문제가 없다. 그러나 연직재하시험에는 정재하시험과 동재하시험 그리고 양방향재하시험이 있으므로 시험법 선정 시 이에 대한 적절한 평가가 필요하다. 특히 정재하시험과 동재하시험, 정재하시험과 양방향재하시험은 방법상 서로 대체할 수 있는 시험방법으로 재하시험법 선정 시 각각의 비교 평가가 필요하다.

1) 정재하시험과 동재하시험

동재하시험은 1960년대 중반 개발되어 시험시간의 단축, 경제성, 다양한 정보취득 등의 장점으로 전 세계적으로 널리 사용되고 있다. 국내에서는 1994년 동재하시험이 처음 도입되어 현재 많은 현장에서 말뚝기초의 시공관리 및 품질확인 수단으로 사용되고 있다.

정재하시험 및 동재하시험은 각각의 장단점과 특징이 있으며 이를 살펴보면 표 3.25와 같이 요약할 수 있다. 재하시험 방법은 현장여건, 비용, 기간, 신뢰도 등을 감안하여 시험을 목적을 달성할 수 있는 방법으로 수행되어야 한다. 표에서 나타난 바와 같이 정재하시험은 신뢰도가 높지만 상대적으로 많은 시간과 비용, 노력이 필요하며, 일반적인 시험방식으로 얻을 수 있는 결과는 말뚝의 지지력(하중 – 침하량 데이터) 정도로 단순하다. 반면, 동재하시험은 말뚝의 지지력뿐만 아니라 성분별 지지력과 이의 분포 그리고 말뚝의 건전도, 심지어 해머의 효율까지도 평가할 수 있다. 특히 동재하시험은 항타 시 시험이 가능하여 항타시공관입성의 분석은 물론 말뚝지지력의 시간경과효과의 측정이 가능하다.

표 3.25 정재하시험과 동재하시험의 비교

항목	동재하시험	정재하시험
주요 관련규정	• 구조물기초설계기준 해설(2018) • KS F 2591, ASTM D 4945 등	• 구조물기초설계기준 해설(2018) • KS F 2445, ASTM D 1143 등
재하방법	• 해머에 의해 말뚝에 전달되는 동적 타격에너지 • 최대시험하중의 1.5% 내외의 램 중량 해머	• 시험하중 이상의 사하중(콘크리트 블럭 또는 철근 등)에 의한 직접 재하 • 반력구조물(주변 말뚝, 앵커)의 인발저항력을 이용한 재하
평균시험시간	• 약 1시간(1개소 기준)	• 약 1.5일(1개소 기준)
비용(일반조건)	• 정재하시험의 약 15%	• 100%
장점	• 시험시간이 짧고 시험비용 저렴 • 응력과 에너지, 건전도 확인 가능 • 지지력의 시간경과효과 규명 가능 • 선단과 주면지지력의 분리 측정 가능 • 주면마찰력의 분포를 파악이 가능	• 신뢰성이 가장 높음 • 정확한 하중 – 침하량 곡선이 얻어짐 • 시험과 분석이 단순함
단점	• 시험자에 따라 신뢰도가 달라짐 • 시험 및 분석에 경험과 전문성 필요 • 하중 – 침하량 곡선이 단순함	• 시험비용이 고가이며 시험시간이 김 • 시험결과 내용이 단순함 • 시간경과효과에 적용 곤란 • 지지력 분리 시 별도 계측 필요 • 적재, 해체 시 안전사고의 위험성 있음
신뢰성	• 정재하시험과 약 10% 오차 있었으나, 적절히 수행될 경우 신뢰성 문제 없음 • 신뢰성을 위해 시험자 및 해석자의 능력이 뒷받침되어야 함	• 시험방법, 분석방법 등에 따라 평가가 다를 수 있음 • 적절히 수행될 경우 재하시험값의 기준값으로 적용

이상의 내용을 감안할 때 동재하시험은 정재하시험과 비교하여 상대적으로 비용과 시간, 획득 가능한 정보 면에서 우수한 점이 많다. 다만, 동재하시험은 3.5.4절에서 설명한 바와 같이 시

험법의 특성상 신뢰도가 시험자 및 해석자에 따라 달라질 수 있으므로 시험자 및 해석자의 자질을 확인하는 과정이 필요하다. 동재하시험의 신뢰도를 확인하는 과정은 관리자가 직접 검증하는 방법, 시험자의 자격증을 확인하는 방법, 구조물기초설계기준 해설(2018)에서 언급하는 것처럼 정재하시험과 동재하시험을 실시해 비교하는 방법 등 여러 방법이 있을 수 있다.

상기에서 설명한 동재하시험의 신뢰도를 확인하는 3가지 방법 중 현재로서는 구조물기초설계기준 해설(2018)에서 제안하는 방법이 국내에서 가장 이상적이라 할 수 있다. 그러나 이 방법은 비용과 기간의 추가에 의한 실행미흡이라는 실제적인 문제 외에, 정재하시험과 동재하시험의 비교, 평가가 쉽지 않은 기술적인 문제도 있다. 동일 말뚝에 대한 두 시험의 비교 시 기술적인 문제를 해소하기 위해서는 다음에 설명하는 방식을 참고할 수 있다.

먼저 두 가지 시험(정재하시험 및 동재하시험)은 하중을 도입하는 장치가 서로 달라, 평가 시 시험하중의 크기를 일치시키기 어려운 문제가 있다. 다음으로, 두 시험으로부터 얻어진 지지력을 비교하기 위해서는 두 시험의 시험시점이 일치해야 하는데, 현장의 실물시험에서는 두 시험시점을 일치시키기가 실무적으로 불가하다.

엄밀히 말하면 두 시험으로부터 도출된 지지력은 동일한 조건이 아니므로 비교 대상이 아니다. 즉, 두 시험으로 얻은 결과는 시험하중(일반조건)도 다르고, 시험시점도 차이가 있으므로 비교할 수가 없는 것이다. 따라서 정재하시험으로 동재하시험을 검증할 경우 두 시험에서 얻어진 지지력의 절대값을 비교하는 것은 사실상 의미가 없다. 결국 동재하시험의 검증 시에는 두 시험의 하중 – 침하량 곡선을 비교하되 두 시험의 시간 차이와 순서 그리고 동재하시험에서 타격수(blow number)를 반드시 고려해야 한다.

동재하시험에서 타격수를 고려하는 것은 재항타 동재하시험의 경우 타격수가 증가할수록 시간경과효과가 사라지거나 또는 전단력이 줄어들어 주면마찰력이 변화하므로 가능한 초기타를 이용하여 분석한 결과를 정재하시험결과와 비교하는 것을 의미한다. 예로 매입말뚝의 경우 재항타 동재하시험 시 10타 이내의 타격으로도 양생된 시멘트풀이 파손되어 주면마찰력이 쉽게 변화하므로 가능한 초기타를 이용하여 분석할 필요가 있다.

정재하시험 및 동재하시험 모두 시험결과로부터 축하중 전이곡선을 얻을 수가 있다. 전자는 말뚝에 스트레인게이지 등을 부착하여 구할 수 있고, 후자는 CAPWAP 해석 결과에서 축하중을 구할 수 있다. 마찬가지로 두 시험의 축하중 전이곡선을 비교할 경우도 상기에서 언급한 사항이 고려되어야 한다. 정재하시험 및 동재하시험의 시험결과 및 축하중 전이곡선을 비교한 사례가

4.1.9절에 소개되었다.

　그림 3.73에는 정재하시험과 동재하시험의 비교를 위해서 강관말뚝(D406T9.5)에 대해 동재하시험을 실시(초기타 분석)한 후 3일 지나서 정재하시험을 실시한 것이다. 그림에서와 같이 하중－침하량 곡선의 형상은 유사하여 두 시험의 비교결과가 양호한 것으로 나타나고 있다. 그러나 전체적으로 정재하시험 결과가 약간 큰 것으로 분석되고 있는데, 이는 두 시험의 시간차에 의한 것으로 판단된다. 이와 같이 두 시험 조건을 확인하면서 비교하면 두 시험의 평가가 용이해진다.

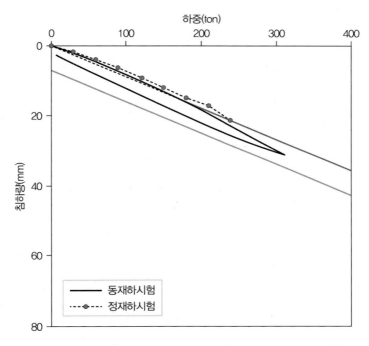

3.73 정재하시험 및 동재하시험의 결과 비교

　상기와 같은 방식으로 비교평가가 이루어지지 않고, 단순히 두 시험으로부터 얻어진 최종지지력(그림 3.73에서 정재하시험 235ton, 동재하시험 315ton)만을 비교하여 평가한다면, 본 시험의 경우 비교평가가 세밀한 관리하에 수행되었음에도 정반대의 평가가 이루어질 수도 있는 것이다.

　이제 동재하시험의 기술이 발전하고 시험자 및 해석자들의 역량도 향상되어(또는 향상될 수 있어) 동재하시험의 신뢰도는 실무적으로 문제가 없다고 판단된다. 물론 이것은 시험자 및 해석자가 교육을 받고 자격증을 취득하여 경험을 쌓은 경우에 해당된다. 그럼에도 불구하고 동재하시험은 기본 모델의 단순함으로 인해 실제의 거동 모사에 있어 한계가 있을 수밖에 없다. 따라서 정재하시험의 필요성은 인정되어야 하며, 특히 침하량이 주요 이슈인 현장, 동재하시험의 검증이 필요한 현장 등에서는 정재하시험이 필요하다. 시험 개개의 신뢰도도 중요하지만, 단위 현장 전체의 신뢰도를 고려한다면 같은 비용으로 보다 많은 시험을 하는 것이 더욱 신뢰도를 높일 수 있다는 차원에서 동재하시험의 활용에 대한 의미가 있다고 생각한다.

그림 3.71에 소개한 웹사이트(PDI, 2024)를 검색해 보면, 불행히도 국내의 재하시험회사는 자격증을 소지한 기술자가 없다. 그리고 국내의 동재하시험 기술자는 교육도 거의 받지 않는다. 그런데 동재하시험의 신뢰도에 대한 국내 현장의 실상은 아직도 녹록치 않다. 따라서 동재하시험이 제대로 적용되기 위해서는 동재하시험이 일반화되도록 여건과 제도를 개선하고 기술자들을 꾸준히 교육시키는 것이 필요하다.

동재하시험은 품질확인 기능도 있지만, 더 큰 역할은 시험시공 및 시항타 시 EOID시험을 통해서 설계내용을 확정하거나 시공관리기준을 설정하는 엔지니어링 기능도 있어 3.5.4절 3)에서 제시한 대안이 보다 적극적으로 추진될 필요가 있다. 뿐만 아니라 이제는 동재하시험의 신뢰도 향상 차원만이 아닌 국제적인 방향에 동참한다는 의미에서 시험 여건이 조속히 개선되어 유용한 동재하시험이 더욱 활성화되길 기대한다.

2) 정재하시험과 양방향재하시험

양방향재하시험은 1984년 개발된 이후 1990년 후반 급속도로 사용이 늘어 보편화되기 시작했고, 이제는 정재하시험방법을 대체하고 있는 경우가 많아졌다. 특히 대구경 현장타설말뚝의 시험에서는 양방향재하시험의 장점을 확실히 이용할 수 있어 정재하시험 대신 양방향재하시험으로 대체 이용되고 있다고 해도 과언이 아니다. 이러한 경향은 정재하시험을 위한 대형장비 등의 현장지원이 곤란한 시험시공 시 재하시험에서 더욱 두드러지게 나타나고 있다.

정재하시험과 양방향재하시험의 큰 차이는 그림 2.78에서와 같이 재하위치와 하중방향이 다르다는 것을 들 수 있다. 하지만 이러한 차이는 실용적으로 문제가 없다는 것이 여러 실험결과에서 나타나고 있다.

그림 3.74는 인접 지역에 두 개의 말뚝을 시공한 후 각각에 대해 정재하시험과 양방향재하시험을 실시한 결과(권오성 등, 2006)를 보여주고 있다. 그림에서와 같이 양방향재하시험의 말뚝

두부의 등가 하중 – 변위량 곡선은 약간의 수정(탄성변위량 고려, 하중전이함수법 고려)을 실시하면 정재하시험의 곡선과 유사한 결과를 얻을 수 있다.

품질확인이 목적인 정재하시험의 경우 시공한 후에 말뚝을 임의로 선택하여 시험을 하는 것이 일반적이다. 그래야만 유사한 조건(제원, 시공방식, 지반 등)으로 시공된 나머지 말뚝의 품질이 보장되는 것이다. 이러한 방식이 품질확인을 위한 기본적인 절차로 인식되고 있다. 그러나 전술한 것처럼 양방향재하시험은 시험말뚝을 사전에 지정하고 시공한 후 시험을 할 수밖에 없는 한계가 있어, 품질확인을 위한 목적으로 의미가 줄어든다고 할 수밖에 없다. 또한 품질확인을 위한 양방향재하시험은 시험으로 발생한 말뚝의 공간을 처리(충전 등)해야 하는 어려움도 있다. 따라서 양방향재하시험은 시공 후 말뚝의 품질확인용 시험보다는 시험시공 시 설계자료 획득용 시험으로 더욱 유용한 시험이라고 할 수 있다.

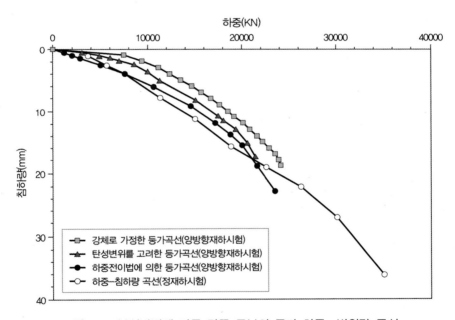

그림 3.74 분석방법에 따른 말뚝 두부의 등가 하중 – 변위량 곡선

Chapter 4

실패와 성공사례로부터
얻은 교훈

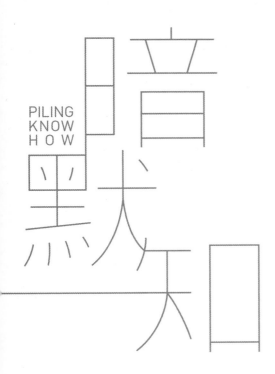

실패와 성공사례로부터 얻은 교훈

4.1 타입말뚝

4.1.1 항타공식 사용에 의한 말뚝의 초과 관입

1) 현장 개요

　본 건은 항타공식으로 말뚝의 시공관리 중 말뚝이 초과 관입되어 원인을 조사하고 대책을 수립한 사례이다. 그림 4.1에서와 같이 지반은 상부에 세립의 느슨한 매립층이 있고, 매립층 하부에는 연약한 해양퇴적 점토층(marine clay)과 단단한 충적층(old alluvium)이 존재한다. 지층의 층서는 비교적 불규칙하고, 지하수위는 지표하 4m 정도에 나타난다.

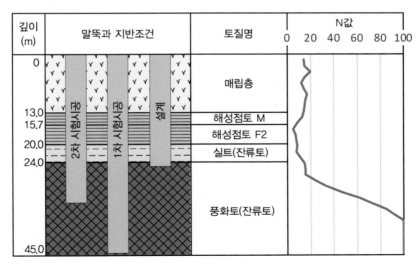

그림 4.1 지반조건과 말뚝 관입 상황

상부는 플랜트 구조물이고, 하부 기초는 지반이 연약하여 말뚝기초를 타입하도록 계획되었다. 말뚝은 PHC600(두께 100mm 개단)이고, 해머는 9ton 유압해머이며, 72mm 합판 쿠션을 사용하여 직항타하였다(그림 4.2 참조). 이러한 PHC파일은 주로 중국이나 동남아 등지에서 활용된다(2.1절 참조). 이 PHC파일은 국내에서 사용되는 것과 달리 양단부에 이음판(선단 슈)을 붙이고 본체 두께를 늘려 실무 시공성을 강조한 것이다.

(a) 유압해머(9ton)   (b) PHC파일

그림 4.2 시험시공에서 사용된 해머와 말뚝

2) 원인 분석 및 대책

본 사례는 시험시공(test pile) 중에 일어난 것으로 말뚝시공은 Hiley 공식에 따라 관리되고 있었고, 항타관리기준은 낙하 높이(H) 1.0m, 타격당 관입량(set)은 2mm였다. 그림 4.1처럼 시험말뚝은 설계깊이(24m)보다 훨씬 깊게 44m까지 관입되었다. 특이하게 말뚝의 선단은 N=100 이상의 지반에 상당 부분 관입되었다. 말뚝의 관입깊이의 산정에는 문제가 없었다.

이러한 현상에 대한 현장의 주된 관심은 추가 관입에 따른 물량 증가에 있었다. 하지만 현장의 관심사항보다는 콘크리트말뚝이 단단한 지반(N값 100 이상)에 상당 부분 관입되었기 때문에 말뚝 본체의 건전도가 더 심각하게 우려되는 상황이었다.

당초 시험시공의 동재하시험 결과보고서(표 4.1 참조)를 조사한 결과, 크게 두 가지 문제가 나타났다. 첫째, 말뚝의 건전도평가치(BTA)가 불량하여 건전도를 의심할 수 있었다. 둘째, 주면 및 선단의 지지력 비율, 항타효율 등의 분석값이 일관되지 못하고 일반 범위를 벗어나고 있어 동재하시험의 수행과 분석의 신뢰도에 문제가 있음을 알 수 있었다.

표 4.1 시험시공의 재항타 동재하시험 결과보고서 요약

말뚝번호	말뚝직경 (mm)	지지력(ton)			설계하중 대비 지지력	BTA(β)	항타효율 (%)
		주면	선단	전체			
LT1	600	724.2	11.8	737	3.19	72	141
LT2	600	297.0	228.0	424	2.27	64	112
LT3	400	372.0	42.0	414	2.64	79	64
LT4	400	302.3	97.7	400	2.67	87	83

현장조사 결과, 말뚝이 설계깊이보다 깊게 관입하게 된 원인은 시방에 의존한 말뚝의 시공관리에 기인하였다. 시방에 의하면 항타관리기준은 Hiley 공식으로 결정되었으며, 결정된 항타관리기준(낙하 높이 1.0m, 타격당 관입량은 2mm)을 만족할 때까지 말뚝을 타입하다 보니 과항타로 이어졌고, 설계보다 깊게 관입된 것이었다.

3.1.7절에서 설명한 바와 같이 항타공식은 주요한 4가지 문제(가정조건, 시간경과효과, 입력치 등)를 내포하고 있어, 현장에서 이를 사용하는 경우 수정하여 사용해야 한다. 특히 4가지 문제 중 set up 효과를 무시할 경우 과항타의 주요인이 되는데 이로 인해 초과 근입이 이루어졌다고 평가되었다.

당초 시험시공 결과를 그대로 본시공에 적용할 경우 추가물량에 대한 부담, 항타 중 건전도 문제가 내재되어 있기 때문에 이의 해결을 위해 시험시공을 재차 시행하도록 계획했다. 당초 시험시공은 동재하시험의 신뢰도에 문제가 있었는바, 2차 시험시공은 시험의 신뢰도에 문제가 없도록 경험이 풍부한 시험자가 수행하도록 하고, 동재하시험 결과를 정재하시험 결과와 비교하는 과정도 포함시켰다.

그림 4.3은 PHC600에 대한 2차 시험시공의 결과이다. 우선 항타 시 동재하시험을 실시하고, 이후 3차(2일, 9일, 16일)에 걸쳐 재항타 동재하시험을 수행하였다. 또한 항타 후 30일이 지나서 정재하시험을 실시하였다. 2차 시험시공 시 말뚝의 최종관입은 낙하 높이 0.85m에서 타격당 관입량 4.8mm로 마무리되었다. 그림에서와 같이 말뚝의 지지력은 유력한 set up 효과를 보여주고 있으며, 항타 후 30일에 실시한 정재하시험시점까지도 지지력이 계속 증가함을 알 수 있다. 더욱이 3번째 동재하시험은 해머의 에너지가 충분하지 못해 말뚝을 변위시키는 데 제한적이어 지지력을 충분히 발휘하지 못하는 결과가 나타났다. 본 시험시공의 set up 효과(재항타 시 주면

마찰력/항타 시 주면마찰력)는 3차 재항타시험 결과를 기준할 때 2.0(파괴하중의 경우 1.37) 정도로 나타났다. 당연히 이 값은 해머에너지 부족 및 한정된 시간(16일 경과)을 고려할 때 보수적이라 할 수 있다.

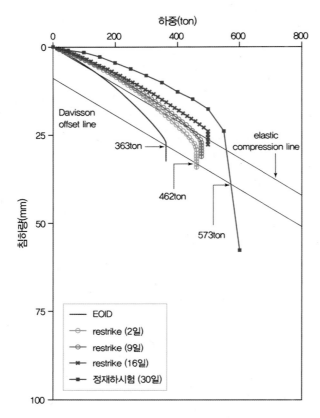

그림 4.3 2차 시험시공의 재하시험의 하중-침하량 곡선

표 4.2에서 동재하시험 결과는 에너지 부족으로 지지력이 약간 작게 측정되었고, 정재하시험과의 시간차를 감안하면 두 결과는 비교적 일치한다고 할 수 있다. 결과적으로 두 시험에서 얻어진 허용지지력은 설계하중(200ton)을 만족하고 있고, 침하량도 침하기준을 만족하였다. 또한 말뚝의 건전도에도 이상이 없었다.

표 4.2 2차 시험시공 결과 요약

	동재하시험		정재하시험		비고
	산정값 (t)	설명	산정값 (t)	설명	비고
Q_u	–	극한지지력	600	전체 지지력	
Q_{pu}	491	$Q_{pu} = Q_{ps} + Q_t$	436	$Q_{pu} = Q_{ps} + Q_t$ $= Q_u - NSF$	정재하시험은 Q_{ps} 분리 안 됨
Q_{ps}	248	양의 주면마찰력 (3차 restrike)	–	–	3차 restrike 에너지 부족
Q_t	243	선단지지력	–	–	EOID값 적용
Q_a	196	허용지지력 $Q_a = Q_u / F_s$	214	허용지지력 $Q_a = Q_u / F_s$	$F_s = 2.5$
NSF	37	부주면마찰력	37	부주면마찰력	설계치
DL	200	설계하중	200	설계하중	설계치
비고	상기 산정식은 CP4(Singapore code of Practice)에 의함				

따라서 2차 시험시공의 결과를 바탕으로 항타공식에 의한 시공관리기준을 재설정하였다. 적용된 항타공식은 조천환 등(2001)에 의한 수정항타공식이며, 여기에는 동재하시험 결과의 항타에너지 활용, 동재하시험에 의한 set up 효과 적용, 가정조건의 한계를 해결하기 위한 현장보정계수를 포함하고 있다(3.1.7절 참조).

그림 4.4는 동재하시험 결과를 활용하여 기존 Hiley 공식을 수정한 워크시트 예를 보여주고 있다. 그림에서와 같이 동재하시험 결과로부터 항타효율(e_f), 현장보정계수(C_f), set up 효과(S_f)를 구한 후 이를 적용하여 시공관리기준을 재설정하였는데, 이는 낙하 높이 0.95m, 최종타격당 관입량 4mm이다. 이를 이용하여 시험말뚝을 시공한 결과 그림 4.1과 같이 시공말뚝은 설계깊이(25m)보다 약 8m 더 깊게 시공되었는데, 이것은 시공관리기준이 약간 보수적으로 결정되었고, 선단 부분 지반 특성에 의한 폐색효과에도 영향을 받은 것으로 판단된다.

Driving formula		
Hiley formula	original $Q_u = \dfrac{e_f \cdot w_r \cdot H}{s + \dfrac{C}{2}} \cdot \dfrac{W_r + n^2 w_p}{w_r + w_p}$	modified $Q_u = \dfrac{EMX}{S + \dfrac{C}{2}} \cdot C_f \cdot S_f$

Input				
spec of pile	diameter	thickness	length	
	D(m)　　0.6	t(m)　　0.1	L(m)　　33	
results of dynamic load test	weight of ram	drop height	transfered energy	
	w_r(ton)　　9	H(m)　　0.85	EMX(ton-m)　　6.65	
	set	rebound	Q_u at EOID	Q_u at restrike
	S(m)　　0.0048	C(m)　　0.014	Q_{u_EOID}(ton)　　362	$Q_{u\_restrike}$(ton)　　498

Calculated			주)
general	efficiency of strike	set up factor	① efficiency of strike, $e_f = EMX/(w_f \cdot H)$
	e_f　　0.87	S_f　　1.38	② correction factor, $C_f = Q_{u\_EOID}/Q_{u\_cal}$
from Hiley formula	Q_u calculated by modified H.	correction factor	③ set up factor, $S_f = Q_{u\_restrike}/Q_{u\_EOID}$
	Q_{u_cal}(ton)　　563.56	C_f　　0.64	

Suggestion of driving criteria							
applying variables	efficiency of strike, e_f		0.83	set up factor, S_f			1.38
items	drop height H(m)	set S (m)	rebound C (m)	EMX (ton-m)	by modified Hiley (ton)	negative skin friction (ton)	allowable capacity, Q_a (ton)
suggestion 1	0.95	0.004	0.015	7.13	547.91	66	192.76

주) ① $Q_a = (Q_{ps} + Q_t)/2.5 = (Q_u - \text{nagative skin friction})/2.5$, from CP4
　② In case the hammer is changed, e_f should be measured by dynamic load test.

그림 4.4 수정항타공식에 의한 항타 시공관리기준 산정용 워크시트 예

3) 교훈

항타공식의 신뢰도는 아주 낮다. 그럼에도 불구하고 지금까지 오랫동안 이를 현장에서 사용해 온 이유는 이것의 간편성에 기인한다. 그동안 수많은 항타공식이 제안되었다는 것은 이의 신뢰도가 낮다는 것을, 오랫동안 사용해 오고 있다는 것은 이의 뛰어난 현장 적용성을 시사하는 것이다. 본 사례에서 설명한 바와 같이 현장에서 항타공식을 사용할 경우 반드시 수정하여 사용해야 한다. 이제는 현장에서 동재하시험이 보편적으로 사용됨에 따라 항타공식의 실용적인 수정이 가능해졌다. 항타공식의 수정 시에는 4가지 문제를 해결해야 하며, 이 중 set up 효과를 반영하는 것이 특히 중요하다. 따라서 타입말뚝의 시공관리기준을 결정할 경우 항타 시 동재하시험과 재항타 시 동재하시험을 실시하여 시간경과효과를 확인하고 이를 반영해야 한다. 당연히 동재하시험은 신뢰도 있는 시험과 분석이 전제되어야 한다.

4.1.2 항타 시 set up 효과를 무시하여 발생한 말뚝파손

1) 현장 개요

본 사례는 사질토층에서 PHC파일을 직항타하는 도중 말뚝의 심각한 파손이 발생한 사례이다. 사용된 말뚝은 PHC350으로 본당 50ton의 설계하중을 갖도록 설계되었다.

그림 4.5에서 나타나고 있듯이 현장의 지반조건은 상부로부터 1.2m까지 매립층과 전답토층, 4.7m까지 자갈층, 약 25m까지 N값이 13~24인 모래층이 존재하며 그 하부에는 N값이 양호한 모래자갈층이 존재한다.

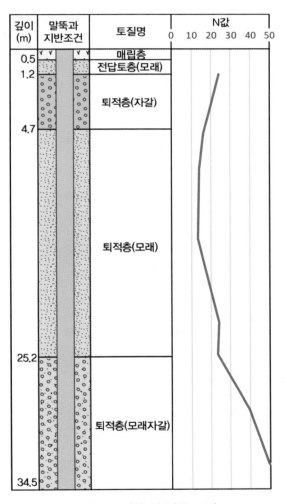

그림 4.5 지반 및 말뚝 조건

말뚝은 NH40(램중량이 4ton인 유압해머)을 사용하여 직항타하였으며, 말뚝의 길이는 지반조건을 바탕으로 선단부가 모래자갈층에 일부 관입되면 50ton의 설계하중 조건은 만족될 것으로 기대하였다.

본 현장에서 시항타를 한 결과, N값이 50 이상인 모래자갈층까지(약 33.5m) 말뚝의 선단부가 관입되어도 이미 규정해 놓은 시공관리기준(시방에 의거 최종타격당 관입량 5mm이고, 이는 항타공식으로 결정됨)을 만족시키지 못하였다. 시공관리기준을 만족시키기 위하여 말뚝을 용접이음하여 타입한 결과, 지표면으로부터 약 42m까지 관입되었을 때 비로소 전술한 시공관리기준을 만족시킬 수 있었다. 당초 예상 관입 길이는 29m 내외인데, 42m까지 말뚝을 시공하는 것은 공사비는 물론 시공상 많은 어려움이 있어 대책을 강구하게 되었다.

이 과정에서 기시공된 말뚝 내부로 물이 차오르는 문제가 추가로 제기되어 말뚝중공부에 추를 내려본 결과, 지표면으로부터 30m 이하의 말뚝은 완전히 파손된 것으로 확인되었다.

2) 원인 분석 및 대책

시항타 단계에서 이미 문제는 발생하였으며, 본시공을 진행할 수 없는 상황에서 현장조사가 이루어졌다. 여러 정황을 바탕으로 문제의 원인이 말뚝지지력의 set up 효과를 무시한 결과라고 판단하였고, 이를 확인하는 방향으로 문제점을 체계적으로 조사, 분석하게 되었다.

우선 말뚝의 시항타를 재시도해 본 결과, N값이 양호한 모래자갈층(지표로부터 25.2m 이하)까지 말뚝이 관입된 후에도 최종타격당 관입량은 목표치에 도달하지 않고 큰 값을 나타내었다. 따라서 지표면으로부터 26.0m까지 말뚝을 항타한 후 시공을 종료하였고, 이후 재항타 시험으로 지지력 변화를 조사하였다. 실측된 항타 시 관입량 기록은 그림 4.6(a)에 나타난 바와 같이 최종타격당 관입량, S=18.0mm, 리바운드량, C=7.0mm이었다. 이 말뚝을 항타 후 1일 정도(18시간) 경과하였을 때 동일한 항타장비로 같은 낙하 높이에서 재항타시험을 실시한 결과, 그림 4.6(b)에 나타난 바와 같이 항타기록이 크게 향상되었음을 알 수 있다. 이때 측정된 S는 1.8mm로 감소하였으며 C값은 14mm로 증가하였다. 이로부터 항타 후 불과 18시간이 경과한 시점에서 이미 상당히 큰 set up 효과가 발생하였음을 확인할 수 있었다. 그림 4.6에서와 같이 본 사례에서 set up 효과는 정성적이지만 매우 현저한 것을 알 수 있다.

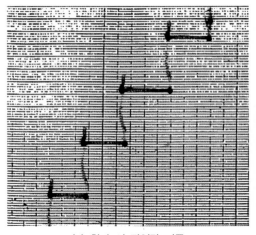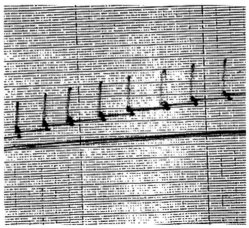

(a) 항타 시 관입량 기록   (b) 항타 후 18시간 경과 시 관입량 기록

그림 4.6 항타 시 및 재항타 시 항타기록 변화

이번에는 이를 정량적으로 분석하기 위해 동재하시험 결과를 검토하였다. 정량적인 set up 효과를 확인하기 위해 항타 시 동재하시험과 재항타시험을 실시하여 분석하였다. 그림 4.7은 항타 시 동재하시험 결과와 항타로부터 1일(18시간)이 경과한 시점에서의 재항타시험 결과를 비교한 것이다. 그림에서와 같이 항타 후 시간경과에 따라, 즉 1일만에 지지력이 크게 증가하였음을 알 수가 있다.

그림 4.6과 그림 4.7에서 보는 것처럼 set up 효과를 무시하고 항타 시 지지력만을 기준하여 본시공을 실시했다면 당연히 설계지지력을 얻기 위해 과잉 항타할 수밖에 없었음을 알 수 있다. 당연한 언급이지만, 이러한 예를 통해 시간경과효과를 무시하고 일률적으로 최종관입량을 규정하는 기존의 시방서 또는 항타공식의 적용은 문제가 있으므로 사용되어서는 안 되는 것을 확인할 수 있다. 이러한 내용은 구조물기초설계기준 해설(2018)에도 규정되어 있다.

표 4.3에는 항타 시 동재하시험과 재항타시험 결과를 수정항타공식(3.1.7절 참조)으로 계산한 값과 비교하였다. 표에서와 같이 항타공식이라도 동재하시험 결과(에너지, 시간경과효과 등)를 활용하여 사용하면 실측치와 유사한 값을 얻을 수 있음을 알 수 있다. 이러한 이유에서 구조물기초설계기준 해설(2018)에서는 항타공식을 사용할 경우 동재하시험과 연계하여 사용하되, 이것도 항타관리의 목적으로만 사용하도록 제한하고 있는 것이다.

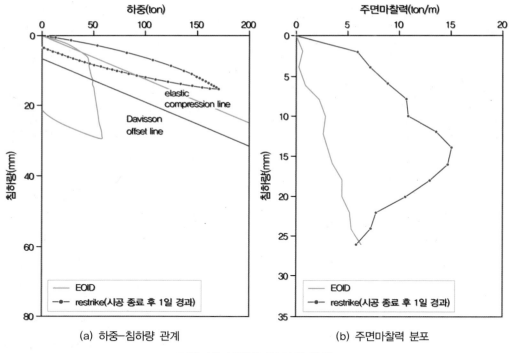

(a) 하중-침하량 관계 (b) 주면마찰력 분포

그림 4.7 시간경과효과의 확인

표 4.3 동재하시험 결과와 항타공식 계산결과의 비교

	EOID 지지력(ton)	restrike 지지력(ton)	비고
동재하시험	59.0	170.0 이상	그림 4.7 참조
수정항타공식	60.0(e_h=0.53)	180.0(e_h=0.53)	식 (3.3) 적용
비고	항타 시	18시간 후 지지력	

　결과적으로 본 현장의 경우 재항타시험 결과를 바탕으로 모래자갈층(지표로부터 약 26m 정도)에 말뚝을 관입시킨 후 위치별로 시항타에 의해 결정된 시공관리기준(그림 4.6의 경우 18mm/타)을 적용하여 본시공을 실시하였다. 이후에도 현장관리자는 현저하게 큰 시간경과효과를 쉽게 수긍하지 못하고, 여러 차례 정재하시험의 실시를 요청하여 지지력을 확인하였다. 그러나 모든 시험결과는 유사한 시간경과효과를 보여주었다. 마침내 현장관리자는 주어진 기준을 적용하여 말뚝을 짧게 관입해도 지지력 문제도 없고, 말뚝파손도 일어나지 않는 것을 보고, 비로소 set up 현상을 받아들이게 되었다.

본 사례에서 문제의 주원인은 현장의 기술자들이 시간경과에 따른 말뚝지지력 변화 현상을 간과한 것이다. 즉, 신뢰도가 없는 것으로 알려진 항타공식을 무조건적으로 신뢰함으로써 현장 조건에 관계없이 항타 시 소정의 최종관입량 조건을 만족시키려 한 점이다. 이 과정에서 말뚝 길이가 불필요하게 길어지면서 용접이음의 부적합, 수직도 문제 등이 복합적으로 영향을 미치게 되었고 결과적으로 말뚝의 파손까지 초래하게 된 것으로 평가된다.

한 가지 아쉬운 점은 당초 시항타 시 동재하시험이 적절히 시행되고 해석되었다면 말뚝재료의 파손은 당연히 찾아낼 수 있었을 것이다. 그러나 본 사례에서 PDA엔지니어는 이러한 기본적인 사항을 찾아내지 못했고, 이 문제 해결의 단초도 제시하지 못했다. 이로부터 동재하시험의 신뢰도, 즉 동재하시험의 수행자와 해석자의 경험과 자질이 중요함은 아무리 강조해도 지나치지 않음을 확인할 수 있었다.

3) 교훈

시간경과효과가 현저하게 나타나는 지반조건에서 이를 인지하지 못하고 과잉 시공하여 말뚝재료의 파손을 유발한 경우는 빈번하게 나타나고 있다. 따라서 시간경과효과를 적절히 파악하고 활용하기 위해서는 체계적인 동재하시험 실시가 필요하고, 특히 경험과 자질이 있는 동재하시험 기술자의 역할이 중요하다. 동재하시험 시에는 동일한 말뚝에 대하여 항타 시 시험과 항타로부터 일정 시간이 경과한 후의 재항타시험이 실시되어야 한다. 이렇게 함으로써 해당 현장의 시간경과효과를 파악하고 이를 바탕으로 합리적인 시공관리기준을 결정할 수 있다.

4.1.3 말뚝지지력의 relaxation 발생 인지 및 대처

1) 현장 개요

본 사례는 지반조사 결과를 바탕으로 말뚝지지력의 감소효과를 미리 예측하고 이를 정량적으로 파악하여 설계에 반영한 것이다.

지반조건과 말뚝의 설치조건은 그림 4.8에 나타난 바와 같다. 지표면으로부터 인근에서 절토한 토사를 사용한 매립토층이 6.9m까지 있고 그 하부에 점토층, 그리고 지표면 이하 10.3m부터는 모암인 이암(mudstone)이 존재하는 지층구조를 갖고 있다.

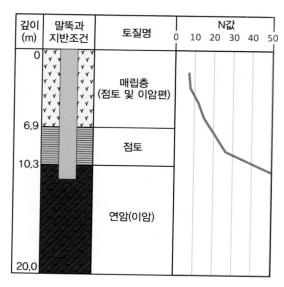

그림 4.8 지반 및 말뚝 조건

셰일(shale), 이암 등과 같은 판상형 풍화암에서 항타할 경우 relaxation이 발생한 것으로 보고되고 있다(천병식 등, 1997). 본 현장은 이암이 모암으로 되어 있으므로 무엇보다도 우선하여 시간경과효과가 확인되어야 할 것으로 예상되었다. 따라서 본 사례에서는 말뚝기초의 설계를 위하여 설계단계에서 시험시공이 실시되었다.

시험시공에서는 본시공 조건을 고려하여 DKH7 해머와 PHC450이 적용되었다. 시험시공에는 항타 중 항타응력과 지지력 등을 측정할 수 있도록 항타 시 동재하시험, 항타 후 시간 경과별로 재항타시험, 그리고 동재하시험의 신뢰도 확인을 위한 정재하시험도 계획되었다. 이러한 결과를 분석함으로써 설계하중의 결정은 물론 항타시공관리기준을 설정할 수 있도록 시험시공이 준비되었다.

2) 시간경과효과의 조사

계획된 말뚝(PHC파일)에 대해 항타 시 동재하시험을 실시하고 시간경과효과를 확인하기 위하여 항타로부터 일정 시간이 경과한 후 재항타시험을 실시하였다.

그림 4.9는 시험시공 중 일개 말뚝의 동재하시험 결과를 도시한 것이다. 그림에서처럼 말뚝의 지지력은 시간이 경과함에 따라 감소하는 결과가 나타나고 있다. 그림에서와 같이 항타 시에는 Davisson의 판정기준상 156ton의 항복하중이 분석되었다. 그런데 1차 재항타시험(항타 후 1일

이 경과한 시점)의 결과는 항복하중이 159ton으로 항타 시와 유사한 값을 보여주어 지지력에는 그다지 변화가 없는 것으로 나타났다. 이러한 상황은 4.1.2절에서 조사한 내용과 전혀 다른 결과를 주고 있음을 알 수 있다. 더욱이 항타 후 22일이 경과한 시점에 실시한 2차 재항타시험의 결과는 항복하중이 124ton으로 크게 감소한 것으로 나타났다.

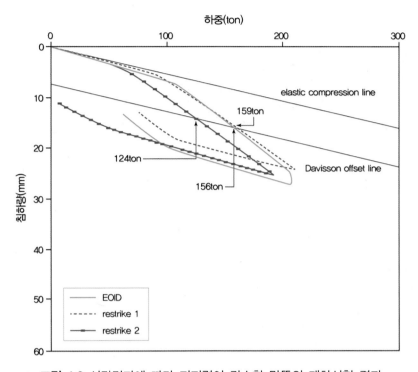

그림 4.9 시간경과에 따라 지지력이 감소한 말뚝의 재하시험 결과

relaxation의 발생 사례는 set up의 발생 사례에 비해 보고가 많지 않다. 따라서 동재하시험만으로 결론을 유도하기보다는 정적인 하중재하 상태에서의 검증이 필요하다고 판단하여 시험말뚝에 대하여 정재하시험도 실시하여 정밀한 시간경과효과를 조사하였다.

그림 4.10은 다른 시험말뚝에 대해 수행한 일련의 동재하시험과 정재하시험의 결과를 도시한 것이다. 말뚝을 항타하면서 실시한 항타 시 동재하시험의 지지력은 Davisson의 판정기준으로 259ton이었다. 항타 후 2일이 경과한 시점에서의 동재하시험 결과는 250ton으로 지지력이 약간 감소하여 항타 후 지지력 감소 현상이 일어나고 있음을 보여주고 있다.

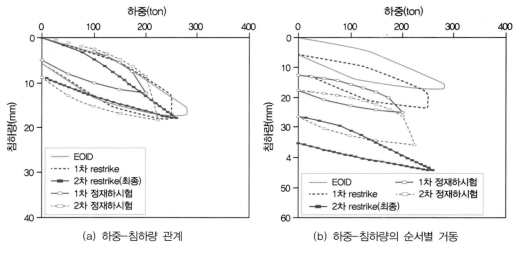

(a) 하중-침하량 관계　　　　　　　　(b) 하중-침하량의 순서별 거동

그림 4.10 시간경과효과의 정밀조사 결과

항타 후 8일이 경과한 시점에서 1차 정재하시험을 실시하였다. 1차 정재하시험 결과는 Davisson의 판정기준상 196ton의 항복하중이 나타나 상당한 지지력 감소가 나타나고 있음을 알 수 있다. 항타 후 22일이 경과한 시점에서 실시한 2차 정재하시험에서는 208ton의 항복하중이 판정되었으며, 23일이 경과한 시점에서 실시한 동재하시험 결과는 189ton의 항복하중이 판정되었다. 역시 항타 후 지지력 감소 현상이 일어나고 있음을 알 수 있다.

그림 4.10(a)는 이러한 시험결과를 한꺼번에 도시한 것인데, 명확한 지지력의 감소를 보여주지는 않는다. 이는 시험을 실시하는 과정에서 말뚝의 선단부가 계속적으로 이암 지지층의 새로운 층에 추가로 관입되는 효과 때문인 것으로 보인다.

따라서 지지력의 감소 현상을 가시화해 보기 위해 그림 4.10(b)와 같이 시간경과에 따라 시험 순서별로 하중-침하량 곡선을 도시하면 relaxation 효과가 보다 분명하게 나타남을 알 수 있다. 전체적인 경향을 보면, 1차 정재하시험이 시작되는 항타 후 8일까지 relaxation 효과가 나타나고, 그 이후에는 큰 변화가 없는 것으로 나타났다.

결과적으로 본 사례에서는 시험시공 결과를 바탕으로 시간에 따라 안정화되는 지지력을 찾아 설계하중으로 결정하였다. 또한 시험시공 결과를 바탕으로 항타시공관리 기준도 설정하였다.

3) 교훈

relaxation이 발생하는 조건에서의 말뚝지지력의 거동은 아직까지는 분명히 밝혀지지 않고 있다. 본 사례의 항타 과정을 통해 이 거동을 추정해 본다면 이암이라는 층상의 풍화암은 항타로 인해 교란(특히 층의 분리 현상)이 일어나고 함수비 변화 또는 지하수 등의 영향으로 분리된 층이 점점 연약해지는 것이라고 생각된다.

중요한 것은 relaxation은 시간에 따라 지지력의 감소가 일어난다는 것이며, 현재로서는 relaxation을 특이한 현상으로 인정하고 이를 실무에 적용할 수밖에 없다. 본 사례 외에 천병식 등(1997)에 의해서도 유사한 relaxation 사례가 보고된 적이 있다.

relaxation이 예상되는 경우, 이의 감소 정도를 알 수가 없기 때문에 이에 대한 대책 수립 역시 쉽지가 않다. 따라서 relaxation 현상이 우려될 때는 반드시 정밀조사(시험시공 등)를 실시하여 설계지지력의 조정, 시공법의 변경 등의 조치가 필요하다.

relaxation 발생 시 어려운 점은 현상 자체는 어느 정도 예상한다 하더라도 이것이 어떠한 지반조건에서 얼마만큼 발생할 것인지를 예측할 수 없다는 것이다. 따라서 말뚝을 설계하고 시공할 때에는 우선 문헌에서 나타난 조건(판상의 풍화암, 포화된 조립 세사 등)에서는 당연히 정밀조사를 실시하고, 그 외의 조건에서도 반드시 최소한의 조치(시항타 시험 후 재항타시험으로 확인)를 취하여 대비하는 것이 필요하다.

4.1.4 연약지반에서 항타 시 인장응력으로 인한 PHC파일의 손상

1) 현장 개요

본 사례는 항타 후 말뚝 두부 정리 중 현장에서 발견된 물찬 말뚝(그림 4.11 참조)에 대한 원인을 조사하고 대책을 제시한 내용이다.

본 현장의 지반조건은 그림 4.12에서와 같이 지표로부터 매립층, 점토층, 모래자갈층, 기반암 순으로 이루어져 있다. 매립층은 약 2.3m 정도로 매우 느슨하며, 점토층의 상부(약 14m 정도)는 연약층으로 이루어졌다.

그림 4.11 물찬 말뚝 모습

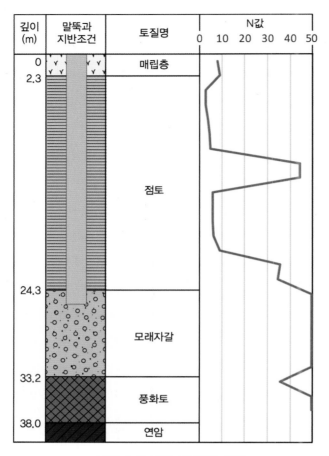

그림 4.12 지반 및 말뚝 조건

말뚝에 물이 차는 원인은 3.1.2절에서 설명한 바와 같이 말뚝의 파손 및 균열, 상·하 말뚝의 이음 불량, 선단 슈의 불량 등 3가지 요인을 들 수 있다. 이들 중 말뚝의 파손 및 균열에 의해 물이 차 있으면 우선 말뚝의 지지력과 침하의 불안정이 우려된다. 설혹 말뚝이 지지력을 만족한다 하더라도 균열부로 지하수가 침투하여 장기적으로 강선의 부식 및 팽창, 말뚝 본체 연화 및 파손 등으로 인해 상부구조물에 영향을 줄 수도 있다. 따라서 본 사례는 이러한 문제에 대비하여 말뚝의 물찬 원인을 조사하고 분석하여 대책을 세우게 되었다.

2) 원인 분석 및 대책

현장의 전체 말뚝에 대해 물찬 말뚝 현황을 조사하였다. 그 결과 물찬 말뚝은 전수의 13%인 157본에 달했다.

물찬 말뚝의 경우 우선 말뚝 본체의 건전도와 지지력을 파악하는 것이 중요하다고 판단하여, 물찬 말뚝 157본 중 9개 말뚝을 선정하여 동재하시험을 실시하였다. 표 4.4에 동재하시험 결과를 요약하였다. 표에서와 같이 동재하시험 9개 중 5개에 심각한 파손이 있는 것으로 나타났다. 파손 위치는 주로 용접이음 직하부 및 선단 부근에서 나타났다(그림 4.13 참조). 측정된 지지력은 전반적으로 설계하중(50ton, 부주면마찰력 고려)을 만족하는 것으로 나타났으며, 1개의 말뚝(#2)은 손상 정도가 심해(다림추로 확인) 지지력 미달이 발생한 것으로 분석되었다.

일반적으로 PHC파일을 타입하는 경우 말뚝에 손상이 일어난다면 압축파에 의해 주로 말뚝 두부에서 발생한다. 특별한 조건(연약지반 직하부에 매우 단단한 층이 나타날 경우)에서 PHC 파일을 타입하면 압축파에 의해 선단에서 파손될 수도 있다. 그러나 본 사례는 말뚝의 손상위치나 정도(표 4.4 참조)로 볼 때 3.1.2절에서 설명한 바와 같이 압축파가 아닌 인장파에 의해 파손된 것으로 판단된다.

표 4.4 동재하시험 결과

말뚝 번호	관입깊이 (m)	허용지지력 (ton)	1손상위치(m)/ 손상 정도(β)	2손상위치(m)/ 손상 정도(β)	비고
1	20.3	74	16.8 / 65		
2	24.0	35	10.4 / 42	21.6 / 35	미달
3	24.3	99			
4	23.9	99			
5	23.6	54	11.1 / 31	21.3 / 37	
6	23.8	71	10.8 / 33	21.3 / 32	
7	25.0	60	18.3 / 50		
8	24.4	64			
9	23.7	99			

주 1) 손상위치는 말뚝 두부로부터 거리이고, 손상 정도는 동재하시험의 건전도 지수인 β(BTA)값임
   2) BTA=1.0(또는 백분율로 100)이면 건전한 상태, 0.8≤BTA<1.0이면 약간 손상, 0.6≤BTA<0.8이면 손상, BTA<0.6이면 파손을 나타냄

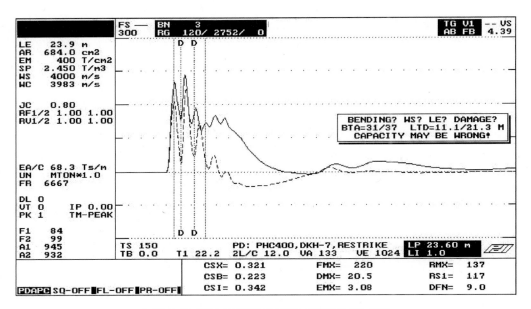

그림 4.13 물찬 말뚝(말뚝#5)의 동재하시험 결과

본 현장은 지표면 매립층(3m) 아래 약 14m 정도 깊이의 연약지반이 존재(일부 중간 조밀층 존재)하므로, 이를 감안한 항타관리를 실시하여야 하나 일반 현장과 동일하게 항타한 것으로 조사되었다. 이와 같이 기시공된 과정을 조사하여 인장균열이 발생된 상황을 유추해 보면 우선 하항 근입 시 연약지반 관통 중 인장파에 의해 인장균열이 발생되고, 용접 후 항타 시(중간 조밀층 통과 시) 하항에서 인장파에 의해 인장균열이 추가되고, 최종항타 시(또는 중간 조밀층 통과 시) 기존 인장균열이 확대되거나 파손된 것으로 추정된다.

문제된 말뚝의 대책은 동재하시험 결과를 바탕으로 본체를 보강하는 것으로 결정하였다. 동재하시험 결과에 따르면 말뚝의 지지력은 설계하중을 만족하므로, 균열이 생긴 말뚝은 설계하중을 받을 수 있도록 말뚝의 중공부를 충전하여 본체를 보강하였다. 아울러 지지력이 미달된 말뚝은 파괴된 말뚝이므로 구조검토를 통해 보강타를 실시하였다.

말뚝의 보강은 중공부에 보강재를 삽입하고 모르타르를 충전하였다. 보강재는 H빔과 철근 중 시공성을 고려하여 전자를 택하고, 필요한 소정의 모르타르 강도를 결정하여 충전하였다. 보강절차는 파손된 말뚝의 중공부를 세척한 다음 보강재를 삽입하고 자바라를 이용하여 선단부터 모르타르를 타설하는 순으로 마무리하였다(그림 4.14 참조).

(a) 중공부 세척

(b) 보강재 삽입

(c) 타설

그림 4.14 물찬 말뚝의 보강

3) 교훈

본 사례는 연약지반에서 콘크리트말뚝의 항타 시 발생할 수 있는 인장균열에 대한 관련 기술자들의 이해 부족에서 발생했다고 본다.

설계 시 설계기술자는 지반조건으로부터 인장균열의 발생 상황을 예측할 수 있었으나 이러한 문제에 대한 검토가 없었다. 또한 시험 기술자(PDA 엔지니어)는 시험시공 시 동재하시험 정보로부터 인장균열 문제를 찾고 대안을 제시했어야 했으나 동재하시험에 대한 이해 부족으로 이를 간과하였다. 아울러 시공 중 많은 말뚝에 문제가 발생하였음에도 시공기술자는 이를 인지하지 못했다.

본 사례의 경우 설계, 시험, 시공단계에서 어느 누구도 이러한 문제를 찾아내거나 지적하지 않았으며, 결국 시공 말기 점검 중 문제가 발견되었으며, 이후 조치를 취하는 상황이 발생하였다. 결과적으로 본 사례와 같은 문제를 예방하기 위해서는 연약지반에서 콘크리트말뚝을 타입할 경우 발생할 수 있는 인장균열에 대한 관련 기술자들(설계자, 시험자 등)의 이해가 무엇보다도 중요하다고 할 수 있다.

인장균열과 관련된 항타 문제는 설계 시 WEAP 프로그램을 이용하여 항타시공관입성분석으로 찾아낼 수 있다. 이에 대한 사전대책으로는 항타 조건의 변경과 말뚝재료의 변경 등을 고려할 수 있다.

일반적으로 램의 무게를 늘려서 낙하 높이를 줄이고, 말뚝 쿠션을 추가하면 인장응력을 줄이는 것이 가능하다. 이러한 것이 효과적이지 않을 때는 인장강도가 큰 말뚝(예: PHC B종 또는 C종)으로 변경할 수 있다.

4.1.5 연약지반에서 항타 시 인장균열의 확인과 조치

1) 개요

본 사례에서는 연약지반이 포함된 지반에 PHC파일을 타입 후 말뚝 주변을 굴착하는 과정에서 인장균열을 확인하고 조치한 내용을 소개하였다.

현장의 대표적인 지반조건(그림 4.15 참조)은 상부로부터 매립층, 퇴적층, 풍화층으로 이루어졌다. 매립층은 약 8m 정도로 불규칙하지만 느슨한 상태이고, 퇴적층은 상부에 연약한 점토층(약 20m)과 하부에 중간 정도 조밀한 모래층(4m)으로 이루어졌다. 이하에는 풍화토 그리고 풍화암이 나타난다. 지하수위는 지표하 3m 정도에 분포한다.

상부 구조물은 공장이고 하부 기초는 PHC600(A)이다. 말뚝의 연직방향 설계지지력(부마찰력 고려)은 120ton이고 말뚝의 평균 설계 길이는 35m 정도이며, 시공은 13ton 유압해머로 직항타하였다.

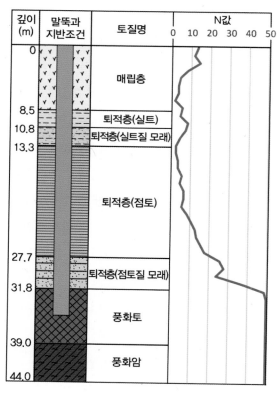

그림 4.15 지반 및 말뚝 조건

2) 원인 분석 및 대책

본 현장은 전체 구조물 부지가 단차가 있는 두 부분으로 나누어져 있어, 경계부에 흙막이 가시설을 설치하고 높은 쪽은 먼저 항타하고, 낮은 쪽은 굴착하고 항타하도록 계획되었다. 그러나 현장 조건이 난해해 가시설 설치가 곤란한 관계로 흙막이 가시설을 생략하고 항타 시공을 양측에서 동시에 진행하였다. 따라서 경계부에서부터 말뚝을 시공한 후 굴착이 진행되었고, 단차 경계 부근은 굴착에 의해 완만한 사면이 조성됨에 따라 기타입한 말뚝이 노출되었다.

다음으로 단차가 낮은 지역에서 굴착 후 옹벽이 완성되면 사면에 노출된 말뚝은 다시 기초판 하부까지 성토하여 기초부를 조성하도록 계획되었다(그림 4.16 참조). 그런데 굴착에 따라 경계부 사면의 말뚝이 노출되면서 그림 4.17과 같이 다수 말뚝에 수평(인장)균열이 확인되었다.

(a) 경계부에서 항타 전경   (b) 항타 후 굴착하여 노출된 말뚝 모습

그림 4.16 경계부 말뚝 시공 전경과 굴착 후 광경

그림 4.17 말뚝에 발생한 수평(인장)균열

본 건의 경우 연약지반이 두껍게 존재하여 PHC파일의 항타 중 인장균열이 우려되어 동재하시험 실시 및 이를 통한 시공관리에 대한 계획이 시공 전에 세워져 있었다. 그럼에도 시공 중에 사면 굴착부에서 심각한 인장균열이 확인됨에 따라 이의 원인을 조사하기 위해 기수행된 시공기록을 검토하고 시공과정을 모니터링하는 동시에 필요한 동재하시험도 수행하였다.

조사 결과, 급속시공으로 인해 기결정된 해머의 낙하 높이가 부실하게 관리되고 있었고, 말뚝 쿠션의 교체가 제대로 이루어지지 않았음을 알 수 있었다. 또한 추가 동재하시험으로부터 관리가 쉽지 않은 정도의 큰 인장응력이 발생하는 것을 확인할 수 있었다. 아울러 일부 말뚝의 내부에는 물이 차거나 물이 넘치는 것이 관찰되었다.

조사된 내용을 바탕으로 기시공된 문제 말뚝과 향후 시공할 말뚝을 구분하여 대책을 마련하였다. 기시공된 문제 말뚝은 균열이 발견된 말뚝과 물찬 말뚝으로 구분할 수 있으며, 균열 말뚝은 다시 기초판(raft)으로 묶여 있는 것과 기초판과 관계없이 단독으로 설치된 것으로 나눌 수 있어 이에 따라 조치하였다.

그림 4.18(a)에서와 같이 균열이 발생된 말뚝 중 기초판에 묶여 있는 말뚝은 강관으로 PHC파일의 균열 주위를 에워싸고 말뚝과 강관의 공간을 에폭시로 주입하여 보강하였다. 또한 기초판과 묶이지 않은 단독 말뚝은 균열이 대부분 상부 말뚝에 포함되어 있어, 그림 4.18(b)에서처럼 이음부를 절단하여 상부 말뚝을 버리고 신규 말뚝을 이음하였다.

(a) 강관 및 에폭시 충전   (b) 상부 말뚝 절단 폐기 후 신규 이음

그림 4.18 균열 말뚝 보강 방법

그림 4.19에서와 같이 단차 경계부 외에서 시공된 지상 노출 말뚝 중에도 물찬 말뚝이 일부 발견되었다. 3.1.2절에서 설명한 바와 같이 물찬 말뚝은 균열 및 파손, 이음부 불량, 선단 슈 불량 등 여러 원인에 의해 발생할 수 있고 이에 따라 대책이 달라질 수 있다. 또한 대상 말뚝의 지지력

확보 여부에 따라서도 대책이 달라진다. 본 건은 말뚝에 인장균열이 발생하여 물이 유입되었고, 시공기록과 시험결과로부터 말뚝의 지지력이 모두 확보된 것으로 나타났다. 따라서 PHC파일의 중공부를 선단부에서부터 모르타르로 채움하여 보강하였다.

(a) 두부 절단 전　　　　　　　　　　　　　　(b) 두부 절단 후

그림 4.19 물찬 말뚝 모습(두부 절단 전후)

전술한 바와 같이 인장균열의 원인은 급속 시공과 시공관리 미흡에 따른 과대 인장응력의 유발에 기인하므로 이를 고려하고 현장상황을 감안하여 향후 시공될 말뚝에 대한 대책을 수립하였다. 대책은 연약층까지 선천공을 실시하여 말뚝을 삽입하고 타격하는 선천공 후 직항타 공법으로 변경하였다. 또한 시공의 생산성을 높이기 위해 선천공 후 말뚝 삽입과 이음 작업, 이후 항타기가 뒤따르면서 항타하여 종료하는 작업으로 구분하여 인장균열의 방지와 시공 효율을 개선하였다. 당연히 시공 중 해머의 낙하 높이 및 말뚝쿠션 교체 등 항타관리도 보다 철저히 수행하도록 조치하였다.

3) 교훈

연약지반에 콘크리트말뚝을 타입하는 경우 인장균열에 주의해야 한다는 것은 여러 자료에서 접할 수 있다. 하지만 대부분의 자료는 이론적 분석을 통해 설명하고 있고, 혹은 현장에서 특수한 장비(카메라 등)를 통해 말뚝 내부를 제한적으로 모니터링하거나 말뚝에 물이 차는 현상을 간접적으로 설명하고 있다. 그러나 본 사례는 항타 후 굴착할 기회가 있어 인장균열이 발생한 것을 생생히 확인할 수 있었다. 이를 통해 연약지반에서 항타 시 항타거동을 이해하고 사전에 대처하는 것이 중요하다는 것을 체험할 수 있는 사례이기도 하다. 본 건처럼 시공 전에 이미 문제를 예상하여 조치를 계획하였음에도 불구하고 시공에서 문제가 나타났다는 것은 계획과 시행이 일치해야 소기의 목적이 달성된다는 것을 새삼 확인해 주었다.

4.1.6 군말뚝 시공으로 인한 말뚝의 솟아오름 발생

1) 현장 개요

본 사례는 대규모 건축구조물의 말뚝기초를 시공하는 과정에서 기항타된 말뚝의 솟아오름이 발생하여 이의 원인 분석과 대책을 수립하여 해결한 내용이다.

현장의 지반조건은 지표면으로부터 2.7m까지 실트질 모래의 매립층(N=3~10), 그 하부에 모래질 실트 또는 실트질 모래로 구성된 퇴적층(N=7~28)이 분포되어 있다. 아래쪽으로 풍화토, 풍화암, 연암 순으로 나타나고 있다(그림 4.20 참조).

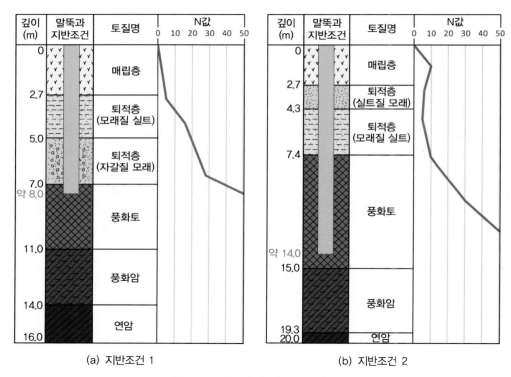

그림 4.20 대표적인 지반 및 말뚝 조건

본 현장에서는 PHC450과 PHC500 말뚝을 NH70(램 중량 7ton) 해머로 직항타하는 공법이 적용되었으며, 본당 설계지지력은 각각 100ton, 127ton이다. 말뚝은 독립기초별로 8개, 10개 및 14개의 말뚝군을 형성하고 있으며 말뚝의 배치 및 간격은 그림 4.21과 같다.

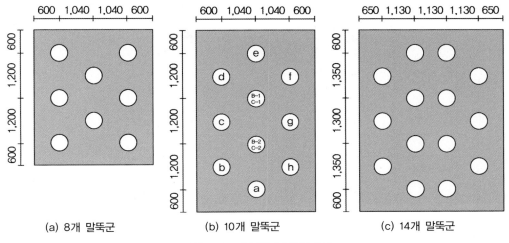

그림 4.21 기초별 말뚝배치도

(a) 8개 말뚝군   (b) 10개 말뚝군   (c) 14개 말뚝군

2) 원인 분석 및 대책

본 현장에서는 군말뚝으로 시공하는 도중 기시공된 말뚝들이 솟아오르는 현상이 나타났으며, 이들에 대해 재항타를 실시하였으나 이 과정에서도 솟아오름이 발생하였다. 초기에는 솟아오름 현상과 문제를 명확히 인지하지 못해서 솟아오름 양과 이에 대한 문제를 정량적으로 측정하지 못했으며, 따라서 단순히 재항타로 마무리하려는 계획을 세워 시행하였다. 그러나 2차 재항타 시 2차 솟아오름이 발생하는 등 특이한 점이 발견되어 심층조사가 시행되었다.

말뚝의 솟아오름 현상은 지지력 감소, 말뚝재료의 손상 등 말뚝의 안정성에 치명적인 영향을 미칠 수 있기 때문에, 1차 재항타를 실시한 말뚝들에 대해 솟아오름 양을 확인하는 목적으로 표 4.5에서와 같이 2차 재항타를 실시하면서 동재하시험을 실시하였다. 표에서와 같이 2차 재항타 후 솟아오름 양은 3∼13mm로 측정되었으며 시험말뚝 6개소 중 4개소가 설계하중에 미달하는 것으로 판정되었다. 또한 선단부에 손상을 입은 말뚝도 4개소에 달했으며 이들 중 1개소는 손상 정도가 심하여 말뚝중공부에 지하수가 유입된 것을 확인할 수 있었다.

표 4.5에서와 같이 재항타가 마무리된 말뚝에 대해 2차 재항타를 실시하였으나, 이것이 2차 솟아오름을 유발시켜 여전히 지지력 미달 문제를 해결하지 못하였다. 또한 시공 시(또는 재항타 시) 발생했을 것으로 추정되는 말뚝 손상문제가 해결과제로 남게 되었다.

표 4.5 동재하시험 결과 및 솟아오름 양 측정값

말뚝번호	관입깊이 (m)	시험 시 관입량 (mm/타)	2차 재항타 후 솟아오름 양(mm)	허용지지력 (ton)	설계하중 (ton)	말뚝 건전도
A-1	9.7	7.0	8	94		손상
A-2	8.1	4.0	3	144	100	손상
A-3	7.8	22.0	기록 없음	35		파손
A-4	9.8	3.0	4	167	127	손상
A-5	9.4	8.0	6	85	100	양호
A-6	7.5	14.0	13	63		양호

말뚝의 솟아오름으로 인한 문제점과 이에 대한 대책을 조사하는 초기에는 대책공법으로 오거에 의한 선굴착 후 최종항타하는 공법이 제안되었으며 이를 적용하기 위해서 그림 4.20(a)와 같은 지반조건에 비교 시험시공을 실시하였다. 시험시공은 그림 4.21(b)와 같이 10개의 말뚝으로 형성되는 2개 군에 대해 직항타공법과 선굴착 후 최종항타공법을 각각 적용하였으며 4개소 말뚝에 대해서는 동재하시험을 실시하였다.

표 4.6과 같이 군말뚝이 형성되는 과정에서 선시공된 말뚝의 솟아오름 현상은 선굴착 여부에 관계없이 크게 나타나고 있으며 시공 후 솟아오름 양은 34~55mm로 측정되었다. 한편 지지력

표 4.6 솟아오름 양의 측정값과 동재하시험 결과

말뚝 번호	관입 깊이 (m)	주변 말뚝[1] a	b	c	d	e	f	g	h	계	EOID[2]	BOR[2]	감소율 (%)	시공방법
B-1	7.9	2	3	3	7	–	12	6	5	38	143	43	69	NH-70 유압해머에 의한 직항타
B-2	8.0	18	3	4	–	–	–	12	10	55 (B-1 시공 시 8mm)	80	38	52	
C-1	7.5	–	5	3	2	5	5	5	2	34 (C-2 시공 시 7mm)	142	38	73	선굴착 후 NH-70 유압해머에 의한 최종항타
C-2	7.3	10	7	8	–	–	2	6	7	40	100	39	61	

주 1) 주변 말뚝 : 주변 말뚝 a, b, c, …, h의 위치는 '그림 4.21(b) 말뚝배치도' 참조
   2) EOID : end of initial drivinge / BOR : beginning of restrike / EOR : end of restrike

은 시공 종료 시점에서 허용지지력이 80~143ton을 가지는 반면, 시공 후 재항타시험에 의한 허용지지력은 38~43ton으로, 솟아오름으로 인한 지지력 감소율이 52~73%로 나타나고 있다. 그러나 재항타시험 시 말뚝을 추가 관입하여 측정한 허용지지력은 시공 종료 수준으로 다시 회복되었다(그림 4.22 참조).

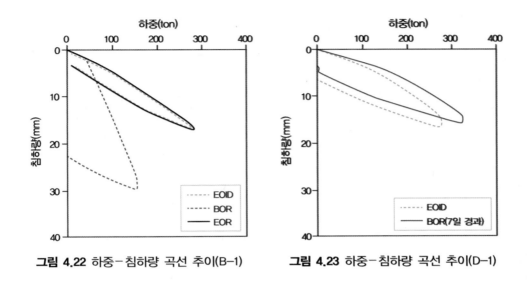

그림 4.22 하중-침하량 곡선 추이(B-1)   **그림 4.23** 하중-침하량 곡선 추이(D-1)

그림 4.22는 말뚝이 솟아오름으로 인해 지지력이 감소한 상태(BOR)와 추가 항타에 의해 회복된 상태(EOR)를 보여주고 있다. 그럼에도 불구하고 주변 말뚝에 대해 재항타를 완료한 다음 이들이 설계지지력을 확보할 수 있는지에 대해서는 표 4.5와 같이 주변 말뚝의 재항타 시 발생하는 2차 솟아오름을 감안할 때 확신을 가질 수가 없었다.

전술한 바와 같이 직항타 또는 선굴착 후 최종항타공법은 시공 후 1차, 2차 재항타를 실시하더라도 말뚝 솟아오름을 완전히 배제할 수 있는 해결방법이 되지 못하였다. 따라서 보다 적용 가능성이 크다고 판단된 H파일을 대책으로 시도하였다.

H파일은 22개소를 2개의 말뚝군으로 나누어 1군(지반조건 1, 말뚝배치도 c), 2군(지반조건 2, 말뚝배치도 a)의 위치에 각각 시험시공을 실시하였다. 시험시공은 H-300×305×15(mm) 규격의 고강도 H파일(SHP355W)을 NH-70 유압해머로 직항타하였으며, 22개소 말뚝 중 6개소에 대해 항타와 병행하여 동재하시험을 수행하였다. 또한 군말뚝 영향 및 시간경과효과를 고려하기 위하여 3개소에 대해 재항타시험을 실시하였다.

H파일의 시험시공 결과, 군말뚝 시공으로 인한 솟아오름 현상은 22개소 말뚝 중 3개소에서만 발생하였으며 측정된 솟아오름 양은 1∼2mm로 오차범위 정도에 불과한 것으로 나타났다. 표 4.7, 그림 4.23에서 보는 바와 같이 솟아오름으로 인한 지지력 감소현상은 나타나지 않았으며, 재항타 시에는 시간경과에 의한 지반의 set up 효과로 인하여 지지력이 증가한 것으로 확인되었다.

표 4.7 H파일 재하시험 결과

| 파일 번호 | 관입깊이 (m) | 시험시공 후 솟아오름 양(mm) | 허용지지력(ton) | | | 시공위치 |
			EOID	BOR	증가율(%)	
D-1	13.8	1	131	163	24	1군 (지반조건 1)
D-2	14.1	0	162	184	13	
D-3	13.9	2	152	–	–	
D-4	14.0	0	166	–	–	
E-1	13.5	0	167	–	–	2군 (지반조건 2)
E-2	12.9	2	153	173	13	

이상 분석한 내용을 그림 4.24, 그림 4.25에 요약하였다. 그림 4.24는 동일지반(지반조건 1)에 시공된 대상 말뚝별 관입깊이를 비교한 것이며, 그림 4.25는 단말뚝 시공 종료 시점에서의 허용지지력과 군말뚝 시공 직후 지지력의 비를 나타낸 것이다. 이들 그림의 결과를 보면 PHC파일(B, C말뚝)은 대변위말뚝이어 군말뚝 시공 후 말뚝 솟아오름 현상이 크게 발생하였으며 이를 저항할 만한 마찰력이 발휘되지 않았기 때문에 솟아오름이 발생하였다. 반면에 H파일(D말뚝)은 소변위말뚝이므로 군말뚝 시공으로 인한 배토량도 작고 보다 깊은 지지층까지 도달함으로써 말뚝의 솟아오름에 저항할 수 있는 마찰력도 발휘되어 솟아오름 현상이 거의 발생하지 않은 것으로 평가된다.

이와 같이 본 현장에서는 말뚝의 솟아오름과 이에 따른 문제점을 H파일로 해결할 수 있었다. 따라서 기설계된 PHC파일을 H파일로 변경, 본 시공용 말뚝으로 채택하였다.

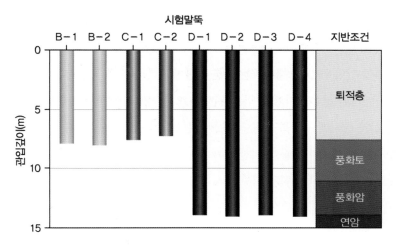

그림 4.24 시험말뚝별 관입깊이 비교

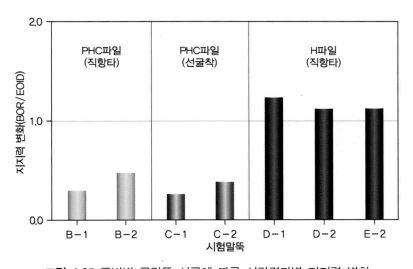

그림 4.25 공법별 군말뚝 시공에 따른 시간경과별 지지력 변화

3) 교훈

구조물 기초공사에서 말뚝기초가 군말뚝이면서 말뚝 간격이 좁게 시공되면 지반조건에 따라 말뚝이 솟아오르는 현상이 발생할 수 있다. 말뚝이 타입되면 말뚝 주위의 토사는 말뚝체적만큼 옆쪽과 위쪽으로 이동하게 되며, 이에 따라 지반의 융기가 발생하게 되고 동시에 기시공된 인접 말뚝의 휨 또는 솟아오름이 유발되는 것이다.

말뚝의 솟아오름은 1차적으로 말뚝의 지지력을 저하시키며, 지반 및 말뚝 조건에 따라 재료의 손상을 유발시킬 수 있는 등 치명적인 문제를 일으킬 수 있다.

각종 문헌자료에 의하면 말뚝의 솟아오름에 대하여 재항타를 실시하는 것이 일반적인 해결방법으로 제시되어 있다. 그러나 재항타는 물론 선굴착 후 항타로도 불충분한 사례가 있다는 것을 알 수 있었다. 이러한 경우 H파일을 적용하는 등 보다 적극적인 대책이 필요하다.

본 사례는 시공 초기에 군말뚝 시공 시 관찰을 통해 솟아오름을 찾아내었다. 또한 전문적이고 정량적인 조사를 통해 솟아오름에 의한 문제가 단순히 재항타만으로는 해결되지 않는 특이한 현상임을 찾아내고 적절한 대책을 시도한 사례를 보여주고 있다.

4.1.7 해머쿠션의 미확인 오류

1) 현장 개요

동재하시험에 있어 측정 데이터의 질(data quality)은 시험 결과의 신뢰도와 직결되는 대단히 중요한 요소이다. 측정 데이터에 영향을 주는 여러 요인 가운데 흔히 지적할 수 있는 것으로 타격 시 작용하는 편타를 들 수 있다. 편타는 말뚝의 수직도 유지에도 영향을 미치게 되고, 측정된 파가 일그러져 동재하시험의 CAPWAP 해석 시 분석결과에도 영향을 미칠 수 있다. 최악의 경우 편타가 지나치면 말뚝이 손상될 수도 있다.

편타가 발생하는 원인은 여러 가지가 있겠으나, 그중 대표적인 것으로는 첫째, 해머와 말뚝 간의 정렬(alignment) 불일치, 둘째, 해머쿠션의 마모 또는 파손 등을 들 수 있다. 첫째의 경우와 달리 둘째의 경우는 해머쿠션의 문제로 인한 편타는 현장에서 시각적으로 판단할 수 없다는 어려움이 있다.

본 사례는 시항타 중 현장에서 해머쿠션의 문제에 의한 편타의 발생과 이의 원인을 분석하여 대처한 내용에 관한 것이다.

2) 원인 분석 및 대책

시항타 동재하시험을 실시하는 중 심한 편타가 발생하였다. 편타를 조정하기 위하여 해머와 말뚝의 연직도를 조정하고 정렬을 시도해 보았으나 편타는 수정되지 않았다. 또한 편타에 대한 주변 지반의 특별한 영향 요인도 없었다.

일반적으로 편타를 잡기 위한 외부조건을 수정하였음에도 과도한 편타가 계속 발생하면, 해머쿠션의 영향을 살펴볼 필요가 있다. 동재하시험 시 해머쿠션의 영향으로 발생하는 편타는 스트레인게이지에 의해 측정되는 파형의 추이를 관찰하면 파악이 가능하다.

그림 4.26(a)는 램 중량 7ton의 유압해머를 사용하여 강관말뚝(D508T9, mm)을 항타 시공하는 도중 동재하시험으로 측정한 PDA 화면이다. 그림의 화면 위쪽 부분은 힘(F)과 속도(V)의 파를 중첩한 일반적인 화면이며, 화면 아래쪽은 양쪽의 변형률계로 측정한 힘(F)의 파형이다. 그림에서와 같이 양쪽 게이지 힘의 파형은 불규칙하게 큰 차이가 있음을 볼 수 있다. 특히 양쪽 게이지 중 한쪽의 타격응력값(CSI)은 허용범위(2,160kg/cm^2 이하)를 초과하고 있어 말뚝 손상 가능성이 있음을 알 수 있고, 일부 위치에서는 말뚝이 손상된 것으로 나타나고 있다.

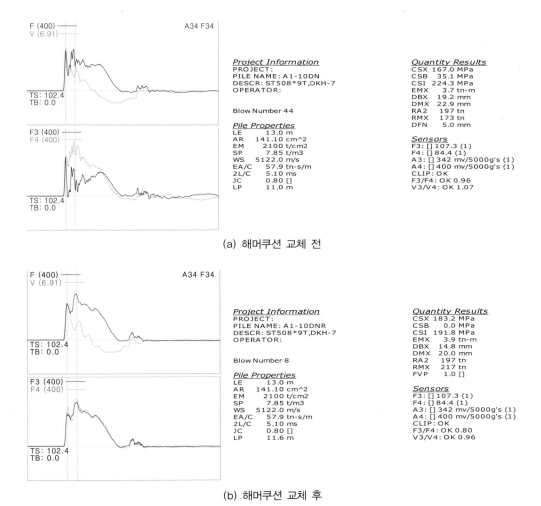

(a) 해머쿠션 교체 전

(b) 해머쿠션 교체 후

그림 4.26 해머쿠션 교체 전후의 PDA 화면

따라서 항타를 즉시 중단하고 해머쿠션을 점검하였다. 그림 4.27(a)는 해머쿠션을 해체하여 상태를 확인한 모습이다. 그림과 같이 편타가 발생한 원인은 해머쿠션의 손상 때문으로 판명되었다. 이와 같이 원인을 파악하고 나서 그림 4.27(b)와 같이 해머쿠션을 교체하였다.

그림 4.26(b)는 동일 해머에 대해 해머쿠션을 교체한 후 측정한 동재하시험 화면이다. 그림에서와 같이 양쪽 게이지에 의해 측정된 파형이 거의 일치하고 있으며, 항타응력도 허용범위 이내이며 말뚝 손상 경고도 사라졌다.

심한 편타는 동재하시험 시 말뚝건전도를 잘못 판단하게 할 수 있으며, 동재하시험의 CAPWAP 해석 시 지지력 분포 및 크기에도 영향을 미치게 되므로 주의할 필요가 있다.

(a) 손상된 해머쿠션　　　　　　　　　　(b) 해머쿠션 교체

그림 4.27 손상된 해머쿠션 및 교체

3) 교훈

항타 중 편타가 발생할 때 외부조건을 확인하거나 수정하였음에도 과다한 편타가 지속적으로 발생한다면 항타를 중지하고 해머쿠션을 점검할 필요가 있다. 점검 시 해머쿠션에 문제가 있음이 확인되면, 이를 교체하여야 한다. 동재하시험자는 이러한 문제를 이해하고 현장에서 즉시 조치할 수 있는 능력이 있어야 한다. 해머쿠션 문제 해결에 있어 더욱 바람직한 절차는 시항타 전 해머쿠션을 확인하고, 이후 본항타에서도 주기적으로 점검하는 것이다.

본 사례는 본공사를 위한 시항타 중 해머쿠션의 문제점을 동재하시험 기술자가 발견하여 이를 교체 후 원활한 공사를 진행한 경우이다. 이러한 과정에서 약간의 공사 지연과 비용이 발생하였지만 보다 정확한 말뚝지지력을 산정할 수 있었으며, 이후 말뚝의 건전도에도 문제없이 양호한 항타관리가 이루어졌다.

4.1.8 올바른 동재하시험을 통한 지지력 미달 문제의 해결

1) 현장 개요

　본 사례에서는 품질확인시험 중 허용지지력이 설계지지력에 미달되어, 여러 가지 대안을 검토하게 되었는데, 이 대안들은 비용과 공기가 크게 소요되어 고민이 컸다. 그런데 동재하시험 시해머의 에너지를 키워 set up 효과를 최대한 활용함으로써 간단히 지지력 미달 문제를 확인하고 해결할 수도 있다는 안이 제안되어, 본 사례는 이를 시도하였다.

　해당 지역의 지반조건은 그림 4.28처럼 지표로부터 매립층, 하상퇴적층, 풍화토, 풍화암으로 이루어져 있다. 매립층은 지표로부터 약 6m 두께로 느슨한 모래로 이루어져 있으며, 하상 퇴적층은 점토층과 모래자갈층으로 구성되어 있는데, 점토층은 두께 51.0m 정도로 N값 6 이하의 연약한 실트질 점토로 구성되어 있으며, 하부에는 N값 50 이상의 모래질 자갈층이 10.0m 정도의 두께로 분포하고 있다. 풍화토층은 N값 50 정도인 3.6m 두께로 이루어져 있으며, 풍화암은 0.8m 정도로 얇게 분포하고 이하에는 기반암이 존재하고 있다.

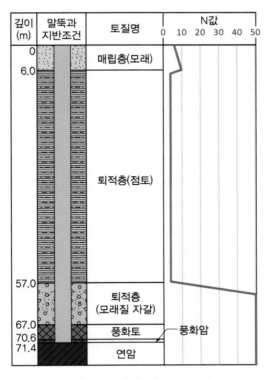

그림 4.28 지반 및 말뚝 조건

지층 구성에서 보는 것처럼 본 현장에는 말뚝 설치 후 상당한 부주면마찰력이 예상되고, 이를 반영하여 강관말뚝(D812T14, mm)을 본당 89ton으로 설계하였다. 말뚝의 시공은 유압해머 13ton으로 직항타하도록 계획되었다.

본시공 시 품질확인시험을 실시하는 중 부주면마찰력을 고려한 설계하중(89ton)을 만족하는 허용지지력이 도출되지 않아 각종의 부주면마찰력을 저감할 수 있는 시공방법으로의 변경이 고려되었다. 그러나 본 사례에서는 시공방법을 바꾸지 않고 set up 현상을 이용하여 문제를 간단히 해결하였으며, 이에 대한 내용을 소개하였다.

2) 원인 분석 및 대책

본 사례에서는 표 4.8에서와 같이 시공 중 동재하시험에 의한 품질확인시험이 실시되었다. 표에서와 같이 항타 후 4일 경과하여 재항타시험이 실시되었으며, 시험값에 의한 부주면마찰력을 고려한 허용지지력(58.7ton)은 설계하중(89ton)에 미달되는 값이 얻어졌다. 따라서 현장에서는 부주면마찰력을 저감할 수 있는 시공방법으로의 변경이 검토되었다.

표 4.8 시간에 따른 지지력의 변화

시험 구분	CAPWAP 해석결과(ton)			부주면 마찰력 (ton)	허용지지력 (ton)	비고
	주면 마찰력	선단 지지력	전체 지지력			
EOID	85.0	420	505.0	401.6	51.7	관입깊이 71.4m
restrike	198.0	321.0	519.0		58.7	4일 경과
비고	동재하시험 결과			설계계산치	(전체지지력－부마찰력)/F_s	$F_s = 2.0$

현장에서 제공한 시험내용과 결과(표 4.8 참조)를 보면 세 가지의 비논리적이거나 비합리적인 사항이 있음을 알 수 있다. 첫째, 부주면마찰력을 고려한 허용지지력 계산 시 전체지지력 중 양의 마찰력만을 사용해야 하나 전체 주면마찰력을 사용함으로써 위험 측으로 계산되었다. 둘째, 얻어진 지지력은 말뚝이 충분히 변위된 상태가 아니어서, 1차 재항타시험 시 얻어진 마찰력은 크게 증가되고 선단지지력은 작게 평가되어 재항타시험으로 얻어진 지지력은 보수적으로 산정되었다. 셋째, 본 현장의 경우 주면마찰력에서 set up 효과가 현저하게 나타나는데, 1차 재항타시험을 실시한 경과시간(4일)이 set up 효과를 충분히 반영할 수 있는 기간인지 의문이다.

첫째 문제는 설계기준을 잘못 적용한 것으로 기준에 맞게 수정하면 된다. 즉, 3.5.4절에서 설명한 바와 같이 부주면마찰력을 고려한 허용지지력($Q_a = (Q_p + Q_{ps} - Q_{ns})/F_s$)을 산정할 시 동재하시험 결과를 이용하여 구한다면 부주면마찰력은 계산(설계)치를 적용하고, 양의 마찰력과 선단지지력은 시험값을 이용하여 구할 수 있다. 당연히 이러한 계산방법은 동재하시험 결과의 신뢰도가 전제되어야 의미가 있을 것이다. 그러나 표 4.8로 판단할 때 본 사례의 동재하시험 결과는 선단지지력과 주면마찰력의 분리, 주면마찰력 분포를 정량적으로 구분할 수 있을 만큼 신뢰도가 있다고 보기에 의문이 든다.

둘째 문제는 타격에너지 부족에 기인하는 것이므로, 우선 해머의 용량을 증가시킴으로써 해결할 수 있을 것이다. 이것이 어려우면 동재하시험의 결과의 적용을 합리적으로 하는 방법이 있는데, 이를 위해 강관말뚝의 설계와 시공가이드(한국지반공학회, 1999)를 참고할 수 있다. 본 가이드에 따르면 항타에너지 부족으로 말뚝이 충분히 변위되지 않았을 경우 허용지지력은 지지력 감소효과(relaxation)가 없다는 것을 전제로 항타 시 시험의 선단지지력과 재항타시험의 주면마찰력을 합성하여 구할 수 있다. 따라서 본 사례는 set up이 우세하게 나타나므로 허용지지력을 구하기 위해 이 방식을 적용할 수 있다고 본다.

셋째 문제는 추가의 시험으로 해결할 수 있다. 따라서 항타 후 4일보다 길게 경과한 재항타시험이 필요하다.

당초 현장에서는 지지력의 미달 문제를 해결하기 위해 부주면마찰력을 저감할 수 있는 시공방법(slip layered coating, SL coating)으로의 변경이 고려되었다. 그러나 이러한 변경은 설계변경도 포함하는 것이며, 또한 상당한 추가 비용과 공기가 요구된다. 따라서 시공방법을 바꾸기 전에 전술한 세 가지 문제를 확인해보는 안이 제시되었다. 이 해결 방안의 주요 내용은 해당 말뚝의 지지력을 제대로 측정하고 충분히 이용했는가 하는 차원의 것이며, 이를 위해 올바른 계산식의 적용, 항타기 성능의 최대 이용, 말뚝지지력의 시간경과효과 확인 등을 실시하는 것이었다.

본 건에서 문제의 원인은 타격에너지 부족으로부터 기인한 것이므로 이를 해결하기 위한 핵심은 해머의 용량을 키우는 것이다. 전술한 것처럼 본 현장에서 사용한 해머는 13ton의 유압해머이고, 이것은 현장 여건에서 사용할 수 있는 최대 용량이었는바, 해머의 용량을 증가시키는 것이 곤란하였다. 결국 별도의 추가 비용 없이 설계하중의 만족 여부를 확인할 수 있는 방법은 13ton 해머의 용량을 최대로 이용하되 말뚝의 지지력 성분별 시간경과효과를 확인하는 것이었으므로, 이를 위해 추가 시험을 실시하였다.

시험방법은 항타 시 동재하시험을 실시하고, 이후 시간경과별로 재항타시험을 실시함으로써 양의 주면마찰력의 증가를 확인하도록 계획하였다. 1차 시험 결과(표 4.8 참조)에서와 같이 시간 경과에 따라 주면마찰력이 증가하므로 선단부에 도달되는 에너지는 감소하게 되어 측정되는 선단지지력은 작아질 것으로 예상되었다. 따라서 우선 해당 해머로 최대 에너지를 얻도록 낙하 높이를 증가시키고, 타격에 의한 마찰력이 감소되지 않도록 2회 타격 이내로 재항타시험을 실시하였다.

이들 시험결과를 이용하여 강관말뚝의 설계와 시공가이드에 따라 항타 시 시험의 선단지지력과 재항타시험의 주면마찰력을 합성하여 허용지지력을 계산하였다. 그럼에도 불구하고, 이 값은 여전히 보수적인 값이라 할 수 있다. 왜냐하면 재항타시험의 주면마찰력도 선단부에 가까울수록 에너지 부족으로 지지력이 충분히 측정되지 못하였고, 또한 측정된 선단지지력 중 가장 큰 값은 항타 시 시험의 선단지지력이어 set up 효과가 반영되지 않은 것이기 때문이다.

그림 4.29는 시간경과에 따른 하중–침하량 곡선과 주면마찰력의 변화를 보여주고 있다. 그림에서와 같이 말뚝의 지지력은 set up 효과가 크게 나타나고 있음을 알 수가 있다. 또한 그림(a)에서와 같이 전체적으로 침하량이 Davisson offset line에 미치지 못하는 것을 보면 해머의 용량이 충분치 않음을 알 수가 있다. 그림(b)에서와 같이 주면마찰력의 증가현상은 모래자갈층에서 두드러진 것을 알 수가 있고, 주면마찰력의 증가는 2주 정도까지도 계속되고 있어 사질토의 set up 효과의 원인이 과잉간극수압의 소산만이 아니라는 것도 간접적으로 알 수 있다.

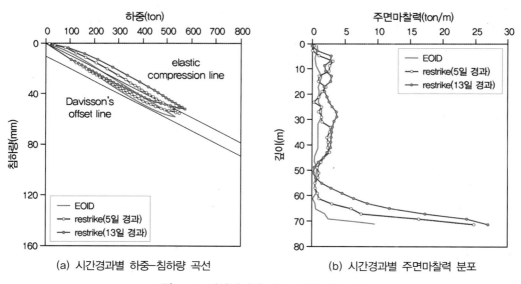

(a) 시간경과별 하중–침하량 곡선　　　(b) 시간경과별 주면마찰력 분포

그림 4.29 시간경과에 따른 지지거동 변화

표 4.9에는 시간경과에 따른 지지력의 계산 결과를 나타내었다. 표에서와 같이 시간에 따라 양의 주면마찰력은 계속 증가하고 있고, 또한 전달된 에너지 부족에 의해 선단지지력은 반대로 감소하고 있는 상황을 잘 보여주고 있다. 이러한 시간경과효과를 반영하면 2차 재항타시험에서 비로소 설계하중(89ton)을 만족하고 있는 것으로 계산되었다.

이에 따라 본 사례에서는 당초 계획하였던 설계 및 시공법의 변경 없이 추가의 시험과 분석만으로 시공된 말뚝이 설계지지력을 만족하는 것을 확인하였다. 아울러 본시공도 무난히 마무리할 수 있었다.

표 4.9 시간에 따른 지지력의 변화

시험 구분	CAPWAP 분석결과(ton)			양의 마찰력 (ton)	선단지지력 +양의 마찰력 (ton)	부 마찰력 (ton)	허용지지력 (ton)	비고
	주면 마찰력	선단 지지력	전체 지지력					
EOID	80.8	454.2	535.0	34.8	489.0		43.0	관입깊이 71.1m
1차 restrike	208.0	342.0 ↑	550.0	122.9	577.1	401.6	87.0	5일 경과
2차 restrike	326.9	244.9 ↑	571.8	209.6	663.8		131.0	13일 경과
비고	↑는 항타에너지 부족으로 지지력이 충분히 측정되지 않은 것임을 의미			동재하시험 결과에서 중립축 이하의 주면마찰력	EOID 선단지지력 +restrike 양의 마찰력	설계 계산치	(선단지지력 + 양의 마찰력 - 부마찰력)/F_s	$F_s = 2.0$

3) 교훈

실무에서는 부주면마찰력이 예상되는 말뚝에서 동재하시험이 제대로 적용되지 못하는 경우가 자주 있으며 이를 위해 사례를 통해 설명하였다. 부주면마찰력이 예상되는 말뚝에서 동재하시험을 적용할 경우, 허용지지력을 구하는 방법의 이해, 말뚝에 충분한 에너지의 전달 여부 및 말뚝의 충분한 변위 여부, 시간경과효과의 이용이 중요하다. 본 사례에서와 같이 설계기준의 올바른 적용과 제대로 된 시험의 계획만으로도 엄청난 비용과 기간이 소요되는 설계 및 시공방법의 변경을 막을 수 있음을 알 수 있다. 그러나 사례에서와 같이 동재하시험을 적용하기 위해서는 동재하시험자의 경험과 시험결과의 신뢰도가 대단히 중요하다는 것을 강조할 수밖에 없다.

4.1.9 대구경 강관말뚝의 항타 및 지지 거동

1) 개요

일반적으로 해머효율과 항타효율은 일정하다는 가정하에 항타관리를 하게 되지만, 실제로 이 두 값은 변할 수 있다. 효율이 일정하다는 가정으로 항타관리를 할 경우 가정치보다 과소 혹은 과대한 에너지로 항타되어 지지력 부족 혹은 말뚝 손상의 원인이 될 수 있다.

실무에서는 항타관리 시 항타에 더 영향을 주는 항타효율을 주로 관리한다. 한편 해머효율은 제작사에서 주는 값이지만, 고정치는 아니므로 항타관리가 중요한 조건 등에서는 해머효율도 관리하는 것이 필요하다.

해머효율은 해머에 부속된 에너지 모니터링기로 에너지를 측정하여 산정할 수 있고, 일정한 해머효율을 유지할 수 있도록 에너지를 조절하는 방법으로 관리할 수 있다. 이러한 방식을 사용하더라도 동재하시험 등으로 결정된 항타에너지를 이용하면 더욱 정밀한 항타시공관리가 가능하다.

타입말뚝의 경우 set up 효과로 인해 말뚝의 지지력이 시간경과에 따라 증가됨에도 불구하고, 해머용량의 한계로 인하여 재항타 시 동재하시험 결과가 시항타 시 결과보다 오히려 지지력이 작게 평가되는 경우가 자주 발생한다. 이러한 경우 지지력 평가를 제대로 실시하지 않으면 실제와 다른 결과를 줄 수 있으므로 주의가 필요하다.

본 사례는 해상에 설치된 교량구조물 기초에 관한 것으로, 말뚝은 내경 1,800mm(T28)의 강관말뚝(STP275)으로 설계하중은 본당 800ton으로 계획되었다. 말뚝의 길이는 43m(수상부 10m, 지중부 33m) 정도이다. 지반조건은 그림 4.30과 같이 수심 10m 아래(EL.-10m)에 모래, 실트질 점토, 자갈 등 퇴적층이 33m 정도 두께에서 혼재되어 나타나고, 그 아래에 풍화암과 연암층이 존재한다.

본 현장에서 직항타에 사용된 해머는 DKH-1530 유압해머로 램 중량이 30ton이며, 최대 낙하고(max. stroke)는 1.5m이다. 제조사에서 제시한 최대 에너지는 42.75ton·m이고 해머효율은 95%이다.

본 사례에서는 대구경 강관말뚝의 엄격한 시공품질관리를 위해 에너지모니터링 방법과 PDA에 의한 해머의 성능평가를 수행하였다. 또한 동재하시험과 정재하시험을 실시하여 대구경 강관말뚝의 지지력 및 거동특성 분석을 통해 동재하시험의 신뢰도를 확인하고 본시공에 적용한 사례를 소개하였다.

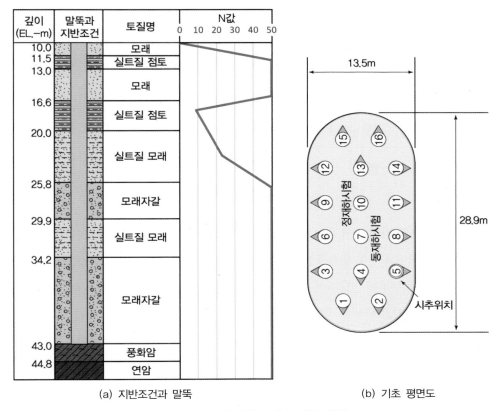

(a) 지반조건과 말뚝　　　　　(b) 기초 평면도

그림 4.30 지반 및 말뚝조건과 기초 평면도

2) 시험 및 분석결과

그림 4.30(b)와 같이 해상 교각은 16개의 말뚝으로 배치되었다. 우선 본 현장에서는 해머 선정 시 파동방정식을 이용한 항타관입성 분석(WEAP)을 통하여 소요지지력을 얻을 수 있는 위치까지 항타 가능한 해머와 낙하고 등을 결정하였다. 그리고 항타관리를 위해 7번 말뚝에 대해 PDA를 이용하여 시항타 동재하시험을 실시하였으며, 이 결과를 이용하여 항타관리기준을 작성한 후 모든 말뚝에 대한 항타관리를 수행하였다. 또한 10번 말뚝에 대해 하중전이 시험을 병행한 정재하시험(4개의 반력말뚝 이용)을 실시하였다. 7번 말뚝의 동재하시험과 10번 말뚝의 정재하시험으로 얻은 지지력, 하중 – 침하량 곡선, 축하중 전이곡선 등을 분석하여 동재하시험의 신뢰도를 확인하였다.

또한 상기와는 별도로 육상 교각의 16번 말뚝에 대해서 유압해머의 성능평가를 위한 에너지 모니터링시험과 PDA시험이 동시에 실시되었다. 이러한 시험의 종류 및 내용이 표 4.10에 요약되었다.

표 4.10 시험 종류 및 내용

교각 위치	말뚝 번호	말뚝 종류	근입장 (m)	시험 종류	시험 목적	비고
해상	7번	직항	33	동재하시험	항타관리, 지지거동	시항타, 13일 경과
	10번	직항	33	정재하시험	하중전이, 지지거동	항타 후 60일 경과
육상	16번	사항	31	에너지 모니터링, 동재하시험	해머/항타 효율	시항타

먼저 해상부 시항타에 앞서 육상부 교각의 1개 말뚝(16번)에 대해 시험을 실시하였다. 에너지 모니터링기로 해머의 램이 해머쿠션을 타격하기 직전의 에너지(해머에너지)를 측정하고, PDA 를 이용해서 말뚝 두부에 전달되는 에너지(항타에너지)를 측정하였다. 그리고 측정된 해머에너지를 이론적 에너지로 나누어 해머효율을 산정했고, 측정된 항타에너지를 이론적 에너지로 나누어 항타효율을 구했다(3.1.3절 참조). 측정된 에너지(항타에너지 및 해머에너지)를 항타 횟수별로 도시하면 그림 4.31(a)와 같다. 그림에서 굵은 점선은 본 해머의 이론적 최대 에너지인 45ton·m를 의미한다.

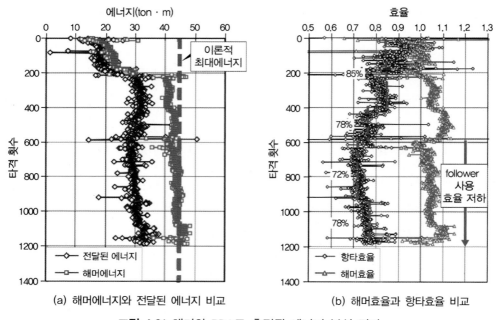

(a) 해머에너지와 전달된 에너지 비교   (b) 해머효율과 항타효율 비교

그림 4.31 해머와 PDA로 측정된 에너지 분석 결과

일반적으로 유압해머의 해머효율은 약 95% 정도로 알려져 있으나, 본 해머의 경우 그림 4.31(a)에서와 같이 이론적 에너지를 초과한 것도 볼 수가 있다. 이는 해머가 자유낙하 시 일부 유압의 가압작용에 의해서 해머에너지가 추가로 작용(평균 약 8% 증가)된 것으로 추정된다. 따라서 이와 같은 상태의 해머에서 해머효율을 측정하지 않을 경우 항타관리가 민감한 조건에서는 과항타로 인한 말뚝 손상 가능성이 있으므로 해머에너지를 측정하는 것이 필요하다.

그림 4.31(b)에서와 같이 측정된 해머에너지를 이용하여 해머효율을 산정하면 평균 1.0~ 1.15 사이에 분포하는 것을 알 수가 있다. 또한 말뚝 두부에 전달된 에너지비를 나타내는 항타효율은 항타용 보조말뚝인 follower를 설치하기 전(약 600blows 전)까지는 약 80% 정도의 효율을 보이다가, follower 설치 후에는 약 75% 정도로 효율이 저하되었다. 따라서 본 해머의 정상적인 항타 시 항타효율은 약 80% 정도로 판단된다.

PDA 시험결과에 따르면 전체적으로 압축응력은 허용치 이내이며 설계심도 부근에서 낙하고 1.2m로 최종항타하여 최종관입량이 3mm 미만으로 항타관리를 하면 설계하중보다 큰 지지력을 얻을 수 있는 것으로 평가되었다. 지지력은 설계하중의 2.5배인 2,000ton을 기준하였다(그림 4.32 참조). 그림에서 Case 방법으로 산정된 지지력(RMX, Jc=0.5)은 40m 부근에서 지지력이 감소하다가 다시 증가하는 양상을 보이는데, 이는 토질주상도상으로는 모래자갈층 지반이지만, 실제로는 실트질 점토 등이 혼재된 지층이 존재하는 것으로 판단된다.

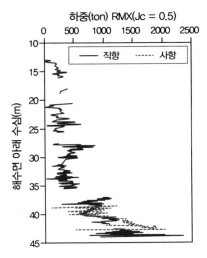

그림 4.32 해상부 말뚝(#7)의 Case 지지력

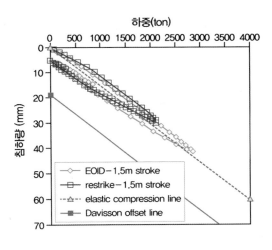

그림 4.33 동재하시험의 하중-침하량 곡선

시간경과에 따른 지지력 변화를 확인하기 위하여 7번 말뚝에 대하여 시항타 시 동재하시험과 재항타 시 동재하시험(13일 경과)을 실시하였다. 동재하시험 시 해머의 낙하고를 1.2m와 1.5m로 변화하여 시험을 수행하였으며 시험결과는 표 4.11에 나타내었다. 표에서와 같이 재항타 시 허용지지력은 시항타 시 허용지지력보다 작아졌으며, 구체적으로 보면 선단지지력이 크게 감소한 것으로 나타났다. 이 현상은 시간에 따라 지지력이 감소한 relaxation이 아니고, 재항타 시 해머에너지가 충분하지 않아 지지력(특히 선단지지력)이 충분히 측정되지 못한 것에 기인한다. 이는 시항타 시 최종관입량이 2.6~4.75mm, 재항타 시 최종관입량이 1~1.2mm인 것을 비교해 보아도 알 수 있다.

표 4.11 10번 말뚝의 동재하시험 결과

시험 시기	낙하 높이 (m)	CAPWAP 해석결과(ton)			안전율	허용지지력 (ton)	최종관입량 (mm/타)	비고
		극한 지지력	주면 마찰력	선단 지지력				
시항타	1.2	2,575	1,080	1,495	2.5	1,030	2.6	항타 당일
	1.5	2,840	1,312	1,528	2.5	1,136	4.75	
재항타	1.2	1,905	1,027	878	2.5	762	1	항타 후 13일 경과
	1.5	2,114	1,316	798	2.5	845	1.2	

재항타 시 허용지지력이 작아진 현상은 CAPWAP 해석에서 얻은 지지력의 절대값(극한지지력)에 일정 안전율(예: 2.5)을 적용함으로써 전달 에너지가 충분하지 않아 허용지지력이 작게 평가된 것이다. 따라서 지지력을 제대로 평가하기 위해서는 CAPWAP 해석에서 얻은 극한지지력 외에 하중-침하량 곡선을 분석하는 것이 필요하며, 이와 관련해서는 이미 3.5.4절 1)에서 설명하였다.

그림 4.33은 낙하고 1.5m에 대한 시항타 시와 재항타 시의 하중-침하량 곡선을 나타낸 것이다. 그림에서 하중-침하량 곡선의 기울기를 보면 재항타 시의 강성이 시항타 시의 강성보다 다소 큰 것을 알 수 있다. 결국 set up 효과에 의해 지반의 지지력이 증가되었지만, 시항타 시와 같은 해머의 용량으로는 재항타 시 지지력을 온전하게 평가할 수가 없었음을 의미하는 것이다. 따라서 CAPWAP 해석 결과로부터 얻은 극한지지력에 일정 안전율을 적용하여 허용지지력을 산정할 때에는 에너지가 충분한지를 판단하여 구하거나, 아니면 CAPWAP 해석 결과로 얻은 하중-침하량 곡선을 분석하여 지지력을 판정하여야 한다.

표 4.12와 그림 4.34(a)에는 10번 말뚝의 정재하시험 결과와 7번 말뚝의 재항타 시 동재하시험 결과(낙하고 1.5m)를 비교하여 나타내었다. 두 시험은 동일 말뚝에 대해 시행한 것이 아니고, 시험 시기도 차이가 나지만, 인접한 말뚝이고 동일한 조건으로 항타관리를 수행하였기 때문에 두 결과가 상당히 유사함을 알 수 있다. 이러한 결과에 기여한 부분 중 하나로 두 시험의 최대시험하중을 비슷하게 조정한 것을 들 수 있는데, 이는 주어진 해머의 용량으로 시도된 동재하시험의 최대하중을 정재하대의 규모 내에서 조정한 것을 의미한다. 그림에서 정재하시험의 하중-침하량 곡선의 강성이 다소 작은 것은 정재하시험의 시험절차(재하시간)와 시험방법(반력말뚝시험)의 영향도 있다고 평가된다.

표 4.12 정·동재하시험 결과 비교

구분	말뚝 번호	근입장 (m)	시험시기	주면마찰력 (ton)	선단지지력 (ton)	극한지지력 (ton)	비고
정재하시험	10번	33	항타 후 60일	1,225	870	2,125	
동재하시험	7번	33	항타 후 13일	1,316	798	2,114	낙하고 1.5m

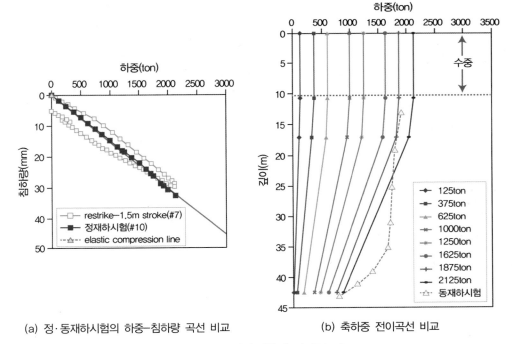

(a) 정·동재하시험의 하중-침하량 곡선 비교   (b) 축하중 전이곡선 비교

그림 4.34 정·동재하시험의 지지력 비교

정재하시험(#10)은 최대시험하중이 2,125ton이고, 각종 스트레인게이지와 텔테일을 이용한 하중전이시험이 수행되었다. 하지만 항타로 인하여 게이지들이 다수 소실되었다. 그림 4.34(b)는 정·동재하시험의 축하중 전이곡선을 비교한 것이다. 스트레인게이지가 다수 손실되어 정확한 비교는 어렵지만, 선단부와 상부 퇴적층의 계측결과로 추정하면, 본 현장의 동재하시험으로 구한 축하중 전이곡선과 정재하시험으로 측정한 축하중 전이곡선은 어느 정도 경향이 일치하는 것으로 평가할 수 있다.

3) 교훈

본 사례에서는 해상 대구경 강관말뚝의 항타관리를 위해서 에너지 모니터링과 PDA시험을 적용하여 항타관리를 수행하고, 동재하시험과 정재하시험을 실시하여 말뚝의 지지거동 특성을 비교·분석하였다.

항타관리 시 효율관리는 중요한 항목 중 하나이며, 일반적으로 실무에서는 항타효율을 위주로 관리한다. 하지만 실제의 에너지는 해머 제작사에서 제시한 에너지와 다를 수 있으므로 본 건과 같이 대구경 강관이고 지반조건이 난해한 경우 효과적인 항타관리를 위해서 해머의 에너지를 측정하여 해머효율을 확인하고 관리할 필요도 있다(3.1.3절 참조).

동재하시험으로 말뚝의 지지력(특히 재항타 시 지지력)을 평가할 경우, CAPWAP 해석으로 도출된 극한지지력에 안전율을 적용하여 허용지지력을 구할 때는 말뚝을 충분히 변위시키는 것 (에너지가 충분한 것)이 전제되어야 한다. 하지만 실무에서 이러한 상황은 쉽게 얻어지지 않으므로 CAPWAP 해석 결과로 제시된 하중 – 침하량 곡선도 분석하여 지지력을 평가할 필요가 있다(3.5.4절 참조). 이와 유사한 사례가 4.1.8절에서도 소개되었는데, 다른 이슈의 해결방법에 적용하였으므로 이를 참고하기 바란다.

본 건에서 정재하시험과 동재하시험(CAPWAP)으로 구한 말뚝의 하중 – 침하량 곡선 및 축하중 전이곡선은 비교적 유사한 것으로 평가하였다. 하지만 이러한 정밀 분석을 위해서는 재하시험의 최대하중, 시험절차, 시험방법까지도 면밀히 검토하여야 한다(3.5.6절 참조).

4.2 매입말뚝

4.2.1 매입말뚝 시공 시 시공품질관리 미흡

1) 개요

매입말뚝공법의 주요 시공관리 포인트는 경타와 주입의 두 가지라 할 수 있으며, 이는 다른 공법에 비해 비교적 단순하다 할 수 있다. 그러나 이와 같은 단순한 사항이 지켜지지 않아 보강 등의 이슈가 자주 나타난다. 여기서는 매입말뚝 적용 시 시공관리의 부실로 문제가 생겨 대책을 강구한 사례를 소개한다.

현장의 지반조건은 그림 4.35와 같이 지표로부터 매립층, 퇴적층, 풍화토층, 풍화암층 이하 기반암층으로 구성되어 있다. 토층의 두께는 위치마다 달라 말뚝의 길이는 14~21m로 나타난다. 지하수위는 지표하 6m 정도이고 기반암은 편마암이다.

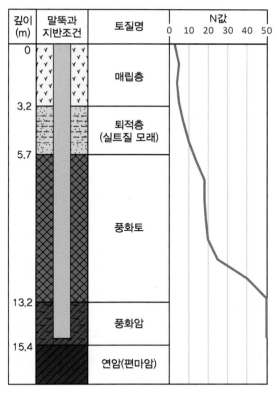

그림 4.35 지반 및 말뚝 조건

상부 구조물은 아파트이며 하부 기초는 PHC500으로 계획되었는데, 축방향 설계하중은 본당 135ton이다. 시공법은 인근 민원을 고려하여 SDA공법으로 선정되었다. 시공은 오거와 케이싱으로 지반을 천공한 다음 케이싱 내에 시멘트풀을 넣고 말뚝을 삽입한 후 경타하는 방식이다. 경타를 위해 3.5ton의 드롭해머가 사용되었다.

2) 원인 분석 및 대책

그림 4.36은 아파트 한 동에서 시행한 시항타 재하시험 내용을 요약한 것이다. 한 동에서 총 4 본에 대해 시항타가 이루어졌고, 총 7회의 동재하시험(항타 시 4회 및 재항타 시 3회)이 수행되

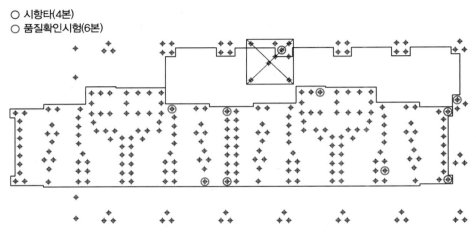

말뚝번호	말뚝깊이 (m)	시공일	시험일	시험 구분	해머낙하고 (m)	최종관입량 (mm)	허용지지력 (ton)	비고
A1342	18.0	06/11	06/11	시항타	1.0	3.5	109.7	시항타 시 설계지지력 확보
			06/26	재항타	1.5	1.0	140.2	
A1430	15.7	06/11	06/11	시항타	1.0	3.6	141.3	
A1439	12.8	06/11	06/11	시항타	1.0	2.0	116.2	
			07/03	재항타	2.5	1.0	139.1	
B590	17.1	06/13	06/13	시항타	1.0	3.0	110.4	
			06/19	재항타	1.0	1.0	154.7	
A1326	16.4	06/30	07/14	품질확인	3.0	20.0	57.0	품질확인시험 시 설계지지력 미확보
A1357	14.4	07/02	07/14	품질확인	3.0	12.0	78.5	
B654	13.4	07/03	07/14	품질확인	3.0	10.0	89.1	
A1286	14.5	06/28	07/15	품질확인	2.0	12.0	54.9	
A1325	16.5	06/30	07/15	품질확인	1.5	9.0	68.7	
A1415	14.5	07/02	07/15	품질확인	1.0	7.0	66.1	

그림 4.36 시험위치별 시험결과 요약

었다. 그 결과는 모두 양호한 결과를 보여주고 있다. 말뚝이 총 273본인 것을 고려하면 시험 수량도 충분하고 결과도 만족스러워 잘 계획되고 수행된 시항타작업이라고 할 수 있다.

그러나 시공을 마친 후 총 6개의 말뚝에 대해 품질확인시험(restrike test)이 수행되었는데, 모두 지지력이 미달되었고, 시험값은 설계지지력의 평균 50%(41~66%)에 불과하였다.

그림 4.37은 동재하시험으로 수행된 품질확인시험 결과 중 한 예를 보여주고 있다. 그림에서와 같이 주면마찰력(35ton)은 거의 없는 상태이고, 선단지지력(102ton)도 매우 작음을 알 수 있다. 따라서 지지력은 설계하중에 크게 미달되고, 타격당 관입량도 12mm로 나타나 시공관리기준(H=1m, s=3mm)에 크게 미치지 못하고 있었다.

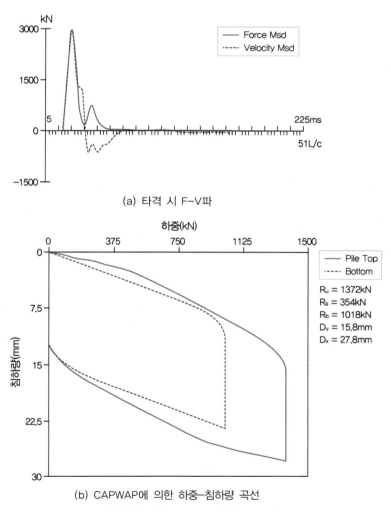

(a) 타격 시 F-V파

(b) CAPWAP에 의한 하중-침하량 곡선

그림 4.37 품질확인을 위한 동재하시험(#A1286) 결과

시항타 시공이 잘 계획되었는데도 불구하고 시공 후 품질확인시험에서 지지력이 미달된 것은 시공 중 품질관리를 의심할 수밖에 없다. 이의 원인을 파악하기 위해서는 기시공된 말뚝의 거동을 확인해 보는 것이 필요하여 이들에 대해 동재하시험을 수행하기로 하였다. 그러나 말뚝의 두부가 절단된 상태여서 추가의 동재하시험은 곤란한 상태였다.

따라서 지지력 미달의 원인 조사를 위해 말뚝 주변을 굴착하여 두부를 노출시킨 후 유압해머 (시험을 위해 현장 도입)를 크롤러크레인에 매달아 타격하면서 동재하시험을 실시하였다(그림 4.38 참조). 그런데 대부분의 말뚝에서 경타관리에너지(W=3.5ton, H=1m)에 훨씬 못 미치는 값에서조차 동재하시험이 곤란할 정도로 타격당 관입량이 크고, 관입이 지속되었다. 추가로 실시한 동재하시험 결과는 그림 4.37과 유사하거나 더욱 불량한 것도 있었다. 예로 일부 말뚝은 50cm 정도까지 관입되어야 세팅(setting)이 되기도 하였다. 만약 경타와 주입의 두 관리 항목 중 하나라도 양호했더라면 이러한 easy driving 현상은 나타나지 않았을 것이다. 결국 지지력 미달의 원인은 경타 미흡과 시멘트풀 주입 불량으로 판정하였다.

그림 4.37의 동재하시험 결과에서 나타난 경타 미흡과 주입 불량의 두 가지 항목에 대한 세부 원인을 파악하기 위해 시공기록에 대한 분석이 이루어졌다. 그 결과, 경타의 품질관리는 제대로 이루어지지 않았고, 심지어 최종관입량 기록은 현장이 아닌 장소에서 그려 제출된 것도 있었다. 주입량 기록에 의하면 기주입된 총 양은 설계량의 80%밖에 미치지 못하고, 1, 2차 주입의 구별 없이 3차 시 두부에서만 주입이 이루어졌으며, 이는 말뚝 두부 근처에서 양생된 시멘트 덩어리로도 확인할 수 있었다. 또한 항타기의 시공량은 평균적인 생산성보다 훨씬 큰 시공량(500m/일·대)을 보여주고 있어 정상적인 시공관리가 이루어지지 않았음을 짐작할 수 있다. 이처럼 시공기록 분석 결과는 지지력 미달의 원인이 시공관리 불량임을 확인해주고 있었다.

지지력 미달 원인이 파악된 후 보강 방법을 검토하였다. 우선 보강 방법으로 유압해머를 사용한 재항타 보강방식(그림 4.38의 시스템 참조)이 가능한지를 파악해 보았다. 왜냐하면 공기 단축을 위해 품질시험용 말뚝만을 남겨둔 채 모든 말뚝의 두부를 절단하였기 때문에 전용 항타기를 사용하여 보강하는 기존의 방법은 적용이 곤란하였기 때문이다. 결국 공기 절감이라는 명목 아래 프로세스(품질확인 시험 후 두부 절단)를 지키지 않음으로써 오히려 공기와 비용이 늘어나는 보강 방식을 검토할 수밖에 없는 상황이 초래되었다.

재항타에 의한 보강방식은 기존 말뚝들의 마찰력이 거의 없기 때문에 효과적이며 또한 빠르고 상대적으로 저렴한 보강 방법이다. 그러나 이 보강방식은 두부 상태가 불량하면 타격 시 말뚝은 바로 파손되고 더 이상 재항타가 불가능해지므로 두부 정리(평탄도 및 수직도)가 까다로운 단점도 있다. 이 보강방식이 우선적으로 검토된 이유는 전술한 바와 같이 여러 대안 중 **빠르고** 경제적인 점이 있었고, 현장조건은 기존 전용 항타기가 진입하여 말뚝을 재항타하는 여건이 쉽게 조성되지 않았기 때문이다.

그림 4.38의 보강시스템에 의한 재항타 보강 방식은 적용이 가능했다. 그러나 우려한 바와 같이, 최종 세트(final set) 단계에서 말뚝의 파손이 잦아 항타에너지를 가능한 범위 내로 줄이다 보니 당초 설계한 지지력(본당 135ton)을 얻는 것이 곤란하였다. 따라서 재항타 보강 방식으로 기존 말뚝을 통해 얻을 수 있는 지지력을 최대한 확보한 후 부족한 분에 대해서는 추가 말뚝을 시공하는 방식을 최종 보강 방안으로 결정하였다.

두부가 정리된 기존 말뚝들에 대해 재항타로 얻을 수 있는 지지력은 본당 100ton 정도로 확인되었다. 이를 바탕으로 전체 기초를 재검토한 결과 당초 설계 지지력(본당 135ton)에 부족한 분을 보완하기 위해 추가로 43본의 말뚝이 필요한 것으로 분석되었다. 요약하면, 보강 작업은 우선 기존 시공된 말뚝 주변을 굴착해서 유압해머로 기존 말뚝에 재항타를 실시하였고, 이후 그림 4.39와 같이 굴착부를 매립하고 다짐 정리한 후 전용 항타기를 투입하여 추가 말뚝을 시공하는 것으로 마무리하였다.

그림 4.38 기시공된 말뚝의 원인 조사

그림 4.39 전용 항타기로 추가 말뚝 시공

3) 교훈

매입말뚝의 주요 시공관리 포인트는 경타관리와 주입관리이다. 경타관리는 말뚝의 건전도에 문제가 없이 지지력을 확보할 수 있도록 시항타에서 정해진 경타관리기준을 준수하도록 하는 것이다. 주입관리는 천공 구멍에 말뚝을 삽입한 후 남는 여유 공간을 충전하고, 특히 지하수에 영향을 받는 경우는 정해진 배합비가 유지될 수 있도록 주입 방법과 순서를 지키도록 하는 것이다. 매입말뚝공법에서 양질의 품질을 위한 시공관리가 간단함에도 현장에서 자주 문제가 되는 이유는 기본과 원칙을 지키지 않는 것에 기인한다. 기본과 원칙은 계획과 시행, 관리와 평가의 과정을 통해서 지켜지는 것이므로, 주요 품질관리 사항은 holding point로 등록하고 이를 확인하는 것이 필요하다. 그리고 조금 더 빨리 가기 위해 시공 절차를 바꾸는 것은 오히려 상황을 더욱 어렵게 만들고 결과적으로 더 늦게 갈 수 있다는 것을 본 사례로부터 배울 수 있다.

4.2.2 붕적층에 설치된 매입말뚝의 지지력 부족

1) 현장 개요

본 사례는 아파트 말뚝기초(PHC400)의 지지력 미달에 따른 원인 분석과 대책을 수립한 내용이다. 말뚝은 SIP공법에 의해 매립토와 붕적토층을 거쳐 풍화잔류토층에 설치되었으며 천공기(에어해머, T4)로 진동 압입한 상태로 마무리되었다. 재하시험은 총 9개의 정재하 및 동재하시험이 수행되었으며, 이 중 8개 시험말뚝의 평균지지력은 30.7ton 정도로, 설계하중 70ton에 미달되는 것으로 나타났다.

지반조건은 그림 4.40에서와 같이 지표로부터 매립토, 붕적토, 풍화토, 기반암의 순서로 구성되어 있으며, 지하수위는 지표하 10.6m 정도에서 나타나고 있다. 붕적토층은 약 9m 두께로 N치는 평균 46.0 정도를 보여주고 있으며, 이 층은 자갈 및 전석이 혼합되어 있고, 투수성이 큰 전형적인 붕적토층 상태를 보여주고 있다. 일반적으로 붕적토층의 N치는 흙의 경도만이 아닌 자갈 및 전석에 영향을 받을 수 있는 것으로 일반적인 토층의 N값과는 구분되어야 한다. 따라서 본 건의 경우 붕적층으로 인해 매입말뚝의 설계 시 주면마찰력의 평가, 시공 시 시멘트풀의 역할 등에 대해 사전에 신중한 검토가 필요한 조건이었다. 또한 붕적층 이하에는 느슨한 풍화토층이 존재하고 있어 설계 시 관입깊이 결정은 물론 시공 시 최종 경타에 대한 철저한 시공관리가 필요한 조건이라 할 수 있다.

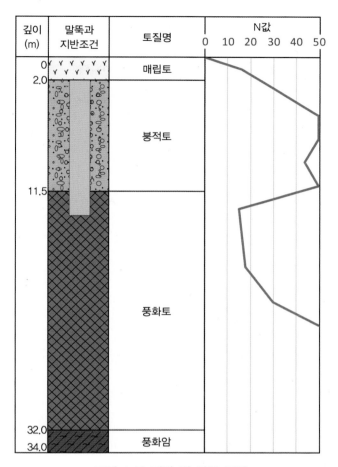

그림 4.40 지반 및 말뚝 조건

2) 원인 분석 및 대책

재하시험 결과에 의하면 전체 지지력 중 주면 및 선단 지지력 성분의 비율이 유사하게 나타났다. B동의 재하시험결과로부터 산정된 단위면적당 평균지지력은 주면마찰력의 경우 $3t/m^2$, 선단지지력의 경우 $277t/m^2$으로 모두 일반적인 지지력 값에 비해 작게 나타나고 있음을 알 수 있다. 그림 4.41에서와 같이 시공된 말뚝(보강 전)의 시험결과를 보면, 이의 하중 – 침하량 곡선은 극한 파괴형태(plunging failure)를 보여주고 있다. 이와 같은 재하시험 결과로 판단해 볼 때, 본 건 말뚝들은 주면부 및 선단부 모두 지지력 부족 문제가 생긴 것으로 평가된다.

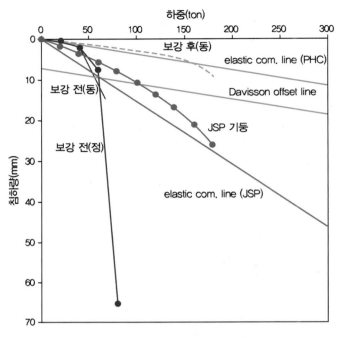

그림 4.41 보강 전후 말뚝과 JSP 기둥 재하시험 결과

지지력 미달의 원인을 분석해 보기 위해 표 4.13에서와 같이 계산된 지지력과 시험에서 얻은 지지력값을 비교해 보았다. 본 사례는 SIP 공법으로 시공되었으므로 현장조건을 반영할 수 있는 매입말뚝의 지지력 식을 사용하여 각각 선단지지력과 주면마찰력을 계산하였다.

표 4.13 계산 및 실측지지력 값의 비교

	A동(ton)		B동(ton)	
	계산치	재하시험 결과	계산치	재하시험 결과
선단지지력(Q_b)	37.7	–	37.7	34.8
주면마찰력(Q_s)	111.4	–	118.3	41.1
전체지지력(Q_u)	149.1	53.5	156.0	75.9
허용지지력(Q_a)	49.4	26.5	52.0	35.6
비고	$Q_u = 20N_b A_b + 0.2\overline{N_s}\,A_s$ $N_b = 15$ $A_b = 0.1256(\mathrm{m^2})$ $\overline{N_s} = 40.3$ $A_s = 13.820(\mathrm{m^2})$	4개 정재하시험 결과의 평균치	$Q_u = 20N_b A_b + 0.2\overline{N_s}\,A_s$ $N_b = 15$ $A_b = 0.1256(\mathrm{m^2})$ $\overline{N_s} = 42.8$ $A_s = 13.820(\mathrm{m^2})$	4개 동재하시험 결과의 평균치

표 4.13의 결과를 분석해 보면, 우선 선단지지력의 경우는 계산치(예측치)와 재하시험 결과가 유사하다고 볼 수 있다. 그러나 주면마찰력의 경우는 계산치와 재하시험결과가 크게 다름을 알 수 있는데, 이에 대한 이유로 전술한 바와 같이 주면부의 평균 N치(붕적층의 N치)의 불확실성 및 시멘트풀의 유실 가능성을 들 수 있다. 따라서 $Q_s = 0.2\overline{N_s}\,A_s$에서 이미 알고 있는 A_s와 B동의 재하시험결과 Q_s값을 대입하고 $\overline{N_s}$값을 역산하면 $\overline{N_s}$값은 14.9로 계산된다. 계산 $\overline{N_s}$값은 지반조사의 $\overline{N_s}$값(=42.8)과 차이가 큰데, 이의 이유는 붕적층은 모래, 자갈, 전석 등으로 이루어졌으므로 지반조사 시 주면부의 N 값이 과대평가된 때문이라 본다. 또 다른 이유는 말뚝주면의 상당 부분이 모래자갈로 구성된 붕적층에 걸쳐 있으므로 공극을 통해서 시멘트풀이 유실된 것에도 기인하는 것으로 평가된다. 표 4.13에서와 같이 선단지지력은 매우 작지만 계산값이나 시험값이 거의 유사하다. 선단지지력이 작은 것은 그림 4.40에서와 같이 말뚝의 선단이 느슨한 풍화토층에 지지되었기 때문이다.

표 4.13에서 보면 지반조사 및 말뚝시공 조건(그림 4.40)으로부터 얻은 N 값으로 전체지지력을 계산한 값이 설계지지력에 크게 미치지 못함에도 말뚝의 선단은 느슨한 풍화토층에 지지되고 있음을 알 수 있는데, 이는 실제로 일어나기 어려운 경우이다. 만약 말뚝의 선단이 붕적층에 지지된다고 가정하고 지반조사 결과치(N)를 가지고 지지력을 계산하면 설계된 지지력 70ton을 약간 상회하는 지지력이 산출된다. 이러한 것으로 볼 때 설계자는 당초에 말뚝을 느슨한 풍화토상에 지지하려는 의도는 아니었다고 생각된다. 즉, 설계자는 당초 붕적층의 N 값을 그대로 수용했고, 말뚝의 선단을 붕적층 하부에 놓으려는 의도였다고 추정된다.

설계자는 그림 4.40과 같은 지반조건에서 설계는 물론 SIP공법의 시공에 이상이 없다고 평가한 것이다. 하지만 말뚝의 선단을 붕적층에 지지하려는 설계자의 당초 의도와는 달리, 말뚝은 시공 도중 붕적층을 관통하여 느슨한 풍화토층(또는 풍화토 상단 부근)에 지지된 것으로 추정된다. 물론 붕적층의 N 값은 과대평가되었으므로 말뚝의 선단이 붕적층에 지지되었더라도 선단지지력의 커다란 증가는 없었을 것이다. 결국 본 사례의 원인은 붕적층에서 N 값의 평가오류와 시공에 대한 경험 부족에 기인한 것으로 판단된다.

본 현장의 지지력 미달에 대한 대책은 현장여건상 JSP(jumbo special pattern)공법이 채택되었으며, 구조물별로 시험시공을 통해 보강 방법을 적용하였다. 동 기초의 경우, 그림 4.42와 같이 JSP로 PHC파일의 하부를 보강하는 방법에 대해 시험시공을 하고 재하시험을 한 결과, 말뚝의 중공부를 통해 보강하는 경우는 일부 침하에 문제가 있는 것으로 평가되어 최종적으로 말뚝의 외부에 2공을 보강하는 것으로 결정하였다. 주차장 기초의 경우, 말뚝 사이에 JSP기둥을 설치하는 방식으로 보강하였다. 그림 4.42에서 제안된 결과에 따라 보강된 말뚝의 허용지지력은 그림 4.41에서와 같이 설계하중을 만족시켜 보강공사를 완료하였다.

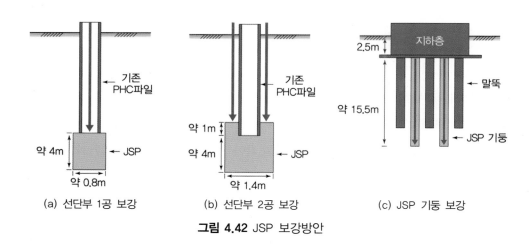

그림 4.42 JSP 보강방안

3) 교훈

본 사례로부터 매입말뚝을 설계·시공할 경우는 지반조건을 명확하게 평가하고 설계 및 시공에 임하는 것이 중요하다는 것을 알 수 있다. 특히 붕적층(또는 모래자갈층)이 포함된 지반에서 매입말뚝을 계획할 때는 측정된 N 값이 정확하지 않을 수 있으며, 시멘트풀이 유실될 가능성을 대비하여야 한다. 이와 같이 충분한 주면마찰력을 기대할 수 없는 지반조건에서는 시멘트풀의 배합비를 조정하고, 시멘트풀을 재충전하여 정상적인 주면마찰력을 얻도록 하거나, 또는 선단지지력이 충분한 지지층에 말뚝을 설치하고 경타를 함으로써 확실한 선단지지력을 보장하는 방법을 선택하여야 한다. 최적의 대책은 현장에 따라 달라지므로 경제성, 환경성, 시공성, 품질 등을 고려하여야 한다.

일반적으로 말뚝기초 시공 초기에 지지력이 미달된 것을 알게 되면 본시공법의 개선으로 비교적 용이하게 문제를 해결할 수도 있지만, 본 건에서와 같이 이미 기초시공이 완료되었거나 바닥기초가 축조된 경우 보강 방법의 선정은 매우 제한되고 대책의 강구도 쉽지가 않다. 따라서 이러한 문제를 미연에 방지하는 것이 보다 중요하다. 이를 위해서는 시항타 실시와 평가, 시공 초기 조기 품질확인시험 실시 등이 강조될 필요가 있다. 경험에 의하면 초기 품질확인시험은 시공의 20% 이내에서도 실시되도록 하는 것이 바람직하다.

4.2.3 암반에 지지된 PHC 매입말뚝의 균열

1) 개요

본 현장의 지반조건은 그림 4.43과 같이 비교적 단순하다. 지표로부터 7.5m까지는 모래로 이루어진 퇴적층으로 되어 있고, 퇴적층 하부에 보통암급 화강암의 기반암층이 바로 나타난다. 지하수위는 지표면 직하부에 있다.

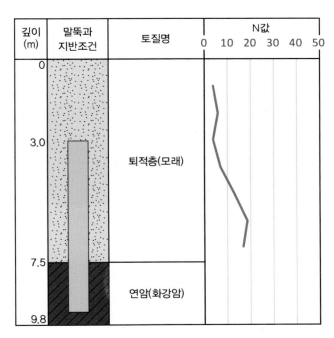

그림 4.43 지반 및 말뚝 조건

상부 구조물은 교각이며, 기초는 PHC600으로 설계되었다. 말뚝의 축방향 설계하중은 본당 110ton이고, 횡방향 설계하중은 본당 5ton이다. 말뚝은 지반 및 하중 조건을 고려하여 암반에 3D 정도 소켓팅하도록 설계되었다.

말뚝기초의 시공법은 인근 민가의 민원을 감안하여 SDA공법으로 선정되었다. 따라서 말뚝 시공은 암반까지 천공하고 시멘트풀을 주입한 다음 말뚝을 삽입한 후 경타하여 안착시키도록 계획되었다. 경타를 위해 4ton의 드롭해머가 사용되었다.

말뚝의 COL(cut off level)은 구조물별로 약간 차이가 있지만 지표하 3m 정도이다. 따라서 기초공사는 지표에서 보조말뚝(follower)을 이용하여 말뚝을 시공한 다음, 흙막이 가시설을 설치하여 굴착하고 말뚝의 두부를 절단한 후 기초판(raft)을 시공하는 순서로 수행되었다. 말뚝의 길이는 퇴적층 두께에 따라 다르지만 COL에서 말뚝 선단까지 평균 6m 정도가 된다. 또한 보조말뚝은 COL까지의 퇴적층 두께를 고려하여 4m 정도로 제작(위치에 따라 길이변화)되었다. 그림 4.44는 시공 광경을 보여주고 있다.

그런데 말뚝 시공을 완료한 후 흙막이 가시설 내부를 굴착한 결과, PHC파일의 두부 파손은 물론 말뚝 본체에도 심각한 균열이 발생하여 말뚝 내부에는 물이 차 있는 경우가 많았다. 따라서 이의 원인을 조사하고 대책을 강구하였다.

(a) 보조말뚝을 이용한 SDA공법 시공 광경   (b) 굴착 후 두부 정리 상태

그림 4.44 SDA공법 시공 및 굴착 후 두부 정리

2) 원인 분석 및 대책

그림 4.45는 교각 기초 지반을 굴착한 후 노출된 말뚝의 두부 상태를 보여주고 있다. 그림에서와 같이 말뚝에는 관통형 수직균열이 있고, 이를 통해 말뚝 중공부에 물이 유입된 것을 볼 수 있다. 그림 4.46에서와 같이 해당 교각의 말뚝은 64개인데, 이 중 43개(67%)의 말뚝에 균열이 발생하였고, 균열말뚝 중 18개 말뚝은 2개 이상의 균열이 난 심각한 상태를 보여주고 있다.

본 건과 같이 암반을 천공하고 PHC파일을 암반부에 삽입하여 타격할 경우 말뚝 본체에 발생하는 최대 응력은 암반과 접촉하는 말뚝 선단부에서 주로 발생한다. 이 응력은 3.2.2절에서 설명한 바와 같이 말뚝의 건전도에 치명적인 영향을 줄 수도 있다. 이러한 상황에서 생기는 응력은 주로 압축응력이므로 발생하는 균열의 형태는 수직균열로 나타나게 된다. 본 건의 균열도 말뚝을 암반에 삽입한 후 경타관리(낙하 높이 또는 경타 횟수)가 미흡하여 균열이 생겼다고 판단된다. 이것은 그림 4.45 및 4.46에서와 같이 발생된 대부분의 균열이 수직 방향 균열이라는 것으로도 짐작할 수 있다.

(a) 1방향 균열   (b) 2방향 균열

그림 4.45 말뚝 절단 후 두부 상태

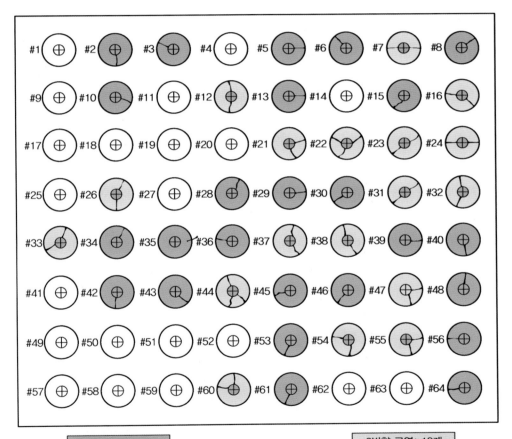

그림 4.46 교각의 말뚝 균열 현황

말뚝을 타격하여 암반상에 설치할 경우 말뚝의 선단이 암반에 안착되도록(지지력 만족이 아닌) 램의 낙하 높이를 정하는 것이 중요하다. 즉, 천공된 암반 구멍에 말뚝을 설치하고 타격할 경우 낙하 높이는 말뚝 선단이 암반상에 안착하도록 정하되, 말뚝이 암반에 안착하자마자 경타를 멈추도록 해야 한다. 말뚝이 암반에 안착되면(말뚝의 침하가 수렴되면) 동재하시험기에 나타나는 지지력이 부족하더라도 실제 지지력은 문제가 없으며, 당연히 침하도 만족하게 된다. 이러한 문제를 예방하기 위해 낙하 높이를 두 단계로 나누어 본항타관리기준을 설정하는 방법을 이미 설명하였다. 상세 내용은 3.2.2(4)절을 참고하도록 한다.

전술한 상태와 달리 천공 구멍에 말뚝을 삽입한 초기에, 말뚝이 선단에 도달되지 않은 상태이거나 혹은 슬라임 위에 얹힌 상태에서 말뚝을 타격하면 말뚝 선단부 지반의 저항력이 작기 때문에 관성력으로 인해 말뚝 본체에 인장응력이 생긴다. 이 응력이 허용치를 초과하면 주로 수평방향 균열이 나타나게 된다. 따라서 암반을 천공하고 매입말뚝을 설치할 경우는 비록 경타라 할지라도 초기 타격과 암반 도달 후 타격을 구분하여 관리기준을 정할 필요가 있다.

또한 본 건의 경우 보조말뚝을 사용하여 경타하다 보니 낙하 높이 설정이나 낙하관리에 어려움이 있었다. 보조말뚝 이용 시 동재하시험으로 낙하 높이를 정할 때는 시험 시 비균질 말뚝의 고려, 그리고 해석 시 비균질 말뚝에 대한 모델링 등 이에 대한 경험이 중요하다(3.2.4절 참조).

본 건의 경우 보강 방법은 흙막이 가시설 내부를 되메움한 후 기존 말뚝 사이에 보강말뚝을 시공하였다. 보강말뚝은 기초 해석(기존 균열말뚝 무시)을 통해 말뚝 위치와 수량을 구했는데, 총 38본의 보강말뚝이 시공되었다. 또한 기존 균열말뚝은 전체적인 기초 푸팅의 평형을 위해 재생하여 활용하였다. 기존 균열말뚝의 재생을 위해 그림 4.47에서와 같이 내부를 세척한 후 철근을 보강하고 모르타르를 타설하였다.

(a) 기존 말뚝 세척

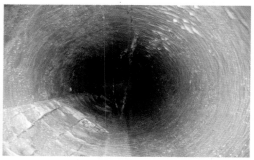
(b) 세척 후 중공부 물유입 상태

그림 4.47 보강 광경

3) 교훈

매입말뚝 시공 시 사용하는 경타 에너지는 직항타에 비해 작다고 생각하여 말뚝의 건전도를 간과하는 경우가 자주 있다. 그러나 본 건과 같이 암반을 천공한 후 여기에 말뚝을 삽입하고 타격할 시 경타라 할지라도 허용응력을 초과할 수 있는 상태가 조성되기 때문에 이를 무시해서는 안된다. 따라서 암반 천공 후 PHC파일을 삽입하고 경타할 시 이에 대한 거동을 이해한 후, 관리기준을 설정하고 시공관리에 임해야 한다. 또한 이러한 조건에서 보조말뚝을 사용하여 시공하는 경우 보조말뚝의 제작에 유의해야 하며, 경타관리기준을 설정할 시 동재하시험 및 분석에 대한 경험이 풍부한 기술자의 역할이 중요하다.

4.2.4 말뚝 본체의 인장균열 및 말뚝 선단의 파괴

1) 현장 개요

본 사례는 SIP공법의 시공 시 말뚝의 설치 중에 생긴 인장균열 및 타격 중에 생긴 말뚝 선단의 파괴에 관한 사례이다. 사용된 말뚝은 PHC600으로 A종이며, 말뚝의 길이는 20m(1개소 이음)

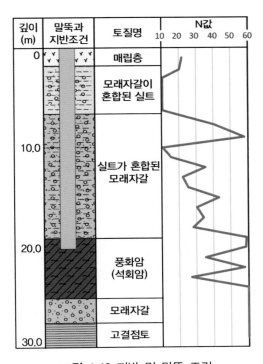

그림 4.48 지반 및 말뚝 조건

이다. 지반조건은 그림 4.48에서와 같이 지표로부터 매립층, 실트, 모래자갈층, 석회암, 모래자갈층, 고결점토층으로 이루어져 있다. 지지층은 GL – 20m 부근의 석회암이며, 석회암은 다공질이고 공동을 갖고 있다. 또한 GL – 19m까지 실트가 혼합된 모래자갈층도 석회암이 풍화된 것으로 역시 다공질이다.

2) 원인 분석 및 대책

GL – 20m 부근의 석회암까지 선굴착을 해서 길이 10m의 하부 말뚝을 설치한 후, 길이 10m 이상의 상부 말뚝을 용접해서 디젤해머로 타입하였다. 타입 시 상황은 타격당 관입량이 크기 때문에 해머가 겨우 발화하는 정도였다.

그림 4.49(a)에서와 같이 말뚝의 이음부가 지표보다 1m 정도 내려갔을 때 지표면에서 3~4m 위의 위치에 수평균열이 발생하고 그 부분에서 깨진 콘크리트 가루가 연기처럼 나왔다.

균열 없이 소정의 깊이까지 설치된 말뚝의 경우도 최종 타격을 가할 때 타격 중 타격당 관입량이 급증하는 현상(3개당 1개 비율로 발생)이 나타났다. 이러한 말뚝의 중공부를 통해 선단 부분을 관찰한 바, 말뚝 선단부 근처(약 2m)에서 본체의 파괴가 확인되었다(그림 4.49(b) 참조).

일반적으로 기성 콘크리트말뚝을 연약지반에 타입하는 경우 또는 상부 모래층을 관통해서 하부에 있는 연약 점성토층에 타입하는 경우 말뚝 본체에 큰 인장력이 작용하여 수평 균열이 발생하는 것으로 알려져 있다(3.1.2절 참조). 매입말뚝에서 굴착공 내에 말뚝을 삽입한 후 타격하면서 관입시킬 때에는 주변 지반이 견고하더라도 연약층에서 타입 시와 유사한 현상이 발생하며, 이로 인해 수평 균열이 발생할 수 있다(그림 4.49(a) 참조).

GL – 20m 부근 모래자갈층과 석회암 사이에는 공동이 많아 오거로 천공하더라도 토사는 거의 지상으로 나오지 않고 공동으로 흡수되고, 또한 오거 스크류의 선단은 이들 공동으로 향해서 미끄러져 천공 구멍이 휘기 쉽다. 이 휘어진 구멍으로 말뚝이 삽입되면서 타격이 계속되었으므로 그림 4.49(b)에서와 같이 휨균열이 생겨 말뚝이 파손된 것이라고 판단된다.

본건의 경우 말뚝의 인장균열에 대한 대책으로써 PHC파일의 종류를 A종에서 B종으로 변경하였다. 또한 말뚝 선단부의 휨파괴에 대해서는 굴착공 하부의 휨을 방지하기 위해 케이싱을 사용하였다. 이 두 가지 대책을 강구함으로써 이후의 공사를 무사히 마칠 수 있었다.

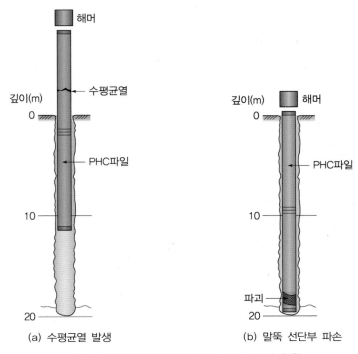

(a) 수평균열 발생   (b) 말뚝 선단부 파손

그림 4.49 말뚝의 인장균열 및 파손 발생 현황

3) 교훈

말뚝 타격 시 인장응력에 의한 수평균열은 연약지반에서 콘크리트말뚝을 시공할 때 발생하는 경우가 많으며 이의 원리에 대해서는 3.1.2절에 상세히 설명하였다. 그러나 본 사례는 연약지반이 아닌 조건에서 인장응력에 의한 수평균열이 발생했다는 점에서 일반적인 시공 상식을 벗어난 것 같다. 하지만 연약지반에서의 항타나 매입말뚝의 천공 구멍에서의 항타는 유사한 조건인 것이다. 따라서 천공 구멍에서 말뚝을 타격하는 과정은 인공적으로 만들어 낸 연약지반에서 말뚝을 타입하는 것과 같다고 생각할 필요가 있다.

공동이 있는 지반에서 SIP공법 적용 시 굴착공의 휨 문제는 특수한 경우이지만, 이러한 현상과 원인을 이해해 둘 필요가 있다. 특히 석회암 지역에서 말뚝의 시공 시 공동의 존재 여부와 이에 대한 가능성을 염두에 두고 시공계획을 세우는 한편 필요한 시공관리를 시행해야 한다.

본 사례는 석회암지대에서 매입말뚝 시공 시 발생하는 인장균열과 선단파괴에 대해서만 분석했지만, 항타관리가 실제적으로 어려운 디젤해머의 사용에 대한 부적합한 장비조합을 지적하지 않을 수 없다. 그리고 이러한 다공질 지반에서는 주입관리에 특별한 주의가 필요함을 명심해야 한다.

4.2.5 보조말뚝을 이용한 매입말뚝 시공

1) 현장 개요

보조말뚝을 사용하는 매입말뚝의 시공은 보다 복잡하며 이에 따른 시공관리도 어려워진다. 또한 말뚝 시공 후 주변 지반을 굴착하게 되면 지중응력의 감소로 인해 지지력이 감소하므로 설계 시 이를 고려해야 하며, 시공 시에는 물론 지반굴착이 완료된 후에도 지지력, 건전도 등 매입말뚝의 품질에 대한 최종 확인이 필요하다. 특히 보조말뚝을 사용하는 매입말뚝의 동재하시험 시 측정게이지는 보조말뚝에 부착되기 때문에 보조말뚝과 본말뚝의 재질이 달라 비균일 단면 조건이 되어 시험 및 해석이 복잡하고 어려워진다. 본 사례는 보조말뚝을 사용하는 매입말뚝의 설계 및 시공상 문제점을 사전에 예상하고, 이를 시험시공으로 확인한 후 본시공을 실시한 내용 이다.

현장의 지반조건은 상부로부터 잔자갈이 섞인 실트질 모래로 구성된 매립층(0~4m), 퇴적층(4~16m : 모래질 실트), 풍화토(16~18m), 풍화암(18~25m), 기반암(25m 이하) 순으로 나타난다.

상부구조물은 고층의 주상복합건물이며, 기초는 PHC600으로 설계하중은 본당 160 ton이고, 말뚝의 선단이 풍화암 지지층에 설치되는 것으로 설계되었다. 주변 여건을 고려하여 말뚝의 시공방법은 SDA공법으로 계획되었다.

구조물 주변에는 이미 기존 고층건물이 있어 앵커를 이용한 흙막이 공사가 어려운 상황이었다. 따라서 미리 지상에서 보조말뚝을 이용하여 말뚝을 원하는 깊이에 설치하고 말뚝공사가 끝난 이후 지반을 굴착하면서 흙막이를 실시하는 것으로 계획되었다. 말뚝 시공 후 최종 굴착깊이는 지표면하 10.8m이다. 원하는 깊이에 말뚝을 설치하기 위해 보조말뚝을 사용하였다. 말뚝이 크고 비교적 긴 보조말뚝을 사용하기 때문에 경타 시 충분하고 안정한 타격에너지를 주기 위해 유압해머 7ton을 사용하였다.

보조말뚝은 3.2.4절에서 설명한 바와 같이 시공성 및 말뚝 건전도 유지에 유리하도록 본말뚝 (PHC600)과 유사한 임피던스를 갖는 강관으로 된 보조말뚝(D609T12, 1300L, mm)을 제작하였다. 또한 그림 3.28에서와 같이 보조말뚝의 하단부에는 말뚝 두부의 파손 가능성을 줄이기 위해 합판으로 된 쿠션을 부착하였고, 케이싱 인발 후 미리 삽입된 보조말뚝에 경타를 할 수 있도록 인양 러그를 보조말뚝의 상단부에 제작하였다.

본시공에 앞서 대표 위치에 동재하시험을 통한 시험시공을 실시하였으며, 항타시공관입성 및 지지력을 분석하여 시공방법의 적정성을 확인하고 시공관리기준을 설정하였다.

동재하시험은 지상에서 실시하기 때문에 굴착이 되면 말뚝이 설치된 지중의 유효응력이 변화하고 이에 따라 지지력도 변화하게 될 것이다. 따라서 본 사례에서는 마찰력의 발현 위치가 주로 사질토임을 감안하여 정역학적 지지력 공식으로 굴착 전후의 마찰력비를 구하고, 이를 지지력 감소비로 가정한 후 재항타시험으로 측정한 최종 마찰력에 감소비를 곱하여 굴착의 영향을 고려하였다(3.2.4절 참조). 말뚝의 선단은 비교적 깊고 풍화암에 지지되어 있으므로 선단지지력의 감소는 무시하였다.

시험시공에서는 보조말뚝을 사용하는 경우와 사용하지 않는 경우(지표면 위까지 말뚝을 이음하여 두부가 노출된 말뚝)에 대하여 인접 위치에 시공한 후 동재하시험을 실시하여 지지력을 비교함으로써, 보조말뚝을 사용하는 경우에 대한 동재하시험의 신뢰도를 높이고자 하였다.

시험시공 결과를 바탕으로 본시공 과정에서도 동재하시험을 이용한 시항타를 위치별로 실시하였으며 이를 통하여 해머의 에너지효율, 항타시공관입성 및 지지력 등을 확인하였다. 아울러 매입말뚝의 시공이 끝나고 지반굴착이 완료된 후에도 기시공된 말뚝에 동재하시험을 실시하여 실제 지반굴착의 영향이 반영된 지지력을 평가하였고 건전도를 확인하는 등 말뚝의 품질을 최종적으로 확인하였다.

2) 분석 및 평가

시험시공에서 실시한 동재하시험의 결과를 표 4.14에 요약하였다. 표에서와 같이 굴착이 고려되지 않은 말뚝(1 – 1)의 허용지지력은 설계하중을 만족하는 것으로 나타났다. 또한 이론해석에 의한 지지력 공식을 이용하여 터파기에 따른 주면마찰력의 감소를 고려하여 결정된 실측 허용지지력도 설계지지력을 만족하는 것으로 나타났다. 여기서 선단지지력은 전술한 바와 같이 풍화암 하부에 설치되는 것을 고려하여 지지력의 감소를 무시하였다.

표 4.14에서 두 말뚝(1 – 1, 1 – 2)이 인근에 위치하면서도 굴착 후 예상지지력의 차이가 큰 것은 적용 에너지 차이에 기인한다. 즉, 말뚝(1 – 2)의 경우 에너지가 상대적으로 커서 선단지지력이 충분히 측정되었기 때문에 허용지지력이 크게 평가되었다.

표 4.14에서와 같이 지반굴착이 완료된 조건에서 품질을 평가한 시험말뚝(1 – 3)도 허용지지력(216ton) 및 건전도가 모두 양호한 것으로 확인되었다. 표에서 말뚝의 두부를 지상까지 올리고 경타하여 시험한 말뚝(1-1)의 결과는 시험시공 차원에서 지지력과 시공 상태의 참고로만 이용하였을 뿐 품질확인이나 시공관리기준에는 활용하지 않았다.

표 4.14 동재하시험 결과

시험말뚝 번호	시험 구분	관입깊이(m)	허용지지력(ton)	비고
1-1	EOID	19.8	211	지표면까지 용접이음
	restrike(7)		249(185)*	
1-2	EOID	19.8	265	13m 보조말뚝 사용
	restrike(7)		267(259)*	
1-3	restrike	8.8	216	보조말뚝 시공/터파기 후
비고	( )은 경과일수	굴착깊이 10.8 m	시간별, 굴착 전후의 지지력 차이	설계하중 160ton

주) *는 지지력 공식으로 터파기 전후의 마찰력을 계산한 후, 이 값의 비를 터파기에 따른 마찰력의 감소비로 가정하여, 이를 실측된 지지력에 적용함으로써 최종 허용지지력을 산정함

그림 4.50은 말뚝의 관입깊이별 주면마찰력 분포를 나타낸 것이다. 그림에서와 같이 7일 경과 후 시멘트풀의 양생효과에 의해 깊이별 주면마찰력이 증가한 것을 확인할 수가 있다.

그림 4.51은 말뚝의 관입깊이별 말뚝에 전달된 응력분포를 도시한 것이다. 그림에서와 같이 보조말뚝과 본말뚝의 접촉부에서 응력은 보조말뚝의 사용 여부에 따라서 크게 변화됨을 알 수 있다. 그러나 적절한 보조말뚝의 제작과 이의 올바른 사용으로 보조말뚝의 사용(1-2) 시 본말뚝에 전달된 응력은 허용치(PHC파일: 480kg/cm^2, 강관말뚝: 2,160kg/cm^2) 이내로 관리되었음을 알 수가 있다. 또한 보조말뚝이 사용되지 않는 경우(1-1)에도 본말뚝에 전달된 응력은 허용치(PHC파일: 480kg/cm^2) 이내로 관리되었음을 알 수가 있다.

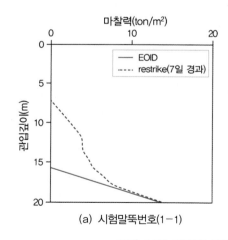

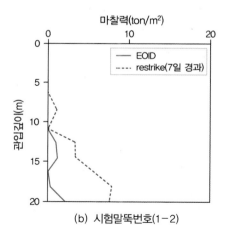

그림 4.50 말뚝의 관입깊이별 주면마찰력의 분포

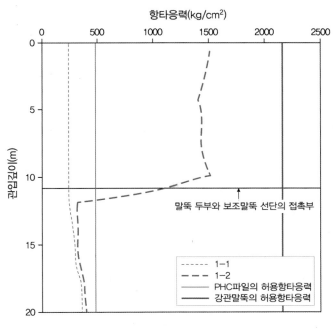

그림 4.51 말뚝의 관입깊이별 항타응력의 분포

3) 교훈

본 사례를 통해 보조말뚝을 사용하여 지표면 이하에 말뚝 두부를 설치하는 경우에 보조말뚝의 제작, 굴착에 따른 지지력의 변화, 동재하시험 및 이의 결과 해석이 중요함을 알 수 있다.

보조말뚝의 임피던스는 본말뚝의 그것과 같거나 약간 작도록 제작하여, 재료 손상 가능성을 줄인다. 또한 보조말뚝의 제작 시 인양러그, 선단부 처리 등에도 주의를 기하도록 한다.

사질토에서의 이론해석 시 말뚝지지력 공식을 사용하여 굴착 전후의 지지력의 변화를 예상할 수 있다. 그러나 이론해석에 의한 말뚝의 지지력 산정은 실제와 상이할 수 있다. 이를 해결하기 위한 대안으로 지지력 공식으로 굴착 전후의 마찰력을 계산하여 지지력비를 산정한 후, 이 값을 터파기에 따른 마찰력의 감소비로 가정하여 재항타 시 실측된 지지력에 적용함으로써 최종 허용지지력을 추정하는 방법을 적용해 볼 수 있다.

보조말뚝을 사용하는 경우 동재하시험은 시공관리기준을 설정하고 항타시점에서의 지지력을 평가할 수 있는 유일한 방법이다. 보조말뚝을 사용한 동재하시험은 보조말뚝 제작, 지지력 및 건전도 평가 등 난제를 접할 수 있으므로 신뢰성 있는 시험결과를 도출하기 위해서 동재하시험에 대한 전문성과 경험을 가진 기술자에 의해 시험과 해석이 이루어지는 것이 중요하다.

4.2.6 긴 보조말뚝이 필요한 매입말뚝 시공 시 문제와 해결

1) 개요

4.2.5절에서는 기본적인 재래식 보조말뚝의 사례를 소개하였다. 일반적으로 공삭공의 깊이 (지표에서 기초 저부까지의 깊이)가 10m보다 크게 되면 보조말뚝(보조말뚝 길이 > 13m)을 사용하지 않는 것이 바람직하다. 하지만 최근에는 톱다운(top-down)공법의 적용이 늘어남에 따라 지하층도 깊어지고 있어 보조말뚝을 길게 사용해야 하는 경우가 있다. 본 사례에서는 긴 보조말뚝의 시공사례를 소개하고 이에 대한 문제와 대책을 소개한다.

지반조건은 그림 4.52에서와 같이 상부로부터 매립층(6m 정도), 모래층(7m 정도)과 모래자갈층(8m 정도)으로 된 퇴적층이 있고, 퇴적층 하부에는 얇은 풍화암층(2m 정도)과 이하에 연암이상의 단단한 기반암층이 계속된다. 암종은 화강암이며, 지하수위는 지표하 12m 정도에서 나타난다.

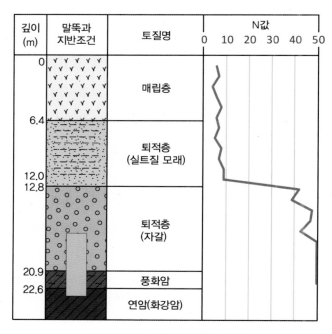

그림 4.52 지반 및 말뚝 조건

상부 구조물은 아파트(지상 35층, 지하 4층)이고, 하부 기초는 초고강도 PHC500(f_{ck}=110MPa) 말뚝으로 계획되었다. 말뚝의 축방향 설계하중은 본당 210ton이다. 기초판의 저부는 모래자갈층 중간 정도에 위치하고 있어 말뚝의 길이가 6~8m로 비교적 짧다.

본 건의 이슈는 공삭공의 깊이가 일반적인 시공깊이를 초과하는 16m(보조말뚝 길이는 18m) 정도여서 재래식 보조말뚝 방식으로 시공(말뚝을 낙하하고 경타)이 가능한지에 대해서 검토하였으며, 이와 관련하여 현장에서 일어난 문제와 대책을 소개하였다.

2) 분석 및 대안

보조말뚝을 사용하는 공삭공의 깊이를 10m 정도로 제한하는 이유는 이 값 이상이 될 경우 말뚝의 낙하 높이가 커서 말뚝 낙하 시 파손 우려가 있고, 보조말뚝이 길어 경타 시 편타에 의한 말뚝 파손이 염려되기 때문이다. 본 건의 경우 공삭공의 깊이가 16m(보조말뚝으로 18m)로 깊고, 또한 말뚝 선단부가 단단한 암반으로 구성되어 있어 전술한 두 가지 문제(낙하 시 파손, 경타 시 편타)가 심각하게 우려되었다.

3.2.4절에서 설명한 것처럼 근래에는 재래식 보조말뚝의 문제를 해소하기 위해 기계식 보조말뚝으로 PHC파일을 삽입한 다음 경타하고, 보조말뚝에서 PHC파일을 기계식으로 분리하여 보조말뚝만 인발하는 장치 SACP가 개발되어 사용되기도 한다. 따라서 본 현장은 전술한 것처럼 재래식 보조말뚝의 사용 시 리스크가 커서 SACP를 사용하기로 결정하였다.

그림 4.53에는 본 현장 조건을 감안하여 계획한 SACP-pile의 시공 순서를 나타내었다. 그림에서와 같이 서비스홀에 삽입된 PHC파일의 두부에 연결판(혹은 하판)을 볼트로 체결한다. 그리고 연결판이 붙은 PHC파일을 SACP본체의 상판과 연결한다. 일체화된 말뚝(SACP + PHC)을 서비스홀로부터 인양하여 천공 구멍에 삽입하고 케이싱을 인발한다. 이어서 경타를 실시하고 PHC파일과 SACP를 분리한 후 SACP만 인양한 후 공삭공을 되메움하는 것으로 계획하였다.

① 말뚝 두부에 연결판 설치　② SACP와 PHC파일 연결　③ 일체화된 파일 근입　④ 분리 후 SACP 인발

그림 4.53 SACP-pile 시공 순서

본 현장에서 초기부터 SACP를 도입한 것은 바람직한 선택이었다. 하지만 SACP 사용 검토 당시, 케이싱이 모래자갈층을 지나 암반 상단까지 관입되어야 하고 말뚝의 길이는 짧아(6~8m), 케이싱 인발 시 모래자갈이 케이싱 내면과 PHC파일 사이(보통 20mm 간격)에 끼어 경타로 안착된 PHC파일의 움직임(또는 동시 인양 등) 가능성이 우려되었다.

이러한 경우 대책은 케이싱을 경타 전에 인발하거나, 후에 케이싱을 인발하되 말뚝 두부에 중량물(오거 롯드)을 놓고 케이싱을 인발하는 안이 있을 수 있다. 하지만 전자는 케이싱을 먼저 인발한 경우이므로 SACP의 연결 기계장치(그림 4.54 참조, SACP의 하부에 위치)에 모래자갈이 유입되어 작동이 우려되었고, 후자는 케이싱과 말뚝 사이에 자갈의 끼임 현상이 더욱 심화될 가능성이 있어 전자를 우선 선택하여 시항타를 시행하였다. 결과는 연결 기계장치가 작동하지 않는 현상이 나타났다. 이어서 후자를 시도하였으나 끼임 현상이 발생했고, 또한 경타 후 말뚝의 움직임에 대해 확인할 방법이 없어 본 건에서 SACP의 적용을 취소하게 되었다.

(a) PHC파일 두부 연결판(하판)   (b) SACP 하단의 연결장치(상판)

그림 4.54 SACP의 연결판과 연결장치

이러한 상황에서 다른 선택지가 없었기 때문에 재래식 보조말뚝을 보완하려는 차원에서 재래식 방법으로 시항타를 시도해 보았다. 그림 4.55는 재래식 보조말뚝으로 경타한 후 말뚝이 회수되어 관찰된 것으로 PHC파일의 두부, 본체, 선단 모양을 나타낸 것인데, 예상한 대로 우려했던 결과를 보여주고 있다. 즉, 말뚝 낙하 시 선단부의 파손, 과항타로 인한 압축파괴, 편타로 인한 두부 파손 등이 일어났다.

현장 상황으로부터 파손 시나리오를 유추해 보았다. 먼저 말뚝 낙하 시 선단부가 암반에 부딪

쳐 선단 슈가 변형(그림의 화살표 부분)되고 선단부가 파손되었다. 이후 경타 시 선단부의 약한 부분부터 본체의 두부 방향으로 수직균열이 진전되었고, 두부에서는 편타로 인해 두부 파손이 일부 발생했다. 경타가 반복적으로 이루어지면서 말뚝은 자리를 잡았지만, 과항타로 인해 두부 파손은 확대되고 수직균열은 확장되면서 그림 4.55와 같이 파괴에 이른 것으로 추정된다.

(a) 말뚝 두부 형상   (b) 말뚝 선단부 변형 및 본체 균열 형상

그림 4.55 회수된 말뚝의 형체

상기의 결과로부터 재래식 보조말뚝 방법을 사용하기 위해서는 낙하를 지양하고 편타 가능성을 줄이는 것이 필요했으며 이에 대한 보완을 시도하였다. 먼저 말뚝의 낙하 작업을 제거하기 위해 그림 4.56(a)와 같은 인상용 클램프(clamp, 일명 hakka)를 도입하였다. 하카를 사용하기 위해 말뚝 두부에 볼트로 고정할 수 있는 연결판(그림 4.56(a) 좌측 하부 참조)을 부착하였다. 다음으로 말뚝 두부에 발생할 수 있는 편타 가능성을 줄이기 위해 보조말뚝 하부에 캡(그림 4.56(b) 참조)을 부착하였다. 캡은 말뚝과 케이싱 내부의 틈에 맞도록 링의 두께와 높이를 조정하고, 반복 사용에 문제가 없도록 강도를 유지하며, 타격 시 응력 집중이 없도록 캡의 내부에 말뚝쿠션(합판)이 들어가도록 제작하였다.

상기와 같이 재래식 보조말뚝 방법을 보완하여 시공관리 기준을 정해 본시공을 수행하였다. 특히 하부지반이 암반이어서 말뚝에 전달되는 에너지의 제한이 중요하므로 지지력 확인과 시공관리 낙하 높이를 구분하여 시행하였고(3.2.4절 참조), 경타 수를 최소로 제한하는 등 정밀한 시공관리를 수행하여 본시공을 마무리하였다.

| (a) 하카와 말뚝 두부 연결판 | (b) 보조말뚝과 두부 캡 |

그림 4.56 재래식 보조말뚝의 개선

3) 교훈

본 건은 재래식 보조말뚝으로 권장 길이(10m 정도)를 초과하여 시공할 경우 현장에서 얻은 교훈을 소개한 내용이다. 보조말뚝으로 시공할 시 말뚝의 시공품질 문제가 우려되고, 특히 보조말뚝의 시공은 굴착 후 말뚝 두부가 노출되어야 문제를 확인할 수 있기 때문에 시공 초기 단계에서 세심히 계획하지 않으면 어려움에 봉착하게 된다.

최근에는 지하층 깊이가 깊어지고 톱다운공법이 많이 채택되다 보니 보조말뚝의 시공 빈도가 높아지고 있다. 따라서 보조말뚝 시공품질의 리스크도 커지게 되었다. 이러한 점에 착안하여 개발된 SACP는 좋은 아이디어를 실용화한 것이라 할 수 있으며 향후 활용이 기대된다. 특히 SACP는 일반적인 보조말뚝 권장 길이를 초과하는 시공에서 효과적일 것이다.

본 사례 이후 SACP는 모래자갈층과 같은 비자립성 지반에서, 특히 케이싱과 PHC파일의 중첩 정도가 큰 난해한 조건 등을 위해 장치가 개선되었다. 하지만 이러한 특수 조건에서는 세심한 준비 후 사용하는 것이 필요하다. 만약 현장 여건이 SACP의 도입이 곤란하다면 본 사례에서 소개된 재래식 보조말뚝의 수정안도 검토해 볼 수 있을 것이다.

4.2.7 시항타 미실시로 인한 말뚝의 지지력 미달

1) 개요

본 사례는 아파트의 말뚝기초 시공 중 변경 사유가 발생했음에도 추가 시항타를 실시하지 않아서 발생한 문제이다. 현장에서 사용된 말뚝은 PHC500이다. 지반조건은 그림 4.57과 같이 지표로부터 매립층, 퇴적층, 풍화토 및 풍화암, 연암 순으로 구성되어 있다. 퇴적층은 상부에 점토 및 실트, 하부에 모래자갈층으로 이루어져 있으며, 지하수는 GL − 10m 정도에 위치하고 있다. 말뚝은 풍화토층 하부(또는 풍화암 상부)에 지지되도록 계획되었으며 말뚝의 길이는 지지층에 따라 변하지만 약 7m 정도이고, 말뚝의 연직방향 설계하중은 본당 120ton이다. 시공법은 주변 환경을 감안하고, 천공 시 퇴적층의 공벽 붕괴를 우려하여 SDA공법이 적용되었으며, 지하층의 터파기 전에 말뚝을 시공한 관계로 재래식 보조말뚝(L=6.5m)이 사용되었다.

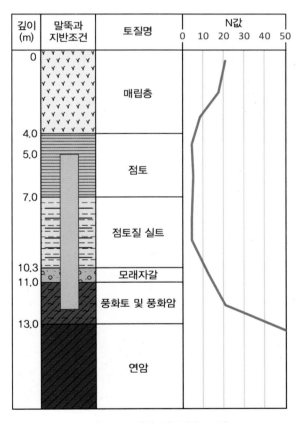

그림 4.57 지반 및 말뚝 조건

2) 원인 분석 및 대책

본 현장은 현장 공정상 터파기 이전에 지상에서 보조말뚝을 이용하여 말뚝을 시공하였다(그림 4.58 참조). 또한 시공 초기에 첫 동부터 2개의 시항타를 실시하여 시공관리기준을 설정한 후 본시공을 실시하는 등 시공관리가 잘 이루어졌다. 보조말뚝을 이용한 관계로 말뚝의 최종 품질 확인시험은 터파기를 실시한 후 가능했으므로 말뚝시공 종반에 시행되었다. 그림 4.59는 초기 터파기 시 현장 전경을 보여주고 있는데, 흑색 원호는 첫 동 말뚝 기초의 품질시험 위치를 나타내고, 적색 원호는 초기 터파기 시 주변 주차장 말뚝기초의 품질시험 위치를 나타낸다.

그림 4.58 보조말뚝에 의한 시공 전경

그림 4.59 현장 전경(말뚝 시공 후 초기 터파기 당시)

터파기를 시작하면서 실시한 첫 동에 대한 품질확인시험 결과는 설계하중을 만족하는 양호한 결과를 나타내었다. 그러나 첫 동 주변의 주차장 말뚝 기초에 대한 품질확인시험에서는 지지력이 설계하중에 미달하는 말뚝이 발생함에 따라 이의 원인을 조사하였다.

그림 4.60은 터파기 후 실시한 말뚝의 동재하시험 광경을 보여주고 있다. 터파기 직후 항타기의 진입이 곤란한 관계로 동재하시험은 이동이 가능한 수동용 드롭해머를 이용하였다. 드롭해머의 램의 낙하는 크레인을 이용하였다.

그림 4.60 동재하시험 광경

표 4.15와 그림 4.61은 지지력이 미달된 말뚝의 재항타 동재하시험 결과를 보여주고 있다. 그림 4.61(a)에서와 같이 초기 재항타(BOR) 시 얻어진 파형을 보면 말뚝의 주면마찰력이 거의 없고 침하량도 크며 Case 극한지지력은 약 176ton(RMX, Jc=0.5)이고, CAPWAP 해석의 허용지지력은 79ton 정도로 설계하중(120ton)에 크게 미달하는 것으로 나타났다. 그림 4.61(b)는 동일 말뚝에 대해 78타를 경타한 후 얻어진 말기 재항타(EOR) 결과를 보여주고 있는데, 78타를 경타하는 동안 총 23.8cm가 관입되었다. 그림 4.61(b)의 PDA화면을 보면 EOR(78타 재항타 시)의 Case 극한지지력은 약 311ton(RMX, Jc=0.5)이고, 이를 분석한 CAPWAP 허용지지력은 123ton이 얻어져, 비로소 설계하중(120ton)을 만족하는 상태로 나타났다.

표 4.15 동재하시험 결과

항목	초기타 허용지지력 (ton)	78타 후 허용지지력 (ton)	총 타격수 (회)	총 침하량 (cm)	설계하중 (ton)
결과치	79.0	123.0	80	23.8	120
비고	재항타 동재하시험 (BOR*)	재항타 동재하시험 (EOR*)	동재하시험	측정	설계자료

주) BOR: beginning of restrike(초기 재항타) / EOR: end of restrike(말기 재항타)

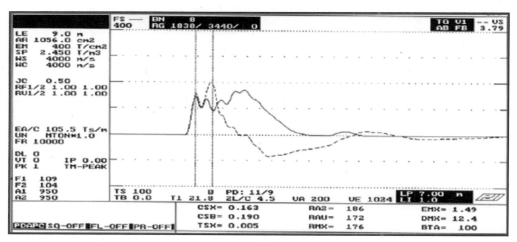

(a) 초기 재항타(BOR) 시 화면

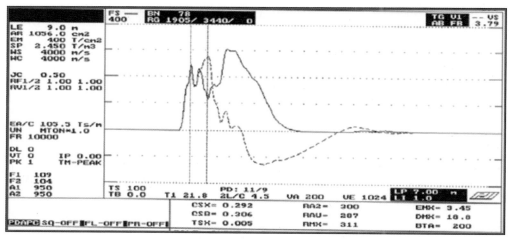

(b) 말기 재항타(EOR) 시 화면

그림 4.61 동재하시험 결과(항타분석기 화면)

지지력 미달에 대한 원인의 조사를 위해 다각적인 검토가 이루어졌다. 본 현장의 경우 보조말뚝을 이용하여 시공하는 관계로 시공관리에 어려움은 있었지만, 여러 가지 가정에 대한 원인을 조사한 결과, 문제가 없는 것으로 나타났다.

현장 건설인으로부터 청취를 실시한 결과 특이한 점이 발견되었다. 즉, 모든 말뚝들의 시공은 첫 동의 시항타로 결정된 동일한 시공관리 기준으로 이루어졌지만, 첫 동의 동재하시험은 양호한 결과를 준 반면 이후 말뚝은 지지력이 미달된 상태로 나타났다는 점이다.

이러한 내용으로부터 현장의 장비 상황을 조사한 결과, 첫 동이 시공된 이후 장비가 교체된 사실을 알 수 있었다. 더욱이 장비가 교체된 이후 새로운 장비에 대한 시항타가 실시되지 않았으며 이전 장비에서 실시한 시공관리기준을 그대로 적용한 사실을 알 수 있었다. 불행히도 교체된 장비는 항타기는 물론 드롭해머도 첫 시항타를 실시한 장비(첫 동 시공장비)보다 한 단계 작은 용량이었다. 따라서 장비가 교체된 이후 시공된 말뚝에 대해 일련의 품질확인시험을 실시한 결과, 대부분의 말뚝에서 그림 4.61(a)에서와 같이 지지력이 미달인 것으로 나타났다.

결과적으로 본 현장에서 지지력이 미달된 원인은 장비가 교체되었음에도 이에 대한 시항타 없이 이전 장비에서 적용하던 시공관리기준을 그대로 적용한 것에서 기인한 것으로 결론지었다. 말뚝의 지지력 미달에 대한 구체적인 원인은 교체된 장비의 용량이나 제원은 이전 장비보다 부족한 상태였기 때문이다. 즉, 드롭해머가 작아 에너지 부족에 의한 지지층에의 안착 곤란으로 지지력 부족, 천공 오거 모터의 용량 부족에 따른 천공깊이 부족, 천공 부속 장치(스크류 직경, 컴프레서 등) 미흡에 의한 서징 불충분 등이 세부 원인이었다. 또한 주입 충전 불량 및 관리 미흡 그리고 작업자의 교체(장비가 교체되면 작업자도 교체됨)로 인한 초기 시공관리 상태의 유지 불가 등도 원인으로 지적할 수 있다.

이러한 원인을 바탕으로 장비가 교체된 이후의 시공말뚝에 대한 보강을 실시하였다. 보강공법은 여러 가지 방법이 고려되었지만 가장 확실하고 경제적인 재항타 방법(DKH7 유압해머를 이용한 항타)을 적용하기로 하였다(그림 4.62 참조). 공사장 주변의 소음에 의한 민원문제가 있음에도 이 공법이 가능한 것은 그림 4.61에서처럼 시공된 말뚝의 주면마찰력이 거의 없어 경타로도 안착이 가능하였고, 아울러 그림 4.62에서처럼 해머를 부직포로 싸서 경타를 실시하여 경타로 인한 소음을 최소화할 수 있었기 때문이다.

그림 4.62 보강공사 광경

3) 교훈

시항타는 설계내용을 확인하고 선정된 장비와 말뚝으로 설계조건을 만족시키는 본시공의 시공관리기준을 설정하기 위해 실시하는 것이다. 이러한 의미에서 시항타 시 결정된 시공관리기준은 해당 장비와 재료 그리고 지반조건이 동일하다는 것을 전제로 한다. 따라서 이러한 전제조건이 변경되면 반드시 다시 시항타를 실시하는 것이 원칙이다.

이러한 이유로 현장에서는 지반조건이 변하고 구조물별로 장비가 다르므로 이를 반영할 수 있도록 위치를 구분하여 시항타를 한 후 본시공에 임해야 하는 것이다. 현장의 조건이 변함에 따라 시항타를 실시하여 시공조건을 맞춰주지 않으면 변경되는 조건이 과대하든 과소하든 결과에는 문제가 발생할 수밖에 없다.

본 사례의 경우 시항타의 목적을 제대로 이해하지 못하고 시항타 자체를 공사 자체의 프로세스의 하나로만 이해하려 했던 것에 문제가 있던 것으로 판단된다. 또한 본 사례의 경우 터파기 후에 품질확인시험이 이루어져 그 피해가 비교적 커졌지만, 그나마 다행스러운 점은 4.2.1절의 사례와 달리 품질확인 절차(굴착 초기 두부 정리 전에 품질확인 시험 실시)를 지켜 문제를 보다 일찍 찾아 비교적 간단한 보강대책으로 마무리할 수 있었다는 것이다.

4.2.8 조강재를 이용한 마찰력의 조기 확인과 말뚝 길이 변경

1) 개요

본 사례의 구조물은 아파트이고 기초는 PHC500말뚝이며, 설계하중은 본당 125ton으로 계획되었다. 시공법은 현장 주변 민원을 고려하고, 공벽 붕괴 방지를 위하여 케이싱을 이용한 SDA공법이 적용되었다. 말뚝(그림 4.63 참조)은 통상적인 선단지지를 위해 단단한 풍화토(N ≥ 50/15)에 1m 근입하도록 설계되었다. 당초 말뚝 길이는 천공 길이 16.5m 정도를 포함하여 두부 정리를 고려하여 18m로 설계되었다.

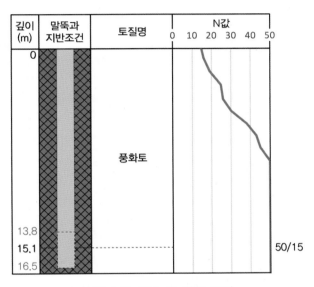

그림 4.63 지반 및 말뚝 조건

그러나 현장 여건상 공사 부지가 협소하여 말뚝의 이음시공과 운반을 위한 크롤러크레인의 사용이 어려워 불가피하게 단일말뚝(최대 길이 15m)으로 변경하는 것이 요구되었다. 또한 현장은 공기 여유가 없는데다, 해당 변경이 어려울 경우 다른 공법으로 변경해야 하므로 조기에 의사 결정이 필요한 상황이었다.

따라서 말뚝의 두부 정리 길이(1m)를 고려하고, 상대적으로 양호한 선단지지력의 활용을 위해 천공길이는 13.5m로 하되 최종 0.3m는 경타를 통하여 관입시키도록 계획하였다. 또한 길이 변경에 대한 신속한 의사 결정을 위해서는 마찰력의 조기 발현이 가장 중요한 것을 감안하여 양생 시간을 줄이기 위해 조강재료를 사용하였다. 원설계와 변경설계의 지지력을 표 4.16에 비교하였다.

표 4.16 원설계 및 변경설계의 계산지지력

구분	원설계	변경설계	비고
주면마찰력(ton)	209.9	162.8	길이 변경 (16.5 → 13.8m)에 따른 계산
선단지지력(ton)	294.4	245.3	
극한지지력(ton)	504.3	408.1	
허용지지력(ton)	168.1	136.0	F_s=3.0

주) 주택공사, 기초설계 효율화를 위한 말뚝기초설계 개선(안)(2008) 적용

지반조사 결과에 의하면 지하수위는 말뚝시공면 위에 위치하였으며, 시공 중 천공 구멍 내에서 지하수의 유출이 관찰되었다. 따라서 시공과정에서 시멘트풀의 희석이 예상되었으므로, 물시멘트비(W/C)는 부배합비인 70%를 적용하였다.

2) 시험 및 분석

(1) 시멘트풀의 실내 압축강도시험

먼저 시멘트풀의 재령별 압축강도를 비교하고자 실내 압축강도시험을 실시하였다. 시멘트풀을 배합(W/C=0.7)하여 50mm의 입방 시험체를 제작한 다음 24시간 양생 후 탈형하여, 수중 양생하였다. 시험체는 양생 3일, 7일, 28일에 각각 시험을 실시하였다. 실내배합에는 보통1종 시멘트(시험체 A), 조강3종 시멘트(시험체 B), 조강재 5.0%를 혼합한 보통1종 시멘트(시험체 C)를 사용하였다.

그림 4.64에 각 시험체의 재령별 압축강도를 나타내었다. 그림과 같이 실내배합 시험체의 조기재령강도인 3일 및 7일 압축강도는 시험체 A가 시험체 B 및 C에 비하여 작게 발현되었다. 본 사례에서 가장 중요한 3일 압축강도를 비교해보면 시험체 B와 C의 압축강도는 각각 136kg/cm², 127kg/cm²로 시험체 A(64kg/cm²)의 2배 수준이다. 하지만 시험체의 28일 압축강도는 모두 250kg/cm² 정도로 유사하였다. 따라서 여기서는 시멘트풀 시험체의 압축강도가 50kg/cm² 이상이 되도록 재항타 동재하시험의 시기는 시항타 후 2일로 결정하였다.

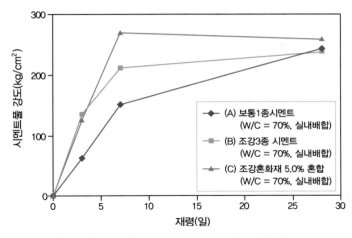

그림 4.64 시멘트풀 시험체의 재령별 압축강도

(2) 조강재를 이용한 시항타

실내시험에서 확인한 2가지 조강재(조강3종 시멘트와 5% 조강재)의 적용성을 확인하기 위해 인접 위치에 2개의 말뚝을 시공하여 동재하시험을 실시하였다. 동재하시험은 조강재 사용에 따른 매입말뚝의 지지력 변화 양상을 살펴보기 위하여 시항타와 재항타(2일 경과) 동재하시험을 계획하였다. 그런데 조강3종 시멘트의 2일 경과 시험은 현장 여건상 부득이하게 7일 후 재항타 동재하시험으로 변경 시행하게 되었다.

표 4.17 시항타 결과 요약

구분	조강3종 시멘트		5% 조강재		비고
	EOID	restrike(7일 경과)	EOID	restrike(2일 경과)	
램무게(ton)	3.5	3.5	3.5	3.5	
낙하고(m)	2.0	2.0	2.0	2.0	
최종관입량(mm/타)	5.2	0.1	4.0	0.1	
주면마찰력(ton)	20.3	261.8	9.0	260.0	
선단지지력(ton)	182.4	152.9 ↑	199.9	150.5 ↑	
극한지지력(ton)	202.8	414.6 ↑	209.0	410.5 ↑	
허용지지력(ton)	81.1	207.0 ↑	83.6	205.0 ↑	F_s=2.5(EOID), 2.0(restrike)

주) ↑는 말뚝이 충분히 변위되지 않아 지지력은 측정치 이상임을 의미

시항타 시험 결과를 표 4.17에 요약하였다. 2개의 말뚝 모두 시항타 시 지반의 허용지지력은 설계하중(125ton)을 넘지 못하였으나, 조강3종 시멘트와 5% 조강재의 재항타 시 허용지지력은 각각 207ton과 205ton으로 설계하중을 초과하였다. 시험 결과를 보면 주면마찰력은 양생 후 크게 증가하였으나 선단지지력은 감소하였는데, 이는 재항타 시 타격에너지가 부족한 것에 기인한다. 따라서 실제의 지지력은 이보다 훨씬 큰 값일 것이다.

조강3종 시멘트와 5% 조강재를 사용한 시험말뚝의 하중 – 침하량 곡선을 그림 4.65에, 깊이별 단위면적당 주면마찰력 분포를 그림 4.66에 나타내었다. 시험이 실시된 말뚝들이 인접하고 있고 말뚝의 길이나 시공방법 또한 동일하였으므로, 하중 – 침하량 곡선 및 단위면적당 주면마찰력 분포의 변화는 유사하게 나타났다. 표 4.17과 그림 4.65에서 보면 재항타 시 말뚝의 순침하량은 0.1mm 정도로 말뚝이 전혀 변위되지 않았으므로 실제 지지력은 이보다 훨씬 큰 값으로 볼 수 있다. 이러한 시험결과를 바탕으로 본 건에서는 말뚝 길이를 줄여 단본으로 시공하도록 계획을 수정하였으며, 이에 따라 본시공을 마무리하였다.

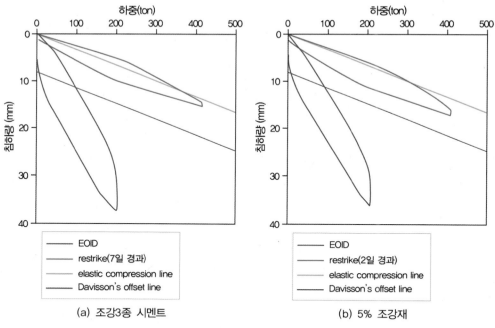

(a) 조강3종 시멘트　　　　　　(b) 5% 조강재

그림 4.65 시험말뚝의 하중–침하량 곡선

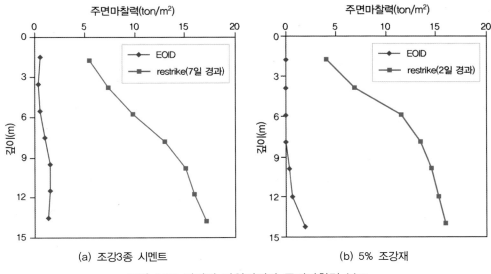

(a) 조강3종 시멘트   (b) 5% 조강재

그림 4.66 깊이별 단위면적당 주면마찰력 분포

그림 4.64에 따르면 조강재료를 이용한 시멘트풀(시험체 B, C)의 경우 2일 후에는 양생이 초기 단계에 머물고 있으나, 9일 후에는 양생이 거의 완료됨을 알 수 있다. 그리고 조강3종 시멘트와 5% 조강재 시험에서 측정된 주면마찰력의 증가치는 표 4.17과 그림 4.66에서와 같이 두 시험에서 유사하게 나타났다. 이는 조강재료를 사용할 경우 2일 후 재항타 동재하시험을 통하여 주면마찰력을 포함한 말뚝의 최종지지력을 산정할 수 있음을 사사하는 것이다. 또한 이는 조강재료를 이용하여 마찰력을 조기에 평가하여 반영함으로써 최적설계를 완성하기 위한 합리적인 시공관리기준을 수립할 수 있다는 것을 의미한다. 상세는 3.2.3(9)절을 참고할 수 있다.

표 4.18에는 재료허용하중 및 설계하중, 재료활용률(설계하중/재료허용하중), 시험 및 분석 허용지지력을 정리하여 나타내었다. 표에서와 같이 본 사례의 설계 시 말뚝의 재료활용률은 72%로 비교적 낮은 편이다. 하지만 지반의 허용지지력은 PHC파일의 재료하중을 초과하고 있고, 가정(외삽)한 값이지만 초고강도PHC파일의 재료하중도 초과할 수 있는 것으로 나타났다. 즉, 시항타 시 지지력(선단)이 낮아도(설계하중의 64~66%), 마찰력을 활용하면 최적설계가 가능하다는 것이다. 많은 경우 실무에서 최적설계/시공이 어려운 이유 중 하나는 현장에서 마찰력의 발현까지 대기(최소 7일)가 곤란하거나 마찰력과 관련된 시공품질의 신뢰도 부족 등인데, 본 사례는 이를 해결하기 위한 단초를 제공할 수 있다고 생각한다.

표 4.18 설계 및 시험결과 정리

구분	조강3종 시멘트	5% 조강재	비고
재료허용하중(ton)	173(297)	173(297)	(초고강도PHC)
설계하중(ton)	125	125	
재료활용률(설계하중/재료하중)(%)	72.3(42.0)	72.3(42.0)	(초고강도PHC)
EOID 지반허용지지력(ton)	81.1	83.6	F_s=2.5
restrike 지반허용지지력(ton)	207.0 ↑	205.0 ↑	F_s=2.0
외삽 허용지지력(ton)	254.0 ↑	254.0 ↑	F_s=2.0, 외삽(가정)

그동안 최적설계가 꾸준히 진행되어 근래에는 평균 83% 정도를 활용하고 있지만 아직 불충분하고, 초고강도 재료의 사용을 고려하면 지속 추진이 필요하다고 생각된다. 또한 시항타 시에 설계하중을 만족하는 시공관리기준을 채택함으로써 여전히 비효율적인 시공이 시행되고 있다. 따라서 본 사례처럼 조강재료를 활용하면 초고강도PHC를 포함한 최적설계/시공이 더욱 진전될 수 있으므로 향후 이에 대한 활용이 기대된다.

3) 교훈

본 사례에서는 이음말뚝을 단말뚝으로 변경하기 위한 단기간 내 의사결정이 요구되었다. 통상 7~15일이 걸리는 양생기간을 조강재료를 이용하여 2일로 줄여 주면마찰력의 발현을 확인할 수 있는 방안을 실험을 통해 확인하였다.

구조물기초설계기준 해설(2018) 등에서는 시항타 말뚝에 대하여 일정 시간이 경과한 후 재항타 동재하시험을 실시하여 말뚝의 지지력 변화를 반드시 검증하도록 규정하고 있다. 그러나 전술한 바와 같이 공기 문제, 시멘트풀의 시공품질 불신 등으로 인하여 시항타 동재하시험 시에 설계지지력을 만족하는 시공관리기준을 확정하는 경우가 많다. 따라서 실무에서는 본 사례에서처럼 말뚝의 주면마찰력을 무시한 매우 보수적인 설계와 시공이 아직도 이루어지고 있다.

본 사례에서와 같이 조강재료를 이용하는 방법이 보편화된다면 매입말뚝의 지지력을 조기에 올바르게 평가할 수 있을 것이며, 결국 매입말뚝의 최적설계 및 시공을 통해 말뚝재료의 절감에 일조할 수 있을 것으로 판단된다. 단, 시멘트풀의 양생효과는 시멘트풀 주입의 시공품질에 전적으로 의존하는 만큼, 시멘트풀 주입관리를 포함한 매입말뚝의 시공관리는 물론 품질확인절차 또한 강화되어야 한다.

4.2.9 히터를 이용한 마찰력의 조기 확인

1) 개요

매입말뚝의 주면마찰력을 합리적으로 활용하기 위해서는 시멘트풀의 양생을 위한 양생기간 (약 1~2주)이 필요하나, 실제는 시멘트풀의 양생기간 동안 시공 장비의 대기가 곤란(비효율적이라는 현장 인식에 의함)하여 선단지지력 위주의 비경제적인 시공을 하고 있다는 현상 인식에서 4.2.8절은 조강재의 사용을 시도하였다.

그런데 조강재가 아닌 다른 방식으로도 기설명한 조강재의 목적을 구현할 수가 있다. 이 방식은 시멘트풀의 양생강도는 양생기간, 물시멘트비(W/C), 양생온도, 지반조건, 조강재 사용 등에 따라 달라지지만, 모든 조건이 동일할 경우 양생온도가 높을수록 양생강도가 커지므로, 시멘트풀에 고온의 열을 가하면 일정 기준 이상의 양생강도를 조기에 발현시킬 수 있다는 아이디어로부터 출발되었다. 여기서는 시멘트풀에 고온의 열을 가하기 위해 기성말뚝의 중공부에 물을 넣고 히터(heater)를 투입하여, 시멘트풀을 조기에 양생하는 방안을 도입하였다.

이러한 방식을 구체적으로 전개하기 위해 김태녕 등(2014)은 시멘트풀 공시체와 말뚝 공시체에 열을 가하고 압축강도시험을 실시하여 최적의 히터 온도와 양생시간을 도출하였다. 또한 양승준 등(2015)은 이러한 실험 결과들을 활용하여 현장에서 시항타 시공을 실시하였다.

국내 매입말뚝 기술의 개선을 위해 시멘트풀의 조기 양생 효과를 이용하는 것이 필요하다는 것은 이미 전 절에서 설명하였다. 본 절에서는 동일한 목적을 위해 조강재가 아닌 히터를 활용하여 시멘트풀을 조기에 양생함으로써 주면마찰력 증대 효과를 조기에 확인하여 실무에 적용하는 방식과 사례를 소개하였다.

2) 시험 및 분석

(1) 시멘트풀의 실내 일축압축강도시험

상온 1~2주 재령의 시멘트풀의 일축압축강도(이하 압축강도로 표기)를 조기에 얻기 위한 고온 양생온도와 양생시간을 결정하기 위해 실내시험을 수행하였다. 시멘트풀의 양생일수 및 온도에 따른 압축강도의 변화를 알아보기 위해 비닐포대를 이용하여 시멘트풀의 공시체 (D55×L110, mm)를 제작하여 압축강도시험을 실시하였다.

시멘트풀의 물시멘트비는 현장에서 주로 사용하는 70%와 83% 조건으로 하였고, 각각의 배합비에 대해 양생온도는 상온 조건에서 20°C, 고온 조건에서는 60°C, 80°C가 되도록 계획하였다.

해당 온도 조건을 맞추기 위해 대형수조에 자동온도조절기가 부착된 수중 히터를 설치하였다. 또한 고온 조건에서 재령 10, 15, 20, 24, 30, 48시간 공시체에 대해 압축강도 시험을, 상온 조건에서 재령 1, 7, 14, 28일 공시체에 대해 압축강도시험을 실시하였으며, 각 재령별로 3개의 공시체를 제작하여 시험하였다.

그림 4.67은 두 가지 배합비에 대한 각 시험체의 재령별 온도별 압축강도 시험결과이다. 전체적으로 보면 재령에 따라 그리고 양생 온도가 커짐에 따라 압축강도는 증가하고 있는 것으로 나타났다. 따라서 조기에 높은 초기 강도를 얻기 위해서는 가급적 높은 온도로 양생을 시키는 것이 유리하므로 80°C가 더 적합한 것으로 평가했다.

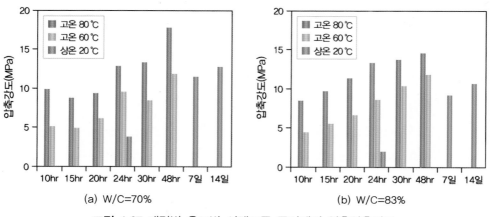

(a) W/C=70%   (b) W/C=83%

그림 4.67 재령별 온도별 시멘트풀 공시체의 일축압축강도

하지만 양생 온도가 고온이 되면, PHC파일의 열팽창과 물리적 특성의 변화가 나타날 가능성도 있기 때문에 초고강도PHC파일을 공시체로 만들어 80°C에서 24시간 수침시킨 후 압축강도시험을 실시하였다. 표 4.19는 초고강도PHC파일의 압축강도시험 결과인데, 초고강도PHC파일은 고온의 수침 조건에도 문제가 없는 것을 보여주고 있다.

표 4.19 고온에 노출된 PHC파일 중공형 공시체의 압축강도시험 결과

구분	재령(hr)	압축강도(MPa)				비고
		#1	#2	#3	기준	
고온(60°C)	24	111.4	112.7	112.5	110	이상 없음
고온(80°C)	24	113.5	114.8	112.6	110	이상 없음

현장에서 일반적으로 시멘트풀의 양생 정도를 평가하는 상온 양생 7일의 압축강도는 9.2～11.5MPa로 나타났으며, 이를 기준할 때 80°C 고온양생 시 10시간의 압축강도는 0.85～0.92배, 15시간의 압축강도는 0.77～1.05배, 20시간의 압축강도는 0.82～1.23배, 24시간의 압축강도는 1.12～1.44배, 30시간의 압축강도는 1.16～1.48배, 48시간의 압축강도는 1.55～1.58배의 범위를 보여주고 있었다. 실험결과에 따르면 상온 양생 7일의 압축강도를 얻기 위해서는 80°C에서 20시간 정도의 재령이 필요한 것으로 나타났다.

상기의 결과들을 종합할 때, 실제 현장에서 상온 7일 이상 재령의 압축강도를 조기에 얻기 위해서는 80°C의 온도로 승온·유지·감온 과정을 통해 양생을 시키는 방안이 적합하며, 80°C를 유지하는 시간은 지하수가 많거나 세립토 성분이 많이 있는 현장 지반조건을 고려하여 24시간 정도로 하는 것이 효율적일 것으로 평가하였다.

(2) 히터를 이용한 시항타

히터를 이용한 시멘트풀의 조기 양생 방식은, 매입말뚝의 중공부에 물을 넣고 고온의 열을 내는 히터를 적절한 간격으로 배치하여 말뚝의 내부를 가열시키고, 말뚝에 가해진 열에 의해 주면의 시멘트풀이 원하는 강도만큼 조기에 양생되는 방법이다(그림 3.26 참조).

현장에서의 시험 순서는 2개의 말뚝을 인근에 시공하고, 2개 말뚝 중 1개는 히터를 이용하여 양생시켰다. 즉, 시공된 PHC파일 중공부에 비닐(추후 삭제)과 물, 히터(5kW)를 순차적으로 투입한 다음, 온도조절장치에 분전반과 히터를 연결시켰다. PHC파일 중공부의 목표 온도를 80°C로 하고, 말뚝의 근입깊이와 구경, 그리고 지반조건 등을 고려하여 히터를 증감시켰다. 표 4.20은 2개 현장에서 실시된 시항타 내용이다.

표 4.20 각 현장별 말뚝 제원

현장	말뚝 종류	말뚝제원 (mm)	근입심도 (m)	설계하중 (kN)	히터 개수 (개)	시공법
A현장	초고강도PHC(110MPa)	D500T80	7.6	2,000	2	SDA공법
B현장	PHC(80MPa)	D500T80	7.4	1,400	1	SDA공법
비고		각 2본 시공			3상, 380V	

그림 4.68은 현장별 지반 조건과 설치 모식도를 나타낸 것이다. 그림에서처럼 두 곳 모두 지반은 풍화대로 이루어졌다. A현장의 경우 상부 매립층이 1.5m 정도 있고, 이어서 풍화토층이 나타나며, 말뚝의 선단부는 풍화암층에 지지되었다. B현장의 경우 지지 지반은 풍화토층으로 말뚝의 선단부는 풍화토층 하단에 지지되었다.

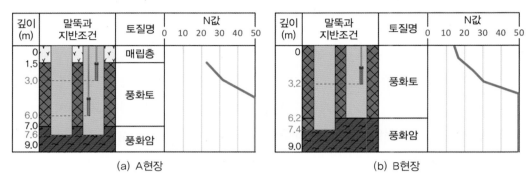

(a) A현장 　　　　　　　　　　　　　　　　　(b) B현장

그림 4.68 지반 및 말뚝 조건 설치 모식도

표 4.21은 양생 방법별로 재령(EOID, restrike)에 따른 지지력 시험결과를 나타내었다. A현장의 경우, 초기 경타 후 히터를 적용하여 양생한 말뚝(24시간 경과)의 주면마찰력은 252kN에서 3,044kN으로 약 12.1배 증가하였으며, 초기 경타 후 상온 양생한 말뚝(23시간 경과)의 주면마찰력은 252kN에서 519kN으로 약 2.1배 증가하여, 히터를 이용한 고온양생의 효과가 확실히 나타나고 있음을 알 수 있다.

표 4.21 현장시험결과

현장	양생 방법	시험방법	극한지지력 (kN)	주면마찰력 (kN)	선단지지력 (kN)	허용지지력 (kN)(F_s=2.5)	경과 시간(hr)	재료(설계) 하중(kN)
A	상온	EOID	4,088.9	251.6	3,837.3	1,635	23	2,970 (2,000)
		restrike	4,075.4	519.3	3,556.1	1,630		
	히터	EOID	4,177.9	252.4	3,925.5	1,671	24	
		restrike	5,239.4	3,043.7	2,195.7	2,095		
B	상온	EOID	4,882.2	198.9	4,683.3	1,952	19	1,730 (1,400)
		restrike	4,966.3	281.4	4,684.9	1,986		
	히터	EOID	4,404.1	202.1	4,202.0	1,761	17	
		restrike	5,518.4	1,633.5	3,884.9	2,207		

B현장의 경우, 초기 경타 후 히터를 적용하여 양생한 말뚝(17시간 경과)의 주면마찰력은 202kN에서 1,634kN으로 약 8.1배 증가하였으며, 초기 경타 후 상온 양생한 말뚝(19시간 경과)의 주면마찰력은 199kN에서 281kN으로 약 1.4배 증가하여, A현장과 같이 히터를 이용한 고온 양생의 효과가 명확하게 나타나고 있음을 알 수 있다. B현장은 시험 시기가 12월로 상온의 수온 및 말뚝 본체 온도가 0°C 정도이었고 히터 개수도 1개여서, 말뚝 중공부의 물 온도가 목표치인 80°C에 미치지 못해 50°C까지만 도달된 상태였다.

현장시험 결과를 평가해 보면, 전체적으로 히터의 조기 양생 효과는 양호하다. 그런데 결과를 활용하는 점에서 평가해 보면 B현장은 두 개의 양생 방법 모두 EOID에서 설계조건은 물론 재료 하중을 초과하고 있어 조기 양생의 효과는 의미가 작다고 본다. 하지만 A현장의 경우 EOID에서 모두 설계하중을 만족하지 못하고, restrike에서는 히터 양생의 경우만 설계하중을 만족하고 있어, 조기에 주면마찰력을 확인하는 것이 필요했으며 그만큼 히터 양생 효과의 의미가 크다. 한편 선정된 두 개의 시험말뚝 모두가 비교적 짧은 말뚝이어서 히터의 효과를 발현시키기가 용이했다는 측면이 있으므로, 향후 양생 효과는 물론 히터의 적용확인이 더 중요한 긴 말뚝에서도 많은 시험이 이루어지는 것이 필요하다.

3) 교훈

4.2.8절에서 조강재를 이용하는 방법이 보편화된다면 매입말뚝의 지지력을 조기에 올바르게 평가할 수 있을 것이며, 결국 매입말뚝의 최적설계 및 최적화 시공을 통해 말뚝재료를 절감하는 것이 가능하다고 이미 설명했다. 여기에서는 동일한 목적을 달성하기 위해 조강재 대신에 히터를 이용하는 실용적인 사례를 소개하였다.

실내시험을 통해 일반 현장에서 사용되는 시멘트풀 공시체(W/C= 83%, 70%)를 80°C의 수중에서 24시간 정도 양생시키면 상온(20°C)에서 7일 양생한 공시체와 유사한 압축강도를 얻을 수 있음을 알 수 있었다. 또한 80°C 고온에서의 PHC파일의 열팽창 및 물리적 특성의 변화가 없는 것을 확인하였다.

실내시험 결과를 바탕으로 현장에서 시공한 말뚝에 대해 히터를 이용하여 80°C로 24시간 정도 양생한 후 동재하시험을 수행한 결과, 주면마찰력의 조기 증대 효과가 확실하게 나타났다. 이러한 기술이 활용되어 매입말뚝의 최적설계에 더욱 진전할 수 있기를 기대한다.

4.2.10 매입말뚝 시공 중 PHC파일 낙하

1) 개요

현장타설말뚝에 비해 매입말뚝은 공기나 금액, 시공품질관리 등에서 유리한 점이 있어 주택이나 플랜트 현장에서 자주 이용되고 있다. 최근에는 초고강도PHC파일(f_{ck}=110MPa)이 보편적으로 이용됨에 따라 말뚝의 설계하중이 커지면서 지지층이 깊어지고 말뚝도 길어지는 사례가 자주 발생하여 말뚝의 설치조건도 열악해지고 있다.

설계 말뚝의 길이가 길어지면 천공 깊이가 깊어지고, 다수 말뚝을 이음하여 인양, 이동, 근입해야 하기 때문에 항타기는 물론 서비스크레인, 주입플랜트, 경타해머 등 사용 장비의 용량도 커지게 된다. 특히 매입말뚝공법에서 말뚝의 길이가 길어질 경우 PHC파일을 이음하여 일시에 인양, 이동, 근입하기 때문에 작업의 안전성에 영향을 주는 이음방식이나 매기방식의 선택, 그리고 말뚝 본체를 구성하는 개별 자재의 품질이 중요하다. 만약 이러한 것에 문제가 생겨서 인양 혹은 이동 중에 말뚝이 낙하되거나 탈락되면 주변의 장비는 물론 작업하는 건설인의 안전에 치명적일 수가 있다. 따라서 이러한 사고를 예방하기 위해서는 말뚝의 이음과 매기 방식, 품질사항 등에 대한 기술적인 내용을 이해하는 것이 필요하다. 본 절에서는 매입말뚝의 적용 중 말뚝이 낙하한 사례에 대한 원인과 대책을 소개하였다.

본 건의 상부 구조물은 공장이고, 하부 기초는 초고강도PHC600말뚝으로 계획되었다. 말뚝의 길이는 43m(13 + 15 + 15m)이고, 말뚝의 축방향 설계하중은 본당 270ton으로, 견고한 풍화암층에 지지되도록 계획되었다. 지반은 지표로부터 9m 정도의 매립층, 이하 3m 정도의 퇴적층, 그리고 두꺼운 풍화토로 구성되고, 그 하부에 풍화암과 연암의 기반암으로 이루어졌다. 기반암은 편마암이고 지하수위는 지표 아래 12m 정도에서 나타난다.

말뚝시공법은 SDA공법으로 항타기는 DH938K(리더높이 52m)이고, 서비스크레인은 SCX 188A(180ton급) 크롤러크레인이다. 말뚝 길이는 43m 정도이어 2회 이음을 실시하였다. 여기서 이음은 무용접 조립식 이음 방법 중의 하나인 TK-Joint 방식(3.1.9절 참조)을 사용하였다.

본 건의 문제는 이음이 완료된 전체 말뚝(43m)을 인양하여 천공 구멍에 넣는 과정에서 하부말뚝(15m)의 이음부가 절단되어 탈락하면서 발생하였다. 탈락된 하부말뚝은 땅바닥에 떨어지면서 중앙부가 절단되고 두부는 파괴되었다(그림 4.69 참조). 따라서 이에 대한 원인을 분석하고 대책을 검토하였다.

그림 4.69 낙하된 PHC파일과 파손 상태

2) 원인 분석 및 대책

본 건의 경우 말뚝은 PHC600에 길이가 43m이므로 표 3.6에 제시된 것처럼 전용러그, 무용접 조립식 이음 방식, 전용 크레인을 채택하고 규격에 맞는 와이어를 사용하여 인양 작업을 하였다. 그럼에도 불구하고 말뚝을 인양하여 케이싱 안에 넣는 과정에서 하부 말뚝의 이음부가 파단되면서 하부 말뚝이 탈락하였다. 보통 이러한 사고는 작업 중에서 순간적으로 일어나기 때문에 원인을 파악하기가 쉽지 않다. 본 건에서는 인근 CCTV 자료가 있어서 사고 당시 상황을 분석할 수 있었다. 그림 4.70은 CCTV 자료를 사고 상황 순서대로 전개해 본 것이다.

그림 4.70(1)에서 보면 항타기가 천공 후 2차 그라우팅하면서 스크류오거를 인양하고 있고, 이음 말뚝(43m)은 크레인에 매달려 항타기 옆에서 대기상태이다. (2)에서 말뚝은 돌출된 케이

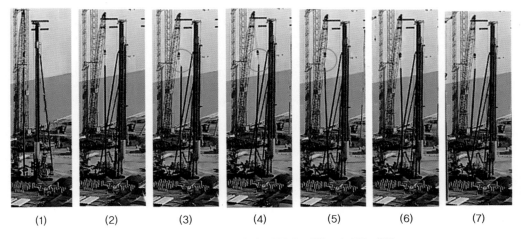

| (1) | (2) | (3) | (4) | (5) | (6) | (7) |

그림 4.70 PHC파일 낙하 상황에 대한 시간별 재현

싱 상단(지상에서 2m 정도)의 직상부에 있는(또는 올려진) 상태이다. (3)에서 말뚝 두부의 줄걸이 와이어가 늘어진 것을 볼 수 있는데, 이는 크레인 기사가 말뚝이 케이싱 내부로 들어갔다고 판단하여 줄걸이를 푼 것으로 추정된다. 정상적으로 말뚝이 케이싱 내부로 들어갔다면 줄걸이 와이어는 인장상태를 보였어야 한다. (4)에서 줄걸이의 와이어가 팽팽한데, 이는 말뚝 선단부가 케이싱 상부에 놓여 있는 상태에서 말뚝 두부가 배면으로 기울어진 것이다. (5)붐의 반동으로 말뚝이 좌측으로 이동한 후, 우측으로 복귀되면서 케이싱 상단에서 지상으로 떨어졌다. (6)말뚝은 (떨어져 우측으로 기울어지면서 말뚝 선단부가 기시공된 말뚝과 충돌하고) 다시 반동으로 선단이 좌측으로 움직이다가 하부의 케이싱에 충돌했다. (7)충돌 시 발생한 충격으로 하부 말뚝의 이음부가 파단되어 하부 말뚝이 낙하하고 있다. 이러한 CCTV 자료 분석으로부터 말뚝 낙하의 원인은 크레인기사의 휴먼에러(human error: 말뚝이 케이싱에 삽입된 것으로 오판)에 의한 줄걸이 하강에 기인한 것으로 판단된다.

또 다른 말뚝의 낙하 원인은 말뚝 본체의 품질 문제, 이음부(TK-Joint)의 품질 문제를 상정할 수 있다. 이를 살펴보기 위해 우선 낙하된 말뚝 및 상부 매달린 말뚝의 외관과 부속 자재 등을 조사하였다(그림 4.71 참조). 말뚝 본체 그리고 연결부를 조사한 결과, 본체와 이음 방식에는 문제가 없다고 평가하였으나, 그림 4.71(b)에서와 같이 하부 말뚝 상단에서 상당수의 너트가 빠져 나온 특이점이 관찰되었다. 이를 정량적으로 확인하기 위해 PC 강선의 인장시험과 이음부의 휨시험(그림 4.72 참조)을 수행하였다. PC 강선의 인장시험 그리고 동일한 이음 방식에 대해 휨시험을 실시한 결과 기준치를 만족하는 것으로 나타났다. 그러나 이러한 결과는 현장에서 사용된 말뚝에서 추출된 공시체가 아니므로, 최종 판정은 강선의 파단 형태 등 현장 파손 말뚝의 확인 조사 결과를 반영하여 이루어졌다. 결과적으로 말뚝 본체와 이음부의 품질 문제는 없는 것으로 최종 판정하였다.

이음부의 품질 중 가장 중요한 부분은 강선의 헤드(head)인데, 헤드는 강선에 열과 압력을 가해 조성되므로 제작 시 이의 품질관리가 매우 중요하다. 일반적으로 제작공장의 인장시험 시 시편의 2% 정도는 헤드의 품질에 문제가 있으며, 특히 노후 장비에서 주로 발생한다. 따라서 제작 라인마다 작업 초기에 생산된 강선에 대해 인장시험을 하여 품질을 점검해야 하며, 현장에서는 이 과정의 시행 여부를 확인하는 것이 바람직하다. 이러한 절차가 제대로 이루어지지 않으면 공장에서는 PHC파일 제작과정(PC 강선에 인장 도입 시)에서 제품의 하자로 이어지고, 현장에서는 PHC파일을 다루면서 안전 문제로 연결될 우려가 있다.

(a) 하부 말뚝 상단

(b) 중앙 말뚝 하단

(c) 중앙/상부 말뚝 이음부

그림 4.71 PHC파일 본체와 연결부

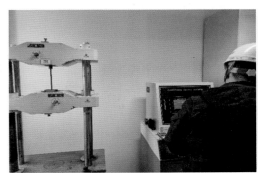
(a) 강선 및 너트의 인장시험

(b) PHC파일 연결부의 휨시험

그림 4.72 PHC파일 강선 인장시험 및 이음부 휨시험

　결국 PHC파일의 낙하 원인은 휴먼에러와 강선의 파단으로 요약된다. 여기서 강선의 파단은 충돌 시 부과된 휨모멘트로 인해 생긴 인장응력이 강선의 인장강도를 초과하면서 일어난 것으로 PHC파일 자체의 품질 문제는 아니었다. 특히 그림 4.71에서와 같이 강선의 파단은 보강판(용접판)이 없는 하부 말뚝의 상단(a)에서 대부분 일어났다. 중앙 말뚝의 하단(b)에서 파단 현상이 없는 이유는 강판 슈(shoe)가 일정 강선에 응력이 집중되지 않도록 일부 역할을 한 것에 기인했다고 평가된다. 따라서 TK-Joint를 사용할 시 하부 말뚝의 상단에도 보강판이 있는 이음말뚝을 사용하면 충격 시 응력 분배의 부가적인 효과를 기대할 수 있을 것이다. 결국 TK-Joint를 사용하더라도 보강판은 도움이 된다고 할 수 있으며, 해석결과에서도 보강판이 작용응력을 반으로 줄이는 효과가 있는 것으로 분석되었다.

　그렇다면 크레인 기사의 휴먼에러 원인은 무엇일까? 크레인 기사는 10m 정도 떨어진 운전석에서 작은 여유 공간(말뚝 외부 직경과 케이싱 내부 직경의 여유 공간은 약 16mm 정도)을 갖는 케이싱에 말뚝을 삽입하는 고기능을 발휘해야 한다. 또한 말뚝을 인양, 이동, 삽입하는 작업은 반복되는 피로작업이고, 한시도 눈을 뗄 수 없는 집중작업인데, 이러한 것에 실수가 생기면 사고로 이어지는 위험작업으로 분류할 수 있다. 그럼에도 불구하고 이러한 작업과 관련된 휴먼에러에 대한 방비가 없었다고 본다.

휴먼에러에 의한 안전사고를 막는 대책은 여러 가지가 있지만, 본건에서는 안전사고를 줄이기 위해 보조도구(fool proof)를 사용하거나 또는 위험상황이 생겨도 문제 발생의 가능성이 줄어 들도록 안전성을 높였다.

먼저 보조 도구를 사용하는 방법으로는 말뚝을 삽입하는 공간을 키울 수 있도록 깔때기를 고안하였다(그림 4.73 참조). 깔때기는 케이싱 상부에 거치하여 사용하되, 설치와 해체는 백호를 이용하고, 2개소 이상의 이음이 있는 말뚝에 대해서만 적용하였다.

다음으로 보조도구를 사용하더라도 예상되지 않는 실수로 인해 말뚝이 보조도구로부터 떨어지거나 혹은 이동 중 충격을 받을 경우 유사 사고에 대한 우려가 제기되었다. 이를 위해서 2개소 이상의 이음이 들어가는 말뚝에 대해서는 상하단부 모두 보강판을 사용하기로 하였다. 기설명한 방안 이외에도 말뚝의 인양, 이동, 근입 작업 중 작업절차 및 작업 동선 조정 그리고 PHC파일의 품질확인을 강화하였다. 이 작업들 중 안전 리스크와 관련된 PHC파일의 중요 품질확인사항은 PC강선의 헤드 작업으로 열과 압력에 대한 관리이다. 따라서 헤드 작업 라인마다 주기적인 관리가 필요하여 품질확인사항에 이를 추가하였다.

그림 4.73 말뚝 삽입 보조도구(깔때기) 및 사용 장면

3) 교훈

PHC파일을 다루는 작업에서 가장 위험한 시공 절차는 PHC파일을 인양하고 이동하여 근입하는 작업이라 할 수 있다. 특히 장대구경 말뚝에서 이들 작업 중 낙하에 대한 리스크는 더욱 커지게 된다. PHC파일을 이용하는 한 이러한 리스크를 완전히 제거하기는 쉽지가 않다. 말뚝 낙하가 쉽게 일어나는 일은 아니지만, 이를 막는 것은 기술인들의 생명보호와 관련된 일이므로 낮은 가능성에 대해서도 주의를 기울여야 한다. 그동안 말뚝 낙하사고가 많지 않았다는 이유로 PHC파일의 인양/이동/근입 작업 시 휴먼에러의 발생 가능성을 고려하지 않았고, 이로 인해 사고 가능성도 배제되었던 것 같다.

또한 최근에는 설계 및 지반조건에 따라 대구경 장대 말뚝이 채택되고 각종의 무용접 조립식 이음 방식이 사용됨으로써 말뚝의 낙하 원인에 PHC파일 이음부의 품질이 더욱 중요한 영향을 주게 된다. 특히 이음부의 품질이 보장되기 위해서 이음방식의 안정성은 물론 PHC파일의 강선 헤드의 인장강도 확보가 중요하다. PHC파일의 강선 헤드의 인장강도는 PHC파일 제작 시 강선 헤딩(heading)의 품질관리에서 담보되므로 이를 확인하는 것이 중요하다.

4.3 현장타설말뚝

4.3.1 슬라임과 지반교란이 지지력에 미치는 영향

1) 개요

본 건은 고층 건축물 축조 현장으로 기초는 현장타설말뚝 직경 1,500mm(주철근 HD32mm×20ea)로 계획되었다. 말뚝의 압축방향하중은 본당 2,000ton으로 설계되었다. 본 건은 시항타의 일환으로 수행되었으며, 시공법은 그림 4.74와 같이 수정RCD공법(풍화암 상부까지 케이싱 삽입, 이하 RCD공법으로 칭함)이 적용되었다. 슬라임 처리는 1차 RCD장비의 서징(surging)을 통해서, 2차 미케니컬 펌프(mechanical pump, MP)로 이루어졌다. 굴착 후 슬라임 측정은 Slime-meter(그림 3.49 참조)를 이용하였다.

| (a) 케이싱 설치 | (b) 천공 |

| (c) MP 슬라임 처리 | (d) 철근 삽입 | (e) con'c 타설 |

그림 4.74 RCD공법 시공 과정

지반조건은 그림 4.75에서와 같이 지표로부터 매립층(4.8m), 퇴적층(6.8m), 풍화토층(4.5m), 풍화암층(37.9m 이상)의 층서로 이루어졌으며 암종은 화강암이다. 말뚝의 선단부 위치는 지표하 54m이고, COL(cut off level)은 지표하 25m(공삭공 길이)이므로 말뚝 길이는 29m(=54-25, m)로 말뚝 전체가 풍화대에 근입되었다. 해당 위치는 말뚝 선단 부근에 기반암이 나타나지 않아 말뚝 선단은 풍화암에 지지되었으며, 전반적으로 풍화암의 N치는 50/4~50/1 정도이다. 건축 시공은 톱다운공법으로 계획되어, 말뚝은 지하층 굴착 전 시공이 되어야 하므로 54m 천공 길이 중 25m 길이의 공삭공이 필요한 상태이다.

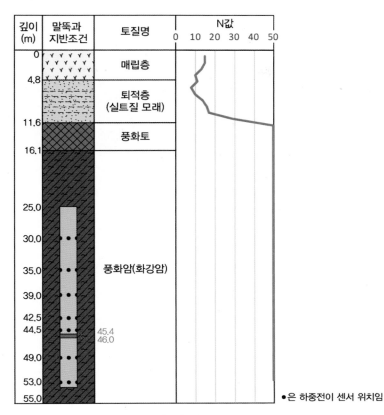

그림 4.75 지반 및 말뚝 조건

　본 사례에서는 현장타설말뚝 시공 시 발생한 슬라임으로 인해 지지력이 미달한 보고사례를 분석하여 슬라임이 지지력에 미치는 영향과 지지력 미달의 실제 원인을 살펴보았다. 슬라임 측정에는 Slime-meter가 이용되었다.

2) 원인 분석 및 대책

　시항타용 시공된 말뚝에 대해 양방향재하시험이 계획되었다. 그림 4.76에서와 같이 현장에 적용된 양방향재하시험은 최대 6,250ton까지 재하할 수 있는 양방향 재하셀(a)을 지표하 45.4m에 설치하였다. 또한 (b)와 같이 변위 측정용 텔테일(telltale), 그리고 (c)와 같이 지지특성 파악을 위한 하중전이 센서(vibrating wire type strain gage)를 철근망에 설치하였다. 하중전이 센서의 위치와 수량은 그림 4.75에 나타나 있다. 조립된 철근케이지를 설치하고 콘크리트를 타설한 후 2주 양생한 다음(강도 확인 후) 시험을 실시하였다.

| (a) 재하셀 | (b) 텔테일 | (c) 스트레인게이지 |

그림 4.76 양방향시험 재하셀 및 측정장치

그림 4.77은 천공 후 및 슬라임 처리(1차 서징, 2차 MP) 후 Slime-meter로 슬라임을 측정한 결과이다. 그림에서와 같이 전기비저항을 이용한 슬라임 측정 결과는 천공 후 500mm이었고, 슬라임 처리 후에는 200mm로 평가되어, 슬라임 처리로 인해 300mm의 감소 효과가 있었다.

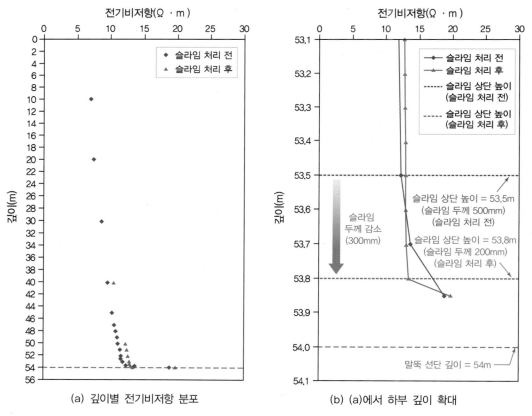

| (a) 깊이별 전기비저항 분포 | (b) (a)에서 하부 깊이 확대 |

그림 4.77 슬라임 측정 결과

전술한 바와 같이 철근케이지 및 재하셀을 설치하고 콘크리트를 타설한 후 2주의 양생기간을 거쳐 재하시험을 수행하였다. 그림 4.78은 1차 양방향재하시험 결과이다. 그림에서와 같이 양방향재하시험의 결과는 전체 3cycle 중 1cycle(8step)로 시험하중 19.6MN까지 나타낸 것이다. 그림처럼 주면부 상부셀의 변위는 54.07mm 발생(하부셀의 변위 16.32mm 발생)하였으며, 더 이상의 재하는 무의미하다고 판단되어 지지력 미달로 평가하고 시험을 중단하였다.

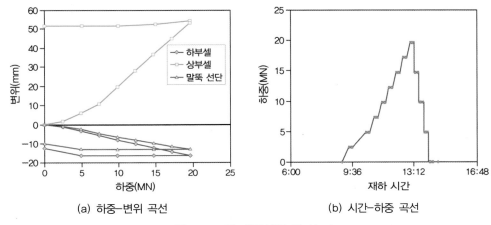

(a) 하중-변위 곡선　　　　　　　(b) 시간-하중 곡선

그림 4.78 1차 재하시험 결과(D1)

1차 시험말뚝이 미달로 판정된 후, 2차 시험말뚝을 기존 말뚝 부근(5m 이격)에 동일한 제원으로 시공하였다. 다만 1차 지지력 미달의 원인이 슬라임에 기인했다고 판단되어, 천공 생산성을 늘리고 슬라임을 줄이기 위해 1차 천공에서 사용했던 오실레이터 대신에 돗바늘공법(전회전식 올케이싱 방법)으로 대체하였다. 그림 4.79는 2차 시험말뚝 구멍을 천공하고 나서 슬라임 처리(1차 서징, 2차 MP) 후 Slime-meter로 슬라임을 측정한 결과(D2)를 1차 시험말뚝의 측정치(D1)와 비교한 것이다. 그림에서와 같이 2차 시험말뚝의 슬라임은 100mm로 평가되어, 1차에서보다 100mm 작게 측정되었다.

슬라임 처리 후 천공 구멍에 철근케이지를 삽입하고 콘크리트를 타설한 후 10일간의 양생기간을 거쳐 재하시험을 수행하였다. 그림 4.80은 2차 시험말뚝의 양방향재하시험 결과이다. 그림에서와 같이 시험말뚝의 양방향재하시험은 계획대로 3cycle을 시행했고, 최대시험하중 63.7MN(6,500 ton)까지 재하했다. 그 결과 최대하중 63.7MN에서 상향 변위는 13.31mm, 하향 변위는 9.59mm 발생하였다. 2차 시험말뚝의 하중 – 변위 곡선을 분석한 결과, 최대시험하중 63.7MN까지 항복하중이 발생하지 않았으며 설계하중(19.6MN)을 만족하였다.

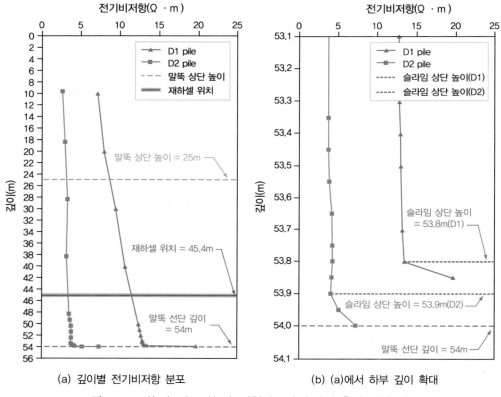

(a) 깊이별 전기비저항 분포

(b) (a)에서 하부 깊이 확대

그림 4.79 1차(D1) 및 2차(D2) 시험말뚝의 슬라임 측정 결과 비교

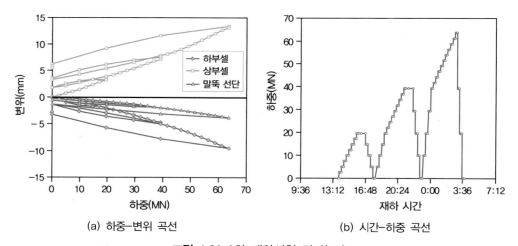

(a) 하중-변위 곡선

(b) 시간-하중 곡선

그림 4.80 2차 재하시험 결과(D2)

그림 4.81(a)는 1, 2차 양방향재하시험 결과 중 상향으로 발생한 하중 − 변위 곡선을 나타낸 것이다. 그림을 보면 1차 시험말뚝(D1)은 시험하중 19.6MN에서 54.07mm의 상향변위가 발생 하여 극한파괴 양상을 보여주고 있고, 마찰력도 작게 나타나고 있다. 한편 2차 시험말뚝(D2)은 시험하중 63.7MN에서 13.31mm의 상향변위가 발생하여 안정적인 거동을 보여주고 있고, 마찰 력도 크게 나타났다.

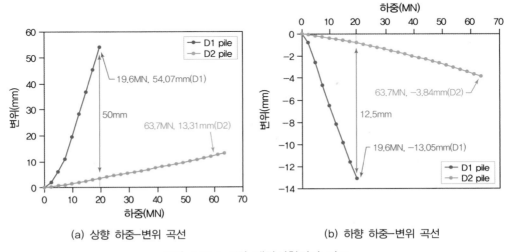

(a) 상향 하중−변위 곡선   (b) 하향 하중−변위 곡선

그림 4.81 1, 2차 재하시험결과 비교

한편 그림 4.81(b)는 두 개의 양방향재하시험 결과 중 하향으로 발생한 하중 − 변위 곡선을 도 시한 그래프이다. 그림을 보면 1차 시험말뚝(D1)은 최대시험하중(19.6MN)에서 13.05mm의 변위가 발생하였고, 2차 시험말뚝(D2)은 최대시험하중(63.7MN)에서 3.84mm의 변위가 발생 하여 차이가 있는데, 이는 슬라임의 두께 차이(100mm), 부유 슬라임의 차이 그리고 표 4.22에 서와 같이 굴착면의 노출시간이 영향을 미쳤을 것으로 판단된다.

동일한 지반과 재료 조건으로 시공된 말뚝들의 지지거동이 서로 다르다면, 이의 원인을 찾기 위해서는 두 시공(장비 포함)의 차이를 살펴 볼 필요가 있다. 먼저 슬라임의 차이를 살펴보기 위 해 Slime-meter로 측정한 전기비저항의 경향을 비교해 보았다(그림 4.79 참조). 1차 시험말뚝 의 재하시험장치 상부의 전기비저항 측정값은 7.5∼12 (Ω·m) 정도로, 2차 시험말뚝의 측정값 인 2.7∼3.5(Ω·m)보다 약 3배 정도 크게 나타났다. 전기비저항의 측정값은 매질의 농도가 높을 수록 커지므로, 1차 시험말뚝의 공내수의 부유 슬라임은 2차 시험보다 매우 크다고 할 수 있다.

일반적으로 부유 슬라임의 농도가 크면 타설 콘크리트의 치환성이 떨어지고 마찰력의 저하가 초래된다. 말뚝재료의 문제가 없었으므로 콘크리트의 치환성에는 문제가 없다고 볼 수 있다. 또한 벤토나이트 슬러리의 경우 공벽에 붙은 머드 케이크에 의해 마찰력이 현저히 줄어드는 현상이 있으나, 본 건의 경우 천공 수가 청수이고, 슬라임의 종류(화강토) 및 부유 시간 등을 고려할 때 부유 슬라임(진흙막)에 의한 마찰력의 감소영향은 상대적으로 크지 않다고 평가된다.

표 4.22는 2개 시험말뚝의 시공 과정을 살펴 본 결과이다. 표에서와 같이 두 시험말뚝에서 유력한 차이점은 굴착 및 대기 시간 그리고 케이싱의 길이임을 알 수 있다. 즉, 1차 시험말뚝은 2차 시험말뚝보다도 천공시간이 길고, 타설까지의 대기시간이 길었으며, 또한 케이싱의 선단부가 말뚝 두부 위치보다 12m나 높게 설치되어 천공 벽이 물에 더 오랫동안 넓게 접촉된 것을 알 수 있다. 이러한 상황은 공벽을 연약화시킬 가능성이 있으며, 이것이 마찰력 감소의 주요 원인이라고 판단된다. 특히 화강풍화토는 물에 매우 취약한 특성이 있으므로 지지력 감소를 촉진시켰을 것이다. 물론 부유 슬라임에 의한 마찰력 감소도 영향을 미쳤을 것이다.

표 4.22 시공과정 비교표

비교 항목	1차 시험말뚝(D1)	2차 시험말뚝(D2)	비고
시공법	오실레이터+RCD	돗바늘+RCD	케이싱 삽입 차이
슬라임 처리	RCD서징+MP	RCD서징+MP	동일
말뚝 길이(천공 54m)	29m	29m	동일
굴착 시간	3.7일	1일	차이
con'c 타설 대기 시간	1.5일	1일	차이
con'c 타설 시간	2시간	2시간	동일
케이싱 선단 아래	31m	19m	차이
하부 슬라임 두께	200mm	100mm	차이
슬라임 비저항	7.5~12($\Omega \cdot m$)	2.7~3.5($\Omega \cdot m$)	차이

전술한 바와 같이 두 말뚝의 지지거동의 차이에는 굴착 방법, 슬라임 존재, 토질 종류 등이 영향을 주었다. 세부적으로 보면 마찰력 감소의 직접 요인은 천공수 의한 지반의 교란 범위와 천공 벽면의 장시간 수중 노출이다. 더욱이 해당 토질이 물에 쉽게 연약화되는 화강풍화토로 구성된 것에 기인한다. 한편 선단지지력 감소의 요인은 슬라임 두께에 기인한다. 따라서 본시공은 2차

시공방식처럼 추가 장비(돗바늘 공법)를 도입하지 않고, 1차 시공방식대로 하되 케이싱을 최대한 내리고 연속시공을 실시하는 방식으로 시행하였다.

본 사례에서 한 가지 흥미로운 것은 2차 시공의 경우 일반적인 예상과 달리 슬라임의 두께가 100mm임에도 선단지지력에는 문제가 없었다는 것이다. 하지만 이를 하나의 기준치로 적용하기에는 자료가 충분하지 않다. 향후 이와 같은 데이터가 모아지면 합리적인 잔류 슬라임 허용치도 규정할 수 있을 것이다.

3) 교훈

그동안 말뚝 지지력에 대한 슬라임의 영향 평가는 재하시험 결과로부터 슬라임의 문제를 인지한 후 시공자료를 분석하여 추정하는 정성적인 방식으로 시행되었다. 시험 결과가 불량할 경우 시공자료(슬라임 처리 횟수 또는 시간, 다림추 이용 시점 및 횟수, 이수 침전율 등)를 확인하여 원인을 분석한 후 슬라임 처리 방법을 개선하거나 슬라임관리 방식을 변경하는 방향으로 문제를 해결하였다.

하지만 근래에 그림 3.48과 같은 슬라임의 정량적 측정이 가능한 장비들이 개발되어 이를 바탕으로 한 지지력의 평가가 가능해졌다. 특히 최근에 국내에서 Slime-meter와 같은 실용적인 장비가 개발되어 이러한 접근이 용이해졌다.

슬라임의 두께는 최소화하는 것이 바람직하지만 실질적인 값으로 제한하는 것이 합리적이다. 이를 위해 일부 기준에서 슬라임 두께 허용치를 명시하고 있지만, 제시된 기준치의 차이가 크고, 또한 많은 경우 슬라임의 허용치를 정성적으로 표현하고 있다. 아울러 슬라임 두께도 정성적으로 측정되고 있는 것이 현실이다. 향후 Slime-meter와 같은 장치로 많은 자료가 분석되어 정량적인 기준치의 제시가 필요하다. 그리고 Slime-meter 등을 활용한 슬라임 두께를 정량적으로 측정함으로써 보다 공학적이고 합리적인 품질평가가 이루어지길 기대한다.

일반적으로 벤토나이트의 머드 케이크에 따른 마찰력 감소는 많이 보고되고 있지만, 본 사례에서와 같이 나공 상태의 대기시간(천공수와 접하는 시간) 지연에 따른 공벽면의 연약화도 마찰력에 영향을 줄 수 있음을 이해해야 한다. 특히 화강풍화토는 나공의 수중 대기시간 지연에 따른 지반 연약화 현상에 예민한 것도 알아두어야 한다. 따라서 이러한 지반조건에서는 시공 시 천공시간 및 타설까지의 대기시간 및 접촉면적을 줄이도록 하고, 가능하면 천공 및 타설까지 연속작업이 되도록 시공해야 한다.

4.3.2 석회암공동에서 말뚝기초의 지지력 미달

1) 개요

본 건은 말뚝 시공이 거의 완료된 상황에서 품질확인 재하시험을 실시한 결과, 지지력이 미달되는 상황이 발생하여 이의 원인 분석 과정 중에 추가로 찾아낸 리스크를 정리하고 해소한 사례이다.

현장의 지반조건은 그림 4.82에서와 같이 상부지반은 실트질 모래, 모래질 실트 등으로 구성된 토사층과 하부에 기반암으로 이루어졌다. 토사층은 두께가 14~56m 이상으로 분포되는데, 상부 10m 정도는 N값이 10 이하로 느슨한 편이며, 이하는 N값이 50 이상인 조밀한 층이 나타나고 중간에 견고한 점토층이 끼어 있기도 하다. 기반암은 석회암이고 암반의 출현심도가 매우 불

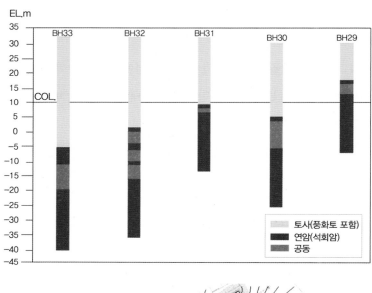

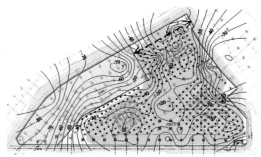

그림 4.82 일개 단면의 지반 주상도 및 기반암의 출현 심도

규칙하고 고저차가 심하게 나타나는데, 인접 빌딩 위치에서는 지반조사 깊이 100m까지도 암반이 나타나지 않았다. 기반암 내에는 공동(cavity)이 불규칙하게 존재하며, 암의 강도 역시 불규칙하게 나타난다. 지하수위는 지표하 3m 정도이다.

상부 구조물은 고층 빌딩이고 하중도 커서, 기초는 현장타설말뚝으로 선정되었다. 현장조건 및 현지 여건을 고려하여 말뚝시공법으로 어쓰드릴공법이 선정되었다. 해당 빌딩의 일부 위치에서는 기반암이 일찍 출현하여 말뚝이 생략되었으며, 최종적으로 말뚝은 총 75본(D2200 23본, D1500 52본)으로 결정됐다. 말뚝은 암반에 근입(socketing)되는 조건이어서 말뚝 길이는 암반의 레벨에 따라 변한다. 골조 시공법이 톱다운공법인 관계로 말뚝은 지상에서 설치되었고, 말뚝 두부는 지표하 20m 정도에 계획되었다. 말뚝의 연직하중은 D2200의 경우 본당 3,320ton, D1500의 경우 본당 1,540ton이다.

현장의 지지층 조건에는 기반암선의 급격한 변화, 공동의 존재 등이 포함되어 있어, 초기 시행단계부터 특별한 계획이 마련되었다. 예로 지반조사는 말뚝 2개당 하나에 대해 실시하도록 했고, 공동이 발견되면 지반조사 직후 그라우팅을 실시하도록 하였다. 또한 시험시공(test pile)을 통해 말뚝 지지력의 설계정수를 결정하고, 말뚝 깊이는 암반등급 II 이상인 양호한 암반(UCS 20MPa 이상)에 1D 근입되도록 계획되었다. 표 4.23은 시험말뚝으로부터 결정된 설계정수를 보여주고 있다.

표 4.23 시험말뚝으로부터 결정된 말뚝 설계정수

구분	분류기준값	설계변수	설계정수(kPa)	비고
토사	N값	허용주면마찰력	0.95N	F_s=2.0
		허용선단지지력	0	무시
암반	RQD(NIL)	허용주면마찰력	95	F_s=2.0(주면) 3.0(선단)
		허용선단지지력	600	
	RQD(0~10)	허용주면마찰력	450	
		허용선단지지력	2000	
	RQD(10~20)	허용주면마찰력	600	
		허용선단지지력	3000	
	RQD>20	허용주면마찰력	1000	
		허용선단지지력	5000	

2) 원인 분석 및 대책

그림 4.83은 품질확인용 재하시험(양방향재하시험과 동재하시험) 결과를 보여주고 있다. 해당 시험은 말뚝의 시공이 거의 완료된 상태에서 실시되었다. 동재하시험은 말뚝의 두부가 지표하 20m에 위치한 관계로 두부를 지상까지 연장하여 수행되었다.

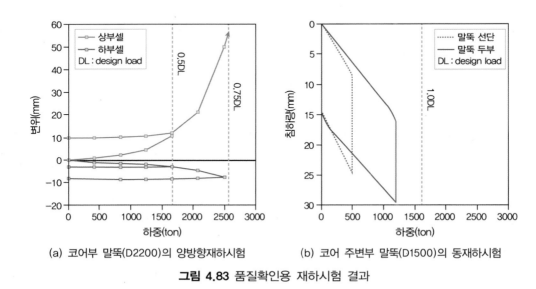

(a) 코어부 말뚝(D2200)의 양방향재하시험   (b) 코어 주변부 말뚝(D1500)의 동재하시험

그림 4.83 품질확인용 재하시험 결과

그림 4.83(a)에서 보면 양방향재하시험(D2200)의 하부 선단지지 거동은 비교적 양호하나 상부 마찰력은 파괴된 것을 볼 수 있다. 그러나 전체 지지력은 마찰 부분 파괴에 의해 시험이 중단된 것이므로 지지력이 미달되었다고는 판정할 수는 없다. 다만, 시험계획과는 달리 마찰력이 파괴되었다는 것은 설계에서 계획한 소켓 길이 또는 소켓 부분의 암질에 문제가 있었음을 시사하는 것이다. 한편 동재하시험(D1500) 결과는 말뚝지지력이 미달되고 주면 및 선단 거동 자체가 불량하여 시공 계획 또는 관리에 문제가 있다고 평가된다. 결국 품질확인시험 결과가 불합격되었고, 전술한 바와 같이 현장의 지반조건이 일반적이지 않은 것을 감안하여 전체 시공에 대한 재평가가 요구되었다.

시공된 말뚝들은 지표하 20m 이하에 설치되었기 때문에 이들에 대해 직접 시험을 실시하여 평가하는 것이 불가하였다. 따라서 우선 빌딩 하부 기초의 말뚝 전체에 대해 시공현황조사가 수행되었다. 또한 추가 지반조사가 실시되었으며, 이를 바탕으로 지지력을 재평가하고 보강 여부를 결정하는 것으로 계획되었다.

전체 말뚝의 시공현황 조사 결과, 일부 말뚝은 설계와 다르게 시공된 것을 알 수 있었다. 그림 4.84에서와 같이 시공된 말뚝은 설계내용과 비교해서 크게 2가지 점에서 차이가 나타나고 있었다. 첫째, 그림 4.84(a)와 같이, 말뚝의 암반 근입길이는 당초 설계내용(선단을 II등급 암반에 1D 근입)과 달리 암반등급을 무시하고, 암반깊이만을 기준하여 결정되었다. 둘째, 그림 4.84(b)와 같이, 기반암 내 공동이 있는 부분의 말뚝은 당초 설계내용과 달리 소구경(D1000)의 무근 콘크리트를 타설하여 T형(주사기형)으로 조성되었다.

첫째 내용은 시험시공을 바탕으로 결정한 설계정수를 지키지 않았기 때문에 말뚝거동에 있어 리스크로 작용할 수 있을 것이다. 둘째 내용은 일견 최적화 내용으로 볼 수도 있으나, 당초 설계를 지키지 않았고, 선단부의 암반 근입길이는 첫째 상황과 같은 리스크가 있다. 또한 이러한 형태의 말뚝은 공동 내에서 말뚝 형상이나 건전도 그리고 지지 거동이 명확하지 않을 수 있으며, 더욱이 이를 평가해 보려 해도 시공 중 상세 기록이 없었다. 따라서 여건이 가능한 기시공 말뚝의 인접부에서 추가 지반조사를 실시하고, 이를 바탕으로 말뚝의 지지력을 재평가하고 보강 여부를 결정하는 방식으로 진행하였다.

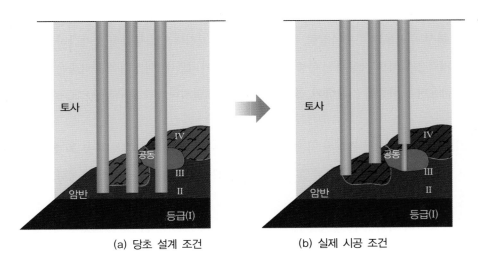

(a) 당초 설계 조건　　　　　　(b) 실제 시공 조건

그림 4.84 설계 조건과 실제 시공된 말뚝의 비교

그림 4.85는 추가 지반조사를 실시하여 도시한 기초 하부의 측정 단면을 보여주고 있다. 전체적으로 보면, 조사 결과는 설계에서 예측한 암반의 변화 그리고 공동의 위치나 크기보다 심각한 상태로 나타났다.

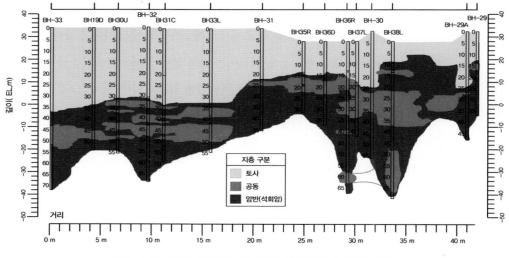

그림 4.85 추가 지반조사에 의한 기초하부의 단면 추정

그림 4.86은 대상 말뚝의 인접 지반조사를 바탕으로 실시한 지지력 평가 결과를 나타낸 것이다. 말뚝은 당초 설계(D2200인 기둥형)와 달리, 주사기형(상부는 D2200, 공동 속의 하부는 D1000)으로 설치되었기 때문에 그림 4.86에서와 같이 지지력은 상부 주면마찰력, 접합부 선단지지력, 하부 무근부의 주면마찰력, 무근하부의 선단지지력으로 구분하여 계산하였다. 계산된 최종 지지력은 말뚝에 작용하는 하중과 비교된 후 평가되었다. 여기서 작용하중은 말뚝 각각에 실제로 작용하는 하중을 기준하되, 톱다운공법에서의 일시하중과 영구하중으로 구분하여 비교하였다.

상기와 같은 방식으로 결정된 지지력이 작용하중에 비해 부족한 말뚝은 총 26개로 조사되었다. 이 중 지지력이 크게 부족하여 일정치 이하로 되는 말뚝 19개는 존재를 무시하고 추가 보강 말뚝을 시공하는 것으로 결정하였다.

시공된 말뚝의 지지력(19개 말뚝 제외)을 바탕으로 보강말뚝의 개수와 위치를 결정하기 위해 구조해석을 실시하였다. 기초가 암반지지부(암반선이 높아 말뚝을 생략한 부분)와 말뚝지지부로 이루어져 있기 때문에 기초의 설계개념은 말뚝지지 전면기초(piled raft)로 가정하였다. 기초해석은 말뚝지지부와 암반지지부의 구분, 기존 말뚝과 보강말뚝의 구분, 또한 Top-down 공법에 따른 상부 기둥의 하중 전이 상태 등을 모두 고려해야 했으므로, 지반과 구조 전문가의 상호협의(입력자료, 말뚝크기, 위치, 최적화, 시공성 등)하에 진행되었다.

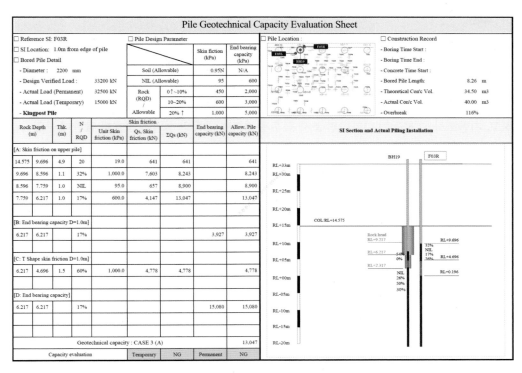

Pile Geotechnical Capacity Evaluation Sheet

☐ Reference SI: F03R ☐ Pile Design Parameter ☐ Pile Location : ☐ Construction Record

☐ SI Location: 1.0m from edge of pile
☐ Bored Pile Detail
 - Diameter : 2200 mm
 - Design Verified Load : 33200 kN
 - Actual Load (Permanent) 32500 kN
 - Actual Load (Temporary) 15000 kN
 - **Kingpost Pile**

Pile Design Parameter:

		Skin fiction (kPa)	End bearing capacity (kPa)
Soil (Allowable)		0.95N	N/A
NIL (Allowable)		95	600
Rock (RQD) / Allowable	0↑~10%	450	2,000
	10~20%	600	3,000
	20%↑	1,000	5,000

Construction Record:
 - Boring Time Start :
 - Boring Time End :
 - Concrete Time Start :
 - Bored Pile Length : 8.26 m
 - Theoretical Con'c Vol. 34.50 m3
 - Actual Con'c Vol. 40.00 m3
 - Overbreak 116%

Rock Depth (m)	Thk. (m)	N/RQD	Unit Skin friction (kPa)	Qs, Skin friction (kN)	ΣQs (kN)	End bearing capacity (kN)	Allow. Pile capacity (kN)
[A: Skin friction on upper pile]							
14.575	9.696	4.9 20	19.0	641	641		641
9.696	8.596	1.1 32%	1,000.0	7,603	8,243		8,243
8.596	7.759	1.0 NIL	95.0	657	8,900		8,900
7.759	6.217	1.0 17%	600.0	4,147	13,047		13,047
[B: End bearing capacity D=1.0m]							
6.217	6.217	17%				3,927	3,927
[C: T Shape skin friction D=1.0m]							
6.217	4.696	1.5 60%	1,000.0	4,778	4,778		4,778
[D: End bearing capacity]							
6.217	6.217	17%				15,080	15,080
Geotechnical capacity : CASE 3 (A)							13,047
Capacity evaluation		Temporary	NG		Permanent	NG	

SI Section and Actual Piling Installation

그림 4.86 추가 지반조사에 의한 지지력 재평가 시트 일례

앞에서 설명한 바와 같이 지반과 구조 전문가가 상호 반복 보완 작업 끝에 그림 4.87과 같은 보강말뚝 계획을 수립하였다. 구조해석을 통해 최종적으로 결정된 보강말뚝은 총 30개이다.

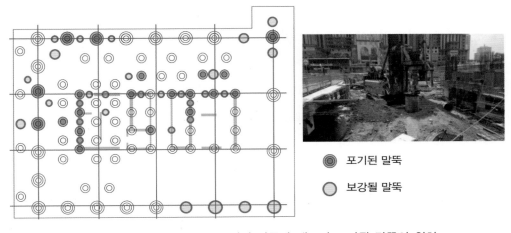

◎ 포기된 말뚝
○ 보강될 말뚝

그림 4.87 시공된 말뚝 중 포기된 말뚝과 새로이 보강될 말뚝의 위치

3) 교훈

본 건은 특수한 지반조건을 대상으로 한 사례이지만 설계와 시공에 있어 중요한 교훈을 주고 있다. 기본적으로 기초공은 현지 실무(local practice)와 경험자의 확인이 가장 중요한데 이러한 것이 간과되었다. 공동이 있는 위치에서 기초공 수행 시 현지 실무적용은 '말뚝마다 지반조사를 하고, 지반조사 중 공동이 나타나면 조사 직후 충전하며 말뚝의 선단은 양호한 암반에 근입하는 것'이었다. 그러나 이와 같은 현지 실무적용이 과소평가되고 부실하게 반영되었으며, 또한 설계 가 변경될 경우 경험있는 제3자의 검토가 필수적이나 그렇지 못했다. 특히 시공이 완료된 후에 야 품질확인시험을 수행함으로써 기시공된 전체 말뚝에 대해 재평가를 하게 된 것은 아쉬운 부 분이다. 이러한 상황은 현장에서 자주 일어나는데 품질확인시험의 선수행분은 시공 초기(20% 이내)에 이루어져야 소정의 목적을 달성하고 문제 시 대처도 용이하다는 것을 강조하고 싶다.

4.3.3 콘크리트 타설 시 철근 침하

1) 개요

본 사례는 현장타설 PRD공법의 콘크리트 타설 중 철근케이지가 침하하여 이의 원인을 분석 하고 조치하여 시공을 마무리한 내용이다.

지반조건은 그림 4.88에서와 같이 상부의 모래 매립층과 하부의 연약 점토 퇴적층으로 된 토 사층과 그 아래 기반암층으로 이루어져 있다. 기반암은 화강암으로 되어 있으며 전체적으로 풍 화대는 매우 얇아 토사층 직하부에 바로 양호한 암이 출현한다. 암반의 RQD(rock quality designation)값은 넓게 분포하지만 일부를 제외하면 40 이상으로 양호하고, 암석의 일축압축강 도도 양호하게 나타나 일부를 제외하면 50MPa 이상이다. 토사층의 두께는 기초 구조물 하부에 서 최소 6m에서 최대 22m 정도로 심하게 변하고 있어 부분적으로 기반암선의 경사가 20°가 넘 는 경우도 있다. 해당 위치는 해안가이고, 지하수위는 지표 아래 1.5m로 높은 편이다.

상부 구조물은 탱크로 기초하중이 비교적 크다. 또한 기반암선의 경사가 심하고 지지층 기반암 의 강도가 크며, 공기도 제한되어 기초시공법은 현장타설말뚝공법 중 PRD공법으로 선정되었다.

말뚝은 구조물의 형상에 맞추어 기초 하부에 총 226본을 원형으로 배치하였으며, 직경은 1.2m이고, 연직 및 수평 방향의 본당 설계하중은 각각 1,052ton 및 62ton이다. 말뚝 선단은 하 부 기반암에 2D 근입되도록 계획되었으므로 말뚝 길이는 기반암 레벨에 따라 달라져서 8∼ 24m로 분포한다.

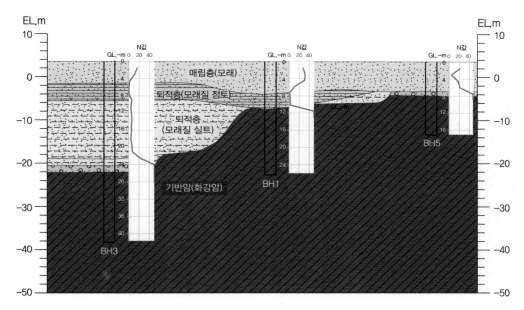

그림 4.88 대표적인 지반주상도 단면

2) 원인 분석 및 대책

현지의 일반적인 기초 시공법은 어쓰드릴공법이다. 그러나 전술한 현장 여건과 지반조건을 고려하여 기초시공법으로 천공 능력이 뛰어난 PRD공법이 채택되었다.

그림 4.89는 시공 초기 어쓰드릴 장비로 시험 천공해 본 장면으로, 좌측은 코어바렐에서 꺼낸 기반암 상태, 우측은 코덴(Koden) 결과를 보여주고 있다. 그림에서와 같이 암반은 강하고 괴상의 상태인 것을 알 수 있고, 기반암선의 경사가 심하여 천공 구멍의 수직도는 기반암 상부에서부터 기울어진 것을 볼 수 있다. 이러한 것으로부터 PRD공법은 기초시공법으로 적절히 선택되었다고 판단된다.

(a) 암시편

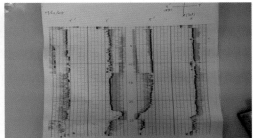

(b) 코덴 결과

그림 4.89 어쓰드릴 장비로 시험 천공한 암시편과 코덴 결과

PRD공법의 시공은 우선 케이싱(D1200, 12m 강관)을 삽입하면서 에어해머를 이용하여 토사층, 기반암 순서로 천공하였다. 그리고 천공이 완료되면 철근케이지(상부: D25×9ea, 하부: D16×9ea)를 삽입하고 콘크리트를 타설한 후 케이싱을 인발하여 마무리하는 방식으로 말뚝시공이 이루어졌다.

시공 중 발생한 주요 문제는 철근케이지와 콘크리트의 침하인데, 이는 케이싱을 인발한 후 발생하였다. 그림 4.90에서와 같이 케이싱을 인발하고 나면 철근케이지와 콘크리트의 침하현상이 나타났다. 철근케이지의 침하량은 최대 1m 정도까지 발생하였으며 콘크리트 타설량은 계획된 부피의 200%까지 증가하였다. 오른쪽 그림은 케이싱 인발 후 침하된 상태로 상부철근은 철근케이지의 침하를 막거나 줄이기 위해 철근케이지 상부에 연결한 철근가이드이다.

그림 4.90 케이싱 인발 전후 철근과 콘크리트의 침하 상태

그림 4.91은 현장 자료를 검토하여 시공 중 나타난 문제를 파악한 후 시공과정을 모사해 본 것이다. 그림에서와 같이 1단계에서 케이싱 설치 미흡으로 인해 이미 굴착 초기에 여굴이 발생하기 시작했고, 굴착이 진행됨에 따라 케이싱 배면의 토사가 공내로 흘러들어와 여굴이 확장되었다. 이후 굴착이 완료되고 철근케이지를 삽입(2단계)한 다음 콘크리트를 타설했다. 이때까지 콘크리트 타설량의 일부 증가만 있었고, 철근케이지에는 이상이 없었다. 그러나 3단계처럼 케이싱이 인발되면서 여굴 공간에 콘크리트가 채워지고 콘크리트 타설면이 내려앉기 시작했다. 결국 4단계처럼 콘크리트가 내려 앉으면서 철근케이지를 끌어내려 철근케이지가 좌굴되고 침하된 것이다.

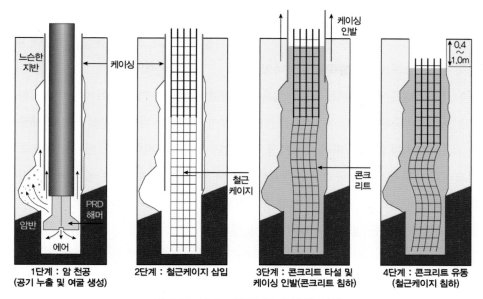

그림 4.91 시공 과정별 문제 발생 상황

본 건에서 철근케이지의 침하는 여굴에 의한 것이다. 이러한 여굴은 일체형 케이싱을 사용하다 보니 케이싱 선단이 기반암에 밀착되지 못하였고, 에어해머 작동 시 에어가 케이싱 내부가 아닌 케이싱 외부로 유출되어 발생한 것이라고 판단된다. 더욱이 일체형 케이싱을 일시에 인발함으로써 이러한 문제 발생 시 제어가 곤란한 상태로 되었으며, 또한 철근을 절감하기 위해 하부 주철근을 비교적 가는(D16) 것으로 사용한 것은 이러한 상황을 더욱 악화시켰다고 평가된다. 실제로 이러한 현상은 시공계획 시 리스크로 고려되어 이중관 케이싱의 도입, 그리고 이의 삽입과 인발을 위한 오실레이터의 사용이 논의되었으나 현장의 여건상 장비가 준비되지 못했다.

문제가 된 말뚝은 구조적인 내력과 건전도가 우려되었다. 특히 케이싱 인발 중 콘크리트가 여굴 내에 갑자기 채워지면서 토사가 말뚝 본체에 투입되는 토사 주머니(soil pocket) 형성이 우려되었다. 그리고 케이싱 최종 인발 시 말뚝 두부의 콘크리트 부족에 따른 지표 부근의 토사 유입등이 일어날 수 있어 말뚝 두부의 건전도가 염려되었다.

우선 구조적인 내력을 검토하기 위해 굴착공 내에서 좌굴된 형상을 해석하여 구조적 내구성을 검토한 결과 안정성에 문제가 없었다. 따라서 시방에서 규정된 철근침하 허용기준(≤ 0.15m)을 초과하는 말뚝에 대해서는 건전도와 지지력을 평가하여 해당 말뚝의 보강 여부를 검토하도록 계획하였다.

건전도의 확인을 위해 말뚝건전도시험(PIT)을 전 말뚝에 실시하였고, 결과가 좋지 않은 말뚝에 대해서는 동재하시험을 추가하였다. 두 시험 결과를 바탕으로 결과가 불량한 말뚝에 대해서는 말뚝 주변에 2개의 보강말뚝을 시공하였다.

향후 시공할 말뚝에 대해서는 시공방법을 보완하였다. 전술한 바와 같이 가장 바람직한 시공방안은 조립형 이중관 케이싱 및 오실레이터를 사용하는 것이나 현장 여건상 시공 중 새로운 장비의 도입이 여의치 않았다. 따라서 케이싱 추가 삽입, 철근케이지의 보강, 케이싱 인발 초기 추가 콘크리트 타설 등으로 시공방법을 보완하였다. 아울러 이러한 보강방안에 대해 시공성을 확인하는 것은 물론, 보완 시공 초기에 재하시험을 실시하여 품질을 확인하였으며, 본시공의 완료 후에도 품질확인시험을 실시한 결과 문제가 없었다.

3) 교훈

본 건은 지반조건에 부합한 시공 장비를 제대로 조합하지 못하여 품질 불량이 생긴 사례이다. PRD공법은 고압의 에어해머로 천공하기 때문에 암반을 천공할 경우 공사기간을 단축할 수 있는 장점이 있다. 그러나 이로 인한 진동 소음의 환경문제나 에어처리에 주의를 기울여야 한다. 특히 PRD공법은 케이싱을 사용하여 공벽을 유지하고, 이 케이싱은 콘크리트 타설 종료까지 사용되므로 지반조건이 반영된 제대로 된 장비 조합이 무엇보다 중요하다.

PRD공법 선정 시 이러한 것이 여의치 않았다면 현지의 공법을 이용하여 이에 따른 문제 해결에 중점을 두고, 시공계획을 수립하는 것이 바람직했을 것으로 생각된다. 예로 본 건처럼 제대로 된 PRD공법의 준비가 곤란했다면 현지에서 가용한 어쓰드릴공법을 채택하되 수직도 유지, 생산성 향상(고능률 개선 및 장비 수 증가) 등에 초점을 맞추어 시공계획을 수립하는 것도 방법이었다고 본다.

4.3.4 RCD 굴착 중 공벽 붕괴

1) 개요

본 건은 RCD 굴착 중 공벽이 붕괴하여 이를 조치하고 시공을 마무리한 사례이다. 지반조건은 그림 4.92에서와 같이 상부 얇은 퇴적층과 하부 기반암층으로 이루어져 있다. 퇴적층은 하상 퇴적층으로 모래 섞인 자갈로 이루어져 있으며 두께는 최대 2.8m 정도이다. 기반암은 편암이며 상부 풍화대의 두께는 최대 3.5m로 비교적 얇다. 그런데 기반암의 상부에는 RQD가 0에 가까운 파쇄대가 두껍게 나타난다. 하부 양호한 기반암의 일축압축강도는 39~50MPa 정도이다. 해당 부위는 하천 제외지상에 위치하고 있어 지하수위는 지표하 1.5m로 높다.

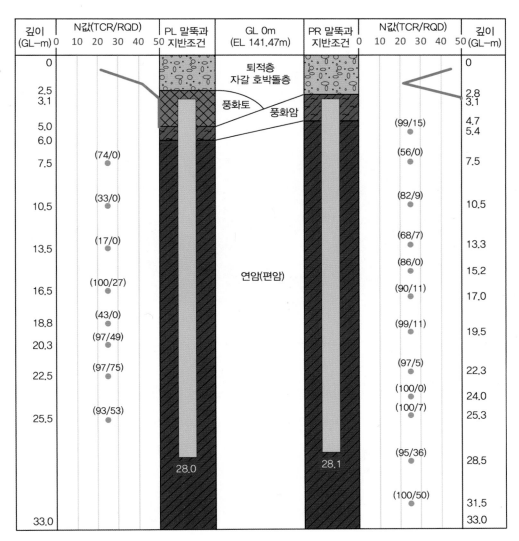

그림 4.92 말뚝 위치별 지반조사 결과

상부구조는 교량이고, 기초는 말뚝으로 이루어졌다. 말뚝은 부지의 제한으로 1개 피어에 교축 직각 방향으로 2개가 배치되었고, 말뚝의 직경은 3m이며 두 말뚝의 중심 간격은 7m(CTC=2.3D)이다. 기초의 하중은 비교적 커서, 연직 및 수평 방향의 본당 설계하중은 각각 3,500ton 및 150ton이다. 말뚝은 COL(GL-3.1m)로부터 상부 기반암의 연약대를 통과하여 하부 양질의 기반암에 선단을 두도록 계획되었으며, 길이는 25m 정도이다. 시공법은 기반암층을 20m 이상 천공해야 하므로 현장타설말뚝공법 중 수정RCD공법(이하 RCD공법이라 칭함)이 채택되었다.

RCD공법(그림 4.93 참조)의 시공 순서는 먼저 해머그래브와 오실레이터를 이용하여 케이싱을 연암 상부에 1~2m 정도 근입시킨 후 RCD리그를 케이싱에 안치하고 굴착한다. 굴착이 완료되면 슬라임을 처리하고 철근케이지를 삽입한 다음 콘크리트를 타설하는 차례로 진행되었다. 본 현장은 공기가 긴박하여 두 말뚝 중 왼쪽 공(PL)부터 굴착하되, 어느 정도 진행되면 오른쪽 공(PR)도 굴착하도록 계획되었다.

(a) RCD 리그   (b) 철근케이지 근입 작업

그림 4.93 RCD 시공 광경

왼쪽 공의 굴착이 진행되고 인접한 오른쪽 공을 굴착하는 도중 먼저 시작한 왼쪽 공에서 부분 공벽 붕괴가 자주 발생하였으며, 대규모의 붕괴도 있었다. 결과적으로 왼쪽 공은 작업 방식을 수정한 후 재천공하여 현장타설말뚝을 마무리하였는데, 이의 시공자료를 분석하면서 주목할 만한 교훈이 있어 이를 소개하였다.

2) 원인 분석 및 대책

본 현장의 RCD 시공 상황을 표 4.24에 정리하였다. 표에서와 같이 왼쪽 공의 굴착이 26m 정도(총 29.6m) 이루어졌을 때 굴착장비(stabilizer)가 고장나서 장비를 해체하였다(8일차). 장비 해체 후 코덴(Koden)으로 공벽을 확인한 결과, 일부 공벽 붕괴가 있어 케이싱을 추가 근입시켰다. 공벽 붕괴의 위치는 케이싱 하부 RQD가 0인 연약대를 중심으로 나타났다. 한편 왼쪽 공의 이러한 상황에서 오른쪽 공은 RCD 굴착이 시작되었다(9일차).

표 4.24 시간별 시공 상황 요약

일차	왼쪽 공(PL) 상황	오른쪽 공(PR) 상황	비고
1~2	그래브 굴착 시작(1)	그래브 굴착 시작(2)	
3	RCD굴착 시작		
8	스태빌라이저 고장, 26m 천공, 여굴 확인, 케이싱 3m 추가 근입하여 총 10m 근입(19.7m 나공)	그래브 굴착	공내 수위
9		RCD 굴착 시작	
13	천공 완료, 청수 교환 준비	15m 정도(반 정도) 굴착	동시 굴착
14	코덴으로 여굴 확인		동시 굴착
16	청수 교환 후 슬라임 처리 시작, 케이싱 3m 추가 근입(16.7m 나공)	굴착 중단, 23.4m 굴착, 6.3m 잔여	케이싱 근입 불충분
17	공회전 중 공벽 붕괴(2.4m 슬라임)		
18	공회전 중 공벽 붕괴(12m 슬라임)		
19	주변부 함몰, 케이싱 하단까지 토사 유입(17.8m 슬라임)		홍수
27	주변부 함몰, 케이싱 인발(3m), 케이싱 하단까지 토사 유입(20m 슬라임)		
29		슬라임 처리 후 코덴 시행, 일부 여굴 확인	
32	케이싱 3m 인발(22.7m 나공), 주변 매몰부 채움 및 케이싱 내부 속채움	케이싱 6m 추가 근입(9m 나공) 후 5m 슬라임 쌓임	
33		케이싱 9m 추가 근입(올케이싱)	
35		천공 완료 후 케이싱 5m 추가 근입(1.5m 나공)	
36~38		슬라임 처리, 철근망 근입, 콘크리트 타설	
39	케이싱 전체 인발		
40~42	케이싱 근입 후 그래브 굴착을 하면서 재천공 완료 케이싱 근입은 24.7m(5m 나공)		케이싱 근입 불충분
43	슬라임 처리 및 코덴 확인		
44~45	철근망 근입, 콘크리트 타설		

왼쪽 공의 장비를 수리한 후 재굴착을 실시하여 천공을 완료시켰다(13일차). 왼쪽 공의 굴착을 완료하고 슬라임을 처리(비트 공회전)하는 동안, 오른쪽 공의 굴착은 반 정도 진행되었다. 왼쪽 공의 슬라임을 처리하는 중 일부 공벽 붕괴가 다시 일어나 오른쪽 공의 굴착을 중지하였다(16일차). 그럼에도 왼쪽 공에서 케이싱 하단부까지 슬라임(붕괴토)이 차는 대규모 공벽 붕괴가 18일차에 발생하였다(그림 4.94 참조). 따라서 왼쪽 공에 대해 일부 케이싱 인발, 케이싱 주변 충전, 케이싱 내부 속채움 등을 실시하여 안정화시키고(32일차), 오른쪽 공의 굴착을 재개하였다. 왼쪽 공의 경우 39일차에 케이싱 전체를 인발했다.

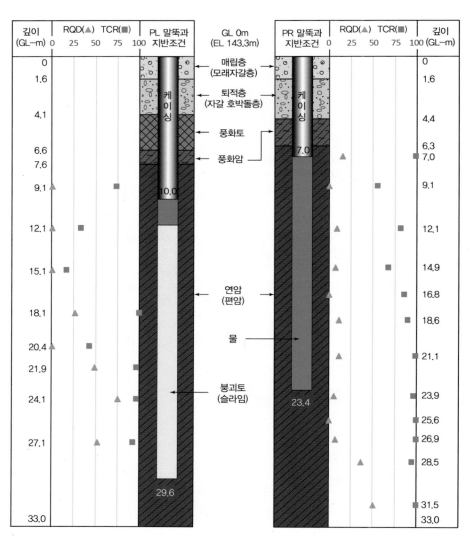

그림 4.94 RCD 시공 18일차 현황

오른쪽 공도 여굴을 확인(29일차)한 후 케이싱을 추가 근입하면서 굴착을 진행했으나 공벽 붕괴(5m 슬라임)가 확인(32일차)되었다. 따라서 나머지는 올케이싱에 준하는 상태로 케이싱을 근입시키면서 천공을 끝냈다. 천공 완료 후 철근케이지를 삽입하고 콘크리트를 타설하여 오른쪽 말뚝 공사가 마무리되었다(38일차).

이후 왼쪽 공에 대해 케이싱을 근입하고 재굴착을 실시하여 천공을 마쳤다. 여기서 케이싱은 올케이싱에 준하는 상태(최종 5m 나공)이고, 굴착은 해머그래브로 토사를 꺼내는 방식으로 진행되었다. 천공 완료 후 슬라임을 처리하고(43일차), 철근케이지를 삽입한 다음 콘크리트를 타설함으로써 왼쪽 말뚝 공사도 마무리하였다(45일차).

표 4.24를 분석해 보면 단계별로 여러 가지 주요한 문제점을 찾을 수가 있다. 우선 시공 계획 부분에서 공기를 단축하기 위해 동시 굴착을 계획한 것, 편암의 암반 상태(두꺼운 파쇄대 존재)가 불량한데도 케이싱의 길이를 단순히 관례적으로 정한 것(토사부 및 풍화대만을 보호하기 위해 설치) 등이 있다. 시공관리 부분에서도 장비 고장 시 공내수위 관리를 간과한 것, 굴착 중 시편 확인을 하지 않아 공벽 붕괴 미확인, 초기 공벽 붕괴 시 단호하게 올케이싱 상태로 미전환 등을 들 수 있다.

상기와 같이 여러 가지 원인이 있지만, 근본적으로 동시 굴착에 의한 진동 등의 영향이 공벽 붕괴를 일으킨 주요인이라 할 수 있다. 특히 왼쪽 공은 장비 고장 시 공내수위 미관리에 따라 이미 공벽이 불안정한 상태이고, 또한 청수를 교환하여 슬라임 처리를 하고 있는 크리티컬한 상태에서, 인접한 오른쪽 공에서 RCD 굴진을 진행한 것은 공벽의 붕괴에 가장 큰 영향을 미친 요인이라 판단된다.

천공이 완료된 후 콘크리트 타설 시 왼쪽 공에서 우려되는 점이 한 가지 더 있었다. 즉, 왼쪽 공은 암반부의 공벽이 상당히 무너지고, 상부 토사부(풍화대 포함)의 붕괴도 발생하였으므로 케이싱 배면에는 상당한 양의 붕괴토사가 채워져 있을 것이 예상되었다. 따라서 콘크리트 타설 중 케이싱 인발 시 붕괴토사의 본체 유입이 우려되었다. 이를 위해 케이싱 인발 속도를 가능한 천천히 유지하면서 시공 중 주요 항목(트레미 선단부 묻힘깊이, 케이싱 길이, 콘크리트 투입량 및 상승 높이)의 변화 상태를 계측하였다. 그 결과를 그림 4.95에 나타내었다.

공벽 붕괴가 일어난 말뚝이라면 일반적으로 말뚝의 공칭직경(3m)과 같거나 커져야 하나 그림 4.95에서와 같이 타설 후 말뚝의 직경이 약간 줄어든 것으로 보아 케이싱 인발 및 콘크리트 타설 중 케이싱 배면 붕괴 토사의 밀려들어옴 현상이 약간 있었음을 알 수 있다. 따라서 토사의 말뚝 본체 유입 여부를 건전도 시험으로 확인한 결과, 문제는 없었다. 결국 토사의 밀림으로 말뚝의 외경만 약간 줄어든 것으로 평가하고 이에 대한 안정성을 검토하였다.

그림 4.95에서 평균적으로 줄어든 직경(0.13m)에 대한 안정성 검토를 위해 구조해석과 P-M 상관도 분석을 실시하였으며, 그 결과 문제가 없음을 확인하였다. 다만 공벽 주변(특히 상부 토사층)의 수평저항력 부족이 우려되어 왼쪽 공의 주변에는 주입을 통해서 당초 설계 강도를 만족시키도록 보완하였다.

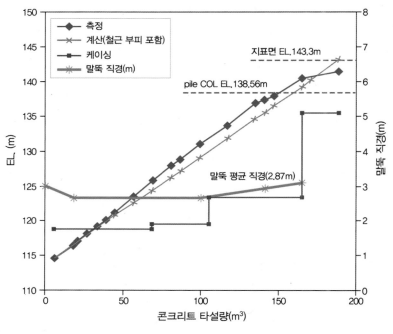

그림 4.95 콘크리트 타설기록(PL)

3) 교훈

어느 경우나 마찬가지로 기본과 원칙을 지키는 것은 중요하지만 기초시공에 있어서는 더욱 그렇다. 본 건의 경우 공기를 단축하기 위해 인근의 두 개 말뚝을 동시에 굴착하려고 계획한 것이 문제의 주요 원인으로 파악되었다. 현장타설말뚝 시공에서 인접한 말뚝의 동시 굴착은 당연히 금지되어야 하고, 심지어 한 말뚝에 콘크리트를 타설한 후라도 인근에서 일정 시간 굴착을 금지하도록 제한하는 것이 일반적이다. 또한 본 건의 경우 시공 중 공벽 유지를 위해 지켜야 할 공내 수위 유지, 적절한 케이싱 근입 깊이 결정, 공내수에 포함된 시편 확인 등 관리가 소홀하였다.

즉, 시공계획이 불충분했고 이의 사전 공유를 통한 잘못된 부분의 시정 노력도 부족했으며 시공 관리도 미흡했다고 생각된다. 결과적으로 기본을 지키지 않다 보니 빨리 끝내려는 당초 계획보다 오히려 늦어지고 비용도 추가되었다. 본 사례는 제대로 하는 것이 가장 빠른 길이라는 것을 새삼 일깨워 주고 있다.

4.3.5 어쓰드릴시공 중 공벽 붕괴 발생

1) 개요

현장타설말뚝공법에는 공벽유지, 지지층 확인, 슬라임 처리, 콘크리트 타설 등 여러 가지 주요 시공 절차가 있지만, 이 중 천공 구멍을 안정하게 유지하는 것이 중요한 품질관리 항목 중의 하나라고 할 수 있다. 공벽유지에 대한 방식은 공법마다 다르고 품질관리 항목도 차이가 있다. 본 절에서는 어쓰드릴공법에서 천공 중 발생한 공벽 붕괴에 대한 시공 품질관리 이슈를 소개한다.

상부 구조물은 공장이고, 구조물 기초는 어쓰드릴공법으로 계획되었다. 말뚝은 직경 1,800mm, 길이 52.4m, 말뚝의 축방향 설계하중은 본당 1,500ton으로, 기반암인 천매암층에 지지되었다. 말뚝 본체의 콘크리트의 강도는 50MPa이다.

그림 4.96에서와 같이 지반은 지표로부터 18m 정도의 연약 점토층(N=0~1)과 9m 정도의 점토질 실트층(N=12~20)이 나타나고, 그 아래에 3m 정도의 모래층 그리고 11m 정도의 견고한 모래질 실트층(N=43~50) 등 퇴적층으로 되어 있다. 퇴적층 아래에는 천매암의 기반암층이 나타나는데, 기반암층의 상부(7.6m 정도)에는 파쇄가 심한 암이 나타나고 이하에는 양호한 암층이 깊게 분포한다. 지하수위는 지표하 4m 정도에서 나타난다. 이러한 조건에서 붕괴가 가능한 지반은 상부 연약 점토층(지표로부터 18m까지)과 지표로부터 30m 지점의 모래층이라고 예상할 수 있다.

본 건은 시험시공 단계에서 발생한 이슈로, 천공은 어쓰드릴 리그 및 버킷으로 작업하였으며, 표층 케이싱은 연약 점토층 붕괴를 우려하여 지표하 11m 정도 관입하였다. 안정액으로 폴리머가 사용되었다. 슬라임 처리는 클리닝 버킷(cleaning bucket)으로 이루어졌고, 슬라임 높이는 다림추(plumb)로 측정되었다.

문제의 발생은 천공 직후 1차 슬라임 처리를 마치고, 2차 슬라임 처리 단계에서 일어났다. 2차 슬라임 처리 중 슬라임의 높이가 줄지 않았으며, 클리닝 버킷 인상 시 버킷 상부에도 슬라임이 쌓여 올라오는 현상도 나타났다(그림 4.97 참조). 하부에 쌓여진 슬라임을 처리하고 있음에도 슬라임의 높이는 계속 유지되거나 증가하는 것으로 보아, 심각한 공벽 붕괴가 발생하였음을 알 수 있었다. 따라서 작업을 중단하고 천공 구멍의 주변에 안전조치(접근 제한, 강판깔기)를 한 후 구멍을 빈배합 콘크리트(lean concrete, f_{ck}=5MPa)로 충전하였다. 이러한 상황에서 시공자료를 분석하여 원인을 분석한 후 대책을 수립하였다.

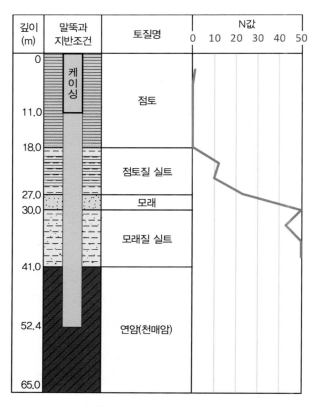

그림 4.96 지반 및 말뚝 조건

그림 4.97 어쓰드릴 시공 장면 및 버킷 형상

2) 원인 분석 및 대책

어쓰드릴공법의 천공과정에서 여굴이 자주 발생하는데, 이는 종종 본체의 품질문제를 야기하기도 하고, 여굴이 악화될 경우 공벽 붕괴로까지 확장되어 위험한 상황을 초래할 수 있다. 일반적으로 천공 중 여굴/공벽 붕괴와 관련이 있는 항목으로 연약층 및 느슨한 사질토층의 지반조건의 존재, 그리고 시공품질과 관련된 안정액의 품질 및 높이유지 등 안정액 관리, 버킷의 하강 및 인양 속도 등 장비관리 등을 들 수 있다.

해당 현장의 지반조건을 살펴보면 그림 4.96처럼 여굴이 의심되는 층은 상부의 18m 정도되는 초연약 점토층, 그리고 지표하 27m 정도에서 나타나는 모래층이라고 할 수 있다. 그러나 현장의 제한된 시공자료로 공벽 붕괴의 위치를 파악하는 것이 곤란하였으며, 따라서 어느 층에서 공벽 붕괴가 발생했는지 알 수가 없었다. 또한 본 건에서는 천공 구멍의 단면(수직도 및 직경)을 측정할 수 있는 장비(코덴 등)를 사용하지 않아 붕괴 상태와 위치를 확인할 방법이 없었다.

그림 4.98은 공벽 붕괴 중 측정한 슬라임 높이를 시간경과별로 도시한 것이다. 그림처럼 붕괴토의 높이는 2차 슬라임 처리 이후 지속하여 증가하였고, 15시간이 경과하여 20m(지표로부터 깊이 32m)에 도달한 후 더 이상 증가 없이 일정 높이를 유지하고 있다. 공벽 붕괴는 특성상 한번

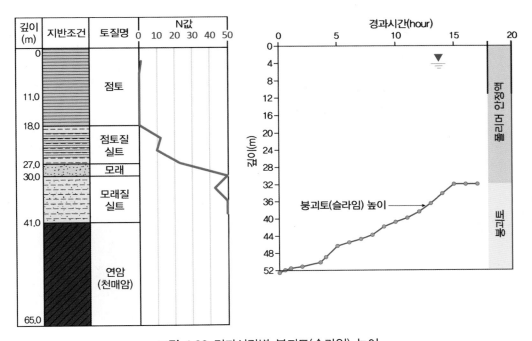

그림 4.98 경과시간별 붕괴토(슬라임) 높이

발생하면 안정화될 때까지 상부로 지속되는 것이 일반적이다. 깊이 32m에서 슬라임 높이가 더이상 증가하지 않는 것으로 보아 이 깊이는 붕괴 시작점 부근이거나 공벽 붕괴의 규모가 큰 지점으로 추정된다. 이러한 점을 감안하여 지반조건과 중첩하여 보면, 공벽 붕괴의 시작과 대규모 붕괴층은 깊이 30m 지점의 모래층이고 그 상부층으로 붕괴가 지속되었을 것으로 보인다.

이러한 상황을 보다 명확히 파악하기 위해 천공 구명에 빈배합 콘크리트를 충전할 때 콘크리트 상승 높이를 조심스럽게 측정하였다(그림 4.99 참조). 일반적으로 콘크리트가 정상적으로 타설되고 여굴이 없다면 이론선(theoretical line)과 실제선(actual line)은 같아야 하며, 여굴이 시작되면 두 선은 차이가 생기게 된다. 그러나 본 건의 경우 천공 구명의 하부에 콘크리트가 아닌 20m 높이의 슬라임(붕괴토)이 쌓여 있어 일반적인 상황이 적용되기는 어렵다. 즉, 하부에 쌓인 슬라임의 상태에 따라 타설된 콘크리트는 대체되거나 혼합될 수 있으므로, 이러한 상태에 따라 실제선의 기울기에 왜곡이 나타날 것이다. 따라서 실제선 분석에 의한 공벽 붕괴의 형태를 파악하기는 쉽지가 않다.

그럼에도 불구하고 측정된 실제선은 2개의 중요한 단서를 주고 있다. 하나는 지표하 30m 지점에서 기울기가 비상식적으로 작아지고 있는 것이다. 이는 모래층에서 붕괴가 시작되고, 타설

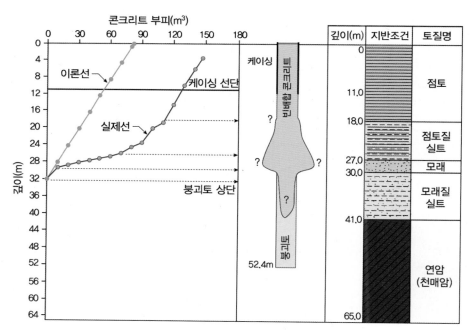

그림 4.99 콘크리트 타설 부피와 상승 높이

된 콘크리트가 아래에 쌓인 슬라임과 대체되거나 혼합되는 것이라고 볼 수 있을 것이다. 다른 하나는 18m 지점에서부터 실제선의 기울기가 이론선의 그것에 일치하고 있는 것인데, 이로부터 당초에 우려되었던 연약 점토에는 공벽 붕괴 문제가 없다는 것을 유추할 수 있다. 이러한 내용을 바탕으로 타설 콘크리트의 단면을 그림 4.99의 우측에 작도해 보았는데, 도시된 단면은 정량적인 것은 아니고 정황을 감안하여 정성적으로 유추한 것이다.

그렇다면 공벽 붕괴의 원인은 무엇일까? 무엇이 모래층 부근에서 공벽 붕괴를 유발(triggering)시켰을까? 지반조건에 대해서는 기언급하였고, 이를 제외하면 공벽 붕괴와 관련된 주요 항목에는 안정액의 품질관리와 버킷의 사용방법 등이 있다. 현장 자료에 의하면 안정액의 품질관리(점도, 밀도, pH, 안정액 높이 등)는 잘 되고 있었으므로 공벽 붕괴 요인으로 버킷의 사용방식만 남게 된다. 공벽 붕괴 시점인 슬라임 처리 시 사용한 버킷은 클리닝 버킷인데, 일반적으로 공벽 붕괴의 요인으로 버킷의 모양과 속도가 자주 지적된다.

그림 4.97에는 굴착 시 사용된 버킷이 나타나 있는데, 그림에서와 같이 바이패스(bypass)는 없으며, 측면 구멍도 작고 수도 적다. 즉, 이들은 일반적인 조건에서 사용하는 버킷의 형태로, 본 건과 같이 공벽 붕괴에 불리한 조건(연약층과 모래층 존재, 긴 말뚝 등)에서는 버킷의 하강 또는 인양 속도에 큰 영향을 받는다. 즉, 버킷의 속도가 빨라질 경우 버킷 상하부에서 양압이나 음압이 유도될 수 있고, 이는 공벽의 안정에 영향을 줄 수 있다(3.3.3절 참조).

그림 4.100에는 굴착 중 깊이별로 소요 굴착시간을 도시하고 구간별 굴착속도를 계산해 보았다. 일반적으로 굴착깊이가 깊어질수록 켈리바(kelly bar)가 길어지고, 지반이 단단해지기 때문에 굴착시간이 더 소요되고 굴착속도도 떨어지게 된다. 하지만 그림은 굴착깊이가 깊어져도 굴착속도는 떨어지지 않고 있음을 보여주고 있다. 이러한 경우 항타기 운전원은 생산성이 떨어지지 않도록 깊이가 깊어질수록 버킷의 속도를 점점 빠르게 작동할 가능성이 있다. 그 결과 버킷의 하강 및 인양 시 각각 버킷의 상부 및 하부에는 압력이 줄어드는데, 특히 급속 인발 시 버킷의 하부에는 상당한 음압(negative pressure)이 발생하고, 이로 인해 불안정한 지층에서는 여굴이 생기거나 공벽이 무너질 수 있다.

시공 자료를 바탕으로 본 건의 공벽 붕괴 현상을 유추해 보면 굴착 과정과 슬라임 처리 과정으로 구분해 설명할 수 있다. 먼저 굴착과정 중 천공 깊이가 깊어지면서 버킷의 인발속도가 커졌고, 이로 인해 모래층에서 안정액에 의한 공벽의 평형이 깨져 불안정한 상태로 되었다. 그리고 굴착이 완료되고 나서 공벽저면의 1차 슬라임 처리 과정 중 버킷의 인발속도는 더욱 커지고, 이로 인해 발생한 부압으로 모래층의 공벽에 여굴이 생기고 붕괴로 이어지기 시작하였으며, 2차 슬라임 처리 과정 중 공벽 붕괴는 모래층 상부로 확장되어 진행되었다.

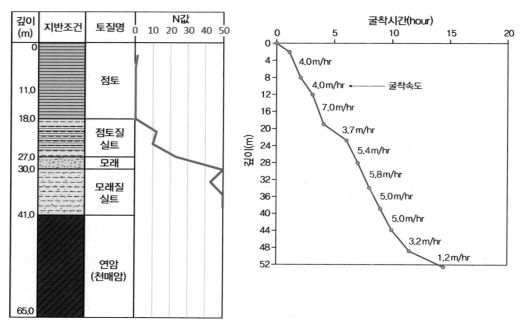

그림 4.100 깊이별 소요 굴착 시간

결국 본 건의 경우 공벽 붕괴의 주 원인은 버킷의 작업속도라고 할 수 있다. 따라서 대책으로 버킷의 하강 및 인발속도를 줄이도록 조정하고, 특히 버킷의 급속 인발 시 발생하는 부압을 줄이기 위해 버킷 몸체에 구멍(D150mm×4ea)을 추가하였다. 또한 이러한 조치로도 공벽 붕괴에 대한 문제가 해소되지 않을 경우는 버킷 내부에 바이패스(bypass)를 설치할 준비를 하였다. 재차 시험말뚝을 시공한 결과, 속도 조정과 구멍 추가로도 더 이상의 문제는 발생하지 않아 이를 본시공의 시방으로 설정하였다.

3) 교훈

천공 중 공벽 붕괴와 관련된 항목은 연약층 및 느슨한 사질토층의 존재 등 지반조건, 안정액의 품질 및 높이 유지 등 안정액 관리, 버킷의 모양 및 작업속도 관리 등 시공품질 조건이다. 공벽 붕괴는 한 가지 또는 둘 이상 요인의 조합에 의해 천공 구멍의 안정액에서 발생하므로 붕괴가 생긴 경우 원인을 분석하기는 쉽지 않다. 따라서 시험시공 중 각종 시공 기록을 해 놓으면 여러 가지 분석을 통해 원인을 파악하는 것이 가능하다. 특히 안정액 관리기록, 굴착기록, 콘크리트 타설기록은 문제 발생 시 원인 분석은 물론 작업의 생산성과 본시공 관리기준 설정에 큰 도움이 된다. 일반적으로 지반조건과 안정액 관리 등은 확인과 기준설정이 용이하지만 버킷의 작업속도는 기준설정이 쉽지 않다. 하지만 굴착기록이 있는 경우 기존에 시행한 굴착속도를 알 수 있기 때문에 이를 참고로 안전한 굴착속도를 정하는 데 도움이 된다.

버킷의 하강 및 인발 시 속도가 빨라지면 부압이 생겨 공벽의 안정에 위해를 가할 수 있다는 것을 이해해야 한다. 특히 버킷의 급속한 인양 시 더욱 주의해야 한다. 인양 시 공벽의 불안정 문제가 심각하지 않을 경우 버킷의 속도 관리나 압력 완화 구멍을 통해 문제를 해결할 수도 있지만, 문제가 심각할 경우는 기술한 소극적인 방법 외에도 바이패스가 설치된 버킷을 사용하는 적극적인 방법(그림 3.56 참조)을 도입하면 도움이 된다. 아울러 코덴과 같은 공벽면 측정기는 수직도는 물론 천공 구멍의 직경 측정이 가능하기 때문에 품질관리에 도움이 되는 것은 물론, 관련된 문제를 분석하는 데에도 유용하므로 적극 채용하여 이용하는 것이 필요하다.

4.3.6 선단부 보일링에 의한 지지력 미달

1) 현장 개요

본 사례는 올케이싱공법을 적용하던 중 말뚝 선단부에서 보일링이 발생하여 시공 후 재하시험을 실시한 결과 일부 말뚝에 지지력 미달이 발생한 내용이다.

지반조건은 그림 4.101에 나타난 바와 같이 모래층과 그 하부에 기반암층으로 이루어져 있다. 모래층은 상부는 느슨하지만 하부로 갈수록 조밀해져 N 값이 50 이상이다. 모래층 아래에는 기반암층이 나타나고, 기반암은 사암 또는 실트암으로 이루어졌다. 지하수위는 지표로부터 3m 정도에 나타나고 있다.

본 현장은 사막 오지여서 기성말뚝의 적용은 곤란하였으므로 현장타설말뚝공법이 채택되었다. 현장타설말뚝공법은 이중오거를 사용하는 올케이싱공법이 적용되었다. 여기서 이중오거라 함은 SDA공법에서 쓰는 천공장비(외부 케이싱과 내부 스크류 오거)를 의미한다. 즉, 매입말뚝공법의 천공장비를 현장타설말뚝의 천공기로 전용하였는바, 유사 올케이싱공법이라 할 수 있다.

말뚝의 직경은 600mm, 말뚝의 길이는 13m 정도이며, 설계하중은 본당 130ton이다. 말뚝의 선단부는 N 치 50 이상인 조밀한 모래층에 지지되도록 설계되었다.

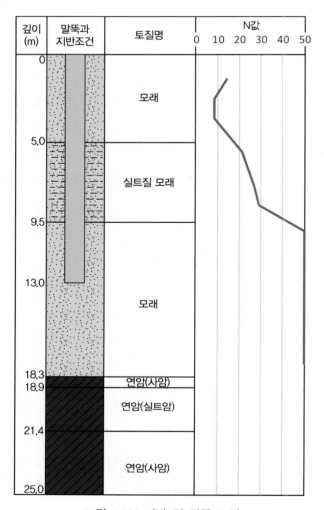

그림 4.101 지반 및 말뚝 조건

시공은 우선 625mm 케이싱과 내부에 스크류 오거를 장착한 이중오거로 천공하였는데, 굴착된 토사의 원활한 배토를 위해 오거 중공부를 통해 공기를 주입하면서 천공하였다. 천공 후 케이싱 내부 스크류 오거를 인발하고 케이싱 내에 철근케이지를 삽입하였다. 이어서 소구경 트레미(또는 호스)와 펌프카를 이용해 콘크리트를 타설한 다음 케이싱을 인발한 후 마무리하였다.

시공 중 철근케이지의 안착이 어려운 경우가 자주 발생했으며, 시공 후 재하시험을 실시한 결과 일부 말뚝의 지지력이 설계하중에 미달하는 사례가 나타났다. 충분한 수량의 품질확인 재하시험을 위해 초기 소수의 말뚝에 대해 정재하시험과 동재하시험을 동시에 실시하여 비교·평가한 후 동재하시험 위주로 품질확인을 실시하였다.

2) 원인 분석 및 대책

현장에서 실시한 말뚝재하시험 결과는 그림 4.102에서와 같이 지지력이 양호한 말뚝과 그렇지 않은 말뚝의 극단적인 형태를 보여주고 있었다. 재하시험 결과와 말뚝의 시공 상태를 분석한 결과, 지지력이 양호한 말뚝은 주로 암반층(풍화암 정도)을 지지층으로 한 말뚝이었으며, 지지력이 불량한 말뚝은 대부분 모래층을 지지층으로 하고 있었다. 시공 중 천공 상태를 관찰한 결과, 후자의 말뚝들은 천공 완료 직후 오거를 인발하자마자 선단부에서 지반 교란 현상이 보였는데, 이는 보일링에 의한 것이었다.

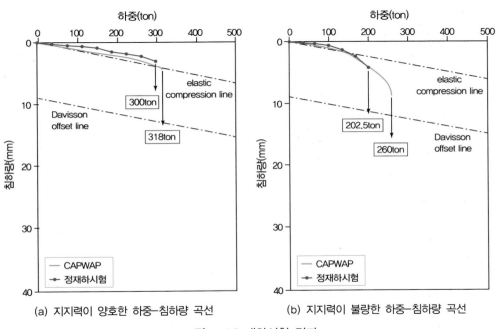

(a) 지지력이 양호한 하중—침하량 곡선   (b) 지지력이 불량한 하중—침하량 곡선

그림 4.102 재하시험 결과

보일링의 상태를 정량적으로 확인하고 대책을 강구하기 위해 말뚝의 천공 과정을 조사해 보았다. 그림 4.103과 그림 4.104는 각각 모래지지층과 풍화암지지층에서의 천공 후 케이싱 내 수위 변화와 토사유입 상태에 대한 조사결과이다. 그림 4.103은 조밀한 모래층까지 천공하고, 그림 4.104는 풍화암층을 1m 정도까지 천공(케이싱은 가능한 한 천공 선단까지 설치)한 다음, 시간 경과별로 케이싱 내 수위와 토사유입을 조사한 것이다. 수위는 레이저측정기를 이용하였고, 공내의 토사유입은 다림추와 스케일을 사용하였다.

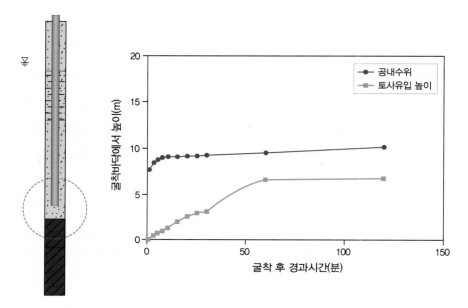

그림 4.103 모래층 천공 직후 시간별 케이싱 내 수위와 토사유입 상태

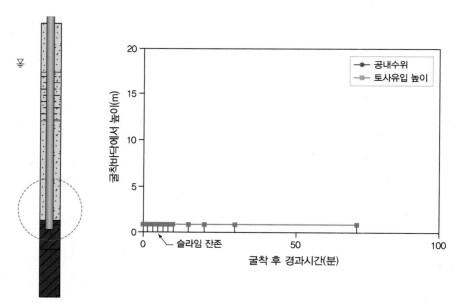

그림 4.104 풍화암층 천공 직후 시간별 케이싱 내 수위와 토사유입 상태

그림 4.103에서 보면 토사층의 경우 스크류 오거 인발 후 바로 지하수가 케이싱 내로 유입되어 빠른 시간 내에 외부 지하수위와 평형을 이루는 것을 알 수 있다. 또한 오거 인발 후 보일링 및 파이핑이 발생하여 말뚝 선단부가 토사로 채워짐을 알 수 있었다. 반면 그림 4.104에서는 오거 인발 후에 지하수는 0.5m 정도 유입되고, 슬라임이 약간 있었지만 보일링 현상은 없는 것으로 나타났다.

이러한 조사결과와 정황으로부터 해당 지반조건(지하수위가 높은 모래지반)에서 기천공장비(이중오거 장비로 압축공기 사용)로 천공하여 현장타설말뚝을 시공할 경우 전형적인 보일링 현상을 피할 수 없다고 판단된다. 그림 4.105(a)에는 이러한 현상을 모식화하여 나타내 보았다. 이중오거(공기 유입)를 통해 천공하면 천공 중에는 지하수위가 케이싱 내로 들어오지 못한다. 따라서 천공 직후 케이싱 내외부에 큰 수두차(거의 지하수위차)가 발생하고 이로 인한 동수경사 $(i = dH/dL)$는 한계치$(i_c \fallingdotseq 1.0)$에 이르게 되어 보일링이 발생한다. 이 보일링은 파이핑으로 확대되고 토사가 케이싱 선단부로 유입되는 것이다.

그림 4.105(b)은 이러한 지반에 현지에서 적용하는 전형적인 어쓰드릴공법의 원리를 모식화한 것이다. 그림에서와 같이 어쓰드릴공법에서는 상부에 표층케이싱을 설치하고, 천공 중 공내에 안정액을 보충하여 수두차가 일정하게 유지되므로 동수경사$(i = dH/dL \fallingdotseq 0.0)$는 거의 없고, 따라서 보일링의 발생도 없다. 오히려 어쓰드릴공법에서는 공내의 안정액 수위를 지하수위보다 높게 유지하여 안정액의 압이 머드 케이크를 통해 공 주변으로 작용하게 함으로써 공벽의 안정을 유지한다.

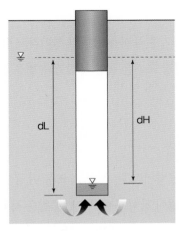

(a) 현장시공법 모식도

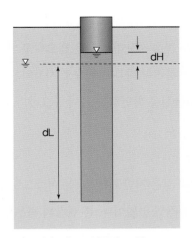

(b) 어쓰드릴공법 모식도

그림 4.105 현장시공법과 어쓰드릴공법에서 천공 중 공내수위 상태

본 현장조건에서와 같이 모래층을 지지층으로 하는 말뚝에서 보일링이 발생하면, 우선 지지력이 감소하고 말뚝 본체의 건전도에 문제가 생기며, 또한 인접파일에도 영향을 줄 수 있다. 건전도 문제는 공내 수위하에서 타설에 의한 재료분리도 관련이 있다.

사례 현장과 같은 상황에서 근본적인 대책으로는 시공법을 어쓰드릴공법으로 변경하거나 장비의 보완(보일링의 방지, 슬라임을 처리, 콘크리트타설관 등)을 고려할 수 있다. 하지만 현장 여건은 두 가지 중 어느 것도 채택하기 곤란한 상태였다. 따라서 현장에서는 그림 4.103과 그림 4.104의 조사 결과를 참고하여 말뚝의 길이를 늘여 풍화암에 근입하는 방안을 채택하였다. 그러나 이 방안도 간혹 풍화암에 근입된 케이싱의 인발이 어려워 지연되는 경우가 발생하고, 말뚝 선단부에 슬라임이 잔존하여 완전한 대책이 되지는 못하였다. 하지만 현장 상황으로 인해 다른 대안이 없었기 때문에 전술한 방법을 채택하여 공사를 마무리하였다.

본 사례의 문제의 원인은 사용된 장비가 기성말뚝을 시공하는 SDA장비의 일부(주입 장비 제외됨)임에도, 이를 올케이싱 현장타설말뚝공법에 사용한 것이다. 그러나 올케이싱공법을 원리(3.3.5절 참조)를 지키지 않고 변형 적용함으로써 보일링과 이로 인한 지지력 미달이 발생한 것이다. 원래 이 장비를 사용하는 SDA공법은 케이싱을 풍화암까지 천공하여 삽입한 다음, 천공 직후 시멘트풀을 넣고 말뚝을 삽입한 후 경타하므로 선단 하부에서 보일링의 문제가 나타나기 어렵고, 잔존 슬라임은 경타로 극복되는 것이다. SDA장비의 전용 자체는 하나의 시도이긴 했지만, 적용될 지반의 조건을 고려하지 못하고 공법의 원리를 무시하였다. 결국 이 공법은 중구경 말뚝의 문제와 유사한 상황이라 할 수 있으며, 이에 대해서는 2.5.5절과 3.4.2절에 상세히 설명하였고, 사례도 4.4.6절에 소개되었다.

새로운 것을 시도하는 것은 필요하고 바람직한 것이다. 기존의 사용 장비라 하더라도 다른 공법에 전용하거나 다른 방식으로 사용하는 경우 적용될 현장 조건은 물론 조합될 공법을 고려하는 등 적용성을 확인하는 것이 중요하다.

3) 교훈

본 건과 같은 지반조건에서는 어쓰드릴공법이 최적의 공법이라 할 수 있고, 또한 이 공법이 현지의 전통적인 공법이다. 본 현장의 경우 말뚝의 설계 직경이 작아서 어쓰드릴공법은 시공관리가 곤란하여 해당 공법을 채택하였거나, 혹은 해당 공법이 어쓰드릴공법에 비해 공기와 공비, 시공관리 등에 유리하기 때문에 채택하였을 가능성이 있다. 그러나 전자의 상황이라 하더라도 어쓰드릴공법을 채택하되 말뚝의 직경을 늘리고 말뚝 수를 줄이는 계획도 검토하는 것이 필요했다고 생각한다. 또한 후자의 상황인 경우 기존의 장비를 다른 공법으로 전용하는 시도에 따른 충분한 검토가 선행되었어야 하는 아쉬움이 있다. 왜냐하면 사례에서 시도된 공법은 올케이싱공법의 천공에 대한 기본사항을 지키지 못하고 있으며, 또한 슬라임 처리 불가, 선단부 연약화, 철근케이지 오름, 콘크리트 재료분리 등의 문제가 내재되어 있으므로 이에 대한 검토가 수행되었어야 했다. 결론적으로 후자의 방식은 3.4.2절에서 설명한 중구경 말뚝과 마찬가지로 시공품질관리의 어려움으로 적용이 곤란하다고 사료된다. 이러한 현장조건에서 유사한 구경의 현장타설말뚝이 필요하다면 CFA공법(2.5.2절 참조)이 대안으로 검토될 수 있을 것이다.

본 사례로부터 해당 지역에서 사용되지 않는 새로운 방법을 시도하면서 적용성을 충분히 고려하지 않는 경우 결국 문제를 야기해 더욱 어려운 상황을 초래할 수 있다는 것을 배울 수 있다. 특히 말뚝기초공은 현지 실무(local practice)를 우선적으로 고려하는 것이 중요함을 새삼 알 수 있다.

4.3.7 본체의 형상과 콘크리트의 불량

1) 현장 개요

본 사례는 현장타설말뚝의 시공 후 본체의 형상과 콘크리트 본체에 불량이 발생하여 이의 원인을 조사하고 보강대책을 실시한 내용이다.

지반조건은 그림 4.106에서와 같이 지표로부터 매립층, 퇴적층, 기반암층의 순서로 이루어졌다. 43.4m에 이르는 퇴적층은 주로 점토와 실트로 이루어지는데, 상부는 매우 연약한 상태이고, 하부 점토층은 비교적 단단하여 과압밀상태이다. 퇴적층의 중간에는 느슨한 모래층이 나타나고 퇴적층의 하부에는 자갈질 모래층이 있다. 말뚝의 지지층은 화강암류의 기반암층으로 보통암 정도의 단단한 암으로 시작된다. 지하수위는 조류에 영향을 받으며 만조 시 지하수위는 말뚝 두부에 이른다.

말뚝은 직경 2m, 길이 47.4m(기반암에 1.3m 근입)이며, 이의 설계하중은 부주면마찰력을 고려하여 본당 1,300ton으로 계획되었다. 시공법은 케이싱을 이용하는 수정어쓰드릴공법이 적용되었으며, 암반층에서는 치즐을 이용하여 굴착하였다.

현장타설말뚝의 시공이 끝난 후 공대공탄성파검사방법(CSL 방법)에 의한 말뚝 본체의 건전도 조사결과에서 말뚝의 하단부에서 부실 판정을 받았다. 이에 따라 말뚝의 건전도 부실 상태를 조사하고 원인을 분석한 다음 보강대책을 실시하였으며, 본 사례는 이러한 절차와 내용을 소개하였다.

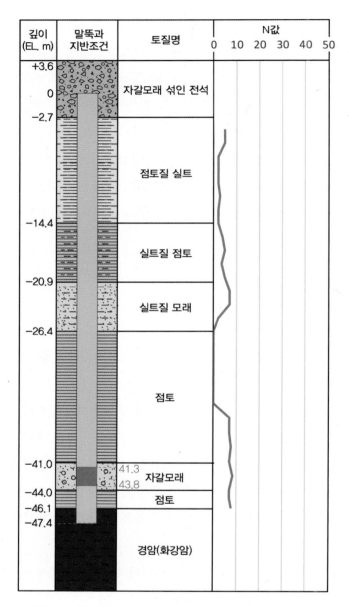

※ 결함부 : 2.5m(EL. −41.3 ~ EL. −43.8)

그림 4.106 지반 및 말뚝 조건

2) 원인 분석 및 대책

현장의 품질시험계획에는 공대공탄성파검사로 모든 말뚝에 대해 건전도 시험을 하도록 되어 있다. 시공 중 한 교각의 1개 말뚝에서 건전도 불합격 판정을 받았으며, 이를 상세히 확인하기 위해 코어링이 실시되었다. 코어링 결과, 공대공탄성파검사로 건전도가 좋지 않은 위치에서 코어가 회수되지 않았다(그림 4.107 참조). 건전도가 불량하고 코어가 회수되지 않은 구간은 2.5m 정도로 말뚝의 하부(EL. − 41.3~EL. − 43.8m)에 위치했다.

※ 결함부 : 2.5m(EL. − 41.3 ~ EL. − 43.8)

그림 4.107 말뚝결함부의 코어링

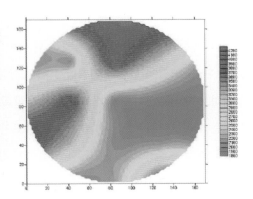

그림 4.108 말뚝결함부의 공대공탄성파검사 결과

공대공탄성파검사 결과로부터 말뚝 본체의 결함 원인은 일차로 콘크리트 타설관리 부실에 의한 재료분리로 평가되었다. 재료분리에 의한 결함부를 보강하기 위해 1차적으로 코어링 구멍을 이용하여 그라우팅(고압분사방법) 보강이 실시되었다. 보강 그라우팅이 끝나고 그라우트가 양생된 후 보강효과를 알아보기 위해 공대공탄성파검사가 재차 실시되었다. 보강 후 건전도 확인 결과, 보강 전에 비해서 변한 것이 없었고 보강효과도 없는 것으로 평가되었다.

이러한 상황에서 문제에 대한 현장 조사가 시작되었다. 고압분사방법은 1개 구멍으로 순간적으로 고압 주입하였기 때문에 충전도 되지 않았고, 또한 주입재의 강도는 불량한 상태여서 1차 그라우팅 보강의 효과는 발휘될 수 없었던 것으로 평가되었다. 이러한 상황에서 2차 보강 방법(저압 고강도 그라우팅)이 계획되어 있었다.

그러나 2차 보강 방법은 말뚝 본체 결함부에 이미 1차 그라우팅에 의해 저급 주입혼합체가 말뚝 본체의 결함 공간 또는 골재 사이를 부분적으로 메우고 있어 효과가 없을 것으로 판단했다. 또한 공대공탄성파검사 결과의 단면(그림 4.108 참조)을 보면 결함 면적(녹색 부위)이 전단면적의 절반 이상을 차지하고 있는 것으로 나타났다. 따라서 결함 말뚝에 대한 2차 보강 방법으로 저압 그라우팅 대신 구조적인 보강을 실시하는 것으로 결정하였다.

구조적인 보강에는 여러 가지가 있지만, 여기서는 간편하고 경제적이며 확실하다고 평가된 마이크로파일을 이용한 보강 방법을 선정하였다. 마이크로파일을 적용하는 또 다른 이유는 보강 공사 중 코어링을 통해 말뚝 본체를 재차 확인하고 가압 주입을 통해 주변까지 보강하는 것이 가능하였기 때문이다.

마이크로파일을 이용한 2차 보강 방법은 결함부의 강도 부족 부분만큼 결함부를 고강도 강봉으로 꿰매는 개념(그림 4.109 참조)이며, 보강 계산을 위해 복합재료의 개념과 지압파괴가 검토되었다. 결함 부위에 마이크로파일을 설치하기 위해 두부로부터 천공(코어링 공 직경 100mm)을 한 다음, 여기에 철근을 연결한 고강도 강봉(직경 65mm, 길이 5m, $f_y = 5,500\text{kg/cm}^2$)을 삽입하고 그라우팅하도록 계획하였으며, 말뚝 단면에 5개의 마이크로파일을 배치하였다. 그라우트는 마이크로시멘트(본체 콘크리트 강도인 300kg/cm^2 이상)를 사용하였다. 또한 마이크로파일의 상부는 32mm 이형철근을 연결하여 강봉을 삽입하고 고정하는 것은 물론 코어링 공의 상부도 보강하는 효과를 고려하였다.

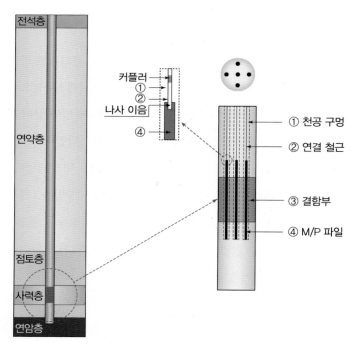

그림 4.109 마이크로파일 보강 개념

마이크로파일의 시공 초기, 마이크로파일의 설치를 위한 천공 구멍 상단에 코어링 구멍을 보호하기 위해 설치된 PVC 파이프를 통해 지하수가 유출되는 것이 관찰되었다. 이러한 상황으로부터 결함부는 지하수는 물론 조류에 영향 받을 만큼 취약하여 조사된 내용보다 심각할 수 있다고 평가되었다. 따라서 현재의 보강 방법이 충분한지 알아보기 위해 결함 말뚝의 주위에 시추지반조사 2공과 코어링 구멍을 이용하여 결함부의 사진 촬영을 실시하였다.

추가 지반조사 결과 그림 4.110과 같은 새로운 정보를 얻을 수 있었다. 즉, 그림에서와 같이 말뚝 결함부의 주위에 상당히 큰 콘크리트체가 조성되었음을 알 수 있었다. 또한 말뚝 하부 주위 점토의 강도는 설계 시 지반조사 결과보다 크게 줄어들어 있었다. 그리고 CCD 카메라로 코어링 구멍을 촬영한 결과 결함부의 상태는 큰 구멍과 자갈로 엉성하게 이루어져 있음을 확인하였다(그림 4.111 참조).

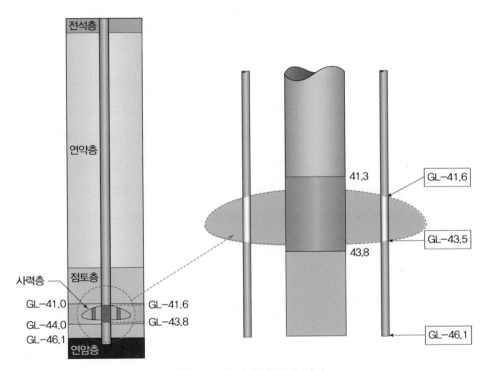

그림 4.110 추가 시추조사 결과

추가 조사로부터 결함부의 원인은 단순한 콘크리트 관리 부실에 의한 재료분리가 아닌 것으로 결론지었다. 즉, 말뚝 본체의 결함부는 말뚝 하부 굴착 중(버킷 작업 및 치즐링 작업) 공내수의 유동 및 교번 압(정압 및 부압 반복)에 의해 굴착공 하부 주변(케이싱 배면) 지반이 연약화되었고, 특히 모래층의 토사가 유실되어 케이싱 배면에 공극이 생긴 것으로 판단하였다. 결국 콘크리트 타설 시 케이싱이 인발되면서 콘크리트가 순간적으로 주변으로 퍼지고(bulging), 주변의 토사가 공 내부로 유입되면서, 콘크리트 본체에 연약대가 발생하였다고 추정된다.

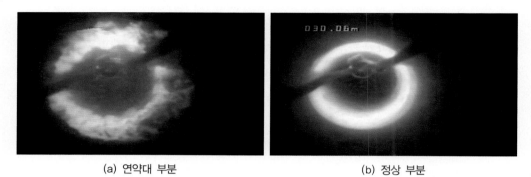

(a) 연약대 부분   (b) 정상 부분

그림 4.111 CCD 카메라 촬영 결과

조사 내용 중 말뚝 결함부의 단면적은 전체 단면적 중 절반 이상에 해당한다는 것, 그리고 결함 콘크리트의 실제 강도는 설계 시 가정한 값보다 작다는 것이 특별히 강조된 나머지 2차 보강 방법(마이크로파일)의 추가 보완이 논의되었다. 따라서 공학적이기보다는 보수적인 관점에서 보강검토를 재차 실시하게 되었고, 결국 결함부의 부족 강도만큼 보충하는 방법으로 설계한 기존의 마이크로파일 보강 방법 외에 추가 보완이 필요하다는 결론이 내려졌다.

이상의 결론으로부터 결함말뚝을 보강하기 위해 추가말뚝을 설치하는 3차 보강을 실시하는 것으로 결정하였다. 따라서 결함말뚝 주위에 강관말뚝(D700T14, mm) 3본을 설치하였다. 말뚝의 결함 부위 주변에 콘크리트가 존재하므로 강관말뚝은 PRD공법을 이용하여 설치한 후 최종 타격하는 방법으로 마무리되었다.

3) 교훈

본 사례는 현장타설말뚝의 본체 형상과 콘크리트 불량의 발생과 이의 원인 파악 그리고 보강 대책을 실시하는 내용을 소개하고 있다. 사실상 본 건은 지반조건, 시공법, 타설관리 등이 조합된 복잡한 문제이기도 하다. 문제가 발생한 해당 위치의 지반조건은 퇴적층 직하부에 매우 견고한 암반층이 나타나므로 채택된 수정어쓰드릴방법으로 시공하기 어려운 지반조건이라 할 수 있다.

따라서 이러한 문제를 사전에 인지했다 하더라도 해당 위치에서만 다른 공법으로 시공하기란 쉽지 않았을 것으로 보인다. 또한 문제의 사전 인지를 전제로 시공관리로 대처하는 것도 가능하지만, 이 역시 쉬운 일은 아니다. 하지만 쉬운 일은 아니라도 같은 동일 교각의 주변 말뚝에 문제가 없었던 것을 감안할 때 어려운 문제도 아니다. 즉, 해당 위치에서의 지반조건 분석을 통해 시공 중 발생할 수 있는 문제를 예상하고, 해당 위치에서 콘크리트 타설 관리를 더욱 철저히 했더라면 콘크리트의 퍼짐은 막지 못했을지라도 토사유입에 의한 본체의 결함은 막을 수 있을 것이라 생각한다.

본 사례에서 보다 아쉬운 점은 공학적으로 최적의 보강 방법을 결정했음에도, 가상의 문제에 집착한 나머지 관리적인 관점에서 필요 이상의 보강을 주문하거나 시도한 점이다. 보강 문제가 간단하지 않고 우려사항이 많은 것은 분명하지만, 합리적이며 공학적인 접근이 필요하고 그래야만 기술 발전도 이루어진다고 생각한다.

일반적으로 초기 시항타로부터 시공방법과 절차를 확정하고, 이에 따라 본시공을 하게 되므로 처음에 확인된 양태와 다른 문제가 갑자기 발생할 경우 이에 대처하기란 쉬운 일은 아니다. 그러나 작은 문제라도 변경점이 생기면 이를 재차 검토하여 필요한 내용은 이후 시공에 반영하는 것이 현장의 문제를 줄이는 바람직한 방법이라 생각한다.

4.3.8 최적 기초공법의 선정

1) 개요

시공단계에서 기초공법을 선정하는 경우는 드물지만 설계에 명시가 없거나 이슈가 있을 때 그런 상황이 있을 수 있다. 이 경우 시공자 주도로 검토되는 장점이 있지만, 비용, 공기 등 여러 제약이 있어 선정 작업이 용이하지는 않다. 기초공법의 선정은 대부분 설계단계에서 이루어지고, 최적의 공법을 목표로 이루어진다. 하지만 설계단계에서 기초공법 선정 시 간혹 설계자가 공법 선정을 주도하여 시공적 관점을 놓치거나 관례적인 설계로 최적의 공법과는 거리가 있을 수도 있다.

프로젝트 계획단계에서 혹은 설계(기본 혹은 실시) 후에 프리콘서비스(precon service)가 포함될 수 있는데, 당연히 이 절차는 최적의 기초공법을 선정하는 데 도움이 된다. 왜냐하면 프리콘서비스는 해당 전문가가 직접 참여하여 보다 실질적인 검토를 할 수 있고, 또한 관련 전문가들이 서로 크로스체크(cross check)를 할 수 있는 기회를 주기 때문이다. 이와 같이 최적 기초공법의 선정은 프로젝트 스케줄의 앞단에서 할수록 효과적이라 할 수 있다. 본 사례에서는 프로젝트 초기 계획 단계에서 프리콘서비스를 통해 최적 기초공법을 선정한 사례를 소개하였다.

본 현장의 대표적인 지반조건(그림 4.112 참조)은 상부로부터 준설매립층, 해성퇴적토층, 퇴적층, 사암층으로 이루어졌다. 준설매립층은 상부 약 1m 정도로 얇고, 해성퇴적토층은 11m 정도 조밀한 실트롬층으로 이루어졌으며 하부에 12m 정도의 빙적토층(상부 실트롬층 5m, 하부 모래자갈층 7m)이 나타난다. 그리고 이하 104m 정도까지 신생대 굳은 점토층으로 이루어졌다. 암반은 104m 이하에서 나타나고, 지하수위는 지표하 1m 정도에 분포한다. 본 건은 프로젝트의 계획단계에서 프리콘서비스가 진행되고 있는 상태여서 해당 위치에 대한 지반조사도 이루어지지 않았다. 따라서 상기 설명한 지반조건은 인접 구조물에서 실시한 지반조사와 시험결과로부터 도출되었다.

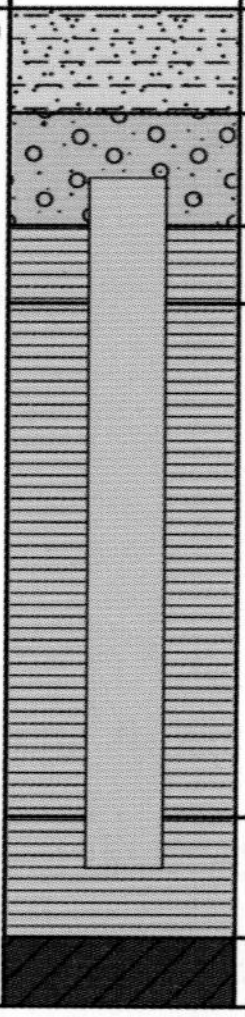

깊이 (m)	말뚝과 지반조건	토질명	층 구분	변형계수 E (MPa)	CPT q_c (MPa)	CPT f_s (kPa)
0 12.0		해성토층(실트롬)	1~4			
12.0 23.7		빙적층(모래자갈)	5, 6	8~15		
23.7 32.0		퇴적층(굳은 점토)	7	25	13.4	575
32.0 83.9		퇴적층(굳은 점토)	8	79~419	12.7~15.7	494~532
83.9 89.0 104.0		퇴적층(굳은 점토)	9	419~589	16.0~20.7	498~582
104.0		연암(사암)	10	460	25.2	562

그림 4.112 지반 및 말뚝 조건

2) 분석 및 결과

구조물은 초고층 빌딩으로 상부 160층에 지하 3층으로 이루어졌다. 흙막이는 D-wall(두께 1.2m, 깊이 33m)을 설치하여 지하 20m까지 굴착하도록 계획되었다. 전술한 바와 같이 기초 지반이 퇴적층으로 구성되고, 암반은 100m 이하에 분포하는바, 프리콘서비스에서 토공의 주요 이슈는 지하층 굴착 및 기초공의 공기 단축이었다. 따라서 주요 검토 항목은 최적의 기초공법 선정, 공기최소화, 구조해석용 설계정수 산정 등이다.

전술한 바와 같이 본 건의 경우 프로젝트의 초기 프리콘서비스를 통해서 최적의 기초공법을 검토할 수 있는 기회가 주어졌다. 구조 및 지반 분야가 한 팀이 되어 협의를 통해 검토가 진행되었다. 예로 구조기술자가 기초를 스케치하면 이를 바탕으로 지반기술자가 기초공법을 분석하고, 이의 결과를 구조물 해석에 적용하고 다시 피드백하는 방식으로 공법의 적정성을 검토하였다.

우선 지반기술자가 현지에서 가용하고 경쟁력이 있는 보드파일, 바렛파일을 추천했다. 추천된 공법들에 대해 구조기술자가 기초의 레이아웃을 스케치(그림 4.113 참조)하면 이를 바탕으로 구조팀과 지반팀이 각자 구조물을 분석하였다. 여기서 지반팀은 스케치를 바탕으로 각 공법의 적정성에 대해 검토하는데, 검토 내용에는 인근의 지반조사 및 시험결과를 반영한 설계 물량을 산출하고, 여기에 단위 설계하중당 물량을 계산한 후 자재비를 감안한 개략적인 경제성을 산정하였다. 그리고 현지 상황을 바탕으로 장비조달, 공기 등을 반영한 시공성을 고려하였다.

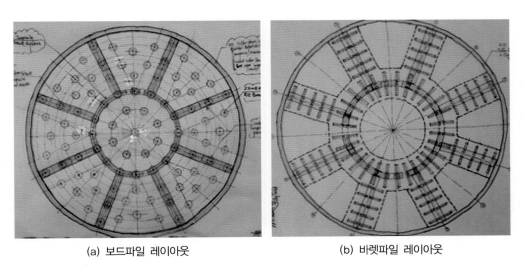

(a) 보드파일 레이아웃 (b) 바렛파일 레이아웃

그림 4.113 기초 레이아웃 스케치 예

표 4.25는 기초공법의 검토 내용을 요약한 것이다. 표에서와 같이 경제성은 말뚝 종류에 따라 다르고, 같은 종류라 하더라도 직경에 따라 달라짐을 알 수 있다. 분석 결과로부터 경제성은 혼합 직경(D2.0 + D2.5)의 보드파일이 가장 양호하고, 그 다음으로 D2.5와 D3.0의 보드파일이 우수한 것으로 나타났다. 시공성은 D2.5 보드파일이 가장 우수한 것으로 나왔다. 혼합직경은 두

표 4.25 말뚝기초공법의 검토 내용 비교 요약

Items	Unit	Bored Pile	Bored Pile	Bored Pile	Bored Pile	Bored Pile	Bored Pile	Bored Pile	Bored Pile	Bored Pile	Barrette Pile
pile size	D(B)×L,(m)	1.5	2	2	2.5	2	2.5	2	2.5	3	1.2×2.8
pile section area	A_c(m²)	1.77	3.14	3.14	4.91	3.14	4.91	3.14	4.91	7.07	3.36
rebar amt,(1%)	A_c(m²)	0.0177	0.0314	0.0314	0.0491	0.0314	0.0491	0.0314	0.0491	0.0707	0.0336
rebar strength	f_y(t/m²)	40000	40000	40000	40000	40000	40000	40000	40000	40000	40000
con'c strength	f_{ck}(t/m²)	6000	4000	5000	5000	5000	5000	5000	5000	4500	4000
unit skin friction	f_s(t/m²)	24	24	24	24	24	24	24	24	24	16.8
unit end bearing	q_b(t/m²)	800	800	800	800	800	800	800	800	800	500
pile length	PL(m)	65	65	70	70	70	70	60	65	70	65
skin friction	Q_s(t)	7348	9797	10550	13188	10550	13188	9043	12246	15826	8736
end bearing cap.	Q_b(t)	1413	2512	2512	3925	2512	3925	2512	3925	5652	1680
allw. geot. cap.	Q_a(t)	4145	5736	6113	7902	6113	7902	5359	7431	9797	4928
structural cap.	Q_m(t)	2905	3611	4388	6856	4388	6856	4388	6856	8999	3864
design load	Q_d(t)	2800	3400	4100	6000	4100	6000	4100	6000	7200	3500
con'c vol. per pile	m³	126.3	224.5	241.8	377.8	241.8	377.8	207.2	350.8	544.0	240.2
pile number	ea	240	198	164	112	68	42	40	92	89	183
comparative cost		0.83	1.00	0.74	0.54	0.51		0.57		0.54	0.96
constructability		good	good	good	vg	good	vg	good	vg	good	poor
remarks						slab	wall	out row	center		

주) Bored Pile은 어쓰드릴공법을 의미하고, Barrett Pile은 D-wall의 1 seg.를 Pile로 사용한 것임

장비 세트를 유지해야 하는 점에서 시공성에 대한 의문이 제기되었고, D3.0은 다수의 대형장비의 조달이 쉽지 않은 점이 우려되었다. 또한 바렛파일은 경제성이나 시공성이 떨어지는데, 그 이유는 본 지역의 지반 특수성에 따른 것으로 시공 시 굴착안정액의 유지와 안정액 사용에 따른 마찰력 감소 영향에 기인한다. 따라서 적합한 공법으로 보드파일(D2.5)이 선정되었다.

말뚝의 시공법(보드파일)과 직경(D2.5)을 결정한 후 이를 바탕으로 다양한 배치에 대해 상세 검토(Plaxis 해석)를 실시했다. 그림 4.114는 상세 검토 결과를 요약한 것이다. 그림에서와 같이 침하 분포와 크기, 반력 분포와 크기 등을 고려하여 대안 2를 최적 기초공법으로 선정하였다. 대안 4가 반력의 분포에서 비교적 안정성을 보여주는 것을 감안하여 대안 2의 조건에 유사한 배치와 길이를 고려할 수 있지만, 프로젝트의 초기 계획단계인 점을 고려하여 약간 보수적인 관점에서 대안 2를 선정하였다. 이후 지반조사와 시험시공 등이 이루어지고 상세 설계를 확정할 때는 이러한 검토가 필요하다.

항목	대안 1(104ea)	대안 2(112ea)	대안 3(136ea)	대안 4(136ea)
말뚝 제원	D2.5m, L70m	D2.5m, L70m	D2.5m, L65m	D2.5m, L65m (바깥열 D2m, L60m)
시공 순서 및 모델링	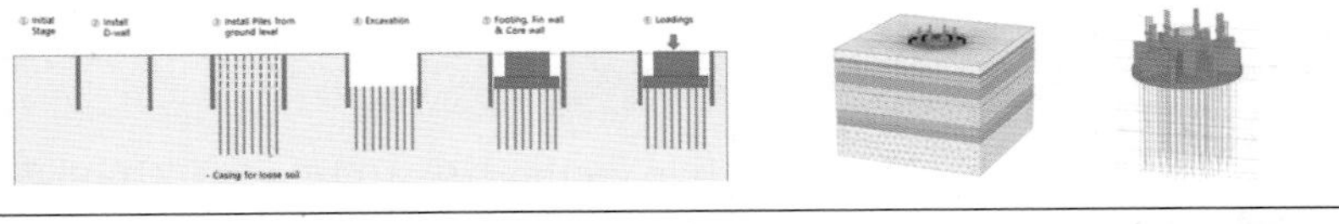			
말뚝반력 및 침하분포	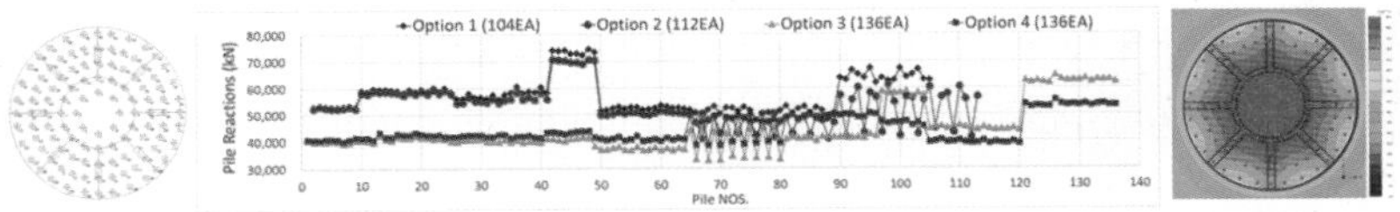			
말뚝 설계하중	6,500ton	6,500ton	6,500ton	6,500ton
최대침하량	88.9mm	88mm	85.8mm	92.5mm
최대경사각	1 : 1,150	1 : 920	1 : 767	1 : 760
평균말뚝반력	5,915ton	5,490ton	4,524ton	4,512ton
최대말뚝반력	7,937ton	7,565ton	6,421ton	5,632ton
기초아래 지반반력(분담률)	6.0t/m²(4.2%)	6.0t/m²(4.2%)	5.9t/m²(4.2%)	6.1t/m²(4.3%)
말뚝 스프링계수	73~118t/mm	72~116t/mm	54~87t/mm	50~65t/mm
지반 스프링계수	0.093~0.114 kg/cm³	0.075~0.094 kg/cm³	0.074~0.091 kg/cm³	0.070~0.090 kg/cm³

그림 4.114 말뚝 상세 검토 내용 요약

3) 교훈

말뚝의 최적 기초공법을 선정할 시 현장조건(지반조건, 시험자료, logistics 등)과 현지조건(지역단가, 장비상황, 조달, 실무 등)을 반영해야 한다. 또한 이를 바탕으로 말뚝조건(직경, 길이, 배치, 재료 등), 지반조건 등을 고려해 기초의 안정성을 검토하는 것이 바람직하다.

구조물 기초의 프리콘서비스에서 기초공 검토는 기초공 자체뿐만 아니라, 이후 공종에도 효과를 주어 프로젝트의 성패에도 영향을 줄 수 있는 요긴한 절차이므로 활성화되었으면 한다. 기초의 프리콘서비스의 기초공 검토 시 경험, 사례, 자료를 광범위하게 활용하고 구조분야와 적극 소통하는 것이 중요하다. 또한 본 사례와 같이 프로젝트 초기 단계에서 프리콘서비스를 통한 토공의 최적화는 이후 주요 공종(골조, M&E, 외장, 마감 등)에 여유 공기라는 혜택을 제공할 수 있으므로 결과적으로 안전시공에도 큰 역할을 한다는 것을 이해해야 한다.

4.4 특수말뚝

4.4.1 압입말뚝 시공 시 말뚝의 융기

1) 개요

본 사례는 압입말뚝공법(jack in pile method)의 시항타 중에 시험말뚝에서 말뚝의 지지력 부족이 발생하여 이의 원인을 조사하고 조치한 내용이다. 압입공법에 대한 상세한 사항은 2.5.1절을 참고할 수 있다.

본 현장의 지반조건은 그림 4.115에서와 같이 지표로부터 중간 정도 견고한 모래질 점토층 15m, 하부에 견고한 모래질 점토층(자갈 혼합) 10m, 풍화암층으로 구성되었다. 지하수위는 지표로부터 약 1m 정도이다.

상부 구조물은 공장이고 기초는 독립기초를 말뚝이 지지하도록 설계되었다. 본 현장에서는 현지 실무 조건에 따라 RC파일(300×300mm, f_{ck}=30MPa)을 압입말뚝공법으로 근입하도록 계획되었다(그림 4.116 참조). RC파일 한 본당 설계하중은 60ton, 근입길이는 평균 16m 정도로 설계되었다.

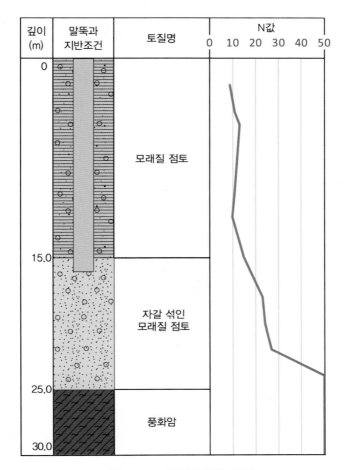

그림 4.115 지반 및 말뚝 조건

(a) 압입말뚝 시공 광경

(b) RC파일

그림 4.116 압입말뚝 시공 광경 및 RC파일

2) 원인 분석 및 대책

시공 초기에 시항타를 위해 시험말뚝 3공이 시공되었고 이에 대해 정재하시험이 실시되었다. 시공기록에 의하면 모든 말뚝은 설계하중의 2.5배까지 압입한 상태이다. 시공 1주 후 실시한 정 재하시험에 의하면 그림 4.117과 표 4.26에서와 같이 3개의 시험말뚝 중 2개의 말뚝(test #1, test #2)은 지지력 미달, 1개의 말뚝(test #3)은 지지력을 만족하는 것으로 보고되었다.

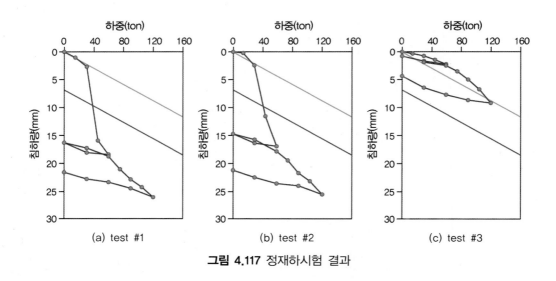

그림 4.117 정재하시험 결과

표 4.26 지지력 분석 결과

지지력 분석 방법	Test #1			Test #2			Test #3		
	$Q_u(t)$	F_s	$Q_a(t)$	$Q_u(t)$	F_s	$Q_a(t)$	$Q_u(t)$	F_s	$Q_a(t)$
Davisson	39	2.0	19.5	42	2.0	21.0	120 ↑	2.0	60 ↑
Log P–Log S	33	2.0	16.5	48	2.0	24.0	N.A	2.0	N.A
DIN4026	30	2.0	15.0	35	2.0	18.0	120 ↑	2.0	60 ↑
평균허용지지력	19.5(지지력 미달)			21.0(지지력 미달)			60.0 ↑		

그림 4.117에서와 같이 지지력이 미달된 2개 말뚝의 하중 – 침하량 곡선은 유사한 형태를 보 여주고 있다. 미달된 두 개 말뚝 모두 하중 – 침하량 곡선의 첫 번째 사이클에서는 큰 침하가 일 어났지만, 두 번째 사이클에서는 안정적인 거동을 보여주고 있다. 즉, 시험 초기 두 말뚝은 극한 파괴 상태였지만, 두 번째 재하 사이클에서는 양호한 지지거동을 보여주어, 시공 후 두 말뚝이

떠올랐음을 짐작할 수 있다. 특히 지지력이 미달된 말뚝들의 두 번째 사이클의 하중 – 침하량 곡선은 지지력이 양호한 말뚝(test #3)의 두 번째 사이클의 거동과 유사하여 앞서의 가정을 뒷받침하고 있다. 따라서 지지력이 불량한 두 말뚝은 지지력 자체가 부족하여 침하된 것이 아니고, 말뚝이 소정의 지지층에 안착된 후 무언가에 의해 융기되고(떠오르고) 재하시험 도중 다시 원위치로 침하하게 된 것이다. 어찌되었든 재하시험결과에 의한 침하량은 허용 침하를 초과하였으므로 지지력은 미달로 평가되었다.

두 말뚝의 융기 원인은 지반, 말뚝 종류, 공법의 특성에서 유추할 수 있다. 세립토 지반에 변위 말뚝(displaced pile)을 시공하면 말뚝 주변 흙은 근입된 말뚝의 부피만큼 주변으로 이동하게 된다. 이동한 흙이 기시공된 말뚝과 접하게 되면 마찰력이 상대적으로 작은 기시공 말뚝은 융기하게 된다(그림 3.60 참조). 이러한 융기력이 말뚝재료의 인장력을 초과할 경우 말뚝에 손상을 가하는 경우도 있다(조천환, 1996). 본 현장은 점성토지반이며 마찰력이 비교적 작고 RC파일(변위말뚝)과 압입공법이라는 융기 조건을 충족시키고 있다.

이러한 가정을 바탕으로 현장에서 융기 현상을 확인하기 위해 그림 4.118과 같이 일개 독립기초에서 시공 중 말뚝의 움직임을 측정해 보았다. 그림에서와 같이 순서대로 말뚝을 압입하면서 최초 관입 시 레벨과 군말뚝 관입 완료 후 최종 레벨을 측량하여 비교해 보았다. 그 결과 대부분 말뚝들이 인접말뚝 설치 시 영향을 받아 융기하는 것을 알 수 있었으며, 해당 독립기초에서 말뚝의 융기량은 최대 22mm 정도로 나타났다.

융기 말뚝에 대한 대책으로는 말뚝의 간격을 넓히는 방법, 비변위(또는 소변위)말뚝공법으로 변경, 선굴착을 실시하여 변위를 막는 방법, 융기된 말뚝을 다시 근입시키는 방법(재항타 방법) 등이 있다. 대책 방법의 선택은 융기말뚝의 발견 시점, 현장 조건 및 공사 여건 등에 따라 달라질 수 있다. 본 현장은 시공 초기에 융기를 발견하였기 때문에 다른 공법으로의 변경은 곤란한 상태이고, 또한 기시공된 말뚝의 처리 등을 고려하여 융기된 말뚝을 다시 근입하는 방법을 적용하였다.

따라서 기시공된 일부 말뚝은 항타기(해머 포함)와 보조말뚝을 사용하여 재항타하여 마무리하였다. 또한 이후 시공된 말뚝들은 측량을 병행하면서 융기가 일어나면 독립기초별로 재항타하고, 재하시험 비율도 추가하는 등 품질관리를 강화하였다.

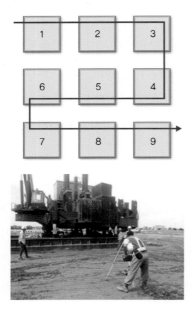

말뚝 시공 순서	(1) 최초 관입 시 레벨, mm	(2) 말뚝군 관입 완료 후 레벨, mm	융기량 (1) – (2), mm
1	1,240	1,226	14
2	1,238	1,226	12
3	1,233	1,211	22
4	1,214	1,200	14
5	1,202	1,191	11
6	1,196	1,186	10
7	1,191	1,180	11
8	1,211	1,201	10
9	–	1,175	0

그림 4.118 말뚝 융기량 측정 결과

3) 교훈

본 건의 경우 재하시험보고서의 내용을 있는 그대로(미달로) 받아들였다면 문제의 원인을 해소할 수 있는 대책이 아닌 다른 대책이 도입될 수도 있었다. 또한 이러한 문제가 늦게 발견되었다면 대책에 많은 시간과 금액이 소요되었을 것이다. 다행이 본 현장은 조기(시항타 시)에 문제가 발견되고 적절한 RCA(root cause analysis)가 이루어져 효율적이고도 간단한 방법으로 마무리가 될 수 있었다.

변위말뚝이 세립토 지반에 설치되고 마찰력이 작을 것으로 예상되면 반드시 말뚝의 융기를 검토해야 한다. 말뚝의 융기에 대한 검토는 설계 시 이루어지는 것이 가장 바람직하다. 하지만 시공단계에서라도 말뚝의 융기가 의심되면 단말뚝에 대한 시항타에 그치지 말고, 군말뚝의 시항타를 통해서 확인하는 것이 필요하다. 시방에서 군말뚝 시항타에 대한 언급이 있는 경우도 있지만, 언급이 없는 경우에도 시항타 또는 시공 초기에 말뚝의 융기를 확인하는 것이 중요하다.

또한 시항타 단계에서 인지하지 못한 경우라도 융기의 조건에 해당되거나 융기가 우려되면 본말뚝 시공 초기에 군말뚝에 대한 측량을 실시함으로써 융기 여부를 간단히 파악할 수 있으며, 손쉽게 대책도 마련할 수 있다.

4.4.2 CFA파일의 실제 적용성

1) 개요

CFA파일은 2.5.2절에서 설명한 것처럼 시공속도가 빠르고 공사비가 싸며, 현타말뚝 공정에서 품질관리가 가장 어려운 공벽유지 절차가 필요 없는 장점이 있다. 또한 CFA파일은 현장타설말뚝의 장점인 저소음·저진동이고 이음이 불필요하다는 이점 등이 있어 미국이나 유럽 등지에서 많이 사용되고 있다.

실무에서 CFA파일은 주로 장점이 부각되어 공법 선정 시 채택되는 경우가 자주 있다. 특히 CFA파일의 장점만을 평가하여 CFA파일을 대구경에까지 확장한 후 어려움을 겪는 경우도 종종 있다. 본 절에서는 CFA파일의 시공 데이터를 바탕으로 설계 시 계획과 시공 시 현상을 비교하여 CFA파일의 실제 적용성을 분석해 보았다. 그리고 이들의 차이점에 대한 원인을 분석함으로써 CFA파일 선정 시 고려할 점에 대해 살펴보았다.

본 사례의 상부 구조물은 공장이고, 하부 기초는 현타말뚝으로 계획되었다. 말뚝의 크기는 D610(mm)에서 D1800(mm)까지 상부 하중에 따라 다양하게 배치되었다. 설계하중은 위치마다 차이가 있지만, 소구경인 경우 D610은 400ton/본, D760은 710ton/본 정도로 계획되었다. 말뚝 길이는 지반조건에 따라 다르지만 전체적으로 볼 때 D610은 셰일층(기반암층) 위에 계획되었고, D760은 셰일층에 일부 근입되도록 계획되었다.

지반은 지표로부터 3m 정도의 매립층, 이하 20m 정도의 점토층이 있는데, 점토층 내에 모래층이 간혹 나타나기도 한다. 이하에는 기반암층으로 이루어졌는데, 기반암은 셰일이다. 지하수위는 일부 위치에서만 지표하 3m 정도로 나타난다(그림 4.119 참조).

본 현장의 말뚝시공법은 D910 이상은 어쓰드릴공법으로 계획되었고, 이하(D610과 D760)는 CFA파일로 계획되었다. CFA파일의 시공을 위해 그림 4.120과 같이 크롤러크레인에 리더가 부착된 장비가 사용되었으며, 베이스 크레인으로 200ton급 크레인이 사용되었다.

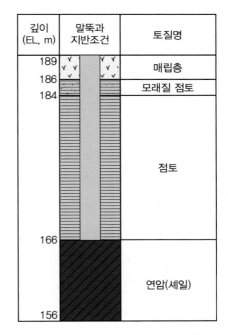

그림 4.119 지반 및 말뚝 조건

(a) CFA파일 장비 전경   (b) 그라우트 펌프

그림 4.120 CFA파일 장비

당초 CFA파일은 소구경에만 계획되었지만, 시공 초기 소구경 CFA파일의 양호한 생산성을 바탕으로, 현장의 공기를 감안하여 D910 또는 그 이상의 말뚝에도 CFA파일을 적용하는 변경 계획을 세웠다. 그러나 변경된 CFA파일을 시공하는 과정에서 당초 예상한 생산성과 소요물량과 다른 결과가 나와 오히려 변경 계획이 비경제적이라는 결론을 얻었다. 따라서 계획된 시공 변경은 전면 재검토되었다. 본 절에서는 이에 대한 분석 내용을 소개하였다.

2) 분석 및 평가

2.5.2절에서 설명한 바와 같이 CFA파일은 천공 후 인발하면서 주입재를 타설하기 때문에 신속하고 간단하게 시공이 이루어진다. 따라서 상대적으로 경제성도 높은 것으로 평가되고 있다. 이러한 장점이 인정되어 CFA파일은 소구경 말뚝 위주로 사용되어 오다가 최근에는 대구경으로 확장되기도 한다.

본 현장의 경우 당초에는 CFA파일이 기둥 기초 사이에 설치되는 소구경(D760mm 이하) 스텀프 파일(stump pile)에만 계획되었다. 하지만 전술한 바와 같이 소구경 CFA파일의 시공 초기 생산성 자료에 근거하여 이를 대구경에도 확장 적용하는 변경을 실시하였다.

그림 4.121은 사례현장에서 시공한 공법별 직경별 말뚝공사비를 비교하였다. 공사비는 직경의 영향을 배제하기 위해 톤당 공사비를 산출하였고, 가격비는 D610 CFA파일의 공사비를 기준으로 산출하였다. 말뚝위치별 지반조건 및 각종 공사 여건이 말뚝 공사비에 영향을 줄 수 있지만, 공사비는 동일 현장 일개 구조물의 수많은 말뚝을 대상으로 도출한 것이기 때문에 경향을 파악하는 데는 문제가 없다고 본다.

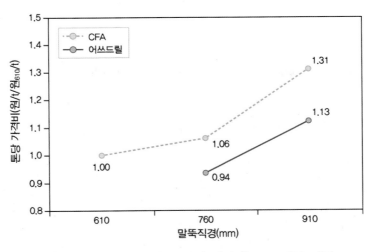

그림 4.121 공법 및 직경별 톤당 가격비(D610 가격 기준)

그림 4.121에서 보면 CFA파일은 직경이 커질수록 공사비가 커지고, 공사비의 증가비도 커지는 것을 볼 수 있다. 이러한 결과는 동일 현장에서 동일(또는 유사) 장비를 사용한 것을 고려하면, 직경이 커질수록 설계하중이 커져서 경질 지반을 더 깊게 천공해야 함에 따라 장비의 마모 및 고장, 추가시공시간 등이 반영된 시공비의 영향이라고 생각된다. CFA파일을 선정하는 이유 중 주요 요인은 양호한 경제성인데, 그림에 따르면 CFA파일은 D760 이상에서 어쓰드릴공법보다 경제성이 떨어지는 것으로 나타났다. 이는 주로 그라우트의 손실(loss)과 전술한 장비비를 근간으로 한 시공비에 기인한다.

본 현장의 경우 그라우트의 손실은 CFA파일에서 평균 79%, 어쓰드릴공법에서 평균 16%로 나타났다. 후자도 일반적인 경우보다 약간 크게 나타났지만, 전자의 그라우트 손실은 매우 비정상적이다. CFA파일에서 그라우트 손실이 큰 이유는 우선 레미콘의 공급상황 및 말뚝 길이 변화에 따라 버려지는 양이 많았기 때문이다. 이에 대한 세부 원인은 CFA파일 특성상 연속주입이 확보되어야 하나 그렇지 못한 경우 긴 호스와 펌프의 세척(flushing)이 자주 요구되고, 이에 따라 주입 전 펌프와 호스의 채움도 필요하여 그라우트의 손실이 커진 것이다. 또한 CFA파일 특성상 레미콘 트럭으로 이송된 그라우트가 부족하면 문제가 생기게 되는데, 실제로 공별로 그라우트를 정확하게 주문하는 것은 현실적으로 어렵다. 그러다 보니 충분한 양을 주문하게 되고, 결국 말뚝 길이 변화에 따라 버려지는 양도 많기 때문이다(그림 4.122 참조). 더군다나 실제의 지반조건에서 일반 장비로 2.5.2절에 설명한 CFA파일의 원리(오거의 회전과 관입 속도의 균형을 맞추어 오거날개에 굴착된 흙이 채워지도록 함)를 지키기란 쉽지 않은데, 이럴 경우 그라우트의 손실을 피할 수가 없다. 이러한 현상은 본 사례에만 국한된 것이 아닌 CFA파일의 일반적인 상황이다. 따라서 CFA파일 선정 및 설계 시 이러한 그라우트 손실이 고려되어야 한다.

(a) 잉여 그라우트 오버플로우

(b) 오거 및 호스 세척

(c) 타설 전 펌프 채움(호스 채움 포함)

그림 4.122 그라우트 손실 원인

그림 4.123에 CFA파일의 직경별 생산성을 도시하였다. 생산성은 리그(rig)당 일 생산개수를 산출하고, 말뚝 길이의 영향을 없애기 위해 리그당 일 생산길이도 산출해 보았다. 본 건에서 두 값의 경향은 유사하게 나타났다. 결과적으로 CFA파일은 직경이 작을수록 생산성이 커지고, 이의 증가비도 커지는 것으로 나타났다. 사실상 CFA파일은 D610의 생산성(1일 11.3개, 1일 253m)만이 정상적이고, D760이나 D910의 생산성은 어쓰드릴공법의 현장타설말뚝에 비해 큰 차이가 없다. 이는 직경이 작을수록 설계하중이 작아져 경질 지반(암반 포함)을 천공하는 양이 적은 것에 주로 기인한다. 또한 CFA파일은 한 공정으로 말뚝을 완성하는 공법이므로 관련 장비 중 한 곳이라도 문제가 되면 전체 작업이 중단되는 등 장비 고장이 생산성에 크게 영향을 주게 된다. 이러한 경향은 말뚝의 직경이 커질수록 경질 지반을 천공하는 양이 많아지기 때문에 문제의 가능성이 더욱 커진다. 아울러 CFA파일의 특성상 그라우트의 양이 모두 확보될 때까지(레미콘 트럭이 모두 도착할 때까지) 천공을 대기해야 하는 시간도 결과에 영향을 미친 것으로 보인다.

CFA파일의 생산성은 주로 직경이 작은 말뚝에서 경쟁력이 있다. 따라서 소구경 CFA파일에서 얻어지는 생산성을 바탕으로 대구경 CFA파일의 생산성을 추정하는 것은 현실적이지 않다. 이러한 현장 결과를 바탕으로 본 건 현장은 CFA파일 시공 초기에 변경한 시공계획(D910 이상도 일부를 CFA파일로 변경)을 철회하고, 당초 CFA파일로 계획했던 D760말뚝의 일부조차도 어쓰드릴공법으로 변경하여 시공을 마무리하였다.

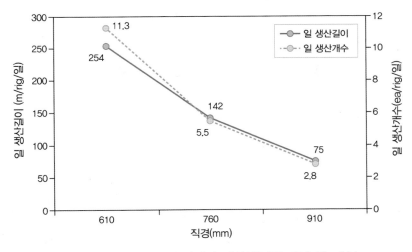

그림 4.123 CFA파일의 직경별 생산성(말뚝 길이 및 개수)

3) 교훈

　CFA파일은 이론적으로 간단하고 빠르며 공사비가 싼 공법으로 알려졌다. 그러나 전술한 현장 자료에서처럼 실제는 직경에 따라 이론과 다르게 나타남을 알 수 있다. 결국 CFA파일의 경쟁력을 활용하기 위해서는 가능한 소구경 말뚝(D610 이하)에 주로 사용하는 것이 바람직하다. CFA파일의 직경을 확장하기 위해서는 CFA파일의 전용 장비 사용, 또는 CFA파일에 특화된 지반조건이나 설계조건일 경우 가능할 것으로 보인다. 이러한 경우라도 경제성이 확인되어야 할 것이다. CFA파일 적용 시 전용 장비를 사용해야 하는 또 다른 이유는 기존의 전통적인 크레인 가동장비는 장비 자체가 커서 기동성이 떨어지고 점용면적이 크며, 장비의 고장이 비교적 잦아 생산성이 떨어지기 때문이다.

4.4.3 SSP공법의 적용성 및 변경 검토

1) 개요

　기초공법은 값비싼 공법이라고 항상 좋은 것은 아니다. 기초공법은 현실에 부응해야 하고 현장에 적합해야 하기 때문에 기초공법 선정 시 현지 실무(local practice)가 중요시 되는 이유이다. 최근 유럽이나 일본 등 환경이 엄격한 지역에서는 지하수 오염, 잔토처리 등 환경문제로 인해 현장타설말뚝공법의 적용이 제한되고 있다. 또한 현장타설말뚝공법은 기존 구조물이 수명을 다하고 새로운 구조물을 시공할 시 철거도 하나의 이슈로 지적되고 있다. 이러한 문제를 해소하기 위해 1990년 후반부터 일본에서는 SSP(screwed steel pipe pile)공법이 개발되어 이용되고 있다.

SSP는 2.5.3절에서 설명한 것처럼 선단부에 날개가 달린 강관을 회전압입하므로 잔토가 발생하지 않고 지하수 오염 문제도 없으며, 또한 저소음·저진동 공법이고 재사용(recycling)이 가능하여 자칭 친환경 차세대 공법으로 불린다.

그러나 SSP공법은 일본 외의 지역에서 공사를 할 경우 공사비가 비싸고, 공사 관련 절차나 업무가 용이하지 않아 시공 시 어려움을 겪을 수 있다. 본 사례에서는 일본 외의 해외에서 SSP공법으로 계획된 기초를 현지 공법으로 변경하게 된 사유, 그리고 변경을 통해서 공사비 절감과 공기단축을 수행한 내용을 소개한다.

2) 분석 및 결과

그림 4.124는 건축구조물의 기초계획 평면도이다. 그림에서와 같이 중앙 코어부와 좌우 날개부는 기초공법이 다르게 계획되었다. 즉, 중앙부는 SSP공법으로, 좌우측은 보드파일(bored pile, BP)공법으로 계획되었다. 여기서, 보드파일공법은 현장타설말뚝의 공법 중 어쓰드릴공법을 의미한다(그림 4.125 참조).

좌우측의 보드파일공법은 현지의 일반적인 공법으로 경제적이고 장비 및 자재 조달, 인력수급 등 시공이 용이하다. 그러나 중앙부의 SSP공법은 기 설명한 특허공법으로 여러 장점에도 불구하고 공기가 비교적 길고, 시공 시 좌우측 보드파일공법과의 공사 관련 간섭이 우려되었다.

특히 SSP와 같은 특수한 특허공법의 경우 시공 시 장비, 자재, 인력 등 시공에 필요한 모든 사항을 전문사에 의존해야 하는 부담도 있었다. 더욱이 구조물의 중앙 코어부 공사는 CP(critical path)여서 공기 관리가 중요한데다 기술한 우려사항이 발생할 경우 공기 준수가 어렵다는 판단이 들었다.

따라서 입찰단계에서 전술한 문제를 예상하고 공법 변경을 준비한 후 수주 직후 즉시 이를 추진하였다. 수주 직후 공법 변경을 추진한 이유는 보통 설계에 명시된 특수한 특허공법은 입찰단계에서 변경이 불가하기 때문이다. 또한 이러한 경우 수주 직후 적극적이고 신속한 공법 변경의 추진이 이루어지지 않으면 기초공은 선행공정이어서 스케줄상 공법 변경이 곤란하기 때문이다.

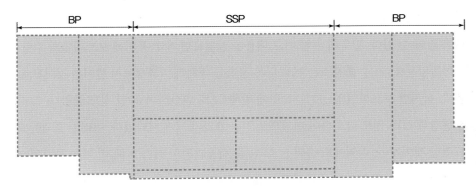

그림 4.124 구조물의 기초계획 평면도

그림 4.125 보드파일공법(어쓰드릴공법) 시공 장면

중앙부 구조물 기초의 SSP는 D800(WD1200)에서 D1200(WD1800)으로 계획되었다. 여기서 D는 강관의 직경(mm)이고, WD는 강관 날개의 직경(mm)이다. 말뚝의 본당 설계하중은 도면에 명시되어 있지 않아 상부 구조물의 해석을 통해 기둥의 하중을 구한 후 기둥에 설치된 말뚝의 개수를 고려하여 본당 설계하중을 추정하였다.

전술한 바와 같이 본 현장의 경우 공기 부족, 간섭 등이 우려되어 SSP공법을 변경하는 안을 검토하였다. 변경 대체 공법은 현지에서 일반적으로 사용되는 보드파일공법을 고려하였다. 표 4.27은 공법 변경을 위한 검토 내용을 요약한 것이다. 표에서와 같이 기초의 설계 변경은 기초 시스템(푸팅, 말뚝수량, 간격 등)에서 최소한의 변경을 위해 SSP의 각 형식의 치수(설계하중)에 대응하는 보드파일의 치수(설계하중)를 선정하는 방식으로 검토하였다.

결과적으로 보드파일의 수량은 SSP에 비해 크게 변하지 않았다. 하지만 공기와 공사비는 크게 변했음을 알 수 있다. 말뚝의 수량 비교 내용을 살펴보면, SSP에 비해 보드파일의 수량은 4% 정도 줄어들었는데, 이 수량 감소는 서로 다른 공법을 대체하는 과정에서 줄어든 것이므로 큰 의미는 없다. 하지만 보드파일의 공기는 SSP에 비해 CP로 환산하여 40일 정도 줄었다. 그리고 공사비는 변경 후 60% 정도 감소하여 변경으로 인한 효과가 크게 나타났다. 이러한 효과는 외관상으로 드러난 것이지만, 이외에도 숨겨진 효과, 즉 시공과정의 리스크 헤지, 여유 공기의 인계로 인한 후속 공종의 안전효과 등 정량화되지 않는 효과들이 있다.

표 4.27 공법 변경 비교 검토

			TYPE A/TYPE B		TYPE C/TYPE D/TYPE E			TYPE F	TYPE G/TYPE H		비교	비고
원안 (SSP)	공사비 (D/WD)		◎ 800/1600		◎ 800/1200			◎ 1000/1500	◎ 1200/1800		100%	
	설계길이(m)		36	32	32	35	32	31	32	35	–	
	수량	본	654	107	426	59	132	15	62	94	100%	
		m	23,544	3,424	13,632	2,065	4,224	465	1,984	3,290	100%	
	공기	일	162		131			4	33		0	
대안 (BP)	공사비 (파일D)		● D1500		● D1200			● D1500	● ● D1200×2ea		40%	
	설계길이(m)		31	28	27	33	27	33	28	335	–	
	수량	본	654	107	426	59	132	15	124	188	110%	
		m	20,274	2,996	11,502	1,947	3,564	495	3,472	6,580	96%	
	공기	일	120		76			3	41		△40(CP)	

3) 교훈

기초공법을 선정할 때는 현지의 자재, 장비, 인력 등을 고려하여야 하며, 현지 실무(local practice)를 우선해야 한다. 특허공법인 경우 장비 및 자재 도입, 인력 등에 대해 더욱 세심한 고려가 필요하다.

미래지향적이고 친환경적인 방식이 포함된 아무리 절대우위의 공법이라 하더라도 현지에 부응하지 않는다면 채택하는 데 신중한 검토가 요구된다. SSP공법은 친환경 공법으로 차세대 공법의 의미가 있음은 인정할 만하다. 하지만 SSP공법은 고가의 공사비, 전문사 위주의 공사수행 등 시공 시 난관에 봉착할 수 있는 개연성이 있으므로 공법 선정 시 또는 시공계획 시 이를 충분히 고려해야 한다.

시공 중 이슈 발생에 따른 공법 변경과 같이 반드시 필요한 경우를 제외하면 시공단계에서 공법 변경은 승인도 어렵고 일정상 추진도 곤란하며, 또한 시공단계에서 변경이 가능하더라도 그 효과는 매우 작다. 따라서 공법 변경은 항상 보다 앞단에서 필요성을 인지하고 준비해야 하며, 권한이 주어졌을 때 적극적이고 신속히 시도해야만 가능하므로 이를 감안해야 한다.

4.4.4 불규칙한 지지층에 HCP의 적용

1) 개요

본 사례에서 사용된 말뚝은 그림 4.126과 같은 HCP이다. 이 HCP는 상부는 휨응력과 전단력을 크게 받도록 강관으로, 하부는 압축력을 크게 받도록 PHC파일로 구성함으로써 강관 재료를 최소화하려는 목적으로 고안된 복합말뚝의 일종이다. 이에 대한 상세는 2.5.7절에 소개되었다. 본 사례는 경제적이고 효율적인 공사를 위해 선정한 HCP가 오히려 반대의 현상을 초래하게 되어 이의 원인과 대책을 강구한 것이다.

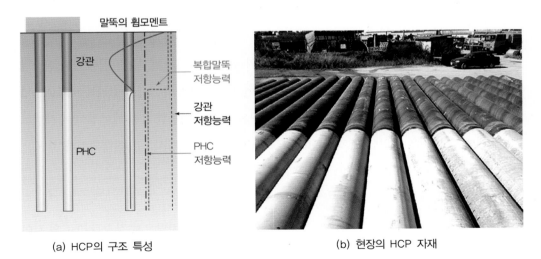

(a) HCP의 구조 특성   (b) 현장의 HCP 자재

그림 4.126 HCP의 특성과 실제

그림 4.127에서와 같이 구조물이 계곡부에 있어 지반조건은 위치에 따라 크게 변한다. 지반의 층서는 지표로부터 퇴적층, 풍화토, 풍화암, 연암 순서로 나타나고 있는데, 층의 두께는 지형조건에 따라 급하게 변하고 있다. 기반암은 편마암이다. 일부 위치의 연암층에는 파쇄대가 포함되어 있고, 두께는 최대 15m에 이른다.

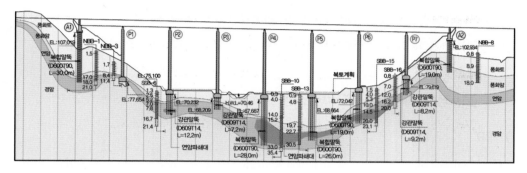

그림 4.127 지반조건

상부 구조물은 교량이고, 하부 기초는 직경 600의 HCP로 계획되었다. 사용된 HCP는 상부의 경우 600mm 직경을 가진 강관(두께 12mm), 하부의 경우 PHC600으로 제작되었다. 말뚝(교각)의 축방향 설계하중은 본당 206ton, 횡방향 설계하중은 본당 5ton이다. 말뚝의 길이는 선단이 연암층에 근입되도록 계획되어 각 피어별 지반조건에 따라 달라진다. 특히 연암 파쇄대가 있는 곳은 이를 관통하여 양호한 연암에 근입되도록 계획되어 말뚝의 길이가 다양하게 변한다.

HCP는 강관과 PHC의 경계부가 계획한 깊이에 위치해야 하므로, 지지층 깊이에 따라 천공깊이나 말뚝의 길이를 조정할 필요도 있다. 시공법은 현장 주변 민가의 민원을 고려하여 SDA공법으로 계획되었다. 시공은 우선 에어해머와 케이싱으로 지반을 천공한 다음 케이싱 내에 시멘트 풀을 주입하고 말뚝을 삽입한 후 경타(5ton 드롭해머 사용)하는 방식으로 진행되었다.

2) 현황 분석 및 대책

일반적으로 HCP는 지반조사 내용을 이용하여 계산된 결과를 바탕으로 강관과 PHC의 길이가 미리 정해져 현장에 운반된 후, 이를 이음하여 시공에 사용하게 된다. 그러나 본 현장에서는 지반조건이 크게 변화하여 설계된 길이대로 시공이 이루어지지 않았는데, 이의 빈도가 잦아지고 정도는 심해져 비효율적인 시공이 이루어지게 됨에 따라 대책을 강구하게 되었다.

그림 4.127에서와 같이 교량이 계곡부에 위치하여 지형이 크게 변화하다 보니, 말뚝 위치마다 토층은 물론 지지층의 깊이가 다르게 나타났다. 따라서 말뚝 위치마다 시공조건이 심하게 변화하게 되었는데, 그림 4.128은 HCP의 시공 상황을 요약하여 도시한 것이다.

그림 4.128의 중간 그림은 시추된 위치에서 시추조사 결과를 바탕으로 설계된 상태를 보여주고 있다. 그러나 실제의 시공은 좌우 그림과 같은 현상이 자주 나타나게 되었다. 그림 4.128의 오른쪽 그림은 연암지지층이 설계깊이보다 얕게 상향으로 나타난 조건인데, 이 경우 지반에 근입되는 강관 설계 요구길이를 맞추어야 하므로 암반층을 더 깊게 천공해야 했다. 상황을 더욱 어렵게 하는 것은 그림 4.128 왼쪽 그림처럼 연암지지층이 설계깊이보다 하향으로 나타나는 조건이다. 이 경우는 우선 천공 구멍의 깊이가 깊어지고, 여기에 맞추어 말뚝 길이를 증가시켜야 하므로 강관의 이음 용접이 이루어졌다. 따라서 SDA공법에서 연속시공이 이루어지지 않다 보니 말뚝시공이 난해해지고 시공품질도 떨어지는 현상이 자주 발생하게 되었다.

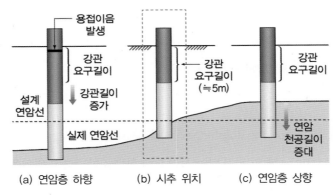

그림 4.128 HCP의 시공상황 요약

본 건의 경우 각 피어별로 시추가 이루어졌으므로 평균적인 수량(천공깊이, 강관길이)은 만족했다고 본다. 그러나 지반조건이 심하게 변하다 보니 평균 수량만으로 실제 수량을 감당하기는 어려웠다.

전술한 HCP 시공문제를 해결하기 위한 대책으로 지반의 불확실성을 최대한 제거하기 위해 추가 지반조사를 시행하고, 교각별로 시항타와 시천공 수량을 증가시켰다. 또한 상부 강관의 여유길이를 증가시켜(5m에서 10m로 증가) 지층변화에 대응하고자 했다. 그러나 이러한 대책들도 심하게 변화하는 지층 상태에 대응하기에는 한계가 있었다. 결국 대책들은 설계된 물량보다 늘어나 경제성도 떨어졌고, 시공 도중 자재를 수급하다 보니 수급지연에 따른 공기지연도 발생하였으며, 시공품질 확보에 대한 대응도 쉽지가 않았다. 따라서 종국에는 말뚝재료를 강관으로 수정하여 시공을 마무리하였다.

3) 교훈

HCP는 강관말뚝에 비해 자재비 감소효과가 있다. 당연히 이는 설계된 조건이 지켜져야 하는 전제가 있다. 말뚝기초공은 설계조건이 현장에서 그대로 지켜지기 어려운 경우가 많고, 이러한 경우 시공 중 실정에 맞게 수정하여 마무리하게 된다. 따라서 특별한 상황을 제외하고는 평균적인 공사 물량 및 공기 내에서 해소되는 것이 일반적이다. 그러나 HCP는 다른 공법과 달리 설계된 조건을 크게 벗어나는 경우를 만나면, 오히려 자재 및 시공비가 증가하게 되고 시공 도중 자재수급도 어려워 공기가 지연될 수 있고, 시공품질도 떨어지는 워스트 케이스(worst case)가 초래될 수 있다. 특히 HCP 선정 시 지반조건의 변화가 크면, 본 건처럼 시공 중 상황을 극복하기 어려울 수가 있으므로 이러한 조건을 사전에 검토하는 것이 중요하다.

4.4.5 호박돌층에서 자켓파일의 손상

1) 개요

본 건은 무어링 돌핀(mooring dolphine)의 시공 중 자켓파일(jacket pile)의 선단부가 손상되어 RCD시공이 더 이상 진행이 되지 않아 시공 도중 작업을 중단하고 원인을 조사하여 대책을 마련하여 조치한 사례이다.

지반조건은 그림 4.129에서와 같이 상부 해상퇴적층과 하부 기반암층으로 이루어져 있다. 상부 해상퇴적층은 해상(바다)으로부터 16m(EL.−36.5m)정도까지 모래층, 점토층, 실트층 등 느슨한 층이 교호한다. 그리고 해상 하부 16m에서부터 7m 정도 두께의 조밀한 자갈층, 그 하부 (EL.−43.3m)에 6m 정도 두께의 호박돌층이 나오고 이하에는 1m 정도 풍화암층이 나타난다. 이하에 단단한 기반암층이 지속되고 있다. 호박돌층에는 최대 50cm 정도의 호박돌이 출현하고 있다. 기반암은 화강암이다.

본 기초는 그림 4.130과 같은 무어링 돌핀의 기초로, 돌핀은 4개의 지지대(leg)를 갖고 각각에 한 개의 말뚝이 설치된다. 말뚝은 외부에 자켓파일(D914 T19, L=52m, fy=240MPa)이 있고, 내부에는 핀파일(D711 T16, L=28m)이 있으며 두 말뚝의 사이는 그라우팅을 하도록 계획되었다.

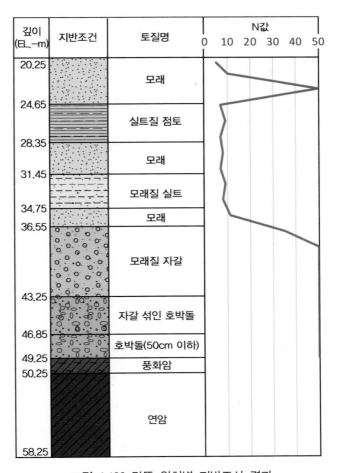

그림 4.129 말뚝 위치별 지반조사 결과

자켓파일은 직항타(IHC200 해머)로 관입하되, 관입성이 떨어지면 내부 굴착과 함께 항타하여 기반암 상부까지 관입된다. 그리고 자켓파일이 기반암 상부에 도달하면 RCD공법으로 암을 천공한 후 핀파일(pin pile)을 설치하고 그라우팅하는 순서로 계획되었다.

하지만 계획과 달리 자켓파일은 호박돌층에서 관입되지 않았으며, 따라서 내부 굴착 및 호박돌층의 선굴착을 위해 RCD로 천공하던 중 강관 선단부가 변형된 것을 알았고 더 이상 RCD작업을 진행할 수 없었다. 무어링 돌핀은 지지대 1개당 1개의 말뚝으로 구성되어, 1개의 말뚝만 실패하더라도 보강타가 불가하고 이후의 작업이 의미가 없어지는 관계로 기초시공 작업을 중단하고 대책을 강구하였다.

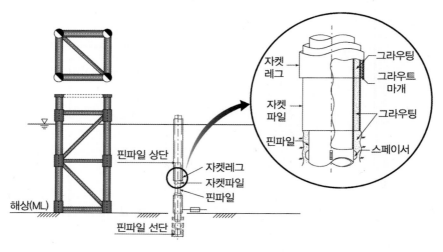

그림 4.130 무어링 돌핀 구조도

2) 원인 분석 및 대책

자켓파일의 항타는 IHC200(램무게 10ton, 복동식) 해머로 실시했고, 시공상황을 그림 4.131에 나타내었다. 그림에서와 같이 말뚝이 자갈층을 무난히 통과하고, 호박돌층 상부에서 3.8m 정도(말뚝 선단, EL.-47.06m)까지 관입된 후 더 이상 관입되지 않았다. 따라서 RCD장비를 세팅하고 강관 내부를 굴착하던 중 말뚝 선단 부근(EL.-47.5m)에서 자갈이 유입되어 RCD굴착을 중단하고 장비를 해체하였다. 이후 해머를 장착하고 항타하였는데 1.8m 정도(관찰된 말뚝 선단, EL.-48.9m) 관입된 후 관입이 불가하였다. 따라서 다시 RCD장비를 세팅하고 강관 내부를 굴착하던 중 EL.-48m(말뚝 선단에서 0.9m 상부 지점)에서 강관말뚝이 변형된 것을 확인(쇳조각 배출)하였고, 이후 0.4m(EL.-48.4m) 정도 추가 굴착을 실시하였으나 자갈이 유입되어 RCD굴착을 진행할 수 없어 중단하였다.

시공이력을 살펴보면, 호박돌층을 3.8m 관입(EL.-47.06m)한 후 항타가 멈춰졌고, 이후 강관 내부 RCD굴착이 EL.-47.5m까지 진행되다 자갈 유입으로 중단되었으므로, EL.-47.06m까지는 말뚝의 파손이 없었던 것으로 보인다. 이후에 해머로 1.8m 정도(EL.-48.9m) 항타가 이루어졌다. 그리고 RCD리그로 0.5m 정도 추가 굴착(EL.-48.0m)한 이후 강관의 변형을 인지했으니 호박돌층 내 1.8m의 추가 항타 과정에서 강관이 파손된 것으로 평가된다. 하지만 그 이전 호박돌층 상부(3.8m) 관입 중 강관의 재료가 이미 항복 상태를 초과하였을 가능성이 있다. 또한 RCD굴착 EL.-48m에서 쇳조각이 나오고 이후 0.4m 추가 굴착하면서 자갈이 유입되어 중단한 것을

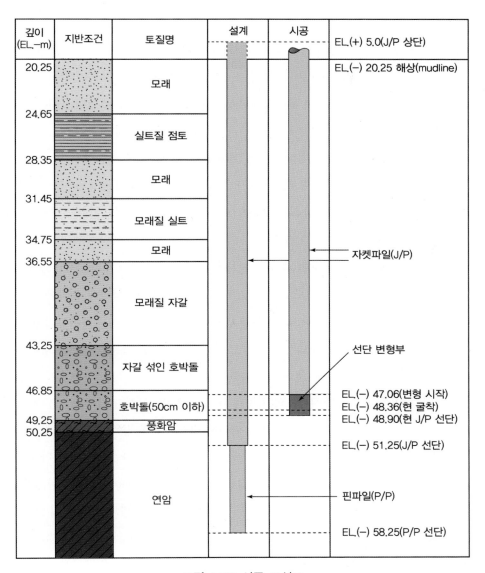

깊이 (EL.−m)	지반조건	토질명	설계	시공	
20.25		모래			EL.(+) 5.0(J/P 상단)
					EL.(−) 20.25 해상(mudline)
24.65		실트질 점토			
28.35		모래			
31.45		모래질 실트			
34.75		모래			자켓파일(J/P)
36.55		모래질 자갈			
43.25		자갈 섞인 호박돌			선단 변형부
46.85		호박돌(50cm 이하)			EL.(−) 47.06(변형 시작) EL.(−) 48.36(현 굴착)
49.25		풍화암			EL.(−) 48.90(현 J/P 선단)
50.25		연암			EL.(−) 51.25(J/P 선단)
					핀파일(P/P)
					EL.(−) 58.25(P/P 선단)

그림 4.131 시공 모식도

감안하면 EL.−48.4m 부근에서 강관이 심하게 좌굴되었을 가능성이 있다. 따라서 말뚝의 선단 깊이, EL.−48.9m는 바지 위에서 항타 시 관찰된 관입깊이일 것으로 추정된다.

결국 강관의 파손은 호박돌층에서 무리한 항타에 기인한 것으로 보인다. 특히 지반조사보고 서에 따르면 해당 호박돌층은 최대 0.5m 크기의 호박돌을 포함하고 있는데, 별도의 조치 없이 타입공법을 선택한 것은 공법 선정에 무리가 있었다고 판단된다.

무어링 돌핀의 공법 선정은 인근 자켓구조물(메인 자켓구조물, 브레스팅 돌핀)의 말뚝 시공법과 시공상태를 참고한 것으로 추정된다. 이 메인 자켓구조물의 말뚝 시공법은 풍화암 내 또는 기반암 상부까지 항타 및 RCD 천공으로 자켓파일을 설치하고, 이후 RCD로 기반암층을 굴착한 후 핀파일을 삽입하고 주입하는 것으로 무어링 돌핀의 시공법과 유사하다. 무어링 돌핀과 달리 메인 자켓구조물에서는 항타과정 중 말뚝이 멈추지 않고 항타가 원만하게 이루어졌다. 따라서 무어링 돌핀에서도 동일한 결과를 기대하고 시공 계획을 수립한 것으로 보인다.

하지만 메인 자켓구조물의 말뚝재료는 문제가 있었던 무어링 돌핀의 재료와 차이가 있었다. 즉, 메인 자켓구조물 기초의 강관(D1219 T32)은 상부가 일반강도(f_y=240MPa)로 무어링 돌핀과 같지만, 하부 3m는 고강도(f_y=345MPa)로 이루어져 있다. 또한 무어링 돌핀과 메인 자켓구조물의 강관말뚝 제원을 비교해 보면, 후자는 전자에 비해 두껍고(T, 17mm : 32mm), 강도도 크며(f_y, 240MPa : 345MPa), 직경도 커서(D, 914mm : 1,219mm) 항타에 유리한 조건임을 알 수 있다. 결론적으로 무어링 돌핀의 기초를 문제없이 시공하기 위해서는 타입공법에서 강관의 두께나 강도를 보완하거나, 강관의 두께나 강도를 설계된 그대로 사용할 경우는 내부굴착공법과 같은 PRD공법 등을 사용하는 것이 바람직했을 것이다.

전술한 바와 같이 일반적인 자켓기초의 시공은 하나의 말뚝만 문제가 있어도 그것이 제거되지 않는 한 더 이상 시공되지 않는 특징이 있다. 따라서 대책은 문제 말뚝을 제거(인발)한 후 그 자리에 재시공하거나, 문제 말뚝을 절단한 후 돌핀을 이동하여 시공하는 방법이 있다.

전자의 경우 마찰력이 큰 해성퇴적층(모래자갈층과 호박돌층) 내 29m 정도 관입된 강관을 현재의 조건에서 인발하는 것이 현실적으로 가능한지 의문이 들었다. 또한 추가 시공 시 항타 중 강관의 건전도 문제, 그리고 RCD 굴착 시 이미 교란된 지반에서 공벽 붕괴에 대한 우려가 여전히 남아 있었다. 아울러 본 건은 해상 작업인 관계로 계획된 작업이 실패할 경우 새로운 대책과 이에 따른 장비가 추가 동원되어야 하므로 상당한 공기 지연이 발생할 수 있는 것도 고려해야 했다.

후자의 경우 돌핀을 이동하여 새로운 기초를 시공하므로 자켓파일의 시공에 대한 확실성이 중요했다. 따라서 대상 시공법으로 내부굴착을 진행하면서 시공할 수 있는 PRD공법, 그리고 상기에서 언급한 인근 자켓구조물에서 실시한 방법을 검토하였다. 그 결과, 전자(PRD공법)는 검토 시점에서 해상 장비 수급이 어려워 제외하고, 후자를 최종 선정하였다. 다만, 보다 확실한 시공을 담보하기 위해 강관 본체의 강도를 키우고(f_y, 240 → 345MPa), 강관 선단부에는 초고강도 강관 재료인 Hardox(f_y=1,100MPa, L=400mm)로 보강하였으며, 항타 시 강관에 PDA를 부착하여 거동을 관찰하면서 시공하기로 계획하였다.

그림 4.132는 자켓을 이동한 후 첫 말뚝의 시공 기록을 정리한 것이다. 그림에서와 같이 모래 자갈층 하단 부근(EL.-41.25m)에서 항타를 시작하고 PDA를 측정하였는데, 호박돌층이 끝나는 지점(EL.-49.25m)까지 응력 및 관입성 모두 문제가 없었으며, 풍화암층에서 응력이 증가하기 시작하여 목표 심도인 풍화암 1m 정도(EL.-50.3m) 관입할 때까지 문제없이 항타를 마쳤다. 이 결과를 바탕으로 그림에서와 같이 항타시공관리기준을 설정하여 본시공을 마무리하였다.

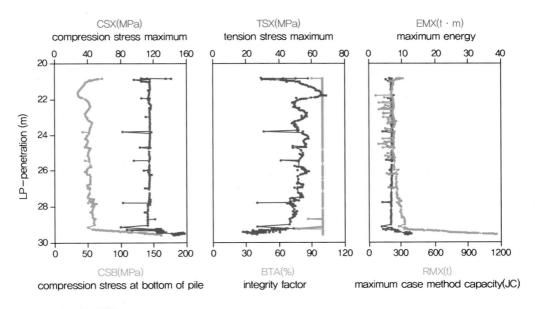

항타시공관리기준 설정 내용

	레벨(EL.m)		두께	항타에너지	타당 관입량
	top	bottom	(m)	(t·m)	(mm/타)
자갈층		-43.3		5	10mm 이상
호박돌층	-43.3	-46.9	3.6	5	10mm 이상
호박돌	-46.9	-49.3	2.4	5	10mm 내외
풍화암	-49.3	-50.3	1.0	7~10	3~10mm
연암	-50.3			10	3~5mm

그림 4.132 재시공말뚝의 시항타

3) 교훈

본 건은 해성 퇴적층에서 호박돌층의 영향을 과소 평가한 나머지 재시공한 사례를 보여주고 있다. 실패 원인을 복기해 보면 설계단계에서 인근의 말뚝과 유사한 조건(두께 및 강도)을 도입하지 않은 것은 아쉬운 부분이다. 다음으로 시공 단계에서는 설계의 미흡사항을 사전 검토했어야 했지만 그렇지 못했는데, 이는 인근 자켓구조물에서 시공 문제가 없었기 때문에 주어진 설계 조건(무어링 돌핀)을 간과한 것으로 보인다.

자켓파일 시공 시 한 개의 말뚝이라도 실패할 경우 그것이 회수되어 재시공되지 않으면 자켓 구조 자체를 이동(설계변경 포함)하고 재시공을 해야 한다는 것을 이해해야 한다. 일반적으로 해상 조건에서 실패한 말뚝의 회수는 쉽지 않으며, 그것이 실패할 경우 금액은 물론 공기 손실이 치명적이 될 수 있다는 것을 감안하면 이동을 고려한 재시공이 주로 채택된다. 따라서 자켓구조물 프로젝트에서 기초는 보수적인 관점에서 설계하고 시공계획을 세워 한 번에 마무리하는 것을 중요한 목표로 삼아야 한다.

4.4.6 중구경 현타말뚝의 품질관리 미흡

1) 개요

현장타설콘크리트말뚝(현타말뚝)은 대용량/대구경으로 계획되는 경우가 일반적이어서 작은 직경의 현타말뚝의 필요성이 제기되었다. 또한 기성매입말뚝의 민원해소와 풍화암층 지지력의 설계 반영 등을 위해서 중구경(800mm 이하) 현타말뚝이 도입되었다. 중구경 현타말뚝 공법은 대구경 현타말뚝과 기성말뚝의 경계부에 있는 중간 직경(600mm에서 800mm 정도)의 영역에서 보편성이 있는 매입말뚝 장비로 현타말뚝의 장점을 활용하여 시공하려는 의도에서 착안되었다. 중구경 현타말뚝의 시공법에는 2.5.5절에서처럼 크게 두 종류의 특허 공법이 있는데, 본 사례는 경타로 슬라임을 압출, 배제시키는 MCC파일에 관한 것이다.

MCC파일 공법은 그림 2.51과 같이 시공 절차가 복잡하고, 구경이 작은 현타말뚝의 시공 절차가 수반되어 시공품질관리도 까다롭다. 특히 경타 및 그라우팅을 통해 슬라임을 처리함으로써 이로 인한 부작용이 나타날 개연성도 있다.

본 사례의 상부 구조물은 교량이고, 교각의 기초는 MCC파일로 계획되었다. 말뚝은 직경 610mm, 길이 16.3m, 말뚝의 축방향 설계하중은 본당 145ton으로, 풍화암층에 지지되었다. 말뚝 본체의 콘크리트의 강도는 24MPa이다. 시공법의 상세는 2.5.5절을 참고할 수 있다.

그림 4.133에서와 같이 지반은 상부로부터 2.7m 정도의 모래자갈층(N=16~26)과 11.6m 정도 풍화토층(N=14~50)이 있고, 이하에는 풍화암층이 깊게 분포한다. 기반암은 안산암이며 지하수위는 거의 지표에서 나타난다.

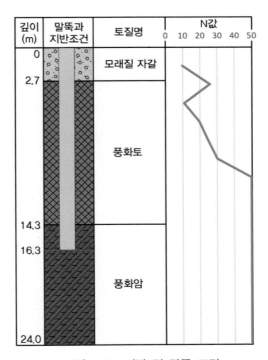

그림 4.133 지반 및 말뚝 조건

본 사례는 교각기초의 MCC파일을 시공하는 중에 그림 4.134와 같은 품질문제(철근케이지의 뭉침 및 이동, 말뚝 본체 내 연약대 존재 등)가 발생하여 문제의 원인을 파악하고 기초의 안정성을 분석하여 대책을 검토한 내용이다.

그림 4.134 MCC파일 시공 중 발생한 품질문제

2) 원인 분석 및 대책

그림 4.134에서와 같이 MCC파일 현타말뚝의 시공 중에 가시적으로 나타난 품질문제는 철근 케이지의 변형과 말뚝 본체의 건전도 등이다. 이와 같은 경우 말뚝의 구조 재료적 안정, 그리고 말뚝 허용지지력의 설계반력 충족 여부 등에 대한 문제가 발생할 수 있기 때문에 원인을 분석하고 대책을 수립하였다. 이를 위해 각종 조사 및 시험(건전도시험, 동재하시험, 강도시험)을 실시하였고, 또한 교각기초의 안정성 해석을 수행하였다.

철근케이지의 변형은 말뚝 단면 내 케이지의 수평이동이 발생하거나 철근케이지의 직경이 유지되지 못하고 줄어드는 현상도 있었으며, 두 가지가 동시에 일어난 경우도 있었다. 따라서 교각 기초(말뚝 25개)에 대해 두부 정리된 상태에서 철근의 변형 상태를 조사하였고, 이에 대한 조사 결과를 그림 4.135에 도시하였다. 그림에서처럼 정도의 차이는 있지만 많은 말뚝들의 철근케이지가 이동했고, 철근케이지의 원래 직경(D=310mm)을 유지하지 못한 상태이었다. 그나마 다행스러운 것은 현타말뚝의 최소철근피복두께(KDS 14 20 50, 콘크리트구조 철근상세설계기준)가 80mm인데 이를 만족하고 있었다.

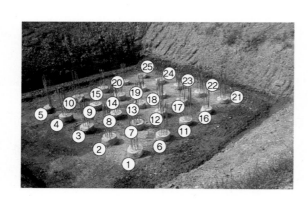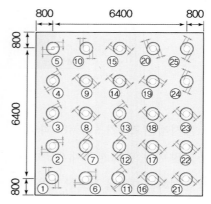

그림 4.135 철근케이지 변형 조사

말뚝 본체 내에서 철근케이지가 이동하고 케이지의 직경이 달라진 상태이므로 말뚝의 구조적 문제를 확인하기 위해 변형이 가장 큰 말뚝(#5와 #11)에 대해 P-M 상관도(Midas column 분석)를 통해 안정성을 검토해 보았다. 그림 4.136은 5번과 11번 말뚝에 대한 P-M 상관도 분석 결과인데, 주어진 하중(말뚝 작용하중에서 가장 큰 하중 적용) 내에서 두 말뚝 모두 구조적으로는 안정한 것으로 분석되었다.

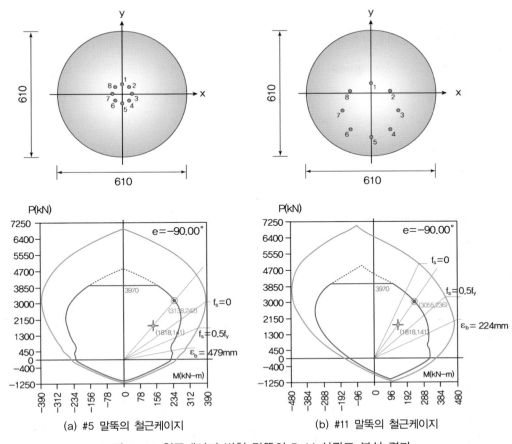

(a) #5 말뚝의 철근케이지   (b) #11 말뚝의 철근케이지

그림 4.136 철근케이지 변형 말뚝의 P–M 상관도 분석 결과

    그러면 이러한 철근의 변형은 어떻게 일어난 것일까? 현타말뚝 시공 시 이 정도의 철근케이지의 변형은 일반적이지 않으므로 본 건의 경우 해당 공법의 시공과정을 들여다 보았다. 그림 2.51에서와 같이 MCC파일 현타말뚝공법은 철근케이지와 강재 저판을 용접하고, 강재 저판을 경타하기 위해 몰드 케이스(내부케이싱)를 철근케이지 외부에 조립하여 공내에 삽입한다. 여기서 철근케이지는 주철근과 띠철근을 태그(tag)용접하여 제작되었다.

    철근케이지 조립체를 설치하고 나서 슬라임의 압출을 위해 해머로 몰드 케이스를 타격하는데, 경타 시 상당한 에너지가 몰드 케이스를 통해 강재 저판과 철근케이지에 전달될 것이다. 이로 인해 철근케이지의 용접부가 파손될 수 있으며, 철근케이지의 단면 형상이 변화될 수 있을 것이다. 아울러 외부케이싱을 인발하기 위해 케이싱을 회전하는데, 말뚝의 직경이 작기 때문에 케이싱의 내부마찰력은 굳지 않은 콘크리트를 회전시킬 수 있을 것이다. 이에 따라 용접이음부가 파손된 철근케이지는 이동 또는 뭉침과 같은 변형이 발생한 것으로 보인다.

다음으로 시공 중 관찰된 문제는 말뚝 본체 내 연약대의 생성이다. 이는 주로 말뚝의 동재하시험을 위한 두부 조성 중(capping) 말뚝의 상부에서 발견되었지만, 콘크리트 타설을 위해 펌프카의 호스(일명 자바라)를 사용한 것을 감안할 때 말뚝 본체 전체에서 발생할 수 있는 상황이 우려 되었다. 따라서 해당 교각 전체 말뚝(25개)에 대해 건전도시험(PIT)을 수행하였으며, 이 중 말뚝 본체에 결함 의심이 있는 말뚝에 대해서는 일부 동재하시험을 수행하였다. 또한 지지력을 비교하기 위해 건전한 말뚝에 대해서도 동재하시험을 실시하였다.

표 4.28은 말뚝의 건전도시험과 동재하시험의 결과를 요약한 것이다. 표에서와 같이 말뚝의 건전도에 문제가 있는 말뚝은 전체 25개 중 9개로 36% 정도로 나타났다. PIT에서 문제 말뚝의 건전도 감소 정도(impedence 감소치)는 최대 30% 정도를 나타내고 있고, 이들의 대한 시험말뚝의 허용지지력(F_s=2.5)은 평균 117.0ton 정도로 측정되었다. 그리고 건전한 말뚝의 지지력은 평균 149ton 정도로 측정되었다. 결함 말뚝 중 2개는 동재하시험 중 말뚝이 파손되어 시험이 마무리되지 못했다.

표 4.28 말뚝의 건전도 및 동재하시험 결과 요약

일련 번호	말뚝 번호	PIT 결과(결함 위치)	동재하시험 결과(허용지지력)	비고
1	#1	말뚝 두부에서 5m/12m 부근		PIT
2	#4		시험 중 말뚝 본체 손상	PDA
3	#5		시험 중 말뚝 본체 손상	PDA
4	#8	말뚝 두부에서 12m 부근		PIT
5	#9	말뚝 두부에서 8m/12m 부근		PIT
6	#18	말뚝 두부에서 12m 부근		PIT
7	#19	말뚝 두부에서 9m/12m 부근	121ton	PDA
8	#21	말뚝 두부에서 11m 부근		PIT
9	#23	말뚝 두부에서 5m/12m 부근	117ton	PDA
비고	#25	건전(정상 말뚝)	149ton	PDA

시공 중 말뚝 본체의 재료에 문제가 발생한 원인은 콘크리트 타설과 관련이 있으므로 시공 기록을 검토해 보았다. 그 결과 콘크리트 타설 시 사용한 타설관은 그림 4.137(c)에서처럼 트레미파이프가 아닌 펌프카의 호스임을 알 수 있었고, 이로 인해 재료 분리가 발생한 것으로 추정된다.

즉, 공내에 지하수가 있고, 철근케이지 상부에서 호스로 콘크리트가 타설될 경우 재료 분리는 물론, 콜드조인트가 생길 개연성이 크며 이는 전적으로 타설 당시의 시공 상세에 좌우될 것이다. 그림 4.137(a)에서처럼 현장의 철근케이지 직경은 310mm이고 트레미파이프는 250mm이었는데, 케이지 내부의 유효 직경은 철근 직경(22mm) 및 수직도로 인해 더 작아지고, 트레미파이프의 유효직경은 관의 두께 및 수직도로 인해 250mm보다 커질 것이므로 당초부터 트레미파이프의 사용이 불가한 상태였음을 짐작할 수 있다.

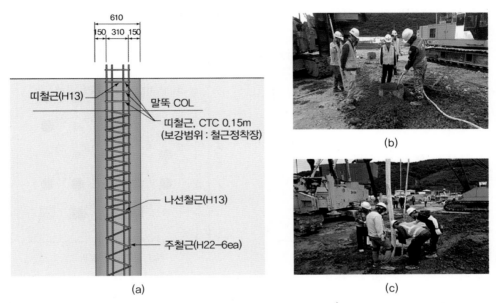

그림 4.137 천공 구멍 내 철근 상태(a), 선단그라우팅(b), 본체 콘크리트 타설(c)

또한 해당 말뚝의 피복두께(150mm)가 말뚝의 직경에 비해 상당히 큰 것을 볼 수 있는데, 이는 MCC파일 공법의 특성상 내부 케이싱의 시공성을 고려하고 케이싱을 회전하여 인발해야 하므로 철근케이지의 움직임에 대한 사전 방어 조치로 보인다. 아울러, 본 공법은 선단부의 보강을 위해 철근케이지를 삽입하기 전에 그라우팅(b)을 하는데, 이럴 경우 슬라임은 비중이 커지고 콘크리트와의 치환성이 작아져서 말뚝 본체 일부에 연약대가 존재할 가능성도 있다. 이와 같이 MCC파일 공법은 시공법 자체에 난해한 시공품질관리 사항들을 포함하고 있다.

해당 교각의 설계조건(하중 및 지반)에 표 4.28의 품질확인시험 결과를 반영하여 교각의 안정성 분석을 실시하였다. 교각의 안정성 분석을 위해 FB-PIER 프로그램을 이용하였다. 그림

4.138(a)는 품질확인시험에서 구한 값을 반영하여 작성된 안정해석용 말뚝배치도이다. 여기서 각 말뚝의 허용지지력은 실측치가 있는 경우 그 값을 사용하되 보수적으로 적용하였다. 동재하시험을 하지 않은 말뚝 중 건전한 말뚝은 동재하시험의 건전한 말뚝 시험결과(#25)를 허용지지력으로 적용하였고, 건전하지 않은 말뚝(7개, 빨간색)은 동재하시험에서 건전하지 않은 말뚝의 최소치(#23)를 허용지지력으로 적용하였다. 또한 2개의 손상말뚝(#4, #5)은 해석에서 삭제하였다. 해석 결과, P-M도, 침하량 및 수평변위 등은 문제가 없었으나, 그림 4.138(b)에서와 같이 3개의 말뚝(#11, #16, #21, 파란색 네모)은 허용지지력이 반력보다 작았다.

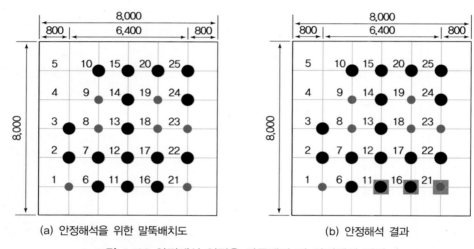

(a) 안정해석을 위한 말뚝배치도   (b) 안정해석 결과

그림 4.138 안정해석 입력용 말뚝배치 및 안정해석 결과

안정해석 결과, 교각의 3개 말뚝에서 지지력 부족이 나타났고, 또한 기조사 내용에서처럼 건전도에 이상이 있는 말뚝이 다수(30%) 포함된 것을 고려하여 부분 보강을 통해 교각의 안정성을 확보하기로 결정하였다. 보강공법은 기존 말뚝과의 간섭 및 군말뚝 효과의 최소화, 확실한 안전성 확보, 장비 진입 등 시공성, 경제성 등을 고려하여 여러 공법 중 강관(D200T9, STP275) 매입공법으로 결정하였다.

그림 4.139(a)는 상기에서 언급한 고려사항을 반영한 보강 말뚝 배치 개념이다. 그림 4.139(b)는 해석을 위한 말뚝 배치도로 보강말뚝은 지지력 부족 말뚝의 위치와 평면상의 평형을 우선적으로 고려하였으며, 제시된 배치도는 여러 번 해석하여 최종 결정(재료 및 제원 포함)된 것이다. 교각의 안정성 분석을 실시한 결과 그림 4.139(b)는 P-M도, 침하량 및 수평변위, 말뚝 반력 등 모든 값이 만족되어 보강상세로 최종 결정되었다.

전술한 바와 같이 1개 교각에서 건전도가 불완전한 말뚝이 30% 정도 나올 정도로 콘크리트 타설 시 품질관리에 허점이 노출되었다. 특히 시공기록에 따르면 철근케이지 직경이 작아 콘크리트 타설 시 트레미파이프 대신에 펌프카 호스를 사용한 것도 문제의 원인이었다. 문제의 해결을 위해 구경이 작은 트레미파이프(D=150mm)의 사용이 제안되었지만, 이 경우 관의 막힘에 대응하여 콘크리트 배합을 변경해야 하고, 관이 일체형(강관+ 호퍼)이라 콘크리트 채움 높이만큼 관을 들어 올려야 하는 절차 및 이를 위한 장비가 필요해 대안에서 제외하였다. 따라서 대책은 펌프카 호스를 선단부까지 내리고 타설하되, 인양 높이를 철저히 관리하는 방법으로 시행하였다.

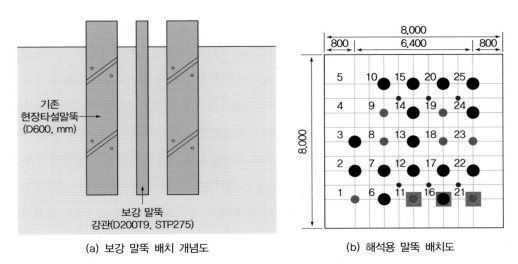

(a) 보강 말뚝 배치 개념도   (b) 해석용 말뚝 배치도

그림 4.139 보강용 말뚝 배치 개념 및 해석용 말뚝 배치도

3) 교훈

새로운 공법을 개발하여 현업에 보급하기 위해서는 신규 공법의 보편성, 확실성, 경제성이 보증되어야 한다. 본 절에서 소개한 MCC파일은 매입말뚝의 단점을 보완하기 위해 개발된 초기 중구경 현타말뚝(MISCP)의 부족한 점을 개선하여 실무적으로 보완하려 했지만, 개발 계획 당시 상기의 3가지에 대해 실증적인 검토가 있었으면 하는 아쉬움이 있다.

첫 번째, MCC파일공법은 보편성에서 만족스럽지 못했다. 즉, 본 공법은 그림 2.51에서와 같이 일반 공법보다 최소한 5가지의 시공 절차(선단그라우팅, 몰드 케이스 삽입 및 경타, 1차 콘크리트 타설, 몰드 케이스 인발 등)가 추가되었다. 이로 인해 추가 장비가 투입되고, 시공관리 포인트가 많아져 보편성을 유지하기가 어려웠다고 생각된다.

두 번째, MCC파일 공법은 확실성에 의문을 갖게 한다. 즉, 선단그라우팅의 역할과 콘크리트와의 치환성 부실로 인해 본체 품질이 우려되고, 미고정된 철근케이지를 중량물로 타격함으로써 변형의 가능성이 포함되었다. 또한 콘크리트를 1차와 2차로 끊어서 타설하거나 트레미 사용이 곤란하여 재료의 연속성과 시공품질에 대한 불확실성이 증대되었다. 이러한 사유로 인해 본 사례에서 설명한 여러 문제가 발생하였다.

마지막으로 MCC파일 공법은 시공이 복잡하고, 여러 추가 장비가 투입되며 생산성이 떨어지므로 경제성에 의문을 갖게 한다. 본 건에서도 직경 600mm의 현타말뚝을 본당 140ton으로 설계했으므로 타 기성말뚝공법에 비해 경쟁력을 갖기는 어려울 것 같다.

본 공법을 개발 당시 미국 및 유럽에서 사용되고 있는 중구경 현타말뚝공법(CFA파일공법 등)들의 특징과 비교하였다면 어떠했을까 하는 아쉬움이 있다. CFA공법은 메인 장비도 하나이고 연속적으로 시공하며 생산성이 뛰어나다. 특히 케이싱을 쓰지 않고 천공 직후 천공기를 통해서 모르타르를 타설하고 철근케이지를 삽입하여 마무리함으로써 본 절에서 언급한 품질문제가 일어나지 않도록 고안되었으며, 그 결과 중구경 현타말뚝에서 보편적으로 이용되고 있다. 물론 이 공법들이 국내에 적합하다는 의미는 아니며, 이들의 특징을 보면 개발 공법의 방향이 달라질 수 있었다는 의미이다. 무엇보다도 중요한 것은 기초공은 현지 실무를 반영하는 것이라는 점에서 작은 직경의 말뚝에 콘크리트를 타설하는 작업이 우리의 환경과 여건에 부합한지 고민해 볼 문제이다.

4.5 재하시험

4.5.1 정재하시험의 신뢰도

1) 개요

일반적으로 정재하시험(정적압축재하시험)은 말뚝기초의 재하시험 중 가장 신뢰도가 높은 시험방법으로 평가되고 있다. 심지어 정재하시험값을 참값으로 보는 경우도 많이 있다.

각종의 압축재하시험방법 중 정재하시험이 실제의 조건과 가장 유사한 것은 사실이다. 따라서 동재하시험이나 동적재하시험(statnamic pile load test)의 신뢰도 평가 시 정재하시험의 결과를 기준값으로 간주하여 비교하기도 한다. 만약 정재하시험 결과가 변한다면 이러한 평가가 무의미해질 수 있으므로, 정재하시험 결과의 변동성은 민감한 사안이 될 수 있다.

실제로 정재하시험 결과는 일반적인 인식과는 달리 시험 및 분석 방법에 따라 변할 수 있다. 따라서 정재하시험도 변동가능성을 인식하고 이를 감안하여 평가하고 결론을 내는 것이 필요하다. 본 사례는 정재하시험값을 보다 합리적으로 이용할 수 있도록 하는 차원에서 정재하시험의 값도 조건에 따라 달라질 수 있는 경우를 소개하였다.

2) 현상 분석 및 대책

앞서 언급한 정재하시험의 결과값이 달라지는 경우는 시험방법과 분석방법에서 나타난다.

정재하시험의 재하방법에는 그림 2.70과 같이 사하중 이용 방법, 반력말뚝 이용 방법, 어쓰앵커 이용 방법 등 크게 3가지가 있다. 특별한 경우 이들을 조합한 방법을 사용하기도 한다.

말뚝이 발휘할 수 있는 최대 지지력을 구하는 것이 정재하시험의 목적이라면 사하중을 재하하는 방법이 의미가 있다. 그러나 실무에서는 사하중 재하에 소요되는 과도한 시간과 경비 등 현장 여건이 우선되어 반력말뚝을 이용하는 재하시험이 보편적으로 이용되고 있다. 하지만 2.6.2절에서 언급한 것처럼 반력말뚝을 이용한 시험을 활용하기 위해서는 현장 여건만이 아니라 시험 목적 등도 고려해야 한다.

반력말뚝을 이용한 시험의 경우 시험조건(특히 말뚝간격)에 따라 결과가 달라질 수 있고, 이에 따라 결과에 의한 평가가 뒤바뀔 수 있다. 반력말뚝을 이용한 시험의 목적이 말뚝이 발휘할 수 있는 최대 지지력(예: 극한지지력)을 구하는 것이라면 재하 시 시험말뚝은 인접한 반력말뚝에 의해 영향을 받지 않도록 말뚝 간 거리를 유지해야 하는데, ASTM D 1143에 따르면 5D를 유지해야 한다(Poulos는 9D까지 제안). 이러한 조건이 지켜지지 않는 경우는 예측과 다른 결과가 나오게 되고 평가에 혼돈이 생길 수 있다(3.5.1절 참조).

Van Weele(1989)는 그림 4.140처럼 전술한 현상을 예측과 실제(prediction and performance)의 차이로 설명하고 있다. 그림은 한 말뚝(0.4×0.4m)에 대해 사하중 이용방법과 반력말뚝(6개 말뚝을 반력으로 이용) 이용방법으로 정재하시험을 수행한 결과를 비교한 것이다. 지반조건 및 시험조건은 그림 4.140(a)와 같고, 말뚝의 중심간격은 3.3D 정도이다. 그림 4.140(b)에서와 같이 침하량 25mm를 기준할 경우, 하중은 커브(1)에서 800kN이 되고, 커브(2)에서는 2배가 넘는 1,800kN이 된다. 이와 같이 동일한 말뚝에 시험을 했음에도 불구하고 반력말뚝을 이용한 시험은 사하중을 이용한 시험에 비해 하중 - 침하량 곡선이 불량하게 나타나 지지력은 상대적으로 작게 평가될 수 있음을 알 수 있다.

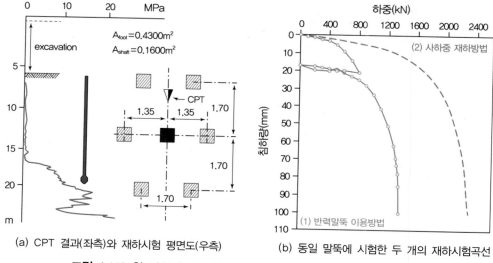

(a) CPT 결과(좌측)와 재하시험 평면도(우측) (b) 동일 말뚝에 시험한 두 개의 재하시험곡선

그림 4.140 한 말뚝에 두 시험방법을 적용한 정재하시험 결과 비교

그림 4.140(b)에서 곡선(1)은 반력말뚝 이용방법으로 먼저 수행한 시험결과이다. 이 결과는 당초 예상치(CPT를 이용한 산정)에 크게 부족했고, 이로 인해 여러 가지 제안 중에서 사하중을 이용한 재하시험이 재차 수행되었다. 그 결과가 곡선(2)이고, 시험결과는 예상치에 근접하였다. 이 사례로부터 시험방법에 따라 시험결과가 뒤집어질 수 있다는 것을 알 수 있다.

이와 같이 정재하시험으로부터 얻은 결과라도 시험조건과 시험방법을 알고, 이를 고려한 분석이 되어야 신뢰도 있는 평가가 이루어진다고 말할 수 있다. 특히 반력말뚝을 이용한 정재하시험방법의 선정 시는 물론 이의 결과를 이용할 경우 시험방법에 따라 결과가 달라질 수 있다는 것을 인지하는 것이 중요하다.

정재하시험값이 달라지는 또 다른 이유는 시험값의 분석방법의 차이에 의한 것이다. 정재하시험이 끝나면 시험에서 얻은 데이터를 각종 방법으로 분석하여 허용 지지력을 도출하고, 또한 데이터를 활용하여 지층별 지지력성분 또는 강성 등을 구하게 된다. 여기서 주요 관심은 허용지지력인데, 이 값은 지지력을 구하기 위한 각종 분석방법에 따라 달라진다는 것이다.

Fellenius(1980)는 분석방법에 따른 지지력의 변화에 대한 사례(그림 4.141 참조)를 소개했다. 그림에서 보면 한 개의 정재하시험결과로부터 분석방법에 따라 다양한 지지력이 산출되고, 이의 차이도 크게 됨을 알 수 있다. 이들 중 Davisson 방법이 지지력을 가장 작게 평가하고, Chin 방법이 가장 크게 평가하는 것으로 나타났다. 이러한 결과로부터 Fellenius(1980)는 파괴 하중을 결정할 때 한 가지 분석방법에 의존하지 말고, 3~4개의 분석방법으로 지지력을 분석하여 판단할 것을 제안하였다.

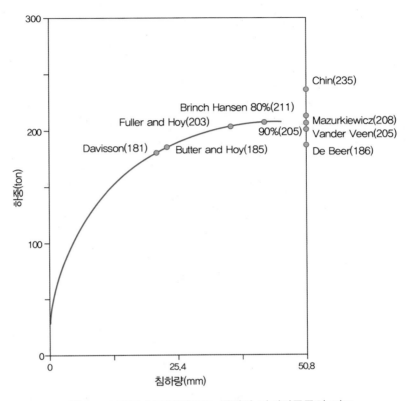

그림 4.141 각종 분석방법으로 결정된 파괴하중들의 비교

조천환(1997)은 현장의 재하시험자료를 수집하여 충분히 변위(0.1D 이상 변위)된 말뚝들의 시험자료를 대상으로 허용하중을 판정하고 이 값을 비교하였다. 표 4.29는 타입말뚝의 정재하시험자료에 대해 각종 판정기법에 의한 파괴하중을 산출하고 비교 분석한 것이다.

표 4.29(조천환, 1997)에서와 같이 각 판정법에 의한 파괴하중은 상당한 차이를 주고 있음을 알 수가 있는데, 이 중 순침하량방법과 Davisson 방법이 비교적 안정적인 값을 주는 것으로 나타났다. 아울러 저자는 각 판정기법별로 주의할 사항을 제시하였다. 또한 허용지지력을 구하기 위한 파괴하중을 결정하는 경우 시험방법, 시공방법, 말뚝조건 등을 고려하여 여러 가지로 분석한 후 최종적으로 평가할 것으로 제안하였다.

표 4.29 각종 판정기준에 의한 파괴하중 비교

말뚝번호	(1) logP-logS(t)	(2) ds/d(logl)-P(t)	(3) S-logt(t)	(4) P-net,S(t)	(5) Davisson(t)	(8) 평균(t)	(6) P(0,1D)(t)	(7) Chin(t)	(1)/(6) (%)	(2)/(6) (%)	(3)/(6) (%)	(4)/(6) (%)	(5)/(6) (%)	(6)/(7) (%)	비고
1	30	43	50	46	42	42.20	66	69	45.45	65.15	75.76	69.70	63.64	95.10	
2	158	162	150	170	156	159.20	214	227	73.83	75.70	70.09	79.44	72.90	94.15	
3	90	118	124	111	112	111.00	140	145	64.29	84.29	88.57	79.29	80.00	96.62	
4	60	65	70	62	48	60.75	88	96	68.18	73.86	79.55	70.45	54.55	91.67	S
5	215	240	245	228	230	231.60	280	294	76.79	85.71	87.50	81.43	82.14	95.21	
6	×	50	×	38	23	37.00	77	98		65.10		49.48	29.95	78.37	S
7	×	44	40	44	34	40.50	70	74		62.86	57.14	62.86	48.57	95.24	P_t
8	40	×	30	42	42	38.50	50	52	80.00		60.00	84.00	84.00	96.53	
9	52	48	60	54	54	53.60	67	70	77.61	71.64	89.55	80.60	80.60	95.85	
10	55	67	70	67	66	65.00	86	94	63.95	77.91	81.40	77.91	76.74	91.20	
11	100	110	112	107	76	101.00	125	172	80.00	88.00	89.60	85.60	60.80	72.51	
12	85	78	90	83	82	83.60	93	95	91.40	83.87	96.77	89.25	88.17	97.69	
13	80	80	80	81	67	77.60	97	105	82.47	82.47	82.47	83.51	69.07	92.15	
14	75	×	60	68	67	67.50	114	122	65.79		52.63	59.65	58.77	93.52	
15	50	55	60	64	60	57.80	87	93	57.21	62.93	68.65	73.23	68.65	93.58	
16	50	70	60	66	66	62.40	100	104	50.00	70.00	60.00	66.00	66.00	95.97	
19	90	110	112.1	104	94	102.02	125	137	72.29	88.35	90.04	83.53	75.50	90.94	
20	98	96	112.1	103	101	102.02	112	118	87.42	85.64	100.00	91.88	90.10	95.32	
22	550	530	607.3	520	470	535.46	607	667	90.56	87.27	100.00	85.62	77.39	91.09	
24	100	90	106	97	99	98.40	115	120	86.96	78.26	92.17	84.35	86.09	95.83	
25	140	×	135	140	134	137.25	150	175	93.33		90.00	93.33	89.33	85.52	
27	250	238	×	287	280	263.75	342	370	73.10	69.59		83.92	81.87	92.33	
28	×	26	33.2	33	34	31.55	46	47		56.89	72.65	72.21	74.40	96.82	
29	110	115	140	146	140	130.20	180	213	61.11	63.89	77.78	81.11	77.78	84.59	
30	120	150	160	169	168	153.40	200	263	60.00	75.00	80.00	84.50	84.00	75.99	
32	200	×	247	230	290	241.75	222	455	90.09		111.26	103.60	130.63	48.84	L
33	100	83	99.7	100	90	94.54	100	105	100.30	83.25	100.00	100.30	90.27	94.68	
58	78	67	70	★	37	63.00	96	164	81.25	69.79	72.92	★	38.54	58.57	P_t
평균									74.92	74.63	82.65	79.72	74.3/77.31	88.78	
표준편차									(14.34)	(9.53)	(14.77)	(11.87)	18.5/9.2	11.67	

주) × 판정곤란; ★ 순경하량 미측정; ( )는 판정된 것에 대해서만 계산; S(짧은 말뚝), L(긴 말뚝), P(긴 말뚝), P_s는 선단지지형, P(P_t는 주면지지형); S, L, P_t는 S, P, L의 경우를 제외하고 계산

_은 Davisson 항목에서 표준편차를 벗어난 말뚝에 대해 원인 분석한 것임

3) 교훈

그동안 재하시험의 신뢰도에 대한 논의는 주로 동재하시험에 국한되었는데, 그 이유는 동재하시험의 신뢰도는 기술적인 난해함, 컴플라이언스(compliance) 위반 소지, 업계의 관행 등 복잡한 문제들이 관련되어 발생하기 때문이다. 더욱이 문제의 발생 빈도가 잦고, 문제의 깊이도 심각해서 동재하시험의 신뢰도는 항상 관심있게 다루어지는 과제이다. 이에 비하면 정재하시험은 정확하다는 관례적인 인식이 있어서 신뢰도에 대해서는 간과했던 부분이 있다.

전술한 바와 같이 정재하시험도 시험방법 및 분석방법에 따라 결과가 크게 달라질 수 있다는 것을 알 수 있다. 하지만 정재하시험의 신뢰도에 대한 문제는 시험방법이나 분석방법의 차이를 미식별함에 따라 발생하는 것이므로 비교적 문제의 해결이 용이하다. 따라서 기술자는 이들 방법의 배경과 실무적인 현상을 제대로 인지하여 방법의 선정이나 적용 시 고려해주는 것이 필요하다.

4.5.2 동재하시험의 신뢰도

1) 개요

동재하시험은 말뚝의 지지거동 및 항타관입성의 확인, 말뚝의 건전도 확인, 해머 평가 등이 가능하고 시험의 효율성 및 경제성 등에서 많은 장점이 있다. 그러나 동재하시험은 2.6.5절에서 설명한 바와 같이 현장에서 측정된 파와 CAPWAP에서 생성한 파를 매칭(matching)하는 시행착오법으로 해석하는 것으로 해석자에 따라 다른 결과를 주므로 시험자 및 해석자의 경험과 역량이 중요하다.

Seidel은 동재하시험을 청진기에 비유하였는데, 청진기로 박동수 같은 몸의 반응을 누구나 들을 수는 있지만, 이를 통해 몸의 상태를 올바로 판단할 수 있는 능력은 다른 문제라고 언급하였다. 결국 동재하시험의 신뢰도 문제는 기법 자체에 내재되어 있는 것으로 이를 해결하기 위해서는 동재하시험 기술을 이해하고 시험을 행하는 것이 필요하며, 이를 바탕으로 현장에서 얻어진 결과를 제대로 해석하는 것이 중요하다(3.5.4절 참조). 그러나 실무에서는 동재하시험을 피상적으로 이해하고 임의로 시험하고 해석함으로써 시험결과의 신뢰도 문제가 종종 발생한다. 본 사례에서는 동재하시험 시 일어난 신뢰도 문제를 알아보고, 이를 극복하여 동재하시험의 장점을 잘 활용할 수 있는 방안에 대해 설명해 보았다.

2) 현상 분석 및 대책

동재하시험의 CAPWAP 해석 시 매칭 작업이 난해하거나, 어느 선에서 매칭 분석작업을 종료해야 할지 판단이 곤란한 경우가 있다. 이러한 점을 감안하여 CAPWAP 매뉴얼은 매칭평가지수(matching quality number, MQno)를 도입하고 이 값이 3.5 이상이면 실용적인 신뢰도를 갖는 것으로 간주하여 이를 최소평가지수로 제안하고 있다.

그림 4.142는 CAPWAP 해석의 최종 결과표 예로 해석 시 적용한 최종 입력치들과 결과치들을 보여주고 있다. 그림에서 각종 입력변수의 적합성에 대한 논의는 제외하고, 넷째 줄에 있는 MQno값은 인위적으로 수정(따붙임)되어 매뉴얼 값을 만족하도록 조정(실제는 MQno=8.46)되었음을 볼 수 있다. 이와 같이 낮은 MQno값은 측정된 파의 매칭이 불충분함으로써 전체 지지력값은 물론 지지력 성분 및 분포에 있어 다른 결과를 줄 수 있다. 그림에서처럼 MQno값을 수정한 이유는 해석자의 역량 부족 또는 측정데이터의 불량 등에 따라 매칭의 어려움을 극복하지 못한 것에 기인할 수도 있다. 많은 경우 해석의 난해함은 측정 데이터의 부정확성에 기인하기도 한다. 그렇다고 보고서 제출만을 중시한 나머지 본 예와 같이 보고서 결과값을 인위적으로 수정하는 것은 컴플라이언스의 문제로 비화되어 더 큰 우려를 낳을 수가 있다. 최근 동재하시험의 자동해석기능이 개선되어 해석 시 좀 더 편리한 조건이 되었지만, 이것이 동재하시험의 신뢰도를 담보하지는 않는다. 동재하시험이 신뢰도를 확보하기 위해서는 기본적으로 시험에 대한 이해와 경험이 요구된다. 그리고 현장에서 제대로 데이터를 얻고, 현장상황을 제대로 아는 경험자가 해석하는 환경을 만들고 이렇게 되도록 시스템(자격 기준 등)을 갖출 필요가 있다. 그렇지 못할 경우 편리하고 유용한 동재하시험의 장점이 오히려 퇴색되는 상황이 초래될 수 있다.

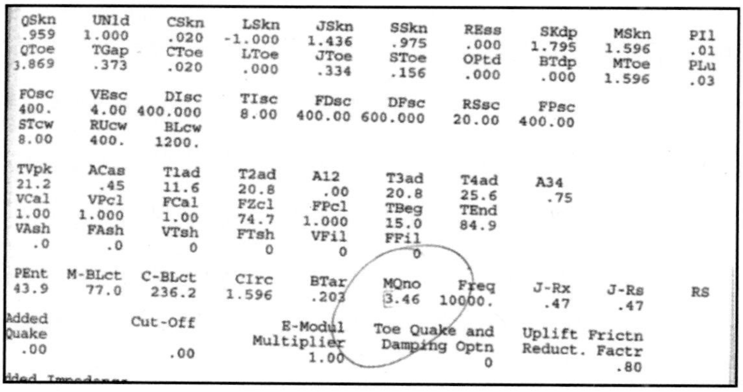

QSkn	UNld	CSkn	LSkn	JSkn	SSkn	REss	SKdp	MSkn	PIl
.959	1.000	.020	-1.000	1.436	.975	.000	1.795	1.596	.01
QToe	TGap	CToe	LToe	JToe	SToe	OPtd	BTdp	MToe	PLu
3.869	.373	.020	.000	.334	.156	.000	.000	1.596	.03
FOsc	VEsc	DIsc	TIsc	FDsc	DFsc	RSsc	FPsc		
400.	4.00	400.000	8.00	400.00	600.000	20.00	400.00		
STcw	RUcw	BLcw							
8.00	400.	1200.							
TVpk	ACas	T1ad	T2ad	A12	T3ad	T4ad	A34		
21.2	.45	11.6	20.8	.00	20.8	25.6	.75		
VCal	VPcl	FCal	FZcl	FPcl	TBeg	TEnd			
1.00	1.000	1.00	74.7	1.000	15.0	84.9			
VAsh	FAsh	VTsh	FTsh	VFil	FFil				
.0	.0	0	0	0	0				
PEnt	M-BLct	C-BLct	CIrc	BTar	MQno	Freq	J-Rx	J-Rs	RS
43.9	77.0	236.2	1.596	.203	3.46	10000.	.47	.47	

Added Quake	Cut-Off	E-Modul Multiplier	Toe Quake and Damping Optn	Uplift Reduct.	Frictn Factr
.00	.00	1.00	0		.80

그림 4.142 CAPWAP 해석 결과 및 이의 수정 예

동재하시험에서 해석역량 못지않게 현장에서 데이터를 제대로 취득하는 것이 중요하다. 왜냐하면 정확한 CAPWAP 해석을 위해서는 제대로 측정된 PDA 데이터가 전제되기 때문이다. 현장에서 동재하시험 시 주요한 절차는 게이지 부착, 각종 변수입력, 측정 파(wave)의 확인, 타격 조정 등으로 이를 제대로 하기 위해서는 경험이 필요한데, 이러한 노하우는 어렵지 않게 전수될 수 있다(3.5.4절 참조).

그림 4.143은 현장에서 측정된 파가 CAPWAP 해석 시 조정된 사례를 보여주고 있다. 동재하시험 시 파를 측정할 때 힘파(F)와 속도파(V)의 피크(peak)를 일치시켜야 하는데, 이를 비례성(proportionality)이라 한다. 게이지 위치까지 말뚝 주변에 아무런 저항이 없기 때문에 당연히 측정파는 비례성이 있어야 한다. 좌측 그림에서 보는 것처럼 F파와 V파의 피크가 맞지 않아 동재하시험 매뉴얼에서 요구하는 비례성조건에 부합하지 않음을 볼 수 있다. 이런 경우 해머나 항타기 리더의 수직도를 조정하거나 게이지 재부착 또는 드물게는 입력변수 오류 조정, 해머 쿠션의 확인 등을 실시한 후 추가 타격을 시행하면 대부분의 경우 비례성을 맞출 수 있다.

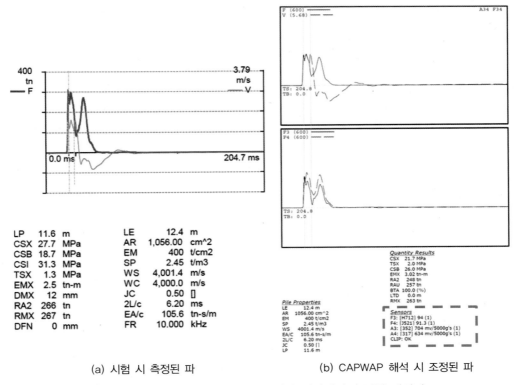

(a) 시험 시 측정된 파 (b) CAPWAP 해석 시 조정된 파

그림 4.143 현장에서 측정된 데이터와 해석에서 조정된 데이터

그러나 본 건에서는 시험자가 현장에서 전술한 과정을 간과한 상태에서 시험이 끝났는데, 해석자는 오른쪽 그림에서와 같이 인위적으로 F를 줄이고 V를 키워서 비례성을 맞추었다. 동재하시험 매뉴얼에서는 원활한 해석을 위해 10% 정도 이내로 조정하는 것은 허용하나, 본 건의 경우 비례성을 맞추기 위해 과도하게 파를 조정하였다. 이러한 조정 과정을 거치면 그림처럼 붉은색 점선 박스 내부의 해당 변수(F3, F4)의 센서 팩터(sensor factor)에 기록이 남아야 되는데, 여기서는 보고서를 PDF로 인쇄하는 과정에서 수정이 이루어졌다. 현장에서 기술적으로 극복하지 못한 사항이 실내 해석과정에서 컴플라이언스 위반 사항으로 변질되었다. 본 건의 경우 시험 데이터(에너지, 관입량 등)를 보면 지지력이 충분함을 알 수가 있다. 따라서 시험 시 해머 시스템을 조정한 후 다시 시험을 하면 문제가 해결될 수 있음에도 시험자는 이러한 사항을 간과하였고, 해석자는 문제를 더욱 확대시키는 우를 범했다.

이번에는 동재하시험의 신뢰도에 대한 다른 문제로 측정 지지력이 부족하여 이를 만회하기 위해 데이터를 조정한 사례이다. 그림 4.144는 현장에서 측정한 현장타설말뚝(직경 1.2m, 길이 52.4m, 설계하중 550ton)의 동재하시험 데이터이다. 시험은 시공 후 5주 후에 실시했고, 드롭해머(무게 15ton, 낙하 높이 1.5m)를 사용했다. 시험 적용 안전율은 2.5를 사용하기로 하였으므로 시험에서 확인해야 할 하중은 1,375ton 정도가 된다. 왼쪽 그림을 보면 시험 시 저항력(RMX)은 1,110ton으로 설계하중을 만족하기에는 부족함을 알 수가 있다. 한편 오른쪽 그림은 CAPWAP 해석에서 적용한 파로 당초 측정한 파보다 크게 증폭되어 시험 시 저항력이 1,652ton (RMX)임을 보여주고 있으며, 건전도 경고 사인도 없어졌다. CAPWAP을 통해 역해석을 해 본 결과 이러한 파를 얻기 위해서는 센서 팩터가 150%로 확장되어야 하지만 하부 센서 항목에서 센서 팩터는 1.0으로 시험 당시와 변화가 없다(실제로는 1.5이어야 함).

결국 시험 당시 얻어진 지지력이 불충분함에도 시험자는 추가 시험 타격 등을 실시하지 않고 시험을 종료하였다. 시험 결과는 CAPWAP 해석자에 넘겨졌으며 해석자는 시험 결과를 수정(건전도 경고는 삭제하고, 센서 팩터는 1.5를 1.0으로 수정)하여 보고서를 작성하였다. 시험 시 파의 상태(에너지, 낙하 높이, 말뚝 상태, 관입량 등)로 판단해 볼 때 에너지를 증가시켜 추가 타격 시험을 하면 지지력을 만족하는 결과를 얻을 수 있음에도 시험자는 이를 간과하였다(추후 재시험으로 지지력 만족 확인). 또한 해석자는 CAPWAP 해석 시 파를 선정할 때 의문을 제기할 수 있었을 것이고, 해석 결과로부터 지지력의 부족함을 확인하고 재시험 등을 조치할 수 있었다. 하지만 해석자도 필요한 조치를 취하기보다 데이터를 수정하여 보고서를 작성함으로써 문제를 더욱 심각하게 만들었다.

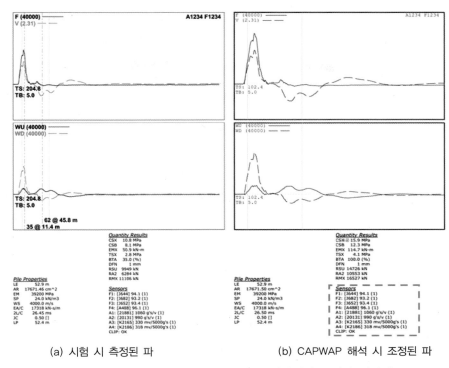

(a) 시험 시 측정된 파   (b) CAPWAP 해석 시 조정된 파

그림 4.144 현장에서 측정된 데이터와 해석에서 조정된 데이터

3) 교훈

본 사례를 통해 동재하시험은 편리하고 경제적이며 유용한 도구이지만, 잘못 사용될 소지가 있는 방식이어 신뢰도 문제가 자주 발생할 수 있으며 이를 제대로 사용하는 것이 중요하다는 교훈을 얻었다. 동재하시험의 측정 및 해석에 있어 역량 부족에 의한 신뢰도 문제도 발생하지만 더 심각한 것은 문제를 덮기 위해 보고서를 수정하여 제출하는 컴플라이언스 문제가 생길 수 있다는 것이다. 실제로 동재하시험의 신뢰도와 관련된 문제는 국내뿐만 아니라 국외 어디서나 주요 관심사이다. 그렇다면 앞서 소개한 사례들의 참 원인은 무엇일까?

동재하시험의 신뢰도 문제 발생에는 시험기술의 난해함이 기저에 있다. 동재하시험이 누구나 그 편의성을 인정하고, 또 현실적으로 가장 많이 활용하는 말뚝재하시험방법이라면 이를 제대로 활용하는 것이 과제이다. 동재하시험 기술의 난해함에 따른 시험자 및 해석자의 역량 부족은 교육과 훈련을 통해서 개선할 수 있다. 그런데 동재하시험의 신뢰도에 대한 문제는 기술자들만이 아닌 의뢰자의 인식도 한 몫을 한다. 일반적으로 의뢰자들은 동재하시험의 기술이 어렵다는 이유로 시험 내용에는 관심이 없고 시험결과를 수령하여 승인을 받는 절차에만 관심을 가지므로 이들의 인식 전환도 필요하다. 시험자 및 해석자들의 교육 및 훈련을 위해 2004년에 Seidel 은 HSDPT Alliance를 제안하고 이를 통해 교육, 데이터 공유, 재능기부 등을 실현하려 했으나 이후 진행되지 않고 있다. 하지만 3.5.4절에서 제안한 것처럼 PDI사가 제공하는 교육 및 자격증 제도를 잘 활용하면 동재하시험의 신뢰도 문제는 어느 정도 해소될 수 있다고 생각한다.

4.5.3 현장타설말뚝 동재하시험 시 신뢰도

1) 개요

본 내용은 현장타설말뚝의 동재하시험 중 수행 문제가 발생하여 재시험을 실시하였고, 재시험 결과를 해석한 내용도 미흡하여 재분석을 실시한 사례이다.

현장의 지반은 퇴적층으로 구성되었는데, 그림 4.145에서와 같이 지표로부터 상부 1m 정도

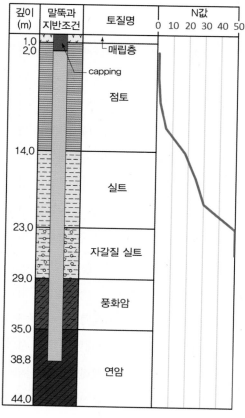

그림 4.145 지반 및 말뚝 조건

의 매립층이 있고, 매립층 아래에는 13m 정도의 점토층이 있으며, 점토층 아래에는 15m 두께의 실트층이 나타난다. 실트층(15m) 내 하부는 견고한 실트층(모래, 자갈 혼합)이 6m 두께로 존재한다. 퇴적층 하부에는 6m 정도의 풍화암층을 시작으로 이하에 기반암층이 지속된다. 암종은 천매암이며 지하수위는 지표면 부근에서 나타난다.

상부 구조물은 공장이고, 하부 기초는 현장타설말뚝으로 계획되었다. 말뚝은 직경 1,650mm, 길이 36.8m(말뚝 capping부 2.0m 제외)이며, 말뚝의 축방향 설계하중은 본당 1,370ton이다. 현장타설말뚝의 콘크리트의 강도는 40MPa이다.

현장타설말뚝의 시공 후 품질확인시험은 동재하시험으로 수행되었다. 동재하시험 시 타격을 위해 그림 4.146과 같은 조립형 드롭해머(최대 램 무게 60ton)를 사용하였다. 1차 동재하시험은 시험 중 게이지 불량(시험자 판단)으로 인해 시험이 중단되고 추후 재시험(2차 시험)이 계획되었다. 그러나 PDA화면에서 파(wave)의 형태는 시험 중단의 원인이 게이지의 불량이 아닐 수 있음을 시사하고 있었다. 따라서 시험자료들을 검토한 결과, 1차 시험 중단의 원인은 게이지 자체의 불량이 아닌 게이지 부착위치와 두부 캡핑(capping)에 문제가 있는 것으로 나타났다.

(a) 해머 설치 작업

(b) 시험 준비된 해머

그림 4.146 동재하시험용 드롭해머

2차 동재하시험은 1차 시험말뚝에 대해 실시할 예정이었으나, 1차 시험에서 타격횟수가 많다 (시험 종료까지 9회 타격)는 이유로 인근 말뚝에 대해 시험을 시행하도록 계획되었다. 2차 시험은 1차 시험의 실패 사례 분석를 바탕으로 무난하게 마무리되었고, 이를 분석한 결과보고서가 제출되었다. 그러나 시험 결과보고서의 분석내용이 미흡하여 시험 결과를 재분석하게 되었다. 상기에서 설명한 바와 같이 본 사례는 현장타설말뚝 동재하시험의 신뢰도에 관한 사항을 잘 함축하고 있어, 동재하시험 신뢰도의 중요성을 강조하는 의미에서 이를 소개하였다.

2) 원인 분석 및 평가

그림 4.147은 1차 PDA 측정 중 9번째 타격(BN 9)에 대한 화면이다. 그림에서 보면 힘파 (force wave, 오른쪽 위 그림)는 4개 게이지(F1, F2, F3, F4)가 서로 차이가 크고, 특히 F2와 F3 는 반응이 매우 작게 나타나는 것을 볼 수 있다. 이들 파는 크기는 물론 형태가 확연히 달라 편타라기보다는 왜곡된 파라고 할 수 있다. 한편 속도파(velocity wave, 오른쪽 아래 그림)를 보면 V3 게이지는 탈락되어 있고, V2는 시간 축에 수렴되지 않는 것으로 보아 고정 앵커가 풀려 있는 것으로 보인다. 일반적으로 속도파는 측정에 민감하지 않아 4개를 다 사용하지 않아도 무방하다. 하지만 여기서는 4개 가속도계 중 2개(V1, V4)만 유효한데다, 이들 2개도 90°로 설치되어 있어 평균치로 사용하는 것은 바람직하지 않다.

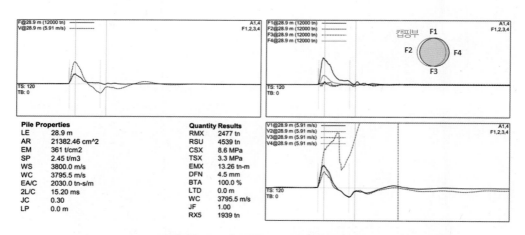

그림 4.147 1차 시험의 PDA 화면(BN 9)

결국 힘의 평균파는 왜곡되었고, 속도의 평균파는 부정확하므로 F-V파(왼쪽 위 그림)는 비정상적인 형태를 보여줄 수밖에 없다. 따라서 왼쪽 아래 그림에 나타난 Case 정보도 왜곡되었다고 할 수 있다. 만약, 본 건에서 이 F-V파를 선택하여 CAPWAP 해석을 한다면 원활한 해석도 어렵겠지만 실제와 다른 지지 거동을 줄 수 있으므로 사용해서는 안 된다. 당초 시험자가 재시험을 결정하게 된 이유(게이지 불량)는 F2, F3의 미반응 상태를 보고 판단한 것으로 보인다.

이러한 비정상적인 파가 어떻게 얻어졌는지를 알아보기 위해 관련 데이터를 검토한 결과, 두 가지 큰 오류가 있었다. 먼저 그림 4.148과 같이 게이지들은 본말뚝에 이어치기한 연결부 위(캡핑부)에 부착되어 있었다. 연결부 상태를 확인하기 위해 말뚝 주위를 굴착해 본 결과, 하부 본말뚝과 상부 캡핑부는 중심이 상당히 어긋나게 연결되어 있었다(그림 4.148 오른쪽 그림 참조). 결론적으로 부실한 이음부, 그리고 그러한 상태에서 게이지를 이음부 위에 부착함으로써 게이지의 비정상적인 반응이 발생하였고, 이것이 1차 동재하시험 중단의 실제 원인이다. 본말뚝과 캡핑부의 중심이 어긋나 있는 원인은 캡핑부의 콘크리트 타설 시 콘크리트의 쏠림 하중으로 외부 강관(거푸집 역할)이 움직인 것에 기인하는 것으로 확인되었다.

그림 4.148 1차 시험말뚝의 게이지 부착위치와 연결부

2차 동재하시험을 위해 1차 시험말뚝 인근 말뚝(그림 4.145 참조)에 대해 캡핑을 실시하였다. 다만, 1차 시험을 교훈삼아 캡핑용 강관이 움직이지 않도록 철근과 강관 내부를 철근 조각으로 용접보강한 후 콘크리트를 타설하고, 게이지를 이음부의 하부에 부착하였다.

2차 PDA 측정 화면(BN 3)을 그림 4.149에 나타내었다. 그림에서 보면 힘파(오른쪽 위 그림)는 4개 게이지(F1, F2, F3, F4)가 약간의 차이가 있지만, 서로 형태 및 크기가 유사하여 평균치를 사용하기에 문제가 없다. 한편 속도파(오른쪽 아래 그림)를 보면 V1 게이지는 탈락(또는 풀림)되어 있지만, 나머지 3개 속도파는 형태가 유사하고 시간 축에 수렴하고 있어 3개를 평균해도 무방하다. 따라서 2차 시험의 경우 4개 힘파의 평균치와 3개 속도파의 평균치(왼쪽 위 F-V 그림)를 사용하면 무난하게 CAPWAP 해석이 될 것으로 보인다. 그런데 F-V파의 화면(왼쪽 위 그림)에서 보면 게이지 아래 31.1m 근처에서 β값(65)이 불안하다는 신호를 주고 있다. PDA 매뉴얼에 따르면 β는 균등 단면의 말뚝에서 damage sign이라 칭하며, 값은 damage 정도(단면 변화, 표 4.4 참조)를 나타낸다. 여기서 β=67은 심한 손상(major damage)으로 분류된다. 하지만 여기서 주는 β신호는 말뚝의 손상이 아니며, 이에 대해서는 뒤에서 다시 설명한다.

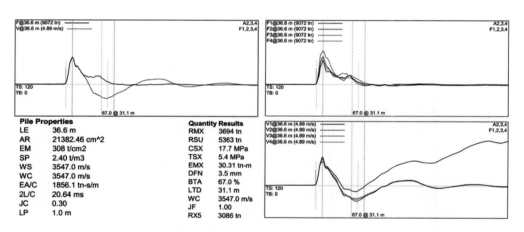

그림 4.149 2차 시험의 PDA 화면(BN 3)

2차 시험의 측정파(BN 3)를 대상으로 CAPWAP 해석을 실시한 분석보고서의 결과가 그림 4.150에 나타나 있다. 그림의 CAPWAP 해석 결과를 보면, 전체적으로 매칭(왼쪽 위의 그림, MQno=2.93), 하중 – 침하량 곡선(왼쪽 아래의 그림), 지지력 성분과 크기(오른쪽 아래의 그림) 등에 있어 큰 문제는 없어 보인다. 그러나 전술한 β에 대한 분석이 없고, 항타에너지가 선단에 충분히 전달되지 못한 것을 고려하면 마찰력 분포가 현실적이지는 않고, 이럴 경우 선단지지력과 주면마찰력 크기도 달라질 수 있다. 이는 주로 현장타설말뚝을 균질한 말뚝 단면(uniform pile section)으로 간주하여 CAPWAP 해석을 실시한 것에 기인한다. 그럼에도 불구하고 PDA

측정이 양호하다 보니 실무적으로는 수용할 수 있는 결과를 주고 있다고 평가된다. 해석 결과에 따르면 지지력과 침하량은 설계조건을 만족하고 있다.

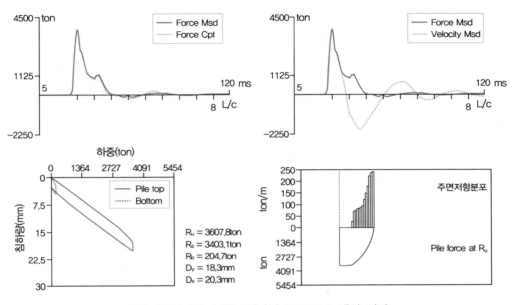

그림 4.150 2차 시험보고서의 CAPWAP 해석 결과

따라서 이번에는 보고서에서 선정한 동일한 파를 대상으로 비균질 단면 말뚝(non-uniform section pile)으로 별도의 CAPWAP 해석을 실시하여 보았다. 비균질 단면 말뚝을 고려하기 위해 CAPWAP 해석 방법에 따라 말뚝의 물성변화(impedance change)를 반영하였고, 그 결과를 그림 4.151에 나타내었다.

그림 4.151에서 보면 전체적으로 매칭(왼쪽 위 그림, MQno=2.54)도 좋아졌고, 하중 - 침하량 곡선(왼쪽 아래 그림)도 문제가 없으며 지지력은 이전보고서보다 커졌다. 또한 선단지지력 및 주면마찰력의 크기 그리고 마찰력 분포도 현실적이라고 평가된다. 특히 전술한 불안정한 β 값(67)은 말뚝 단면의 손상이 아닌 연약 암반층에서의 공벽확장에 의한 말뚝의 단면확대(bulging)에 기인하는 것임을 오른쪽 중간 그림의 임피던스(impedance) 분포로부터 알 수 있다. 이러한 사실은 지반조사 결과에서도 확인할 수 있었다.

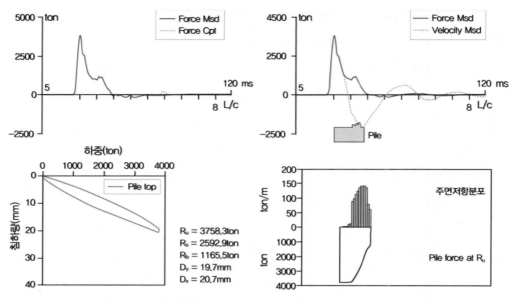

그림 4.151 2차 시험의 CAPWAP 재해석(비균질 단면 고려) 결과

　본 현장은 상기의 경험을 정리하여 동재하시험의 준비와 시험 그리고 해석에 대해 가이드를 만들고, 이에 따라 잔여 품질확인시험을 마무리하였다. 본 사례를 통해 현장타설말뚝의 동재하시험 시 시험 준비와 수행, 그리고 결과 해석 시 주의해야 할 사항을 배울 수 있다. 특히 시험 준비 시 캡핑이 중요한데, 이를 위해 중심 맞추기, 수직도 유지, 타격면의 편평도에 유의해야 한다. 그리고 게이지는 캡핑 두부로부터 최소 1D 이상을 이격하되, 가능한 이음부 아래에 부착되도록 하는 것이 양질의 데이터를 얻는 방법이다(그림 3.69 참조). 또한 본 사례에서 사용된 드롭해머는 양호했지만, 많은 경우 해머의 문제도 자주 일어나므로 해머 용량과 작동 등에 주의가 필요하다.

　현장타설말뚝의 동재하시험에서 시험 준비는 경험 있는 시험자에 의해 주도되고 확인되는 것이 필요하다. 하지만 본 사례에서는 1, 2차 시험 모두 게이지가 풀린 것을 볼 수 있었는데, 이로부터 시험자가 경험이 부족하다는 것을 짐작할 수 있으며, 전술한 재시험의 사례가 생기는 것도 무리가 아니라고 생각된다. 시험자의 경험 부족에 대한 대책은 3.5.4절에서 설명하였다.

3) 교훈

　동재하시험은 많은 장점이 있지만 치명적인 단점도 있다. 그럼에도 불구하고 동재하시험은 말뚝기초의 지지거동과 리스크 확인을 위해 가장 많이 사용되는데, 이는 동재하시험의 장점이 더 인정된다는 방증이기도 하다. 동재하시험의 단점은 시험기술이 난해하다는 것이며, 특히 동재하시험이 유일 해를 주지 않는다는 것이다. 이것은 경험과 지식이 필요한 기술자가 동재하시험을 주도해야 하는 이유이기도 하다.

4.5.2절의 사례에서는 동재하시험의 전반적인 신뢰도에 관련된 상황을 언급하고 이를 해결하기 위해 교육실시와 인식개선 등을 제안하였다. 본 절에서는 보다 구체적인 사례를 들어 동재하시험의 신뢰도에 대한 문제를 설명하였다. 특히 동재하시험 중에 일어날 수 있는 문제, 그리고 시험 결과 해석 시 일어날 수 있는 문제를 실 사례를 통해서 설명하였다. 본 사례의 시험과정을 분석하면서 시험자는 왜 '게이지 부착 문제'를 '게이지 불량'으로 받아 들여서 재시험을 결정하였을까? 그리고 왜 β값에 대한 검토를 시도하지 않았을까? 하는 의문이 든다. 이는 경험 부족에 기인한다는 결론을 내리면서 교육 실시와 인식의 개선이 필요하다는 것을 더욱 강조할 수밖에 없다.

여러 아쉬움에도 2차 동재하시험처럼 시험(PDA모니터링)을 잘하면 CAPWAP 해석이 용이하고 결과도 비교적 분명해져 결과 판단에 있어 대세에 지장이 없다는 것도 볼 수 있었다. 이는 동재하시험 기술 향상에서 해석(예: CAPWAP 해석)만 강조될 것이 아니라 시험 수행도 강조되어야 하는 이유이다.

기초의 리스크 헤지는 그 중요성으로 인해 큰 관심 사항 중 하나이며, 여기에 동재하시험이 많은 역할을 하고 있다. 그만큼 동재하시험의 신뢰도 향상을 위한 교육과 인식개선, 제도개선 등이 긴요하다.

4.5.4 양방향재하시험 시 주면마찰력의 선 파괴에 의한 시험 중단

1) 개요

본 사례는 양방향재하시험 도중 파괴가 일어나 시험이 중단되어 이의 원인을 조사하고 대책을 수립한 내용이다.

그림 4.152에서와 같이 지반은 상부에 모래로 된 느슨한 퇴적층이 있고, 퇴적층 하부에는 얇은 풍화토층으로 시작하여 풍화암층(6.6m), 그리고 연암 이상으로 된 기반암층이 계속된다. 암종은 화강암이며 지하수위는 지표하 2m 정도에 나타난다. 이 시추조사는 시험위치에서 가장 근접한(10m 이격) 위치에서 이루어진 결과이다.

상부 구조물은 빌딩(지상 20층, 지하 4층)이고, 하부 기초는 PRD 현장타설말뚝으로 계획되었다. 말뚝은 직경 1,200mm, 말뚝의 축방향 설계하중은 본당 1,250ton이다. 말뚝의 콘크리트

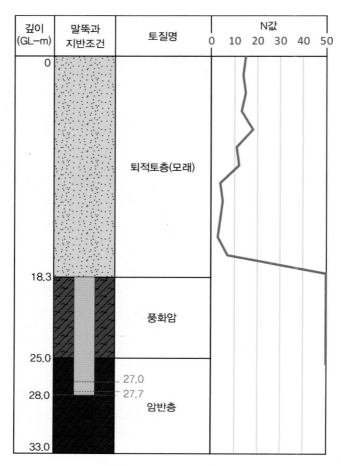

깊이 (GL-m)	말뚝과 지반조건	토질명	N값 0 10 20 30 40 50
0			
		퇴적토층(모래)	
18.3			
		풍화암	
25.0			
27.0 28.0 27.7		암반층	
33.0			

그림 4.152 지반 및 말뚝 조건

의 강도는 45MPa이다.

　말뚝의 품질확인시험은 양방향재하시험으로 이루어졌다. 재하시험을 하는 도중 목표시험하중(2,600ton)에 미치지 못하는 1,700ton에서 상부셀의 변위가 크게 발생하면서 파괴가 일어났다. 따라서 해당 시험은 중단되었고, 지지력 미달로 판명되었으며, 재하시험분석, 시공자료분석 등을 통해 원인을 분석하고 대책을 강구하였다.

2) 원인 분석 및 평가

　그림 4.153을 보면 하부셀의 하중－변위량 곡선은 안정적인 반면, 상부셀의 하중－변위량 곡선은 525ton 이후 불안정한 상태를 보여주다가 700ton에서 거의 파괴가 발생하고 있음을 알 수

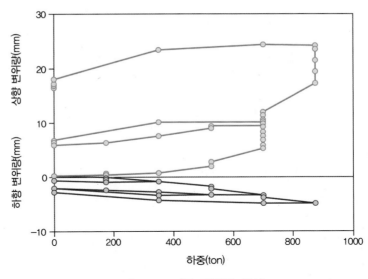

그림 4.153 하중–변위량 곡선

있다. 즉, 상부셀 위 말뚝의 저항력이 부족하여 상부셀이 먼저 파괴되면서 시험이 중단되었다. 이의 원인을 파악해 보기 위해 그림 4.154에서와 같이 시험계획 시 지층 조건과 실제 조건(천공 시 발생하는 암시편을 통해 층 구분)을 비교해 보았다. 그 결과 실제 조건은 계획 시 조건과 다른 상황임을 알 수 있었다. 표 4.30에서와 같이 상향력이 발현되는 풍화암층과 연암층의 두께가 각 각 3.9m, 0.5m씩 줄어 있었고, 또한 셀의 위치도 약간 위로 이동(0.2m)되어 상향력은 계획보다 작아 목표 하중에 도달하기 전에 상부셀의 파괴가 먼저 발생할 수밖에 없는 상태였다.

표 4.30 시험위치의 계획 대비 실제 지층 조건의 차이

구분	지층	계획		실제 시공	
		두께(m)	마찰력(ton)	두께(m)	마찰력(ton)
상향력	풍화암	6.6	912	2.7(−3.9)	373
	연암	2.0	860	1.5(−0.5)	645
	상향 저항력(ton)		1,772		1,018
하향력	연암	0.3	172	0.8(+0.5)	458
	선단지지력(ton)	–	3,400 ↑	–	3,400 ↑
	하향 저항력(ton)		3,572		3,858
비고		그림 4.152(10m 이격)		시공 중 시편으로 지층 구분	

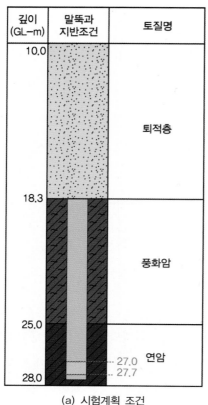
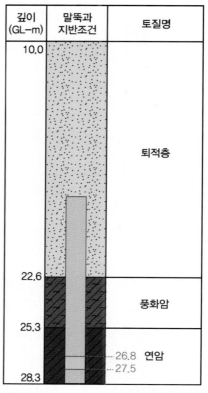

(a) 시험계획 조건   (b) 실제 시공 조건

그림 4.154 시험계획과 실제 시공 시 지층 조건 차이

그렇다면 상부셀의 저항치의 불충분(상부셀 위 말뚝의 마찰력 부족)의 원인은 무엇일까? 무엇보다도 지반조사 자료가 시험위치의 자료가 아니기 때문에 지층의 두께가 달라질 개연성이 있었다. 본 시험의 계획 시 지반조사 자료는 시험위치로부터 가장 가까운 10m 정도 떨어져 있는 시추자료를 이용하여 시험하중까지의 저항치를 계산하여 확인하였다. 즉, 기본적인 사항은 잘 확인하였지만, 시추자료가 해당 위치가 아니어 지층이 달라질 가능성과 이의 영향 파악에 소홀한 것이 문제였다. 현장에서도 천공 중 발생하는 암시편을 통해 지층 조건이 달라지고 있다는 사실을 인지하고 있었지만, 이로 인해 시험 중단 사태가 일어날 것이라고는 생각하지 못했던 것 같다. 양방향재하시험을 할 경우 해당 위치의 시추자료를 이용하는 것이 바람직하고, 이를 통해 시험하중까지 상부와 하부셀의 거동이 충분한가를 검토해야 한다. 해당 위치의 시추자료가 없더라도 최소한 말뚝의 천공 작업 시 발생하는 시편의 세밀한 관찰을 통해 지층을 확인하고, 확인된 지층 두께에 따라 양방향 셀의 저항치와 시험 종료까지의 지지 가능성을 검토한 후 셀을 설치해야 한다.

해당 시험은 품질확인시험이었고, 시공이 어느 정도 완료된 후 실시한 것이므로 지지력 미달이 발생할 경우 보강 대책의 선정이 제한되어 있는 상태였다. 따라서 본 건은 그림 4.153에서와 같이 하향력(일부 주면마찰력이 있지만 선단지지력으로 간주)이 양호한 점을 고려하여 시험 결과를 확장하여 실제의 지지력을 예측해 봄으로써 보강 여부 및 보강 정도를 파악해 보았다.

먼저 상부셀의 하중 – 변위량 곡선을 분석하여 마찰력 성분을 평가하고, 다음으로 하부셀의 하중 – 변위량 곡선을 외삽해 보기 위해 회귀분석을 실시해 보았다. 그림 4.155에서와 같이 회귀곡선은 실제 곡선과 비교적 일치하며, 극한하중(침하량 25mm 기준)은 2,100ton 정도가 된다. 이 값은 실제 곡선 상태가 하중 700ton 이후부터 보다 양호한 상태를 보여주고 있는 것으로 보아 여전히 보수적이라 할 수 있다.

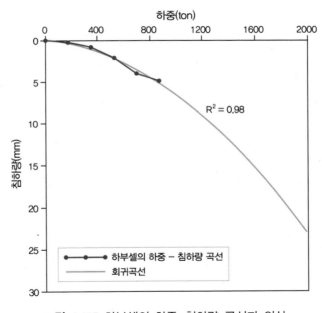

그림 4.155 하부셀의 하중-침하량 곡선과 외삽

상기의 방식으로 분석한 내용을 표 4.31에 요약하였다. 표에서와 같이 시험 결과만으로 판단할 경우는 허용지지력이 844ton이지만, 시험 종료까지 충분히 발현이 되지 않은 선단지지력을 반영하여 평가해 보면 허용지지력은 1,456ton이 된다. 따라서 시험 허용지지력은 설계지지력 1,250ton을 만족함을 알 수가 있다. 본 건의 경우 분석 결과로부터 시험결과를 만족으로 평가하여 보강이나 재시험을 하지 않고 마무리하였다.

표 4.31 하중-침하량 곡선 분석 결과

구분	주면마찰력(ton)	선단지지력(ton)	극한지지력(ton)	허용지지력(ton)
실제 시험 결과	812	875	1,687	844
회귀분석 결과	812	2,100	2,912	1,456
비고	상부셀의 하중-변위량 곡선 분석	실제 시험하중과 회귀분석 결과		F_s=2.0

3) 교훈

본 건은 시공품질에 문제가 없어도 양방향재하시험 시 시험하중까지 상하방향의 저항치 불균형이 크게 발생하면 시험이 중단되어 지지력 미달로 평가될 수 있는 사례를 보여주는 것이다. 이러한 사례는 양방향재하시험 시 종종 일어나는 이슈로 사전 계획과 실행 단계 확인이 꼭 필요한 사항이다.

양방향재하시험을 할 경우 해당 위치의 시추자료를 이용하는 것이 바람직하고, 이를 통해 시험하중까지 상향력 및 하향력이 충분한가를 검토해야 한다. 시험위치의 시추자료 이용이 어려운 경우 시험말뚝의 천공 작업 시 발생하는 시편의 세밀한 관찰(인근 시추자료 검토 포함)을 통해 지층을 확인하고, 확인된 지층 두께에 따라 계획된 시험하중의 발현이 가능한지 검토해야 한다. 만약 시험하중의 발현이 어렵다고 판단되면 굴착깊이 변경 또는 셀의 위치 변경 등의 조치를 취하고 시험에 임해야 한다. 굴착깊이가 변경되는 경우 지지력은 재검토되어야 하고, 셀의 위치가 변경되는 경우도 지지력 성분을 세밀하게 검토하여야 한다.

4.5.5 양방향재하시험 시 선단지지력의 선 파괴에 의한 시험중단

1) 개요

양방향재하시험은 현장타설말뚝을 시공하고 양생 후(보통 시공 후 한 달 이내) 시험하는 것이므로 시험이 실패할 경우 재시험 또는 재설계 등이 제기될 수 있는 등 곤란한 상황이 발생할 수 있다. 그런데 양방향재하시험은 시험 중 의외의 문제로 인해 실패하는 경우가 종종 있다. 다른 재하시험법의 경우 시공 후 두부가 노출된 상태에서 장치를 설치하고 시험하므로 시공품질 및 장치 설치에 의한 시험실패 사례는 그다지 많지 않으며, 있다고 하더라도 문제는 심각하지 않은 것이 일반적이다. 하지만 양방향재하시험은 시공 중 말뚝 본체에 장치를 설치하게 되므로 장치 설치는 물론 시공품질의 리스크도 시험의 성공 여부에 영향을 주게 된다. 본 사례는 이와 관련하여 양방향재하시험 도중 파괴가 일어나 이의 원인을 조사하고 대책을 수립한 내용이다.

그림 4.156에서와 같이 지반은 상부로부터 4m 정도 느슨한 사질 매립층과 3m 정도 점토질 퇴적층이 있고, 이하에는 풍화토층이 13.5m, 풍화암층이 13m, 그리고 2.3m의 연암층, 이하에 보통암 이상의 암반층이 계속된다. 암종은 편마암이며 지하수위는 지표하 3.5m 정도에 나타난다. 상부 구조물은 공장이고, 하부 기초는 PRD 현장타설말뚝으로 계획되었다. 말뚝은 직경 1,000mm, 길이 36.8m, 말뚝의 축방향 설계하중은 본당 750ton이다. 말뚝의 콘크리트의 강도는 30MPa이다.

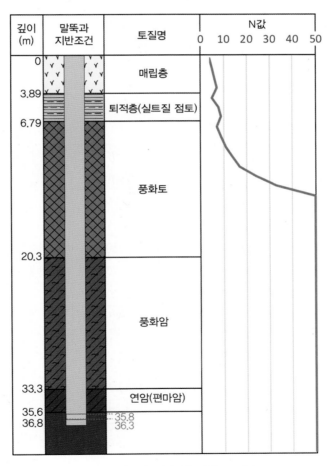

그림 4.156 지반 및 말뚝 조건

말뚝재하시험은 품질확인을 위해 실시되었고, 양방향재하시험 방법으로 이루어졌다. 재하시험 도중 목표시험하중(일방향 750ton)에 미치지 못하는 217ton에서 하부셀의 변위가 크게 발생하면서 파괴되었다. 따라서 해당 시험은 지지력이 미달된 217ton에서 시험이 중단되었으며, 재하시험분석, 시공자료분석 등을 통해 원인을 분석하고 대책을 강구하게 되었다.

2) 원인 및 분석

그림 4.156에서와 같이 말뚝의 길이는 36.8m로 선단은 보통암 1.2m까지 근입되었다. 셀의 두께는 0.5m이다. 표 4.32는 상하 방향 셀의 저항력을 계산하였는데, 하향력이 큰 것으로 계산되었다. 말뚝의 선단부 지층은 보통암으로 매우 단단하고, 셀 하부 보통암층 내 근입 부분(0.5m)의 마찰저항력도 무시한 상태여서 하향저항력은 계산값보다 클 것으로 예상된다. 하향저항력이 큰 비균형적인 셀의 위치이지만 상부의 저항력이 설계지지력보다 큰 값을 주고 있어 시험 계획에는 문제가 없었다.

표 4.32 시험 중 상향력과 하향력의 비교

구분	지층	지층 두께 및 저항력		비고
		두께(m)	저항력(ton)	
상향력	매립토, 점토	6.8	무시	
	풍화토($N \leq 50$)	7.5	무시	
	풍화토($N > 50$)	6.0	250	건축기초구조설계지침
	풍화암	13.0	670	건축기초구조설계지침
	연암	2.3	120	FHWA
	보통암	0.2	70	FHWA
	상향저항력(ton)		1,110	
하향력	보통암	0.5	무시	
	선단지지력(ton)		1,970	Canadian Foun. Man.
	하향저항력(ton)		1,970	

그림 4.157은 양방향재하시험의 하중 – 변위량 곡선이다. 그림에서와 같이 시험 초기에 급격한 하부셀의 침하가 일어나 시험이 중단되었다. 그림에서 보면 상부셀의 하중 – 변위량 곡선은

거의 변하지 않을 정도로 매우 안정적인 반면, 하부셀의 하중－변위량 곡선은 102ton 이후 불안정한 상태를 나타내다가 179ton에서 파괴가 시작되어 217ton에서 극한파괴에 이르고 있다. 즉, 하부셀의 저항치(선단지지력)가 불충분하여 하부셀이 먼저 파괴되면서 시험이 중단되었다.

이의 원인은 상하부셀의 저항력 비교(표 4.32 참조), 그리고 시공상태(선단부의 암편, 선단 슬라임 처리상태, 케이지 삽입 후 타설까지 대기시간 등)로 평가해 볼 때 지반 또는 천공(슬라임 포함)의 문제라기보다 셀 하부의 콘크리트 타설 불량에 기인하는 것으로 평가되었다. 그림 4.157의 하부셀의 하중－변위량 곡선의 형태도 침하 원인은 셀 하부의 콘크리트 불량이라는 것을 시사하고 있다. 아쉽게도 하부셀의 침하량 60mm에서 시험은 중단되었는데, 시험을 지속하여 침하를 더 시켰더라면 문제의 원인이 분명해질 수 있었을 것이다.

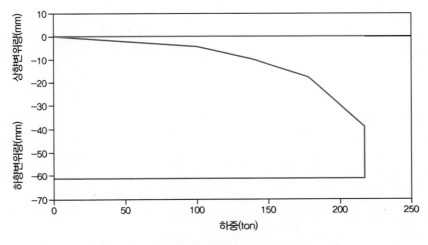

그림 4.157 양방향재하시험의 하중－변위량 곡선

따라서 셀 하부의 콘크리트 불량의 원인에 대해 살펴보았다. 그림 4.158은 셀의 상하부 모양과 실제 사진이다. 그림에서 셀의 상하 가압판의 구멍은 여러 가지 측정기구를 장착하거나, 콘크리트의 타설 및 흐름을 위해 설치된 것이다. 그림에서 측정기구의 장착 구멍 및 트레미파이프의 삽입 구멍을 제외하면 나머지 구멍 두 개(D100mm)는 콘크리트 흐름의 역할을 하는 것인데, 이 두 구멍만으로는 콘크리트 흐름이 원만치 않은 것으로 보인다. 그림에서는 말뚝이 직경이 1,000mm로 셀 주위로 콘크리트가 흐를 수 있는 것처럼 되어 있으나 실제로 암반부에서 말뚝의 유효직경은 960mm 이내이고 셀의 직경은 840mm로 그림처럼 콘크리트의 흐름은 원활하지 않

을 수 있다. 왜냐하면 트레미파이프는 대구경 말뚝에서 사용하는 대형(D300)이고, 여기서 초기 타설 시 급속히 다량으로 유입되는 콘크리트 양(최대 골재 24mm)과 바닥의 잔존 슬라임이 두 개의 구멍과 측면 여유공간을 통해서 원활히 흐르기에는 충분치 않을 수 있기 때문이다. 또 다른 가정은 트레미파이프가 말뚝의 선단부까지 도달하지 못한 경우이다. 셀 상부에 트레미파이프의 유도로가 조성되어 있으나 비교적 소구경이고 긴 말뚝 상태에서 트레미파이프를 세심히 관리하지 못한 나머지 트레미파이프가 셀 상부에 걸쳐진 상태에서 콘크리트가 타설되었을 가능성이 있다. 그림 4.157의 하중 – 침하향 곡선의 형태를 보면 후자일 가능성이 크다고 판단된다.

그림 4.158 양방향재하시험 셀의 도면과 실제 모습

결론적으로 본 건에서 하부셀 침하의 근본 원인은 작은 구경 말뚝(D1000 이하)에서 셀 하부의 콘크리트 타설 불량으로 판단된다. 길고 작은 구경 말뚝에서 이러한 것을 방지하기 위해서는 양방향재하시험 시 콘크리트 흐름에 대한 검토와 관리가 필요하며, 여기에는 콘크리트 흐름을 위한 공간 확보 그리고 타설 시 별도의 대책(유동성, 최대골재크기, 재료분리 등)과 시공관리(트레미파이프의 위치, 콘크리트 높이 등) 등이 포함되어야 할 것이다.

문제의 원인을 파악한 결과, 본시공에 대한 별도의 대책은 불필요하였다. 그러나 해당 시험이 품질확인시험이었기 때문에 추가의 품질확인을 해야 하고, 극한 파괴가 생긴 말뚝에 대한 조치가 필요하였다. 이를 위한 여러 시험방법을 검토한 결과, 시험말뚝에 대한 마찰력 확인, 주변 말뚝에 대한 확인 시험의 필요 등을 감안하여 동재하시험을 수행하기로 하였다.

시험말뚝의 부실에 대한 대책을 수립할 경우, 우선 해당 말뚝을 사용할 수 있는지의 검토가 필요하다. 특히 본 건의 시험말뚝은 하부셀이 움직이는 동안(217ton까지) 상부셀이 거의 움직이지 않은 것에 주목할 필요가 있다. 즉, 해당 말뚝의 경우 셀 하부 선단지지력이 문제되었지만 셀 상부의 지지력(마찰력)이 설계하중에 대한 소정의 안전율을 확보할 경우 말뚝의 사용도 고려할 수 있는 것이다. 따라서 해당 말뚝과 인근의 말뚝에 대해 동재하시험을 실시하여 보강 여부를 검토하기로 하였다.

표 4.33과 그림 4.159에서와 같이 시험말뚝은 마찰력이 1,653ton으로 설계하중(750ton)에 대해 안전율 2.2를 확보하고 있다. 타격에너지가 부족하지 않도록 대용량 해머(DKH2015, 램 20ton)를 선택하였음에도 여전히 에너지는 부족할 정도로 말뚝의 지지력이 컸다. 말뚝의 순침하량이 1mm이고, 타격에너지도 말뚝에 충분히 전달되지 않은 것을 고려하면 산출된 값은 여전히 보수적이다. 인접말뚝의 시험에서도 유사한 결과가 도출되었다. 이러한 시험 결과로부터 양방향재하시험에서 지지력 미달로 시험이 중단된 시험말뚝을 본말뚝으로 사용할 수 있었다. 이후 본 현장의 품질확인시험은 양방향재하시험 대신 동재하시험을 이용하여 수행하였다.

표 4.33 시험말뚝과 인접말뚝의 동재하시험 결과

구분	길이 (m)	램무게 (ton)	낙하고 (m)	set (mm)	CAPWAP 해석 결과(ton)			허용지지력 (ton)	EMX (t·m)
					주면	선단	전체		
시험말뚝	36.8	20	1.4	1.0	1,653	397	2,050 ↑	1,025 ↑	21.0
인접말뚝	37.1	20	1.4	1.0	1,596	324	1,920 ↑	960 ↑	19.0
비고		DKH 2015		실측			에너지 불충분	$F_s=2$	전달 에너지

본 내용과는 별도로 연암층을 지나 보통암에 설치된 상황을 제외하고 마찰력만으로도 설계하중을 만족할 수 있다는 것은 설계가 매우 보수적이라는 점을 지적하지 않을 수 없다. 이와 관련한 내용은 3.3.2절 6)항에서 이미 설명하였으므로 여기서는 생략한다.

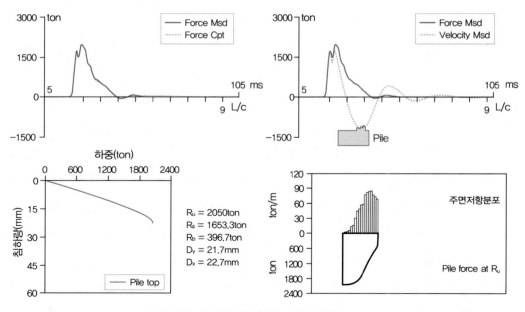

그림 4.159 시험말뚝의 동재하시험 결과

3) 교훈

본 건은 양방향재하시험 시 시험하중까지 상하방향의 저항치 불균형이 심각하게 발생하여 시험이 중단되고 지지력 미달로 평가된 사례이다. 이의 원인은 셀 하부의 콘크리트 타설 불량에 기인하는 것으로 평가된다. 직경 1,000mm 미만의 작은 구경 말뚝에 대한 양방향재하시험 준비 시 콘크리트 타설 및 흐름에 대해 확인해야 한다. 즉, 타설 콘크리트의 원활한 흐름을 위한 공간 확보, 그리고 타설 시 재료 검토(유동성, 최대골재크기, 재료 분리 등)와 시공관리(트레미파이프의 위치와 콘크리트 양관리 등) 등을 검토해야 한다. 가능하다면 작은 구경 말뚝에 대한 양방향재하시험을 할 경우는 콘크리트 대신에 고유동화 모르타르를 사용하고 트레미파이프 위치와 콘크리트 높이의 세심한 관리를 시행하는 것이 필요하다.

4.5.6 수평재하시험에서 자주 범하는 오류

1) 개요

수평재하시험은 준비, 시험, 분석 등의 절차로 구성되며, 비교적 단순하고 쉽다. 수평재하시험의 준비나 시험절차는 표준화되어 있어서 확인만 하면 되는데도 규정된 사항이 지켜지지 않는 경우가 자주 있다. 수평재하시험의 분석의 경우는 표준화된 규정이 없어서인지 보고서마다 다르고, 더욱이 분석내용이 시험의 목적을 달성하지 못하는 경우도 있다.

수평재하시험의 준비사항에는 적절한 장치 확인, 장치의 검증 확인, 시험 및 재하점의 위치 확인 등이 있다. 이들 준비사항에 대한 세부 내용은 관련기준(예: ASTM)에 명시되어 있고, 또한 실제 시험 시 이를 확인하는 관리자도 있어 오류가 발생하지 않을 것 같으나 의외로 많은 문제가 발생한다. 한편 수평재하시험의 수행은 관련기준에 비교적 상세히 명시되어 있어 그대로 따르면 되므로 문제가 발생하는 경우는 많지 않다. 하지만 수평재하시험의 결과 분석은 시험 목적에 따라 다를 수 있고, 또한 시험 목적에 대한 명확한 가이드나 설계치가 주어지지 않는 경우도 있어 분석자가 임의대로 시행하는 경우가 종종 있다.

일반적으로 수평재하시험의 주요한 목적은 설계해석에 필요한 지반정수(예: 지반반력계수)를 얻기 위한 것이다. 이와 같이 수평재하시험은 말뚝의 수평안정성분석에 필요한 정보를 얻는 시험임에도 불구하고, 정재하시험과 같이 하중－변위량 결과로부터 직접 말뚝의 수평지지력을 도출하여 이용하는 경우가 자주 있다. 이러한 것은 관련 기술자들의 수평하중 검토에 대한 이해 부족에 기인한다고 생각한다.

본 절에서는 수평재하시험의 사례를 통해서 자주 발생하는 오류나 문제를 소개하고, 이를 제대로 실시하는 방안에 대해 살펴보았다.

2) 현황 분석 및 방안

그림 4.160은 수평재하시험으로부터 얻은 하중－변위량 곡선인데, 전반적으로 곡선이 자연스럽지 않은 것을 제외하면 일반적인 곡선형태를 보여주고 있다. 시험에서 얻어진 곡선에 신뢰도가 있어야 말뚝의 수평지지거동 분석이 제대로 수행된다는 것은 당연하다. 환언하면, 시험결과의 신뢰도는 제대로 된 시험에 의해 결정된다고 할 수 있다. 여기서는 수평재하시험과 이로부터 얻어진 데이터를 분석한 일반적인 수평재하시험보고서를 검토하여 시험과 분석의 문제를 살펴보고 이를 적합하게 수정해 보았다.

그림 4.161은 수평재하시험의 장면이다. 그림에서 보면 시험말뚝의 주변조건, 재하점, 다이얼게이지(dialgauge) 설치, 기준대(reference beam) 설치 등에 있어 부적합 사항이 나타나고 있음을 알 수 있다. 실제로 그림에서 보이는 문제들은 일반적인 수평재하시험보고서로부터 자주 발견되는 사항이기도 하다.

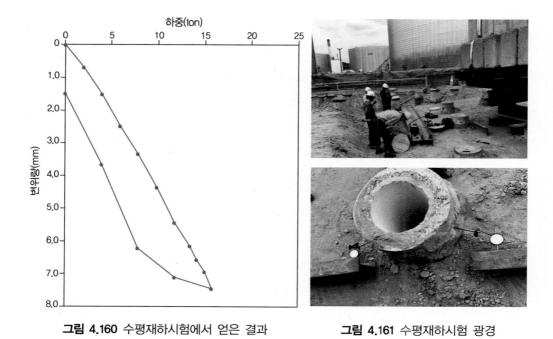

그림 4.160 수평재하시험에서 얻은 결과 　　　　**그림 4.161** 수평재하시험 광경

그림 4.161 중 부적합 사항에 대한 문제와 이에 대한 수정 사항을 기술하면 다음과 같다.

- 시험말뚝 주변(특히 재하방향)의 일정 범위(약 5D)에는 어느 것도 영향을 주지 않도록 정리되어야 하는데, 재하 방향 근접부에 정재하시험의 사하중(kentledge) 받침대가 놓여 있다. 이러한 경우 사하중에 의해 수평하중을 가해서 얻어지는 말뚝의 변위가 영향받을 수 있는데, 실제보다 더 변위가 작게 측정될 가능성이 있다.

- 그림에서와 같이 시험말뚝과 지지대 사이가 넓어 잭과 말뚝 사이에 강봉과 원판 스페이서로 채웠는데, 이 경우 잭의 후면부의 H빔을 키워 시험말뚝과 지지대 사이를 줄여 가능한 한 강봉을 없애고 원판의 수도 최소화시키는 것이 바람직하다. 또한 말뚝과 접하는 부분은 원판보다는 곡면형 스페이서를 두어 일점 재하조건을 유지하고 재하 시 안전을 도모하는 것이 좋다.

- 그림에서 보면 시험말뚝의 변위를 측정하는 다이얼게이지를 말뚝의 측면에 2개 설치하였는데, 일반적으로 수평재하시험은 재하 반대 방향(변위 발생 방향)에 한 개의 다이얼게이지를 설치하는 것이 바람직하다. 그리고 다이얼게이지의 받침대는 기준대(reference beam)에 설치하고, 측정점(예: 유리판 등을 말뚝에 테이핑하여 고정)을 말뚝에 두는 것이 양질의 데이터를 얻는 데 유리하다.

• 다이얼게이지의 변위 측정은 기준대를 움직이지 않는 기준점(또는 그러한 조건으로 설치)에 고정하는 것이 일반적이다. 여기서는 H빔을 기준대로 사용하였으며, 더욱이 H빔은 지표면 위에 놓았는데, 이는 시험말뚝의 변위에 영향을 받는 위치에 있다. 이럴 경우 시험말뚝에 재하가 되면 기준대가 움직여 측정되는 변위의 신뢰도에 문제가 있을 것이다. 여러 기준(ASTM 등)에서 제안하는 기준대의 설치방법은 기준대의 양단 부에 기준점(또는 가설말뚝)을 설치하고 여기에 기준대를 묶되, 기준점은 시험말뚝으로부터 영향을 받지 않도록 2m 이상 떨어뜨리도록 하고 있다. 본 시험에서는 이러한 것이 지켜지지 않았다.

표 4.34는 보고서에서 시험 결과를 분석한 내용을 요약한 것이다. 보고서에 의하면 수평재하시험 결과로부터 얻어진 최대수평하중값은 설계수평하중(5ton/본)의 2배 이상이고, 특히 하중 – 변위량 곡선은 어떠한 분석법(표 4.34 참조)에서도 항복현상이 나타나지 않아 양호한 것으로 분석하고 있다. 또한 설계수평하중에서의 변위(3.34mm)는 허용변위(15mm)보다 작으므로 설계수평하중을 만족하는 것으로 결론짓고 있다.

표 4.34에서 특이한 점은 수평재하시험의 하중 – 변위량 곡선을 압축재하시험에서 사용하는 각종의 도해법을 적용하여 수평지지력을 구하려고 시도한 것이다. 수평재하시험 분석에서는 이러한 방법을 적용하지 않는데, 이유는 말뚝의 시험조건과 설계(또는 실제)조건이 차이가 크기 때문이다. 따라서 수평재하시험을 이용한 말뚝의 수평거동분석은 시험으로부터 얻은 하중 – 변위량 곡선 등을 이용해서 지반정수(수평지반반력계수 등)를 구한 후, 이를 이용하여 설계조건에서의 허용하중 또는 변위 등을 검토하는 것이다.

표 4.34 수평재하시험 분석 결과 예

분석방법		최대시험하중(ton/본)
항복하중 분석법	P–S curve	10.00
	logP–logS curve	10.00
	S–log(t) curve	10.00
	P–ds/d(log t) curve	10.00

본 건의 수평재하시험에서 얻은 결과로부터 말뚝의 수평내력을 검토한다면, 하중－변위량 곡선(시험방법에 문제가 없다고 가정)으로부터 다음과 같은 두 가지의 분석이 가능할 수 있을 것이다(3.5.2절 참조).

- 하중－변위량 곡선을 이용하여 기준변위량에서의 수평지반반력계수(k_h)를 구하고, 이를 이용하여 말뚝의 분류(짧은 말뚝, 긴 말뚝) 및 두부 조건(자유, 구속)에 따라 말뚝의 변위, 수평력, 모멘트 등을 산정하여 평가한다. 군말뚝 조건의 검토가 필요한 경우 수평지반반력계수의 조정 또는 군효과를 반영하여 평가한다.
- 말뚝의 수평분석 s/w(예: L-pile)에 지반조사 결과 및 필요한 지반정수(가정)를 입력하여, 시험조건(예: 단말뚝, 두부자유, 연직하중 없음 등)에 따라 해석하여 하중－변위량 곡선을 도출한다. 그리고 이를 수평재하시험에서 얻은 하중－변위량 곡선과 비교하여 일치할 때까지 지반조건 및 지반정수를 변화시켜가며 해석한다. 여기서 각종의 지반조건 및 지반정수는 시험조건과 시험현장을 대표할 수 있어야 한다. 해석이 완료되면 얻어진 입력변수를 이용하여 실제 구조물 조건(두부 조건, 군말뚝 조건, 상재하중 조건 등)에 대한 해석을 실시하여 수평거동(변위, 수평력, 모멘트 등)을 최종 평가한다. 이러한 분석에서 비교대상으로 사용하는 말뚝 두부 변위만으로 불충분한 경우도 있으므로 다른 비교치(예: 말뚝 깊이별 변위, 말뚝 두부 경사 등)를 사용하면 더욱 신뢰도 있는 평가가 가능하다. 일반적으로 전자를 위해서는 경사계 튜브(inclinometer tube)가 이용되고, 후자를 위해서는 경사각도계 등이 사용된다.

3) 교훈

수평재하시험은 간단한 시험이어서인지 실무에서 소홀이 다루어지는 경향이 있고, 자주 수행하는 시험이 아니어서인지 아직도 분석을 포함한 보고서 체계가 정형화된 것 같지 않다.

수평재하시험의 시험말뚝은 당연히 현장의 말뚝을 대표할 수 있어야 하며, 시험말뚝 주위는 다른 영향이 미치지 않도록 조성되어야 한다. 수평재하시험의 계측장치는 변위측정장치, 하중측정장치, 기준대 등으로 구성되는데, 이들은 검증되어야 하며 독립적으로 하중과 변위를 측정할 수 있도록 설치되어야 한다. 이러한 기본사항의 준수는 어렵지 않음에도 지켜지지 않는 경우가 있으므로, 본 사례가 제대로 된 수평재하시험의 수행을 위한 계기가 되었으면 한다.

수평재하시험의 주요한 목적은 설계 및 해석에 필요한 지반정수, 수평거동 등을 얻기 위한 것이다. 이와 같이 수평재하시험은 수평안정성 분석에 필요한 정보를 얻기 위한 수단임에도 불구하고 정재하시험에서와 같이 수평재하시험의 하중 – 변위량 결과로부터 직접 말뚝의 수평지지력을 구하는 경우가 있다. 이러한 것은 구조물기초 기술자들의 수평재하시험에 대한 이해 부족에서 기인하는 바 본 사례가 이의 개선을 위한 참고자료가 되었으면 한다.

4.5.7 뜬기초의 설계변경과 이의 확인시험

1) 개요

기초 설계 시 관례적으로 설계하는 경우가 자주 있다. 본 절에서는 관례적으로 설계된 슬래브 기초를 변경하여 현장 여건을 개선한 사례를 소개하였다.

일반적으로 기둥의 푸팅과 연결되는 슬래브 기초는 뜬(슬래브)기초로 설계하고, 푸팅 사이의 슬래브의 처짐을 막기 위해 중간에 말뚝을 설치하게 되는데, 이를 슬래브지지말뚝(stump pile, 스텀프 파일)이라고 한다. 여기서 뜬기초라 함은 지반의 반력을 무시하고 슬래브를 설계하는 것을 의미한다. 따라서 뜬기초에서 슬래브 하중은 푸팅기초로 전이되어 푸팅의 하중이 증가하고, 슬래브의 처짐은 슬래브의 강성으로 조정된다. 결국 뜬기초로 설계하는 경우 지반반력이 무시되므로 보수적이라 할 수 있다. 간혹 뜬기초를 내수압판 기초라고도 하는데, 이와는 의미에 있어 차이가 있다. 내수압판 기초에는 2종류가 있는데, 지반반력을 고려하면 SOG(slab on grade)기초라 하고, 지반반력을 고려하지 않으면 뜬기초라고 한다.

전술한 것처럼 슬래브의 처짐을 막기 위해 중간에 스텀프파일이 배치되는데, 이 경우 말뚝 시공 중 장비의 운행성이 떨어져 시공성이 떨어지기 마련이다. 만약 스텀프 파일이 삭제된다면 물량 절감, 공기 감소, 시공성 및 안전 개선 등의 효과를 얻을 수가 있을 것이다. 본 사례는 관례적인 뜬기초 설계로부터 스텀프 파일을 삭제하고, 변경된 설계를 광대한 현장에서 흙강성게이지(soil stiffness gauge, SSG)로 간편하고 효과적으로 확인한 내용이다.

2) 분석 및 결과

본 건에서 말뚝은 초고강도PHC600으로 설계되었고, 설계하중은 말뚝 한 본당 280ton이다. 시공은 SDA공법을 적용하였다. 지반조건은 풍화토, 풍화암, 기반암 순으로 구성되며 일부 위치에서 3m 이내의 얇고 느슨한 매립층이 나타난다. 그림 4.162(a)에서와 같이 스텀프 파일은 기둥의 푸팅 사이에 슬래브의 처짐을 제어하기 위해 배치되어 있다. 스텀프 파일의 존재는 기초시공 중 또는 굴착 중 장비의 이동 등에 장애가 된다. 만약, 스텀프 파일이 제거되면 시공이나 굴착 중 생산성 향상은 물론 안전 시공에도 도움이 되며, 시공비와 공기의 절감도 이루어질 수 있다. 따라서 스텀프 파일의 제거 가능성에 대해 검토하게 되었다.

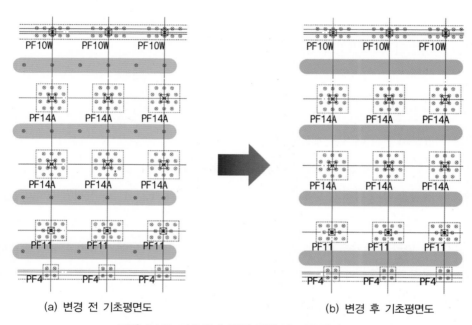

(a) 변경 전 기초평면도   (b) 변경 후 기초평면도

그림 4.162 기초설계 변경 전후의 기초평면도

우선 구조물의 모델링을 통해 기초에 가해지는 하중을 구하고, 이어서 기초를 모델링한 후 기초에 대한 해석을 실시하였다. 일련의 분석 과정을 그림 4.163에 나타내었다. 기초 모델링 시 지반과 말뚝의 스프링상수가 필요한데, 여기서는 인근 구조물의 시험자료(평판재하시험 및 동재하시험)를 통해서 도출하였다. 그림에서와 같이 지반반력을 고려하지 않을 경우 기둥열의 말뚝에 가해지는 하중(291ton/본)이 설계하중(280ton/본)을 초과하여 만족하지 못하고, 지반반력을 고려할 경우 말뚝하중(275ton/본)은 설계하중을 만족하며, 여기서 요구되는 지반반력은 $10t/m^2$이다. 이 경우 슬래브의 처짐값은 9.4~13.2mm로 전침하량 및 부등침하량 모두 기준치를 만족하였다.

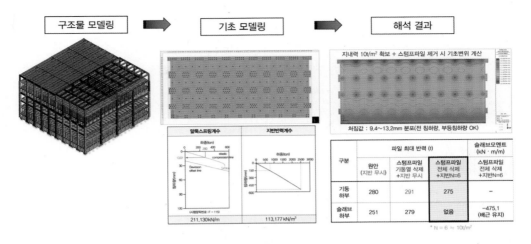

그림 4.163 구조 해석 과정 및 결과

결과적으로 지반반력이 $10t/m^2$(N=6으로 가정) 정도 이상이 되면 현 설계조건에서 스텀프 파일을 제거할 수 있음을 알 수 있다.

해석결과와 지반조사자료를 바탕으로 해당 구조물에서 스텀프 파일을 제거할 수 있는 위치를 조닝(zoning)하였다. 그러나 해당 구조물의 위치에 지반조사 수량이 상대적으로 적어 조닝에 대한 확인이 요구되었다. 일반적으로 지표 지반의 지내력 확인은 평판재하시험으로 실시하는데, 해당 구조물의 평면적이 넓다 보니 평판재하시험의 수량이 많아져 효율이 떨어지는 어려움이 있었다. 따라서 지반강성을 간편하게 측정할 수 있는 흙강성게이지의 활용을 고려하였다.

흙강성게이지는 ASTM D6758에 규정된 시험으로 10분 이내에 흙의 강성을 간편하게 직접 측정할 수 있는 시험법이다(김규선 등, 2022). 따라서 그림 4.164에서와 같이 현장에서 일정 위치에 평판재하시험을 하고 바로 인접해서 흙강성게이지 시험을 한 후 두 시험을 비교분석하여 관계를 검토하였다. 검토 결과, 일반토층에서는 두 시험이 비교적 잘 일치하고, 경질층에서는 흙강성게이지 시험의 결과가 약간 작게 나오는 경향이 있었다. 하지만 경질층의 결과는 안전측이므로 실무적으로 문제가 없다고 판단하여 그대로 이용하였다. 주어진 설계하중을 기준침하량(허용침하량에 크기효과 고려)으로 정규화시켜 계산된 강성값을 흙강성게이지로 측정된 값과 비교한 후 보수적으로 관리기준강성을 결정하여 이를 전 현장에 적용하였다. 즉, 평판재하시험과 흙강성게이지로부터 얻어진 강성 그리고 관리기준강성을 비교하면 후자가 가장 보수적이며 이를 현장 확인에 적용하였다.

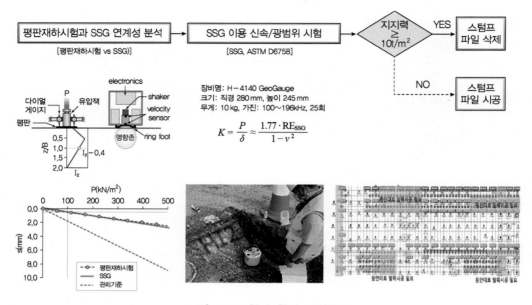

그림 4.164 현장 확인 시험방법

3) 교훈

슬래브 기초 설계 도면을 보면 뜬슬래브 및 스텀프 파일로 설계하는 사례가 많은데, 이는 보수적인 설계가 대부분이므로 시공성, 물량, 지반조건 등을 감안하여 삭제를 검토할 수 있다. 1.3절에서 설명한 바와 같이 제거(삭제)는 효과가 가장 큰 안전대책이므로 이러한 기회는 주어지면 적극 활용할 필요가 있다.

구조물기초의 변경 검토 시에는 하중 검토, 슬래브 구조검토 등이 수반되므로 구조 분야와 협업이 필요하다. 그리고 기초 해석을 실시할 때 말뚝 및 지반의 강성의 산정이 중요한데, 이를 해당 현장에서 직접 측정하면 좋겠지만, 그렇지 못하더라도 인근 데이터의 활용이 가능하다.

흙강성게이지 시험은 ASTM D6758에 규정된 시험으로 지표 지반의 강성을 직접 바로 간단히 측정할 수 있는 편리한 시험법이다. 이 시험은 평판재하시험의 대체 활용이 가능하며, 대체 활용 시 현장 설명 또는 데이터 축적을 위해서라도 동일 위치에서 두 시험을 실시하여 연계분석을 실시한 후 적용하는 것이 바람직하다.

말뚝 삭제는 당연 해당 공종에서 시공성, 시공비, 공기 등에서 효과를 얻을 수 있지만, 이러한 성과는 후속 공정에 여유 공기는 물론 경우에 따라서는 금액 전용 등 혜택으로 이어져 시공 안전 및 품질에 큰 도움이 되므로 적극적인 검토가 필요하다.

Chapter 5

바람직한 말뚝기초공

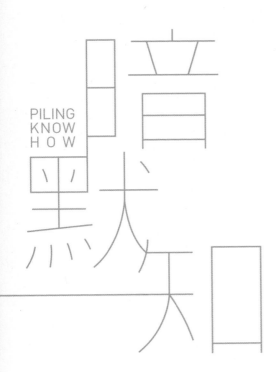

바람직한 말뚝기초공

　

본 장에서는 말뚝기초공에 있어 개선점 및 지향점 등에 대해 설명한다. 우선 현장에서 반복되는 문제와 해결책에 대해 요약하였다. 그리고 공법의 핵심 기술과 개선 사례, 적용 확대가 필요한 기술, 개선이 필요한 기술 및 개선 방안 등에 대해서 강조하였다. 또한 말뚝기초공이 건설안전에 있어 중요한 역할과 그 이유를 설명하였다.

5.1 타입말뚝

5.1.1 반복되는 문제와 대책

타입말뚝 시공 시 발생하는 주요 문제는 말뚝 본체의 손상, 예상 관입심도의 차이, 지반 및 인근 구조물의 변형 등이다. 이들 3가지 문제는 타입말뚝 문제 전체의 88%를 차지하고 있어 사실상 타입말뚝의 문제의 대부분이라고 할 수 있다. 특히 말뚝 본체의 손상 문제는 전체의 54%로 절반을 차지하고, 이들 중 70%가 콘크리트말뚝의 문제이다. 요약하면 타입말뚝의 문제는 콘크리트말뚝의 손상이라 해도 과언이 아니다.

일반적으로 콘크리트말뚝의 손상으로 인장력에 의한 수평방향 균열, 과잉 항타에 의한 말뚝 두부의 손상을 들 수 있다. 이들에 대해서는 현상과 원인 그리고 대책을 설명하였고, 경험과 노하우도 소개하였다. 이외에 예상 관입심도 차이, 지반 및 인근 구조물의 변형 등에 대해서도 설명하였다.

시공 중 문제점이 조기에 발생되면 시공법의 즉시 개선으로 문제를 쉽게 해결할 수도 있지만,

문제의 발견이 늦어지면 보수 및 보강공법은 그만큼 어려워지게 된다. 이러한 피해를 줄이거나 없애기 위해서 기술자들은 문제에 대한 사례들을 숙지하고 내재화함으로써 시공의 앞단 또는 그 이전에 사전조치를 취하는 것이 필요하다. 이러한 관점에서 앞에서 설명한 타입말뚝 시공 중에 자주 나타나는 문제들에 대한 경험에 보다 관심을 갖길 바란다.

5.1.2 시항타와 시험시공의 중요성

타입말뚝에서 **시험시공**(test pile)과 **시항타**(initial driving pile)는 엄연히 다른 시공 절차이며 구별되어야 한다.

타입말뚝에는 시간경과효과라는 주요한 요인이 있어서 그런지 국내에서 시항타는 중요한 절차로 인식되고 있으며 잘 지켜지고 있다. 하지만 시험시공은 외국과 달리 초기투입비가 크다는 이유로 적용되지 않고 있다.

국내의 기초공이 상대적으로 보수적으로 평가되는 이유 중 하나는 국내에서 시험시공이 이루어지지 않는 것에 기인한다고도 평가된다. 그러나 설계단계에서 시험시공 절차를 이용하여 최적설계를 달성할 수 있다면 초기투입비보다 훨씬 큰 비용을 절감하고 안전한 시공을 도모할 수 있다. 결국 이러한 경험의 선순환을 통해서 신뢰성 있고 최적화된 설계법이 정착될 수 있을 것이므로 이제 시험시공 절차의 도입을 적극 검토할 시점이라 생각한다.

5.1.3 안전 개선사항

최근 안전에 대한 사회적인 관심도가 커짐에 따라 타입말뚝 공사에서 안전 시공과 관련하여 많은 개선이 이루어졌다. 대표적인 예로 자동 항타관입량 측정기, 두부 절단용 자동기계, 말뚝안전운반장치 등이다. 이러한 안전 시공 장치의 아이디어는 이전부터 있었지만, 그동안 별 관심을 갖지 않았었다. 하지만 근래에 안전에 대한 사회적인 급격한 관심과 함께 과거의 기본정보를 활용하여 이들을 단기간에 실용화할 수 있었다. 이는 말뚝기초공에 있어 기술의 발전이자 긍정적인 진보라 할 수 있다.

최종항타 시 말뚝의 관입량 측정과 관련하여 안전은 물론, 품질 개선, 자료 관리 등을 위해 자동 항타관입량 측정기, SPPA(삼성물산 등, 2022), PDAM(우리기술(주), 2020) 등이 개발되어 사용되고 있다(그림 5.1(a) 참조). 현재 자동 항타관입량 측정기의 효과는 충분히 발휘되고 있으며,

현업에서 인기도 좋다. 향후 그림 5.1(b)와 같은 **램의 낙하 높이 측정 장치**((주)성웅 P&C, 2024)가 실용화되면 명실공히 자동 항타관입량 측정기가 완성될 것이다. 이제는 자동 항타관입량 측정기의 확산 및 일반화가 보다 중요하므로 이를 위한 지혜를 모아야 할 때이다.

(a) SPPA 측정 광경   (b) 무인 자동화 측정 시스템

그림 5.1 자동 항타관입량 측정기

최근 말뚝을 시공한 후 두부를 자동으로 정리하는 **스마트 커터**(김영석, 2023, (주)스마트컨텍)가 실용화되었다(그림 5.2 참조). 두부 정리 작업은 오랫동안 3D작업으로 여겨져 왔다. 즉, 두부 정리작업은 어렵고 위험하고 비환경적이어서 개선이 요구되었다. 때마침 (주)스마트컨텍은 오래전에 제안되었던 장치를 획기적으로 개선하여 3D작업 조건을 전환시킬 수 있는 계기를 마련하였다. 두부 정리 작업의 생산성이나 품질개선은 물론 작업자의 안전 및 보건을 위해서 PHC 파일 두부 정리용 스마트 커터가 적극적으로 이용되기를 기대한다.

(a) 스마트 커터   (b) 작업 광경

그림 5.2 스마트 커터 및 작업 광경

기성말뚝을 상하차하고 운반하는 방법에는 크레인과 러그, 크레인과 줄매기, 페이로더, 지게차 등 여러 가지가 있다. 국내의 경우 말뚝의 상하차 및 운반 시 생산성을 우선하여 페이로더가 많이 사용되고 있다. 이러한 페이로더의 집게는 개방형으로 되어 있어 긴 말뚝을 이동할 때 균형을 잃게 되면 위험한 상황에 처할 수 있다. 이러한 위험을 방지하기 위해 삼성물산(2022)은 집게발 상부에 유압집게를 추가하여 작업 시 말뚝의 낙하를 방지하는 **말뚝안전운반장치**(samsung load fork, SLF)를 개발하여 사용하고 있다(그림 5.3 참조). 이의 전파 및 보급을 통해 보다 안전한 작업이 이루어지길 바란다.

5.1.4 품질 개선사항

최근 타입말뚝과 관련하여 획기적인 개발품목 중 하나가 PHC파일의 무용접 조립식 이음장치이다. PHC파일을 용접할 경우 누전사고 등 안전문제 그리고 숙련도, 날씨에 따라 품질편차 문제가 발생할 수 있다. 특히 타입말뚝에서 용접은 상당한 시간이 소요되고 작업 자체가 CP(critical path)여서 비효율적이라고 할 수 있다. 이러한 문제를 해소하기 위해 PHC 무용접 조립식 이음장치인 TK-Joint((주)택한, 2018, 2024), IB-Joint((주)파일웍스, 2021) 등이 개발되어 적용되고 있다(그림 5.4 참조). 이를 사용할 경우 타입말뚝에서 생산성 증가, 이음부 품질개선 등이 이루어질 수 있다.

타입말뚝의 품질과 관련하여 재하시험을 언급하지 않을 수 없다. 재하시험 결과가 타입말뚝에서 QC/QA의 최종 종착지이기 때문이다. 특히 타입말뚝은 현장에서의 시간경과효과가 중요하므로 동재하시험의 역할이 매우 크다. 동재하시험을 포함한 재하시험에 대해서는 5.5절에서 설명한다.

그림 5.3 말뚝안전운반장치(SLF)

그림 5.4 무용접 조립식 이음 광경

5.2 매입말뚝

5.2.1 반복되는 문제와 대책

매입말뚝 시공 시 발생하는 주요 문제점은 최종경타 미흡과 주면처리 미흡이다. 이들이 전체 미달 말뚝의 82%를 차지하고 있어 사실상 매입말뚝의 문제의 대부분이라 할 수 있다. 이 외에 주요 문제로는 보조말뚝을 이용한 시공, 천공기 및 해머의 선정, 말뚝 인양 등이 있다.

실무상 매입말뚝의 주요 시공품질관리 사항은 최종경타와 주입이며, 관련된 문제는 지반조건, 현장여건 등에 따라 다양하게 나타난다. 이에 대한 현상, 원인, 대책 등에 대해서는 앞에서 상세히 설명하였다.

그러나 문제들의 많은 부분은 현장관리기준이 있음에도 이를 준수하지 않아 발생하는데, 이 경우 현장을 밀착 관리하지 않는 한 해결이 쉽지 않다. 다행스럽게도 이를 정량적으로 관리하고 기록할 수 있는 장비들(자동 항타관입량 측정기, 유량계 등)이 개발되어 있으므로 이들의 사용을 적극 검토할 필요가 있다.

기초공이란 문제가 한번 발생하면 계속 확대되는 경향이 있다. 따라서 문제의 발견이 빠르면 빠를수록 보수 및 보강공법 등 해결대책이 그만큼 쉬워진다. 결국 기술자들은 피해를 최소화하기 위해서 문제에 대한 사례들을 숙지하고 내재화함으로써 사전조치를 취하는 것이 바람직하다. 이러한 관점에서 앞에서 설명한 매입말뚝 공사에 대한 경험, 즉 현상과 원인 그리고 대책 등에 대해 보다 관심을 갖길 기대한다.

5.2.2 시항타와 시험시공의 중요성

매입말뚝 시공에서 가장 중요한 과정은 **시항타**이다. 국내 매입말뚝의 기술은 타입말뚝에 비해 상대적으로 일천하여 아직도 현장상황을 충분히 반영하지 못하고 있다. 근래에는 말뚝 본당 설계하중이 커지고 있지만, 아직도 설계는 개략적이고 시공기술은 정체되어 있어 우려되는 부분이 있다. 결국 시공자는 설계지지력을 발현시키기 위한 본시공관리기준을 정한 다음 본시공에 임할 수밖에 없다. 이러한 상황에서 시항타의 역할은 중요하게 인식되고 있으며, 따라서 시항타 절차는 잘 지켜지고 있다.

하지만 시항타에서 중요한 문제점이 지적되고 있다. 이는 시항타를 통해서 본항타관리기준을 설정할 시 재항타 동재하시험(restrike test)을 통한 지지력을 반영하지 않는 것이다. 보통 시공자는 시항타 후 재항타 동재하시험까지의 대기시간(최소 7일 정도)이 길다고 평가하여 경타시 동재하시험(EOID test)만을 실시함으로써 선단지지력 위주로 본항타관리기준을 정한 후 본시공을 실시한다. 이러한 방식은 매입말뚝 시공 후 선단부의 지지력 증가와 주면부의 시멘트풀이 양생된 후 지지력 증가를 고려하지 않은 것이어서 경제성 및 시공성에서 바람직하지 않다. 다행히도 근래에 조강시멘트의 적용(김경환 등, 2011) 또는 **조기양생시스템**(BTENC(주), 2015)이 개발되어 2일 이내에 재항타시험이 가능하게 됨으로써 시항타에서 지적되어 온 문제를 해소할 수 있게 되었다(그림 5.5 참조). 이러한 시도는 아직도 보수적으로 시행되는 설계를 그나마 최적화 시공으로 보완할 수 있다는 점에서 긍정적이라 생각한다.

매입말뚝의 **시험시공**에 대한 중요성과 현실은 타입말뚝에서와 유사하다. 근래 고강도재료의 사용으로 설계하중이 증가되었지만, 매입말뚝 기술의 정체가 이어지는 상황에서 품질의 리스크와 함께 최적설계의 퇴보가 우려된다. 실무적으로 시항타는 설계하중만을 확인하려 할 뿐 결과의 피드백을 통해 최적설계를 완성하는 데 기여할 수 없다. 이와 같은 일방적인 기술 순환은 기술발전에 기여하지 못한다. 이러한 점에서 매입말뚝에서도 시험시공의 도입 필요성을 강조한다.

그림 5.5 조기양생시스템 적용 광경   **그림 5.6** SACP-pile 시공 광경

5.2.3 안전 개선사항

최근 매입말뚝에서 안전 시공과 관련하여 혁신적이라고 할 만큼 많은 개선이 이루어졌다. 대표적인 예로 자동 항타관입량 측정기, 두부 절단용 자동기계, 말뚝안전운반장치, 자동보조말뚝 시공장치(SACP), 인양구, 흙털이 등이다. 자동 항타관입량 측정기 등 전자의 3가지는 5.1.3절 타입말뚝에서 이미 설명하였으며, 이들은 매입말뚝에서도 유용하게 활용되고 있다. 여기서는

보조말뚝시공장치 등 후자의 3가지에 대해서 언급한다.

　재래식 보조말뚝의 시공은 지반 속 깊은 구멍에 본말뚝을 낙하하고, 이질재료로 만들어진 보조말뚝을 사용하여 보이지 않는 본말뚝의 두부를 타격하는 것이므로 시공품질의 요주의 대상으로 여겨져 왔다. 근래에는 탑다운공법이 자주 채택되고, 굴착깊이도 깊어져 보조파일시공으로 인한 리스크(말뚝의 낙하로 인한 본체의 파손 우려, 경타 시 두부 파손 우려 등)가 커졌다. 이러한 재래식 보조말뚝의 한계를 극복하기 위해 SACP-pile(SACP(주), 2016)이 개발되어 사용되고 있다(그림 5.6 참조). SACP-pile은 전술한 재래식 보조말뚝의 문제를 해소할 수 있는 창의적인 개발품이지만, 하판이 폐기되고 기계식 보조말뚝의 제작이 수반되어 재래식에 비해 비용이 추가된다. 그리고 경타 후 케이싱 인발 시 품질이 확보된 본말뚝의 움직임에 주의하고, 모래자갈층에서 기계 고장을 막기 위해 시공 중 관리가 필요하다.

　한편 보조말뚝시공 시 낙하로 인한 리스크를 줄이기 위해 말뚝 본체의 중공부에 러그를 달아 자중 풀림 샤클을 이용하여 말뚝의 낙하 문제를 해결한 보조말뚝장치인 TK-인양구((주)택한, 2023)도 개발되었다. 이를 사용하면, 재래식 보조말뚝에 비해 말뚝의 낙하에 따른 우려가 해결되지만, 경타로 인한 리스크는 여전히 남게 된다. 하지만 이를 간단하고 경제성 있게 개선하여 말뚝의 줄매기(또는 인양러그)를 대신할 인양도구로 전환하면 안전은 물론 시공성에도 획기적인 도움이 될 것으로 생각한다.

　매입말뚝 작업 시 안전과 관련된 주요 이슈 중 하나로 토사 낙하와 말뚝 낙하로 인한 인근 작업자의 부상 가능성을 들 수 있다. 토사의 낙하를 위해 각종 탈/부착용 **흙털이**가 활용되고 있다(그림 5.7 참조). 또한 장대 말뚝의 낙하 가능성을 줄이기 위해 크레인 기사가 말뚝을 케이싱에 삽입하는 데 보조할 수 있도록 **깔때기**가 개발되어 사용되고 있다(그림 5.8 참조).

그림 5.7 흙털이 장치 사용 예

그림 5.8 장대 말뚝 삽입용 깔때기

5.2.4 품질 개선사항

최근 매입말뚝의 품질과 관련하여 각종의 장비/장치가 개발되어 사용되는 것은 매우 고무적인 현상이다. 여기에는 자동 항타관입량 측정기, 자동보조말뚝 시공장치(SACP), 조기양생시스템, 무용접 조립식 이음장치, 매입말뚝관리 자동시스템, 에어해머(DTH) 주입기 등이 있다. 자동 항타관입량 측정기 등 전자의 4가지는 앞에서 설명하였으므로 여기서는 후자의 2가지에 대해서 언급한다.

매입말뚝의 시공관리는 수작업으로 이루어지므로 보통 관리되지 않거나 형식적으로 수행된다. 따라서 시공 중 또는 시공 후 이슈가 발생하면 시공관리에 대한 시비가 있기 마련이다. 이러한 점을 해소하는 것은 물론, 정량적인 시공품질관리를 위해 주입량, 천공깊이, 램의 낙하 높이, 수직도, 관입량 등 관리항목을 자동으로 측정하고 기록하는 시스템이 개발되어 실용화 단계에 있다. 이러한 시스템은 부분적이지만 매입말뚝 도입 초기에도 시도되었으나 대부분 관련자들의 기피사항이기도 하고, 또한 이에 대한 장려도 이루어지지 않아 현재에 이르게 되었다. 반면에 매입말뚝의 발상지인 일본은 오래전부터 매입말뚝관리 자동시스템을 활용하고 있다(그림 5.9 참조). 최근 국내에서도 자동으로 시공관리를 할 수 있는 **매입말뚝 스마트 시공관리 MG**(LH공사 등, 2023)가 개발되었다(그림 5.10 참조). 이제 이를 실용화하되 보다 중요한 것은 이를 사용하게 하여 매입말뚝의 시공 품질관리에 도움이 되도록 하는 것이다. 이의 활용과 확산을 위해 지혜가 필요하다.

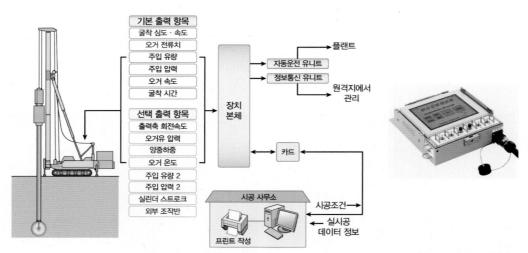

(a) 매입말뚝관리 자동시스템 개념   (b) 통합형 매입말뚝관리 장치

그림 5.9 일본의 상용 매입말뚝관리 자동시스템 예(三和機杖(株), 2024)

매입말뚝 시공 시 에어해머를 사용하여 천공하는 경우 에어해머의 두부가 막혀 있으므로 에어해머를 인발한 후 별도의 호스 등을 통해 주입하게 된다. 이와 같은 경우 주입 작업은 오거 사용 시와는 달리 추가 공정이 필요하여, 주입관리가 잘 이루어지지 않고 있다. 또한 에어해머로 지하수가 높은 지역에서 매입말뚝을 시공할 시 천공 후 주입을 위해 에어해머를 인발하게 되면 천공 중 유지되던 에어압이 소산되면서 주변의 지하수가 천공 구멍으로 빠르게 유입된다. 이럴 경우 주입의 품질관리가 어려워지는 것은 물론 주입을 해도 지하수에 의한 희석 또는 파일 삽입 시 오버플로우로 인해 주입효과가 나빠지게 된다. 따라서 매입말뚝에서 에어해머는 천공 시 큰 효과를 발휘하지만 주입 시는 시공관리의 요주의 대상이 되고 있다.

근래에 일본에서는 주입이 가능한 에어해머(NOVAL 해머)가 개발되어 이용되고 있다(그림 5.11 참조). 이를 국내에 도입하여 매입말뚝에 적용하는 방안을 고려해 볼 필요가 있다. NOVAL 해머를 국내 매입말뚝에 이용할 경우 그동안 에어해머의 사용 시 장애가 되었던 주입 및 분진 등 이슈가 해소될 수 있을 것이다.

다른 조건 및 환경에서 사용하던 장비를 도입하기 위해서는 항상 면밀한 검토가 필수적이다. 향후 NOVAL 해머의 적용성 검토와 개선을 통한 정착이 기대된다.

매입말뚝의 품질과 관련하여 재하시험을 언급하지 않을 수 없다. 특히 동재하시험에 의해서 본시공관리기준이 정해지고 이에 따라 본시공이 이루어지기 때문에 동재하시험의 신뢰도와 시험자의 역할이 더욱 중요하다. 재하시험에 대해서는 5.5절에서 설명한다.

그림 5.10 매입말뚝 스마트 시공관리 MG

그림 5.11 NOVAL 해머 시공 광경

5.3 현장타설말뚝

5.3.1 반복되는 문제와 대책

1) 공통작업

현장타설말뚝은 지반에 구멍을 뚫어(천공작업) 그 속을 콘크리트로 채우는(타설작업) 공법이지만, 지역별 특성을 반영한 다양한 공법들이 있다. 보통 천공작업은 공법의 특성이 반영되어 공법마다 다르지만, 콘크리트 타설작업은 공법과 관계없이 유사하므로 공통작업으로 분류된다.

현장타설말뚝의 공통작업에서 주로 발생하는 문제는 말뚝 본체의 형상 및 콘크리트 불량, 철근의 따라오름 및 떠오름 등이다. 이들은 현장타설말뚝의 시공 시 나타나는 문제의 종류 중 가장 빈발하는 항목으로 전체의 39%에 이른다. 말뚝 본체의 형상 및 콘크리트 불량 문제는 전체 공법에서 나타나지만, 어쓰드릴공법에서 더 많이 발생하는데, 이의 주요인은 안정액의 부적합으로 분석되었다. 한편 철근케이지의 오름 문제는 올케이싱공법에서 자주 나타나며, 주요인은 시공관리 불량에 의한 것으로 분석되었다.

현장타설말뚝의 공통작업에서 발생하는 문제는 위 두 가지 주요 문제점 외에도 여러 가지가 있다. 현장타설말뚝의 공통작업에서 발생하는 문제들을 조사, 설계, 시공, 품질로 나누어 문제와 원인 그리고 대책에 대해 앞에서 상세히 설명하였으므로 참고하기 바란다.

2) 공법별 작업

어쓰드릴공법에서 주요 문제 종류는 본체 불량과 공벽 붕괴이고, 이의 주요 요인은 근접시공과 안정액 처리 미흡이다. 이로부터 어쓰드릴공법에서는 안정액관리가 주요 과제임을 알 수 있으며, 사전에 조처하는 것이 중요하다.

RCD공법에서 주요 문제 종류는 공벽 붕괴와 본체 불량이다. 이의 주요 원인은 지반 차이, 수두압 부족, 케이싱 길이 부적합 등이다. 이로부터 RCD공법에서는 지반 차이에 따른 케이싱 길이 대응, 그리고 수두압 관리가 주요 과제라 할 수 있다. 이러한 내용을 참고하여 RCD공법의 예방대책을 강구하는 것이 필요하다.

올케이싱공법에서 주요 문제 종류는 철근케이지의 오름 그리고 굴착곤란이다. 이의 주요 원인은 보일링 발생, 지반 차이 등으로 나타났는데, 문제의 유형과 요인은 서로 인과관계를 잘 보여주고 있었다. 결국 올케이싱공법에서는 콘크리트 타설 시 철근케이지의 오름에 대한 시공관리 그리고 지반 차이에 따라 케이싱을 제대로 다루는 것이 주요 과제라고 할 수 있다.

현장타설말뚝공법에는 전통적인 공법 외에 각종의 수정공법이 있지만, 이들은 전통적인 공법을 모체로 하였기 때문에 주요 문제는 원공법에 따른다. 따라서 수정공법들의 문제는 모체 공법의 문제를 참고하면 된다.

5.3.2 시항타와 시험시공의 중요성

현장타설말뚝은 시공 중에 품질을 확인할 방법이 없다는 점에서 **시항타**나 **시험시공**의 여건이 타입말뚝이나 매입말뚝의 경우와 다르다. 현장타설말뚝은 양생기간(4주 정도)이 지나야만 품질확인이 가능하다보니, 국내에서는 시항타의 시행이 쉽지 않다고 인식하고 있는 것 같다. 이러한 이유로 국내 현장타설말뚝에서는 시험시공은 차치하고라도 타입/매입 말뚝에서 보편적으로 실시하는 본시공 초기의 시항타조차 거의 이루어지지 않고 있다. 이러한 바람직하지 못한 절차가 지속되다보니 현장의 결과는 설계에 반영되지 못하고, 결국 국내 현장타설말뚝의 설계는 보수적일 수밖에 없었다고 생각한다.

보수적인 설계를 해결하기 위한 방안으로 설계단계에서 시험시공을 할 수 있으나 이 절차 역시 초기투입비가 크다는 이유로 국내에서 적용되지 않고 있다. 반면, 해외에서는 현장타설말뚝에서도 설계단계에서의 시험시공이 하나의 프로세스로 인식되고 있으며 이를 통해 설계를 마무리하고 시공관리기준도 작성하여 본시공에 임하고 있다.

국내의 경우 현장타설말뚝에 관한 한 큰 변화가 필요하다. 우선 **시공 초기에 시항타 절차를 전면 도입**하여 기초공 전체의 리스크를 줄일 필요가 있다. 다음으로 **설계단계에서의 시험시공 절차**를 시도하여 기초공의 안정성은 물론 경제성, 시공성 등의 향상을 모색할 필요가 있다. 이러한 절차가 순환되면 해당 프로젝트에서는 초기투입비보다 큰 효과를 얻는 것은 물론이고, 종국적으로 최적설계의 완성 및 기초기술의 발전에 도움이 될 수 있을 것이다.

5.3.3 안전 개선사항

현장타설말뚝의 시공은 규모가 커서 대부분 기계 장비로 이루어진다. 따라서 시공 시 안전은 대부분 장비 안전과 관련이 있어서인지, 현장타설말뚝 시공 자체의 안전에 대한 개선은 근래에 특별히 눈에 띄지 않는 것 같다.

현장타설말뚝의 시공에서 아직도 수작업으로 이루어지는 부분은 말뚝 두부 정리 절차이다. 재래식 수작업 두부 정리 방식은 안전 및 보건 측면에서 우려되는 점이 많으며, 또한 시공성 및 생산성도 떨어진다. 이러한 점에서 여러 가지 말뚝 두부 정리 방법이 고안되었는데, 이 중에서 **유압파쇄 절단기**(기계 작동은 일반굴착기를 이용)가 효과적이다(그림 5.12 참조). 유압파쇄 절단기는 유압으로 작동하는 쐐기 핀을 콘크리트 외주면부 전체에 삽입하여 일시에 말뚝 두부를 정리함으로써, 재래식 방법에 비해 안전, 보건, 생산성 등 여러 장점이 있다. 이의 도입과 개선을 통한 활용의 진전이 있기를 기대한다.

그림 5.12 유압파쇄 절단기 작업 광경   **그림 5.13** Slime-meter 측정 광경

5.3.4 품질 개선사항

현장타설말뚝의 시공은 규모가 크고 양생기간이 길어 문제 발생 시 해결에 드는 시간과 경비가 그만큼 크다. 따라서 문제 발생 전에 이를 예측하고 조치하는 일이 더욱 중요하다. 현장타설말뚝은 말 그대로 전체 공정이 현장에서 이루어지므로 시공품질관리(QC)가 특히 중요하다. 이러한 점에서 빈발하는 문제와 원인 그리고 대책을 앞에서 상세히 설명하였다.

현장타설말뚝의 시공품질관리를 간단히 요약하면, 확실한 지지층에 양질의 콘크리트 본체를 조성하는 것이다. 그렇다면 현장타설말뚝의 주요 시공 관리는 이를 지키는 방향으로 이루어져야 한다. 이를 위한 품질관리 항목은 크게 4가지, 천공 시 공벽 붕괴 방지, 지지층의 확인, 슬라임 처리, 양질의 콘크리트 타설 등으로 요약할 수 있다. 이와 관련된 내용은 앞서 상세히 설명하였으므로 참고하기 바란다.

현장타설말뚝의 품질관리 항목 중 최근 개선된 기술로 슬라임 처리를 위한 슬라임 측정 방법이 있다. 각종의 슬라임 처리 후에는 이에 대한 확인이 필요한데, 전통적으로 다림추를 이용하는 정성적인 방법이 적용되어 왔다. 때마침 국내에서도 Slime-meter(박민철, 2022)가 개발되어 슬라임의 정량적인 측정(그림 5.13 참조)이 가능하게 되었다. 향후 이의 활용이 기대된다.

간편한 품질항목으로 주면용 스페이서와 선단보조장치가 있다(그림 5.14 참조). 이를 사용하면 철근케이지 삽입 작업 중 발생하는 각종 품질 이슈도 줄일 수 있고, 케이지 설치 작업이 보다 빠르고 간편해진다.

(a) 스페이서(pier wheel)　　　　　　(b) 선단보조장치

그림 5.14 일시 착용식 스페이서 및 선단보조장치

현장타설말뚝의 시공에서는 QC 외에도 QA가 중요하다. 대구경말뚝이 위주인 현장타설말뚝의 재하시험은 비용과 시간이 소요되므로 많은 말뚝에 대해 수행하는 것은 쉽지 않다. 따라서 소수의 말뚝으로 시공된 말뚝 전체의 품질을 대표할 수 있도록 계획되어야 한다. 양방향재하시험은 현장타설말뚝의 재하시험으로 매우 유용하지만, 시험말뚝을 미리 정하고 시공한다는 점에서 품질확인을 위한 목적으로는 한계가 따를 수밖에 없다. 따라서 양방향재하시험은 품질확인용 시험보다는 설계 시 설계자료 획득용 시험으로 활용하는 것이 바람직하다. 이런 점에서 현장타설말뚝의 재하시험에서도 동재하시험이 이용될 수 있는데, 이 경우 타격해머, 두부 캐핑, 시험의 신뢰도에 대한 세심한 주의가 필요하다. 특히 동재하시험은 랜덤하게 시험말뚝을 선택할 수 있고, 다수의 말뚝에 시험하는 것이 비교적 용이하므로 품질확인에 그만큼 유리하다고 할 수 있다.

현장타설말뚝의 재하시험은 많은 비용과 긴 시간이 소요되므로 소수의 대표 말뚝을 확인하는 방식으로 시행된다. 그럼에도 불구하고 현장타설말뚝의 재하시험은 시험방식이 제한되고 시험 말뚝의 선정이 자유스럽지 않은 등 여러 가지 제한이 따른다. 한편 **코어링 방법**(조천환, 2023)은 코어의 관찰을 통해 현장타설말뚝의 건전도를 확인할 수 있을 뿐만 아니라, 코어링 시편에 몇 가지 간단한 시험을 조합하면 말뚝 본체 콘크리트의 강도, 선단부 암반의 강도, 슬라임의 상태 등을 파악할 수 있다(그림 5.15 참조). 이와 같은 코어링을 실시하면 위에서 언급한 4가지 QC항목의 확인이 저렴한 비용으로 가능하다. 또한 측정값을 설계값과 비교하면 간접적이지만 말뚝의 품질확인이 정량적으로 가능하다는 이점이 있다. 특히 코어링은 재하시험이 곤란한 PRD공법(철골삽입) 그리고 시공 중 시험여건을 조성하여 수행하는 양방향재하시험이 필요한 조건 등에서 보다 장점을 발휘할 수 있다. 향후 코어링 방법이 현장타설말뚝에서 하나의 품질확인시험으로 활용되기를 고대한다. 이를 위해서는 공사 수행자보다는 관리자의 인식이 보다 중요하고 당연히 해당 내용을 관련 지침이나 기준에도 규정화하는 것이 필요하다.

(a) 코어링 직후 바렐 내 코어　　　　(b) 시험을 위한 코어 보관

그림 5.15 코어링 후 코어와 시험용 코어

5.4 특수말뚝

5.4.1 압입말뚝공법

압입말뚝공법은 저소음·저진동 공법이며, 현장타설말뚝에 비해서는 생산성이 양호하고 배토가 없어 시공현장이 깨끗하게 유지되는 장점이 있다(그림 5.16 참조). 또한 압입말뚝 장비에는 대부분 시공장치를 포함하고 있어, 일종의 기계식 말뚝설치공법이라고 할 수 있다.

압입말뚝공법은 국내에서는 사용되지 않지만, 동남아/서남아, 중국 등지에서는 매우 보편적인 공법으로 이용되고 있어 이에 대한 관심이 필요하고, 또한 국내 시공/장치를 향상시키는 차원에서 공법에 대한 정보에 관심을 가질 필요도 있다.

압입말뚝공법의 또 다른 장점은 시공 자체가 하나의 정재하시험이라는 것이다. 따라서 압입말뚝은 모든 말뚝에 정재하시험을 한다는 개념이 내포되어 있다. 이러한 점을 확장하면 압입말뚝공법으로 시공된 말뚝은 안전율을 조정하는 것(줄이는 것)도 가능하다고 보는데, 향후 연구할 주제이다.

그림 5.16 압입말뚝 시공 광경

그림 5.17 CFA파일 시공 광경

5.4.2 CFA파일공법

CFA파일공법은 공벽유지가 필요 없고, 시공속도가 빠르며 경제적이라는 장점이 있으며, 이외에 현장타설말뚝이 갖는 장점도 있다(그림 5.17 참조).

CFA파일공법은 국내에서는 사용되지 않지만, 북미, 유럽, 중동 등지에서는 보편적인 공법으로 이용되고 있어 이에 대한 관심이 필요하고, 또한 국내 말뚝공법의 기술/장치를 향상시키는 차원에서 공법에 대한 정보도 중요하다.

CFA파일은 직경이 클수록 큰 힘을 가진 장비가 필요하고, 또한 단단한 지반을 굴착해야 하므로 생산성과 경제성이 현저하게 떨어지는 것을 인지해야 한다. 또한 CFA파일공법은 그라우트 로스(grout loss)가 크다는 것도 유념해야 한다. 따라서 CFA파일은 토사지반을 주 대상으로 하고 직경이 작은 말뚝(≤0.76m)을 대상으로 선정하는 것이 유리하다. 그리고 공법 선정 시에는 그라우트 로스를 반영해야 하며, 시공 시에는 이를 줄이도록 노력해야 한다.

5.4.3 SSP공법

SSP공법은 회전관입되므로 저소음·저진동공법이고, 지하수오염의 요인도 없으며, 또한 배토도 없고, 열교환 장치(지하 열교환 말뚝)로도 이용이 가능하여 친환경공법으로 언급된다(그림 5.18 참조). 특히 SSP공법은 사용 후 역회전에 의해 인발이 용이하고 재사용도 가능하여 미래지향적인 공법으로 소개되고 있다. 시공 중 환경에 대한 배려는 물론, 차세대를 위한 기초의 철거까지 고려하여 공법을 개발한다는 것은 뛰어난 통찰력의 산물로 평가할 만하다.

SSP공법은 일본에서 주로 사용되지만, 일본 엔지니어링사에서 설계된 해외 구조물(예: JAICA project 등)에는 SSP가 일부 도입되기도 하므로, 이의 시공이나 설계 변경 등을 위해서 관련 정보가 필요하다. 또한 국내 말뚝공법의 시공/장치를 향상시키는 차원에서 공법에 대한 정보를 참고할 만하다.

SSP공법은 재료비 및 시공비가 비교적 비싸다는 점도 있지만, SSP의 시공 장비나 시공 자체도 제작자(또는 특허자) 중심으로 구성된 협회 단위로 운용되어 적용 시 이를 감안해야 한다.

그림 5.18 SSP공법 시공 광경 **그림 5.19** RCMH 공법 시공 광경

5.4.4 RCMH공법

RCMH공법((주)코아지질, 2023)은 RCD공법과 PRD공법의 장점을 조합하여 개발한 공법이다(5.19 참조). 이 공법은 PRD공법에서 사용하는 DTH해머를 도입하여 굴착 생산성을 높이되, 여러 개의 DTH해머를 사용하여 단계별 천공방식을 채택함으로써 소음·진동을 줄였다. 또한 이 공법은 RCD공법에서 사용하는 역순환방식을 채택함으로써 자체 장비에서 슬라임을 처리하고, 천공 시 공벽의 안정성을 해결했다. 아울러 RCD공법과 같이 롯드를 연결하여 천공 깊이를 늘리는 방식을 취해 장비 전도에 대한 안정성을 도모했다.

이와 같이 RCMH는 RCD와 PRD의 장점을 조합하여 만든 암반 천공기를 이용하는 이상적이고도 독특한 공법이라 할 수 있다. 그러나 RCMH공법은 개발된 지 15년이 되었지만, 아직 활용이 적어 이용할 수 있는 정보도 적다. 향후 이의 활용과 확장이 고대된다.

5.4.5 강소말뚝공법

국내에서 일반적인 말뚝의 시공이 어려운 경우에는 전통적으로 마이크로파일(MP)이 주로 이용되었다(그림 5.20 참조). 하지만 근래에는 리모델링, 보수보강, 인접시공 등 토목/건축구조물 현장 등에서 시공조건이 다양하고 난해해지고 있어, 마이크로파일만으로는 한계에 이르게 되었다. 다행히도 최근에 효과적인 소구경 말뚝기초공법인 강소말뚝이 개발되거나 개선되어 선택의 폭이 넓어지고, 시공도 용이하게 되었다.

현장에서 주로 이용되는 강소말뚝으로는 **JP공법**(고려 E&C, 2023), **SAP공법**(KH건설, 2023), **HP공법**(태산기초, 2020) 등이 있다(그림 5.21, 그림 5.22, 그림 5.23 참조). 이 강소말뚝들은 국내에서 개발되거나 개선되어 토착화가 이루어졌다. 강소말뚝들은 공법별로 목적, 개념, 지지력 산정식(안전율 포함), 사용강재, 그라우팅 여부 등에서 차이가 커서 상대적인 비교는 곤란하고 실제적으로 비교의 의미도 작다.

그림 5.20 MP공법

그림 5.21 JP공법

그림 5.22 SAP공법

그림 5.23 HP공법

따라서 강소말뚝들은 서로 비교하여 공법을 선정하기보다는 각 공법의 특장점을 그대로 인정하여 공법을 선정하는 것이 바람직하다. 즉, 공사 조건에 맞는 공법을 선택하는 것이 강소말뚝을 선정하는 방법이라 할 수 있다.

5.4.6 복합말뚝

그동안 말뚝기초 기술의 보수적이고 정체된 상황을 감안하면 복합말뚝은 단비와도 같은 비전이자 성장을 위한 자극이 아닌가 싶다. 특히 FRP파일을 시도한 것은 혁신적이고 미래 지향적이며, 그 발상과 실행을 높이 살 만하다. 또한 기성말뚝의 경우 콘크리트 분야와 강관 분야의 긍정적인 경쟁은 뛰어난 결실도 맺고 있다. 이러한 국내 말뚝기초기술의 발전은 세계적으로도 괄목할 만한 움직임이라 평가한다.

HCP(한맥기술(주), 2007)의 개발을 시작으로 발전한 콘크리트 분야는 ICP(HK ENC, 2012), SC파일((주)스마텍, 2021) 등을 실용화했다(그림 5.24, 그림 5.25 참조). 이제 이들의 활용을 점차 확대하는 것이 과제이다. 그러기 위해서는 관성적인 설계에서 탈피하여 보다 적극적으로 이들 공법을 도입하고, 필요시 보완하는 상황 변화가 필요하다. 특히 이들 공법 자체는 얼마든지 보완과 보강이 가능한 여지가 있다는 것을 강조하고 싶다. 아울러 이들 공법은 국내뿐만 아니라 해외 EPC사업에도 활용하는 것을 검토하면 더욱 발전할 수 있을 계기가 될 것이고, 복합말뚝의 지평도 확대될 수 있을 것이라 생각한다.

PHC 분야의 약진에 자극받아 1996년 강관말뚝의 고강도화(STP355)로 시작한 강관 분야는 STP380, STP450을 거쳐 이제 초고강도라고 하는 STP550의 도입도 시도하고 있다. 해외 프로젝트의 경우 일반 강관말뚝을 사용하는 경우도 흔치 않은데, 국내의 경우 **초고강도 강관말뚝**을 기초에 도입하려는 시도(그림 5.26 참조)는 높이 살 만하다. 하지만 이제 고강도화의 심화보다는 재료의 활용률에 관심을 두는 것이 필요하다고 생각한다. 이러한 관점에서 강관말뚝의 변단면화는 바람직한 방향이라고 생각한다. 따라서 강관 분야는 변단면화를 위한 부속 기술에 힘쓰고, 최적 설계 및 시공을 위한 노력을 기울인다면 더욱 발전할 수 있을 것이라 평가한다.

2010년 즈음 시작된 FRP파일의 연구는 혁신적인 시도이었다(그림 5.27 참조). 유리섬유로 **H-CFFT파일**((주)브니엘, 2016)이라는 시제품을 제작하고, 현장에서 시험시공을 실시한 것은 진보적인 발상이자 일종의 진전이다. FRP파일은 여러 가지 이유로 인해 아직 실용화 단계로 진입하지 못한 채 정체되어 있지만, FRP재료의 무한한 잠재성 때문에 언젠가는 다시 소환될 것으로 예상된다. 그때에는 부속장치 및 부속기술의 개선, 경제성, 표준화 등이 과제가 될 것으로 판단한다.

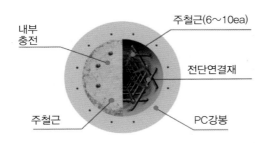

그림 5.24 ICP 단면

그림 5.25 SC파일

그림 5.26 초고강도 강관말뚝의 시험시공

그림 5.27 FRP파일

5.5 재하시험

5.5.1 정적압축재하시험

정적압축재하시험에는 정재하시험과 양방향재하시험이 있다. 정재하시험은 전통적으로 사용되어온 시험이고, 양방향재하시험은 1984년에 오스터버그가 개발한 이후 많은 개선이 이루어졌다. 2003년도에는 양방향재하시험이 국산화되었고 이후 지속적인 개선이 이루어져 현재에 이르고 있다.

일반적으로 정재하시험은 실제 구조물 조건과 유사하므로 상대적으로 신뢰도가 높은 것으로 평가되고 있다. 하지만 시험방법과 분석방법에 따라서 결과에 차이가 날 수 있으며, 이의 이유와 해소하는 방안에 대해서는 앞에서 자세히 설명하였다.

정재하시험은 전술한 기술적인 문제보다는 오히려 시험 중 사소하게 여겨 일어날 수 있는 문제, 즉 기준점 및 기준대의 부적합, 계측기의 미검증 등에 대한 이슈가 현장에서 자주 일어나고 있다. 더욱이 재하하중과 관련한 컴플라이언스 위반 사례도 간혹 발생하는데, 절대 있어서는 안 될 일이다. 이러한 문제의 동기는 전체적인 기초공 시스템에서 노출되는 것이라 보지만, **기술자의 도덕성**(engineering ethics)이 우선되어야 한다고 생각한다. 기술자는 당연히 기본과 원칙을 지켜 시험을 수행해야 하고, 관리자는 시험 시 **이중으로 확인하는 프로세스**를 만들고 시행해야 할 필요가 있을 것이다.

양방향재하시험은 대구경 현장타설말뚝의 시험과 같이 시험하중이 큰 경우에 확실한 장점을 발휘할 수 있다. 대구경 현장타설말뚝의 경우 양방향재하시험이 정재하시험을 대체하고 있다 해도 과언이 아닌 상황이 되었다. 이러한 경향은 정재하시험을 위한 대형장비 등의 현장지원이 곤란한 시험시공 시 재하시험에서 더욱 두드러지게 나타나고 있다.

양방향재하시험은 셀의 위치 결정 오류, 셀의 설치 미흡 등으로 인해 시험실패 사례가 종종 나타나고 있어 이에 대한 문제를 해소하는 데 집중할 필요가 있다. 셀의 위치 결정은 기술력이 필요한 부분이고, 셀의 설치는 경험이 필요한 부분이다. 보통 3자 검토로 해결이 용이한 전자보다는, 현장에서 일개 공정으로 수행되는 후자의 발생 빈도가 높다. 따라서 시험 실패 시 여러 난점을 감안하여 시공 전에 세심하게 계획하고 준비하는 것과 함께 시공 중에는 경험있는 전문가가 반드시 입회하여 설치과정을 확인하고 지원하는 것이 필요하다.

양방향재하시험의 우려사항은 시험 전에 시험말뚝을 지정한다는 점 그리고 시험 후 셀의 변위부를 처리해야 하는 점이다. 시험 전에 시험할 말뚝을 알고 시공한 다음, 이를 시험하는 것은 품질확인시험의 개념상 바람직하지는 않다. 그리고 본말뚝에 대해 시험할 경우 시험결과에 따른 처리, 그리고 변위부의 후속처리 등 여러 문제가 있을 수 있다. 이러한 점을 고려하면 양방향재하시험은 품질확인시험보다는 시험시공 용도로 더 적합한 시험이라 할 수 있다.

5.5.2 동재하시험

동재하시험은 소요되는 비용과 시간, 획득 가능한 정보 면에서 우수한 시험방법이다. 이러한 이유로 여러 재하시험방법 중 가장 많이 활용되는 재하시험법이기도 하다. 다만, 동재하시험은 시험법의 특성상 시험자 및 해석자에 따라 신뢰도가 달라질 수 있으므로 양질의 결과를 얻기 위해서는 시험자 및 해석자의 자질이 중요하다.

동재하시험에서 중요한 부분은 시험 및 해석에 대한 기술자의 능력이지만, 더욱 난처한 문제는 일반기술자들이 시험 내용과 결과를 확인하기 곤란하다는 것이다. 다행히 많은 나라의 PDA

엔지니어들이 **PDI에서 제공하는 자격증 제도**(PDI, 2024)에 동참하고 있어, 그들의 자격증을 확인하고 시험을 의뢰하는 간단한 방법으로도 신뢰도 문제는 어느 정도 해결이 가능하다. 특히 이 자격증 제도는 해외 기초공사에서 유용하게 활용될 수 있다.

국내의 경우 동재하시험이 많이 활용되고 있음에도 자격증 제도에 동참하지 않아 이 제도가 무용한 상황이다. 물론 해당 자격증제도에 참여하지 않는다고 해서 국내의 동재하시험의 신뢰도가 떨어진다고는 할 수는 없다. 그러나 필자가 최근 국내의 여러 현장에서 관찰한 동재하시험의 활용과 신뢰도는 녹록지 않다는 것을 절실히 느꼈다.

국내에서 동재하시험의 신뢰도 문제가 해결되지 않는 이유로 가격 입찰방식 및 심각한 경쟁, 동재하시험사의 비독립성, 관심 부재에 의한 시험기술자의 동기 저하 등을 들 수 있다. 동재하시험의 신뢰도 문제를 해결하기 위해서는 시험사의 선정 시 최저가 입찰을 지양하고, 시험관련 업무를 본시공사가 직접 관리하여 시험사에게 독립적인 역할을 부여하는 등의 시행이 필요하다. 그리고 동재하시험 여건 개선 및 교육 등을 통해서 기술자들의 동기부여 등이 필요하다. 필자는 2009년 **동재하시험과 관련된 여건 개선**(조천환, 2009)을 위해 공공기관, 학교 및 학회, 시험사, PDI사, 시공사 등과 제시된 내용을 추진했으나, 더 이상 진행하지 못했던 아쉬움이 있다. 국내에서 동재하시험이 제대로 적용되기 위해서는 동재하시험방법이 일반화되도록 여건과 제도를 개선하고 기술자들을 꾸준히 교육시키는 것이며 이것이 조속히 시행되기를 바란다.

5.5.3 수평 및 인발재하시험

수평재하시험이나 인발재하시험은 필요에 따라 수행하는 특수한 시험이라 할 수 있다. 그래서인지 두 시험은 기술자들에게 익숙하지 않은 것 같다. 더욱이 두 시험에 관한 KS 기준도 없는데, 필요시 ASTM 등 국제기준 등을 따를 수밖에 없다. 또한 지반공학회에서 일본의 기준을 번역한 『기초의 재하시험기준 및 해설』(한국지반공학회, 2007)을 참고할 수 있다.

수평재하시험과 관련하여 자주 노출되는 문제는 재하시험결과를 분석하는 방법이다. 실무에서는 수평재하시험 자체를 이해하지 못한 채 적용되는 경우가 많은데, 이의 이유 및 수행방안에 대해서는 앞에서 소상히 설명하였다. 특히 수평재하시험의 결과 분석 방식의 개선을 위해서는 시험의 본질에 대한 이해와 수행 방안에 합의가 필요한 부분도 있다. 수평재하시험에 있어 더욱 아쉬운 점은 기술적인 문제보다는 오히려 시험 중 사소하게 여겨 발생할 수 있는 문제(기준점 및 기준대의 부적합, 계측기의 미검증, 시험말뚝 주변 정리 등)가 현장에서 자주 발생하고 있다는 것이다. 따라서 시험의 기본과 규칙을 지키고, 이를 확인하는 과정이 필요하다.

인발재하시험은 압축재하시험과 유사하고, 주면마찰력만을 다루는 비교적 간단한 시험이라 그런지 현장에서 어려운 부분은 없는 것 같다. 다만, 반력말뚝 이용 시 또는 반력판 이용 시 시험 말뚝과 지중응력이 중첩될 수 있으므로 사전 고려가 필요하며 대처 방안에 대해서 앞에서 설명하였다. 그러나 여전히 기준점 및 기준대의 부적합, 계측기의 미검증에 대한 문제가 있으므로 주의가 필요하다. 동재하시험을 제대로 수행하고 잘 이용하면, 말뚝의 인발저항력을 구하는 것도 가능하므로 앞에서 제시한 것처럼 대체 활용도 가능하다.

5.5.4 재하시험의 선정

재하시험의 선정 문제는 시험법이 중복되는 압축재하시험에 있어 생기는 질문이다. 즉, 정재하시험과 동재하시험, 그리고 정재하시험과 양방향재하시험에 있어 택일의 문제인 것이다.

정재하시험과 동재하시험 중에서 선택은 실무상 매우 단순하다. 시공 측은 당연히 경제적이고 효율적인 동재하시험을 선호하고, 감독/관리 측은 신뢰도가 높고 익숙한 정재하시험을 선호할 것이다. 당연히 재하시험의 선택 시 무엇보다도 중요한 것은 시험결과의 신뢰도이고, 이것이 가장 우선적으로 고려되어야 할 사항이다.

특히 동재하시험의 선정 시 재하시험을 선정하는 측(시공 측, 감독/관리 측 등)이 재하시험의 신뢰도를 판단하기 쉽지 않다는 데 문제가 있다. 따라서 3.5.4절에서는 이의 신뢰도를 판단하는 방법에 대해 상세히 설명하였으므로 이를 참고할 수 있다. 다만, 국내의 경우 국제적으로 통용되는 PDI사의 자격증 제도에 동참하지 않으므로 당분간은 구조물기초설계기준 해설(2018)에서 제안하는 방법을 시행하거나, 제3의 전문가로부터 객관적인 의견을 청취하여 동재하시험의 신뢰도를 확인할 수밖에 없다. 이와는 별도로 국내에서 동재하시험방법이 일반화되어 유용하게 활용될 수 있도록 여건과 제도를 개선하고 기술자들을 꾸준히 교육시키는 것이 시급하다고 판단한다.

정재하시험과 양방향재하시험 중에서 택일하는 문제는 거의 정리가 된 상황처럼 보인다. 이제 양방향재하시험은 많이 개선되었고, 또한 양방향재하시험은 재하하중이 큰 대구경 현장타설말뚝의 시험에서 주로 선정되기 때문에 이의 장점과 효율성을 고려하면 선택의 여지가 없다 해도 과언이 아닌 것 같다. 그러나 양방향재하시험은 품질확인시험에서의 한계, 시험 후 본말뚝에 대한 처리, 시험 실패 시 대안 등을 고려할 때 본시공의 품질확인보다는 시험시공(또는 유사한 조건의 시험)의 설계용으로 적극 활용하는 것이 바람직하다고 생각한다.

5.6 건설안전에서 말뚝기초공의 중요성

건설은 안전과 품질로 공공복리를 위해 구조물을 만드는 작업이다(「건설기술 진흥법」). 구조물의 기본이 되는 토대를 기초라 한다. 기초는 얕은기초와 깊은기초로 구분되며, 지반이 연약한 곳에서 말뚝기초를 시공하게 된다. 이러한 정의들을 종합해 보면 말뚝기초공에서 문제를 미연에 해소하여 사고를 예방하는 것이 안전한 건설 활동의 기본이라 할 수 있다.

기초의 문제는 한번 발생하면 지속되고 확대되는 경향이 있다. 예로 피사의 사탑을 들 수 있다. 피사의 종탑은 12세기 말 착공 이후 3층 시공 중 처음으로 종탑이 기우는 문제를 인식하였는데, 이후 100년마다 공사를 멈추고 보수를 반복해서 14세기 말에 종탑을 완성했다. 흥미롭게도 초기의 보수보강은 기울기의 원인인 기초처리 대신에 지상구조물을 수정하는 방법으로 시행되었는데, 결과는 역효과로 나타나 기울기는 가중되었다. 결국 준공 이후 종탑은 계속 기울어 사탑으로 불리게 되었다. 이후 사탑은 전도의 한계에 다다른 20세기 말에 기울기의 원인인 기초를 전면적이고 대대적으로 보강하여 더 이상 기울지 않는(오히려 기울기 회복을 걱정하는) 현재의 상태를 유지하고 있다. 이처럼 기초는 한번 문제가 발생하면 계속 확대되는 경향이 있다. 그래서 기초공의 문제는 초기에 발견하고 제대로 해소되어야만 건설 구조물의 안정과 공공의 안전이 보장되는 것이다. 따라서 기초는 모든 구조물의 안정의 기본이며, 건설안전의 초석이라 할 수 있다.

말뚝기초의 군효과에서 보듯이 말뚝기초는 과대하게 계획한다고 구조물이 안정해지는 것은 아니다. 더욱이 기초의 시공에 있어 부적합한 공법의 선택과 과한 시공은 공사를 복잡하게 하고 공기를 촉박하게 하여 시공 중 안전에 위해한 영향을 끼칠 수가 있다. 따라서 **말뚝기초공의 최적화**는 공기단축과 원가절감을 이룰 수 있고 이후의 공정에 기여하여 프로젝트의 경쟁력 향상은 물론 궁극적으로 공사의 안전에 긍정적인 영향을 주게 된다.

Szymberski(1997)에 의하면 안전대책은 프로젝트의 앞단에서 이루어질수록 그 효과가 크다. 구조물 공사에 있어 **선행공종**은 토공(기초, 흙막이, 절·성토, 부대토목 등)이며, 토공 중 말뚝기초공은 프로젝트의 앞단에 있고 마스터플랜에서 CP이다. 이는 말뚝기초공에서 안전업무를 수행하는 것은 프로젝트의 안전에 가장 큰 효과를 준다는 의미이다. 굳이 안전업무가 아니더라도 말뚝기초공에서 최적화가 수행되어 공기단축 및 공사비 절감이 이루어진다면, 후속공정(골조, 외장, M&E, 마감, 시운전 등)으로 그 혜택이 이어져서 여유 있게 안전한 시공이 진행되고, 결과적으로 프로젝트가 성공적으로 마무리되는 데 일조할 것이다.

상기와 같이 건설안전에 있어 말뚝기초공의 역할은 명확하고 중요하다. 말뚝기초공의 역할 못지 않게 앞단에서 사전조치에 대한 중요성은 아무리 강조해도 지나치지 않을 것이다. 이러한 관점에서 본서에 말뚝기초공의 암묵지와 사례들을 공유하였다. 이들 내용이 전파되어 안전한 말뚝기초공의 수행, 그리고 프로젝트의 성공에 도움이 되었으면 한다. 아울러 이러한 시도가 타 선행공종은 물론 전 공종에 확대됨으로써 건설업에서 DFS가 명실상부하게 안전과 경쟁력이라 는 두 마리 토끼를 잡을 수 있는 계기가 되길 기대한다.

참고문헌

고려 E&C(2023), 고려 E&C 기술자료.

고용노동부(2022), 산업재해 현황분석(~2022).

권오성, 최용규, 권오균, 김명모(2006), 「양방향재하시험을 이용한 말뚝의 하중-변위곡선 추정방법」, 『한국지반공학회 논문집』, 22(4), 한국지반공학회, pp. 11~19.

김경환, 조천환(2011), 「매입말뚝의 최적설계 및 시공을 위한 조강재료의 활용」, 『2011 가을학술 발표회 논문집』, 한국지반공학회, 10pp.

김규선, 신동현(2022), 「변형률 및 지반강성을 고려한 평판재하시험과 흙강성측정기의 탄성계수 비교」, 『한국지반공학회 논문집』, 38(10), 한국지반공학회, pp. 31~40.

김성회, 전영석, 조천환(2009. 2.), 「동재하시험의 부적절한 적용 및 해석 사례 연구」, 『2009 한국지반공학회 기초기술위원회 워크샵』, 한국지반공학회, pp. 15~26.

김성회, 전영석, 조천환(2010), 「비균질 말뚝의 동재하시험 방안」, 『2010 한국지반공학회 기초기술위원회 워크샵』, 한국지반공학회, pp. 99~125.

김영석(2023, 2024), 스마트 커터(두부 정리 자동화 로봇) 기술자료, (주)스마트컨텍.

김원철, 양진석, 이정훈, 박용부, 임재승(2006), 「풍화암에 근입된 중구경 현장타설말뚝의 설계 및 시공」, 『2004 가을학술발표회 눈문집』, 한국지반공학회, 24pp.

김용구(2020), 국내 설계안전성검토 제도 인식도 설문조사.

김태녕, 정성용, 이해영, 한덕희, 조찬희, 이방희(2014. 10.), 「고온 양생에 의한 매입말뚝 시멘트풀의 압축강도 특성」, 『2014 가을 학술발표회』, 한국지반공학회.

김홍택, 이명재, 박지웅, 윤순종, 한영진(2011, 8.), 「수치해석을 통한 FRP콘크리트 합성말뚝의 적용성 평가」, 『한국지반환경공학회 논문집』, 한국지반공학회, pp. 59~57.

동일기술공사(1987. 12.), SIP(soil-cemented injected precast pile)기초공법.

류정수, 김석열(1995), 「최대곡률방법을 이용한 말뚝의 연직지지력 연구」, 『한국지반공학회지』, 11(4), 한국지반공학회, pp. 5~12.

Mcilroy Connor(2021. 11.), Client duties briefing of CDM 2015, 프리콘을 통한 건설중대재해저감, 『제4회 프리콘 세미나』, 한국건설관리학회/한국건설안전학회.

박민철(2022), 「슬라임메터를 활용한 현장타설말뚝 슬라임 두께 평가」, 고려대학교 대학원 박사학위 논문, 152pp.

박종배, 임해식, 박용부(2007), 「중구경 현장타설 말뚝의 지지력특성 연구」, 『주택도시』 91, 대한주택공사, pp. 39~53.

변항용(2014), 「리모델링건축물의 수명연장 또는 안전성 상승사례」, 『리모델링』, 52, 한국리모델링협회, pp. 35~43.

BT E&C(2015), 히터를 이용한 시멘트풀 고온양생방법 기술자료.

BT E&C 등(2023), 매입말뚝 지지력 조기 확인을 위해 말뚝 중공부에 용수가열 히터를 이용한 시멘트풀 고온양생방법, 건설신기술 제891호.

삼성물산(2006), SPI(Samsung pile inspection) 기술자료.

삼성물산(2022), 말뚝안전운반장치(Samsung loader fork, SLF) 기술자료.

삼성물산(2023), 압입말뚝 작업지침.

삼성물산, 포스코이앤씨, 지오멕스(2022), SPPA(smart pile penetration analyzer) 기술자료.

서승환, 정문경, 최창호, 김주형(2023), 「비접촉식 관입량 측정장치를 활용한 항타공식의 신뢰성 향상 방법」, 『대한토목학회지』, 71(9), 대한토목학회, pp. 20~25.

송명준, 박영호(2004), 「대구경 강관말뚝의 지지력 및 거동에 관한 연구」, 『지반구조물 설계시공 사례집』, (사)한국 토질 및 기초 기술사회, pp. 243~250.

신동현, 조천환, 정영도, 이용준, 심재민, 강한규(2023. 10.), 「SPPA 개발 및 적용」, 『2023 봄 학술발표회』, 한국지반공학회.

신주열(2019), 「DFS 제도현황 및 개선방안」, 『건설관리』, 20(1), 한국건설관리학회.

CSI(건설공사 안전관리 종합정보망) 웹사이트, https://www.csi.go.kr/index.do (2024. 6. 10.)

안홍섭(2020), 「건설안전특별법의 발의 배경과 구현방안」, 『2020 정기총회』, 한국건설안전학회.

양승준, 김대권, 김태녕, 정성용(2015. 3.), 「히터를 이용한 매입공법 시멘트풀의 고속양생방법 및 주면마찰력 평가」, 『2015 봄 학술발표회』, 한국지반공학회, 10pp.

SACP(주)(2016, 2023), SACP(special automatic casing pipe) 기술자료.

LH공사(2021), 고강도 강관 회전압입 파일의 설계 및 시공 표준화 연구, 토지주택연구원(LH공사), 포스코기술연구원(포스코).

LH공사(2023. 9.), 매입말뚝 스마트 시공관리를 위한 MG 장비 개발 및 기준 연구 기술자료, 박용부, 박종배, 전무정, 김호건.

여병철, 추문식, 조천환, 전영석(1998), 「군말뚝시공으로 인한 말뚝 솟아오름과 H말뚝을 이용한 대책 사례」, 『1998 학술발표회 논문집(II)』, 대한토목학회.

우리기술(주)(2023), PDAM(pile driving automatic monitor) system 기술자료.

원상연, 황성일, 조남준(1996), 「쌍곡선 조사에 의한 현장타설말뚝의 항복하중판정」, 『한국지반공학회지』, 12(6) 한국지반공학회, pp. 79~86.

이명환, 윤성진(1992), 「말뚝의 설계하중 결정방법에 대한 비교」, 『1992 봄 학술발표회 논문집』, 한국지반공학회, pp. 69~102.

이명환, 홍헌성, 이원제(1994), 「말뚝기초의 최적설계」, 「Keynote Lecture」, 『1994 가을 학술발표회 논문집』, 한국지반공학회, pp. 60~76.

이명환, 홍헌성, 조천환, 김성회, 전영석(1998), 「군말뚝 시공으로 인한 말뚝 솟아오름 발생 사례」, 『1998 봄 학술발표회 논문집』, 한국지반공학회, 6pp.

이명환, 홍헌성, 조천환, 서영화, 최도웅, 김성회, 전영석(2002), 「보조말뚝을 이용한 말뚝기초공사례 연구」, 『한국지반환경공학회 학술발표회』, 한국지반환경공학회, pp. 97~102.

이우진(2010. 11.), 「말뚝 동적시험의 현황과 문제점에 관하여」, 『2010 한국지반공학회 기초기술위원회 워크숍』, 한국지반공학회, pp. 3~9.

이원제(2000), 「광섬유센서를 이용한 매입말뚝의 하중전이측정 및 지지력 특성연구」, 고려대학교 대학원 박사학위 논문.

임해식, 박용부, 박종배, 장해동, 김경준, 김정수, 정득재(2005), 『중구경 현장타설 말뚝공법의 설계 및 시공방안에 관한 연구』, (주)지원이엔씨, 대한주택공사 주택도시연구원, 301pp.

조천환(1998), 「시간경과에 따른 타입말뚝의 지지력증대 특성에 관한 연구」, 한양대학교 대학원 박사학위 논문, 193pp.

조천환(2003), 「타입말뚝의 지지력증가효과 특성」, 『한국지반공학회 논문집』, 19(4), 한국지반공학회, pp. 235~246.

조천환(2006, 2010), 『매입말뚝공법』, 이엔지·북.

조천환(2009. 2.), 「동재하시험의 문제와 대안」, 『2009 한국지반공학회 기초기술위원회 워크샵』, 한국지반공학회, pp. 59~68.

조천환(2010), 『말뚝기초실무』, 이엔지·북.

조천환(2022. 3.), 「DFS를 위한 지반공학의 선도업무와 LL/BP사례 적용」, 『2022년 봄 학술발표회 초청강연』, 한국지반공학회.

조천환(2023), 『말뚝기초실무(e-book)』, 에이퍼브 프레스.

조천환, 고형선, 김정수(2006. 9.), 「고층건축구조물의 현장타설말뚝 기초공」, 『2006 기초기술 워크샵』, 한국지반공학회/대한건축학회, pp. 15~24.

조천환, 김경환(2013), 「강소말뚝공법의 현황」, 『2013 기초기술위원회 세미나』, 한국지반공학회, pp. 3~10.

조천환, 석정우(2006), 「고층건물 현장타설말뚝 기초의 설계 및 품질확인 시험」, 『2006 가을 학술발표회 논문집』, 한국지반공학회, 8pp.

조천환, 이명환(2001), 「새로운 항타공식의 적용」, 『한국지반공학회 논문집』, 17(5), 한국지반공학회, pp. 157~164.

조천환, 이명환, 홍헌성, 이장덕, 이원제, 엄재경(1996), 「건축구조물 말뚝기초의 지지력 미달 원인 및 보강」, 『1996 봄 학술발표회 논문집』, 한국지반공학회, pp. 133~144.

조천환, 이승주, 신동현(2023), 「DFS는 안전뿐만 아닌 건설회사의 경쟁력의 핵심」, 『토목학회지』, 71(8), 대한토목학회, pp. 72~78.

(주)브니엘(2016. 3.), 유리섬유복합재를 이용한 복합소재 말뚝 개발 기술자료, (주)브니엘, 홍익대, 명지대.

(주)성웅 P&C(2024), 파일항타 무인 자동화 측정 시스템 기술자료.

(주)스마텍(2020), 스마트복합말뚝(smart composite pile) 기술자료.

(주)에스텍(2022. 10.), STP550 강관파일 항타관입성 및 설계지지력 보고서.

HK ENC(2012), 내부충전 합성PHC말뚝(infilled composite PHC pile) 기술자료.

HK ENC(2018), 몰드 케이스를 이용한 중구경현장타설말뚝 공법설명서.

(주)택한(2023), PHC 말뚝 인양구 기술자료.

(주)택한(2018, 2024), 무용접 고성능 PHC파일 이음장치(TK-Joint) 기술자료.

(주)파일웍스(2021), IB(innovative bolting) joint 기술자료.

(주)동광중공업(2005), DKH 해머 기술자료.

(주)한맥기술(2007), HCP 기술자료.

천병식, 서덕동, 김재중, 이정학(1997), 「재하시험에 의한 퇴적이암지반에 시공된 강관말뚝의 지지특성연구」, 『1997 가을 학술발표회 논문집』, 한국지반공학회, pp. 391~398.

천병식, 조천환(1997), 「항타 및 매입 말뚝의 하중-침하량 곡선 특성분석」, 『한국지반공학회지』, 13(6), 한국지반공학회, pp. 61~70.

코아지질(주)(2023), RCMH 기술자료.

KH건설(2023), SAP 기술자료.

태산기초엔지니어링(2020), 헬리컬파일 공법소개서.

포스코, 포스코개발(주)(1997), 고강도 강관말뚝의 적용을 위한 연구, (주)파일테크.

포스코이앤씨, KH건설, 도화구조(2023, 10.), 공동주택 수직/수평증축 리모델링에 적용 가능한 고강성보강파일, 2023 토기회 기술인증자료, (사)한국 토질 및 기초 기술사회.

하경엔지니어링(2014), 몰드 케이스를 이용한 중구경현장타설말뚝, 공법설명서.

한국강구조공학회(2020. 12.), 강관 매입형 복합말뚝 구조안전성 검증, 검증보고서(신창수, 오창국, 박성민, 전치호).

일본지반공학회 편(1992), 『말뚝기초의 문제점과 그 대책』, 파일테크(조천환, 이명환, 이장덕 역, 1995),

한국건설기술연구원, 210pp.

한국건설기술연구원, 코아지질(주)(2012), 육상실증시험보고서-RCMH공법 및 RCD공법 2m 천공-.

일본지반공학회 편(2022), 『일본지반공학회기준 말뚝의 연직재하시험방법 및 해설』, 한국지반공학회 기초기술위원회 역(2007), 구미서관.

한국지반공학회(1999), 『강관말뚝의 설계와 시공 가이드』, 한국지반공학회.

한국지반공학회(2018), 『구조물기초설계기준 해설』, 도서출판 씨아이알.

한국지반공학회(2019), 현장타설말뚝 품질 및 안정성 평가 보고서.

홍헌성, 이명환, 조천환, 김성회, 전영석(2002), 「항타장비의 성능평가 연구」, 『2002 봄 학술발표회 논문집』, 한국지반공학회.

홍헌성, 이원제, 김성회, 이명환(1995), 「동재하시험 결과로부터 말뚝의 허용지지력 결정방법에 대한 연구」, 『1995 봄 학술발표회논문집』, 한국지반공학회, pp. 43~53.

建設(けんせつ) Plaza(2022), 積算資料公表価格表, 2022年 10月号, http://www.kensetsu-plaza.com/

大植英豪 等(1993), トラブルを防ぐ杭基礎工法のノウハウ, 近代圖書.

(社)日本道路協會(2007), 杭基礎施工便覽.

三和機材(株)(2024), 施工管理装置, http://www.sanwakizai.co.jp/

日本土質工學會(1992), 杭基礎のトラブルと對策.

土木研究センタ(2003), 先端翼付き 回轉貫入鋼管抗, 建設技術審査證明報告書.

Advanced Foundation Technologies(2022), PDM(pile driving monitor), Technical brochure.

Chow and Tan(2009), Jack-in pile design-Malaysian experience and design approach to EC7, July 2007, IEM course on Eurocode 7.

Chow and Tan(2010), "Performance of jack-in pile foundation in ewathered granite", the 17th Southeast Asian Geotechnical Conference, Taipei, May 2010.

De Cock et al.(1993), The vibration free realisation of soil retaining wall using screw piles, (Rotterdam: Deep foundation on board and auger piles 1993), pp. 405~412.

Deeks, White and Bolton(2005), "A comparison of jacked, driven and bored piles in sands", Proceedings of 16th ICSMGE, Osaka, Japan, pp. 2103~2106.

Ding J., McIntosh K., and Simon R.(2015), "New device for measuring drilled shaft bottom sediment thickness", the Journal of Deep Foundation Institute, 9(1), pp. 42~47.

Dpt. of The Navy(1982), Foundation and earth structure(NAVFAC Design Manual 7.2).

Evans Raymond et al.(1998), The long-term costs of owning and using buildings, pp. 42~49, Designing

Better Buildings.

Fellenius B.(1980), "The analysis of results from routine pile load tests", Ground Engineering, September, pp. 19~31.

FHWA(1999), Drilled shafts: Construction procedures and design methods, FHWA-IF-99-025, US Dpt. of Transportation.

FHWA(2005), Micropile design and construction: Reference manual, FHWA-NHI-05- 039, US Dpt. of Transportation.

FHWA(2006), Design and construction of driven pile foundations, Reference manual, FHWA-NHI-05-043, US Dpt. of Transportation.

FHWA(2007), Design and construction of continuous flight auger piles, GEC No. 8, FHWA-HIF-07-03, US Dpt. of Transportation.

FHWA(2010), Drilled shafts: construction procedures and LRFD design method, GEC No. 10, FHWA-HIF-10-016, US Dpt. of Transportation.

Fuller F.(1983), Engineering and pile installation, McGraw-Hill Book Co. New York.

G&P(2009), Specification in jack-in piles, G&P Geotechnics SDN BHD.

GRL Associate Inc.(2014), CAPWAP Manual.

Gue(2009), Jack-in pile design, Some Malaysian experience, Technical presentation report, G&P Geotechnics SDN BHD.

Hussein, M., Sharp, M., and Knight, W.(2002), "The use of superposition for evaluating pile capacity", Deep Foundations 2002 Conference of American Society of Civil Engineers, Orlando, Fl., February 14-16, 2002.

JFE Steel Cooperation(2009), Tsubasa(wing) pile, Technical brochure.

Kang I. K. and Kim S. H.(2012), "Compressive strength testing of hybrid concrete-filled fiber-reinforced plastic tubes confined by filament winding", Applied Science, 2021. 11., 2900. MDPI.

NIOSH Website, https://www.cdc.gov/niosh/index.html (2024. 6. 10.)

Nippon concrete industries co. ltd(2011), Steel pipe and concrete composite piles, Technical brochure.

Osterberg, J.(2001), "Load testing high capacity piles what have we learned?".

PDI Website, https://pdaproficiencytest.pile.com (2024. 6. 10.)

PDI(2023), TIP(Thermal integrity profiler), Technical brochure.

Perko(2009), Helical piles, A practical guide to design and installation, John Wiley & Sons, Inc.

Pile Dynamics Inc.(2018), PDA Manual.

Poulos H. and Davis E.(1980), Pile foundation analysis and design, John Wiley & Sons, Inc. New York.

Prakash S. and Sharma H.(1990), Pile foundations in engineering practice, John Wiley & Sons, Inc.

Seo, M. J., Park, J. B., Lee, D., & Lee, J. S.(2022), "Load−settlement curve combining base and shaft resistance considering curing of cement paste". Geomechanics and Engineering, 29(4), pp. 407~420.

Szymberski(1997), Construction project safety planning, Tappi Journal(Nov. 1997), 80(11), pp. 69~74.

Tomlinson M.(1994), Pile design and construction practice, 4th Ed., E & FN Spon, London.

Van Weele(1989), "Prediction versus performance", 12th Int. Conf. Soil Mechanics and Foundation Engineering, Rio de Janeiro, Brazil, 15pp.

Yu, F. and Yang, J. (2011), "Installation load and working capacity of jacked piles: some experiences in China", Proceedings of the 5th Cross−strait Conference on Structural and Geotechnical Engineering, Hong Kong, pp. 701~705.

Zhang, Ng, Chan, and Pang(2006), "Termination criteria for jacked pile construction and load transfer in weathered soils", Journal of Geotech. and Geoenviron. Eng. July 2006, pp. 819~829.

단위환산

To Convert From	To	Multiply By
LENGTH		
1. Inches	feet	0.083333
	microns	25400
	millimeters	25.4
	centimeters	2.54
	meters	0.0254
2. Feet	inches	12.0
	microns	304800
	millimeters	304.80
	centimeters	30.48
	meters	0.3048
3. Microns	inches	3.9370079×10^{-5}
	feet	3.2808399×10^{-6}
	millimeters	1×10^{-3}
	centimeters	1×10^{-4}
	meters	1×10^{-6}
4. Millimeters	inches	3.9370079×10^{-2}
	feet	3.2808399×10^{-3}
	microns	1×10^{3}
	centimeters	1×10^{-1}
	meters	1×10^{-3}
5. Centimeters	inches	0.39370079
	feet	0.032808399
	microns	1×10^{4}
	millimeters	10
	meters	1×10^{-2}

To Convert From	To	Multiply By
6. Meters	inches	39.370079
	feet	3.2808399
	microns	1×10^{6}
	millimeters	1×10^{3}
	centimeters	1×10^{2}
AREA		
1. Square meters	square feet	10.76387
	square centimeters	1×10^{4}
	square inches	1550.0031
2. Square feet	square meters	9.290304×10^{-2}
	square centimeters	929.0304
	square inches	144
3. Square centimeters	square meters	1×10^{-4}
	square feet	1.076387×10^{-3}
	square inches	0.1550031
4. Square inches	square meters	6.4516×10^{-4}
	square feet	6.9444×10^{-3}
	sauare centimeters	6.4516
VOLUME		
1. Cubic centimeters	cubic meters	1×10^{-6}
	cubic feet	3.5314667×10^{-5}
	cubic inches	0.061023744
2. Cubic meters	cubic feet	35.314667
	cubic centimeters	1×10^{6}
	cubic inches	61023.74

To Convert From	To	Multiply By
3. Cubic inches	cubic meters	1.6387064×10^{-5}
	cubic feet	5.7870370×10^{-4}
	cubic centimeters	16.387064
4. Cubic feet	cubic meters	0.028316847
	cubic centimeters	28316.847
	cubic inches	1728

FORCE

To Convert From	To	Multiply By
1. Pounds (avdp)	dynes	4.44822×10^{5}
	grams	453.59243
	kilograms	0.45359243
	kips	1×10^{-3}
	tons (metric)	4.5359243×10^{-4}
	newtons	4.44822
2. Kips	pounds	1000
	kilograms	453.59243
	tons (metric)	0.45359243
3. Kilograms	dynes	980665
	grams	1000
	pounds	2.2046223
	kips	2.2046223×10^{-3}
	tons (metric)	0.001
	newtons	9.806650
4. Tons (metric)	grams	1×10^{6}
	kilograms	1000
	pounds	2204.6223
	kips	2.2046223
	kilonewtons	9.806650
5. Kilonewtons	pounds	224.81
	kips	0.22481
	tons (metric)	0.102
	kilograms	101.97

To Convert From	To	Multiply By

STRESS

To Convert From	To	Multiply By
1. Pounds/square foot	pounds/square inch	0.0069445
	kips/square foot	1×10^{-3}
	kilograms/square centimeter	0.000488243
	tons/square meter	0.004882
	atmospheres	4.72541×10^{-4}
	kilonewtons/ square meter	0.04788
2. Pounds/square inch	pound/square foot	144
	kips/square foot	0.144
	kilograms/square centimeter	0.070307
	tons/square meter	0.70307
	atmospheres	0.068046
	kilonewtons/ square meter	6.895
3. Kips/square foot	pounds/square inch	6.94445
	pounds/square foot	1000
	kilograms/square centimeter	0.488244
	tons(metric)/ square meter	4.88244
	kilonewtons/ square meter	47.88
4. Kilograms/square centimeter	pounds/square inch	14.223
	pounds/square foot	2048.1614
	kips/square foot	2.0481614
	tons/square meter	10
	atmospheres	0.96784
	kilonewtons/ square meter	98.067
5. Tons(metric)/ square meter	kilograms/square centimeter	0.10
	pounds/square foot	204.81614
	kips/square foot	0.20481614
	kilonewtons/ square meter	9.806650

To Convert From	To	Multiply By
6. Atmospheres	bars	1.0133
	kilograms/square centimeter	1.03323
	grams/square centimeter	1033.23
	kilograms/ square meter	10332.3
	tons(metric)/ square meter	10.3323
	pounds/square foot	2116.22
	pounds/square inch	14.696
	kilonewtons/ square meter	101.325
7. Kilonewtons/ square meter	pounds/square foot	20.886
	pounds/square inch	0.145
	kips/square foot	0.02089
	kilograms/square centimeter	0.01020
	tons(metric)/ square meter	0.1020
	atmospheres	0.00987

UNIT WEIGHT

To Convert From	To	Multiply By
1. Grams/cubic centimeter	tons(metric)/ cubic meter	1.00
	kilograms/ cubic meter	1000.00
	pounds/cubic inch	0.036127292
	pounds/cubic foot	62.427961
	kilonewtons/ cubic meter	
2. Tons(metric)/ cubic meter	grams/cubic centimeter	1.00
	kilograms/ cubic meter	1000.00
	pounds/cubic inch	0.036127292
	pounds/cubic foot	62.427961
	kilonewtons/ cubic meter	9.806650
3. Kilograms/ cubic meter	grams/cubic centimeter	0.001
	tons(metric)/ cubic meter	0.001

To Convert From	To	Multiply By
	pounds/cubic inch	3.6127292×10^{-5}
	pounds/cubic foot	0.062427961
	kilonewtons/ cubic meter	
4. Pounds/cubic inch	grams/cubic centimeter	27.679905
	tons(metric)/ cubic meter	27.679905
	kilograms/ cubic meter	27679.905
	pounds/cubic foot	1728
	kilonewtons/ cubic meter	
5. Pounds/cubic foot	grams/cubic centimeter	0.016018463
	tons(metric)/ cubic meter	0.016018463
	kilograms/ cubic meter	16.018463
	pounds/cubic inch	$5.78703704 \times 10^{-4}$
	kilonewtons/ cubic meter	0.15708669
6. Kilonewtons/ cubic meter	grams/cubic centimeter	0.1020
	tons(metric)/ cubic meter	0.1020
	kilograms/ cubic meter	101.98
	pounds/cubic inch	0.003685
	pounds/cubic foot	6.3654

TIME

To Convert From	To	Multiply By
1. Seconds	minutes	1.66666×10^{-2}
	hours	2.777777×10^{-4}
	days	1.1574074×10^{-5}
	months	3.8057×10^{-7}
	years	3.171416×10^{-8}
2. Minutes	seconds	60
	hours	0.0166666
	days	6.944444×10^{-4}
	months	2.283104×10^{-5}
	years	1.902586×10^{-6}

To Convert From	To	Multiply By	To Convert From	To	Multiply By
3. Hours	seconds	3600	3. Feet/minute	centimeters/second	0.508001
	minutes	60		microns/second	5080.01
	days	0.0416666		meters/minute	0.3048
	months	1.369860×10^{-3}		miles/hour	0.01136363
	years	1.14155×10^{-4}		feet/year	525600
4. Days	seconds	86400	4. Feet/year	microns/second	0.009665164
	minutes	1440		centimeters/second	0.0000009665164
	hours	24		meters/minute	5.79882×10^{-7}
	months	3.28767×10^{-2}		feet/minute	1.9025×10^{-6}
	years	0.0027397260		miles/hour	2.16203×10^{-8}
5. Months	seconds	2.6283×10^{6}			
	minutes	43800			
	hours	730			
	days	30.416666			
	years	0.08333333			
6. Years	seconds	3.1536×10^{7}			
	minutes	525600			
	hours(mean solar)	8760			
	days(mean solar)	365			
	months	12			

VELOCITY

To Convert From	To	Multiply By
1. Centimeters/second	microns/second	10,000
	meters/minute	0.600
	feet/minute	1.9685
	miles/hour	0.022369
	feet/year	1034643.6
2. Microns/second	centimeters/second	0.0001
	meters/minute	0.000060
	feet/minute	0.00019685
	miles/hour	0.0000022369
	feet/year	103.46436

찾아보기

말뚝기초의 암묵지

초판 인쇄 | 2024년 7월 22일
초판 발행 | 2024년 7월 30일

지은이 | 조천환
펴낸이 | 김성배
펴낸곳 | (주)에이퍼브프레스

책임편집 | 최장미
디자인 | 백정수, 엄해정
제작 | 김문갑

출판등록 | 제25100-2021-000115호(2021년 9월 3일)
주소 | (04626) 서울특별시 중구 필동로8길 43(예장동 1-151)
전화 | 02-2275-8603(대표) 팩스 | 02-2265-9394
홈페이지 | www.apub.kr

ISBN 979-11-986997-2-5 (93530)